NATURWISSENSCHAFTLICHE MONOGRAPHIEN UND LEHRBÜCHE

HERAUSGEGEBEN VON
DER SCHRIFTLEITUNG DER „NATURWISSENSCHAFTEN"

ACHTER BAND

EINFÜHRUNG IN DIE GEOPHYSIK

II

ERDMAGNETISMUS UND POLARLICHT
WÄRME- UND TEMPERATURVERHÄLT-
NISSE DER OBERSTEN BODENSCHICHTEN
LUFTELEKTRIZITÄT

VON

A. NIPPOLDT · J. KERÄNEN · E. SCHWEIDLER

BERLIN

VERLAG VON JULIUS SPRINGER

1929

EINFÜHRUNG IN DIE GEOPHYSIK

II

ERDMAGNETISMUS UND POLARLICHT
WÄRME- UND TEMPERATURVERHÄLT-
NISSE DER OBERSTEN BODENSCHICHTEN
LUFTELEKTRIZITÄT

VON

PROFESSOR DR. A. NIPPOLDT · POTSDAM
DR. J. KERÄNEN · HELSINKI
PROFESSOR DR. E. SCHWEIDLER · WIEN

MIT 130 TEXTABBILDUNGEN

BERLIN
VERLAG VON JULIUS SPRINGER
1929

ISBN 978-3-7091-9591-8   ISBN 978-3-7091-9838-4   (eBook)

DOI 10.1007/ 978-3-7091-9838-4

Vorwort.

Dem ersten Bande der „Einführung in die Geophysik" folgt hiermit ein zweiter Band, der in drei Abschnitten den „Erdmagnetismus mit seinen Nebengebieten, dem Erdstrom und den Polarlichtern", die „Wärme- und Temperaturverhältnisse der obersten Bodenschichten" und die „Luftelektrizität" behandelt.

Wieder haben die drei Teile verschiedene Verfasser. Es entspricht dies dem Werdegang der Geophysik als Wissenschaft. Ursprünglich aus weit voneinander liegenden Sondergebieten bestehend, mit verschiedenen Aufgaben und verschiedenen Arbeitsweisen, fängt die Geophysik erst in unseren Tagen an, zu einem einheitlichen Wissensgebiet zu verschmelzen. Noch sind wir Zuschauer dieses Vorganges, noch bahnt sich die Verschmelzung erst an, und so wäre es vorzeitig, jetzt schon das an Umfang so sehr gewachsene Feld von einem einzigen Bearbeiter darstellen lassen zu wollen.

Der aufmerksame Leser wird jedoch leicht finden, wie die verschiedenen Einzelzweige sich schon innerhalb der Darstellung unserer Einführung in die Geophysik begegnen. Es ist das Ziel der einzelnen Verfasser und des Verlages, ein Werk zu schaffen, das auf dem Wege zur Verschmelzung aller Einzelfächer einen neuen Ausgangspunkt abgeben kann. Dementsprechend werden besonders die neuesten Fragen und Probleme behandelt, und die Richtung gezeigt, in der sich die heutige Wissenschaft weiter bewegt.

In dem ersten Teil des vorliegenden Bandes wird der Erdmagnetismus mit seinen ihm enger verbundenen Nebengebieten, dem Erdstrom und den Polarlichtern, besprochen. In dem Abschnitt über das Instrumentelle sind vor allem die allgemeinen Grundlagen ausführlich behandelt, während die Einzelheiten kürzer gefaßt sind. Von Apparaten werden nur die neuesten Ausführungen gebracht. Der Hauptwert ist auf eingehende Darstellung unseres sachlichen Wissens über das geophysikalisch Tatsächliche gelegt, das beharrliche Feld des Erdmagneten, das ihn umgebende Variationsfeld und das Zusammenspiel beider mit dem Erdstrom und den Polarlichtern. Ein Schlußkapitel zeigt die Ausdehnung der durch diese Tatsachen enthüllten Beziehungen auf die Physik des Kosmos.

Der zweite Teil behandelt die Wärme- und Temperaturverhältnisse der Erdoberfläche und der obersten Bodenschichten, bespricht eingehend die physikalischen Erscheinungen und führt aus den Beobachtungsergebnissen diejenigen an, die für die Klarlegung der Vorgänge am wichtigsten sind. Besonderer Wert ist auf die Einwirkung der Bodenbedeckung wie der Pflanzen- und der Schneedecke gelegt. Die mathematische Behandlung geht nur so weit, wie sie für die wissenschaftliche Untersuchung der Erscheinungen gewöhnlich angewendet wird.

Die Darstellung des dritten Teiles bestrebt sich, im Sinne einer „Einführung in die Geophysik" dem Nichtspezialisten einen Überblick über die luftelektrischen Erscheinungen zu verschaffen. Die Probleme, welche vorliegen, die Prinzipien der angewandten Untersuchungsmethoden, die allgemeinen Ergebnisse, die bisher gewonnen wurden, und die theoretischen Erklärungsversuche bilden daher ihren wesentlichen Inhalt. Dagegen ist abgesehen von einer genauen Beschreibung der Apparate und des Meßverfahrens, von einer tabellenmäßigen Zusammenstellung der bisweilen sehr zahlreichen Einzelresultate, von der ins Detail gehenden mathematischen Ableitung bestimmter theoretischer Sätze und endlich von der Zitierung der außerordentlich umfangreichen Originalliteratur. Diesbezüglich muß auf ausführlichere, auch für den Spezialisten bestimmte Werke über Luftelektrizität hingewiesen werden. Eine Zusammenstellung der wichtigsten zusammenfassenden Werke dieser Art ist am Schlusse dieses Beitrages zu finden.

Mit großer Mühe hat die Verlagsbuchhandlung eine beträchtliche Zahl teils ganz neuer Abbildungen hergestellt, teils solche aus sonst schwer zugänglichen Originalarbeiten übernommen, sodaß das ganze Werk einen in sich zusammenhängenden und übersichtlichen Charakter erhalten hat. Zahlreiche Fußnoten gestatten jederzeit die Originale zur eigenen Kritik heranzuziehen.

Es sei noch bemerkt, daß ein dritter Band von der Hand des Herrn Professor DEFANT, die Ozeanographie darstellend, sich anschließt und ebenfalls jetzt zur Veröffentlichung gelangen wird.

<table>
<tr><td>Potsdam, Helsinki, Wien,
    im Oktober 1929.</td><td>A. NIPPOLDT
J. KERÄNEN
E. SCHWEIDLER</td></tr>
</table>

Inhaltsverzeichnis.

ERSTER TEIL.

Erdmagnetismus und Polarlicht. Von Professor Dr. A. Nippoldt.

ZWEITER TEIL.

Wärme- und Temperaturverhältnisse der obersten Bodenschichten.

Von Dr. J. Keränen.

DRITTER TEIL.

Luftelektrizität. Von Professor Dr. E. Schweidler.

Erster Teil.

Erdmagnetismus und Polarlicht.

Von Professor Dr. **A. Nippoldt**, Potsdam.

Einleitung.

Die Aufgabe der erdmagnetischen Forschung ist es, die Erscheinungen des Erdmagnetismus zu erklären.

Erklären heißt, die neuen Tatsachen auf bekannte alte zurückzuführen[1]. Als solche bekannte alte haben hier die Kenntnisse einzutreten, welche wir in der Physik und Chemie vorfinden, wobei wir es in diesem Buche offen lassen, ob sie ihrerseits erklärt sind, d. h. ob sie für sich auf allgemeine Grundlagen zurückgeführt sind. So nehmen wir die Begriffe Magnetismus, Elektrizität, Temperatur, Zeit, Masse usw. als gegebene bekannte Dinge an. Wir setzen insbesondere Vertrautheit mit der Lehre vom Magnetismus aller Körper und den Beziehungen zwischen ihm und elektrischen Vorgängen voraus.

Trotzdem müssen wir auf einige Grundbegriffe aus diesem Wissenszweig hier zurückkommen, da sie für die erdmagnetische Forschung in teilweise neuem Lichte erscheinen.

Instrumentelles.
Grundbegriffe.

Das erdmagnetische Feld verrät sich dadurch, daß ein frei beweglich aufgehängter Magnet überall auf der Erde eine bestimmte Richtung einhält und das Bestreben zeigt, in dieser Richtung zu beharren, wenn er durch äußere Kräfte aus ihr vorübergehend entfernt worden ist. Das erdmagnetische Feld ist bekannt, wenn wir für jeden Ort zu jeder Zeit bestimmen können, welches die Richtung ist, und wie stark die richtende Kraft ist.

Wir bedürfen dazu demnach eines Magneten, auf den die Richtkraft wirkt, und der die Richtung einschlagen will. Beide Elemente, Kraft und Richtung, überall zu messen, ist die Aufgabe der ,,erdmagnetischen

---

[1] SCHLICK, M.: Allgemeine Erkenntnislehre. 2. Aufl. Berlin: Julius Springer. 1925.

Vermessung" der Erde, oder — da man nicht die ganze Erde auf einmal vermißt — der „magnetischen Landesaufnahmen". Dies Herumreisen auf der Erdoberfläche entspricht der Ausmessung eines magnetischen Feldes eines bestimmten Magneten im Laboratorium durch eine sogenannte „Probenadel". Was wir damit bekommen, ist die Festlegung der Gestalt und Größe des magnetischen Feldes so, wie es auf der Erdoberfläche ist, und zwar der Oberfläche, wie sie durch Berg und Tal, Festland und Meer gegeben ist. Es ist das zunächst nichts anderes als irgendeine in sich allseitig geschlossene Bezugsfläche, von der es vorerst noch vollkommen offen steht, ob sie in bezug auf das magnetische Feld irgendwie ausgezeichnet ist, insbesondere ob gar die Erdoberfläche die Mantelfläche eines Magneten ist.

Wir messen direkt oder indirekt das Feld mit einer Probenadel aus, wollen uns daher innerhalb der Grenzen, die wir uns oben gesteckt haben, ein Bild von dem Wesen einer solchen, d. h. von dem *Magnetstab*, machen.

Im Gegensatz zu den natürlichen Magneten — den magnetischen Mineralien — besitzen die zum Beobachten benutzten künstlichen eine regelmäßige Gestalt und heißen daher „reguläre" Magnete. Das auf der nördlichen magnetischen Halbkugel der Erde bei freier Beweglichkeit in der Wagerechten sich nach Norden einstellende Ende nennen wir nordmagnetisch, das entgegengesetzte südmagnetisch magnetisiert. Umlaufen wir den Stab seinerseits wieder mit einer Probenadel, so finden wir, daß in jedem Ende etwas einwärts von dem körperlichen Ende eine Gegend stärkster Wirksamkeit besteht, und annähernd in der Mitte zwischen ihnen ein Gebiet gar keiner Anziehung; erstere Punkte heißen die „Pole", bezugsweise der Nordpol und der Südpol des Magneten, letzterer der „Indifferenzpunkt". Was hier in die Erscheinung tritt, ist aber nicht der wirkliche magnetische Zustand, sondern nur die Äußerung des sogenannten „freien" Magnetismus; so ist in Wahrheit gerade die Indifferenzzone das Gebiet der stärksten Magnetisierung und nicht jene der Pole. Entsprechend dem Gesetz der Anziehung zwischen ungleichmäßigen Magnetismen, könnte eine Scheidung zwischen Nord- und Südmagnetisierung in ein und demselben Stabe sich gar nicht halten. Dies verrät sich denn auch dadurch, daß durch seinen freien Magnetismus jeder Stab unter einem Zwange steht. Solange sich der Magnet in äußerlicher Ruhe befindet, sprechen wir davon als von der „entmagnetisierenden Kraft", die dazu führt, daß er immer schwächer wird: er „altert" magnetisch. Da nun alle zu Messungen gebrauchten Stäbe aus abgeschrecktem, gehärtetem Stahl bestehen, also sich auch noch auf andere Weise unter einem Zwangszustand befinden, der seinerseits mit der Zeit sich ändert — „elastisch" altert — so ist es verständlich, daß alle Magnetstäbe stets geneigt sind, sich zu ändern. Kommen äußere Kräfte hinzu, so wird dies beschleunigt. Solche äußere Kräfte sind z. B. Erschütterungen, Änderungen seiner Temperatur, Induktion seitens anderer Magnete usw. Daraus ergibt sich die praktische Anforderung der erdmagnetischen Meßkunst, die Beobachtungsmagnete vor solchen Einflüssen zu schützen, und dies besonders während der Messungen selbst. Man transportiert sie daher in gepolsterten Kästen, die ihrerseits in Panzern von weichem Eisen stecken, um fremde magnetische Felder nicht wirksam werden zu lassen, und bewahrt sie vor Temperaturänderungen, namentlich schnellen. *Das Einhalten dieser Schutzmaßnahmen ist entscheidend für die Güte der Beobachtungen.* Die Physik erklärt diese Alterungserscheinungen durch molekulare Kräfte innerhalb des Stabes, und es ist begreiflich, wenn die Erfahrung zeigt, daß die Alterung unmittelbar nach dem Härten und Magnetisieren intensiver vor sich geht, als später. Man schreitet daher, um bessere Beobachtungsergebnisse zu erzielen, dazu, die Alterung künstlich zu beschleunigen, damit der ruhigere Spätzustand eher erreicht werde. Es geschieht dies durch abwechselndes Erwärmen und Neumagnetisieren nach empirischem Verfahren (STROUHAL und BARUS). Da die Alterung aus zwei Anteilen besteht, der magnetischen und der elastischen, die in verschiedenem Tempo vor sich gehen, so setzt sich über die allgemeine Abnahme der Magnetstärke ein welliges Schwanken, sodaß das Moment zeitweilig zunehmen kann.

Die viele Jahrzehnte sorgfältig überwachten Magnetstäbe der erdmagnetischen Observatorien geben derart ein wertvolles Material zur Prüfung der physikalischen Theorien über das Wesen des molekularmagnetischen Vorgangs ab, das jedoch zur Zeit noch kaum ausgenutzt ist.

Als Einheit der Stärke eines Magnetpols hat die Physik diejenige Menge freien Magnetismus eingeführt, welche auf eine ihr gleiche im Abstand Eins die Kraft Eins ausübt. Die Stärke eines Magnetpols hat daher die Dimension $\mathrm{cm}^{3/2} \mathrm{g}^{1/2} \mathrm{sec}^{-1}$. Ein Stab mit den beiden Polstärken $+ 1$ und $- 1$ im Abstande Eins hat die Magnetstärke oder das „magnetische Moment" Eins.

Vermöge seiner Magnetisierung trägt der Magnet ein „magnetisches Feld" um sich, d. h. er übt magnetische Kräfte aus, nicht nur auf sein Inneres selbst, sondern auch durch den ganzen Außenraum. Die Alten nannten das die „virtus" des Magneten.

Für die Fernwirkung jedes einzelnen Pols gilt das COULOMBsche Gesetz, wonach

$$f = \frac{k\, m_1\, m_2}{\mu r^2},$$

hierin ist m_1 die Stärke des einen Pols, m_2 jene eines entfernten anderen, r ihre Entfernung voneinander, k eine Konstante, die für das Vakuum gleich 1 gesetzt wird und μ die Permeabilität des Zwischenmediums. Ist dieses die Luft von 1 Atm. Druck bei mittlerer Temperatur, so hat μ den Wert $1.000\ 000_3$, kommt also meßtechnisch nicht in Frage, wohl aber ist das μ der Umgebung zu beachten, wenn es sich um die

Wirkung in der Erdrinde verborgener Magnetismen auf das Instrument handelt.

Die Coulombsche Formel ist durch Idealisierung seiner Versuche an der Torsionswage gefunden; in Wahrheit hat man keine isolierten magnetischen Pole, sondern nur Polpaare. Um das magnetische Feld um den Magneten zu fassen, kann man es nur durch Einwirkung eines Stabes auf einen anderen errechnen. Man hat daher das Gesetz anzuwenden auf die Wirkung des Nordpols des einen Stabes auf die beiden Pole des anderen und ebenso des Südpols auf beide andere. Dazu kommt, daß jeder physische Magnet aus praktisch unendlich vielen Molekularmagneten zusammengesetzt ist, also jeder unendlich viele Pole beider Art besitzt. Wir nehmen daher an, daß der eine Magnet ein einzelner Molekularmagnet ist, ein Dipol = ein Nord- und ein Südpol in molekularem Abstand, was mathematisch als „Elementarmagnet" behandelt wird, d. h. als Magnet vom Moment Eins in unendlich kleinem Abstand der Pole.

Es lehrt dann die Potentialtheorie, die gerade aus der Gaussschen Theorie vom Erdmagnetismus entstanden ist, daß das Potential V des Magneten ist

$$V = \int \mu/r \, d\mu \, dr \, ,$$

worin μ jetzt die Magnetisierung der Volumeinheit, r die Entfernung aller Volumeinheiten des Stabes von dem Elementarmagneten ist und das worin μ jetzt die Magnetisierung der Volumeinheit, r die Entfernung Integral über alle diese Volumelemente und streng genommen auch über alle μ auszudehnen ist; gewöhnlich nimmt man aber an, daß jedes Volumelement dieselbe Magnetisierung besitze. Die Entfernung r kann man in einem rechtwinkligen räumlichen Koordinatensystem durch die Koordinaten xyz des Ortes des Elementarmagneten und abc eines Molekularmagneten des Stabes ausdrücken durch

$$r = \sqrt{(x-a)^2 + (y-b)^2 + (z-c)^2}$$

und hat dann die Möglichkeit, durch zweimalige Anwendung des Binomialsatzes[1] für r mit der Potenz $^1/_2$, für $\frac{1}{r}$ mit der von $-\frac{1}{2}$ eine unendliche Reihe nach Potenzen von r zu erhalten, die außerhalb und auf einer Kugel konvergiert, welche um den Koordinatennullpunkt gezogen ist und den Magneten gerade ganz umschließt. Gerade für diese Aufgabe führte jedoch Gauss eine neue analytische Darstellung ein, die Entwicklung nach unendlichen Reihen von Kugelfunktionen. Beide Reihendarstellungen lösen die Aufgabe, das magnetische Feld um einen Magneten eindeutig wiederzugeben, sind also nur verschiedene Formen, und die numerischen Faktoren stellen nichts weiter vor als verschiedene Zu-

----

[1] Ausgeführt dieses Werk Bd. 1, S. 64/65.

sammenfassungen und hängen miteinander formelmäßig zusammen. Wenn man bei dem Problem des Magneten und damit auch des Erdmagnetismus die Kugelfunktionen vorzieht, so liegt dies daran, daß ihre analytische Natur mehr geeignet ist, etwas über das physische Wesen eines Magnetfeldes auszusagen.

Bei ihnen wird die Verteilung des Feldes über die den Magneten einschließende Kugel und den Außenraum als Funktion der Entfernung, der Poldistanz u des Strahles OP und des Winkels λ ausgedrückt, der die Meridianlage, also die Länge des Strahles OP festlegt, d. h. an Stelle der xyz treten die Polarkoordinaten $ru\lambda$. Die ganze Reihe hat dann die Form

$$V = \overset{\infty}{\underset{1}{\Sigma}}n \; \overset{n}{\underset{0}{\Sigma}}m \, \dot{r}^{-n-1} \, P^{n,\,m}(\cos u)\,(M^{n,\,m}\cos n\,\lambda + N^{n,\,m}\sin n\,\lambda).$$

Hierin sind die $P^{n,\,m}(\cos u)$ die Kugelfunktionen, $M^{n,\,m} \; N^{n,\,m}$ sind die zahlenmäßigen Faktoren, welche aus der beobachteten Verteilung des Potentials über unsere Kugel um Q rechnerisch abzuleiten sind. Da in den $ru\lambda$ die an sich willkürliche Lage des Koordinatensystems enthalten ist, hängen auch die numerischen Koeffizienten $M^{n,\,m} \; N^{n,\,m}$ hiervon ab, d. h. sie stehen im allgemeinen in keiner leicht durchsichtigen Beziehung zu dem physikalischen Bau des Magnets und seinem Felde.

Es zeigt sich jedoch, wenn man das Potential ein und desselben Magneten für verschiedene Lagen des Koordinatensystems nach Kugelfunktionen entwickelt, daß drei Koeffizienten, nämlich $M^{1.0} \; M^{1.1} \; N^{1.1}$ sich insofern herausheben, als die Größe

$$\sqrt{(M^{1.0})^2 + (M^{1.1})^2 + (N^{1.1})^2}$$

unverändert bleibt. Diese Invariante enthüllt sich somit als eine für das betreffende Feld charakteristische Größe, wird ein Begriff und erhält daher einen Namen, den des „magnetischen Moments" des Stabes. Die einzelnen $M^{1.0} M^{1.1} N^{1.1}$ stellen dann die Komponenten des Moments nach den Koordinatenachsen dar; ihr absoluter Betrag ist zunächst willkürlich. Drehen wir jedoch das Koordinatensystem derart, daß die eine Achse parallel der Längsachse des Stabes wird, so stellen die drei Koeffizienten das Längs- und die beiden Quermomente des Stabes vor, also physikalische Begriffe. Eine weitere Annäherung an die physikalische Wirklichkeit haben wir, wenn wir den Nullpunkt des Koordinatensystems in den Indifferenzpunkt setzen. Wir nennen das so orientierte System, dessen X-Achse also parallel der Achse des magnetischen Feldes ist, und dessen Nullpunkt im Indifferenzpunkt liegt, das „kanonische". Das Potential lautet nun

$$V = \overset{\infty}{\underset{1}{\Sigma}}n \; \overset{n}{\underset{0}{\Sigma}}m \, r^{-n-1} \cdot P^{n,\,m}(\cos u)\cos(n\,\lambda - \alpha),$$

wo α ein beliebiger, den Nullmeridian auf der Kugel festlegender Winkel ist.

Damit ist die Grenze in der Annäherung der darstellenden mathematischen Formel und der physikalischen Wirklichkeit erreicht. Die Sachlage ist jetzt die, daß die drei ersten Koeffizienten, d. h. das erste Glied der K.F.-Reihe, die Größe und die Richtung des magnetischen Moments festlegen, nämlich $M^{1.0}$ das Längs-, $M^{1.1}$ das eine und $N^{1.1}$ das andere Quermoment, und die Summe der übrigen Glieder die Verteilung der Magnetisierung als Funktion des Abstandes der einzelnen Magnetpunkte vom Indifferenzpunkt angeben. Die Koeffizienten dieser höheren Glieder können nur in besonderen Fällen eine physikalische Bedeutung annehmen, z. B. wenn der Stab zwischen den Figurenachsen noch ausgezeichnete Achsen besitzt, wie dies z. B. bei Eisen- oder Magnetitkristallen der Fall ist; im allgemeinen sind sie reine Rechengrößen, abhängig von der zufälligen Verteilung des Magnetismus im Stab. Auch die Darstellung durch Reihen von Kugelfunktionen im kanonischen System ist dann nichts anderes als eine Interpolationsformel.

Nimmt man irgendeine regelmäßige Verteilung des Magnetismus an, so lassen sich natürlich Vereinfachungen erzielen. In dieser Weise ist besonders untersucht worden: der „prismatische" Magnet, bei dem die Magnetisierungsintensität μ in allen Querschnitten nach demselben Gesetz variabel ist, der „achsensymmetrische" Magnet, wo μ eine Funktion des Abstandes von Indifferenzpunkt ist, der „lineare" Magnet, bei dem die Querdimensionen zu Null degenerieren und alle μ nur längs einer Achse variieren, der „schematische" Magnet, bei dem aller Magnetismus nur in zwei Punkten konzentriert ist, den Polen, und der „Elementarmagnet", bei dem der Abstand der Pole unendlich klein ist.

Die letzten drei Formen sind mathematische Fiktionen; alle Gebrauchsmagnete aber sind durch ihre Herstellung achsensymmetrisch und lassen sich, namentlich durch die Art ihrer Verwendung beim Beobachten — man bringt sie in verschiedene systematische Lagen — wie lineare behandeln. Die übliche Weise, den ganzen Magnetismus in zwei Polen konzentriert zu sehen, ist offensichtlich unwirklich, eine richtige Als-Ob-Fiktion, wie etwa die, daß die Schwereattraktion eines Körpers nur vom Schwerpunkt ausgehe. Infolgedessen ist auch der Begriff „Poldistanz" nicht physikalisch wirklich, und es gibt Verhältnisse, wo er versagt (z. B. Kompaßrose).

Natürliche Magnete, künstliche Magnete und künstliche Magnetfelder.

Eine Anzahl von Mineralien äußern ohne weitere Behandlung magnetische Kräfte; wir nennen sie daher „natürliche Magnete". Hierher gehören fast nur Eisenerze. Die stärkste spezifische Magnetisierung besitzt Magnetit (Fe_3O_4); es folgen der Stärke nach Pyrrhotin (Fe_7O_8), Hämatit (FeO_2), Ilmenit ($FeTiO_3$), Limonit ($Fe_4H_6O_9$), Chromeisen

($FeCr_2O_4$), Almandin ($Fe_3Al_2Si_3O_{12}$) usw., doch überragt der Magnetit alle übrigen. Außerdem kommt es ungemein darauf an, wie dicht die Kristalle dieser Körper das betreffende petrographische Mineral durchsetzen, also auf die hüttenmäßige Form des Gesamtminerals. So sind am stärksten magnetisch Magneteisenstein, da er überwiegend aus reinem Magnetit zusammengesetzt ist, und Magnetkies, während der Brauneisenstein schon bedeutend schwächer ist, weil sein ursprünglicher Magnetitgehalt durch chemische Verwitterung hydriert ist. Alle übrigen Eisenerze sind weniger wirksam. Die Menge dieser natürlichen Magnete ist gegenüber der Menge der anderen Gesteine innerhalb der uns zugänglichen Erdkruste bis etwa 2 km Teufe gering. Es ist aber wahrscheinlich, daß sie in den tieferen Lagen prozentual anwachsen, lehrt doch namentlich die Seismologie und die Lehre von der Dichte der Erde, daß die Menge des Eisens nach dem Erdmittelpunkt zu ansteigt, bis schließlich Nickeleisen vorherrscht. Dafür sind sie von um so größerer wirtschaftlicher Bedeutung.

Eine zweite Reihe natürlicher Magnete bilden die Eruptivgesteine, doch ist die Intensität ihrer Magnetisierung bei weitem geringer als die der Erze. Man kann die in der spezifischen Magnetisierung absteigende Reihe aufstellen: Basalt, Dolorit, Diorit, Melaphyr, Gabbro, Serpentin, Granit, Trachyt usw. Der Träger der Magnetisierung ist stets der Gehalt an Magnetit, doch ist zu betonen, daß der chemischen und mikroskopischen Analyse nach gleiche Gesteine durchaus verschiedene spezifische Magnetisierung führen können — namentlich bei Melaphyr und Granit kann man das feststellen — es kommt da noch auf einen weiteren Faktor an: die Magnetitkristalle müssen geordnet liegen. Es ist also der Vorgang der Mineralbildung entscheidend. Zur Zeit fehlt es noch an genügend umfassenden Studien über diese Frage, wie denn überhaupt der natürliche Magnet physikalisch wenig erforscht ist. Meist kennt man nur sein spezifisches Moment und die Suszeptibilität unter starken Feldern, nicht aber die wirkliche Verteilung der Magnetisierung durch die Masse und den Zusammenhang mit dem petrographischem Bau.

Der Rest der eisenhaltigen Gesteine, meist Verwitterungsformen der ursprünglichen natürlichen Magnete oder Imprägnierungen mit Eisenhydroxyl, das das Niederschlagswasser in ursprünglich eisenfreie Gesteine hat einfließen lassen, sind an sich unmagnetisch, erhalten aber unter dem Feld des Erdmagnetismus oder benachbarter natürlicher Magnete induktorisch Magnetismus. Doch können solche hydrogene Schichten durch geologische Vorgänge in Magnetite rückverwandelt werden und so neuerlich Eigenmagnetismus erringen.

Das physikalisch Wesentliche eines natürlichen Magneten ist, daß er letzten Endes auf den Eigenmagnetismus bestimmter Kristalle zurückgeht. So ist der Magnetitkristall von sich aus ein Magnet, er hat sein Feld, wie er sein Kristallisationsgesetz von vornherein vorgeschrieben hat. Man kann sein Vorhandensein erkennen, wenn man unter dem Mikroskop Magnetitkristalle rosten läßt, wie ACKERMANN[1] gezeigt hat.

Der kolloidal sich bildende Rost bildet einen Faden, der, von irgendeiner Anfangsstelle ausgehend, sich unter dem magnetischen Feld des Kristalls kreisförmig um die magnetische, das ist die Längsachse, windet. Die magnetische Energie des Kristalls entstammt nach RINNE (mündliche Mitteilung) aus der freiwerdenden Erstarrungswärme bei der Bildung aus dem flüssigen Zustand.

Die künstlichen Magnete erfordern zu ihrer Erzeugung stets ein schon vorhandenes anderes magnetisches Feld, entweder das eines natürlichen Magneten oder eines anderen künstlichen oder eines elektromagnetischen. Es ist bekannt, daß während der Magnetisierung der induzierte Körper ein stärkeres Feld trägt, als nach Beseitigung des primären Feldes; man nennt das Verbleibende das „remanente Feld“. Wir haben oben gesehen, daß es schnell der Alterung verfällt, und die allgemeine Anschauung ist, daß dieser Prozeß einmal aufhöre und so sich das bilde, was man den „permanenten“ Magnetismus nennt. Die wirkliche Erfahrung an lange untersuchten Magneten spricht nicht dafür, daß dies je eintritt. Von den vielen künstlichen Magneten magnetischer Observatorien kennt man nur zwei Stäbe, welche einen Endwert erreicht haben, doch auch hier ist die Möglichkeit vorhanden, daß dies nur einstweilen der Fall ist. Auch der Erdmagnetismus ist nicht permanent, weshalb man wieder auf die alte GAUSSsche Bezeichnung zurückgeht und von einem „beharrlichen“ Erdfeld spricht, d. h. lediglich von einem Anteil, der das Bestreben hat, für kürzere Zeit unveränderlich zu bleiben.

Die dritte Quelle magnetischer Felder ist die durch Erzeugung seitens elektrischer Ströme, praktisch verwirklicht durch das Solenoid, die Spule. Hier sind das Entscheidende die Stärke des Stromes und die Gestalt des Stromleiters. Unwesentlich ist das Material des Leiters, denn es wirkt nur mittelbar, insofern bei größerer Leitfähigkeit der gleiche Strom mit geringerer Spannung zu erzielen ist. Jede Spule gleichen Materials, gleicher Gestalt, durchflossen vom gleichen Strom liefert immer das gleiche magnetische Feld, d. h. sämtliche $M^{n,m}$, $N^{n,m}$ sind stets numerisch gleich.

Hierin liegt physikalisch der Hauptunterschied gegen das magnetische Feld eines natürlichen oder künstlichen Magneten. Stahlstäbe — von den Mineralien gar nicht zu reden — gleicher Masse, gleicher Gestalt, gleicher chemischer Zusammensetzung, auf gleiche Weise magnetisiert, erwiesen sich stets und immer wieder als Individua. Sie erlangen nicht nur verschiedenes Moment, also auch verschiedene spezifische Magnetisierung, sondern auch verschiedene Abhängigkeit von der Temperatur, verschiedene Induktionsfähigkeit usw., kurz sie sind In-

---

[1] ACKERMANN: Kolloid-Z. **28**, 270—281 (1921).

dividua, analog etwa den Einzelexemplaren einer Tierart. Das ist es, was jede physikalische Theorie des körperlichen Magneten so sehr erschwert und was es bedingt, daß alle physikalischen oder technischen Gesetzmäßigkeiten nur qualitativ festgelegt sind. Dies ist es ferner, was die erdmagnetische Meßkunst zwingt, jeden von ihr gebrauchten Magneten einzeln zu untersuchen. Es ist daher begreiflich, daß sie jetzt dazu übergeht, mit elektrisch erzeugten Magnetfeldern zu arbeiten, wie wir später sehen werden.

Die gegenseitige Einwirkung zweier Magnete.

Bei der Messung der Feldstärke oder Intensität des Erdmagnetismus bedient man sich der Wechselwirkung des Erdfeldes einerseits und des eines Magnetstabes andererseits auf eine drehbar aufgehängte Magnetnadel. Indem auf die Nadel beide Kräfte wirken, kommt bei geeigneter Anordnung der Beobachtung eine bestimmte Ruhelage der Nadel zustande, deren Unterschied gegen die Stellung der Nadel, wie sie unter der alleinigen Wirkung des Erdfeldes ohne den ablenkenden Magnetstab wäre, als Maß des Verhältnisses zwischen dem magnetischen Moment des Stabes und dem Erdfeld angesehen werden kann. Will man statt dessen die Größe des Erdfeldes allein wissen, so muß jene des Moments des Stabes bekannt sein. Hierzu gelangt man durch Beobachtung der Schwingungsdauer eben desselben Magnetstabes unter dem gleichen Erdfeld. Die erste Beobachtung liefert, wie gesagt, das Verhältnis M/H, die zweite das Produkt MH, wo M das magnetische Moment des Stabes, H die Intensität des Erdfeldes ist. Die Vereinigung liefert sowohl H als auch M.

Das ist kurz dargestellt der übliche Weg der Bestimmung der Intensität des Erdmagnetismus. Wir müssen daher zuerst die gegenseitige Einwirkung zweier Magnete aufeinander behandeln — des Ablenkungsstabes und der abgelenkten Nadel.

Der einfachen Darstellung wegen wollen wir annehmen, es handele sich um die Bestimmung allein der Horizontalintensität, also jener Komponente des Erdfeldes, welche in die Ebene des Horizonts hineinfällt. Das ist auch zugleich die meist vorliegende Aufgabe, obwohl auch z. B. die Totalintensität und die vertikale Komponente derart gemessen werden können, wie wir später sehen werden.

Es ist bekannt, daß man unter den unendlich vielen möglichen Stellungen zwischen Stab, Nadel und Richtung des Erdfeldes bestimmte Sonderlagen zu bevorzugen pflegt, die sogenannten „Hauptlagen". Es sei aber gleich hier schon bemerkt, daß in der Meßkunst aller erdmagnetischer Observatorien die zuerst in die Praxis eingeführten beiden Hauptlagen von GAUSS nur zu nebensächlichen Beobachtungen verwandt werden und an ihre Stelle jene von LAMONT vorgeschlagenen getreten sind. Die inneren Gründe dafür werden wir noch vernehmen, sie beruhen namentlich in der weit größeren physikalischen Exaktheit der LAMONT-schen Verfahren und es ist sehr zu beklagen — auch von dem Interesse der reinen Physik heraus — daß in ihren Lehrbüchern immer noch die veralteten GAUSSschen Methoden allein zur Darstellung kommen, denn die LAMONTschen geben ein viel höheres Niveau der Beobachtungskunst.

Die allgemeine Aufgabe lautet: *das gegenseitige Potential zweier zueinander und zum Erdfeld beliebig gelagerter Magnete zu bestimmen.*

Sie ist in voller Ausführlichkeit erst von AD. SCHMIDT behandelt worden. Seine erste Arbeit „über die Bestimmung des allgemeinen Potentials beliebiger Magnete und die darauf begründete Berechnung ihrer gegenseitigen Einwirkung"[1] entwickelt die Grundlage seines Gedankengangs. Statt die Wirkung eines Magneten auf einen anderen durch Variation der Entfernung bei gleicher Lage zu erhalten, läßt er die Entfernung ungeändert und variiert die Lage, d. h. praktisch gesprochen, er führt den einen Magneten — die Nadel — über die ganze Oberfläche einer Kugel, welche den anderen Magneten — den Stab — konzentrisch umgibt, wobei für den Radius der Konvergenz der benutzten Kugelflächenfunktionsreihen wegen die Bestimmung besteht, daß die Kugel mindestens den Stab gerade voll umschließt. Wie dies technisch durgeführt wird, werden wir später gelegentlich der Beschreibung des entsprechend gebauten Theodoliten kennen lernen. Es gelingt dadurch, nicht nur die das magnetische Moment definierenden 3 Parameter $M^{1.0}$, $M^{1.1}$ $N^{1.1}$ zu finden, sondern alle $M^{n.m}$, $N^{n.m}$ und damit alle Drehmomente und translatorischen Kräfte, welche der Stab ausübt. Durch die Variation der Temperatur bei der experimentellen Ermittlung der einzelnen $M^{n.m}$, $N^{n.m}$ erhält man den Temperatureinfluß auf das Gesamtpotential, aus Vergleich verschiedener Stäbe verschiedener Dimensionen die Gesetze der Abhängigkeit von der Gestalt und somit einen tieferen Einblick in das physikalische Wesen der materiellen Magnete, allerdings in der Beschränkung, die der Darstellung physikalischer Verhältnisse durch Reihen irgendwelcher Art immer zugrunde liegt, und die darin besteht, daß nicht jedes Glied der Reihe einer bestimmten physikalischen Ursache zugeordnet werden kann. Im Allgemeinen gilt vielmehr, daß die Reihe das magnetische Feld erst in dem Augenblick voll darstellt, wo sie bis ins Unendliche ausgedehnt wird[2]. An eine physikalisch deutbare Beziehung der einzelnen Parameter ist daher nur in Sonderfällen zu denken (der Stab, eine Kugel oder ein Ellipsoid). Immerhin besitzen wir keine andere Form, des Problems Herr zu werden, und die Entwicklung nach Kugelflächenfunktionen ist noch die für physikalische Zwecke beste.

Indem AD. SCHMIDT von dem allgemeinen Potential eines Magneten ausgeht, spezialisiert er auf das kanonische System, in dem also der Koordinatennullpunkt auf den Indifferenzpunkt fällt, und die X-Achse der Figurenachse des Stabes parallel ist, und hat als Potential des Stabes

$$\Pi_1 = \Sigma n \, \Sigma m \, c_{nm} P^{nm} (\cos \sigma) \cos m (\tau - \gamma_{nm}) \, r^{-n-1} \qquad r \gqq R$$

und für jenes der Nadel auf das System des Stabes bezogen

$$\Pi_2 = \Sigma p \, \Sigma q \, k_{pq} P^{pq} (\cos \sigma) \cos q (\tau + \varkappa_{pq}) \, r^n \qquad r \lqq R,$$

---

[1] Sitzgsber. Berl. Akad. Wiss., Math. physik. Kl. **16**, 305—322. Berlin 1907.

[2] Vgl. KLEIN, F.: Anwendung der Differential- und Integralrechnung auf Geometie, 158 u. 205 ff. Leipzig: B. G. Teubner 1902.

hierin ist σ das Komplement der Breite auf der Kugel, τ die Länge, γ und χ die Phasenwinkel der Nullstellen, P^{nm}, P^{pq} die Kugelflächenfunktionen und c_{nm}, k_{nm} die numerisch aus den Beobachtungen zu ermittelnden Parameter. Das gegenseitige Potential ist dann

$$V = \Sigma n\, \Sigma m\, \Sigma p\, \Sigma q\, \frac{2n+1}{4\pi}\, c_{nm} k_{qp} \int_0^{\pi} d\sigma \int_0^{2\pi} \sin\sigma\, d\tau\, P^{nm}(\cos\sigma) \cos m(\tau + \gamma_{nm}) \times$$

$$\times P^{pq}(\cos\sigma) \cos q(\tau + \varkappa_{pq}).$$

Für $n \gtrless p$ und $m \gtrless q$ verschwinden alle Integrale, so daß schließlich

$$V = \Sigma n\, \Sigma m\, \frac{1}{\delta n m}\, c_{nm}\, k_{nm}\, \cos u\, (\gamma_{nm} - \varkappa_{nm}).$$

Auf diesem allgemeinen Gedankengang fußend, hat AD. SCHMIDT in einer zweiten Abhandlung „Über die gegenseitige Einwirkung zweier Magnete in beliebiger Lage"[1] das Problem in allen Einzelheiten verfolgt, und zwar nicht nur für physische Magnetstäbe, sondern auch für Solenoidfelder, und nicht nur bis zur Ableitung des Potentials, sondern auch auf die meßtechnisch wichtigeren Drehmomente und sogar auf die nur Korrektionen ergebenden translatorischen Kräfte. Er knüpft hier auch an die Arbeiten seiner Vorgänger an, insbesondere an den Zusammenhang zwischen der Kugelfunktionsdarstellung und der mit Hilfe des Binominalsatzes, d. h. der sogenannten „Verteilungsfaktoren" des Magnetismus im Stabe erhaltenen Form der Darstellung.

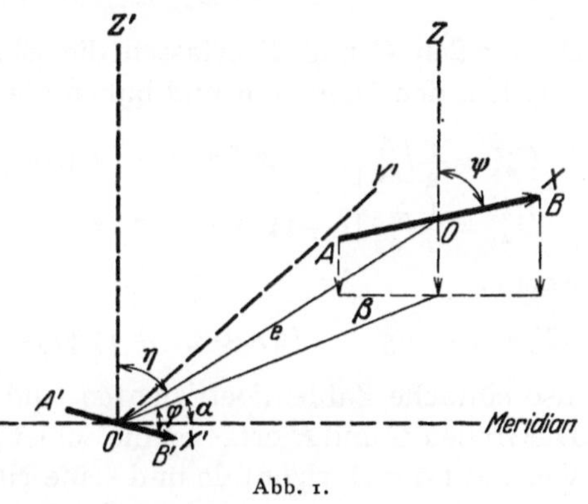

Abb. 1.

Er arbeitet dort zunächst mit Kugelfunktionen, die sich von den Kugelflächenfunktionen dadurch unterscheiden, daß Potenzen der Radien von Kugeln eintreten, welche den Stab bzw. die Nadel gerade umschließen.

Es sei in der nebenstehenden Abb. 1 AB der Stab, also der ablenkende Magnet, $A'B'$ die abgelenkte Nadel; ihre gegenseitige Entfernung ist e. Die Mittelpunkte O und O' der Magnete fallen mit den Indifferenzpunkten zusammen und sind die Nullpunkte zweier (kanonischer) räumlicher Koordinatensysteme XYZ, $X'Y'Z'$, von denen die die Vertikalrichtung bezeichnenden Z- und Z'-Achsen einander parallel seien, während die X-, X'-Achsen in die magnetischen Achsenrichtungen hineinfallen.

---

[1] SCHMIDT, AD.: Terr. Magn. 17, 181—232; 18, 65—70. Washington 1912 u. 1913.

Der Stab AB habe gegen die Vertikale den Winkel ψ, der also seine Neigung festlegt; dagegen sei der Winkel $Z'O'X'$ ein Rechter, d. h. die Nadel hänge wagerecht. Die Lage der Verbindungslinie e zwischen den beiden Magneten ist durch die Winkel $\eta\alpha\varphi$ festgelegt, wovon η den Winkel zwischen der Entfernungsrichtung und der Vertikalen bedeutet, α den Winkel ihrer Projektion auf die Horizontale gegen den magnetischen Meridian und φ den Winkel der gleichen Projektion gegen die Richtung der magnetischen Achse der Nadel, also die X'-Achse. $\varphi-\alpha$ gibt damit Ablenkungswinkel. Wir projizieren außerdem den Stab auf die Horizontalebene durch $O'X'$ und haben in β den Winkel dieser Projektion gegen jene von e.

Das gegenseitige Potential der zwei Magnete läßt sich dann in der Form schreiben:

$$V = \sum_{n}^{\infty} \sum_{m}^{n} \sum_{r}^{\infty} \sum_{s}^{r} (-1)^{n+m+s}\, e^{-n-r-1} \sum_{p}^{n} \sum_{q}^{r} (C_{pq}^{nr}\, G_{mp}^{n}\, J_{sq}^{r} + D_{rq}^{nr}\, H_{mp}^{n}\, K_{sq}^{r}). \tag{1}$$

Die Größen C und D erfassen die Elevation η der Verbindungslinie e zwischen den Magneten und haben die Gestalt

$$\left. \begin{aligned} C_{pq}^{nr} &= \tfrac{1}{2} f_{pq}^{nr} \left[(-1)^q\, P^{n+r,\, p-q} (\cos\eta) + P^{n+r,\, p+q} (\cos\eta) \right] \\ D_{pq}^{nr} &= \tfrac{1}{2} f_{pq}^{nr} \left[(-1)^q\, P^{n+r,\, p-q} (\cos\eta) - P^{n+r,\, p+q} (\cos\eta) \right] \end{aligned} \right\} \tag{2a}$$

worin

$$f_{pq}^{nr} = 1 \cdot 3 \cdot 5 \ldots (2n+2r-1)\, \sqrt{\varepsilon_p \varepsilon_q : (n+p)!\,(n-p)!\,(r+q)!\,(r-q)!}$$

also einfache Zahlenkoeffizienten sind; $\varepsilon_0 = 1$ und jedes übrige $\varepsilon = 2$. Die Größen G und H erfassen die Schiefe β des Stabes gegen die Projektion von e auf die Horizontale und seine Neigung ψ gegen die Vertikale:

$$\left. \begin{aligned} G_{mp}^{n} &= M_{nm}\, A_{mp}^{n}(\psi)\, \cos p\beta + N_{nm}\, B_{mp}^{n}(\psi)\, \sin p\beta \\ H_{mp}^{n} &= M_{nm}\, A_{mp}^{n}(\psi)\, \sin p\beta - N_{nm}\, B_{mp}^{n}(\psi)\, \cos p\beta \end{aligned} \right\} \tag{2b}$$

Die Größen J und K erfassen die entsprechenden Daten der Nadel, und da deren $\psi' = \dfrac{\pi}{2}$ ist, d. h. sie senkrecht gegen die Vertikale ist, so ist

$$\left. \begin{aligned} J_{sq}^{r} &= M'_{rs}\, A_{sq}^{r}\!\left(\tfrac{\pi}{2}\right) \cos q\varphi + N'_{rs}\, B_{sq}^{r}\!\left(\tfrac{\pi}{2}\right) \sin q\varphi \\ K_{sq}^{r} &= M'_{rs}\, A_{sq}^{r}\!\left(\tfrac{\pi}{2}\right) \sin q\varphi - N'_{rs}\, B_{sq}^{r}\!\left(\tfrac{\pi}{2}\right) \cos q\varphi \end{aligned} \right\} \tag{2c}$$

Die $MN\ M'N'$ sind die für den Stab und die Nadel charakteristischen, aus den Beobachtungen zu ermittelnden numerischen Faktoren oder Parameter, die hier noch mit den A und B multipliziert erscheinen, welche ihrerseits die Aufgabe haben, die beiden Koordinatensysteme miteinander zu verbinden.

Die Ausdrücke 2) in 1) eingesetzt liefern das gegenseitige Potential in der Form $\left(\overset{4}{\Sigma}\text{ für die vierfache Summe}\right)$

$$Y = \overset{4}{\Sigma} e^{-n-r-1}[M_{nm}\,M'_{rs}\,\Phi^{nr}_{ms}\,(\eta,\,\psi,\,\beta,\,\varphi)+]\cdots,$$

worin das Φ insbesondere die Gestalt hat:

$$\Phi^{nr}_{ms} = (-1)^{n+m+s}\,\overset{n}{\underset{0}{\Sigma p}}\,\overset{r}{\underset{0}{\Sigma q}}\,\frac{1}{2}\,f^{nr}_{pq}\,A^{u}_{mp}(\psi)\,A^{r}_{sq}\left(\frac{\pi}{2}\right)\Big[P^{n+r,\,p+q}(\cos\eta)$$

$$\cos(p\beta+q\varphi)+(-1)^{q}\,P^{n+r,\,p-q}(\cos\eta)\,\cos(p\beta-q\varphi)\Big].$$

Diese allgemeinen Formeln reduzieren sich nun erheblich, wenn man nicht mit beliebigen Magneten — also etwa natürlichen — arbeitet, sondern mit regulär magnetisierten, wie es alle für erdmagnetische Zwecke künstlich hergestellten sind. SCHMIDT gibt als Formel Nr. (52) S. 217 seiner hier behandelten Arbeit eine in den numerischen Faktoren explizite Formel für das gegenseitige Potential bis zu den Gliedern siebenter Ordnung. Eine weitere Vereinfachung ergibt natürlich die Spezialisierung auf bestimmte Lagen der Magnete zueinander.

Die wichtigste unter allen diesen Spezialisierungen ist die, wo Stab und Nadel in derselben Horizontalebene liegen, denn dies ist der Fall der üblichen Horizontalintensitätsbestimmung, sei es nach dem Verfahren von GAUSS oder jenem von LAMONT. Es ist dann die Neigung ψ des Stabes gegen die Vertikale und die Neigung η der Verbindungslinie der Magnetmittelpunkte $\frac{\pi}{2}$, so daß in expliziter Darstellung das gegenseitige Potential ist:

$$V = M_1 M'_1\,e^{-3}(-2c_1\gamma_1 + s_1\sigma_1) + M_3 M'_1\,e^{-5}\Big(-\frac{3}{2}c_1\gamma_1 + \frac{3}{8}s_1\sigma_1 -$$

$$\frac{5}{2}c_3\gamma_1 + \frac{15}{8}s_3\sigma_1\Big) + M_1 M'_3\,e^{-5}(\ldots) + M_5 M'_1\,e^{-7}\Big(-\frac{45}{32}c_1\gamma_1 + \frac{15}{64}s_1\sigma_1$$

$$-\frac{105}{64}c_3\gamma_1 + \frac{105}{128}s_3\sigma_1 - \frac{189}{64}c_5\gamma_1 + \frac{315}{128}s_5\sigma_1\Big) + M_3 M'_3\,e^{-7}$$

$$\Big(-\frac{135}{32}c_1\gamma_1 + \frac{45}{64}s_1\sigma_1 - \frac{105}{32}c_1\gamma_3 + \frac{105}{64}s_1\sigma_3 - \frac{105}{32}c_3\gamma_1 + \frac{105}{64}s_3\sigma_1$$

$$-\frac{295}{32}c_3\gamma_3 + \frac{565}{64}s_3\sigma_3\Big) + M_1 M'_5\,e^{-7}(\ldots)$$

$$+ M_7 M'_1{}^{-9}\Big(-\frac{175}{128}c_1\gamma_1 + \frac{175}{1024}s_1\sigma_1 - \frac{189}{128}c_3\gamma_1 + \frac{567}{1024}s_3\sigma_1 - \frac{231}{128}c_5\gamma_1 +$$

$$\frac{1155}{1024}s_5\sigma_1 - \frac{429}{128}c_7\gamma_1 + \frac{3003}{1024}s_7\sigma_1\Big) + M_5 M'_3\,e^{-9}\Big(-\frac{525}{64}c_1\gamma_1 + \frac{525}{512}s_1\sigma_1 -$$

$$\frac{315}{64}c_1\gamma_3 + \frac{945}{512}s_1\sigma_3 - \frac{945}{128}c_3\gamma_1 + \frac{2835}{1024}s_3\sigma_1 - \frac{1015}{128}c_3\gamma_3 + \frac{6895}{1024}s_3\sigma_3 -$$

$$\frac{693}{128}c_5\gamma_1 + \frac{3465}{1024}s_5\sigma_1 - \frac{2835}{128}c_5\gamma_3 + \frac{22365}{1024}s_5\sigma_3\Big) + M_3 M'_5\,e^{-9}(\cdots) +$$

$$M_1 M_7\,e^{-9}(\cdots) + \cdots$$

worin zur Abkürzung geschrieben ist

$$\cos\beta = c_1; \quad \cos p\beta = c_p; \quad \cos\varphi = \gamma_1; \quad \cos q\,\varphi = \gamma_q$$
$$\sin\beta = s_1; \quad \sin p\beta = s_p; \quad \sin\varphi = \sigma_1; \quad \sin q\,\varphi = \sigma_q$$

Beobachtet wird nun das Drehmoment $-\dfrac{\partial V}{\partial \varphi}$, welches der Stab vermöge dieses wechselseitigen Potentials auf die Nadel ausübt. Dies führt zu der allgemeinen Formel:

$$
\begin{aligned}
-\frac{\partial V}{\partial \varphi} = {} & - M_1 M_1' e^{-3}(2 c_1 \sigma_1 + s_1 \gamma_1) - M_3 M_1' e^{-5}\Big(\frac{3}{2} c_1 \sigma_1 + \frac{3}{8} s_1 \gamma_1 + \frac{5}{2} \\
& c_3 \sigma_1 + \frac{15}{8} s_3 \gamma_1\Big) \\
& - M_1 M_3' e^{-5}\Big(\frac{3}{2} c_1 \sigma_1 + \frac{3}{8} s_1 \gamma_1 + \frac{15}{2} c_1 \sigma_3 + \frac{45}{8} s_1 \gamma_3\Big) - M_5 M_1' e^{-7} \\
& \Big(\frac{45}{32} c_1 \sigma_1 + \frac{15}{64} s_1 \gamma_1 + \frac{105}{64} c_3 \sigma_1 + \frac{105}{128} s_3 \gamma_1 + \frac{189}{64} s_5 \sigma_1 + \frac{315}{128} s_5 \gamma_1\Big) \\
& - M_3 M_3' e^{-7}\Big(\frac{135}{32} c_1 \sigma_1 + \frac{45}{64} s_1 \gamma_1 + \frac{315}{32} c_1 \sigma_3 + \frac{315}{64} s_1 \gamma_3 + \frac{105}{32} c_3 \sigma_1 + \\
& \frac{105}{64} s_3 \gamma_1 + \frac{885}{32} c_3 \sigma_3 + \frac{1695}{64} s_3 \gamma_3\Big) - \\
& M_1 M_5' e^{-7}\Big(\frac{45}{32} c_1 \sigma_1 + \frac{15}{64} s_1 \gamma_1 + \frac{315}{64} c_1 \sigma_3 + \frac{315}{128} s_1 \gamma_3 + \frac{945}{64} c_1 \sigma_5 + \\
& \frac{1575}{128} s_1 \gamma_5\Big) \cdots
\end{aligned}
$$

In den exakten Hauptlagen verschwinden weitere Glieder, allein die hier stehende allgemeinere Formel ist wichtig, da sie den Ausgangspunkt für die Ermittlung des Einflusses der Abweichungen der Magnetlagen von den exakten Anforderungen der Hauptlagen abgibt. Es ist nicht angängig, wie das oft geschehen ist, den hieraus entspringenden Fehler durch Differentiation der Formeln der Hauptlagen zu ermitteln worauf zuerst E. LEYST[1] hinwies, eben da sie die Glieder nicht enthalten, welche den Schieflagen entsprechen.

Wir bringen hier nur die Formeln für die ersten Hauptlagen von GAUSS und LAMONT.

1. *Hauptlage von* GAUSS. Hier steht der Stab senkrecht gegen die im Meridian befindliche Nadel, d. h. $\beta = \pi$ und das Drehmoment wird

$$
\begin{aligned}
-\frac{\partial V}{\partial \varphi} = {} & 2 M_1 M_1' e^{-3} \sigma_1 + 4 M_3 M_1' e^{-5} \sigma_1 + \frac{3}{2} M_1 M_3' e^{-5}\Big(\sigma_1 + 5 \sigma_3\Big) \\
& + 6 M_5 M_1' e^{-7} \sigma_1 + \frac{15}{2} M_3 M_3' e^{-7}(\sigma_1 + 5 \sigma_3) + \frac{45}{32} M_1 M_5' e^{-7} \\
& \Big(\sigma_1 + \frac{7}{2}\sigma_3 + \frac{21}{2}\sigma_5\Big) + 8 M_7 M_1' e^{-9}\sigma_1 + \frac{21}{2} M_5 M_3' e^{-9}\Big(\sigma_1 + 5 \sigma_3\Big) \\
& + \frac{105}{8} M_3 M_5' e^{-9}\Big(\sigma_1 + \frac{7}{2}\sigma_3 + \frac{21}{2}\sigma_5\Big) + \frac{175}{128} M_1 M_7' e^{-9} \\
& \Big(\sigma_1 + \frac{81}{25}\sigma_3 + \frac{33}{5}\sigma_5 + \frac{429}{25}\sigma_7\Big) + \cdots
\end{aligned}
$$

SCHMIDT gibt hierbei noch die Korrektionsglieder an, welche bei unvollkommen regulären Magneten auftreten.

---

[1] LEYST. E.: Bull. Soc. Imp. d. Naturalistes. Moskau 1910.

2. *Hauptlage von* LAMONT. Hier steht der Stab ebenfalls senkrecht gegen die Nadel, diese aber ist aus dem Meridian um den Ablenkungswinkel abgelenkt. Es gilt

$$-\frac{\partial V}{\partial \varphi} = 2 M_1 M'_1 e^{-3} + 3 M_2 M'_1 e^{-4} + \left(4 M_3 M'_1 - 6 M_1 \left(M'_3 - \frac{\sqrt{15}}{3} M'_{32}\right)\right) e^{-5}$$
$$+ \left(6 M_5 M'_1 - 30 M_3 M'_3 + \frac{45}{4} M_1 M'_5\right) e^{-7} + \left(8 M_7 M'_1 - 42 M_5 M'_3 + 105\right.$$
$$\left. M_3 M'_5 - \frac{35}{2} M_1 M'_7\right) e^{-9} + \cdots .$$

Abgesehen von dem Genauigkeitsgrad der Messungen ist der wesentliche Unterschied zwischen den GAUSSschen und den LAMONTschen Hauptlagen der, daß die Beobachtung durch sich selbst bei GAUSS die exakte Hauptlage verdirbt, indem die aus dem Meridian abgelenkte Nadel eben nicht mehr gegen den Stab senkrecht steht.

Die tatsächliche experimentelle Durchführung der Bestimmung der in diesen Gleichungen auftretenden Parameter hat eine grundsätzliche Schwierigkeit darin, daß von vornherein die exakten Lagen der Achsen des kanonischen Systems unbekannt sind. So ist insbesondere der Ort des Indifferenzpunktes und die Richtung der magnetischen Achse unklar, weil mit dem einen der geometrische Mittelpunkt und mit der anderen die Figurenachse nicht zusammenzufallen brauchen und es auch meist nicht tun. Deshalb schlägt AD. SCHMIDT[1] in einer dritten Abhandlung, welche sich vornehmlich mit der praktischen Bestimmung der Parameter beschäftigt, vor, das Koordinatensystem rein geometrisch festzulegen, d. h. auf die Figur des Magneten zu beziehen. Es vermehrt sich dadurch die Anzahl der Koeffizienten um 6, wovon 3 die Lage des Indifferenzpunktes, und 3 die Richtung der magnetischen Achse bestimmen.

Bei dieser empirischen Aufgabe stellt sich das Potential eines Magneten durch eine Reihe von Kugelfunktionen dar mit irgendwelchen numerischen Faktoren, eben den Parametern, ihrem Wesen nach gegeben durch die analytische Gestalt der betreffenden Anteile unserer allgemeinen Formel, ihrer Größe nach durch die gerade vorhandene Magnetisierung festgelegt.

Der Stab habe derart die Reihe

$$V = M e^{-3} [P_1 (\cos u) + C' e^{-2} P_3 (\cos u) + C'' e^{-4} P_5 (\cos u) + \cdots]$$

die Nadel

$$v = m e^{-3} [P_1 (\cos u) + c' e^{-2} P_3 (\cos u) + c' e^{-4} P_5 (\cos u) + \cdots] .$$

Die Beschränkung auf die ungeraden Kugelfunktionen ist zulässig, weil der tatsächlich vorliegende Magnet in bestimmte, geometrisch-sym-

---

[1] SCHMIDT, AD.: Die Bestimmung der Parameter von Stabmagneten. Tätigkeitsbericht d. Preuß. Meteorol. Inst. im Jahre 1926, 42—58. Berlin 1927.

metrische Lagen gebracht wird und dadurch, wie oben schon erwähnt, wie ein achsensymmetrischer wirkt. Der erste Koeffizient M bzw. m ist das magnetische Moment, während C', c' und C'', c'' zur Poldistanz in einfacher Beziehung stehen. Soweit irreguläre Glieder mitsprechen könnten, finden sie sich aus den Unterschieden der Ablenkungen bei den einzelnen Lagen.

Aus dem gegenseitigen Potential ergibt sich nach unserer allgemeinen Formel das Drehmoment des Stabes auf die Nadel, positiv im Sinne wachsenden Ablenkungswinkels φ zu

$$-\frac{\partial V}{\partial \varphi} = M\,m\,e^{-3}\bigg[-(2c_1\sigma_1 + s_1\gamma_1) - B'\bigg(\frac{3}{2}c_1\sigma_1 + \frac{3}{8}s_1\gamma_1 + \frac{5}{2}c_3\sigma_1 +$$

$$\frac{15}{8}s_3\gamma_1\bigg) - b'\bigg(\frac{3}{2}c_1(\sigma_1 + 5\sigma_3) + \frac{3}{8}s_1(\gamma_1 + 15\gamma_3)\bigg) - B''\bigg(\frac{45}{32}c_1\sigma_1 +$$

$$\frac{15}{64}s_1\gamma_1 + \frac{105}{64}c_3\sigma_1 + \frac{105}{128}s_3\gamma_1 + \frac{189}{64}c_5\sigma_1 + \frac{315}{128}s_5\gamma_1\bigg) - B'b'$$

$$\bigg(\frac{45}{32}c_1(3\sigma_1 + 7\sigma_3) + \frac{45}{64}s_1(\gamma_1 + 7\gamma_3) + \frac{15}{32}c_3(7\sigma_1 + 59\sigma_3) +$$

$$\frac{15}{64}s_3(7\gamma_1 + 113\gamma_3)\bigg) - b''\bigg(\frac{45}{64}c_1(2\alpha_1 + 7\sigma_3 + 21\sigma_5) +$$

$$\frac{15}{128}s_1(2\gamma_1 + 21\gamma_3 + 105\gamma_5)\bigg)\cdots\bigg]$$

worin nur die Glieder nach Funktionen der Schiefe β des Stabes gegen die Verbindungslinie der Magnete geordnet sind und

$$B' = C'e^{-2} \qquad B'' = C''e^{-4} \qquad b' = c'e^{-2} \qquad b'' = c''e^{-4}$$

gesetzt ist. Damit hat man bei dieser wohl stets ausreichenden Beschränkung der Reihe die fünf Parameter B' B'' b' b'' und $B'b'$ als Unbekannte empirisch zu bestimmen, denn das magnetische Moment ergibt sich bei bekannter Horizontalintensität ohne weiteres.

Das seither allein übliche Verfahren arbeitet mit Ablenkungen aus ein und derselben Hauptlage doch bei verschiedenen Entfernungen, meist zweien. Diese Art, die „Ablenkungsfunktion" oder die „Verteilungskoeffizienten" zu erhalten, ist jedoch äußerst unbefriedigend. AD. SCHMIDT schlägt daher in der hier besprochenen Arbeit drei neue Verfahren vor, die allerdings dazu eigens gebaute Theodolite verlangen, dafür aber zum erstenmal den Physiker in die Lage setzen, das Feld eines Magnetstabes über sein Moment und seine Poldistanz hinaus zu ergründen. Das eine besteht darin, daß bei torsionsloser Aufhängung der Nadel der Stab verschiedene Azimute erhält und der das Lager des Stabes tragende Arm so lange gemessen gedreht wird, bis die Nadel gegen den Arm einen der vier Winkel 0, 90, 180 und 270° einnimmt. Das zweite Verfahren hat konstantes Azimut des Arms, und die Schiefe der Nadel gegen ihn wird durch die zu messende Torsion bei 0 oder 90° erhalten, während der Stab wieder alle Azimute durchläuft. Das dritte hält die Nadel immer direkt oder invers im Meridian, während wieder

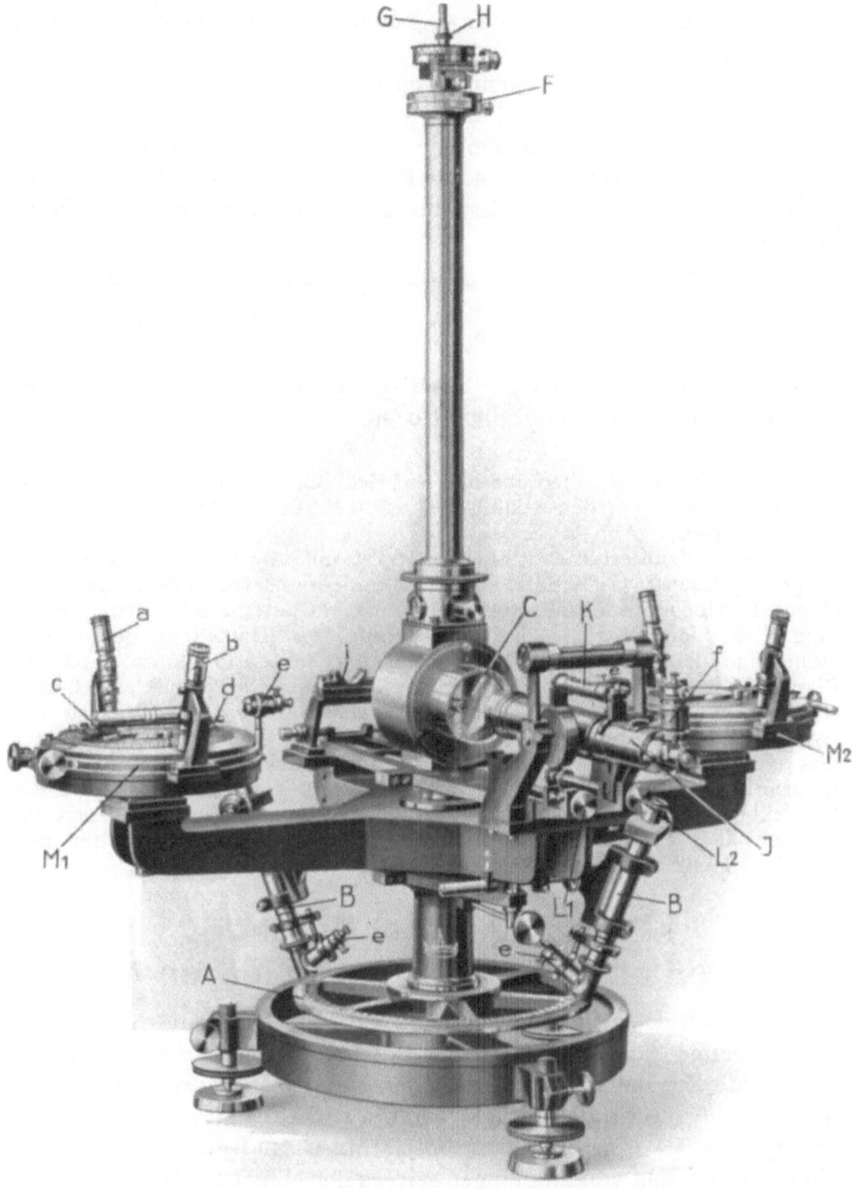

Abb. 2. Absoluter magnetischer Theodolit nach Ad. Schmidt. Askaniawerke Berlin-Friedenau.
G Vorrichtung zur Senkung und Hebung der Nadel; *H* Torsionskreis mit Nonius; *F* Vorrichtung zur Parallelverschiebung des Fadens; *C* Magnetnadel; M_1 M_2 Drehscheiben; *A* Horizontalkreis; *B* Ablesemikroskope mit Mikrometer; L_1 L_2 Klemmschrauben; *J* Fernrohr; *a, b* Schätzmikroskope; *c* Ablenkungsmagnet; *d* Teilkreis der Drehscheibe; *e* Beleuchtungslämpchen; *K* Vertikallibelle des Fernrohrs.

durch die Torsion äquilibriert wird, so daß der Winkel des Arms gegen die Nadel die Werte 0° oder 90° einnimmt; dabei aber ändert sich das

Azimut des Arms stets so, daß es $- \beta$ oder $90^\circ - \beta$ beträgt ($\beta =$ Azimut des Stabes).

Die Ergebnisse der Beobachtung entwickelt man dann in eine trigonometrische Reihe nach cos und sin von Vielfachen von β und bekommt so durch gliedweises Gleichsetzen mit dem Ausdruck in der eckigen Klammer S. 15 u. die numerischen Werte der Parameter. Bei dem letzteren Verfahren insbesonders wären diese bis auf den überall gleichen Faktor M/He^3:

$$a_1 = -\left(2 + \frac{3}{2}B' + \cdots\right) \quad a_3 = -\left(\frac{5}{2}B' + \cdots\right) \quad a_5 = -\frac{189}{64}B''$$

$$b_1 = -\left(1 + \frac{3}{8}B' + \cdots\right) \quad b_3 = -\left(\frac{15}{8}B' + \cdots\right) \quad b_5 = \frac{315}{128}B''.$$

Die geraden FOURIERschen Koeffizienten $a_2\, b_2$ usw. sind theoretisch 0, ihre rechnerische Größe gibt also ein Maß für die Genauigkeit der Messung.

Auf Grund dieser theoretischen Entwicklung ist nach den Anweisungen von AD. SCHMIDT bei den Askaniawerken zu Berlin-Friedenau ein Theodolit gebaut worden[1]. Abb. 2.

Die in $5'$ unterteilte Alhidate A gibt mittels der Mikrometermikroskope B gelesen $1/10$, geschätzt 0,01. Die Supensionsröhre besitzt am Kopfe einen Torsionskreis H mit Nonienablesung, darunter eine Zentriervorrichtung F für den Faden. G ist eine Spindel zur Einstellung der exakten Höhenlage der Nadel C, die man unter der Suspensionsröhre durch das Planglas der Box sieht. Die Ablenkungsschiene ist ersetzt durch die beiderseitigen Drehscheiben M_1, M_2, jede mit einem horizontalen Teilkreis und zwei Schätzmikroskopen a, b versehen; auf M_1 liegt der Ablenkungsmagnet c. Das Gesichtsfeld der Mikroskope wird durch elektrische Lämpchen e beleuchtet. Das Fernrohr I hat an Stelle eines Vertikalkreises eine feste Reiterlibelle K parallel seiner Längsrichtung; natürlich trägt auch das Fernrohrlager eine solche Libelle. Wegen den übrigen Einzelheiten muß auf die angeführte Originalarbeit verwiesen werden.

Grundlagen der Messung
der erdmagnetischen Elemente.

Unter den Elementen des Erdmagnetismus versteht man die den Beobachtungen leicht zugänglichen Bestimmungsstücke des Erdfeldes. Die leichte Zugänglichkeit wird in der Hauptsache durch das Hineinspielen der Schwerkraft bedingt. Um die Richtung zu erhalten, müssen wir irgendwie Magnete drehbar unterstützen, und auch die Intensität erfordert Messung von Drehungen seitens der Magnete. Die wesentliche Rolle der Schwerkraft auf Drehungen und Unterstützung bewirkt es, daß die Ebene des Horizonts eine besondere Bevorzugung auch in der erdmagnetischen Meßtechnik einnimmt, genau gesprochen, die auf der jeweiligen Lotlinie senkrechte Ebene.

---

[1] BOCK, R.: Z. Instrumentenkde **48**, 1—14 (1928). Z. Geoph. **4**, 227—236 (1928).

Infolgedessen beobachten wir vornehmlich an horizontal drehbaren Magneten, obwohl die Richtung des erdmagnetischen Feldes in den meisten Teilen der Erdoberfläche schief gegen den Horizont steht, und eine frei bewegliche, in ihrem Schwerpunkt unterstützte Magnetnadel dementsprechend sich beträchtlich geneigt um die Horizontale einstellt. Die Elemente des Erdmagnetismus sind daher die *Deklination* oder Abweichung der künstlich nur horizontal beweglich gemachten Nadel gegen den astronomischen Meridian, die *Horizontalintensität* oder die Kraft, mit welcher diese selbe Nadel vom erdmagnetischen Feld in dieser Richtung erhalten wird, und die *Inklination* oder die Neigung, welche eine, nur um ihren Schwerpunkt drehbare, dafür aber *allein* im Meridian der Deklination bewegliche Nadel gegen den Horizont unter dem Einfluß der Horizontalintensität und des restlichen Anteils des erdmagnetischen Feldes, der *Vertikalintensität*, einschlägt. Die übliche Meßkunst bestimmt somit an jedem Orte diese drei Größen; nur unter besonderen Umständen werden andere Bestimmungsstücke beobachtet; so in der Nähe der magnetischen Pole, wo die Horizontalintensität zu klein wird, die Vertikal- oder die Totalintensität. Theoretisch ist es durchaus möglich, auch die Intensität in irgendwelchen Richtungen zu messen, doch macht die Praxis davon keinen Gebrauch.

Aus den gemessenen Elementen lassen sich alle gewünschten anderen Größen, so auch die drei rechtwinkligen Komponenten berechnen. Es ist üblich, die in den astronomischen Meridian fallende Südnord- oder X-Komponente von S nach N, die westöstliche oder Y-Komponente nach Ost wachsen zu lassen und die vertikale oder Z-Komponente nach unten. Daraus ergibt sich, daß die Deklination von Nord über Ost positiv gezählt wird, die Inklination nach unten. Aus den Elementen D, I, H ergibt sich rechnerisch

$$X = H\cos D; \qquad Y = H\sin D; \qquad Z = H\operatorname{tang} I;$$

umgekehrt folgt aus den Komponenten

$$\operatorname{tang} D = Y/X; \qquad \operatorname{tang} I = \frac{Z}{\sqrt{X^2 + Y^2}}; \qquad H = \sqrt{X^2 + Y^2};$$

und die Totalintensität wird

$$T = \sqrt{X^2 + Y^2 + Z^2};$$

einfachere Gebrauchsformeln sind weiter

$$T = \frac{H}{\cos I} \qquad Z = H\operatorname{tang} I = T\sin I.$$

Zerlegungen nach anderen Achsen sind kaum in Gebrauch.

Die Unterstützungsarten der Magnetnadeln. Die geschichtlich älteste Art ist die, den Magneten auf einer Flüssigkeit, meist Wasser, mittelst eines tragfähigen Schwimmkörpers in der Schwebe zu er-

2*

halten. Sie ist heute in ihrer reinen Form aufgegeben, da Oberflächen-
spannung und Turbulenz des Innern der Flüssigkeit viel zu große
Fehlerquellen sind. Es folgte die *Pinnen*aufhängung, d. h. die Unterstützung des Magnets durch eine nadelförmige Spitze, die Pinne. Dies ist
die Form des Dosenkompasses, der Bussole, und des Schiffskompasses;
in reiner Form nur beim Trockenkompaß, mit der ersteren gemischt
im Fluidkompaß, denn hier wird ein Teil der Last des Magneten durch
die in den Kessel eingeschlossene, aus Wasser und Alkohol bestehende
Flüssigkeit getragen und nur ein Rest von der Pinne. Die dritte,
ebenfalls uralte Form ist die Aufhängung an einem Faden oder Draht.
Für besondere Zwecke kommt noch die Lagerung des Magneten auf
einer Schneide, auf zwei die Schneide ersetzende Spitzen oder durch
Drehachsen auf oder in Lagern in Anwendung; diese drei Formen
vornehmlich dann, wenn der Magnet gegen den Horizont drehbar
sein soll.

Jede dieser Unterstützungsarten hat ihre besonderen Bedingungen
und Fehlerquellen, deren genaue Kenntnis zur Beherrschung der Meßkunst wesentlich ist.

Die Pinnenaufhängung. Die Magnetnadel bekommt in der Nähe
ihres Schwerpunkts — auf der magnetischen Nordhalbkugel dem Südpol näher — einen hohl geschliffenen Stein eingelegt, das „Hütchen",
und wird mit dieser Höhlung auf die Pinne aufgesetzt, so daß der Schwerpunkt des ganzen Systems sich etwas unterhalb der Pinnenspitze befindet. Bei den üblichen Dosenkompassen, aber auch bei manchen Instrumenten der niederen Geodäsie (z. B. Grubenkompaß) gibt die Magnetnadel selbst den Zeiger ab, indem sie über einer Kreisteilung schwingt.
Grundsätzlich ist jedoch zu erwarten, daß die Figurenachse nicht mit
der magnetischen übereinstimmt. Um die wahre Kompaßrichtung zu
erhalten, muß die Nadel die Möglichkeit haben, um ihre Figurenachse
umgelegt zu werden. Erst das Mittel aus beiden Ablesungen kann die
wahre Nordrichtung liefern. Bei allen Instrumenten der Art, wo dies
Umlegen nicht möglich ist, besitzt das Instrument einen Indexfehler, der
erst ermittelt werden muß.

Magnetische Theodolite, die sich der Pinnenaufhängung bedienen,
haben stets die Möglichkeit der Umlegung. Sie benutzen außerdem nicht
mehr die Nadel selbst als Zeiger, sondern setzen auf ihre Enden Spiegel
auf, die sie mit einem Fernrohr mit Fadenkreuz betrachten. Man hat
dann das gespiegelte Bild mit dem direkten Fadenkreuz zur Deckung
zu bringen; danach legt man die Nadel um und wiederholt die Beobachtung. Zu der Schiefe der magnetischen Achse kommt nun noch die
Schiefe der Spiegelnormalen. Der Unterschied beider Lagen differiert
um die doppelte Summe beider Schiefen und liefert so den doppelten
Kollimationsfehler. Abb. 3 zeigt den typischen Bau eines Pinnen-
magneten für erdmagnetische Zwecke. Er besteht aus mehreren (hier

vier) magnetisierten Lamellen l_1, l_2, l_3, l_4 aus Stahl, was gegenüber einem Vollstab Gewicht erspart, ohne eine Einbuße an magnetischem Moment zu bewirken. An den beiden Enden sitzen die Spiegel o. An den im Innern gelegenen Stäben r sind Gewichte verschiebbar, welche so eingestellt werden, daß der Magnet horizontal einsteht. q ist die Fassung für den in ihr frei verschiebbaren Stein s, das „Hütchen". Wird die Nadel auf die von unten kommende Pinne aufgesetzt, so verschiebt sich das Hütchen nach oben bis zur Widerlage gegen die Fassung; der Unterstützungspunkt ist dann höher als der Schwerpunkt. Nach der Umlegung gleitet das Hütchen wieder nach oben, und die Schiefe der Achsen ist ausgeschieden, wenn der obere und untere Schliff des Steins geometrisch gleich und seine Achsen einander parallel sind. Da dies nicht immer der Fall sein wird, bleibt ein restlicher Fehler, der als „Instrumentalkonstante" zu ermitteln ist.

Wesentlich ist, daß die Reibung stets einen unregelmäßigen Einfluß ausüben wird. Dem begegnet man dadurch, daß man unter fortgesetztem Wechsel zwischen beiden Lagen die Beobachtungen häuft. Außerdem ist erfahrungsgemäß notwendig, daß der Magnet höchstens mit einem Gewicht von 10 g auf der Pinne aufruht; der Magnet muß also entweder so leicht sein oder — wie beim Fluidkompaß — sein Gewicht durch Auftrieb entlastet werden.

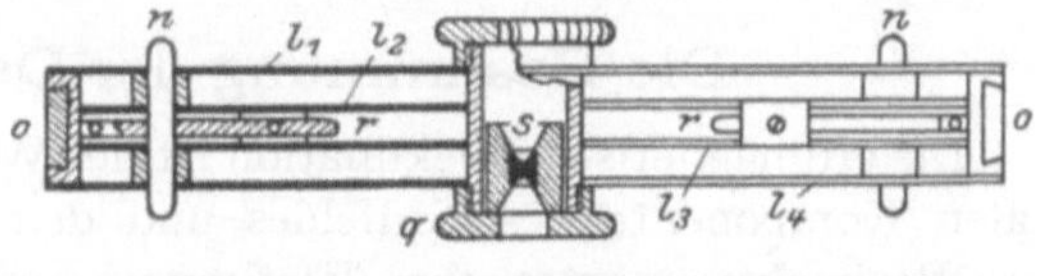

Abb. 3. Pinnenmagnet. $l_1 \cdots l_4$ Magnetlamellen; n Fassung; r Spindel mit Laufgewicht; o Spiegel; s Stein; $'q$ Hütchen.

Die Fadenaufhängung. Die Aufhängung am Faden oder Draht ist die zur Messung geeignetste und darum für alle hochwertigen Beobachtungen allein in Frage kommende. Allerdings stellt sich der derart aufgehängte Magnet nur in dem Sonderfalle in die gesuchte magnetische Richtung, wenn der Faden ohne Drillung, ohne Torsion ist. Im allgemeinen ist jedoch der Einfluß der Torsionskraft erst festzustellen. Es gibt aber Stoffe, die, zu Fäden verarbeitet, ein sehr gleich- und gesetzmäßiges Verhalten der Torsionskraft bekunden, eine Gesetzlichkeit, die so weit geht, daß geradezu erdmagnetische Kräfte durch Torsionskräfte von Drähten gemessen werden können, wie denn auch seiner Zeit COULOMB bei der Ableitung seines elektrostatischen und magnetischen Grundgesetzes die Torsionskräfte benutzte. Die dem Physiker allgemein bekannten Gesetze der Torsionselastizität von Fäden werden in der erdmagnetischen Meßkunst trotz ihrer bedeutend weiter gehenden Anforderungen bestätigt, nur daß der Torsionsmodul sich als abhängig von der Belastung herausstellt und die elastische Alterung die Fehlergrenzen der magnetischen Genauigkeit meist überschreitet. Als Material für die Fäden kommen heute zur Anwendung: Messing, Phosphorbronze, Platiniridium und Quarz, dagegen kommen Kokkonfäden gar nicht mehr zur Benutzung, da sie als biogene Körper nicht die notwendige Exaktheit der Torsionskräfte aufweisen.

Eine besondere Form der Aufhängung an Fäden ist die an zwei einander parallelen, die *bifilare Suspension.* Hier kommt die Torsionselastizität der Einzelfäden nur untergeordnet zur Geltung, während die entscheidende Größe der Abstand der Fäden, die elastische Kraft des ganzen Gehänges ist, die natürlich nicht von der Regelmäßigkeit ist, wie die eines Einzelfadens. Daher wird die Torsion einer bifilaren Aufhängung nur noch bei Variometern benutzt, und auch da meist durch die eines einzelnen, aber starken Quarzfadens ersetzt.

Die Auflagerung auf Schneiden. Soll ein Magnet Drehungen um eine horizontale Achse ausführen können, so versieht man ihn mit Achsen, Schneiden oder Spitzenpaaren, die sich auf Lager stützen. Außer dem magnetischen Drehmoment wirkt dann noch das Drehmoment der Schwere. Letztere wirkt außerdem noch dadurch, daß sie die Unterstützungspunkte mit dem Gewicht des Magneten belastet, Adhäsionskräfte (Kleben) unterstützt und Reibung hervorruft. Es ist Aufgabe der Meßkunst, diese schwer theoretisch zu fassenden Einflüsse auf empirischem Wege zu bestimmen.

Die Bestimmung der Deklination.

Die erdmagnetische Deklination ist der Winkel zwischen der horizontalen Komponente des Erdfeldes und dem astronomischen Meridian des Beobachtungsortes, ihre Bestimmung erfordert demnach die Festlegung beider Richtungen. Der astronomische Meridian wird aus dem Azimut von Sternen oder der Sonne auf die hier als bekannt vorausgesetzte Weise mit Hilfe eines Universals und einer kontrollierten Uhr erhalten. Praktisch wird meist die Sonne benutzt, weil sie zur Zeit der Durchführung der magnetischen Messungen leicht zugänglich ist. In Ländern mit geodätischen Aufnahmen werden einfach die bekannten Azimute irdischer Miren (Kirchtürme, Hochgerüste an Dreieckspunkten) herangezogen; man führt dann die magnetischen Beobachtungen entweder selbst auf Dreieckspunkten aus, oder mit geringer Exzentrizität gegen sie und überträgt die Azimute rechnerisch auf die Beobachtungspunkte. In magnetischen Observatorien wird nie mehr direkt astronomisch gearbeitet, sondern mit Nah- und Fernmiren, deren geodätisches Azimut ein für allemal festgelegt ist. Der magnetische Meridian wird aus der Richtung einer in der Horizontalen frei beweglichen Magnetnadel ermittelt, wie dies in dem vorangegangenen Abschnitt beschrieben ist.

Einzelheiten. Die fast allein noch übliche Art ist die Arbeit mit dem „magnetischen Theodoliten". Der Magnet, die „Nadel" hängt bei genauen Messungen an einem Faden, meist in der Zentralachse des Theodoliten; die Magnetpole besitzen aufgesetzte Planspiegel, in die ein exzentrisch angebrachtes Fernrohr mit einem Fadensystem oder einer Skala in der Brennebene des Okulars hineinschaut; die Nadel muß zur Elimination der Schiefe der magnetischen Achse 180⁰ um ihre Figurenachse gedreht werden. Sie ist dazu entweder in einer Hülse umdrehbar oder besitzt oben und unten Stifte zum Einhängen in die untere Suspension des Aufhängefadens. Haben diese Stifte selbst eine unter sich verschiedene Schiefe gegen die magnetische Achse, so bewirkt die Umhängung der Nadel um 180⁰ keine volle Elimination der Schiefe der Absehlinie, sondern eine Abweichung, die mit dem Torsionsfaktor des Fadens proportional dem Winkelunterschied zwischen den Stiften ist.

Das so korrigierte Mittel der Ablesungen am Horizontalkreis des Theodoliten in den beiden Lagen der Nadel gibt nur dann den Punkt des magnetischen Meridians, wenn die Aufhängung torsionslos ist. Es ist praktisch nicht möglich, die Torsion des Fadens absolut zu Null zu machen, sie wird daher nur möglichst klein gemacht und die restliche Torsion eigens bestimmt. Die Aufsuchung der torsionslosen Lage geschieht durch Einlegen eines unmagnetischen Torsionsstabes an Stelle der Nadel; er muß das gleiche Gewicht haben wie die Nadel und trägt ebenfalls an seinen Enden Spiegel. Durch Umlegung um 180⁰ um seine Längsachse eliminiert sich die Schiefe der Spiegelstellung. Die Aufhängung ist torsionslos, wenn das Mittel der Einstellungen auf den Torsionsstab die nämliche Ablesung am Horizontalkreis des Theodoliten ergibt, wie das Mittel der beiden Magnetlagen. Schon allein durch die elastische Alterung des Fadens bleibt eine solche torsionsfreie Suspension nicht erhalten. Es wird daher für exakte Messungen mit einer wenn auch kleinen restlichen Torsion α gerechnet, sodaß die Gleichgewichtslage der Nadel bestimmt ist durch

$$HM - D\alpha = 0,$$

worin M das magnetische Moment der Nadel, H die Horizontalintensität, HM also das magnetische Drehmoment und D die Torsionskraft ist.

Die Wirksamkeit der Torsion α ist demnach an das Moment der Nadel gebunden und umso größer, je kleiner M ist. Daher führt man die Deklinationsmessung stets mit zwei Magneten aus, einem starken, der der restlichen Torsion wenig folgt, und einem schwachen, der ihr mehr unterliegt. Ist θ das Torsionsverhältnis, φ' das Mittel der beiden Lagen beim starken Magnet, φ'' beim schwachen, so ist die wahre Lage des magnetischen Meridians auf dem Horizontalkreis des Theodoliten

$$K_m = \varphi' - \theta(\varphi' - \varphi'').$$

Das Torsionsverhältnis θ erhält man durch Torsion des oberen Fadenendes — der oberen Suspension — um eine bestimmte Anzahl von Graden (daher hier ein Torsionskreis) in beidem Sinne, sowohl bei dem starken Magnet, wo der Effekt n Teile des Horizontalkreises betrage, wie beim schwachen, wo er ν bewirke. Es ist dann

$$\theta = \frac{n}{\nu - n}.$$

Ist K_a die Stellung des astronomischen Nullpunkts auf dem Horizontalkreis des Theodoliten, so gibt $K_a - K_m$ die magnetische Deklination.

Bei der Pinnenaufhängung fällt der Einfluß der Torsion weg.

Statt der Nadel mit aufgesetzten Spiegeln kann man auch mit Magneten arbeiten, die nach dem Fernrohr zu mit einer Linse geschlossen sind, in deren Brennpunkt hinter ihr eine Skala sich befindet (Kollimatormagnet). Solche Magnete können schwerer, also auch magnetisch stärker sein. Umlegen ist auch hier notwendig. Meist benutzt man sie unter Einstellung von einer entfernten (nicht drehbaren) POGGENDORFschen Skalenfernrohraufstellung und spricht dann von einem „GAUSSschen Deklinometer". Die Übertragung des astronomischen Meridians auf diese Linienskala erfolgt dann durch Azimutübertragung. Diese Art kann als veraltet bezeichnet werden. An Stelle der Nadel sind gelegentlich auch Stromspulen benutzt worden, jedoch ohne Erhöhung der Genauigkeit. Die Genauigkeit einer Observatoriumsmessung der magnetischen Deklination ist heutzutage von der Größenordnung $\pm 0.'05$. Eine Verfeinerung ist möglich, entspricht aber nicht dem Bedarf.

Die Bestimmung der Inklination.

Die Inklination ist die Neigung des erdmagnetischen Feldes gegen den Horizont, und zwar in der Ebene des magnetischen Meridians. Man kann zu ihrer Messung daher eine in einer vertikalen Ebene frei bewegliche Nadel benutzen, wenn man diese Ebene mit der des magnetischen Meridians zusammenfallen läßt. Das so entstehende Instrument heißt „Nadelinklinatorium" und ist so allgemein bekannt, daß wir hier nur weniges darüber sagen wollen, um so mehr, als es keine eigentlichen absoluten Messungen liefert. Dies liegt daran, daß die Nadel nicht nur dem erdmagnetischen Drehmoment unterliegt, sondern auch dem der Schwere, da ihre Drehachse nicht mit dem Schwerpunkt zusammenfallen wird. Um dies auszuscheiden, magnetisiert man die Nadel um und macht die Annahme, daß das Mittel aus den Einstellungen vor- und nachher der reinen Richtung des magnetischen Erdfeldes entspricht. Das ist exakt nur der Fall, wenn das magnetische Moment bei beiden Magnetisierungen dasselbe ist. Ältere Messungen haben dies aus Schwingungen der Nadeln versucht nachzuweisen, später wurde allgemein darauf verzichtet. Und so liegt tatsächlich eine absolute Messung nicht vor und wäre auch in der Tat nur mit großen experimentellen Schwierigkeiten zu erzielen.

Weiter kommt hinzu, daß die Ablesung des Nadelstandes auf dem vertikalen Teilkreis noch nach der uralten Methode der Ablesung eines Dosenkompasses bewerkstelligt wird, d. h. die Magnetnadel selbst gibt den Zeiger ab. Der vertikalen Beweglichkeit wegen rollen die Nadeln mittels dünner Achsen auf Lagern von Stein. Die Güte dieser Bewegung hängt in hohem Maße von der Exaktheit der mechanischen Herstellung der Achsen und Lager ab und ist ebenfalls einer absoluten Erfassung unzugänglich. Erfahrungsgemäß sind denn auch die Fehler der Nadelinklinatorien oft erheblich; sie können leicht mehrere Bogenminuten erreichen. Daher kommen sie eigentlich nur für Reisebeobachtungen in Frage.

Das absolute Instrument für die Ermittlung der Inklination ist dagegen der „Erdinduktor".

Es ist bekannt, daß sein Erfinder, WILHELM WEBER, erst in einer vertikal aufgestellten Spule durch deren Umdrehung um eine vertikale

Achse die Horizontalintensität H einen Stromstoß induzieren ließ, und darauf durch eine Drehung um eine horizontale Achse die Vertikalintensität Z einen zweiten. Das Verhältnis beider, am Galvanometer abgelesen, gab die Tangente der Inklination. Die Stöße wurden durch das Multiplikationsverfahren der oberen Grenze zugeführt. Es lagen also Strommessungen zugrunde. Später hat LEONHARD WEBER eine horizontale und eine vertikale Spule gleichzeitig gedreht, und den von Z herrührenden stärkeren Strom durch Widerstände abgedrosselt, so daß durch Gegeneinanderschalten beider Ströme die kleinen Unterschiede durch Zusatzwiderstände zu beseitigen waren. Der Hauptvorzug war,

Abb. 4. Erdinduktor System Potsdam von G. SCHULZE. A oberes Lager aus Stein; R_1 Lagerring; R_2 Horizontalring; B', B'' Horizontallager; L Libelle der Spule; K Reiterlibelle; P Meridiannadel; W biegsame Welle; H Kommutatorbürsten.

daß die natürlichen Variationen des Erdmagnetismus ausgeschaltet wurden, weil beide Induktionen gleichzeitig erfolgten. H. WILD, K. SCHERING und E. MASCART gingen dann dazu über, statt der multiplizierenden Stromstöße durchdrehende Rotationen einzuführen und vor allem nur mit *einer* Spule zu arbeiten, die jene Lage ihrer Drehungsachse aufsuchte, welche den Induktionsstrom verschwinden ließ, d. h. die Inklinationsrichtung (Nullmethode). Damit war im „Rotationsinduktor" die Strommessung ausgeschaltet und das absolute Instrument gefunden. Magnetische Observatorien arbeiten heute nur noch mit diesem Rotationserdinduktor, sofern sie überhaupt mit Erdinduktor beobachten.

Abb. 4 zeigt das am Observatorium zu Potsdam ausgearbeitete, von Mechaniker G. SCHULZE gebaute Modell eines absoluten Erdinduktors;

Abb. 5 das am Observatorium Cheltenham erdachte Modell zugleich mit seinem Schlingertisch für Messungen an Bord.

S ist der Rahmen der Induktionsspule, drehbar durch eine biegsame Welle W; das obere Lager A ist zu sehen, das untere hinter dem die Fußschrauben tragenden Ringe R_2 verborgen; es läuft eine Steinachse auf Steinlager, die justierbar sind. Bei dem amerikanischen Modell findet die Drehung mittels Zahnradgetriebes statt, und zwar von der Achse des Schlingertisches aus. Die Lager sind verbunden durch den Ring R_1, der seinerseits in zwei Lagern $B'B''$ ruht. Oberhalb des unteren Lagers der Spule befindet sich der Kommutator mit den Bürsten H zur Stromabnahme. Rechts im Bilde sieht man den Vertikalteilkreis, gerade orthogonal projiziert, mit zwei Schätzmikroskopen zur Ablesung der Neigung des Ringes R_1. Das Azimut erhält man aus der Teilung des Rings R_2.

Der Induktor wird mit Hilfe seiner drei Fußschrauben und der Libelle K nivelliert, die zu diesem Zweck auf die Zapfen $B'B''$ aufgesetzt werden kann. Nimmt man an der Libellengabel das Niveau ab und ersetzt es durch die lange Magnetnadel P, so kann durch azimutale Drehung des Limbus innerhalb R_2 die Richtung des magnetischen Meridians aufgesucht werden. Zur Messung ist dann um 90° zu drehen, um die Ebene der Rotationsachse der Spule in diesen Meridian zu bringen. Mit der Spulenlibelle L wird dann am Vertikalkreis der Horizontalpunkt ermittelt. Nun wird der Ring R_1 und damit die Spule annähernd in die Inklinationsrichtung umgekippt und das Galvanometer an die Bürsten H angeschlossen. Ein schwacher Rotationsimpuls läßt sofort erkennen, ob man sich noch vor der genauen I-Richtung befindet. Man ändert die Neigung der Spule mittels der Feinbewegung M und gibt einen neuen kleinen Impuls, bis das Galvanometer die Nähe der korrekten Lage erkennen läßt. Durch Steigerung der Impulse, schließlich bis zur vollen schnellsten Rotation der Spule erzielt man zuletzt diejenige Einstellung der Feinbewegung, bei der das Galvanometer, absolut ruhig stehend, die erreichte Inklinationseinstellung bestätigt, worauf der Vertikalkreis abzulesen ist. Man variiert die Messung, indem man die Spule sowohl rechts, als auch links drehen und den Vertikalkreis sowohl im Osten wie im Westen stehen läßt.

Abb. 5. Erdinduktor System CARNEGIE, darunter Schlingertisch für Beobachtungen zur See.

Die Messung ist eine absolute, wenn die Richtigkeit der horizontalen und vertikalen Kreisteilung geprüft, die Exaktheit der Lagerung der Drehachse gewährleistet und die Unterbrechungsstelle des Kommutators von den Bürsten in dem Augenblick überlaufen wird, wo der Induktionsstrom Null ist. Das Instrument gestattet, alle diese Daten aus Messungen festzulegen. Dasselbe gilt für den amerikanischen Induktor, wenn auch das Beobachtungsschema der eigenartigen Bordverhältnisse wegen etwas anders durchgeführt wird. Die innere Genauigkeit einer Bestimmung der Inklination an Land beträgt etwa $0{,}02'$.

Wirksam ist jeweils die zur Ebene der Spule senkrechte Komponente T_s der Totalintensität T des Erdmagnetismus. Ist F die Windungsfläche der Spule, λ der Winkel, welchen die Spulennormale jeweils, und λ_o jener, welchen sie im Moment der Stromlosigkeit gegen eine Ausgangsstellung einschlägt, so ist der Integralstrom proportional $F T_s \cos(\lambda_o + \gamma)$, wo γ die Abweichung der Spulennormalen von der Ausgangsstellung während der maximalen Induktion ist. Die kennzeichnende Stromlosigkeit tritt also ein, sowohl wenn T_s Null ist, d. h. die Rotationsachse in die Inklinationsrichtung fällt, als auch, wenn $\lambda_o + \gamma = 90^\circ$ oder 270° wird.

Steht die Rotationsachse nicht scharf im magnetischen Meridian, sondern hat das Azimut α, so ergibt die Beobachtung eine scheinbare Inklination I', entsprechend einem $\lambda_o = \pm \dfrac{\pi}{2} - \gamma$, sodaß aus dem sphärischen Dreieck: Zenitstellung der Achse, scheinbare I-Richtung, wahre I-Richtung folgt:

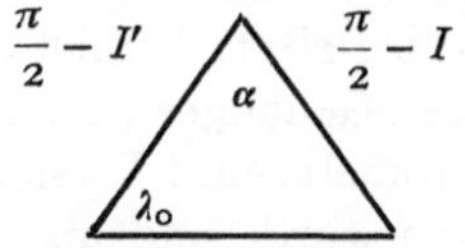

$$\operatorname{tg} I = \cos\alpha \operatorname{tg} I' + \frac{\sin\alpha \operatorname{tg}\gamma}{\cos I'} * .$$

Der Erfolg ist, daß für den Fall $\gamma = 0$ außerhalb des Meridians dauernd Stromstöße vorhanden sind, solange die Inklinationsrichtung noch nicht gefunden ist, Wenn jedoch die Unterbrechungsebene des Kommutators nicht exakt justiert ist ($\gamma \gtrless 0$), so verbleibt ein einseitiger Reststrom übrig, da der Strom oberhalb des Nullwerts abgezapft wird; die Trägheit des Galvanometers mag trotzdem Ruhe vortäuschen, wenn die Rotation schnell genug ist. Indem man die Inklination durch Drehungen in positivem und in negativem Sinne ermittelt, erhält man den Effekt der falschen Kommutatorsetzung.

Ausführlich behandelt O. Venske[1] diesen Punkt, wobei er auch noch auf den störenden Einfluß eines im äußeren Ring R_1 seitens des Spulenstroms induzierten Stroms und jenen der leicht vermeidbaren Thermoströme durch die Bürstenreibung achtet.

Es ist natürlich möglich, mit dem Rotationsinduktor nicht nur nach der Nullmethode zu arbeiten, sondern auch mittels Strommessungen.

---

* Schmidt Ad., in Luyken, K.: Kerguelenstation, Deutsche Südpolarexp. 1901—1903. VI. Erdm. II, 163.

[1] Venske, O.: Nachr. Ges. Wiss. Göttingen. Math.-physik. Kl. 1909.

So kann man insbesondere bei horizontaler Rotationsachse die Vertikalintensität, bei lotrechter die horizontale beobachten, und aus beiden die Inklination errechnen. Derart wird insbesondere an Bord des eisenfreien Vermessungschiffs der Carnegie-Institution vorgegangen. Auch Messungen der Inklination in zwei zueinander senkrechten, an sich unbekannten Azimuten sind derart durchführbar (Kotangentenmethode). Hierbei spielen Fehler der verschiedenen Drehachsen und des Niveaus eine wesentliche Rolle. Eine dies alles umfassende Theorie lieferte N. E. DORSEY[1].

Die Bestimmung der Horizontalintensität.

Magnetometrische Methoden. Die Bestimmung der Intensität der horizontalen Komponente des magnetischen Feldes der Erde geschieht dadurch, daß man eine horizontal frei drehbare Magnetnadel einer Kraft aussetzt, welche der des Erdmagnetismus entgegenwirkt und die ihrerseits bekannt ist. Es entsteht dadurch eine Ablenkung der Nadel aus ihrer seitherigen Ruhelage und die Größe dieser, als Winkel gemessen, gibt das Verhältnis der beiden wirksamen Kräfte. Das Übliche ist, als ablenkende Kraft die Feldstärke eines zweiten Magneten zu wählen, der dann als „Stab" bezeichnet wird; dies führt zu der GAUSSschen und der LAMONTschen *Methode*. Statt eines Magneten kann auch das Feld einer Spule benutzt werden, das zu den *elektrischen Methoden* hinüberleitet. Schließlich kann die Torsionskraft eines unifilaren oder bifilaren Gehänges zu absoluten Messungen verwandt werden (Torsionsmagnetometer und Torsionstheodolit); obwohl dies Verfahren oft vorgeschlagen wurde und an sich auch genau genug ist, ist es dennoch nicht in die Praxis eingedrungen, wenigstens nicht in die der absoluten Messungen.

Wie gesagt, benutzt die übliche Methode die Fernwirkung eines Magnetstabes auf die Nadel. Wir haben daher wegen der Wichtigkeit dieser Frage die Behandlung der gegenseitigen Einwirkung zweier Magnete in einem eigenen Abschnitt vorausgenommen. In ihm finden wir die allgemeine Formel für eine willkürliche Lage der Magnete zueinander, sowie die Sonderformeln für die beiden wichtigsten Speziallagen, die *erste Hauptlage* VON GAUSS und die *erste Hauptlage von* LAMONT.

Bei GAUSS wirkt dem Drehmoment $2MM'Ke^{-3}\cos\varphi$ des Stabes vom Moment M auf die Nadel mit dem Moment M' bei der gegenseitigen Entfernung e und der erreichten Ablenkung φ das vereinte Drehmoment des Erdmagnetismus $M'H\sin\varphi$ und der Torsion des Fadens $\Theta\varphi$ entgegen. Ist $\Theta\varphi$ klein, so gilt demnach für die erste Hauptlage von GAUSS

$$2\,MM'ke^{-3}\cos\varphi = M'H\sin\varphi\,,$$

---

[1] DORSEY, N. E.: Terr. Magn. **18**, 1—138. Washington 1913.

woraus die bekannte Grundformel der Gaussschen Meßanordnung sich ableitet:

$$\frac{M}{H} = \frac{e^3}{2k}\,\mathrm{tg}\,\varphi\,.$$

Die Größe k führt den Namen „Ablenkungsfunktion" und ist analytisch gegeben durch die Summe aller Glieder der Formel S. 14 u. von e^{-5} an.

Die Lamontsche erste Hauptlage, d. h. die gebräuchlichste Form der Messung, hat den Stab stets senkrecht auf die Nadel, so daß die Gleichgewichtsbedingung lautet

$$2\,M\,M'\,k\,e^{-3} = M'\,H\,\sin\varphi\,,$$

woraus folgt:

$$\frac{M}{H} = \frac{e^3}{2k}\,\sin\varphi\,.$$

Hier hat natürlich k eine andere Gestalt, nämlich die der Summe aller Glieder der Formel S. 15 o. von e^{-4} an. Die zweiten Hauptlagen unterscheiden sich von den ersten durch den Fortfall des Faktors 2 und das Auftreten neuer Ablenkungsfunktionen.

Die Horizontalintensität H ist demnach bekannt, wenn das Moment des Stabs bekannt ist. Man zieht hierzu seit Gauss die Beobachtung der Schwingungsdauer desselben Magnetstabes heran, der soeben zu den Ablenkungsbeobachtungen gedient hat. Sie hängt von der Horizontalintensität H, dem Moment M, dem Trägheitsmoment K um die zur magnetischen Achse senkrechte Drehachse und dem Torsionsverhältnis Θ des Fadens ab nach

$$\tau^2 = \frac{\pi^2 K}{M H (1 + \Theta)}\,,$$

so daß

$$M H = \frac{\pi^2 K}{\tau^2 (1 + \Theta)}\,.$$

Die Vereinigung der Ablenkungs- mit den Schwingungsbeobachtungen liefert daher sowohl H als M nach

$$H = \frac{\pi}{\tau}\sqrt{\frac{2\,k\,K}{e^3\,\frac{\mathrm{tg}}{\sin}\,\varphi\,(1 + \Theta)}}\,, \qquad M = \frac{\pi}{\tau}\sqrt{\frac{e^3\,K\,\frac{\mathrm{tg}}{\sin}\,\varphi}{2\,k\,(1 + \Theta)}}\,.$$

Die der jedesmaligen Messung unterzogenen Größen in diesen Formeln sind die Schwingungsdauer τ und der Ablenkungswinkel φ der Nadel gegen den Meridian; sie sind jedesmal vollständig zu reduzieren, d. h. auf Normalwerte zurückzuführen (τ auf Uhrgang, unendlich kleine Schwingungen, Variationen der Horizontalintensität, Temperatur; φ auf Variationen der Deklination und der Horizontalintensität, Temperatur). Das Torsionsverhältnis Θ ist bei genügend gealterten Aufhängefäden nur gering und langsam veränderlich. Die Ablenkungsfunktion k ist in weitestem Maße unabhängig vom Moment der beiden

Magnete, wenn auch eine Individualkonstante der gerade benutzten Stäbe (d. h. die Größen $M_n M'_m e^{-p}$, bzw. die Koeffizienten $B'b'$, $B''b''$ . . . sind konstant). Die Entfernung e wird sorglich unverändert erhalten, und das Trägheitsmoment K ist bei wohlgepflegten Magneten ebenfalls unveränderlich. Die konstanten Größen pflegt man daher für die Zwecke des fortlaufenden Observatoriumsdienstes zu Rechenkonstanten zusammenzufassen, sie zu Anfang der Benutzung eines neuen Instruments oder neuer Magnete ein für allemal zu bestimmen, und in der Folge nur unter Kontrolle zu erhalten. Zu dieser Kontrolle gehört selbstverständlich auch jene der geometrischen Grundlage des Experiments, d. h. der Richtigkeit der Stellung der Ablenkungsschiene gegen die Nadelachse, der Korrektheit der Höhenlage der letzteren und ihrer Zentrizität gegen die Lage des Stabes, die Stellung zum magnetischen Meridian und der Horizontalität der Ablenkungsschiene in allen Azimuten.

Für den Fall, daß Fehler in der gegenseitigen Lage am Stab und Nadel vorhanden sind, hat AD. SCHMIDT[1], wenigstens für die erste Hauptlage von LAMONT, alle einschlägigen Korrektionsformeln abgeleitet.

Die Vereinigung der Formeln für M/H und MH setzt voraus, daß bei den Ablenkungen wie den Schwingungen das Moment des Stabes dasselbe sei. In Wahrheit ist dieser jedoch bei den Schwingungen unter der vollen Induktion seitens des horizontalen Feldes des Erdmagnetismus, bei den Ablenkungen jedoch nur unter $H \cos \psi$, wo ψ das magnetische Azimut des Stabes ist (bei der GAUSSschen Anordnung $\psi = 90°$). Es muß daher die Induktionsfähigkeit bekannt sein.

Die Genauigkeit, mit der ein Observatorium die Größe der Horizontalintensität kennt, soll $0.1\ °/_{oo}$ erreichen; die einzelne Messung sollte jedenfalls nie $0.5°/_{oo}$ überschreiten; dasselbe gilt für das Moment.

Elektrische Messung der Intensität. Die eben beschriebene Bestimmung der erdmagnetischen Intensität mittels Magneten hat den Nachteil, daß deren Moment stets die Neigung hat, sich zu verändern und auch zunächst während der Ablenkungsbeobachtungen unbekannt ist; erst die Hinzunahme der Schwingungsbeobachtungen mißt das Moment. Ist die zeitliche Veränderung desselben bei guten Stäben auch von Messung zu Messung gering, so ist doch der Verdacht berechtigt, daß es gerade während der Manipulationen einer Intensitätsmessung und durch sie veranlaßt sich unregelmäßig ändert, so daß das schließlich errechnete Moment für den Tag der Beobachtung nur ein Durchschnittswert ist. Dies berührt offenbar die magnetometrische Bestimmungsart in ihrer Eigenschaft als eine absolute Messung.

Man greift daher neuerdings den an sich alten Gedanken wieder auf, statt der Magnete Stromspulen zu benutzen. Sie haben den Vorzug, stets das gleiche magnetische Feld nach Größe und Gestalt zu liefern,

---

[1] SCHMIDT, AD.: Gegenseitige Einwirkung zweier Magnete usw. Terr. Magn. **18**, 65 u. ff. (1913).

wenn die einmal gegebene Form des Stromträgers erhalten bleibt, und
stets der gleiche Strom sie durchfließt. Erst seitdem es gelungen ist,
konstante Stromquellen herzustellen (Normal-Weston-Elemente) und
die Technik der Stromstärkemessung genügend vervollkommnet worden
ist, ist es möglich geworden, die Intensität des erdmagnetischen Feldes
elektrisch so genau zu beobachten wie magnetometrisch. Verschiedene
Observatorien haben Instrumente zur elektrischen Messung der Intensität gebaut, doch ist man noch nicht so weit, die alten Methoden durch
sie zu ersetzen.

Da das Moment der Spulen aus deren Dimensionen zu berechnen ist,
genügt es, Ablenkungsbeobachten anzustellen, es erübrigt sich aber,
Schwingungsbeobachtungen zu machen. Außerdem fällt der Einfluß
der Induktion des Erdfeldes fort und der Temperatureinfluß verringert
sich ungemein, da er nur in Dimensionsänderungen der Spule zur Geltung kommt und hier fast unbeachtlich ist. Das alles sind große Vorzüge.

F. KOHLRAUSCH ließ ein und denselben Strom i hintereinander durch
eine Tangentenbussole und ein Bifilargalvanometer gehen, dessen
Wickelungen dem magnetischen Meridian parallel waren. Die Ablenkung α an der Bussole ist gegeben durch

$$\operatorname{tg}\alpha = \frac{iF}{H},$$

wo F ihre Windungsfläche, die Ablenkung β des Galvanometers durch

$$\operatorname{tg}\beta = \frac{D}{fiH},$$

worin f die Windungsfläche der Spule und D die Direktionskraft der
bifilaren Aufhängung bedeutet. So liefert die Bussole das Verhältnis
i/H, das Galvanometer des Produkt iH; es läßt sich also sowohl die
Stromstärke i, wie auch die Horizontalintensität ermitteln[1]. Die Nachteile dieser Meßart liegen in der Schwierigkeit der Bestimmung der
Direktionskraft der bifilaren Suspension, insbesondere der zu messenden
linearen Dimensionen der Fäden und des Fadenabstandes.

Die modernen Verfahren kommen alle darauf hinaus, in den Ablenkungsbeobachtungen der magnetometrischen Methode die Magnetstäbe durch Stromspulen zu ersetzen. Fast immer benutzt man deren
zwei, die um die Windungsflächen unveränderlich zu erhalten, auf
Marmorklötze gewickelt sind, sodaß Temperaturänderungen die Dimensionen der Spulen wenig beeinflussen. Um das Feld um die abgelenkte
Nadel möglichst homogen zu machen, gibt man den Spulen wohl auch
den Abstand ihres Halbmessers[2]. Diese Anordnung beseitigt die Kugel-

---

[1] KOHLRAUSCH, F.: Ann. Physik. **138** (1869).

[2] Die Anordnung wird meist nach HELMHOLTZ-GAUGAIN genannt, obwohl GAUGAIN nur eine einzelne, um den Halbmesser der Spule von der
Nadel abstehende Spule kennt.

funktion dritter Ordnung; um das Feld noch homogener zu machen, kann man auch noch andere Kombinationen von einer geraden oder ungeraden Zahl von Stromebenen anwenden[1]. Es ist klar, daß je kleiner die Dimension der Hilfsnadel ist, desto kleiner auch jene der Stromkreise sein können.

Die Inhomogenität des Feldes am Ort der Nadel[2] spielt ungefähr die Rolle, welche bei der magnetometrischen Beobachtung der Ablenkungsfunktion zukommt. Man kann sich jedoch in weitem Maße von ihr frei machen, wenn man dafür sorgt, daß die Entfernung der Spulen voneinander und der Nadel unverändert bleibt und statt absolut, relativ mißt, oder das Instrument durch magnetometrische Messungen eicht, was auf dasselbe herauskommt. Es verbleibt dann der Hauptvorteil der elektrischen Methode, nämlich die Schnelligkeit der Messung.

W. ULJANIN[3], der zuerst längere Beobachtungsreihen durchführte (im Observatorium zu *Kasan*) kompensiert über einen Normalwiderstand hin einen durch die Spulen geleiteten Batteriestrom gegen den eines Normalelements. Entweder wird durch die Spulen immer der gleiche Strom gesandt und durch den des Normalelements wie geschildert kompensiert, und der Winkel gemessen, um den man das die Nadel anvisierende Fernrohr drehen muß, um die alte Nullstellung seiner Skala wieder zu erhalten — dies entspricht der magnetometrischen Messung mit dem LAMONTschen Theodolit, nur daß meist die zweite Hauptlage benutzt wird — oder man dreht den Theodoliten um stets ein und denselben Winkel nach beiden Seiten und bringt die Skala im Fernrohr durch Abändern des Widerstandes auf die Nullage zurück.

Abb. 6 zeigt ein von den Askaniawerken in Berlin für das Observatorium in Potsdam hergestelltes Instrument. Es beruht auf dem Verfahren, die Horizontalintensität bis auf einen kleinen Restbetrag durch den Spulenstrom zu kompensieren und nur den augenblicklichen Überschuß der herrschenden Intensität der Messung zu unterziehen. Das Instrument ist nur für relative Messungen gedacht. Es hat daher auf beiden Seiten der Nadel je eine auf Marmor gewundene Spule von viel kleinerem Durchmesser als er der HEIMHOLTZschen Anordnung entspräche. Die Entfernung der Spulen von der Nadel wird ein für allemal so eingestellt, daß das horizontale Erdfeld zum größten Teil kompensiert ist. Der Restbetrag wird nach einem der beiden oben genannten Verfahren gemessen, also entweder durch Bestimmung des Ablenkungswinkels bei einem bestimmten Strom, oder Messung des Stroms, der die volle Kompensation bewirkt.

Der Vollständigkeit wegen müssen wir bei den elektrischen Methoden nochmals darauf hinweisen, daß man auch mit dem Erdinduktor arbeiten kann, und zwar ist es grundsätzlich möglich, mit ihm jede beliebige Komponente des erdmagnetischen Feldes für sich zu beobachten.

---

[1] FANSELAU: Z. f. Physik **54**, 260—269 (1929).

[2] Die Inhomogenität einer Helmholtzspule ausführlich behandelt in SMITH, F. E.: Phil. Trans. A. **223**, 186—191. London 1923. BOCK, R: Z. f. Physik **54**, 257—259 (1929).

[3] ULJANIN, W.: Terr. Magn. **24**, 118—131. (1919.)

Es verlangt dies nur, daß man die Rotationsachse senkrecht gegen die Richtung im Raume einstellt, auf die es ankommt und am Galvanometer die Größe des Ausschlags feststellt (also keine Nullmethode mehr wie bei der Bestimmung der Inklination). Die Horizontalintensität erhält man, wenn die Drehachse senkrecht, die Vertikalintensität, wenn sie

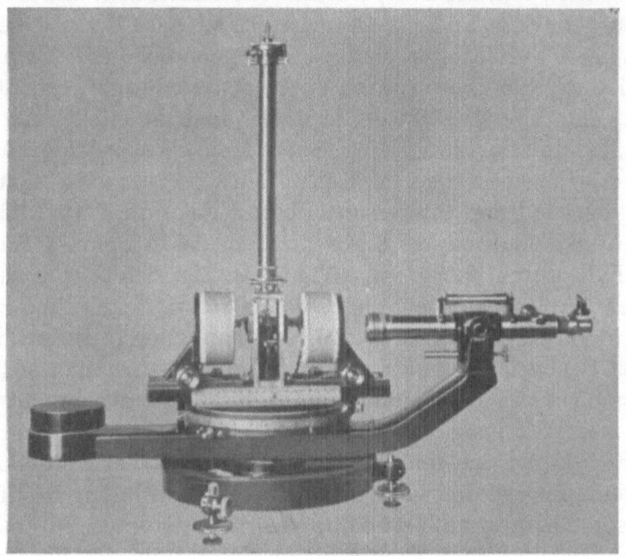

Abb. 6. Relatives Instrument zur Messung der Horizontalintensität auf galvanischem Wege. Verf. Askaniawerke Berlin-Friedenau.

wagerecht steht. Will man die X- und Y-Komponente[1] für sich allein messen, so muß auf die alte WILH. WEBERsche Methode zurückgegriffen werden, die Spule um 180° zu kippen und die Ausschläge am Galvanometer zu multiplizieren; dies muß symmetrisch um die astronomische Nord- bzw. Ostrichtung geschehen.

Absolute und relative Messungen.

Absolute Messungen. Unter einer absoluten Messung hat man eine solche zu verstehen, bei der sämtliche in die Formeln eingehende Bestimmungsstücke durch Messung auf die Einheiten cm, g, sek des absoluten Maßsystems zurückgeführt werden. Was unter der Bezeichnung „Ergebnisse der absoluten Messungen" in den Resultaten der erdmagnetischen Observatorien veröffentlicht wird, ist nur in den seltensten Fällen eine absolute Messung in diesem physikalisch strengen Sinn. Das übliche Verfahren ist vielmehr, für jedes absolute Instrument die Werte der Fundamentalgrößen ein für allemal wirklich absolut zu messen, allerdings aus einer

---

[1] Ein anderes Verfahren für X und Y bei FANSELAU, 1. c.

Reihe von ausreichend viel Einzelmessungen, und in der Folge die so gewonnenen Werte der Konstanten beizubehalten, solange die nie ruhende Kritik keinen Grund zu dem Verdachte aufkommen läßt, daß Änderungen eingetreten seien. Die Kritik besteht in Wiederholungsmessungen einesteils der Fundamentalgrößen, z. B. des Trägheitsmoments, der Ablenkungsfunktion, der Temperaturkoefifzienten usw. und im Vergleich mit den Ergebnissen anderer Observatorien. Sobald z. B. die Monatsmittel zweier Observatorien sich mehr voneinander entfernen, als dem Unterschied der Säkularvariation an beiden entspricht, erhebt sich der Verdacht, daß irgendwelche Änderungen instrumenteller Art, also an den Fundamentalkonstanten, eingetreten sind[1]. Außerdem finden häufig direkte Vergleichsmessungen zwischen den Observatorien statt.

Es ist nun die Frage interessant, ob in der Tat die Zurückführung der Fundamentalkonstanten auf die Normalien des Absoluten Maßsystems in jedem Falle durchführbar ist, und hier erweist sich beim Erdmagnetismus in der Tat das Bestehen einer solchen Schwierigkeit, und zwar beim Trägheitsmoment. Welches Verfahren man auch benutzt, um diese Größe aus Beobachtungen zu ermitteln, stets stützt man sich auf das Trägheitsmoment eines sogenannten Trägheitsstabs aus unmagnetischem Material, dessen Betrag aus seinen Dimensionen und seinem Gewicht errechnet wird. An sich sind das Größen, die mit aller wünschenswerten Schärfe gemessen werden können, allein die Berechnung des Trägheitsmoment setzt homogene Verteilung der Masse voraus, die so gut wie nie vorhanden, und ohne nachträgliche Zerstörung des Vergleichsstabs nicht festzustellen ist.

Es schlug daher WATSON vor, das Moment eines bestimmten sorgfältig hergestellten Stabs — das also in seiner wahren Größe unbekannt ist — als Prototyp zu erklären, alle anderen Trägheitsstäbe daran durch Beobachtungen anzuschließen und somit alle absoluten Messungen der Horizontalintensität auf ein einheitliches System zu bringen, von dem man demnach zwar nicht weiß, wie es dem absoluten Maßsystem und seinen Grundeinheiten gegenüber steht, das aber in sich widerspruchslos bleibt. WATSON selbst verglich und eichte damit eine Zahl von 8—10 Trägheitsstäben, die zur Zeit als Normalien zwischen den Observatorien versandt werden.

Inzwischen ist noch ein anderer Weg eingeschlagen worden, zu einem praktisch brauchbaren Niveau zu kommen. Der Leiter der erdmagnetischen Abteilung der Carnegie-Institution in Washington, Prof. LOUIS AGRICOLA BAUER, ließ bei einer Zahl von rund 12 absoluten Theodoliten verschiedener Bauart unabhängig von einander die Fundamentalgrößen experimentell bestimmen und nannte den Mittelwert aller den „Carnegie-Institution-Standard" (C.I.S.). Diesen C.I.S. verglich er nun mittels

---

[1] Siehe z. B. die veröffentlichte Kritik von RUDE SKOV gegen andere Observatoren in LA COUR: Publ. Danske Meterol. Inst. [2] Kopenhagen 1927.

Reiseinstrumenten mit allen bedeutenden Observatorien der Welt, was ihm eine Korrektur seines Standarts und damit den „Internationalen Magnetischen Standart" (I.M.S.) lieferte. Die immer weiter fortgesetzten Vergleichsmessungen, unterstützt von ähnlichen seitens anderer leitender Stellen unternommenen, sichert jederzeit die Kontrolle über dies rein praktische Niveau der erdmagnetischen Meßkunst.

Genauigkeit der absoluten Messungen. Der Unterschied des absoluten Niveaus eines Observatoriums gegen den I.M.S. bestimmt seinen „äußeren Fehler", jener der Werte ein und desselben Observatoriums untereinander den „inneren" Fehler.

Für die Hauptobservatorien ist der äußere Fehler:

	$\mathit{\Delta} D$	$\dfrac{\mathit{\Delta} H}{H}$	$\mathit{\Delta} H$	$\mathit{\Delta} J$
Batavia	$+0'.5$	$+0.00122$	$+45\gamma$	$+0'.2$
Cheltenham . .	$+0.1$	-0.00101	-20γ	$+0.7$
De Bilt	$+0.5$	-0.00013	-2γ	-1.0
Kew	$+0.6$	-0.00008	-1γ	-1.1
Pawlowsk . . .	0.0	$+0.00031$	$+5\gamma$	-0.3
Potsdam . . .	$+0.2$	$+0.00008$	$+1\gamma$	$+0.2$
Val Joyeux . .	$+0.7$	-0.00127	-25γ	0.0

Die Zahlen bedeuten Verbesserungen der Observatorienwerte gegen den I.M.S.; sie beruhen auf Vergleichen aus dem ersten Jahrzehnt des laufenden Jahrhunderts. Seit ihrer ersten Bekanntgabe[1] haben einige Observatorien ihre Konstanten neu geprüft und verbessert.

Der innere Fehler erreicht bei einer absoluten Messung in Potsdam in Deklination nur $\pm 0'.1$, in $H \pm 2\gamma$, in $Z \pm 4\gamma$; das Jahresmittel ist innerhalb $\pm 0'.1$, $\pm 0.8\gamma \pm 2\gamma$ sicher zu erhalten.

Relative Messungen. Den absoluten Messungen stehen die relativen gegenüber, die auf eine selbständige Bestimmung aller in die Formel eingehender Konstanten verzichten und statt dessen durch Bezug auf irgendeinen Ausgangswert sogenannte „empirische" Konstanten berechnen.

Von dieser Art waren die ersten Messungen der Horizontalintensität, welche wir besitzen. Man beobachtete die Schwingungsdauer τ_0 eines Magnetstabes an irgendeinem Ort, den man zum Normalort erhob. An irgendeinem anderen Orte n fand sich die Schwingungsdauer zu τ_n; die zugehörigen Werte der Horizontalintensität mußten sich dann — in bewußter Analogie zu den damals aufkommenden relativen Schwerependeln — umgekehrt wie die Quadrate der Schwingungsdauern verhalten, in dem

$$\tau = \sqrt{\frac{\pi^2 K}{MH}}, \quad \text{also} \quad H = \frac{\pi^2 K}{\tau^2 M}.$$

---

[1] Researches Departm. Terrestr. Magn. 2 Washington Carnegie Institution, 1915.

Eine absolute Messung würde K (Trägheitsmoment), M (magnetischer Moment) anderweit zu messen und τ zu beobachten haben. Eine relative Messung setzt aus den τ_0-Werten am Normalort die empirische Konstante c_0 derart fest, daß

$$\frac{c_0}{\tau_0^2} = H_0,$$

an jedem anderen Orte ist dann

$$H_n = \frac{c_0}{\tau_n^2}.$$

c_0 ist die relative Schwingungskonstante. Sie ergibt sich rein zahlenmäßig aus dem beobachten τ_0 und dem anderweit bekannten H_0 am Normalort. Das explizit geschriebene $c_0 = \pi^2 K/M$, bleibt unbeachtet, es wird weder M, noch K für sich gemessen.

Diese Art vorzugehen vereinfacht nicht nur die Beobachtungen selbst, sondern vor allem den Bau der Instrumente, die in ihren Dimensionen kleiner und damit leichter werden können, somit für Reisebeobachtungen geeignet werden. Allerdings kommen auch neue Konstruktionsbestimmungen hinzu, deren vornehmste die ist, daß die nicht einzeln zu messenden Fundamentalgrößen mechanisch unveränderlich sind, so z. B. das Trägheitsmoment des schwingenden Systems, also der Vereinigung von Magnetstab, Spiegel, tragendes Schiffchen des unteren Suspension und diese selbst, oder die Entfernung der Anlegestellen für den Magnetstab in den Ablenkungsschienen und dergleichen mehr.

Die Genauigkeit der Beobachtungen mit relativen Theodoliten ist meist um eine Zehnerpotenz kleiner als die unserer großen absoluten Observatoriumsinstrumente, also in $D = 2'$, in $H \pm 5\gamma$, in $Z\ 10\gamma$.

Eine besondere Klasse von relativen Instrumenten sind die „*Lokalvariometer*"; es sind Konstruktionen, die an sich ganz ungeeignet, absolute Messungen auszuführen, lediglich örtliche Änderungen der Intensität gut bestimmen sollen. Sie lehnen sich daher oft an die Variometer zur Beobachtung zeitlicher Variationen an, so insbesondere die *Feldwagen* von AD. SCHMIDT.

Die physikalische Meßkunst verfügt über eine ganze Anzahl von Konstruktionen dieser Art; für erdmagnetische Zwecke sind dagegen ganz besondere Modelle ausgearbeitet worden, deren wichtigste sind:

Lokalvariometer von AD. SCHMIDT für Horizontalintensität. Abb. 7. Der Hauptteil des Erdfeldes wird durch 2 in Z verborgene Magnetstäbe kompensiert. Ihre Entfernung von der Mitte des Instruments kann durch Einlegescheibchen SS in exakter Weise geändert werden, der Betrag ihres Kompensationsfeldes demnach verschiedentlich abgestuft werden. In der Mitte der zentralen Dose befindet sich in Pinnenaufhängung eine kleine Magnetnadel, die um $90°$ gegen ihre Achse eine lange Aluminiumfahne als Ablesezeiger besitzt. Über dem Glasdeckel in der Vorrichtung R liegt ein kleiner, ablenkender Magnetstab, der übrigens gegen einige dünnere, also schwächere ausgewechselt werden kann, da sie im Innern eines Kupferklotzes ruhen, der so dick ist, wie der ersterwähnte Stab. Das Instrument läßt außerordentlich viele Kombinationen der Messung zu; eine besonders einfache ist folgende:

Man macht die Richtung des Kompensationsfeldes antiparallel dem magnetischen Meridian, löst die Nadelklemmung und erreicht durch Drehen des Trägers T im Azimut, daß die Nadel sich senkrecht gegen

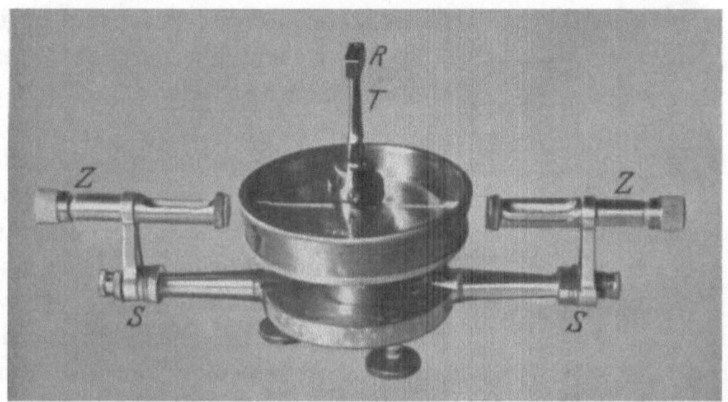

Abb. 7. Lokalvariometer für Horizontalintensität nach Ad. Schmidt, Askaniawerke Bln.-Friedenau. Z Fassung der Kompensationsmagnete; SS Einlegescheibchen; R Fassung des Ablenkungsmagneten; T Träger.

den Meridian, die Fahne also in die Richtung der Kompensationsstäbe stellt. Es gibt zwei derartige Stellungen des kleinen oberen Magneten. Die sehr einfache Reduktionsformel lautet

$$H = F + f \sin \alpha.$$

Hierin ist F das Feld der Kompensationsmagnete, f das Skalenwert des Instruments, α das Azimut des ablenkenden Magnetstäbchens[1].

Die Horizontalwage von Ad. Schmidt[2]. Abb. 8. In einem länglichen Gehäuse befindet sich, im magnetischen Meridian beweglich, eine Doppelnadel 8 aus zwei elliptischen Lamellen, unterstützt auf dem Lager 16 durch eine Schneide 10 und so ausbalanciert, daß sie bei einer bekannten Horizontalintensität senkrecht steht. An einem anderen Orte, ebenfalls in den Meridian gestellt, wird sie um einen Winkel schief stehen; da sie bei 7 einen Spiegel trägt, in den ein Mikroskop mit Schätzskala hineinsieht, kann der Winkel gemessen werden. Der Unterschied der Skalenstellung, multipliziert mit dem Skalenwert, gibt den Unterschied der Horizontalintensität an den beiden Orten. Der Skalenwert wird durch Ablenkung der Nadel entweder mittels eines Magnetstabes bekannten

---

[1] Näheres und Beobachtungen: Nippoldt, A.: Geol. Arch. **3**, 114—137. Königsberg 1923.

[2] Theorie siehe Heiland, C.: Boston Meeting; Inst. of Mining and Metallurg. Eng. 1—53 (1929).

Moments aus bekannter Entfernung bestimmt, oder auf elektrischem Wege. Der Temperaturkoeffizient muß bekannt sein.

Der Doppelkompaß von BIDLINGMAIER, wie der Name sagt als Schiffsinstrument gedacht, ist auch für Landbeobachtungen das bequemste aller Lokalvariometer für Horizontalintensität, und so auch in der Tat von HEYDWEILLER[1] schon 1898 vorgeschlagen. Wir beschreiben ihn hier (Abb. 9) in seiner seegerechten Gestalt (an Land treten an Stelle der Rosen einfache Stäbe).

In einem Kompaßkessel befinden sich senkrecht übereinander zwei Rosen. Die obere hat das Moment M_o, die untere M_u; für sich allein würde jede Rose sich in den Meridian einstellen. Die Gegenwart der anderen lenkt die obere um φ_o, die untere um φ_u aus dem Meridian ab. Kennt man die Richtung des Meridians, so kann man beide φ für sich bestimmen; auf jeden Fall aber kennt man den Richtungswinkel der einen gegen die andere Rose, den Spreizungswinkel $\psi = \varphi_o + \varphi_u$. Ruhelage tritt ein, wenn

$$H \sin\varphi_o = M_o k \sin\psi$$
$$H \sin\varphi_u = M_u k \sin\psi .$$

k ist dabei die Ablenkungsfunktion zwischen den Rosen. Hieraus findet man

$$H \cos\frac{1}{2}(\varphi_o - \varphi_u) =$$
$$(M_o + M_u) k \cos\frac{1}{2}\psi .$$

An einem Orte mit bekannter Horizontalintensität geeicht, ergibt die rechte Seite eine Instrumentalkonstante, so daß an jedem anderen Orte ist:

$$H' = \mathrm{Const}\,\cos\frac{1}{2}\psi' .$$

Man kann mit dem Instrumente, wenn φ_o und φ getrennt ermittelt werden, die Inhomogenität eines Feldes messen (es liegt hier Parallelismus zur EÖTVÖSSchen Drehwage vor).

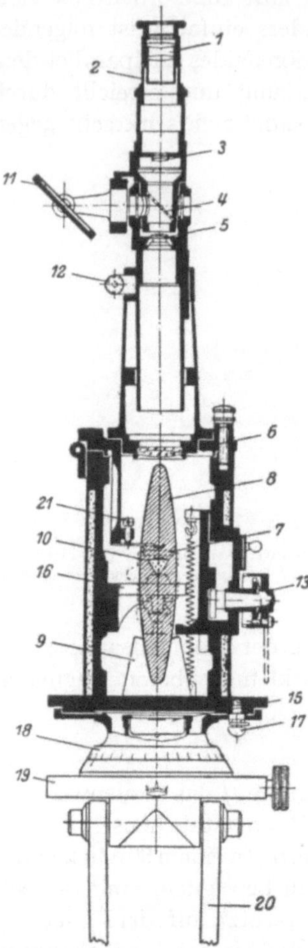

Abb. 8. Horizontal‑Feldwage nach AD. SCHMIDT, Askaniawerke Bln.‑Friedenau; *1* Okular; *2* Auszug; *3* Linse; *4* schräge Glasplatte; *5* Skala; *6* Kasten; *7* Magnetspiegel; *8* Magnet; *9* Dämpfer; *10* Schneide; *11* Beleuchtungsspiegel; *12* Libelle; *13* fester Spiegel; *15* untere Platte; *16* Lagerstütze; *17* Klemmschraube; *18* Horizontalkreis; *19* Stativplatte; *20* Stativ; *21* Nadelklemmung.

[1] Wied. Ann. **64** (1898).

Eisenstabvariometer. Rechts und links von einer abzulenkenden Magnetnadel befinden sich zwei Stäbe aus weichem Eisen vertikal aufgestellt; der eine Stab reicht mit seinem oberen Ende bis etwas über die Ebene der Nadel, der andere mit seinem unteren Ende entsprechend unter die Ebene der Nadel. In beiden Stäben induziert die Vertikalintensität ein Moment $\varkappa \cdot Z$, wo $\varkappa$ der Induktionskoeffizient des Eisens ist; beidesmal ist auf der nördlichen magnetischen Halbkugel am oberen Stabende ein Südpol, etwas nach innen zu vom Ende entfernt. In der Ebene der Nadel wirkt infolgedessen ein horizontales Drehmoment auf sie ein. Gleichgewicht zwischen diesem, der Horizontalintensität des Erdfeldes und, wenn die Nadel an einem Faden aufgehängt, dem Torsionsmoment des Fadens bestimmt die Ruhelage der Nadel, die an einem Normalort mit bekannten Werten von H und Z festzustellen ist. An einem anderen Orte tritt gegen sie ein Ablenkungswinkel ψ auf, so daß $\operatorname{tg} I = c \operatorname{tg} \psi$ ist. Die Konstante c ist am Normalort zu bestimmen. Das Instrument liefert also örtliche Variationen der Inklination. Beobachtet man daneben noch mit einem Variometer für Horizontalintensität, so liefert die Vereinigung Variationen der Vertikal-

Abb. 9. Doppelkompaß nach BIDLINGMAIER.

intensität. Der Vorzug der Konstruktion ist die Möglichkeit, Z durch ein horizontales Drehmoment, also ohne die Nachteile einer Suspension auf Schneiden zu messen, sein Nachteil, daß die Vertikalstellung der Stäbe mit Sorgfalt zu prüfen ist. Nur elektrolytisch hergestelltes Eisen ist weich genug und frei von Hysteresiserscheinungen. Der Temperatureinfluß ist verschwindend.

Vertikalwage nach AD. SCHMIDT. Ein Nadelsystem 8, wie bei der Horizontalwage aus zwei elliptischen Lamellen bestehend, ruht auf zylindrischen Steinlagern mit einer Schneide aus Stein so auf, daß es bei einem Normalwert der Vertikalintensität wagerecht steht. Ein Spiegel 7 an der Oberseite wird mit einem Schätzmikroskop von oben betrachtet; man sieht daher neben der Originalskala ihr Spiegelbild.

Bei der Normalintensität Z decken sich beide Bilder, unter einem andern Ort mit anderer Intensität Z' steht der Magnet schief, die Skalen verschieben sich gegeneinander. Ist ε der Skalenwert eines Intervalls der Skala, so ist $\Delta Z = Z - Z' = \varepsilon \Delta s$. Hierzu kommt bei veränderter Temperatur ein Temperaturglied $\alpha(t - t')$; α muß aus Versuchsreihen am Normalort bestimmt werden. Die Einflüsse des Transports können Verschiebungen der einzelnen Bestandteile hervorrufen, aus welchen sich der magnetometrische Körper zusammensetzt; dies ruft Standänderungen hervor. Um sie zu ermitteln, müssen innerhalb des Vermessungsgeländes Normalpunkte zweiter Art angelegt und täglich besucht werden. Bei der großen Verbreitung dieser Vertikalwage ist die Erfahrung in der Behandlung der Instrumente jetzt sehr groß und in geschickten Händen leistete das Instrument namentlich dem Geologen vorzügliche Dienste.

Lit.: SCHMIDT, AD.: Tätigkeitsber. Meteorol. Inst. Berlin für 1914 u. 1915.— HEILAND, C. u. DUCKERT, P.: Z. angew. Geophysik 289—329 (1924).

H: HAALCK[1] hat beide Feldwagen, für H und für Z, zu einer *Universalwage* vereinigt; im allgemeinen ist die Benutzung der getrennten Instrumente jedoch vorzuziehen, vornehmlich wegen des Temperatureinflusses, der bei dem zusammengesetzten Instrument noch diffiziler ist, wie bei den einzelnen schon.

Vertikaldeflektor nach DE COLLONGE[2]. Benutzt ebenfalls das Prinzip der Wage. Unter der Vertikalintensität eines Normalortes sei ein Wagemagnet horizontal. Vertikal über ihm befindet sich ein Magnetstab in fixierter Entfernung. Kommt das Instrument an einen anderen Ort mit anderer Vertikalintensität, so senkt

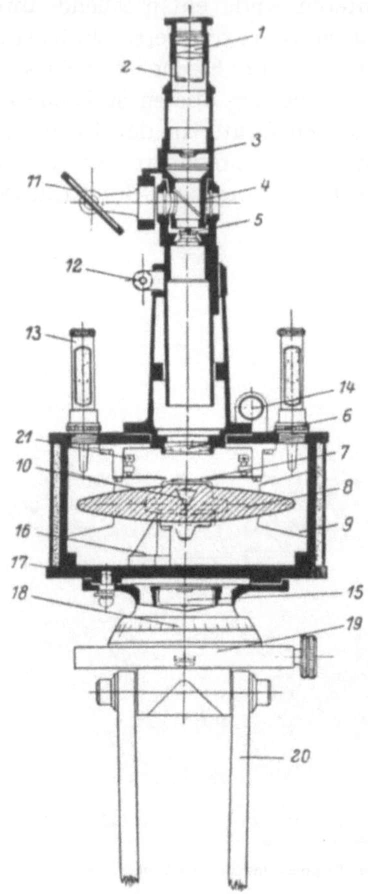

Abb. 10. Vertikal-Feldwage nach AD. SCHMIDT, Askaniawerke Bln.-Friedenau. *1* Okular; *2* Auszug; *3* Linse; *4* schräge Glasplatte; *5* Skala; *6* Kasten; *7* Magnetspiegel; *8* Magnet; *9* Dämpfer; *10* Schneide; *11* Beleuchtungsspiegel; *12* Schraube; *13* Thermometer; *14* Libelle; *15* Konus; *16* Lagerstütze; *17* Bodenplatte; *18* Horizontalkreis; *19* Stativplatte; *20* Stativ; *21* Klemme.

---

[1] Z. Instrumentenkde. Berlin 1927.
[2] LAZAREFF, The Kursk Anomaly S. 7. Berlin 1922. — GERNET, A. v.: Z. Geophysik, **4**, 29—30 (1928).

sich das System. Durch Annähern oder Entfernen des Magnetstabes bringt man es wieder in die wagerechte Lage. Die Größe der dazu not-

wendigen Verschiebung des Stabes gibt das Maß für die Änderung der Vertikalintensität. Die Abbild. 11 zeigt diesen Gedanken nach A. v. GERNET für Seebeobachtungen angewandt. Als Wagemagnet arbeitet ein nautisches Kompaßsystem, das auf einem Durchmesser seines Kartenblattes mit Spitzen auf zwei Lagern drehbar ist. Zwei Spiegel mit Visiervorrichtung gestatten, das Eintreten der horizontalen Stellung festzustellen. Da die Rose als Ganzes sich stets im Meridian erhält, bleibt die Beobachtung vom Schiffskurs unabhängig. Die Stange rechts, beim Gebrauch auf dem Kompaßdeckel, enthält im Innern den die Änderungen von Z kompensierenden Ma-

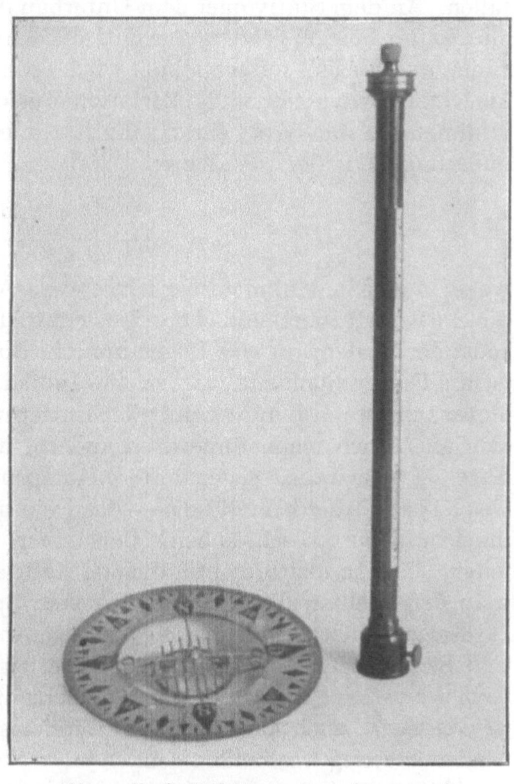

Abb. 11. Vertikaldeflektor nach DE COLLONGE für Seebeobachtungen.

gnetstab und an der Außenseite eine Skala zum Messen seiner Entfernung.

Beobachtung der zeitlichen Variationen.

Magnetische Observationen haben die Aufgabe, die Änderungen des erdmagnetischen Feldes nach Stärke und Richtung ununterbrochen zu verfolgen, folglich registrieren sie. Dies geschieht fast nur auf photographischem Wege, denn für mechanische Aufschreibung sind die Kräfte des Erdfeldes zu gering. Die Instrumente, welche die Variationen beobachten lassen, heißen kurz ,,Variometer'' (im Unterschied zu den oben besprochenen Lokalvariometern).

Das *Deklinometer* ist ein Variometer für die Veränderungen der magnetischen Deklination. Es besteht aus einem an einem einzelnen Faden aufgehängten Magneten mit an ihm festen — wenn auch gelegentlich durch Schrauben justierbaren — Spiegel. Auf ihn fällt das Licht der

Registrierlampe. Der Faden soll in der mittleren Lage torsionslos sein, die magnetische Achse der Nadel dabei in den magnetischen Meridian fallen. An dem Stativ oder dem Unterbau des Variometers befindet sich ein zweiter Spiegel befestigt, so daß auf dem Registrierbogen eine gerade Linie, die „Basis", aufgezeichnet wird. Von ihr aus oder von einer Parallelen zu ihr aus werden die Variationen gelesen, und zwar gewöhnlich in Millimetern. Der Wert eines Millimeters in Beträgen der Deklinationsänderung, d. i. der „Skalenwert", ist

$$e = \frac{1718.9\left(1 - \frac{1}{3}\right)A^2}{A\,(1 + \Theta)}.$$

wobei A der in Millimetern zu messende Abstand (optisch auf Linsendicke usw. reduziert) und Θ der Torsionskoeffizient. Ist $A = 1718.9$ mm, so ist der Skalenwert *eine* Bogenminute. Das Reziproke des Skalenwerts ist die Empfindlichkeit. Sie ist eine Indikatorempfindlichkeit; der Skalenwert nimmt also mit wachsender Entfernung proportional ab. Er läßt sich aber auch magnetometrisch ändern, indem man neben der Nadel feste Magnetstäbe, sogenannte „Kompensationsmagnete", anbringt, welche das Erdfeld verstärken — das Deklinometer also unempfindlicher machen, oder abschwächen, ihm einen kleineren Skalenwert verleihen. Die Indikatorempfindlichkeit läßt sich auch vergrößern, indem man den Lichtstrahl an weiteren festen Spiegeln mehrfach reflektiert.

Natürlich ist es möglich, die Variationen auch jederzeit mit Fernrohr und Skala abzulesen; einige Observatorien haben neben dem registrierenden System ein zweites, nur für solche direkte Ablesungen bestimmt, in Gebrauch, auch kann ein registrierendes Variometer gleichzeitig mit Skalenablesung verbunden sein.

Abb. 12 zeigt ein modernes Magnetometer nach ESCHENHAGEN-SCHMIDT (Observatorium in Seddin).

In der Suspensionsröhre N hängt der Quarzfaden, die obere Suspension mittels des Torsionskopfes O meßbar zu drehen, an der unteren zuerst eine ringförmige Verbreiterung zum Festklemmen durch die Vorrichtung R; darunter das System der beweglichen Spiegel S_2, ein Gegengewicht zum Ausbalancieren und schließlich der Magnet M zwischen dämpfenden Kupferplatten E. Der eine bewegliche Spiegel steht senkrecht, der andere steht wenig geneigt gegen die Horizontale; er erhält sein Licht erst durch einen festen Spiegel S_1 und registriert die Variationen mit geringer Empfindlichkeit, während der senkrechte gleichzeitig die größere Empfindlichkeit liefert. Ein dritter Spiegel S_3 ist an einer BOURDON-Röhre B befestigt und liefert daher die Registrierung der Temperaturschwankungen. Außerdem ist noch ein am Gehäuse des Variometers fester Spiegel vorhanden, der die Basislinie liefert. Die beiden M_1 sind äußere Kompensationsmagnete; C ist ein Stromring zur Messung der Empfindlichkeit auf galvanischem Wege.

Intensimeter für Horizontalintensität. Die Bauart ist meist dieselbe wie für das Deklinatorium, nur daß die Aufgabe, die Variationen der Horizontalintensität zu verfolgen, dazu zwingt, die Nadel senkrecht gegen sie, d. h. senkrecht gegen den magnetischen Meridian einzustellen. Dies geschah früher meist dadurch, daß man die Nadel an zwei Fäden aufhing (Bifilarmagnetometer) und den Torsionskopf so lange drehte,

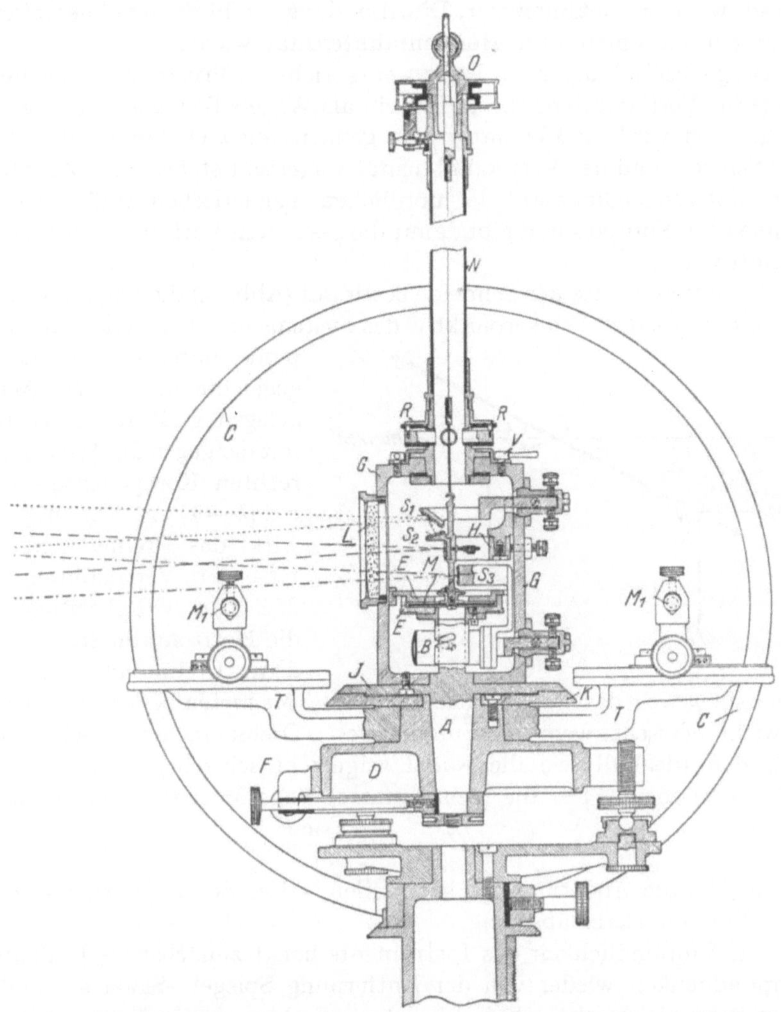

Abb. 12. Unifilar-Magnetometer nach ESCHENHAGEN, R. TOEPFER-Askaniawerke. *O* Torsionskreis; *R* Klemmung für den Faden; *N* Suspensionsröhre; *V* Klemmung der Röhre; S_1 fester Verdoppelungs- spiegel; S_2 Magnetspiegel; *B* BOURDON-Röhre mit Spiegel S_3; *M* Magnetnadel; *E* Kupferdämpfer; *G* Gehäuse; *L* Linse; *J* Alhidate; *K* Horizontalkreis; *T* Träger für die Kompensationsmagnete M_1 M_2; *A* Konus; *D* Unterbau; *F* Klemmung; *C* Stromring.

bis die gewünschte Lage erreicht war. Seit der Einführung der Quarz- fäden benutzt man auch hier nur *einen* Faden (Unifilarintensimeter).

Die Empfindlichkeit ist wieder zunächst durch den Abstand von der Skala bzw. dem Registrierapparat gegeben, sodann aber auch durch die

Kräfte der statischen Suspension (Torsionskraft des bifilaren bzw. unifilaren Gehänges) und das Moment der Nadel. Durch Kompensationsmagnete kann die Empfindlichkeit magnetometrisch beeinflußt werden, gerade wie beim Deklinometer. Die Abbildung 12 gibt derart ohne weiteres auch ein Variometer für Horizontalintensität wieder.

Magnetische Wage nach LLOYD entspricht im Prinzip ganz der Feldwage für Vertikalintensität, indem ein als Wagebalken gebauter Magnet so gelagert wird, daß er unter dem gemeinsamen Drehmoment seitens der Schwere und der Vertikalintensität wagerecht steht. Eine Zunahme der letzteren bedingt auf der nördlichen magnetischen Halbkugel ein Senken des Nordpols und gibt damit die gesuchten Variationen der Vertikalintensität.

Die untere Kante der Schneide bestimmt (Abb. 13) die Lage des Drehpunktes D; an dem Schwerpunkt C des Systems im Abstand c vom Drehpunkt unter dem Winkel λ gegen die magnetische Achse gelegen, greift das Gewicht G mit der gegen die Achse senkrechten Komponente — Gc cos $(\lambda - \varphi)$ an. Ihr entgegen wirkt das Drehmoment seitens der Vertikalintensität MZ cos φ. Gleichzeitig wirkt die Horizontalintensität mit dem Drehmoment — MH

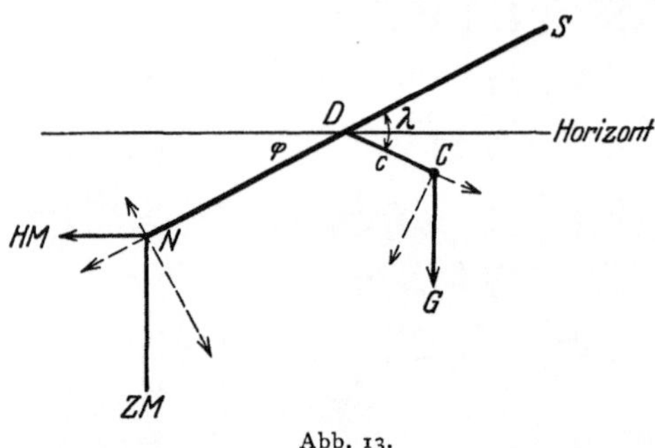

Abb. 13.

cos α sin φ, wo α das magnetische Azimut des Magneten bedeutet. Gleichgewicht herrscht, wenn die Summe dieser Drehmomente verschwindet. Für den Idealfall, wo die Nadel wagerecht schwebt, ist $\varphi = 0$, also $MZ = Gc$ cos λ. Für die meistbenutzte Lage Magnet ost-westlich ist

$$\varDelta Z = \varDelta n \frac{Gc \sin \lambda}{M},$$

worin $\varDelta n$ die Änderung in Skalenteilen, sei es der Registrierung oder der direkten Skalenablesung.

Die Empfindlichkeit des Instruments hängt zunächst als Indikatorempfindlichkeit wieder von der Entfernung Spiegel—Skala ab, außerdem kann sie durch Heben des Schwerpunktes ganz wie bei einer gewöhnlichen Wage durch ein Gewichtsstück auf vertikaler Spindel erhöht werden und außerdem magnetometrisch durch Kompensationsmagnete.

Da veränderliche Temperatur einerseits das magnetische Moment der Nadeln beeinflußt und andererseits auch die statischen Drehmomente, so benötigen die Variometerangaben einer Temperaturkorrektion, die am besten durch Heizen und Abkühlen des ganzen Raumes ermittelt wird. Nur das Deklinatorium ist frei von Temperatureinflüssen, weil es ohne Torsionskraft den Magneten im magnetischen Meridian hat;

es sei denn, daß Kompensationsmagnete vorhanden sind, wo der Temperaturkoeffizient aber auch nicht groß zu sein pflegt. Ist Δn der Abstand der Kurve von der Basis, Δt der Unterschied der Temperatur gegen die Normaltemperatur, e der Skalenwert, so lautet eine Variometergleichung

$$\Delta E = e\,\Delta n + \tau\,\Delta t,$$

wobei E das zu messende Element, τ der einem Grad Temperaturänderung entsprechende Wert in Einheiten des Elements ist.

Gewöhnlich werden Deklination, Horizontal- und Vertikalintensität gemessen, die Nadel des Variometers liegt dann horizontal magnetisch nordsüdlich, horizontal magnetisch ostwestlich, bzw. horizontal magnetisch nordsüdlich oder ostwestlich. Bei schiefer Lage der Magnetachse gibt das Instrument jeweils die Variationen jener Komponente des Erdfelde, welche senkrecht gegen die Achse der Nadel wirkt. Mit Unifilaren kann man auf solche Weise bei horizontaler Lage der Nadel die X-Komponente verfolgen, wenn ihre Achse von astronomisch West nach Ost steht, und die Y-Komponente, wenn sie nach astronomisch Nordsüd deutet. Dem Wagemagneten kann man im magnetischen Meridian die Neigung der Totalintensität geben und hat da ein *Inklinometer*, das unmittelbar die Variationen der Inklination liefert.

Das Arbeiten mit Variometern an Observatorien geschieht nun so, daß zu jeder Einstellung während der absoluten Beobachtungen der Stand des Variometers abgelesen wird; es ist daher der Unterschied des betreffenden Elements gegen die Basis bekannt und kann an der Theodoliteinstellung angebracht werden. So wird jede Einzeleinstellung auf die Basis reduziert und liefert den der Basis entsprechenden absoluten Wert des Elements, den „Basiswert". Nimmt man die Zeit zur Abszisse, die Deklination zur Ordinate, so muß der zeitliche Gang der Basiswerte in Deklination eine der Abszissenachse parallele Gerade sein, ebenso bei einem Inklinometer. Nicht so dagegen liegt es bei den Intensimetern, da hier Gleichgewicht zwischen magnetischen und statischen Drehmomenten herrscht, d. h. Größen, die mit der Zeit veränderlich sind (magnetisches Moment der Nadeln und Kompensationsmagneten, elastische Alterung der Suspension). Es ist Aufgabe der Observatorien, den sich so ergebenden zeitlichen Gang der Basiswerte festzulegen und unter Kontrolle zu halten. Außerdem müssen natürlich die Instrumentalkonstanten sorgfältig und dauernd geprüft werden, also der Skalenwert und der Temperaturkoeffizient. Da die verlangte Genauigkeit groß ist, erfordert diese Aufgabe einen beträchtlichen Teil der Arbeitskraft eines Observatoriums. Die Variationen sollen in Deklination auf 0.́1, in Intensität auf 1.1 γ genau bekannt sein.

Die bei der Aufstellung eines Intensitätsvariometers gleichzeitig zu erfüllenden Bedingungen sind:

1. es soll eine bestimmte Komponente messen, d. h. die Achse der Nadel muß senkrecht gegen die Richtung dieser Komponente stehen;

2. es soll eine vorgegebene Empfindlichkeit besitzen;

3. der Temperatureinfluß soll möglichst klein sein.

Zu diesem Zweck wird die Nadel zunächst im Meridian torsionslos an ihrem Faden befestigt, darauf bringt man einen Teil der Drehung durch Drehung des Torsionskopfs zustande und den Rest durch die Kompensationsmagnete. Ist F die Feldstärke der äußeren Magnete, ψ die Neigung ihrer Feldrichtung gegen den Meridian, ϑ der Torsionswinkel vom Meridian aus gezählt, Θ das Torsionsverhältnis, m das magnetische Moment der Nadel, ν die Ablenkung der Nadel aus dem Meridian, so gilt

$$K = F \sin(\varphi - \nu) + \frac{\Theta}{m}(\vartheta - \nu).$$

Die Veränderungen dieser Drehkräfte

$$-\left[F \cos(\varphi - \nu) + \frac{\Theta}{m}\right]\varDelta\nu = \varDelta K$$

geben die Variationen der Komponente K, und $\dfrac{\varDelta K}{K}$ die verlangte Empfindlichkeit. Ist τ_1 der Temperaturkoeffizient der äußeren Magnete, τ_2 jener der Torsionskraft des Gehänges einschließlich der des Nadelmoments, so ist das Instrument vollkommen temperaturkompensiert, wenn

$$-\tau_1 F \sin(\varphi - \nu) + \tau_2 \frac{\Theta}{m}(\vartheta - \nu) = 0.$$

Die entscheidenden Größen sind die Feldstärke F der Kompensationsmagnete, ihre Schiefe φ gegen den Meridian, also ihr Azimut und der Torsionswinkel ϑ[1]. Praktisch geschieht das Aufsuchen der geeigneten Werte für diese drei Grundgrößen durch systematisches Variieren und nachfolgende rechnerische Ausgleichung.

Die Skalenwerte der vollendeten Aufstellung werden durch Ablenken durch bekannte Felder ermittelt, wozu man sich teils der magnetometrischen, teils der galvanischen Methode bedienen kann. Zu letzterem Zwecke sind die Variometer mit Stromkreisen, meist mit sogenannten HELMHOLTZ-Spulen versehen, wie unsere Abb. 12 zeigt. Da die Kompensationsmagnete meist lang sind, kann bei engen Raumverhältnissen eine gegenseitige Einwirkung der Variometer stattfinden, was bei genauen Beobachtungen durch entsprechende Beobachtungen der Größe und Art nach festzustellen ist.

Das beharrliche Magnetfeld der Erde.

Allgemeines.

Unter dem beharrlichen Magnetfeld der Erde verstehen wir das von sämtlichen zeitlichen Variationen mit Ausnahme des Hauptanteils der Säkularvariation befreite Feld.

---

[1] Volle Theorie von SCHMIDT, AD.: Ergebn. d. magn. Beob. in Potsdam u. Seddin 1908; Auszug Z. f. Instrumentenkde. **27**, 145—146, (1907).

Um diese Definition zu verstehen, müssen wir den Darstellungen in diesem Buche insofern etwas vorgreifen, als wir eben bemerken, daß die Säkularvariation zwei Anteile besitzt. Der eine hängt eng mit den zeitlichen Variationen zusammen und wird durch dieselben physikalischen Vorgänge erklärt wie diese. Seine Ausscheidung ist leicht, weil er ein Weltphänomen ist, das die ganze Erde betrifft und somit durch Vergleich mehrerer Observatorien untereinander erhalten werden kann. Der andere hier beachtete Anteil der Säkularvariation ist eine wirkliche Änderung des Erdmagneten und gehört dadurch zum Erdfeld selbst. Gerade die Tatsache, daß die Erde ihr Feld ändert, führt dazu, den alten Ausdruck vom „permanenten" Erdmagnetismus zu reden, durch den einst von GAUSS eingeführten des „beharrlichen" Felds wieder zu ersetzen; es ist kein Dauerfeld vorhanden, sondern nur ein Bestreben zum Beharren.

Die zahlreichen Vermessungsreisen, ihrerseits gestützt auf die etwa 50 vorhandenen Magnetischen Observatorien, haben eine ausreichende Menge von Beobachtungen geliefert, so daß wir die nächste Aufgabe der Forschung, die Tatsachen beschreibend festzulegen, einigermaßen befriedigend lösen können. Schwieriger steht es mit der folgenden Aufgabe, die Tatsachen zu erklären, wenigstens bei dem beharrlichen Felde.

Die Tatsachen werden in der Hauptsache auf zwei Weisen beschrieben: durch Kartendarstellungen und durch Berechnung von numerischen Koeffizienten von Reihen räumlicher periodischer Funktionen, meist von Kugelfunktionen.

Kartographische Darstellung.

Von vornherein ist zu erwarten, daß das Vorhandensein der Säkularvariation es mit sich bringt, daß die Verteilung der charakteristischen erdmagnetischen Größen ihr Bild mit der Zeit ändert. Jede Karte — und natürlich auch jede numerische Darstellung — gilt daher für einen bestimmten Augenblick, die „Epoche".

Durch alle diese Epochen bleibt aber etwas Gleichmäßiges erhalten, das ein für allemal gilt. Dies ist kurz folgendes: Die Größe des magnetischen Feldes wächst von dem Äquator nach den Polen zu (Batavia $T = 0.2$, nördlicher magnetischer Pol $0.6\ \Gamma$); die Nordhalbkugel der Erde ist überwiegend südmagnetisch, die Südhalbkugel nordmagnetisch; die Verteilung keines der erdmagnetischen Elemente ist gleichmäßig; abgesehen von lokalen Zufälligkeiten gibt es in jeder Halbkugel nur *einen* magnetischen Pol, die beide nahe den geographischen liegen.

Insgesamt heißt das: Die Verteilung des erdmagnetischen Feldes hat die Tendenz, sich nach den geographischen Grunddaten zu richten, der Lage der Rotationsachse und des Äquators, doch wirken abändernde Einflüsse ein. Diese Einflüsse sind offenbar überall auf der Erdoberfläche, sodaß zu vermuten ist, daß sie ihre Ursache in etwas haben, das überall gleichmäßig vorhanden sein kann, und dies ist nach Ansicht des Verfassers der Einfluß der magnetischen Massen in der Erdkruste. Es sind aber auch andere Erklärungen denkbar. So könnten z. B. in früheren geologischen Epochen Rotationsachse und magnetische zusammengefallen sein und die heutige Schiefe zeigen, daß der Erdmagnetismus sich der neuen Pollage noch nicht angepaßt hat, daß schließlich überhaupt das eine System dem anderen nachhinkt. Hierüber später mehr.

Da man Deklination, Horizontalintensität und Inklination, die drei Elemente, unmittelbar beobachtet, pflegt man in kartographischen Darstellungen Linien gleicher Werte dieser drei zu bringen; sie heißen Isogonen, Horizontalisodynamen und Isoklinen. Für alle theoretischen Zwecke besagen mehr die Linien gleicher Komponentenwerte, die Isodynamen der X-, der Y- und der Z-Komponente. Auch die Isodynamen der Totalintensität werden gelegentlich gebracht.

Abb. 14 gibt die Isogonen oder Linien gleicher Mißweisung der Kompaßnadel nach Dr. BURATH von der Deutschen Seewarte, gültig für die Epoche 1920. Innerhalb des am Rande der Iosogone 0° (Agone) geschrafften Gebiets ist die Deklination westlich vom astronomischen Meridian. Man sieht, daß es zwei ungleich große Gebiete gibt, das eine mit westlicher, das andere größere mit östlicher Abweichung vom astronomischen Meridian. Bis vor kurzem konnte man noch drei getrennte Gebiete feststellen; in den letzten Jahren hat sich jedoch infolge der Säkularvariation das lange Zeit isoliert über Ostasien lagernde Oval westlicher Deklination geöffnet. Kein Element ist für die säkulare Änderung empfindlicher als die Deklination. Dies zeigt der Vergleich mit Abb. 15, welche die Isogonen für die Epoche 1600 und die Landhalbkugel darstellt[1].

Die Verteilung der Horizontalintensität erhellt aus Abb. 16, jene der Inklination die Abb. 17, beide ebenfalls von der Seewarte entworfen, von der Reichsmarineleitung herausgegeben und ebenfalls für die Epoche 1920 gültig. Längs des geographischen Äquators läßt sich eine krumme Linie denken, welche die Orte höchster Werte der Horizontalintensität verbindet und der „isodynamische magnetische Äquator" heißt. Das Unregelmäßige, Anomalistische des erdmagnetischen Feldes verrät sich in Abb. 16 besonders in den Tropen und auf der Südhalbkugel. Hier nimmt besonders das südliche Südamerika eine Sonderstellung ein, indem der äquatorielle Zustand weit polwärts vordringt; dies verrät sich übrigens auch in den täglichen Variationen, wie die Beobachtungen in Südgeorgien 1882/83 enthüllen. Auch bei den Isoklinen deuten

---

[1] Andere zusammenhängende Darstellungen für verschiedene Epochen siehe VAN BEMMELEN, W.: Suppl. Bd. 21 des Observatoriums zu Batavia. Batavia 1899 und FRITSCHE, H.: Atlas des Erdmagnetismus. Autogr. Riga 1903.

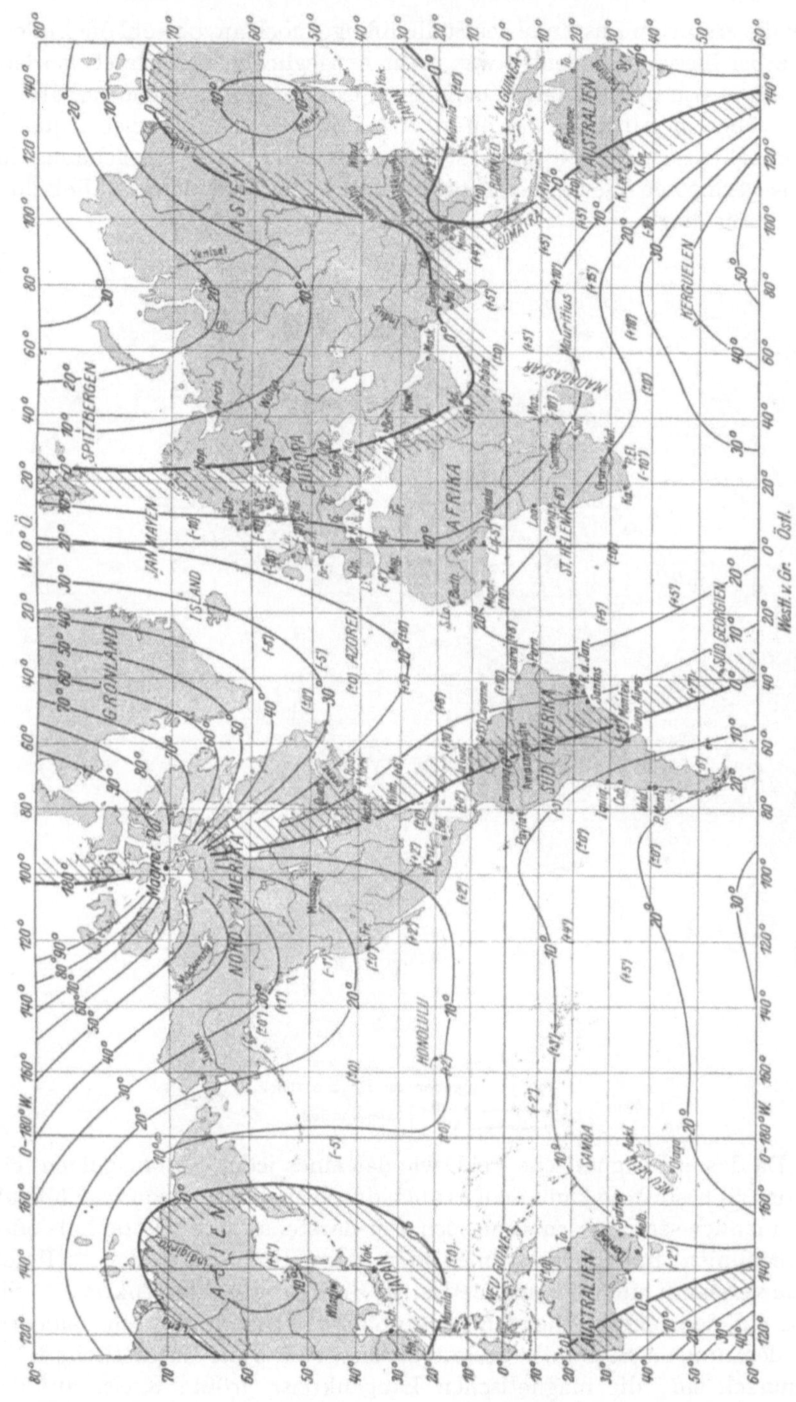

Abb. 14. Isogonen für die Epoche 1920 nach der Deutschen Seewarte.

sich die gestörten Zustände der Südhalbkugel noch an, obwohl die Linienzüge bei diesem Element etwas mehr ausgeglichen gezeichnet werden. Die Linie von 0° Inklination heißt der „isokline magnetische Äquator"; er ist überein mit dem, was ältere Arbeiten den magnetischen Äquator schlechthin nennen. Besser verstünde man unter dieser Bezeichnung die Linie geringster Werte der Totalintensität, die aber dem isoklinischen sehr nahe liegt.

Abb. 15. Isogonen zur Epoche 1600.
——— westl. } Deklination.
▬▬▬ östl. }

Da das erdmagnetische Feld, wie das eines jeden Stabmagneten, ein Potential besitzt, so kann man es auch durch ein System von zwei überall aufeinander senkrechten Linienscharen darstellen, die „Potential- oder Niveaulinien" und die Kraftlinien oder „magnetischen Meridiane". Ihnen nahe verwandt sind die „magnetischen Breiten- und Längenkreise". Sie sind ein dem entsprechenden geographischen Kurvensystem analoges, bei dem nur an Stelle der geographischen Achse die magnetische tritt. Demnach sind die magnetischen Längenkreise größte Kreise auf der

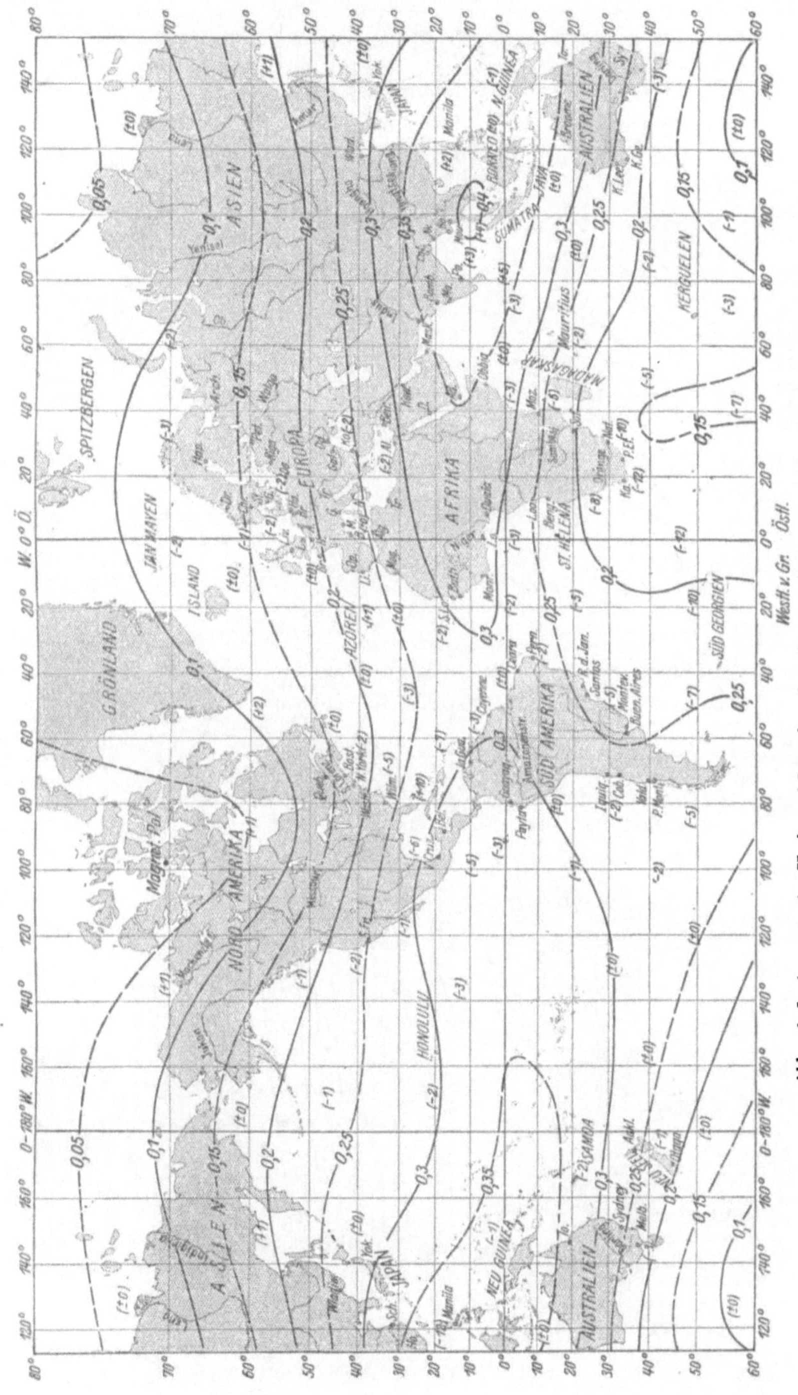

Abb. 16. Isodynamen der Horizontal-Intensität für die Epoche 1920 nach der Deutschen Seewarte.

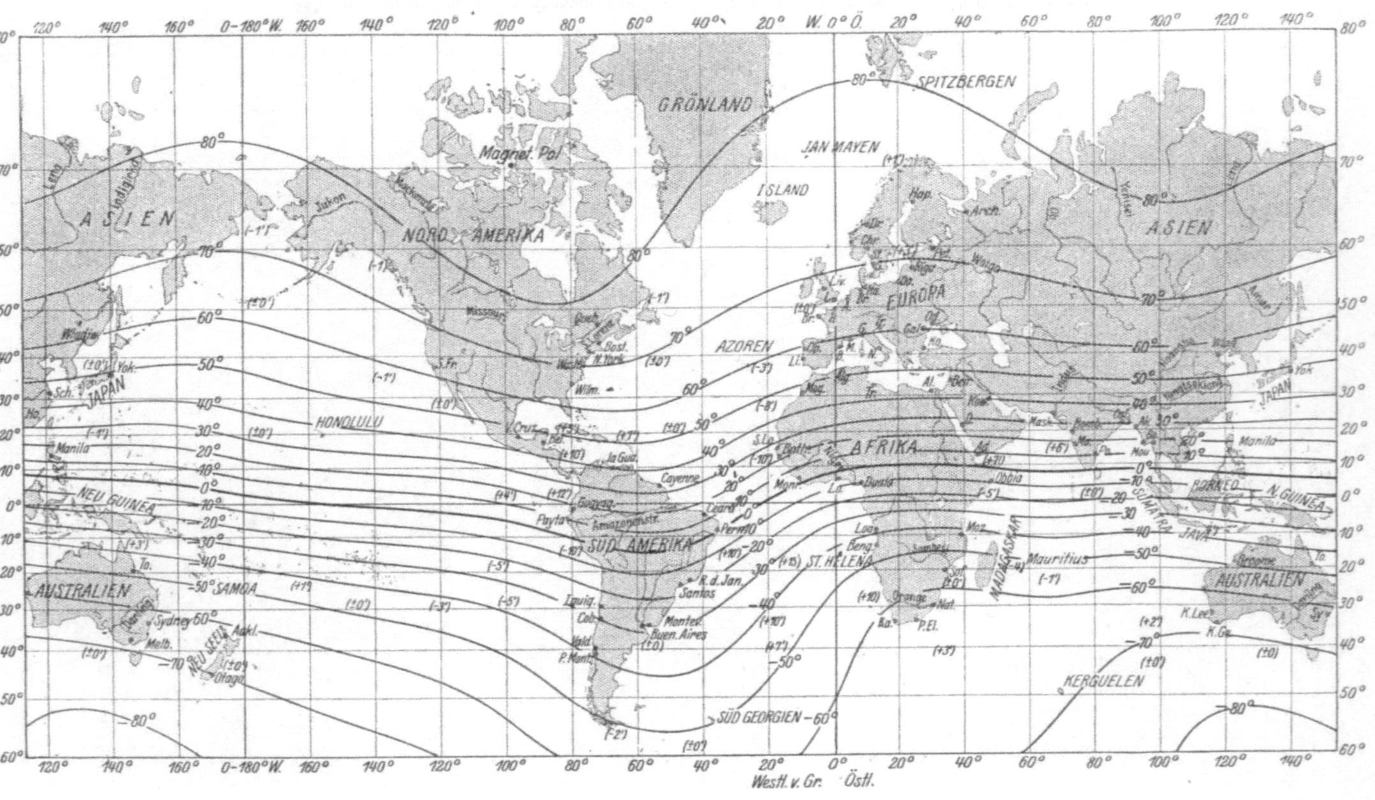

Abb. 17. Isoklinen für die Epoche 1920 nach der Deutschen Seewarte.

Kugel, von den magnetischen Breitenkreisen aber nur *einer*, der exakte „magnetische Äquator". Das magnetische Koordinatensystem hat gegen das geographische eine Neigung von etwa $11^1/_2°$.

Die Lage der magnetischen Pole. Ein allgemeines Interesse hat von jeher die Lage der Pole des Erdmagnetismus, vornehmlich wohl, weil die Isogonen, also die für die Praxis wichtigsten isomagnetischen Linien — soweit sie nicht in sich selbst zurücklaufen (Oval in Ostasien u. a.) — alle durch die magnetischen Pole hindurchziehen müssen, so wie sie auch durch die geographischen laufen. Eine andere Annahme über den Ort des Pols ändert ersichtlich das magnetische Kartenbild in den polnahen Gegenden erheblich. Es war daher das Bestreben verschiedener Polarexpeditionen, die Pole durch unmittelbare Beobachtung aufzufinden.

Jeder der beiden magnetischen Pole ist auf diese Weise durch Beobachtungen einmal gefunden worden, der nördliche (bekanntlich physikalisch ein Südpol) am 1. Juni 1831 von JAMES CLARK ROSS[1], der südliche 1909 durch die zweite englische Südpolarexpedition. Außerdem wurde jeder Pol durch Vermessen des Gebiets, in dessen Nähe er liegen mußte, indirekt gefunden, und zwar der nördliche von ROALD AMUNDSEN im Jahre 1903, der südliche wieder von Ross 1841. Die Beobachtungen der englischen Südpolarexpedition sind von CH. CHREE, jene von AMUNDSEN von A. GRAARUD und N. RUSSELTVEDT bearbeitet worden. An Hand der Angaben über die Variationen in der Polgegend in dieser Bearbeitung sind neuerlich jene von Ross aus 1831 von A. NIPPOLDT neu bearbeitet worden.

Danach sind die aus Beobachtungen ermittelten Pollagen:

Nördlicher magnetischer Pol

    1831 $\varphi = 70°5'$ n.Br. $\lambda = 96°46'$ westl. Lg. Gr. Ross

    1903   70 30   „   95 30   „   „   „   AMUNDSEN

Südlicher magnetischer Pol

    1841 $\varphi = 75° \; 5'$ s. Br. $\lambda = 154°8'$ östl. Lg. Gr. Ross

    1903   72 41   „   156 25   „   „   „   1. engl. Südpolex.

    1909   72 25   „ $154°0'$ „   „   „   2.   „   „

Die neue Reduktion der Rossschen Beobachtungen aus 1831 lieferte für den nördlichen magnetischen Pol

$$1831 \quad \varphi = 70°5'.4 \qquad \lambda = 96°53'.5.$$

Alle anderen in der Literatur angegebenen Pollagen sind nicht beobachtete, sondern berechnete.

---

[1] SCHÜTZ, E. H.: Magn. Pole d. Erde. Berlin: Dietr. Reimer 1902. — GRAARUD, A. und RUSSELTVEDT, N.: Erdm. Beob. d. Gjöa-Expedition 1903—1906. Geophys. Publ. 3 [8]. Oslo 1925. — NIPPOLDT, A.: Das Weltall. S. 129—134 (1926).

Man sieht aus den Zahlen, daß die beiden Pole nicht auf einem gemeinsamen Durchmesser der Erde liegen und erkennt auch hierin wieder die in der Verteilung der erdmagnetischen Werte stets festzustellende Unregelmäßigkeit. Beide Pole liegen auf dem Festlande und es ist somit anzunehmen, daß zu dem allgemeinen Feld der Erde noch ein regionales hinzukommt, das von der Magnetisierung der dortigen Tiefengesteine stammt, doch erklärt auch dies erst einen Teil der Exzentrizität. Bei der Festlegung des Ortes aus Beobachtungen ist zu bedenken, daß der Pol infolge der zeitlichen Variationen innerhalb eines gewissen Bereichs

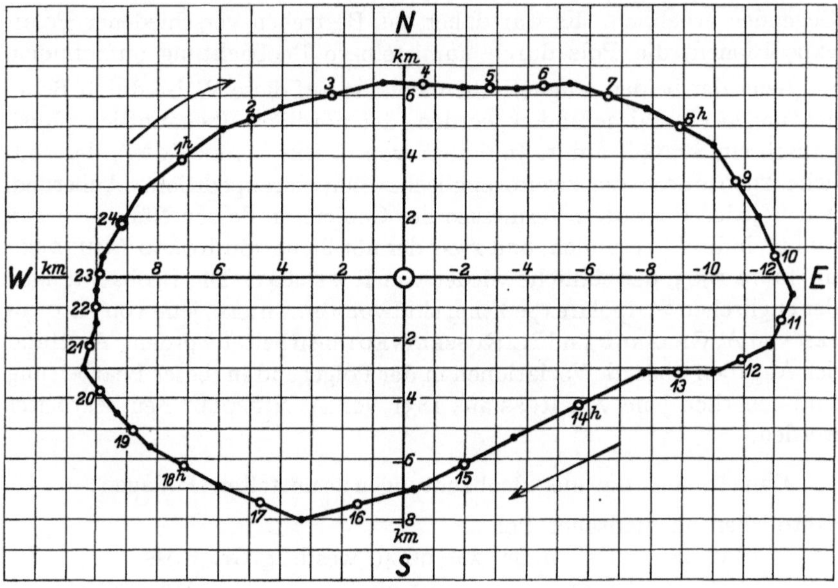

Abb. 18. Tägliche Bahn des nördl. magn. Pols der Erde nach Beobachtungen von R. Amundsen.
Mittl. Ortszeit.

dauernd wandert. So haben die Variationsbeobachtungen Amundsens dargetan, daß allein infolge der täglichen Variation von dem nördlichen Pol ein Oval von rund 22 km in Länge und 14 km in Breite durchlaufen wird. Vgl. Abb. 18.

Die obigen Zahlen sprechen für eine gewisse Verschiebung der Pole im Laufe der Zeiten. Früher war man geneigt, hierin die Ursache der Säkularvariation zu sehen, was sich jedoch nach den neuesten Forschungen über diese Erscheinung, die wir noch kennenlernen werden, nicht halten läßt. Viel eher ist umgekehrt die Wanderung der Pole eine Wirkung der Säkularvariation auf der ganzen Erde — soweit solche kausale Betrachtungen nicht überhaupt hier als bei der toten Materie gegenstandslos werden.

Darstellung durch Reihenentwicklungen.

Die andere Form der Beschreibung der Tatsachen über die geographische Verteilung des erdmagnetischen Feldes ist die Darstellung durch eine empirische Formel, wie sie von C. F. GAUSS in die Wissenschaft eingeführt wurde. Sie führt seitdem den Namen der „GAUSSschen Theorie vom Erdmagnetismus".

Nach den verschiedenen vergeblichen älteren Versuchen — von MERCATOR bis TOBIAS MAYER — auf Grund irgendeiner Vorstellung über den Sitz und die physikalische Ursache des magnetischen Feldes auf der Erdoberfläche zu analytischen Formeln zu kommen, welche den Beobachtungen gerecht werden, verzichtete GAUSS bewußt auf jede Hypothese über das Zustandekommen des Feldes und stützte sich lediglich auf die algebraischen Eigenschaften eines neu von ihm eingeführten mathematischen Begriffs, des „Potentials", in dem er ein zweckmäßiges Abbild des uralten und von WILLIAM GILBERT 1600 neu in die Literatur aufgenommenen physikalischen Begriffs vom Kraftfelde sah, das einen jeden Magneten umgibt. Die im Jahre 1838 erschienene „Allgemeine Theorie des Erdmagnetismus"[1] bringt selbst noch nicht das Wort Potential, sondern spricht nur von einem Aggregat aller $\dfrac{d\mu}{\varrho}$, wo $d\mu$ die Magnetisierung eines Raumelements und ϱ seine Entfernung von einem festen Punkt xyz im Raum ist, in dem das magnetische Feld untersucht wird.

Er zeigt, daß dieses Aggregat V der Differentialgleichung genügt:

$$\frac{d^2V}{dx^2} + \frac{d^2V}{dy^2} + \frac{d^2V}{dz^2} = 0*$$

oder in den Polarkoordinaten r als Entfernung des Punktes vom Erdmittelpunkt; λ als die geographische Länge und u als Winkel zwischen r und dem nördlichen Teil der Erdachse:

$$r\frac{d^2V}{dr^2} + \frac{d^2V}{du^2} + \operatorname{ctg} u \frac{dV}{du} + \frac{1}{\sin^2 u}\cdot\frac{d^2V}{d\lambda^2} = 0.$$

Ferner ist V als das Aggregat der $\dfrac{d\mu}{\varrho}$

$$V = -\int\frac{d\mu}{\varrho}.$$

Nunmehr macht GAUSS von der Möglichkeit Gebrauch, V in einer Reihe nach fallenden Potenzen von r zu entwickeln und hat

$$V = \frac{R^2}{r}P^0 + \frac{R^3}{r^2}P' + \frac{R^4}{r^3}P'' + \cdots \frac{R^{n+1}}{r^n}P^{(n-2)} \qquad (R = \text{Erdradius}).$$

---

[1] Beob. d. Magn. Vereins 1838, aufgen. in Bd. V seiner gesam. Werke, herausgeg. v. d. Ges. d. W. zu Göttingen 1867.

* Vergleiche die ähnlichen Verhältnisse beim Potential der Erdschwere, dieses Werk 1, S. 64 u. ff.

Andererseits läßt sich auch $1/\varrho$ in eine solche Reihe entwickeln

$$\frac{1}{\varrho} = \frac{1}{r} \cdot T^0 + T' \frac{r_0}{r} + T'' \frac{r_0^2}{r^2} + \cdots T^{(n)} \frac{r_0^n}{r^n} \qquad (r_0 = \text{radiusvektor}$$

$$\text{des Punktes} \, x\,y\,z).$$

Der Vergleich gibt:

$$R^2 P^0 = -\int T^0 d\mu; \qquad R^3 P' = -\int T' r_0 d\mu, \qquad R^4 P'' = -\int T'' r_0^2 d\mu;$$

$$R^{n+1} P^{(n-2)} = -\int T^{(n-2)} r_0^{n-2} d\mu.$$

Setzt man ϱ in Polarkoordinaten $u\lambda r$ an, so kommt man für die P^0, P', $P''\ldots$ zu geschlossenen algebraischen Ausdrücken, zu ganzen, rationalen Funktionen von $\cos u$, $\sin u \sin \lambda$, $\sin u \cos \lambda$, d. h. zu den später sogenannten Kugelfunktionen. Sie gehorchen der Differentialgleichung

$$n(n+1) P^n + \frac{d^2 P^n}{du^2} + \operatorname{ctg} \frac{d P^n}{du} + \frac{1}{\sin^2 u} \frac{d^2 P^n}{d\lambda^2} = 0$$

also ganz derselben, wie V selbst, es sind mithin Teilpotentiale; das ist ihre innere Bedeutung. Man kann das auch so aussprechen: Die Kugelfunktionen haben dieselbe algebraische Natur wie der Begriff Potential.

Die allgemeine Form der P^n ist

$$P^n = g^{n,\,0} P^{n,\,0} + (g^{n\,\cdot\,1} \cos \lambda + h^{n\,\cdot\,1} \sin \lambda) P^{n\,\cdot\,1} +$$

$$+ (g^{n\,\cdot\,2} \cos 2\lambda + h^{n\,\cdot\,2} \sin 2\lambda) P^{n\,\cdot\,2} \cdots$$

$$+ (g^{n\,\cdot\,m} \cos n\lambda + h^{n\,\cdot\,m} \sin n\lambda) P^{n\,\cdot\,m},$$

worin $P^{n\,\cdot\,m}$ eine reine Funktion des Komplements u der geographischen Breite ist:

$$P^{n\,\cdot\,m} = \left[\cos^{n-m} u - \frac{(n-m)(n-m-1)}{2(2n-1)} \cos^{n-m-2} u +\right.$$

$$\left.+ \frac{(n-m)(n-m-1)(n-m-2)(n-m-3)}{2\cdot 4(2n-1)(2n-3)} \cos^{n-m-4} - \cdots \right] \sin^m u.$$

Die hierin auftretenden Größen g, h heißen die Koeffizienten der Darstellung, sind also numerische Zahlen in Einheiten des darzustellenden Elements; sie aus den Beobachtungen abzuleiten, ist der praktische Teil der Aufgabe.

Wir erinnern uns jetzt der Betrachtungen am Anfang unseres Kapitels, wo wir das Feld eines beliebigen Magneten auf einer ihn voll umschließenden Kugel durch sein Potential

$$V = \sum_1^\infty n \sum_1^n m \, r^{-n-1} P^{n,\,m} (\cos u) (M^{n\,\cdot\,m} \cos n\lambda + N^{n\,\cdot\,m} \sin n\lambda)$$

darstellten, um sofort zu sehen, daß der Magnet Erde ganz auf die gleiche Weise erfaßt werden kann; die dort auftretenden $M^{n\,\cdot\,m} N^{n\,\cdot\,m}$ sind offenbar in der Bedeutung mit unseren $g^{n\,\cdot\,m} h^{n\,\cdot\,m}$ überein. Auch das Übrige gilt wieder, so insbesondere, daß die Größe

$$\sqrt{(g^{1\cdot0})^2 + (g^{1\cdot1})^2 + (h^{1\cdot1})^2} = M,$$

das „magnetische Moment der Erde", sich als eine für Koordinatenänderungen invariante Größe heraushebt. Die übrigen Koeffizienten aber haben, wie bei einem einfachen Magneten, im allgemeinen keine physikalische Deutbarkeit und sind von der Wahl des Koordinatensystems abhängig. Gewöhnlich bezieht man die Kugelfunktionsdarstellung des Erdfeldes auf die geographische Erdachse, die Greenwicher Längenzählung und den Erdmittelpunkt, also nicht auf das kanonische System (s. S. 5), denn, wie AD. SCHMIDT[1] gezeigt hat, liegt der Indifferenzpunkt der Erde etwa 300 km seitlich von ihrem Mittelpunkt, und zwar nach dem Ort 10° nördl. Breite und 168° östl. Länge zu.

Der Erfolg der Berechnung ist, daß die große Zahl von Einzelbeobachtungen an den verschiedenen Erdpunkten durch eine verhältnismäßig kleine Anzahl von Koffizienten g, h dargestellt wird. Allerdings ist zu bemerken, daß die Reihendarstellung mit 6 oder 7 Gliedern noch nicht an die Güte der kartographischen Darstellung heranreicht, so wie diese der Genauigkeit der Beobachtungen bei den üblichen Maßstäben der Karten noch nicht gerecht wird.

In der Praxis ist nicht das Potential V der Ausgangspunkt der Rechnung, sondern die aus den Elementen D, H, I berechneten Beträge der Komponenten X, Y, Z. Da es das Wesen des Potentials ist, daß der Differentialquotient nach einer Richtung die Kraft in ihr vorstellt, also

$$X = -\frac{dV}{r\,du}, \qquad Y = -\frac{dV}{r\sin u\,d\lambda}, \qquad Z = -\frac{dV}{dr},$$

so findet sich außerhalb der Erde:

$$X = -\frac{R^3}{r^3}\left(\frac{dP'}{du} + \frac{R}{r}\frac{dP''}{du} + \frac{R^2}{r^2}\frac{dP'''}{du} + \cdots \frac{R^n}{r^n}\frac{dP^{(n+1)}}{du}\right)$$

$$Y = -\frac{R^3}{r^3\sin u}\left(\frac{dP'}{du} + \frac{R}{r}\frac{dP''}{du} + \frac{R^2}{r^2}\frac{dP'''}{du} + \cdots \frac{R^{(n)}}{r^n}\frac{dP^{(n+1)}}{du}\right)$$

$$Z = -\frac{R^3}{r^3}\left(2P' + \frac{3RP''}{r} + \frac{4R^2P'''}{r^2} + \cdots \frac{(n+2)R^nP^{(n+1)}}{r^n}\right).$$

Auf der Erdoberfläche ist $R = r$, so daß bei Z die Kugelfunktionen, bei X und Y ihre Differentialquotienten allein übrig bleiben. In allen drei Komponenten kommen stets die nämlichen $P^{(n)}$ vor. Man kann daher die Koeffizienten des Potentials aus jenen der Komponenten allein schon bekommen, und zwar bei X und Z ohne weiteres, bei Y, wegen des Faktors $1/\sin u$, wenn außerdem X längs einer Linie bekannt ist, die von Pol zu Pol läuft.

Die seitherige Entwicklung nimmt an, daß alle magnetischen Kräfte, die den Erdmagnetismus bedingen, innerhalb der Erdkugel enthalten sind. Es wäre jedoch nicht undenkbar, und GAUSS weist selbst schon darauf hin, daß auch der Luftraum Sitz magnetischer Kräfte sein könnte.

---

[1] SCHMIDT, AD.: Z. Geophysik **2**, 1926.

Deren Potential läßt sich nach einer Reihe von steigenden Potenzen von r entwickeln:

$$\frac{V_a}{R} = p^0 + \frac{r}{R}p' + \frac{r^2}{R^2}p'' + \cdots \frac{r^n}{R^n}p^{(n)}.$$

Auf der Erde sind

$$X = -\Sigma\frac{dp^{(n)}}{du}; \qquad Y = -\frac{1}{\sin u}\Sigma\frac{dp^{(n)}}{d\lambda}; \qquad Z = -\Sigma n\,p^{(n)}.$$

Man sieht durch Vergleich mit den Formeln für das Innenfeld, daß die neuen für die beiden horizontalen Komponenten ihre analytische Gestalt nicht ändern, daß jedoch Z_a an Stelle von $(n + 1)$ als Faktor der Kugelfunktion jetzt den Faktor $-n$ besitzt. Wegen dieser Beziehungen ist es möglich, aus dem Verhalten der Vertikalintensität zu erkennen, ob und welch ein Anteil des Erdfeldes von außerhalb des Erdkörpers stammt, während die horizontalen Komponenten hierüber gar nichts aussagen können. Der Gang der Rechnung ist so, daß man zunächst die beobachtete, also beide Anteile enthaltende Verteilung von X und Y darstellt, und sodann jene der Z-Komponente; es zeigen sich dann bei letzterer andere Werte der $P^{(n)}$, als sie in X-Y auftreten (unter Beachtung der verschiedenen numerischen Faktoren); die Unterschiede trennen die beiden Anteile (siehe Art. 40 bei GAUSS).

Ergebnisse der Rechnungen.

	GAUSS 1830	ADAMS 1845	ADAMS 1880 I.	ADAMS 1880 II.	FRITSCHE 1885	SCHMIDT 1885	DYSON $X + Y$	DYSON $Z\,60$	DYSON $Z\,80$
$g^{1.0}$	−3235	−3217	−3161	−3168	−3164	−3173	−3095	−3000	−3046
$g^{1.1}$	−311	−283	−277	−243	−241	−236	−226	−222	232
$h^{1.1}$	625	582	607	603	591	598	592	561	566
$g^{2.0}$	77	6	−75	−73	−53	−78	−133	−91	−45
$g^{2.1}$	506	489	508	514	496	490	518	499	524
$g^{2.2}$	−2	4	53	53	59	59	125	114	114
$h^{2.1}$	21	−19	−130	−129	−131	−124	−215	−201	−151
$h^{2.2}$	136	117	129	129	123	129	73	67	68
$g^{3.0}$	66	245	286	268	256	234	255	302	186
$g^{3.1}$	−430	−337	−438	−420	−381	−378	−480	−485	−561
$g^{3.2}$	256	277	279	282	267	277	228	200	201
$g^{3.3}$	−5	21	29	29	37	32	60	64	64
$h^{3.1}$	−167	−121	−57	−75	−100	−91	−134	−173	−133
$h^{3.2}$	80	41	−4	−4	−1	5	24	18	10
$h^{3.3}$	66	68	49	49	56	54	19	25	25
$g^{4.0}$	380	291	322	338	401	348	383	478	611
$g^{4.0}$	533	318	346	368	310	284	376	280	404
$g^{4.2}$	160	156	195	193	213	202	253	210	217
$g^{4.3}$	−69	−35	−56	−56	−60	−65	−84	−78	−77
$g^{4.4}$	14	−1	10	11	6	12	13	15	15
$h^{4.1}$	−224	50	104	106	138	157	138	80	328
$h^{4.2}$	−149	−100	−54	−52	−65	−67	−47	−62	−39
$h^{4.3}$	1	−39	−43	−43	−52	−47	−28	−36	−38
$h^{4.4}$	−11	−10	−9	−9	−10	−6	−2	−6	−6

Diese 9 Spalten geben die Werte der Koeffizienten in Einheiten der 4. Stelle der Intensität, also in 0.0001 Γ für die in ihrem Kopf stehenden Epochen; die drei Rechnungen von DYSON und FURNER gelten für 1922. Abgesehen vom Vorzeichen, das der modernen Zählung der positiven Richtungen entspricht (X positiv nach Nord, Y nach Ost, Z nach unten), liegt die GAUSSische Definition der numerischen Koeffizienten zu Grunde.

Die 3 ersten Spalten dehnten die Rechnung nur bis zum Gliede 4. Ordnung aus, die übrigen mindestens bis zum Glied 6. Ordnung. Der Vergleich beider Zahlen von ADAMS für 1880 gibt ein Urteil darüber, inwieweit das Hinzunehmen dieser höheren Glieder die Werte der niederen beeinflußt; erst nach diesem Urteil kann man die fünf letzten Spalten mit den drei ersten vergleichen.

Um ein weiteres Urteil darüber zu gestatten, wie die Anlage der Rechnung auf das Ergebnis sich auswirkt, geben Spalte 5 und 6 zwei voneinander unabhängige Ableitungen zweier Autoren für ein und dieselbe Epoche 1885. Gerade für diese Epoche gibt es auch noch eine dritte Rechnung von NEUMAYER-PETERSEN[1], die aber hier nicht herangezogen wurde.

Von ganz besonderem Interesse ist der Vergleich zwischen den drei letzten Spalten, indem jene unter $X + Y$ die Werte der Koeffizienten nur aus den beiden horizontalen Komponenten des Erdfeldes ableitet, die unter Z 60 nur aus der Vertikalkomponente. Wenn auch die GAUSSsche Definition der Koeffizienten kein anschauliches Bild über die Bedeutung der Glieder liefert, denen sie angehören, so ersieht man doch, daß die Ergebnisse zwischen beiden nicht allzu große Unterschiede aufweisen. Dies spricht dafür, daß kein deutlich ausgesprochenes äußeres Feld besteht. Alle seither besprochenen Spalten stützen sich auf Beobachtungen bzw. auf Kartendarstellungen, welche nur zwischen 60° nördlicher und südlicher Breite benutzt wurden. Die letzte Spalte dehnt das Material auf den Bereich von +80 bis —80° Breite aus; hier zeigen sich bei einzelnen Koeffizienten beträchtliche Unterschiede gegen Z 60, besonders auch im größten und wichtigsten Koeffizient $g^{1,0}$, der von —0.3000 auf —0.3046 abfällt, d. i. um 15%. Es macht demnach 15% am Moment des Erdmagneten aus, ob man die Polarkappen unberücksichtigt läßt oder wenigstens bis 80° geht.

Die GAUSSsche Rechnung stützt sich als älteste auf das wenigst umfangreiche Beobachtungsmaterial und weicht daher gegen die späteren in vielen Koeffizienten nicht unerheblich ab. Von 1845 an aber liegt die Größenordnung fast überall fest, trotzdem bis DYSON 1922 die Zahl und Verteilung der Beobachtungen sehr viel größer bzw. gleichmäßiger wird.

---

[1] In BERGHAUS' Physikalischem Atlas. Gotha: Justus Perthes 1891.

Das quasi-homogene Magnetfeld der Erde.

Das Glied erster Ordnung

$$\frac{V_I}{R} = g^{1.0}\cos u + g^{1.1}\sin u \cos \lambda + h^{1.1}\sin u \sin \lambda,$$

und nur es, definiert nach GAUSS das *magnetische Moment* der Erde:

$$M = \sqrt{(g^{1.0})^2 + (g^{1.1})^2 + (h^{1.1})^2}.$$

Die einzelnen Glieder von V_I/R bilden mithin die Komponenten des Felds parallel

der Rotationsachse $\quad g^{1.0}\cos u = \frac{4}{3} R^3 \pi \mu \cos u$

der Äquatorachse nach $\lambda = 0 \quad g^{1.1}\sin u \cos \lambda = \frac{4}{3} R^3 \pi \mu \sin u \cos \lambda$

der Äquatorachse nach $\lambda = 90 \quad h^{1.1}\sin u \sin \lambda = \frac{4}{3} R^3 \pi \mu \sin u \sin \lambda.$

μ ist die Magnetisierungsintensität der Volumeinheit. Weiter bestimmen

$$\sqrt{(g^{1.1})^2 + (h^{1.1})^2} : g^{1.0} = \operatorname{tg} u_0; \qquad \frac{h^{1.1}}{g^{1.1}} = \operatorname{tg} \lambda_0$$

das Komplement u_0 der geographischen Breite und die geographische Länge λ_0 des Punktes auf der Erdoberfläche, welche ein Durchmesser der Erde trifft, der der magnetischen Achse der Erde parallel ist oder, kurz gesprochen, die geographischen Koordinaten der magnetischen Achse der Erde.

Von den drei Teilkomponenten kann nur jene parallel der Rotationsachse eine besondere Beachtung verdienen, da die Drehung der Erde mit der Entstehung ihres magnetischen Feldes ursächlich in Verbindung stehen könnte, während das äquatorielle Teilmoment

$$M_e = \sqrt{(g^{1.1})^2 + (h^{1.1})^2}$$

sich aus solchen planetarischen Vorstellungen heraus nicht erklären ließe, denn kein Durchmesser der Äquatorebene ist planetarisch vor irgend einem anderen ausgezeichnet.

Am ausführlichsten hat L. A. BAUER[1] sich dem Studium des der Rotationsachse parallelen Feldes gewidmet. Er berechnete die Magnetisierung c_p der Erdachse, c_e am Äquator und die Lage des Achsenpunkts des ganzen ersten Gliedes der Reihe nach aus den Werten längs einzelner Breitenkreise und fand

Breite	60°N	50°N	40°N	30°N	20°N	10°N
φ_n	82.7°	81.3	81.4	81.3	80.8	80.6
λ_n	260°	268	276	279	274	272
c_p	0.308	0.321	0.328	0.339	0.341	0.341
c_e	0.045	0.049	0.049	0.052	0.055	0.057

[1] BAUER, L. A.: Mehrere Aufsätze unter dem Kennwort: Physical Decomposition of the Earth's Permanent Magnetic Field, hier nach Terr. Magn. **17**, 79 u. ff. 1912.

Breite	Äqu.	10°S	20°S	30°S	40°S	50°S	60°S
φ_n	80.1	78.6	76.4	73.9	71.8	69.7	69.3
λ_n	275	283	294	306	314	320	330
c_p	0.337	0.328	0.321	0.310	0.302	0.302	0.302
c_e	0.059	0.066	0.078	0.090	0.099	0.112	0.114

Aus diesen Zahlen geht hervor, daß die den einzelnen Breitenkreisen entsprechenden Beiträge zum Erdmagnetismus verschieden sind. Eine Wirkung davon ist die von VAN BEMMEMLEN so genannte ,,Verdrehung der magnetischen Achse'' von Nord- nach Südbreiten. Den Hauptwert aber legen wir auf die Änderung der Magnetisierung, d. h. die Variation von c_p und c_e mit der Breite. Es ist nicht etwa der Umstand dabei wirksam, daß das benutzte Areal der Erdoberfläche mit der Breite sich ändert, denn dies gäbe eine Symmetrie zwischen Nord- und Südhalbkugel, die bei c_e auch nicht spurenweise und bei c_p nur andeutungsweise zur Geltung kommt.

Daraus ist zu schließen, daß schon jenes Teilfeld, welches die Koeffizienten des ersten Gliedes liefert, nicht von einer tatsächlich homogenen Magnetisierung herrührt, ja noch weiter, daß selbst der Anteil parallel der Erdrotationsachse mindestens auch noch inhomogen magnetisierte Massen enthält.

Bei c_e liegt die Vermutung nahe, daß es mit dem mit der Breite verschiedenen Krustenbau allein zusammenhängt. Nennt man W die Wasserbedeckung der Breitenschicht in Prozenten ihrer ganzen Größe, so konnte A. NIPPOLDT[1] nachweisen, daß die Gleichung

$$c_e = 0.074 + 0.00123\,(W - 73)$$

die beobachtete Reihe von c_e auf $\pm 10\%$ wiedergibt. Die Wasserbedeckung ist ein rohes Maß für die Kontinentalität der Erdoberfläche. Ist aber ein solcher Einfluß der Kontinentverteilung in c_e da, so muß er auch in c_p enthalten sein. Nimmt man an, daß die Erdkruste nach allen Seiten hin gleich wirksam sei, so müßte $c_p - c_e$ dies zeigen. Es ist aber

$$c_p' - c_e = 0.253 - 0.00176\,(W - 73),$$

wobei ein einzelner Wert auf 5.4% genau dargestellt wird. Der Wert $(g^{1.0})^1 = 0.253$ wäre dann der Koeffizient des neben der Krustenmagnetisierung etwa noch bestehenden und dann homogenen Feldes der Erdrotationsachse. Der Vergleich der beiden Konstanten in den Reihen für c_e und $c_p - c_e = (g^{1.0})^1$ besagt, daß die Krustenmagnetisierung 30% der tatsächlich homogenen Magnetisierung ausmacht. Von diesem Gesichtspunkt betrachtet besteht also das dem ersten Gliede entsprechende Feld aus einer tatsächlich homogenen Magnetisierung längs der Rotationsachse und einer willkürlichen der Erdkruste, und die Schiefe der

---

[1] NIPPOLDT, A.: Terr. Mag. **26**, 101 (1921).

magnetischen Achse der Erde wäre eine Resultante aus beiden Magnetisierungen.

Während die Krustenmagnetisierung schon allein als Ergebnis der Landesaufnahmen eine tatsächliche Erscheinung ist, und nur ihr Betrag zur Diskussion steht, ist aber das Restfeld von 0.253 noch hypothetisch, d. h. hat noch keine physikalische Erklärung. An sich wäre es gar nicht undenkbar, daß der ganze Erdmagnetismus auf nichts anderes zurückzuführen sei, als auf eine ganz willkürliche Verteilung der magnetisierten Massen im Erdkörper, vornehmlich der Kruste. So maßgebend die planetarischen Verhältnisse (Rotation, Figur, innerer Aufbau des Erdkerns usw.) auch bei vielen anderen geophysikalischen Elementen sind, gibt es doch auch eine terrestrische Größe von willwillkürlicher Verteilung, die Festlandsverteilung, die Kontinentalität[1], die man in Analogie zum Erdmagnetismus setzen kann.

Aus diesen Gründen sprechen wir nur von dem „quasi-homogenen“ magnetischen Feld der Erde. Die hier entwickelten Anschauungen über das Wesen der Erdmagnetisierung werden wir bei der Erklärung der Säkularvariation bestätigt finden.

Die Größe des magnetischen Moments der Erde ist 8.10^{25} cm $^{5/2}$g$^{1/2}$sec^{-1}; die Magnetisierung der Volumeinheit also 0.07 cm$^{-1/2}$g$^{1/2}$ sec^{-1}, unter der Annahme, daß die Erde durch ihre ganze Masse homogen magnetisiert sei. Würde nur die Kruste die ganze Magnetisierung tragen, so wäre die Dicke der Schale 96 km r. Die Intensität der Magnetisierung wäre dann 1.7.

Das Feld der höheren Glieder.

Die Erfahrung zeigt, daß zu einer vollkommenen Darstellung des erdmagnetischen Feldes recht viele Glieder in Betracht gezogen werden müssen. Im allgemeinen beschränkte man sich auf Glieder bis zur sechsten Ordnung, ging aber auch bei einzelnen Rechnungen bis zum siebenten Glied. Mathematisch heißt dies, daß die Reihen nur mäßig konvergieren, physikalisch, daß die tatsächliche Verteilung der magnetischen Felder, also der magnetisierten Einzelmassen nicht nach planetarischen Verhältnissen geordnet, sondern etwas unmittelbar Irdisches ist, wie wir vermeinen, Zufälligkeiten des Rindenbaues widerspiegelt.

Wir zeigen in Abb. 19 eine Übersicht über die Unterschiede der beobachteten Werte in Vertikalintensität gegen die aus sieben Gliedern von AD. SCHMIDT berechneten nach TANAKADATE. Daraus stellen wir fest, daß die Unzulänglichkeit der Darstellung durch Kugelfunktionsreihen bis zum Glied siebenter Ordnung in terrestrischer Hinsicht ein Zufallsergebnis ist. Man kann trotzdem nicht behaupten, daß eine bis dahin ausgedehnte Reihe das Phänomen vollkommen erfaßt.

---

[1] LOVE, A. E. H.: Phil. Trans. A. **207**, 171—241. London 1908.

Dies erwartete man auch wohl nie recht, aber, was man erwartete, das war, daß die Unterschiede der Rechnung gegen die Beobachtungen kleiner würden, wenn besseres Material, vor allem gleichförmiger verteilte Beobachtungen zur Verfügung stünden. Die neueste Berechnung von Dyson und Furner für 1922 gibt jedoch in ihrer Fehlerverteilung ein ganz ähnliches Ergebnis, wie es für 1885 gefunden worden war. Trotzdem nunmehr die ganzen Weltmeere vermessen worden waren, und auch auf Land die Zahl der Beobachtungen gestiegen war, hat unsere in den Koeffizienten verdichtete Kenntnis der erdmagnetischen Feldes sich nicht verbessert. Es erscheint demnach so, als ob neben dem quasi-homogenen Feld jenes der höheren Glieder einer ganz ungeregelten Magnetisierung entspricht, die erst bei Ausdehnung der Rechnung auf sehr viel höhere Glieder die Darstellung befriedigend besorge. Die Einzelglieder höherer als erster Ordnung scheinen lediglich die Bedeutung einer rein rechnerischen — interpolatorischen Rechnung zu haben.

Vergleicht man die Koeffizienten verschie-

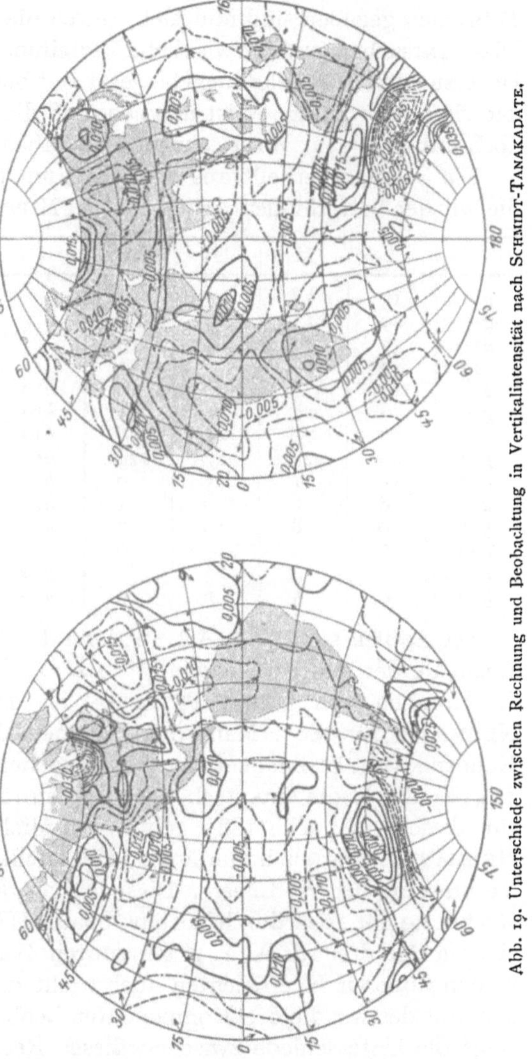

Abb. 19. Unterschiede zwischen Rechnung und Beobachtung in Vertikalintensität nach Schmidt-Tanakadate.

dener Epochen miteinander, so sollte man danach erwarten, daß sie mit zunehmender Ordnung gesetzlos schwanken, denn das Urmaterial, auf welches sich die einzelnen Berechnungen stützen, war ja äußerst verschieden, umfaßte zu Gauss' Zeiten hauptsächlich Europa und war in den übrigen Teilen der Erde nur sehr spärlich, während es später sich räumlich immer mehr ausdehnte. Das muß nach den Gesetzen der Ausgleichrechnung ein starkes Streuen der höheren Koeffizientenwerte mit sich bringen. Es ist aber gerade das Gegenteil der Fall: *gerade die hohen Koeffizienten schwanken am wenigsten.*

Hieraus ist der Schluß zu ziehen, daß ihre Werte durch wirkliche Tatsachen gegeben sind und nicht durch die Ungleichheit des Materials. Diese Tatsachen sind die wirkliche Verteilung der magnetisierten Massen. Untersucht ist dies allerdings bis jetzt erst bei den Gliedern einschließlich der vierten Ordnung; es ist möglich, daß die höheren Glieder schließlich doch nur die Natur von Rechengrößen haben, was noch zu prüfen bleibt.

Die Sachlage erhellt aus dem Studium der nachstehenden Tabelle, die wir der betreffenden Arbeit von A. NIPPOLDT[1] entnehmen.

	I	II	III	IV		I	II	III	IV
$g^{1.0}$	15	12		46					
$g^{2.0}$	29	13		46					
$g^{3.0}$	37	16		116					
$g^{4.0}$	18	28		133					
$g^{1.1}$	14	8	36	10	$h^{1.1}$	7	6	6	5
$g^{2.1}$	12	7	11	25	$h^{2.1}$	31	6	1	50
$g^{3.1}$	27	10	28	76	$h^{3.1}$	21	12	3	40
$g^{4.1}$	40	24	87	124	$h^{4.1}$	62	30	77	248
$g^{2.2}$	15	1	5	0	$h^{2.2}$	3	8	19	1
$g^{3.2}$	8	6	0	1	$h^{3.2}$	16	2	12	8
$g^{4.2}$	10	8	10	7	$h^{4.2}$	17	3	2	23
$g^{3.3}$	7	3	15	0	$h^{3.3}$	4	1	3	0
$g^{4.3}$	6	4	13	1	$h^{4.3}$	9	4	4	2
$g^{4.4}$	4	5	0	0	$h^{4.4}$	0.4	4	2	0

Die Zahlen sind nach Art mittlerer Fehler in Einheiten der vierten Dezimale der nebenstehenden $g^{n.m}$, $h^{n.m}$. Spalte I: m. F. aus den drei Rechnungen von ERMAN-PETERSEN für 1829, GAUSS für 1830 und NEUMAYER für 1885. Man könnte meinen, daß der Unterschied unserer Kenntnis vom Erdmagnetismus der Epochen die Fehler bedinge. Daher zeigt Spalte II die entsprechenden Zahlen für drei Rechnungen, die alle für dieselbe Epoche 1885 gelten, nämlich SCHMIDT, FRITSCHE und NEUMAYER, aber auch hier ändert sich nichts, doch fehlte 1885 noch die Vermessung der Weltmeere. Diese lag vor, als DYSON und FURNER ihre Rechnung für 1922 durchführten; Spalte III gibt die Fehler der Koeffizienten der drei für X, Y, Z getrennten Berechnungen; also prägt sich in den höheren Koeffizienten auch nicht die verschiedene Genauigkeit aus, mit der wir die drei Komponenten beobachteten. Die IV. Spalte nun zeigt die Unterschiede zwischen dieser Rechnung von DYSON-FURNER und einer zweiten von ihnen durchgeführten, die nicht wie alle früheren zwischen $+60$ und $-60°$ Breite sich erstreckt, sondern von $+80$ bis $-80°$. Bei den höheren Gliedern macht dies nichts aus, dagegen be-

---

[1] NIPPOLDT, A.: Anisotrope Magnetisierung der Erde. Tätigk.-Ber. Meteorol. Inst. i. J. 1927, S. 97—105. Berlin 1928.

merkenswerterweise bei den niederen, also an Einfluß größeren. Die großen Unterschiede gegen die ± 60°-Werte weisen deutlich darauf hin, daß die beiden Polarkappen für die Berechnung der Koeffizienten im Grunde nicht ausgelassen werden dürfen, sobald man Zahlen haben will, welche für die ganze Erde gültig sind.

Alle Ausgleichungen gelten nur für das Intervall, auf das sie sich stützen. Streng genommen darf man von den verschiedenen rechnerisch gefundenen Koeffizientenwerten nie behaupten, daß sie für die ganze Erde gelten. Insbesondere ist es eigentlich mathematisch unzulässig, aus ihnen Verhältnisse innerhalb der Polarkappen berechnen zu wollen, also z. B. die Lage der magnetischen Pole und der Achsenpunkte. L. A. BAUER war der erste, der nachwies, daß die Hinzunahme der Polarkalotte den Wert von $g^{1.0}$ erheblich vergrößert.

Aus dieser Tabelle folgert NIPPOLDT, daß die Streuung der zonalen Glieder $g^{n.0}$ im wesentlichen eine Wirkung der Verschiedenheit des Beobachtungsmaterials und bei dem ersten Glied auch der Säkularvariation ist. Sodann findet sich, daß die Glieder mit der Periode 2π längs eines Breitenkreises stark streuen. Eine Ausnahme macht nur das Glied erster Ordnung mit $g^{1.1}\ h^{1.1}$, d. h. die äquatorielle Magnetisierung der Erde wird als Naturtatsache belegt. Sonst prägt sich die Periode eines Erdumlaufs nicht aus. Dagegen besitzen die Perioden π, $^2/_3\,\pi$, $^1/_2\pi$ sehr deutlich eine geringe Streuung. Es gibt also im Erdkörper außer der Rotationsachse doch noch andere bevorzugte Richtungen. In erster Linie werden sie von den reinen Würfelgliedern erfaßt. Ein physikalisches Analogon finden wir in der Magnetisierung reiner Kristalle aus Eisen und sprechen daher, wie hier, von einer *Anisotropie der Magnetisierung der Erde*. Die Lage der anisotropen Achsen festzulegen, ist noch eine Aufgabe der Zukunft.

Überblicken wir die Bemühungen, das erdmagnetische Feld durch Reihen von Kugelfunktionen darzustellen, auf ihre Zweckmäßigkeit hin, so können wir sagen: In der Magnetisierung der Erde steckt schon etwas Allgemeines, wie durch Überwiegen des ersten Gliedes und die Aufdeckung der Anisotropie hervorgeht. Den Gedanken, durch Hinzunahme höherer Glieder eine die Beobachtungen ersetzende Darstellung zu gewinnen, muß man als aussichtslos aufgeben. Wenn man dennoch höhere berechnet, so tat man dies, um auch die letzten Einheiten der niederen gut zu erhalten.

Das überbleibende Feld.

Weil das erste Glied groß ist, und es allein eine einfache physikalische Deutung — als von einer gleichmäßigen Magnetisierung herrührend — zugeordnet bekommen darf, erwuchs die Frage nach der Gestalt des Feldes, das übrig bleibt, wenn man von den Beobachtungen das erste Glied abzieht. Dies geschah zuerst durch L. A. BAUER[1]; er gab ihm den Namen „Residual Field" — überbleibendes Feld.

[1] BAUER, L. A.: Terr. Magn. **4**, 33 u. ff. (1899); **5**, 1 u. ff. (1900).

Wir bringen in Abb. 20 das Bild des Feldes, ausgedrückt in Linien gleicher Abweichung der Vertikalintensität vom quasi-homogenen Feld. Wir sehen, daß das überbleibende Feld immerhin noch verhältnismäßig einfach gebaut ist. Wir finden mehrere, an Intensität verschiedene Pole; der Einfluß eines jeden erstreckt sich auf Flächen von kontinentalem Ausmaß. Nordamerika, Asien und die Südatlantis sind südmagnetisch, Europa, Afrika, Australien und der Große Ozean nordmagnetisch. Die drei Pole über Asien, Südatlantis und Afrika haben die Feldstärke 0.14, die anderen liegen um 0.02 Γ, beide bilden also einen hohen Bruchteil des Gesamtfeldes. Um sie zu erklären, müssen wir annehmen, daß

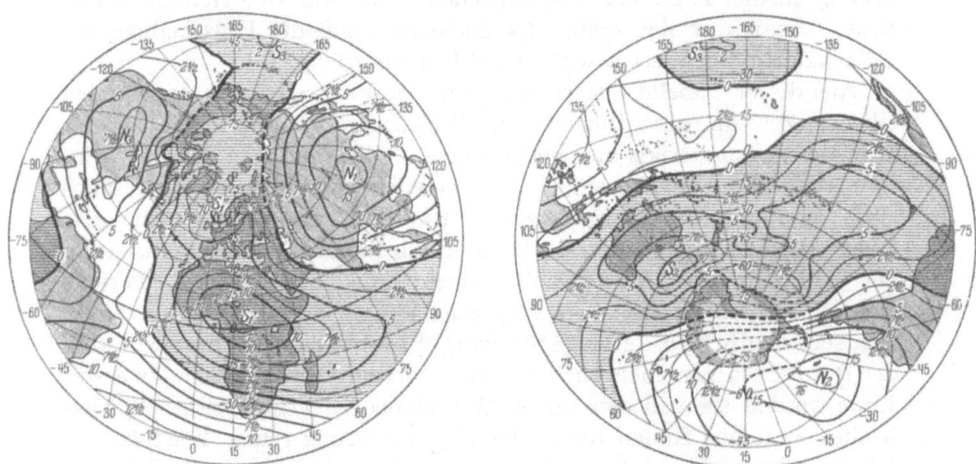

Abb. 20. Das überbleibende Feld in Vertikalintensität nach L. A. Bauer. Einheit 0,01 Γ. N den Nordpol, S den Südpol eines Magneten anziehend.

neben dem quasi-homogenen Feld noch inhomogene Magnetisierungen bestehen. In der Lage der Pole ist eine tesserale Verteilung so gut angedeutet, daß wieder ein Teil des überbleibenden Feldes auf die eben besprochene anisotropische Magnetisierung der gesamten Erde zurückgeführt werden könnte; ein Teil aber scheint mit dem Bau desjenigen Teils der Erdkruste in Verbindung zu stehen, der die Verschiedenheit zwischen Festlandsockel und Tiefsee trägt.

Wir nennen die Abweichung von dem quasi-homogenen Feld die *terrestrisch-regionalen Anomalien*, um damit auszudrücken, daß diese Störungen ausgedehnt sind und große Bereiche der Erde umfassen. Im einzelnen sprechen wir dann noch von dem europäisch-regionalen Feld, dem nordamerikanisch-regionalen usw.

Unsere Karte gilt für die Epoche 1885; es ist eine Aufgabe späterer Zeiten, zu untersuchen, ob die Gestalt und Größe der Anomalien der Art für immer dieselben bleiben. Wahrscheinlich ist das nicht der Fall, wie das Folgende bekunden wird.

Die säkulare Variation des beharrlichen Feldes.

Das beharrliche Feld unterliegt der Säkularvariation. Wir wissen das vornehmlich aus der Säkularvariation der Deklination, wo die Wirksamkeit am meisten ersichtlich wird; sie erstreckt sich aber auf alle Elemente und damit auch auf die Größen $g^{n.m}$ $h^{n.m}$. Mit diesem Nachweis haben sich zuerst H. FRITSCHE[1] und V. CARLHEIM-GYLLENSKIÖLD[2] beschäftigt, indem sie nach einerlei Weise die GAUSSSsche Rechnung für verschiedene Epochen durchführten. Die Ergebnisse, zu denen sie kamen, können wir übergehen, weil sie durch neuere Untersuchungen von J. BARTELS[3] überholt sind.

BARTELS stellte sich (u. a.) die Aufgabe, die Verteilung der beobachteten Säkularvariation an 14 Observatorien für sechs Zeitspannen von je 3 Jahren durch Kugelfunktionsreihen darzustellen; der ganze Zeitraum umfaßte die Jahre 1902 bis 1920, also die neuesten und besten Beobachtungen. Es wurden nur die acht Koeffizienten der Glieder erster und zweiter Ordnung bestimmt, aber getrennt für jede der rechtwinkligen Komponenten. Die Güte der Rückberechnung, also die Differenzen der berechneten und beobachteten Beträge der Säkularvariation, war in X 51, in Y 56, in Z 46% der beobachteten Werte, d. h. die Kugelfunktionsdarstellung gibt kaum mehr als die Hälfte der tatsächlichen Werte. Hieraus ist der Schluß zu ziehen, daß die Säkularvariation zu einer Darstellung solcher Art ungeeignet ist.

Es wurde nun die Existenz eines Potentials vorausgesetzt, d. h. angenommen, daß die $P^{n.m}$ von X und Y identisch sind und jene von Z sich nur durch den Faktor $(n + 1)$ von ihnen unterscheiden. Im Mittel der sechs Triennien von 1902 bis 1920 ergaben die acht Koeffizienten

entsprechend

$$g^{1.0} \qquad g^{1.1} \qquad h^{1.1} \qquad g^{2.0} \qquad g^{2.1} \qquad h^{2.1} \qquad g^{2.2} \qquad h^{2.2}$$

die Werte

$$+0.180 \; -0.410 \; +0.121 \; +0.165 \; +0.154 \; -0.245 \; +0.065 \; -0.157;$$

zum Vergleich beharrliches Feld

$$-0.328 \; -0.008 \; +0.080 \; +0.006 \; +0.015 \; -0.024 \; +0.028 \; -0.003.$$

Man sieht, daß das beim beharrlichen Feld vorhandene Überwiegen des der Erdachse parallelen Feldes $g^{1.0} \cos u$ bei der Säkularvariation verschwunden ist, vielmehr das ganze erste Glied nicht mehr hervortritt als die höheren, oder mit anderen Worten, das Feld der säkularen Variation ist nicht nach der Drehungsachse der Erde orientiert: die

---

[1] FRITSCHE, H.: Bestimmung d. Elem. d. Erdm. u. ihre zeitlichen Änderungen. Riga 1913.

[2] CARLHEIM-GYLLENSKIÖLD, V.: La forme analytique de l'attraction magnétique de la Terre en fonction du temps. Astron. Jakttag. Stockholm 1896.

[3] BARTELS, J.: Analytische Darstellung d. Verlaufs d. Säkularvariation. Abh. Meteorol. Inst. 8 [2], lfd. Nr. 332. Berlin 1925.

Säkularvariation ist kein planetarischer Vorgang, sondern ein rein terrestrischer, wie schon A. NIPPOLDT kurz vorher betont hatte[1]. Beide Autoren geben auch Karten gleicher Werte der Säkularvariation für die Vertikalintensität; BARTELS auch für den Vektor der horizontalen Komponenten.

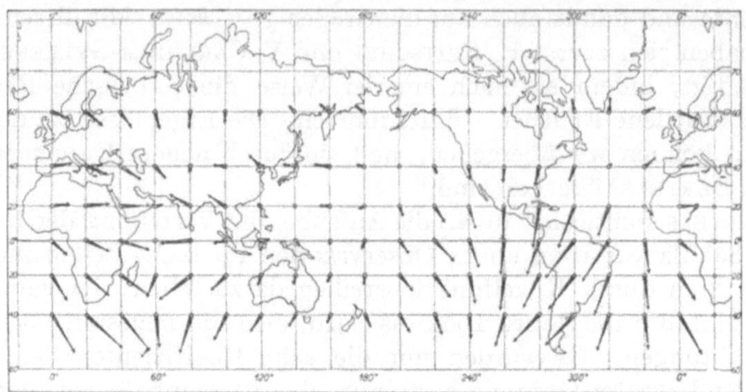

Abb. 21. Säkularvariation des horizontalen Feldes nach J. BARTELS.

Wir ersehen aus diesen beiden Darstellungen (vgl. Abb. 21 u. 22)' daß es auf der Erde zwischen ± 60° Breite etwa sieben Brennpunkte stärkster Säkularvariation gibt. Um jeden scharen sich die Linien

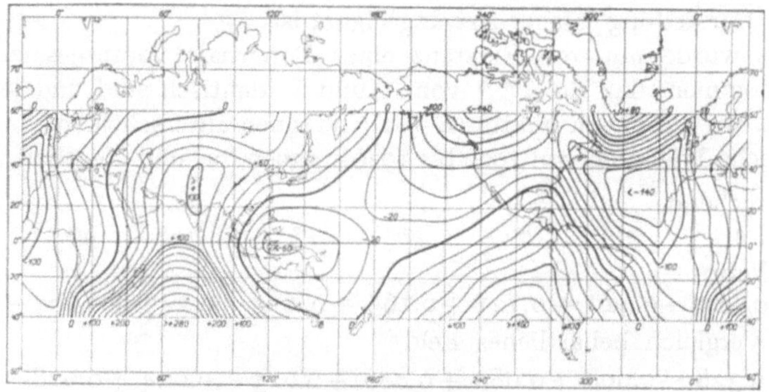

Abb. 22. Säkularvariation in Vertikalintensität nach J. BARTELS.

gleicher Abnahme wachsenden Nordmagnetismus (+) und wachsenden Südmagnetismus (—). Alle diese Gebiete sind von der Größenordnung von Kontinentalmassen und sind offenbar nicht nach planetarischen, sondern nach terrestrischen Gegebenheiten geordnet und gestaltet.

Demnach kommt die Säkularvariation des beharrlichen Feldes dadurch zustande, daß unter gewissen Gebieten der Erdoberfläche die Magnetisierung abnimmt und unter anderen wächst. Es ist kaum anzunehmen,

---

[1] NIPPOLDT, A.: Einfachste Erklärung d. Magn. d. Erde. Weltall **24** [5]. Berlin 1925.

daß jene Umänderungen im Erdkörper, die als Ursache hinter dieser Tatsache stehen, den Erdkern betreffen, sondern zu erwarten, daß sie nur so tief herabreichen, als ein Unterschied im Bau der Erdkruste vorhanden ist, d. h. bis in die Tiefe von der Größenordnung 100 km.

Die Säkularvariation des Erdmagnetismus ist mithin ein Vorgang von der Bedeutung etwa der epirogenetischen und wird auch mit ihnen in Verbindung stehen; es ist da an das Hin- und Herfließen magnetischer Massen zu denken, das nach Ansicht der Geologen mit jenen Bewegungen verbunden ist. Trotzdem ist es nicht damit identisch, sondern nur verbunden, denn die erdmagnetische Säkularvariation ist gegenüber den geognostischen Veränderungen ein viel zu schneller Vorgang. Als Physiker ist man aber geneigt, an das Vordringen und Zurücktreten von Wärme zu denken; steigende Temperatur verringert die Magnetisierung und fallende vermehrt sie. Um das zu erklären müßte man annehmen, daß entweder im tiefen Erdkern oder in der Zone der Schmelzflüsse dauernd wachsende Energieumsetzungen von solcher Schnelligkeit stattfinden, was geophysikalisch etwas ganz Neues wäre.

Diese Tatsachen über die räumliche Verteilung der Säkularvariation stehen jedenfalls in vollem Einklang mit der hier vornehmlich vertretenen Auffassung, daß die Magnetisierung der Erde zu einem maßgebenden Teil eine Magnetisierung der Kruste ist.

Was wissen wir nun unmittelbar über die Säkularvariation des quasi-homogenen Anteils, in dem noch am ehesten ein planetarischer Anteil enthalten sein kann, der mit der Rotation der Erde zusammenhängt?

Auch hierzu gibt die Arbeit von BARTELS einen Beitrag. Wir entnehmen und berechnen folgende Zahlen:

	SCHMIDT 1885	BARTELS 1920	Veränderung 1885—1920	
Moment c	0.32378	0.31114	0.01264	$= 3.9\%$ d. Werts c 1885
Polare Komponente c_p	31733	30504	0.01229	$= 3.8\%$ „ „ 1885
Äquatorielle „ c_e	06431	06130	0.00301	$= 0.9\%$ „ „ 1885
Achsenabstand u	$11^0 28'$	$11^0 22'$	$- 6'$	
Achsenpollänge λ	$68^0 30' W$	$69^0 46' W$	$+ 76$	

Man sieht, der Achsenpunkt des quasi-homogenen Feldes hat sich in der betrachteten Zeit nur wenig in Breite, aber um $1^1/_3{}^0$ in Länge nach Westen verschoben. Es ist also eine Verlagerung der Achse des äquatoriellen Anteils erfolgt, ohne wesentliche Änderung des Moments längs dieser Richtung; denn dies würde den Achsenpunkt in Breite verschieben. 80% des Gesamtfeldes entfallen auf die polare Komponente und fast die ganze Säkularvariation des Gesamtfeldes (3,9%) stammt von einer Änderung des polaren Anteils (3,8%). Nun zeigt aber das Moment des äquatoriellen Anteils gegen 1885 eine Abnahme von 4,7%. Wenn trotzdem keine Breitenverlagerung der Gesamtachse eintritt, so muß das Polarfeld statt der erwähnten Abnahme von 3,8% in Wahrheit um 4,7% abgenommen und gleichzeitig um 0,9% gestiegen sein. Wenn die Kruste zwi-

schen ± 60° Träger einer Eigenmagnetisierung ist, so sind es natürlich
auch die Krustenteile unter den Polkalotten. Die Zahlen besagen also,
daß während die Gebiete zwischen ± 60° in der betreffenden Zeitspanne
um 0,9% des anfänglichen Werts des Gesamtfeldes abgenommen haben,
die Polarkappen um ebensoviel (was Zufall ist) an Magnetisierung gewonnen haben. In früheren Epochen herrschte mehr eine Verlagerung
der Achse von Nord nach Süd vor[1]; es müßten demnach die sie erzeugenden geophysische Veränderungen der Krustenteile etwas sehr rasch
seine Form Änderndes sein. Wir kennen kein geophysikalisches Element
von ähnlicher Änderigkeit, namentlich sind die tektonischen und geologischen daneben viel zu langsam. Auch nehmen wir von den kleineren,
mit der Zusammensetzung der Erdrinde bestimmt zusammenhängenden
Anomalien an, daß sie zeitlich unveränderlich sind. Es müßte also für
die terrestrisch-regionalen anders sein, was unser Bedenken erregt.

In neuester Zeit ist es nun aus dem Vergleich der Störungen in den
Bahnen der Planeten Venus und Merkur, des Erdmonds und aus Ver-
finsterungen der Jupitermonde, welche verschiedene Vorgänge alle in
dieser Hinsicht gleichsinnig verlaufen, dargetan, daß unser Zeitmaß, die
einmalige Umdrehung der Erde um ihre Achse, ein veränderliches ist[2].
Man erklärt dies teils mit einer Schrumpfung des Erddurchmessers, teils
mit einem Gleiten der Kruste über den Kern. Die letztere Vorstellung
ist noch besonders durch A. WEGENERS Theorie der Kontinentalver-
schiebung begünstigt, obschon hier lediglich die Festlandsmassen gegen
die Tiefseeteile der Kruste sich bewegen sollen, also nicht die Kruste
als Ganzes über den Kern gleitet. Jedenfalls kommen die alten Gedanken wieder auf, daß die höheren Teile der Erdkruste gegen die
tieferen beweglich sind. Ist das so, dann muß sich das in der Säkularvariation des Erdmagnetismus zu erkennen geben.

Ein Gleiten der Kruste als Ganzes parallel dem Äquator würde das
c_e-Feld gegen das c_p-Feld verschieben. Das Gleiten kann natürlich im
Idealfall gleichmäßig und nach stets der gleichen Richtung erfolgen, dann
wäre die Säkularvariation periodisch (so wenn z. B. die Gezeitenreibung
an der Kruste die Ursache des Zurückbleibens der Kruste wäre), allein
die beobachtete Ungleichmäßigkeit der astronomischen Längenstörungen
beweist, daß schon die Verschiebung parallel dem Äquator ungleichmäßig
vor sich geht. Dazu kommt, daß wenigstens für Krustenteile eine Tendenz zu Verschiebungen parallel den Meridianen besteht (Polflucht der
Kontinente), so daß das wahrscheinlichere ein oszillatorisches Hin- und

---

[1] Vgl. VAN BEMMELEN: Observ. Observatory at Batavia 12, App. I (1900),
und Terr. Magn. 12, 27—31 (1907).

[2] LARMOR, J.: Monthly Not. 75, 211—219 London 1915; GLAUERT, H.:
ebenda 489—495, 585—687 (1915); INNES, R. T. A.: Astr. Nachr. 225,
109—110, (1925); MEYERMANN, B.: Naturwiss. 16, 335—354, 494 (1928).
Z. Geophysik 4, 153—154 (1928) u. a. m.

Herbewegen der Kruste gegen den Kern ist. Es mag sein, daß die exakte Erforschung der Einzelschritte der Säkularvariation zur Lösung dieser Fragen wertvolle Beiträge geben kann; bis jetzt ist jedoch eine Entscheidung nicht möglich, und so können wir zusammenfassend sagen:

Die Säkularvariation des beharrlichen erdmagnetischen Feldes ist kein die Erde als Planet betreffender Vorgang, sondern der Hauptsache nach die magnetische Auswirkung irdischer Vorgänge, die teils in der Kruste vor sich gehen, teils durch Verschiebung der Kruste gegen den Kern zustande kommen. Es ist nicht ausgeschlossen, daß hierzu noch ein gewisser Anteil kommt, der durch Schwankungen der mittleren Intensität

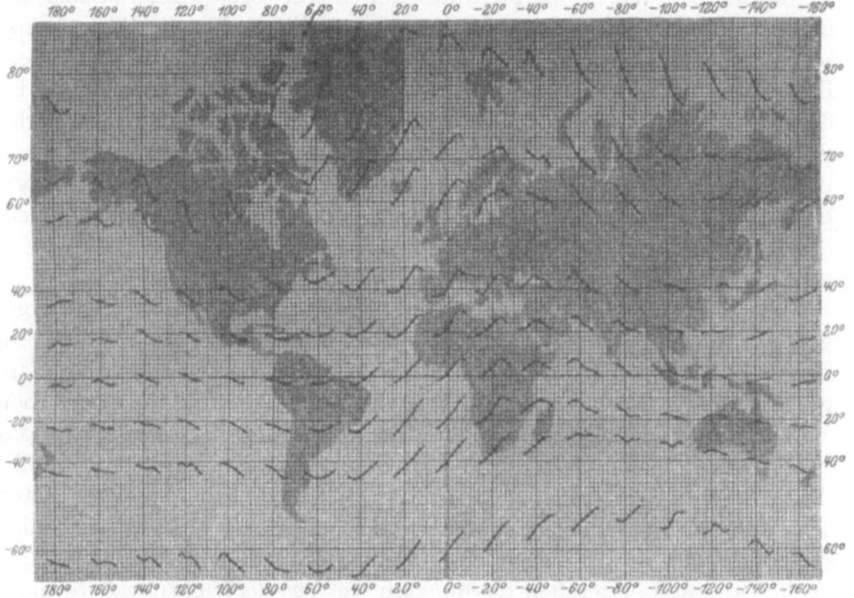

Abb. 23. Säkularvariation der Deklination für die Erde nach W. van Bemmelen.

des Ringstroms erzeugt wird, der, wie wir später sehen, dauernd die Erde in der Ebene des magnetischen Äquators umfließt.

Es sei bemerkt, daß H. Wehner[1] seit langem den Gedanken vertritt, die Säkularvariation stamme von einem gleichmäßigen Gleiten der Erdrinde über den Kern. Er nimmt hier eine Periode von 960 Jahren an, das ist gleich dem Doppelten von dem, was man seither aus magnetischen Beobachtungen als Periode berechnet hat. Er stützt sich dabei auf die Hypothese, daß bis in früheste Zeiten hinein die Achsen der Kirchenqauten mit Hilfe des Kompasses ausgerichtet worden seien, so daß deren Azimut alte Werte der Deklination liefert. Für die Zeiten, wo der Kom-

---

[1] Wehner, H.: Das Innere d. Erde u. d. Planeten. Freiberg i. S.: Graf und Gerlach 1908.

paß nachweislich zu diesem Zweck verwendet wurde, stimmen seine Säkularkurven sehr gut mit den beobachteten überein.

Es ist jedoch noch nicht als sicher anzusehen, daß wirklich eine Periode existiert. Unsere vorstehende Abb. 23 gibt nach einer eingehenden Studie von VAN BEMMELEN die Säkularkurven der Deklination für bestimmte Punkte der ganzen Erde, und zwar an Hand wirklicher Beobachtungen abgeleitet. Die Variationskurven beziehen sich auf den nächstgelegenen Durchschnittspunkt zwischen ganzen Meridianen und Breitenkreisen. Teile unterhalb der Breitenkreise entsprechen östlicher Abweichung. In Höhe bedeutet ein Teilstrich 5^0, in Zeit oder Länge 50 Jahre. Die Werte im Meridian gelten für 1700; links stehen die früheren, rechts die späteren Jahre. Überblickt man die Darstellung, so will es erscheinen, als sei die „Periode" nur in Europa vorhanden. Es ist aber undenkbar, daß in *einer* Gegend die Säkularvariation periodisch ist und in anderen nicht, vielmehr wird die anscheinende Periodizität in Europa nur ein Zufall sein, indem in Wahrheit das Feld überall durch lokale Ursachen schwankt. Ob sich dahinter irgendein Anteil verbirgt, der eine Periode hat, ist erst nach vorsichtigster Untersuchung festzustellen.

Innere und äußere Kräfte.

Einige der Kugelfunktionsdarstellungen haben nach den oben angegebenen Verfahren von GAUSS, also über die Vertikalkomponente hin, innere und äußere Kräfte zu trennen gesucht. Leider entspricht dem analytisch so klaren Zusammenhang die Genauigkeit des rechnerischen Verfahrens nicht recht, und so sind die erhaltenen Ergebnisse über das „Außenfeld" noch unbefriedigend. Meist unterliegen der Rechnung nicht die wirklichen Beobachtungen, sondern Zahlwerte, die in äquidistanten Punkten aus Karten entnommen werden. Die isomagnetischen Linien dieser Karten sind zweifelsohne gegenüber den Beobachtungen stark ausgeglichen, ganz abgesehen davon, daß sie der Beobachtungsgüte nicht entsprechen können.

Unmittelbar mit Beobachtungswerten rechnet nur J. BARTELS[1], indem er die Mittelwerte für 1905—1908 an 14 Observatorien zugrunde legt; doch beschränkt er sich, was auch bei der begrenzten Zahl von Orten voll begründet ist, auf eine Genauigkeit von $100\,\gamma$, während die Beobachtungsschärfe etwa $5\,\gamma$ ist; gegenüber Kartenwerten ist das immerhin noch sehr weitreichend. Er findet in Einheiten von $100\,\gamma$ für das beharrliche Feld:

	X	Y	Z
Ganzes Feld.	256	20	383
Inneres Feld.	255	34	377
Äußeres Feld	19	20	14
Rechnung ganzes Feld gegen beobachtetes . .	24	14	22

[1] BARTELS, J.: Abh. Meteorol. Inst. Berlin. Lfde. Nr. 332. Berlin 1925.

Das äußere Feld hat danach stets dieselbe Größenordnung wie die Fehler der Gesamtberechnung; d. h., daß wenigstens aus dem vorliegenden Beobachtungsmaterial das äußere Feld nicht nachgewiesen werden kann. BARTELS belegt dies noch ausführlich, indem er den rechnerischen Einfluß eines fingierten Glieds dritter Ordnung dartut[1].

L. A. BAUER[2] hat dem äußeren Feld stets eine besondere Beachtung gewidmet. Wir geben hier eine seiner Zusammenstellungen:

	ADAMS 1843	FRITSCHE 1843	ADAMS 1880	FRITSCHE 1885	SCHMIDT 1885
$g^{1.0}$	$+0.00185$	$+0.00237$	-0.00024	$+0.00237$	$+0.00186$
$g^{1.1}$	-0.00024	$+0.00025$	-0.00119	-0.00165	-0.00241
$h^{1.1}$	-0.00145	-0.00148	$+0.00147$	$+0.00073$	$+0.00003$
c_p	0.00185	0.00237	-0.00024	0.00237	0.00186
c_e	0.00147	0.00150	0.00189	0.00180	0.00241
c	0.00236	0.00281	0.00191	0.00298	0.00304
Φ d. Achsen-	$51.5°$N	57.6N	7.2S	52.7N	37.7N
Λ punktes	99.4W	80.4W	231.0W	203.9W	180.7W

Danach hätte das äußere Feld von 1843—1885 eine im Vergleich zum inneren Anteil ganz gewaltige säkulare Änderung erfahren, wenn nicht die Verschiedenheit der Zahlen für gleiche Epochen wieder Bedenken an der Wirklichkeit des Feldes aufkommen ließen. Insbesondere fällt die große Beweglichkeit der Achsenrichtung auf, für die sich ein einleuchtender geophysikalischer Grund nicht recht denken läßt. Die kritische Würdigung der Zahlen kann nur die auch von uns geteilte Ansicht bestätigen, daß das äußere Feld so, wie es vorliegt, nur ein rechnerisches Ergebnis ist. Dem Betrage nach macht es etwa 3% des beobachteten Feldes aus.

Der potentiallose Anteil des Gesamtfeldes.

Wir haben oben S. 58 gesehen, daß in die Reihen für die beiden horizontalen Komponenten X und Y die Differentialquotienten der gleichen Kugelfunktionen eintreten. Die tatsächlich besorgten Rechnungen, soweit sie getrennt aus X und Y durchgeführt wurden, ergaben jedoch jedesmal Unterschiede zwischen beiden, d. h. die numerischen Koeffizienten $(g, h)_x \gtrless (g, h)_y$. Dies kann man dahin deuten, daß die Grundannahme eines Potentials nicht voll stimmt, daß noch magnetische Kräfte ohne Potential vorhanden seien. Als solche kennen wir das magnetische Feld von elektrischen Strömen, welche senkrecht gegen die XY-Fläche wandern. In diesem Falle wird das (in Art. 6—10 der GAUSSschen Theorie) Integral über eine geschlossene, in der XY-Fläche liegende Kurve — das „Kurvenintegral" nicht mehr zu Null, sondern zu $4\pi i$, wo i die Stärke des äquivalenten elektrischen Stroms ist, d. h.

$$\int H \, ds = 4\pi i,$$

---

[1] Ebenda S. 37/38.
[2] BAUER, L. A.: Terr. Magn. 9, 179. (1904).

worin H die Horizontalintensität parallel den jeweiligen Kurvenelementen ds ist.

Der erste, der einen solchen potentiallosen Anteil von vornherein seinen Kugelfunktionsdarstellungen zugrunde legte, war AD. SCHMIDT[1]. Erst vor kurzem hat er die seinerzeit gegebenen Zahlen auf einer Erdkarte graphisch dargestellt. Wir bringen hier das Bild (Abb. 24) und bemerken, daß die Zahlen Amperes auf den Quadratkilometer bedeuten; der schraffierte Teil entspricht von oben nach unten fließenden positivem Strom. Es ist schwer, aus dieser Darstellung ein einfaches Gesetz herauszufinden; man kann ebensogut eine planetarische Anordnung darin erkennen, als auch eine terrestrische nach Festlandsverteilung, oder einen Zusammenhang mit dem Luftdruck finden wollen. Bemerkenswert ist, daß L. A. BAUER die Verteilung längs eines Meridians, also bei

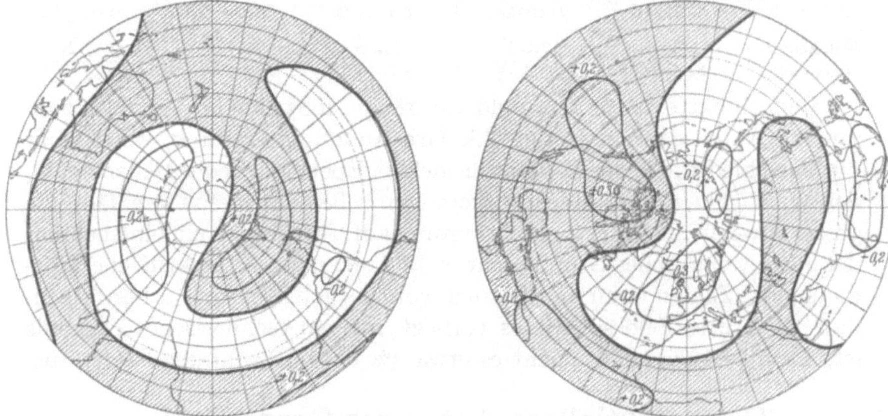

Abb. 24. Vertikale Erd-Luftströme nach AD. SCHMIDT.

Mittelbildung durch alle Längen für die verschiedenen Epochen sehr ähnlich fand. Es wird sich also weniger die verschiedene Güte und Anordnung der Beobachtungen hier dokumentieren, als vielmehr die rechnerische Abhängigkeit der niederen Koeffizienten von den höheren.

Diese Bemerkung zeigt schon, daß man an der Realität des Rechenergebnisses zweifelt. Bildet man nämlich das Integral über eine Kurve, welche nur kleine Gebiete der Erdoberfläche umfaßt, etwa solche, die einer zusammenhängenden Landesaufnahme angehören, so kann man leicht finden, daß nur geringe Änderungen in der Annahme der Funktion $H \cos a$, wo a das Azimut der Horizontalintensitätskomponente längs des betrachteten Kurvenstücks ist, den Integralwert zu o machen würden. Der Integralwert längs eines Polygons innerhalb des Gebiets der deut-

[1] SCHMIDT, AD.: Abh. Akad. Wiss., II. Kl. **29**, I. Abt. München 1895. Arch. d. D. Seewarte **21**. Hamburg 1898. Z. Geophysik **1**, 281—284 (1924/25).

schen Balkanaufnahme war bei zwei verschiedenen Integrationsverfahren +0.00033 und +0.028, sofern die tatsächlichen Beobachtungen zugrunde gelegt wurden. Eine Änderung der Horizontalintensität an den Eckpunkten um im Mittel 5γ, oder der Deklination um 0,5 würde, jedes für sich, den Integralwert zu Null werden lassen; das liegt aber ganz unterhalb der Genauigkeit, mit der die Beobachtungen einschließlich ihrer Reduktion auf die Epoche bekannt sind. Am stärksten von Einfluß ist jedoch die Unkenntnis über den wahren Verlauf der Elemente längs der Polygonseiten.

Hierzu kommt, daß so gewaltige elektrische Ströme der luftelektrischen Messung nicht entgehen könnten. Zwar kennt man auch vertikale Ströme innerhalb des Arbeitsgebiets der Luftelektrizität (bis 10 km Höhe rund), allein diese sind 10^4mal kleiner als diese hier rechnerisch sich ergebenden. Es wäre daher nur noch an jene Ströme zu denken, welche der mittlere Tätigkeitszustand der Sonne uns in Form von Elektronenstrahlen zusendet; diese Ströme, die ja innerhalb der beiden Polarlichtzonen der Erde mit großer vertikaler Richtungskomponente fließen, durchsetzen allerdings nicht die Erdoberfläche, sondern werden in der *Heaviside*schicht absorbiert oder umgelenkt, doch ist die Höhe derselben (rund 100 km) nur gering gegen die Erddimensionen. Allein dem entspricht dann wieder nicht die Anordnung der Stromdichteverteilung unserer Abbildung, oder wenigstens nur in bezug auf eine gewisse Bevorzugung — cum grano salis — der Gegend des nördlichen magnetischen Pols für positive Ströme und der des südlichen für negative.

Erklärungsversuche des erdmagnetischen Feldes.

In dem Abschnitt über das quasi-homogene Feld haben wir schon betont, daß die nur $11^1/_2{}^0$ betragende Schiefe der magnetischen Achse der Erde gegen ihre Drehungsachse von jeher dazu anreizte, einen Zusammenhang zwischen dem magnetischen Feld und der Rotation zu suchen. Man kann sagen, daß jede nur ausdenkbare Möglichkeit über das physikalische Wie dieser Verbindung untersucht worden ist. Man muß aber auch umgekehrt feststellen, daß keine einzige Idee sich bewährt hat, nicht nur, daß die Größenordnung der verschiedenen Effekte nicht ausreicht, es ist auch meist die Verteilung längs eines Meridians ganz anders, als c_p sich wirklich verhält.

Bei dieser Sachlage und der großen Zahl solcher Lösungsversuche müssen wir darauf verzichten, sie hier im einzelnen zu besprechen, vielmehr sei lediglich ein Leitfaden durch die wichtigsten Arbeiten über diese Frage gegeben.

Überblickt man alle diese Versuche, zu einer physikalischen Erklärung des Erdmagnetismus zu gelangen, so heben sich jene hervor, die zu Ergebnissen kommen, welche qualitativ den tatsächlichen entsprechen und nur quantitativ zurückbleiben. Das sind die Versuche der beiden

BARNETTS[1], Magnetismus durch Rotation zu erzeugen, also der Gedanke von A. SCHUSTER[2]. Gewiß sind die Ergebnisse der Experimente vorerst noch halb so groß, als die Theorie von A. EINSTEIN es erfordert, aber der Effekt ist doch da, d. h. es entsteht in magnetisierbaren Körpern durch Rotation Magnetismus. Mithin wird auch die Erde einen solchen Anteil enthalten, denn sie ist magnetisierbar und rotiert. Nach BARNETTS Beobachtungen bringt dies jedoch nur eine spezifische Magnetisierung der Volumeinheit von 10^{-11} zustande, während die Erde 10^{-1} aufweist. Der aus der Rotation der Erde als magnetisierbarer Körper entspringende Anteil ist mithin unterhalb jeder Beobachtungsfähigkeit und trägt zur Erklärung der beobachtbaren Magnetisierung parallel der Drehachse nichts bei.

W. SUTHERLAND nahm an, daß die Rotation auf die beiden Elektrizitäten trennend wirke, und zwar so, daß die negative Ladung zentrifugal etwas weiter wegfliegt als die positive. Abgesehen davon, daß dieser Effekt erst experimentell nachzuweisen wäre, ergeben sich Schwierigkeiten auf luftelektrischem Gebiet. Die dem erdmagnetischen Feld äquivalente Verschiebung zwischen den Ladungen ist an sich nicht groß, nämlich 8.10^{-9} cm, also von der Größenordnung eines Molekels. Die so entstehende Gesamtladung der Erdoberfläche wäre danach 10^{11} Coulomb, das wäre 10^8mal mehr als die luftelektrischen Beobachtungen ergeben. Hieran scheitert auch diese Theorie. Man kann dieser Schwierigkeit aber begegnen, wenn man mit ANGENHEISTER[3] annimmt, daß die negative Oberflächenladung der positiven Raumladung bezüglich des luftelektrischen Potentialgefälles gerade entgegen wirkt. Es bleibt dann ein Magnetfeld:

$$mR^{-2}\cos u = \frac{2}{15} Q\,\omega\cos u = g^{1.0} R\cos u$$

übrig, worin Q die gesamte Raumladung der Erde, ω ihre Winkelgeschwindigkeit und m ihr magnetisches Moment ist; doch ist es dabei wieder schwer, einen Grund dafür zu finden, warum die beiden Ladungen getrennt sein sollten, denn die Zentrifugalkraft ist proportional mit ω^2, während hier ω linear eingeht; also kann nicht sie die Trennung hervorrufen.

L. A. BAUER[4] versuchte rein empirisch festzustellen, welchen Gesetzen die magnetische Raumdichte folgen muß, damit sie den Gang der $c_{\not p}$ als Funktion der Breite am besten darstellt. Er findet bei $\varrho = \varrho_0 + \varrho_1 \sin^2 u$ eine Genauigkeit der $c_{\not p}$ auf 1%; das quadratische Glied

[1] BARNETT, S. J.: Physic. Rev. **10** (1917). Jahrb. Carnegie-Inst. **1920**, 313; **1922**, 284—289. — Physik. Z. **24** (1923).

[2] SCHUSTER, A.: Proc. Phys. Soc. London **24**, 121 (1911/12).

[3] ANGENHEISTER, G.: Nachr. Ges.Wiss. Göttingen Math.-naturw.Kl.1924.

[4] BAUER, L. A.: Terr. Magn. **17.**

sieht er als eine Wirkung der radialen Komponente $mRw^2 \sin^2 u$ der Zentrifugalkraft an. Nun hat aber SWANN[1] nachgewiesen, daß die Zentrifugalkraft nicht direkt in Frage kommt. Deshalb versucht NIPPOLDT[2] eine mittelbare Verbindung, indem er zwischen ϱ und der Figur der Erde eine Beziehung sucht, denn die Figur ist eine Folge der Rotation. Es folgt dann die Raumdichte dem Gesetz $\varrho = \varrho_0 + \varrho_1 \cos^2 u + \varrho_2 \cos^4 u$ mit einer Genauigkeit von 0,33% in c_j. Die Figur der Erde, d. h. ihre Abweichung von der Kugel, kann aber nur von den Schichten her wirksam sein, die stark ellipsoidisch sind, und das sind nur die äußeren, also wiederum ein Hinweis auf den Einfluß der Erdkruste im Gesamtfeld.

Diesem Gedanken, daß die Erdkruste einen wesentlichen Teil der Erdmagnetisierung trägt, sind wir schon bei der Erklärung der Säkularvariation begegnet. Es eröffnet sich die Frage, ob nicht schließlich das ganze Feld hier allein seinen Sitz hat. Was wir über die Magnetisierung der uns durch Bohrungen zugänglichen Gesteine wissen, gibt viel zu geringe Intensitäten; allein die Bohrungen reichen ja kaum 1000 m in die Tiefe, so daß man von einer Kenntnis der Verteilung der Erdmagnetisierung der Kruste nicht sprechen kann. Was uns zugänglich ist an Mineralien erweist sich zudem meist nur ganz schwach magnetisiert. Allein einige wenige machen eine Ausnahme, so die Magnetite, namentlich wenn sie primären Lagern entstammen, also nicht durch Kontaktmetamorphose aus sedimentiertem Eisen sekundär gebildet werden (Gellivaara). Hier erreicht die Magnetisierung der Volumeinheit die Größenordnung 10^1 gegenüber einem Wert von 8—9, der nötig wäre, um das ganze Erdfeld aus einer Kruste von 20 km Tiefe zu erklären, d. h. bis zu einer Tiefe, in der reines Eisen noch magnetisiert sein könnte, weil seine kritische Temperatur noch nicht überschritten ist. Man müßte daher annehmen, daß der Magnetitgehalt mit der Tiefe zunimmt, eine Annahme, die auch geologisch vertreten wird. Es ist sehr möglich, daß die in höheren Lagen gefundenen Magnetitvorkommen nur ganz äußerste Ausläufer des Muttergesteins aller Eisenerze und Eiseneinsprengungen in Gesteinen sind, des magnetischen Eisens, d. h. des primären Magnetits.

Dann wäre es eine sekundäre Frage, warum alle diese Magnetitmassen so angeordnet sind, daß das erste Glied der Kugelfunktionsreihe die anderen überwiegt und zudem nach der Rotationsachse gerichtet ist. Vermutlich richtete sich der Erstarrungsprozeß nach dieser Achse ein. Diese Vorstellung erklärt auch das Auftreten eines anisotropen Feldes, wie bei diesem Abschnitt schon bemerkt wurde.

Sehr alt sind die Versuche, den Erdmagnetismus durch elektrische Ströme zu erklären; sie müßten innerhalb der Erde fließen, weil ein inneres Feld vorliegt, und zwar von Ost nach West, also umgekehrt, wie

---

[1] SWANN, W. F. G.: Ann. Rep. Dep. Terr. Magn. 334, (1916).
[2] NIPPOLDT, A.: Terr. Magn. **26**, 99—111 (1921).

der wahre Erdstrom fließt[1]. Man kann natürlich eine Stromdichteverteilung annehmen, die das beobachtete c_p-Feld wiedergibt, da magnetische Kräfte von Stromkreisen und Magneten weitgehend einander äquivalent sind. Ob solche Ströme wirklich vorliegen, könnten nur Kurvenintegrale quer durch die Erdrinde entscheiden, wozu wir noch lange nicht kommen werden.

Das beharrliche Feld in einzelnen Ländern. Allgemeines über Landesaufnahmen.

Unsere Kenntnis von der Verteilung der erdmagnetischen Elemente über die Erde entsteht aus Vermessungen einzelner Länder. Es ist klar, daß solche räumlich beschränkten Vermessungen mehr Einzelheiten geben, als unsere Weltkarten (Abb. 14, 16, 17) darstellen können. Anfänglich war man so stark davon überzeugt, daß der Erdmagnetismus sich nach planetarischen Ausmaßen richte, daß man zwischen den einzelnen Stationen sehr große Abstände wählte (so z. B. LAMONT in seiner Aufnahme von Mittel- und Westeuropa). Zwar kannte man schon Anomalien, aber nur die sogenannten lokalen, und erwartete, daß sie im Mittel ihrer Zufälligkeit und Kleinheit wegen herausfallen. Das Bestehen der terrestrisch-regionalen Anomalien war noch unbekannt. Unbekannt war weiterhin, daß auch die übrigen Anomalien meist durchaus nicht auf einzelne Punkte beschränkt sind, sondern der Regel nach sich über Flächen zusammenhängend verbreiten, die zwar gegen die Erde klein, gegen ein einzelnes Land aber groß sind. Auch diese Anomalien nennt man noch regionale; wir wollen sie, wo eine Unterscheidung nötig ist, in folgendem „regional zweiter Ordnung" nennen, gegenüber denen erster Ordnung, den terrestrischen, die das überbleibende Feld des gesamten Erdmagnetismus bilden.

Um die Anomalien zweiter Ordnung zu finden, pflegt man aus den sämtlichen Beobachtungen einer Landesaufnahme die Verteilung eines erdmagnetischen Elements empirisch durch eine Formel von der Gestalt darzustellen:

$$E = E_0 + a\,\Delta\varphi + b\,\Delta\lambda + c\,\Delta\varphi^2 + d\,\Delta\varphi\,\Delta\lambda + e\,\Delta\lambda^2.$$

Die Beschränkung auf Glieder zweiter Ordnung geschieht natürlich nur aus Gründen der Rechnungsökonomie. Sachlich gegeben wäre es besser, das gesamte Feld der Kugelfunktionen abzuziehen, soweit man es kennt; allein die Rechnung wäre recht umfangreich. Zu besserem Anschluß an die Theorie rechnet AD. SCHMIDT nach

$$X = X_0 + a'\,\Delta\varphi + b'\,\Delta\lambda + c'\,\Delta\varphi^2 + d'\,\Delta\varphi\,\Delta\lambda + e'\,\Delta\lambda^2$$
$$Y\cos\varphi = (Y\cos\varphi)_0 + a''\,\Delta\varphi + b''\,\Delta\lambda + c''\,\Delta\varphi^2 + d''\,\Delta\varphi\,\Delta\lambda + e''\,\Delta\lambda^2$$
$$Z = Z_0 + a'''\,\Delta\varphi + b'''\,\Delta\lambda + c'''\,\Delta\varphi^2 + d'''\,\Delta\varphi\,\Delta\lambda + e'''\,\Delta\lambda^2.$$

---

[1] Siehe STEINER, L.: Terr. Magn. 16, 221—232 (1911).

Besteht ein Potential, so sind nicht alle Koeffizienten voneinander unabhängig und es muß sein u. a. $a'' = b'$, $2c'' = d'$, $d'' = 2e'$. Bei der Verwertung solcher quadratischer Formeln muß man stets beachten, daß sie nur innerhalb des Gebiets benutzt werden dürfen, aus dem sie abgeleitet worden sind; es wird dadurch insbesondere in den Außen- und Grenzgebieten der Anschluß an die Nachbarländer erschwert. Die Formel gibt dann nach Einsetzen der gefundenen Koeffizientenwerte schwach elliptisch oder parabolisch gekrümmte „normale" isomagnetische Linien, die wohl auch die „terrestrischen" genannt werden. Streng genommen, sollte man diesen letzteren Ausdruck nur auf jene Linien beziehen, die aus der Kugelfunktionsdarstellung zu berechnen wären.

Meist läßt es die Kleinheit des Gebiets zu, daß man mit den linearen Gliedern allein arbeitet, also der einfachen Abhängigkeit von Länge und Breite. Will man ein Übriges tun, so zerlegt man das Land in noch kleinere Teilgebiete aus Gruppen von Stationen, gleicht jede Gruppe linear aus und dann wieder jeden der so erhaltenen Koeffizienten in seiner Verteilung durch alle Gruppen. Dies Verfahren glättet allerdings die Störungen sehr aus und läßt fast nur noch die ganz lokalen übrig.

Bei großen Gebieten, die mehrere Länder umfassen wird man am besten aus dem Glied erster Ordnung der Kugelfunktionsdarstellung zunächst das quasihomogene Feld aussondern und dann an Hand der Unterschiede der Werte an den vorhandenen Observatorien gegen dieses Feld den terrestrisch-regionalen Anteil bestimmen, sei es durch Ausgleichung, sei es auf graphischem Wege. Auf diese Art sind die Anomalien auf der demnächst zu besprechenden Europakarte abgeschieden worden.

Der *Wirkungsbereich einer einzelnen Beobachtungsstation* ist maßgebend für das Zeichnen der isomagnetischen Linien. Die Genauigkeit. mit der die einzelnen Elemente an einem Orte bestimmt werden, übertrifft im allgemeinen die Bedeutung, welche ihm geographisch zukommt. Ein Distanzunterschied, der in geographischer Hinsicht kaum etwas bedeutet, kann erhebliche Änderungen der Elemente bedingen, weil die ganz örtlichen Zufälligkeiten in der Magnetisierung der oberflächlichsten, dem Beobachtungsinstrument aber nahen Gesteine wirksam werden. In den weitmaschigen Netzen der magnetischen Vermessung ganzer Länder spielen diese Zufälligkeiten keine Rolle. Es ist daher unzulässig, die isomagnetischen Linien so zu zeichnen, als seien die Werte an einer Station bis auf die letzte Einheit charakteristisch für ihre Gegend. Bei den gravimetrischen Vermessungen liegen die Dinge ähnlich; man hilft sich hier, indem man den Einfluß der Örtlichkeit rechnerisch eliminiert. Bei dem Erdmagnetismus ist das nicht möglich, weil die Ermittlung der Verteilung der Suszeptibilität im nahen Erdreich nur durch sehr umfangreiche Messungen an vielen Gesteinsproben zu erfahren wäre[1]. In Zukunft mag man sich dadurch helfen, daß man um jeden Hauptpunkt mit Lokalvariometern eine Einzelaufnahme vornimmt. Bisher be-

---

[1] Vgl. praktische Vorschläge in KOENIGSBERGER, J.: Gerlands Beitr. **20** [3/4] (1928).

schränkte man sich in einigen wenigen Fällen darauf, in gestörtem Gebiet jeden Punkt doppelt anzulegen, an zwei auf wenige Meter nahen Stellen, wodurch man wenigstens gänzlich lokale, also terrestrisch nichtssagende Störungen, erkennen konnte.

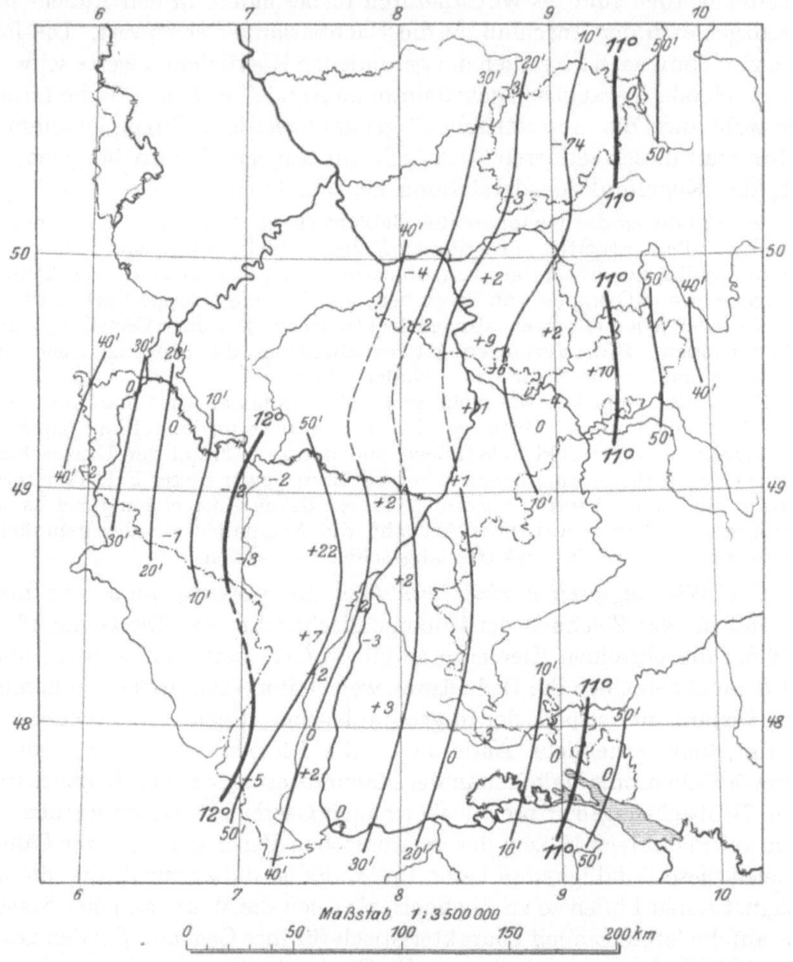

Abb. 25. Isogonen für Südwest-Deutschland für 1909 nach A. Nippoldt.

Einfacher ist es zu beachten, daß die Linien gleicher magnetischer Werte Schnittkurven von krummen Flächen mit der Erdoberfläche sind und mit dem Bild dieser Flächen im Kopfe graphisch die vollen Werte zu interpolieren, für welche man Isomagnetiks zeichnen will. Das Verfahren ist sowohl dem rohen vorzuziehen, das zwischen den einzelnen Orten linear interpoliert, als dem gekünstelten, eine rechnerische Interpolation höherer Ordnung zu versuchen. Die graphische Interpolation nimmt bei Großaufnahmen auf den Einzelwert nicht volle Rücksicht, sondern sucht die Gesamtheit aller umliegenden Orte zu beachten, und zwar so, daß die Abweichungen der Einzelwerte von den nachher aus dem System der isomagnetischen Linien für sie zu entnehmenden Werte sich ausgleichen. Derart sind die Linien der Aufnahme von Nord- und von Südwestdeutschland[1] gezogen worden, die unsere Abb. 25 bringt. An die Stelle des Beobachtungsorts ist dann die Abweichung gegen den Wert eingeschrieben, den die Messung gegen die Interpolation aus der Karte besitzt.

Die so entstehenden Linien stellen ein Mittel zwischen den zu Unrecht dem einzelnen Beobachtungspunkt folgenden dar und den terrestrischen der Kugelfunktionsdarstellung. Bei Aufnahmen von enger territorialer Begrenztheit und genügender Stationsdichte wird man dagegen tatsächlich den Einzelwert berücksichtigen, nämlich dann, wenn man sicher ist, alle störenden Ursachen erfaßt zu haben.

Die *Ableitung der Störungen* aus dem Gesamtbild setzt die Kenntnis der normalen Verteilung voraus, über deren Bestimmung wir oben schon gesprochen haben.

Jeder Ort hat vermöge seiner Lage auf der Erdoberfläche bestimmte, vom ganzen Erdmagnetismus herrührende normale Werte der erdmagnetischen Elemente. Der Unterschied $\Delta E = E_{\mathrm{beob}} - E_{\mathrm{norm}}$ gibt die Größe der Störung des betreffenden Elements an. Wegen der rein additiven Verbindung ist es zweckmäßig, hier auf die rechtwinkligen Komponenten überzugehen. Man berechnet also aus den D_b, H_b, I_b die X_b, Y_b, Z_b nach den Formeln auf S. 19 und hat dann $\Delta X = X_b - X_n$, $\Delta Y = Y_b - Y_n$, $\Delta Z = Z_b - Z_n$. ΔX, ΔY, ΔZ sind die Komponenten der Störung. Die totale Störung beträgt daher

$$S_t = \sqrt{(\Delta X)^2 + (\Delta Y)^2 + (\Delta Z)^2},$$

den totalen Störungsvektor S_t, während seine horizontale Komponente S_h

$$S_h = \sqrt{(\Delta X)^2 + (\Delta Y)^2}.$$

Ferner gibt $\dfrac{\Delta Z}{S_h} = \sin i$, die Störung i in Inklination, $S_t \cos i$ die Größe des horizontalen Vektors der Störung, $\Delta Y / \Delta X = \mathrm{tg}\, d$ sein Azimut d oder die Störung in Deklination. Durch Differentiation der Formeln auf S. 19 kommt man zu den Beziehungen

$$\Delta X = \Delta H \cos D - \Delta D\, H \sin D$$
$$\Delta Y = \Delta H \sin D - \Delta D\, H \cos D$$
$$\Delta Z = \Delta H\, \mathrm{tg}\, I + \Delta I\, H / \cos^2 I.$$

Hiermit kann man die ΔX, ΔY, ΔZ unmittelbar aus den ΔD, ΔH, ΔI ableiten, was zweckmäßig ist, wenn man nur die normalen Werte von

---

[1] Schmidt, Ad.: Veröff. d. Meteorol. Inst. Lfd. Nr 217 (1910) u. 276 (1914), sowie Nippoldt, A.: Ebenda Nr 224. Berlin 1910.

D, H, I kennt und nicht jene der X, Y, Z. Ist ΔD und ΔI in Bogenminuten ausgedrückt, so hat man die Glieder, worin sie auftreten, mit $\sin 1'$ zu multiplizieren.

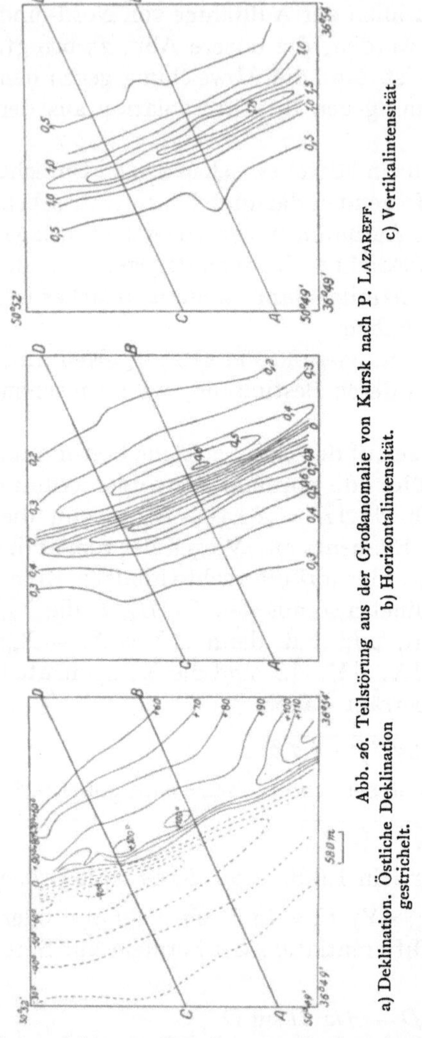

Abb. 26. Teilstörung aus der Großanomalie von Kursk nach P. LAZAREFF. a) Deklination. Östliche Deklination gestrichelt. b) Horizontalintensität. c) Vertikalintensität.

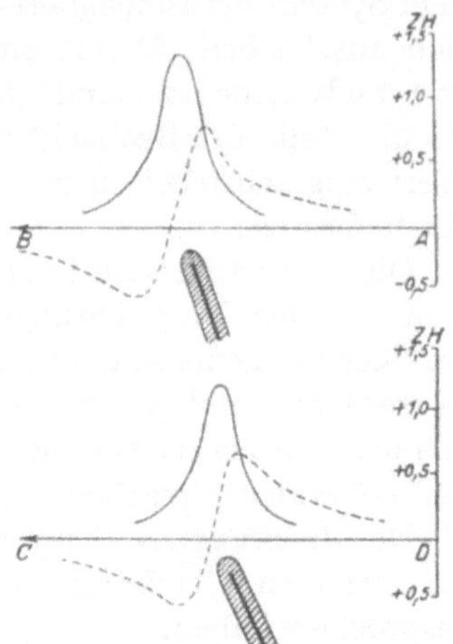

Abb. 27. Profillinie durch die Großanomalie von Kursk nach P. LAZAREFF. Vertikalintensität ausgezogen; Horizontalintensität gestrichelt.

Von den Beobachtungen muß vorausgesetzt werden, daß sie nicht nur wegen der Variationen am Messungstage verbessert sind, sondern auch durch Reduktion auf ein und dieselbe Epoche die Säkularvariation ausmerzen. Dazu bedient man sich der im Gebiet der Vermessung oder in einer Nachbarschaft liegenden Observatorien, indem man die Abhängigkeit der Säkularvariation von geographischer Länge und Breite ermittelt. Um den Anschluß an die Aufnahmen der benachbarten Länder zu finden, ist Rücksicht auf die Korrektion ihrer Observatorien gegen den IMS zu nehmen. Dieser Anschluß ist nötig, um auch am Rande des eigenen Gebiets die isomagnetischen Linien richtig ziehen zu können.

Graphisches Bild der Störungen. Um Einsicht in die Gestalt einer Anomalie zu bekommen, kann man Linien gleicher Störungsbeträge zeichnen, gerade so wie man die isomagnetischen Linien gleicher Beträge

des Gesamtfelds herstellt. Abb. 26 gibt als Beispiel die „Isanomalen"
der Deklination Horizontal- und Vertikalintensität für ein Teilgebiet der
Anomalie von Kursk[1], Abb. 27 die magnetischen Elemente längs zweier
Profile (vgl. hiermit auch Abb. 45—47).

Eine andere sehr zweckmäßige Darstellung ist die durch die horizontalen Vektoren der Anomalie. Als Beispiel folge (Abb. 28) das Bild der
magnetischen Störungen in Schottland nach A. W. RÜCKER, von dem

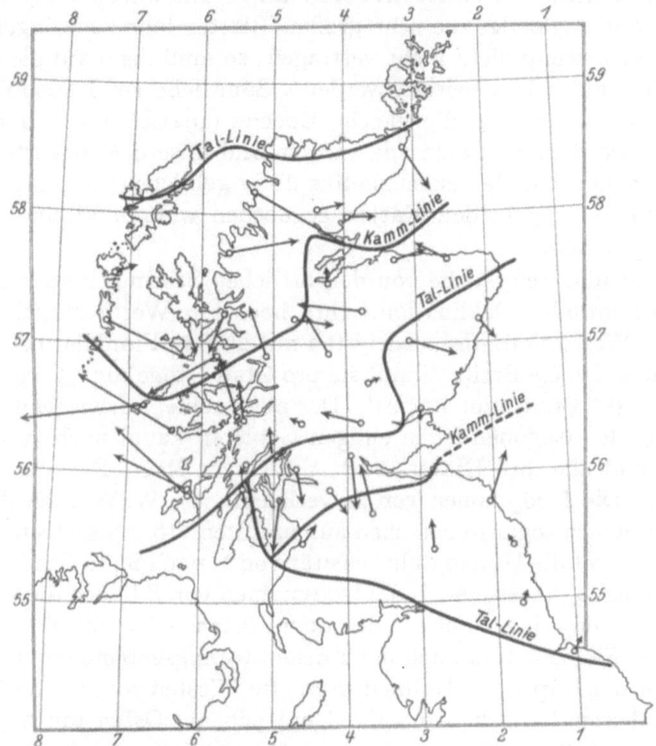

Abb. 28. Lokale magnetische Störungen in Schottland nach A. W. RÜCKER.

diese Art der Abbildung stammt. Die kleinen Kreise bedeuten die Beobachtungsorte; die Länge der von ihnen ausgehenden Pfeile entspricht
der Größe des horizontalen Störungsvektors, ihre Richtung seinem
Azimut. Die ausgezogenen Kurven entsprechen, wenn sie als „Kamm-
linie" bezeichnet sind, der Verbindung aller Höchstwerte der Störung,
nach denen die Vektoren konvergieren, wenn sie als „Tallinie" benannt
sind, der Verbindung aller Niedrigstwerte, von denen die Pfeile
divergieren.

Die Kammlinien durchziehen zugleich die Gebiete größter Störung
in Vertikalintensität, die Tallinien jene geringster Störung von Z.

---

[1] Nach LAZAREFF: Kursk Magn. Anomaly. Berlin 1922.

Verteilung des Erdmagnetismus in Europa.

Es ist leicht verständlich, daß von allen Teilen der Erde das dichteste Netz an Beobachtungsstationen in Europa vorhanden ist. Trotzdem hat es bis vor kurzem an einer zusammenhängenden magnetischen Karte dieses Erdteils gefehlt. Diese Lücke ist jetzt durch Herausgabe je einer Karte der Isogonen, der Isodynamen der Horizontalintensität und der Vertikalintensität durch A. NIPPOLDT ausgefüllt worden. Es ist jedoch leider nicht angängig, die sehr großen Blätter hier zu bringen, da sie eine Verkleinerung nicht mehr vertragen; so muß denn auf die Originalveröffentlichung hingewiesen werden[1]. Sämtliche rund 8000 Einzelstationen sind in ihr auf die gleiche Epoche (1921.0) und auf den IMS reduziert worden. Von dem allgemeinen Bild unserer Weltkarten ist nur der allgemeine Zug der Isomagnetiks übrig geblieben; um diesen herum krümmen sich die in den Karten gegebenen wahren Linien in großen Windungen herum.

Am unruhigsten ist die von den örtlichen Störungen stets am leichtesten beeinflußte Deklination. Ihre höchsten Werte erreicht sie mit 20° W in Westirland, ihre niedrigsten mit 2° E in Finnland bei ungefähr 30° Länge. In 54° Breite nimmt sie pro Grad Länge um 33' von W nach E ab; in 35° Breite nur um 24'. Der allgemeine, vorwiegend nordsüdliche Zug der Isogonen ist in einigen Gebieten kaum noch zu erkennen (Ostsee und alle ihre Hinterländer, Schwarzes Meer, Korsika und Umgebung). Die Isodynamen von H verlaufen von WSW nach ENE und dies deutet sich sogar in den eben aufgezählten Störungsgebieten an. Im Westen nimmt die Horizontalintensität von N nach S pro Grad um 430 γ, im Osten um 455 γ zu. Auch die Isodynamen von Z haben dieselbe allgemeine Richtung, jedoch nur in den ungestörten Gebieten. Es zeigen sich in diesem Element nun auch noch neue Störungsgebiete, so in der Bretagne, in den Alpen, in Holland usw. Im Westen nimmt die Vertikalintensität von N nach S pro Grad um 560, im Osten um 517 γ ab.

Von demselben Autor stammen auch drei magnetische Karten von Mitteleuropa allein, die wir hier mit Erlaubnis der Firma Vieweg & Sohn wieder reproduzieren und aus denen das über Gesamteuropa Gesagte wiederzuerkennen ist. Sie gelten für die Epoche 1925.5[2]. Die drei Karten Abb. 29—31 zeigen, daß Mitteleuropa, abgesehen von einigen räumlich beschränkten Gebieten (oberes Rheintal, Vogelsberg, Spessart, Fichtelgebirge, sächsisches Grenzgebirge, Sudeten), nicht wesentlich gestört ist, wohl aber die ganze Küste und besonders Ostpreußen; wir befinden uns hier schon in der Großanomalie von Fennoskandien.

---

[1] NIPPOLDT, A.: Karte d. Verteilung d. Erdmagn. u. seiner örtlichen Störungen. Veröff. d. Preuß. Meteorol. Inst. Lfd. Nr 354. Berlin 1927.

[2] NIPPOLDT, A.: Kapitel Erdmagn. in MÜLLER-POUILLETS Lehrb. d. Physik 5, 1. Hälfte, 11. Aufl. Braunschweig, Friedr. Vieweg u. Sohn. (1928).

Als man zuerst magnetische Landesaufnahmen durchführte, stieß
man wohl hier und da auf sichtlich gestörte Werte, allein das war fast

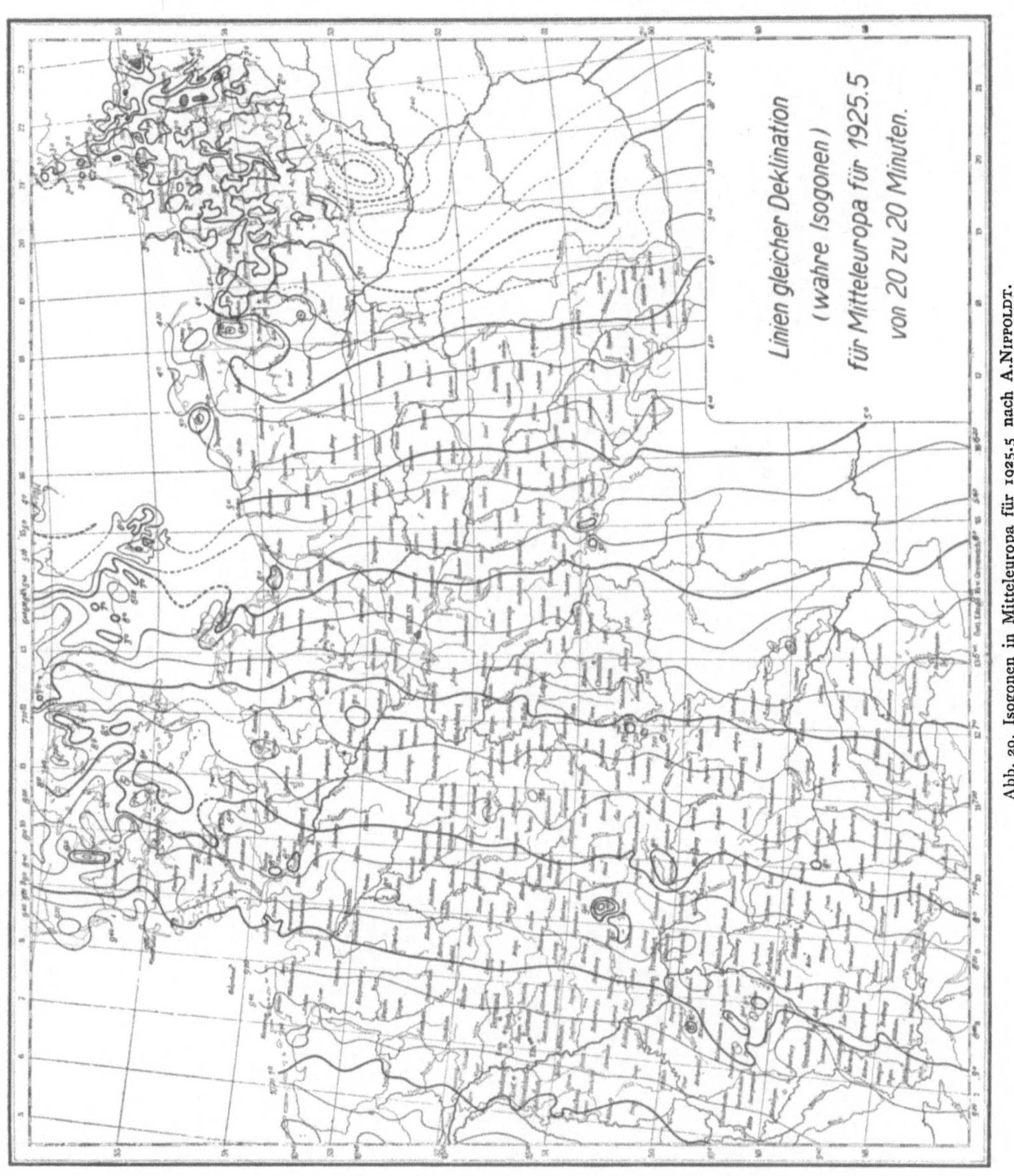

Abb. 29. Isogonen in Mitteleuropa für 1925·5 nach A. Nippoldt.

stets innerhalb der Gebirge, und man war rasch dabei, sie durch lokale
Einflüsse von Erzen und Eruptivgesteinen zu erklären, was für diese
räumlich kleinen Störungen denn auch oft richtig war. Es kam dann

dazu, daß Kreil[1] nachzuweisen versuchte, daß die Alpen als Ganzes Träger einer magnetischen Störung seien. So befestigte sich die Anschau-

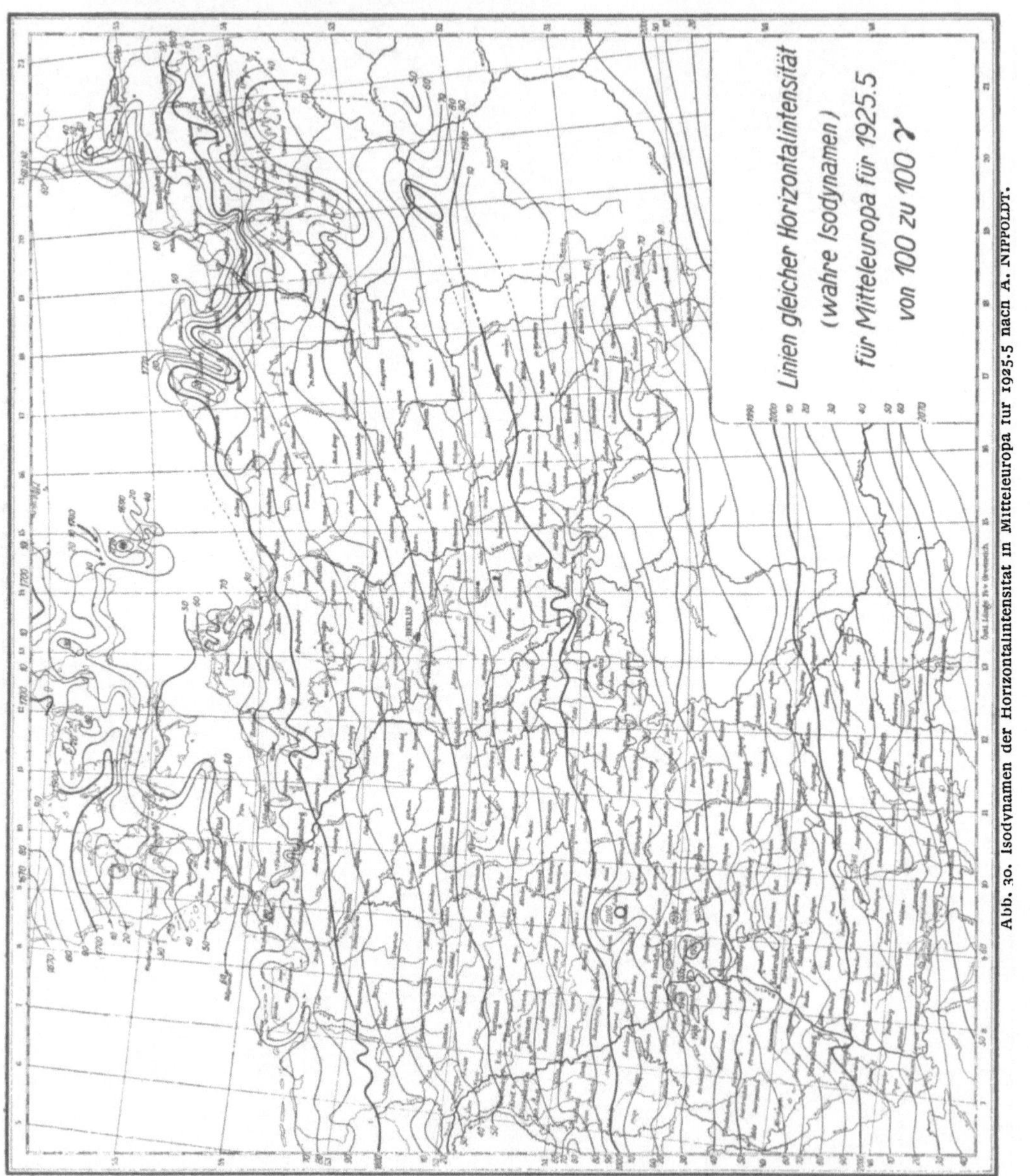

Abb. 30. Isodynamen der Horizontalintensität in Mitteleuropa für 1925.5 nach A. Nippoldt.

ung, nur in Gebirgen gäbe es große Anomalien. Und nun fanden sich zu allgemeinem Erstaunen bei weiter vorgetragener Vermessung, daß die

[1] Kreil, C.: Denkschr. Wien. Akad. d. Wiss. **20** (1850).

ausgedehntesten und dem Grade nach stärksten Anomalien in der Tiefebene festzustellen sind.

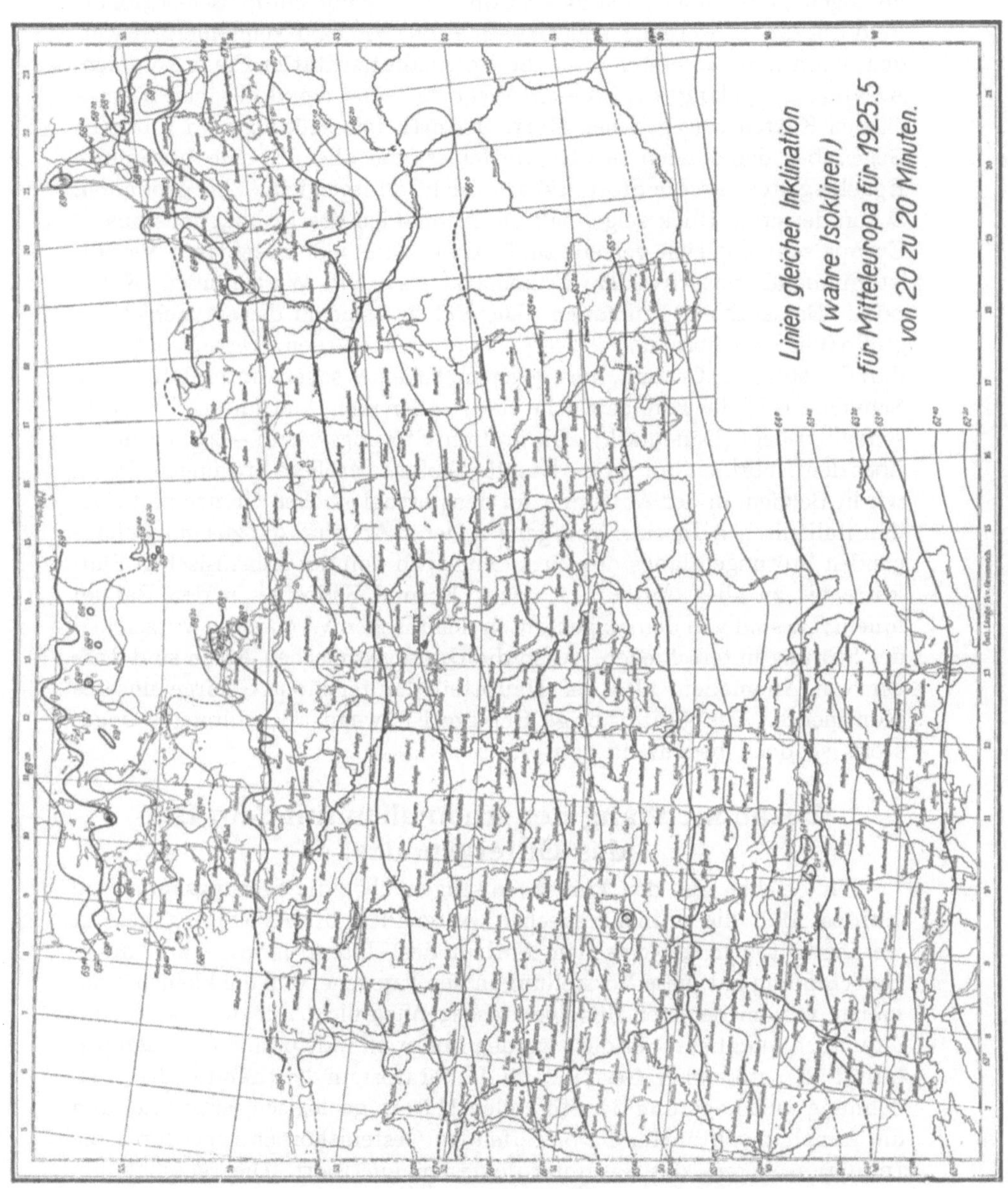

Abb. 31. Isoklinen für Mitteleuropa für 1925.5 nach A. Nippoldt.

Daraus erwuchs die brennende Frage nach dem Sitz der störenden Ursache, nach Art und Tiefe der störenden Schichten. Um hier Antwort zu geben, mußte aus dem Gesamtverlauf der isomagnetischen Linien der

Teil herausgeschält werden, der an diese Schichten gebunden ist. Es mußte also zunächst das von der ganzen Erde herstammende quasihomogene, dann aber auch das Europa umfassende europäisch-regionale Feld abgezogen werden. Aus Gründen, die wir bald kennenlernen werden, kann dafür in erster Linie die Vertikalintensität in Frage kommen. A. NIPPOLDT gelangte auf diesem Wege zu seiner den drei schon besprochenen Karten beigegebenen Karte der örtlichen Störungen in Europa[1]. Gegenüber den Karten des Gesamtfeldes, die alle für eine bestimmte Epoche gelten, ist die Störungskarte nicht an irgendeine Zeit gebunden. Schon der erste Blick zeigt, daß die Anomalien des Erdmagnetismus in Europa sehr ungleich verteilt sind. Ganz ohne jeden regulären Verlauf ist Finnland, Südschweden, Dänemark, Ost- und Westpreußen, Nordpolen, Bessarabien, Rumänien. Die Beträge sind in diesem Gebiet am größten in Nordfinnland, wo —1500 γ erreicht werden. Ursache ist hier, daß das störende Gestein, die einzelnen Teile des sogenannten Baltischen Schilds, meist die Erdoberfläche bildet oder nicht tief unter den Deckschichten liegt (Dänemark). Die größten Störungswerte: —2160 γ liegen über den Hebriden mit ihrem Basalt. Isolierte größere Störungen finden wir in Belgien, in der Auvergne, an der portugiesischen Grenze und über den italienischen Inseln. Von ganz anderer Art sind die zusammenhängenden Störungen längs des Zugs der Alpen von der französischen Südküste bis zu allen Ausläufern nach Ost und Südosten in den Balkan hinein; sie sind von den obigen durch den raschen Wechsel im Vorzeichen der Störung unterschieden. Auch die transsylvanischen Alpen sind Träger von Anomalien, also der Hauptteil der tertiären Gebirge unseres Kontinents. Das ganze übrige Gebirge ist, wenn auch nirgends ungestört, so doch bedeutend ruhiger.

Zusammenhang der Anomalien mit dem Bau des Untergrundes.

Wir ersehen aus den kurzen Auszügen über die Störungskarte von Europa, daß die erdmagnetischen Anomalien in Verbindung gesetzt werden mit dem geologischen Aufbau des Untergrundes. Ihre innere Berechtigung hat diese Vorstellung in der Tatsache, daß die kleinen Anomalien verschiedenener Mittelgebirgsgegenden nicht nur qualitativ, sondern auch quantitativ erklärt werden konnten, indem man die Suszeptibilität der störenden Gesteine im Laboratorium bestimmte, die Ausdehnung und Lagerung der störenden Massen geologisch feststellte, und die Annahme einführte, die betreffenden Gesteinskörper seien durch die Induktion seitens des Gesamterdfeldes magnetisiert. Dies geschah am eingehendsten in den verschiedenen magnetischen Aufnahmen Groß-

---

[1] A. a. O., außerdem gesondert veröffentlicht in Z. f. Geophysik 3 (1927).

britanniens, zuerst durch A. W. Rücker[1]. Die Frage, ob diese Klein-
anomalien immer durch reine induktorische Magnetisierung erklärt werden können, und ob bei den Großanomalien, die in der Europakarte
allein zur Geltung kommen, andere Quellen der Magnetisierung zur Wirkung kommen, werden wir in kurzem zu besprechen haben. Vorher muß
jedoch ein grundsätzlicher Punkt behandelt werden.

Wenn man irgendwo in der Erdkruste eine magnetische Masse hat,
so muß sie sich auf der Erdoberfläche, wo wir messen, verraten. Und
da der störende Körper nun einmal eine feste Gestalt hat, in bestimmter
Tiefe liegt und zugleich eine für lange Zeit unveränderliche Verteilung
seiner spezifischen Magnetisierung besitzt, so kann er nur ein ganz bestimmtes Störungsfeld hervorrufen. Wir sagen, die Beziehung zwischen
den Grunddaten, Gestalt, Tiefe, Verteilung der Magnetisierung einerseits und der Störung ist eine eindeutige, d. h. sie ist aus den drei Grunddaten berechenbar. Beim Erdmagnetismus liegt jedoch die Frage umgekehrt: Man hat ein magnetisches Feld, insbesondere ein Störungsfeld
beobachtet und will Lage und Bau der störenden Massen finden. Diese
umgekehrte Beziehung zwischen Feld und Ursache ist unendlich viel-
deutig; es gibt unendlich viel Möglichkeiten, ein und dasselbe magnetische Feld physikalisch zu erklären.

Der Versuch, erdmagnetische Anomalien trotzdem geologisch zu erklären, verspricht daher nur Erfolg, wenn es gelingt, das Spiel der Möglichkeiten einzuengen. Man muß aus allgemeinen geologischen Kenntnissen heraus über die Gestalt oder die Tiefe der störenden Schichten und
möglichst über ihre Magnetisierung schon einigermaßen unterrichtet sein.

Tatsächlich mangelt es nun fast überall, selbst in einem so gut er-
forschten Gebiet wie Europa, an diesen exakten Kenntnissen, namentlich
an der Kenntnis der wirklichen Magnetisierung der Gesteine. Dafür tritt
ein Umstand helfend ein, der darin besteht, daß nur ganz wenige Gesteine
starken Eigenmagnetismus tragen, und daß die übrigen in zwei große
Gruppen zerfallen, von denen die eine starke, die andere schwache Magnetisierungsfähigkeit (Suszeptibilität) aufweist. Von den Gesteinen
mit Eigenmagnetismus wissen wir, daß sie in der oberen Erdrinde selten
sind, von den beiden anderen Gruppen, daß die stark magnetisierbaren
identisch mit den plutonischen sind, die schwach magnetisierbaren mit
den neptunischen (um diese etwas veralteten, hier aber bezeichnenden
Namen zu gebrauchen).

H. Reich[2] hat eine hier interessante Zusammenstellung zwischen den
einzelnen Gesteinen und den an sie gebundenen magnetischen Anomalien
gegeben. Danach gilt:

---

[1] Rücker, A.W. und Thorpe, T.E.: I.Aufn. Epoche 1886.0 Phil. Trans.
Roy. Soc. Ser. A. 2, für 1891 **188** (1896); Walker, G.W.: für 1915.0 **219**,
London 1919.

[2] Reich, H.: Jb. Pr. Geol. Landesanst. **46.** Berlin 1925.

Magnetitlagerstätten Störung in Vertikalintensität 50 000 bis 200 000 γ
(Kiirunavaara und Kursk)
Große Massen magnetischer Eruptiva und kristalliner
Gesteine . . . . 2 000 bis 10 000 γ
Große Massen magnetitarmer Eruptiva und kristal-
liner Gesteine . . . . 100 bis 1000 γ
Sedimentäre Massen . . . . 100 bis 200 γ

Der geologischen Struktur nach stellt REICH[1] fest, daß die archaischen Massive aus sehr großen, gleichmäßig magnetisierten Gesteinsmassen bestehen, die paläozoischen noch sehr erhebliche, gleichmäßig magnetisierte Massen darstellen, die Ergußgesteine relativ kleinere Massen umfassen.

Wir sehen also, daß die Unterschiede in der Größenordnung der Störungen zwischen den einzelnen geologisch verschiedenen Massengesteinen sehr erheblich sind, und dieser Umstand läßt eine Deutung der Anomalien, zunächst für Europa zu.

Es sind danach besonders die kristallinen Gesteine der Sitz großer regionaler Anomalien. Ein glücklicher Umstand fügt es nun, daß diese Gesteine auf weiten Gebieten Europas zutage treten, nämlich im ganzen Norden, in Fennoskandien. Außerhalb dieses Gebiets sind sie, wie man weiß, von jüngeren Schichten überdeckt. Fennoskandia bildet einen Teil der russischen Schilds; seine Trennungslinie gegen Westen kennt man gut, und es zeigt sich nun, daß sie durch ihre ganze Erstreckung mit der Westgrenze der großen Anomalie Osteuropas zusammenfällt. Man kann somit schließen, daß das kristalline Grundgebirge der russischen Tafel die magnetischen Massen enthält, welche die Störung hervorrufen. Auch überall sonst wo in Europa kristallines Gestein hoch kommt, zeigt sich sofort eine magnetische Anomalie, so in Belgien und den Teilen des tertiären Faltengebirgszugs, wo das kristalline Gestein mit in die oberflächlichen Lagen eingearbeitet ist. Unerwartet war das Auftreten einer Anomalie in Dänemark und Schleswig-Holstein, da diese schon dem mitteleuropäischen Schollenland angehören. Man darf nunmehr umgekehrt aus dieser erdmagnetischen Tatsache den Rückschluß ziehen, daß hier unter dem Kreidegestein doch noch ein Bruchstück der Baltischen Platte in geringer Teufe unterliegt, eine schöne und willkommene Bestätigung der geologischen Theorie von POMPECKJ[2]. Die Störungen in den Hebriden, der Auvergne und in einzelnen kleineren Gebieten Europas haften an den jüngeren Eruptiven. Im räumlich größten Teil Europas sind die magnetischen Störungen an Ausdehnung klein, wir nehmen daher an, daß der Hauptträger der Anomalien, das kristalline Grundgebirge, zu tief abgesunken ist, um noch wirksam zu sein. Ist dieser Schluß zulässig, so bedeutet das, daß man aus der Verteilung der

---

[1] REICH, H.: Z. Geophysik **4**, 100 (1928).
[2] POMPECKJ, J. F.: Z. Deutsche Geol. Ges. **73**, 321—323 (1921).

erdmagnetischen Anomalien Anhaltspunkte für das Ansteigen und Absinken des kristallinen Grundgebirges erhält und damit in Tiefen eindringt, welche dem Bohrgerät kaum zugänglich sind.

Die Störungskarte für Europa ist die erste, welche ein genügend großes Gebiet in dieser Weise bearbeitet, genügend groß, um die geologische Großstruktur des Krustenbaues zu enthüllen. Die Ausdehnung auf die anderen gut vermessenen Gebiete der Erde wird sicherlich unser Wissen bedeutend erweitern können. Ein besonderer Vorteil ist es, daß man sich auf die Vertikalintensität beschränken kann und daß die Linienzüge ein für allemal gelten und nicht an eine Epoche gebunden sind.

Ursachen der Anomalien.

Alle Anomalien kommen dadurch zustande, daß Massen vorhanden sind, die anders magnetisiert sind wie das umgebende Gestein.

Die Ursache der anderen Magnetisierung ist in vielen Fällen die stärkere Magnetisierungsfähigkeit — Suszeptibilität —, in sehr seltenen Fällen die schwächere Suszeptibilität (Steinsalz, Gips, Anhydrite u. dgl. m.). Unter dem induzierenden Einfluß des gesamten Erdfeldes und insbesondere natürlich der Totalintensität, welche hieraus der betreffenden Örtlichkeit zukommt, nimmt der stärker magnetisierbare Körper ein größeres magnetisches Feld an als die Umgebung und hebt sich damit der Sitz einer erdmagnetischen Anomalie heraus; ebenso der schwächer magnetisierbare, wenn er in ein größeres suszeptibleres Gestein eingebettet ist. Der stärkere Körper muß dann auf der magnetischen Nordhalbkugel der Erde oben Südmagnetismus, unten Nordmagnetismus tragen, die Vertikalintensität wird über ihm vergrößert. Umgekehrt muß sie über einem schwächeren ein Minimum aufweisen.

Sehen wir die Störungskarte von Europa darauf hin durch, so finden wir positive Anomalien größerer Ausdehnung fast nur da, wo das kristalline Gestein nahe an die Oberfläche heranreicht, also vornehmlich in Fennoskandia; aber sie treten auch hier nur so sporadisch auf, daß man die Induktion durch das Erdfeld nicht zu einer befriedigenden Erklärung heranholen kann. Anders ist dies bei den an räumlicher Ausdehnung nach kleinen Störungen innerhalb der Mittelgebirge und der westlichen Hälfte des europäischen Tieflandes, insbesondere wenn es sich um sedimentäre, nicht später in Magnetit verwandelte Eisenerze handelt. Dies aber sind besonders die Objekte der bergtechnischen Mutungsmessungen, auf die wir noch zu sprechen kommen werden.

Um die Großformen zu erklären, müssen wir annehmen, daß die störenden Massen aus sich selbst heraus Träger von Magnetismus sind, d. h. wir nehmen einen Eigenmagnetismus an.

Aus der reinen Tatsache heraus, daß es natürliche Magnetsteine gibt, erhellt schon die Zulässigkeit dieser Annahme. Entgegen steht lediglich,

daß das Vorkommen reiner Magnetite doch selten ist und die einzelnen
Fundorte so weit voneinander entfernt sind, daß sie geologische Großformen nicht erklären. Allein dem ist entgegenzuhalten, daß der primäre
Magnetit seiner Natur nach ein Tiefengestein ist, das unmittelbar aus
dem Erdinnern herausquoll und daher nur in Eruptivgesteinen vorkommt.
An die Oberfläche und in die oberflächlichen Schichten dringt er daher
nur selten ein und bleibt daher in seiner wahren Verteilung unbekannt,
weil das Bohrloch und die geistige Sonde des Geologen nicht so tief
reichen. Als geologische Erfahrung kann aber gelten, daß, je älter eine
Schicht ist, desto reicher ihr Magnetitgehalt. Und im einzelnen ist erwiesen, daß der Magnetitreichtum, auch der jüngeren Gesteine, für ihre
magnetische Wirksamkeit das Maßgebende ist. Die Geochemie lehrt,
daß unter dem eigentlichen Gesteinsmantel eine breite Schicht von Eisen-
verbindungen vorhanden ist. Soweit diese nach oben vordringen und
auskristallisieren können, bilden sie den Magnetit. Das kristalline Grundgebirge ist noch reich an solchen Erzen und somit sehen wir in dem Gehalt
dieses Grundgebirges an Magnetit die Ursache der Anomalien innerhalb
der Erdteile. Die regional-terrestrischen Anomalien, also auch jene regio-
nal-europäische, werden ihren Sitz noch unterhalb des kristallinen Ge-
birges haben. Das Gesamtfeld der Erde wäre danach dort zu suchen,
wo die erste auskristallisierte Schicht Magnetit besteht[1].

Jeder weiter oben sich bildende Magnetit kristallisiert unter dem
Feld der tieferen Magnetitvorkommen, d. h. schließlich des Erdfeldes. Es
ist aber durch viele Versuche erwiesen, daß magnetisierbare Körper unter
einem Magnetfeld mit gerichteten Achsen auskristallisieren[2]. Damit erklärt sich auch, daß die Magnetitvorkommen, die wir kennen, meist in
einem Sinne magnetisiert sind, der dem des Erdfeldes entspricht (z. B.
auch Kursk); die Intensität der Magnetisierung aber übertrifft die Induktionsfähigkeit oft so sehr, daß die Hypothese eines rein induktorischen
Feldes ganz ausscheidet.

Der Molekularmagnetismus des Magnetits ist ein außerordentlich
großer. Nach P. WEISS fallen schon auf das Grammolekel *Eisen* 26 seiner
experimentellen Magnetonen, d. i. 29276 Gauss[3], die natürlich nach außen
zum wenigsten zur Geltung kommen, wohl aber bei molekularmagnetischen Vorgängen.

---

[1] Vgl. RÖSCH, F.: Tiefengliederung der Erde. Naturwiss. **12**, 868—877
(1924).

[2] TVETEN, A.: Physik. Z. **17**, 235—237 (1916). — HOPKINS, E.: Con-
nection of Geology with Terrestr. Magn. London 1844. FOLGHERAITER: Akad.
Lincei in den Jahren 1899—1902. BRUNHES und DAVID, HOPWOOD, A.: Proc.
Roy. Soc. A. **89** (1914).

[3] WEISS, P. u. FOEX, G.: Le Magnétisme. Coll. Armand Colin. Paris
1926.

Die Fernwirkung störender magnetischer Massen.

Wir haben in der Einleitung unseres Kapitels erfahren, daß die Fernwirkung jeder magnetischen Masse durch eine Größe gegeben ist, die man ihr magnetisches Potential V nennt. Wir wissen, daß der störende Körper seiner ganzen Masse nach magnetisiert ist; die räumliche Dichte des Raumelements dk sei ϱ. Außerdem hat jeder Magnet an der Oberfläche freien Magnetismus; die Dichte des Oberflächenelements do sei σ. Für die drei rechtwinkligen Komponenten gilt dann[1]

$$X = \mathfrak{A}\left[\int \varrho\, dk + \int \sigma\, do\right]; \qquad Y = \mathfrak{B}\left[\int \varrho\, dk + \int \sigma\, do\right]; \qquad Z = \mathfrak{C}\left[\int \varrho\, dk + \int \sigma\, do\right].$$

$\mathfrak{A}, \mathfrak{B}, \mathfrak{C}$ sind die Komponenten des Moments längs den Achsen. Das erste Integral ist ein körperliches, das zweite ein Oberflächenintegral. Gewöhnlich setzt man die ϱ und σ als unabhängig vom Ort vor das Integralzeichen, gibt also dem Körper eine homogene Magnetisierung. Bei den Fällen, die wir hier vor uns haben, ist das wohl nie der Fall. Man hilft sich dann so, daß man das kleinste ϱ und σ (ϱ), (σ) durch alle dk und do abgesondert denkt; ihm entspricht dann eine homogene Magnetisierung, für die gilt

$$\int (\varrho)\, dk = - \int (\sigma)\, do.$$

Dies ist so, wenn

$$(\varrho) = - \left(\frac{\partial \alpha}{\partial x} + \frac{\partial \beta}{\partial y} + \frac{\partial \gamma}{\partial z}\right),$$

worin α, β, γ die Komponenten des spezifischen Moments parallel den Achsen sind. Nennen wir dann n_i die innere Normale auf do, so ist

$$\int [(\sigma) + \alpha \cos(n_i, x) + \beta \cos(n_i, y) + \gamma \cos(n_i, z)]\, do = 0.$$

Hierin steckt noch gar keine Annahme über die Lage des XYZ-Systems im Raum; die Beziehung gilt also für alle möglichen Lagen, d. h. stets, und es ist ganz allgemein immer

$$(\sigma) = - [\alpha \cos(n_i, x) + \beta \cos(n_i, y) + \gamma \cos(n_i, z)],$$

also

$$\alpha \int \cos(n_i, x)\, do + \beta \int \cos(n_i, y)\, do + \gamma \int \cos(n_i, z)\, do = - (\varrho) \int dk.$$

Dies besagt, das Potential der wirklich vorhandenen Raummagnetisierung wird bei homogener Magnetisierung (ϱ) durch das Oberflächenintegral ersetzt. Man nennt $(\sigma) \int do$ die „äquivalente" Oberflächenbelegung. Für den inhomogenen Anteil gilt dieser Satz ebenfalls (nur daß die $\alpha\beta\gamma$ unter dem Integralzeichen bleiben), wenn das Potential für einen Punkt außerhalb des Körpers abgeleitet werden soll. Man spricht dann von einer „lamellaren" Magnetisierung.

Der gesamten Magnetisierung entspricht nur *eine* äquivalente Oberflächenbelegung. Daher stammt die oben schon erwähnte Eindeutigkeit der Beziehung zwischen Magnetisierung und Wirkung auf einen Punkt

---

[1] Vgl. die Darstellungen unter „Satz von GREEN", dieses Werk 1, 37 u. ff.

auf der Erdoberfläche. Statt mit einem Körper haben wir es mit einer magnetischen Oberfläche zu tun. Von dem Beobachtungspunkt aus gesehen[1], erscheint diese Fläche unter einem bestimmten Raumwinkel ω, und das Oberflächenelement do unter dem Raumwinkel $d\omega$. Die Wirkung, die σ in do auf den Beobachtungsmagneten vom Moment m ausübt, ist m/r^2, wo r die Entfernung des Punktes von dem Oberflächenelement do ist. GAUSS hat nun dargetan, daß für die Gesamtwirkung der Fläche gilt

$$\int \sigma \, do = m \, \omega.$$

Der Satz ist im Grunde identisch mit dem eben abgeleiteten, aber er beleuchtet einen Umstand besonders gut. Denn es ist klar, daß unter demselben Raumwinkel nicht nur eine bestimmte Fläche erscheinen kann, sondern auch noch unendlich viele andere. So z. B. in unserer Abb. 32 nicht nur die Kugel A, sondern auch der birnförmige Körper B oder beliebige andere, wenn sie nur nicht über die Leitstrahlen EK, EL herausragen.

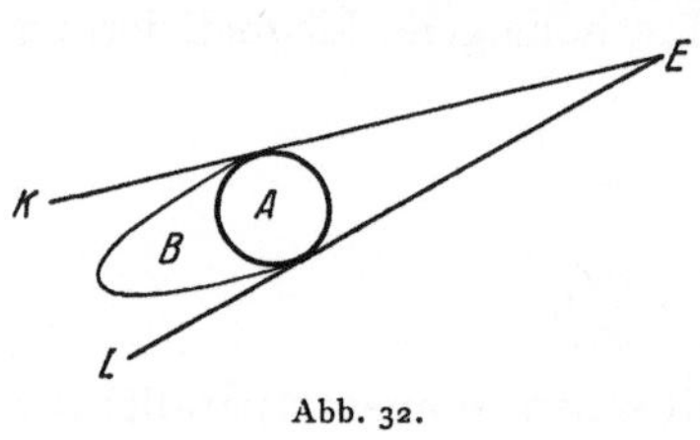

Abb. 32.

So können wir uns veranschaulichen, daß derselben magnetischen Wirkung unendlich viele magnetisierte Körperformen entsprechen können.

Diese Mehrdeutigkeit zwischen magnetischem Feld und störender Ursache kann sogar so weit gehen, daß selbst der Schluß unerlaubt ist, daß bei Abwesenheit einer Anomalie auch keine magnetisierte Masse vorhanden sei. Es lassen sich nämlich Flächen ausdenken, bei denen der Raumwinkel Null ist; so würde z. B. ein ringförmiges Vorkommen sich nach außen nicht zu erkennen geben.

Es ist nun noch ein Unterschied, ob das Feld des störenden Körpers durch Induktion entstanden ist oder Eigenmagnetismus vorliegt. Im ersteren Fall wird das Störungsfeld einen viel ausgedehnteren und entfernter liegenden Körper erwarten lassen, als bei einem stark eigenmagnetischen[2].

Man nennt die Aufgabe, aus dem magnetischen Störungsfeld auf der Erdoberfläche ein Urteil über die störenden Massen bilden zu wollen, das Verfahren der „magnetischen Mutungen" und spricht von einem „magnetischen Aufschlußverfahren". Es ist dies eine Angelegenheit der Technik, d. h. der Kunst, theoretische Schwierigkeiten durch praktische Hilfsmittel zu überwinden.

---

[1] Vgl. dieses Werk 1, 36 u. ff.

[2] Kritisches hierüber in CHWOLSSON's Lehrb. d. Physik 5, 810 u. ff. Braunschweig.

Praktische Lösungen der Aufgabe.

Der erste Weg[1] war, die Fernwirkung von Magneten oder magnetisierten Platten zu berechnen — was bei bekannter Magnetisierung und Lage eindeutig möglich ist — und die Beobachtungen daraufhin zu mustern, ob sie sich einem dieser Fälle anpassen. In diesem letzteren Teil steckt dann die Mehrdeutigkeit. Im übrigen war es natürlich von vornherein klar, daß die Vorkommen nur dann mit Magnetstäben vergleichbar sein konnten, wenn sie aus geologischen Gründen stabförmig sein konnten, also bei gangartigem Auftreten. Viel häufiger kam die Analogie einer Platte in Frage, nämlich überall, wo deckenartige Verbreitung zu erwarten war, oder wo durch Verwerfungen Schichten ungleicher Magnetisierung aneinanderstießen.

Später hat man als einen allgemeineren Körper das dreiachsige Ellipsoid zugrunde gelegt oder seine beiden Sonderformen, das Rotationsellipsoid und die Kugel. In besonders eingehender Weise ist dies von J. Koenigsberger geschehen. Die Hauptbedeutung seiner zahlreichen Arbeiten über diesen Gegenstand ist darin zu sehen, daß er gerade die technische Umkehrung des Problems aus großer praktischer Erfahrung heraus behandelt, also die Frage, wie man erkennen kann, welchem Typus die untersuchte Anomalie am besten zuzuordnen ist[2]. Unter der Annahme, es handele sich um eine reine Induktionsmagnetisierung, gibt er graphisch für einige wichtige Sonderfälle die Störungen in D, H, Z und tabellarisch jene in Z für verschiedene Stellen des Meßfeldes, zugleich auch die Abstände von dem Aufpunkt des Ellipsoids. Dies alles für vertikale, horizontale und schiefe Lage der größten Achse und bei dem Erdfeld, wie es in Mitteleuropa herrscht. In den gerade für die Praxis wichtigsten Zusätzen behandelt er die durch die natürlichen Verhältnisse gegebenen Abweichungen von der reinen Theorie, so die inhomogene Magnetisierung, das Zusammenwirken mit Eigenmagnetismus und Beispiele aus reichlich durchgeführten Aufnahmen. An anderer Stelle bringt Koenigsberger den Einfluß von Unebenheiten des Geländes auf die Messungen[3] und die besonderen Anforderungen bei den Mutungen auf unmagnetische oder diamagnetische Vorkommen (Salz, Öl, Gips usw.) mit ihren kleinen Störungsbeträgen.

Eine andere neuere Bearbeitung liefert H. Haalck in einer Einzelschrift über „Die magnetischen Verfahren der angewandten Geophysik[4].

---

[1] Uhlig, P.: Aufsuchung magn. Erzlagerstätten. Jb. Berg- und Hüttenw. Freiberg i. S. 1902. Enthält auch die ältesten schwedischen Methoden von Tiberg.

[2] Am ausführlichsten in Gerlands Beitr. z. Geophysik **19** [2], 241—291 (1928).

[3] Koenigsberger, J.: Gerlands Beitr. z. Geophysik **20** [3/4], 293—307 (1928).

[4] Berlin: Gebr. Borntraeger, 1927. S. 50—64.

Auch er legt die Vorstellung zugrunde, die Magnetisierung der störenden Masse sei durch Induktion hervorgerufen. Seine graphischen Darstellungen, die wir hier wiedergeben, gelten für bestimmte Profile gegen den

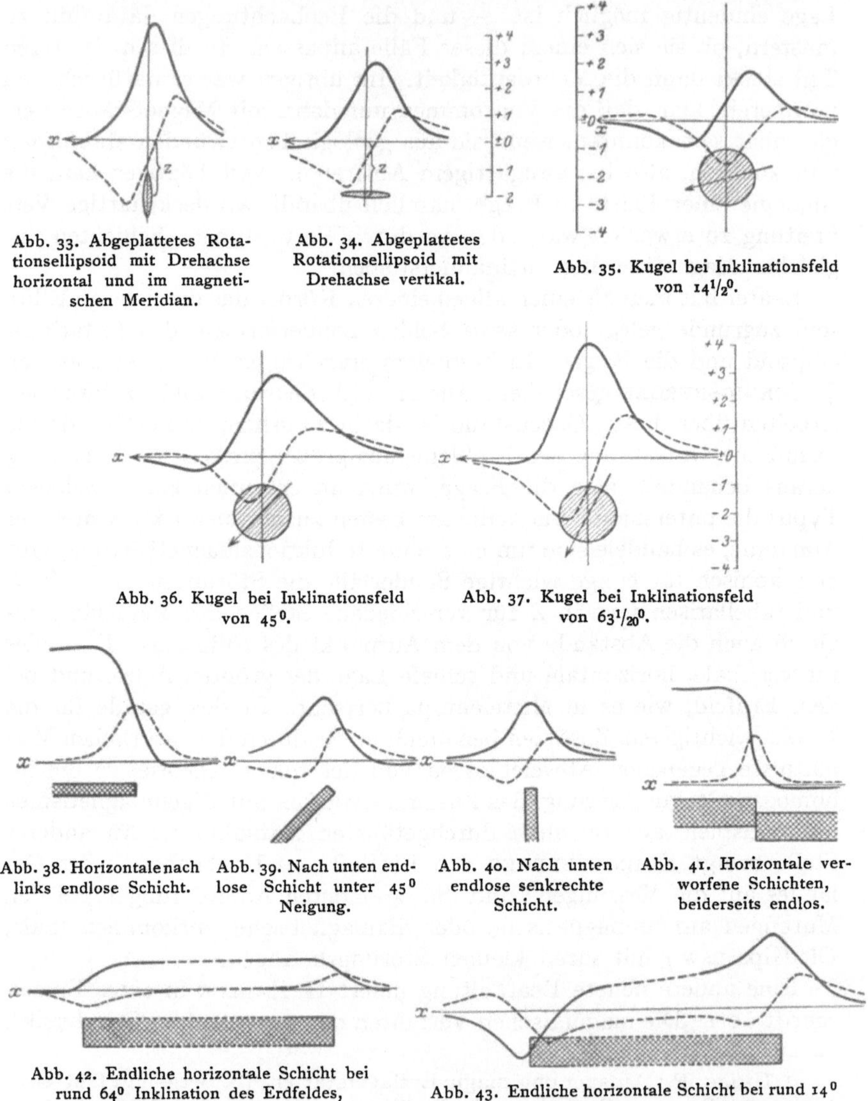

Abb. 33. Abgeplattetes Rotationsellipsoid mit Drehachse horizontal und im magnetischen Meridian.

Abb. 34. Abgeplattetes Rotationsellipsoid mit Drehachse vertikal.

Abb. 35. Kugel bei Inklinationsfeld von $14^1/_2^0$.

Abb. 36. Kugel bei Inklinationsfeld von 45^0.

Abb. 37. Kugel bei Inklinationsfeld von $63^1/_{20}^0$.

Abb. 38. Horizontale nach links endlose Schicht.

Abb. 39. Nach unten endlose Schicht unter 45^0 Neigung.

Abb. 40. Nach unten endlose senkrechte Schicht.

Abb. 41. Horizontale verworfene Schichten, beiderseits endlos.

Abb. 42. Endliche horizontale Schicht bei rund 64^0 Inklination des Erdfeldes, nordsüdl. Streichens.

Abb. 43. Endliche horizontale Schicht bei rund 14^0 Inklination des Erdfeldes, nordsüdl. Streichens.

störenden Körper. Die durchgezogene Kurve stellt die Vertikal-, die gestrichelte die Horizontalintensitätsstörung dar.

Stets ist die Vertikalintensität mehr gestört als die horizontale; es empfiehlt sich also schon aus diesem Grunde, eine magnetische Mutung auf Messung der Vertikalkomponente zu stützen. Die größten Störungswerte in Z liegen meist dicht über dem Ort des Vorkommens, namentlich wenn das Vorkommen in der horizontalen Erstreckung einen kleinen Querschnitt besitzt. Dagegen gibt bei horizontalen oder schwach geneigten Platten das Maximum der Horizontalintensität den Ort der Störung besser an. Ausgedehnte, wenn auch endliche Platten zeigen nur am Rande Änderungen im Wert der Komponenten, man nennt das die „Randstörung". Der Zusammenhang mit der Tiefe des Vorkommens schwankt zwischen $1/r^3$ und $1/r^2$.

Die Ableitung der Formeln sowohl von KOENIGSBERGER wie von HAALCK ist ohne tieferes Eingehen auf die potentialtheoretische Grundlage nicht verständlich zu machen. Es sei daher im folgenden zum erstenmal ein ganz elementares Verfahren beschrieben, mit dem der Mutungstechniker leichter alle für ihn wesentlichen Fälle sich rechnerisch selbst ableiten kann. Wir wollen es das Verfahren der „Polfolgen" nennen. Wir können es hier natürlich nur ganz kurz skizzieren; eine alle praktisch wichtigen Fälle umfassende Darstellung gebraucht sehr viel mehr Raum.

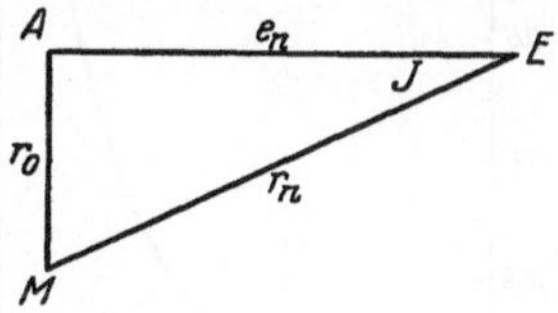

Wir knüpfen daran an, daß ein Magnet sich weitreichend so auffassen läßt, als sei seine magnetische Masse in zwei Punkten verdichtet, den Polen. Die gesamte Fernwirkung bekommen wir dann, wenn wir die Wirkung jedes Pols für sich auf das Meßinstrument (die Probenadel) berechnen und vektoriell addieren.

Abb. 44.

M ist der Ort des Einzelpols und seine Stärke.

r_o seine Tiefe unter der Erdoberfläche A—E.

A der Punkt senkrecht über M auf der Erdoberfläche.

E ein beliebiger Beobachtungspunkt auf ihr.

r_n seine Entfernung von M.

e_n sein Abstand von A.

I die Neigung von r_n gegen AE und damit die Inklination.

Die magnetische Kraft in E ist $K_E = M/r^2{}_n$. Ein frei beweglicher Magnet des Meßinstruments würde sich unter ihr um I neigen. Es ist aber üblich, die horizontale von der vertikalen Komponente getrennt zu messen. Dann ist $Z = K \sin I$ und $H = K \cos I$. Nach obiger Abbildung ist $\sin I = r_o / r_n$ und $\cos I = e_0 / r_n$. Sei nun $r_n = r_0/\lambda_n$, wo λ eine reine Verhältniszahl ist, so findet sich

$$Z_n = \frac{\lambda_n^3}{r_o^2} M \qquad\qquad H_n = \frac{\lambda_n^3}{r_o^2} M \sqrt{\frac{1}{\lambda_n^2} - 1}$$

was die Störungskomponenten an einem beliebigen Punkt e_n der Erdoberfläche liefert. Die Zahl $\sqrt{\dfrac{1}{\lambda_n^2} - 1}$ gibt zugleich das Verhältnis der Horizontal- zur Vertikalkomponente, das meist kleiner als 1 ist, d. h. die Vertikalintensität ist fast stets mehr gestört (s. oben). Nun ist M/r_0^2 die Vertikalkomponente in A, dem Aufpunkt des Pols, folglich

$$Z_n = \lambda_n^3 Z_o \qquad\qquad H_n = \lambda_n^2 \sqrt{1 - \lambda_n^2} \cdot Z_o.$$

Dies ist die Gleichung der „Charakteristik des Einzelpols" für Z bzw. für H. Es ist also gar nicht notwendig, H zu messen, wenn man Z kennt.

λ_n^3 und $\lambda_n^2 \sqrt{1 - \lambda_n^2}$ charakterisieren das Verteilungsgesetz der beiden Komponenten rein geometrisch und liefern den Typus des Einzelpols. Abb. 45 stellt diesen Typus dar. Z hat sein Maximum 1.0 über A, das Minimum beiderseits im Unendlichen. Bei $e = \pm 0.81\,r_o$ ist die Amplitude von Z schon auf die Hälfte gefallen: die große Wirksamkeit des Pols ist daher auf ein sehr schmales Bereich beschränkt. Hierin ruht der Hauptvorteil der Mutung mit der Vertikalintensität: das Vorkommen äußert sich stark nur gerade senkrecht über ihm auf kleinem Gebiet. Die Leitlinie der Horizontalintensität dagegen hat über A den Wert 0, das ist auf alle Fälle zur Beobachtung ungünstig. Die Extreme liegen bei $e = \pm 0.5\,r_o$,

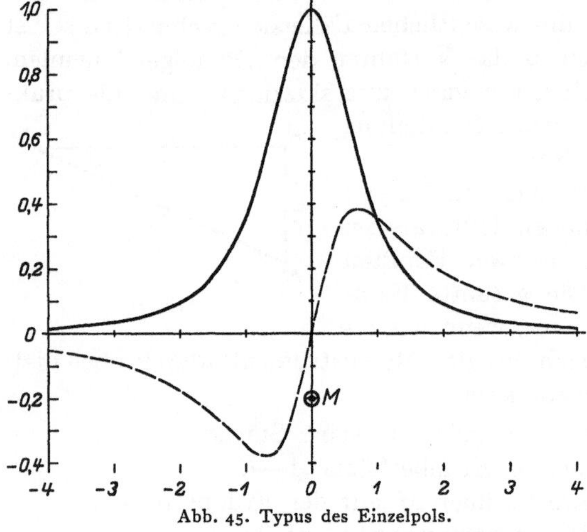

Abb. 45. Typus des Einzelpols.

also unter Umständen schon so weit ab vom Vorkommen, daß neue darunter liegen können, was den Verlauf von H und damit die Deutung schwierig macht; außerdem ist der Betrag von H meist kleiner als der von Z. Dies sind die Hauptnachteile der Mutung mit H.

Die Aufgabe der Mutung ist besorgt, wenn man die Tiefe des Vorkommens und den Ort angeben kann, unter dem es sich befindet. Aus Z allein bekommt man die Tiefe des Vorkommens, wenn man jenes λ^3 aufsucht, dessen zugehöriges e (Entfernung von A) $= r_o^- = 1$ ist, d. h. wenn $\lambda^3 = 1/2^{1/2}$, $\lambda = 0.3535$ ist.

Ist der Ort E gefunden, wo die Vertikalkraft nur noch 0.3535 ihres maximalen Werts beträgt, so hat dieser Ort von dem Ort des Maximalwerts einen Abstand, der gleich der Tiefe des Vorkommens ist. Es genügt, wie aus der Abbildung abzulesen ist, daß Z innerhalb eines Bereichs von $\pm 0.1\,r_o$ von keinem neuen Vorkommen gestört ist, um den Ort desselben zu erhalten.

Der hier behandelte Idealfall eines einzigen wirkenden Pols ist in der Natur nur bei besonderen Umständen praktisch erfüllt, z. B. bei der senkrecht stehenden, nach unten unendlich ausgedehnten schmalen Platte (unter HAALCK, Abb. 40). Im allgemeinen muß man bei endlichen Massen, wo also der zweite Pol anderen Vorzeichens zu beachten ist, zwei Pole ansetzen. Der zweite Pol hat — abgesehen von der Umkehrung wegen des anderen Vorzeichens — geometrisch dieselbe Charakteristik, nur ist r_o jetzt anders und damit auch die Zählung des Abstands von A.

Im allgemeinen wird es so sein, daß längs eines Messungsprofils sich verschiedene Pole verschiedenen Vorzeichens einander folgen, die bald höher, bald tiefer liegen. Die Gesamtcharakteristik läßt sich dann erhalten, wenn man die Charakteristiken der einzelnen Pole summiert, was hier rein additiv geschieht. Deshalb heißt das Verfahren das der *Polfolgen*. Die Mutung besteht dann im Vergleich der beobachteten Profile der Z-Komponente mit den verschiedenen Typen von Polfolgen.

Zur Berechnung aller dieser möglichen Polfolgen dient ein und dieselbe Charakteristik des Einzelpols, also für

$$Z: \quad \lambda_n^3 \qquad \text{für } H: \quad \lambda_n^2 \sqrt{1 - \lambda_n^2}.$$

Wir bringen hier eine Tabelle der beiden Charakteristiken als Funktion der Entfernung des Meßpunkts e_n von dem Ort A des Maximums von Z.

e_n	$C_Z = \lambda_n^3$ für Z	$C_H = \lambda_n^2 \sqrt{1 - \lambda_u^2}$
− 4.0	0.0143	− 0.0571
− 3.0	0.0316	− 0.0949
− 2.0	0.0894	− 0.1789
− 1.0	0.3535	− 0.3536
− 0.8	0.4761	− 0.3809
− 0.6	0.6305	− 0.3783
− 0.4	0.8004	− 0.3202
− 0.2	0.9428	− 0.1886
0.0	1.0000	0.0000
+ 0.2	0.9428	+ 0.1886
usw.	usw.	usw.
+ 3.0	0.0316	+ 0.0949
+ 4.0	0.0143	+ 0.0571
+ 5.0	0.0075	+ 0.0377
+ 6.0	0.0044	+ 0.0267
+ 7.0	0.0028	+ 0.0198
+ 8.0	0.0019	+ 0.0153
+ 9.0	0.0014	+ 0.0121
+ 10.0	0.0010	+ 0.0098

Beispiel: Es seien zwei gleichstarke Pole in verschiedener Tiefe im Abstand $2r_o = 2$ gegeben.

Wir unterscheiden die beiden Pole durch Indizes; der eine sei M', der andere M''. Es sei $r_o = 1$, $r_o'' = 2$, M'' liege also doppelt so tief; folglich muß e'', das in r_o'' gemessen wird, doppelt so große Stufen haben, um in derselben Charakteristik ausgedrückt zu werden. M' liege unter

7*

$e'_o = 0$, M'' unter $e'_o = +2$ (was identisch ist mit $e''_o = 0$). Ist M' vom selben Vorzeichen wie M'', so addieren sich die Charakteristiken, ist

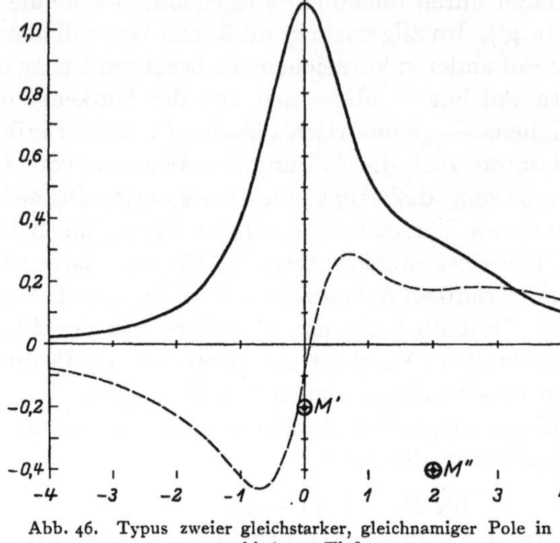

Abb. 46. Typus zweier gleichstarker, gleichnamiger Pole in verschiedener Tiefe.

$M' = -M''$, so subtrahieren sie sich. In letzterem Falle haben wir es mit einem um 30° geneigten Magneten zu tun. Wir stellen zusammen und rechnen wie folgt s. S. 101:

Das Beispiel ist schon ein komplizierter Fall. Die C'_Z und C'_H wird man, abgesehen davon, daß engere Stufen gewählt sind, ohne weiteres in der obigen Tabelle wiederfinden. Für die C'' ist zu bedenken, daß

wegen der doppelt so großen Entfernung des Pols M'' von der Erdoberfläche die Originalzahlen für C durch 4 zu dividieren sind, d. h. mit dem

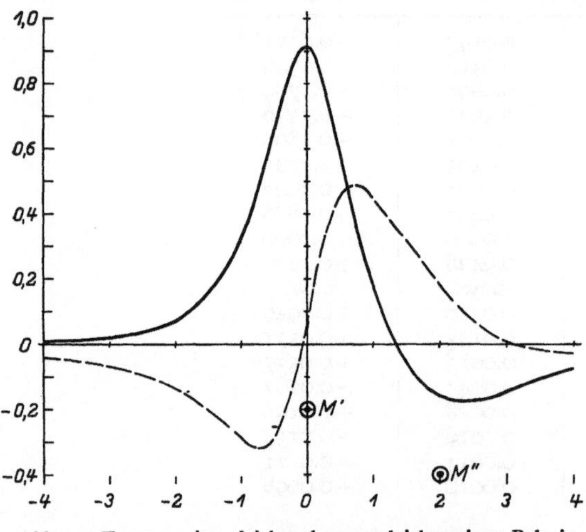

Abb. 47. Typus zweier gleichstarker, ungleichnamiger Pole in verschiedener Tiefe.

Quadrat des Verhältnisses r'_o/r''_o zu multiplizieren sind[1]. Die Abbild. 46 und 47 geben den Verlauf der beiden Typen, Abb. 46 für gleichnamige, Abb. 47 für ungleichnamige Pole.

Ist der Abstand der beiden Vorkommen nicht zu klein, so gilt als Faustregel, daß man das höhere — hier das linke — Vorkommen aus dem linken Zweig allein ermuten kann, da die Charakteristik

hier von dem entfernteren Pol noch nicht merklich gestört ist.

---

[1] Der Techniker wird das natürlich dadurch besorgen, daß er die Charakteristik für M'' in anderem Maßstabe zeichnet.

e'	e''	C'_Z	C''_Z	$Z' + Z''$	$Z' - Z''$	C_H	C''_H	$H' + H''$	$H' - H''$
$-$ 4.0	$-$ 3.0	0.0143	0.0079	0.0222	0.0064	$-$ 0.0571	$-$ 0.0237	$-$ 0.0808	$-$ 0.0334
$-$ 3.0	$-$ 2.5	0.0316	0.0128	0.0444	0.0188	$-$ 0.0949	$-$ 0.0320	$-$ 0.1269	$-$ 0.0629
$-$ 2.0	$-$ 2.0	0.0894	0.0224	0.1118	0.0670	$-$ 0.1789	$-$ 0.0447	$-$ 0.2236	$-$ 0.1342
$-$ 1.0	$-$ 1.5	0.3535	0.0426	0.3961	0.3109	$-$ 0.3536	$-$ 0.0640	$-$ 0.4176	$-$ 0.2896
$-$ 0.8	$-$ 1.4	0.4761	0.0491	0.5252	0.4270	$-$ 0.3809	$-$ 0.0687	$-$ 0.4496	$-$ 0.3122
$-$ 0.6	$-$ 1.3	0.6305	0.0567	0.6872	0.5738	$-$ 0.3783	$-$ 0.0737	$-$ 0.4520	$-$ 0.3046
$-$ 0.4	$-$ 1.2	0.8004	0.0657	0.8661	0.7347	$-$ 0.3202	$-$ 0.0787	$-$ 0.3989	$-$ 0.2415
$-$ 0.2	$-$ 1.1	0.9428	0.0761	1.0189	0.8667	$-$ 0.1886	$-$ 0.0837	$-$ 0.2723	$-$ 0.1049
0.0	$-$ 1.0	1.0000	0.0884	1.0884	0.9116	0.0000	$-$ 0.0884	$-$ 0.0884	0.0884
0.2	$-$ 0.9	0.9428	0.1027	1.0455	0.8401	0.1886	$-$ 0.0924	0.0962	0.2810
0.4	$-$ 0.8	0.8004	0.1190	0.9194	0.6814	0.3202	$-$ 0.0952	0.2250	0.4154
0.6	$-$ 0.7	0.6305	0.1374	0.7679	0.4931	0.3783	$-$ 0.0962	0.2821	0.4745
0.8	$-$ 0.6	0.4761	0.1576	0.6337	0.3185	0.3809	$-$ 0.0946	0.2863	0.4755
1.0	$-$ 0.5	0.3535	0.1789	0.5324	0.1746	0.3536	$-$ 0.0894	0.2642	0.4430
1.2	$-$ 0.4	0.2629	0 2001	0.4630	0.0628	0.3148	$-$ 0.0800	0.2348	0.3948
1.4	$-$ 0.3	0.1964	0.2197	0.4161	$-$ 0.0233	0.2749	$-$ 0.0659	0.2090	0.3408
1.6	$-$ 0.2	0.1489	0.2357	0.3846	$-$ 0.0868	0.2382	$-$ 0.0472	0.1910	0.2854
1.8	$-$ 0.1	0.1145	0.2463	0.3608	$-$ 0.1318	0.2062	$-$ 0.0246	0.1816	0.2308
2.0	0.0	0.0894	0.2500	0.3394	$-$ 0.1606	0.1789	0.0000	0.1789	0.1789
2.2	0.1	0.0709	0.2463	0.3172	$-$ 0.1754	0.1559	0.0246	0.1805	0.1313
2.4	0.2	0.0569	0.2357	0.2926	$-$ 0.1788	0.1366	0.0472	0.1838	0.0894
2.6	0.3	0.0463	0.2197	0.2660	$-$ 0.1734	0.1203	0.0659	0.1862	0.0544
2.8	0.4	0.0380	0.2001	0.2381	$-$ 0.1621	0.1065	0.0800	0.1865	0.0265
3.0	0.5	0.0316	0.1789	0.2105	$-$ 0.1473	0.0949	0.0894	0.1843	0.0055
4.0	1.0	0.0143	0.0884	0.1027	$-$ 0.0741	0.0571	0.0884	0.1455	$-$ 0.0313
5.0	1.5	0.0075	0.0427	0.0502	$-$ 0.0352	0.0377	0.0640	0.1017	$-$ 0.0263
6.0	2.0	0.0044	0.0224	0.0268	$-$ 0.0180	0.0267	0.0447	0.0714	$-$ 0.0180
7.0	2.5	0.0028	0.0128	0.0156	$-$ 0.0100	0.0198	0.0320	0.0518	$-$ 0.0122
8.0	3.0	0.0019	0.0079	0.0098	$-$ 0.0060	0.0153	0.0237	0.0390	$-$ 0.0084
9.0	3.5	0.0014	0.0052	0.0066	$-$ 0.0038	0.0121	0.0181	0.0302	$-$ 0.0060
10.0	4.0	0.0010	0.0036	0.0046	$-$ 0.0026	0.0098	0.0143	0.0241	$-$ 0.0045

Man kann mit diesem Schema der Polfolgen alle in der Natur vorkommenden Fälle gut annähern. Läßt man z. B. eine ganze Schar von Polen mit gleichem Vorzeichen und gleicher Tiefe aneinanderrücken, so erhält man den Typus einer magnetischen Platte, darunter den einer Verwerfung. Auch alle Beispiele von HAALCK können wir auf diesem Wege annähern. Mehr wie eine Annäherung an physikalisch definierte Körper wird nie vorliegen, aber auch die Annahme einer bestimmten Gestalt der störenden Massen bleibt ja eine Annäherung an die geologische Wirklichkeit. Ein Urteil über die Güte der Annäherung bei den HAALCKschen Typen erhellt, wenn man auf sie die Regel über die Tiefe des Vorkommens nach unserem Typ anwendet (siehe S. 96).

Das Verfahren hat sich in der geologischen Praxis mehrfach bewährt.

Mit diesen typischen Beispielen kann es dem Geophysiker wohl gelingen, dem Geologen Auskunft über das Vorkommen zu geben, wenn dieser seinerseits ihm mitteilt, was man aus geologischen Gründen von vornherein weiß. Es geben sich da immer bestimmte Grenzen, sei es für die Tiefe, sei es für die Gestalt des Vorkommens, deren Kenntnis die unendliche Mannigfaltigkeit einengt. Gibt es in der Nachbarschaft schon angefahrene Vorkommen derselben Art, so werden Erzproben gestatten, die Suszeptibilität zu messen, womit schon sehr viel gewonnen ist. Im übrigen gilt, was schon anfangs gesagt wurde, daß die magnetische Mutung eine Technik ist, ein Ineinanderspiel von Theorie und Erfahrung.

Magnetische Störungen und Schwerestörungen.

In Band I unseres Werkes S. 132 u. ff. haben wir von dem Vorhandensein von Störungen der Schwerebeschleunigung auf der Erde gehört. Es ist geophysikalisch durchaus geboten, die Beziehungen zwischen diesen und den erdmagnetischen aufzusuchen, da ihre Vereinigung unser Urteil über den Bau der Erdkruste wesentlich vertiefen muß. Daß eine Beziehung vorhanden sein wird, geht schon aus dem Umstand hervor, daß die stark magnetisierten Gesteine zugleich auch die spezifisch dichtesten sind. In gewisser Hinsicht ist die Verbindung sogar eine zwangsläufige.

Die Wirkung einer schweren Masse nach außen ist durch ihr Schwerepotential W gegeben. Für den Fall einer homogenen Dichte σ läßt sich dies einfach berechnen. Von einem Magneten wissen wir, daß wir in ihm zwei Fluida annehmen können, ein nordmagnetisches von der magnetischen Dichte ϱ_n und ein südmagnetisches von der Dichte ϱ_s, die absolut genommen beide an Menge einander gleich, an Vorzeichen entgegengesetzt und gegeneinander überall um den Betrag δx verschoben sind. Sowohl der ϱ_n-Körper als der ϱ_s-Körper kann analytisch jeder als ein schwerer Körper von der homogenen Dichte σ aufgefaßt werden, die voneinander den Abstand δx aufweisen. Ist aber W das Potential eines solchen schweren Körpers, so verändert es sich bei einer Verschiebung von δx um $-\dfrac{\partial W}{\partial x}\,\delta x$.

Dieser Ausdruck ist offenbar das Potential V des Magnetkörpers

$$V = -\frac{\partial W}{\partial x}\,\delta x = I\frac{\partial W}{\partial x},$$

wenn I die Intensität der Magnetisierung ist. Die magnetische Kraft — in unserem Falle die störende Komponente längs der X-Achse — ist

$$-\frac{\partial V}{\partial x} = -\frac{\partial W}{\partial x}\,\delta x = I\frac{\partial^2 W}{\partial x^2}.$$

Die magnetische Störungskraft ist demnach proportional den Änderungen der Schwereanziehung, also dem Gradienten der Schwerekomponenten parallel der gleichen Richtung.

Diese rein analytisch gegebene Verbindung besteht zwangläufig, sobald eine Masse, die sich von ihrer Umgebung der Dichte nach unterscheidet, magnetisch ebenfalls stört. Allerdings ist dabei die Voraussetzung, daß es jedesmal ein und derselbe Körper sei, welcher beide Arten von Wirksamkeit äußert; sobald der schwere Körper bei gleicher Dichte aufhört magnetisiert zu sein, ist der Zusammenhang vorbei. Eine Grundlage der Rechnung ist, daß der Körper homogen magnetisiert sei; wir haben jedoch oben gesehen, daß inhomogene Magnetisierungen, geologisch betrachtet, häufiger sind. So steht denn zu erwarten, daß die tatsächlichen Beziehungen nicht immer so einfach sind.

Die Schwereanomalien werden vornehmlich mit der Drehwaage gemessen. ROLAND V. EÖTVÖS, der auf den Zusammenhang beider Anomalien neuerdings zuerst wieder hinwies[1], gab nachstehende Formeln für die analytische Beziehung zwischen den von der Drehwaage beobachteten Größen, den Gradienten des Schwerfeldes und den Krümmungsradien einerseits und den magnetischen Kräften andererseits (siehe dieses Werk 1, S. 53 u. ff.):

$$\beta X - \alpha Y = \frac{\alpha\beta}{g\sigma}\left(\frac{\partial^2 W}{\partial x^2} - \frac{\partial^2 W}{\partial y^2}\right) + \frac{\beta^2 - \alpha^2}{g\sigma}\frac{\partial W}{\partial x\partial y} + \frac{\beta\gamma}{g\sigma}\frac{\partial^2 W}{\partial x\partial z} - \frac{\alpha\gamma}{g\sigma}\frac{\partial^2 W}{\partial y\partial z}$$

$$2\gamma X + \alpha Z = \frac{\alpha\gamma}{g\sigma}\left(\frac{\partial^2 W}{\partial x^2} - \frac{\partial^2 W}{\partial y^2}\right) + \frac{2\beta\gamma}{g\alpha}\frac{\partial^2 W}{\partial x\partial y} + \frac{2\gamma^2 + \alpha^2}{g\sigma}\frac{\partial^2 W}{\partial x\partial z} + \frac{\alpha\beta}{g\sigma}\frac{\partial^2 W}{\partial y\partial z}$$

$$2\gamma Y + \beta Z = \frac{\beta\gamma}{g\sigma}\left(\frac{\partial^2 W}{\partial x^2} - \frac{\partial^2 W}{\partial y^2}\right) + \frac{2\gamma\alpha}{g\sigma}\frac{\partial^2 W}{\partial x\partial y} + \frac{\alpha\beta}{g\sigma}\frac{\partial^2 W}{\partial x\partial z} + \frac{2\gamma^2 + \beta^2}{g\sigma}\frac{\partial^2 W}{\partial y\partial z}*$$

XYZ sind die Komponenten der magnetischen Kraft, $\alpha\beta\gamma$ die Komponenten der Magnetisierung parallel diesen Achsen, g ist die Gravitationskonstante. H. HAALCK hat jüngst diesen Formeln eine neue Gestalt

---

[1] EÖTVÖS, R. v.: 15. Allg. Konf. d. Intern. Erdmessung. S. 392—394. Budapest 1906.

* Herr HAALCK macht mich freundlicherweise darauf aufmerksam, daß die dritte Gleichung eine Folge der beiden ersten ist, was bisher stets übersehen wurde. Siehe GERLANDS Beitr. **22**, 244 (1929).

gegeben, die unmittelbar die Störungen der Elemente H, D, Z aus den gravimetrischen $\dfrac{\partial^2 W}{\partial x^2}$ $\dfrac{\partial W}{\partial x \partial y}$ usw. ergeben. Er dreht dazu die X-Achse in die magnetische Nordrichtung, so daß $\alpha = (\varkappa - \varkappa_0) H$, $\beta = 0$ und $\gamma = (\varkappa - \varkappa_0) Z$ wird, wobei $\varkappa$ die Suszeptibilität der störenden Masse und $\varkappa_0$ jene des umgebenden Erdreichs ist. Es wird dann[1]:

$$\Delta D = \frac{\varkappa - \varkappa_0}{g(\sigma - \sigma_0)}\left[\frac{\cdot \partial W}{\partial x + \partial y} + \frac{Z}{H}\frac{\partial W}{\partial y \partial z}\right]$$

$$2\Delta H + \frac{H}{Z}\Delta Z = \frac{\varkappa - \varkappa^0}{g(\sigma - \sigma_0)}\left[\frac{H^2 + 2Z^2}{Z}\frac{\partial W}{\partial x \partial z} - H\left(\frac{\partial^2 W}{\partial x^2} - \frac{\partial^2 W}{\partial y^2}\right)\right].$$

Unter Berücksichtigang des magnetischen Azimuts ε, kann er ΔH noch von ΔZ trennen :

$$\Delta H = \frac{\varkappa - \varkappa_0}{g(\sigma - \sigma_0)}\left[H\cos\varepsilon\frac{\partial^2 W}{\partial x^2} + Z\frac{\partial^2 W}{\partial x \partial z}\right]\cos\varepsilon$$

$$\Delta Z = \frac{\varkappa - \varkappa_0}{g(\sigma - \sigma_0)}\left[H\cos\varepsilon\frac{\partial^2 W}{\partial x \partial z} - Z\frac{\partial^2 W}{\partial x^2}\right].$$

Gelegentlich der Bearbeitung der Karte der Verteilung der magnetischen Störungen in Europa wurde ein Vergleich zwischen den Anomalien in Z und dem Gradienten der Schwerebeschleunigung nach der hier beigegebenen Karte (Abb. 48) der Schwerestörungen in Europa von F. KOSSMAT und H. LISSNER[2] durchgeführt, und zwar längs des Meridians von 9° östl. Länge v. Gr. und längs des Breitenkreises von 45° 30′ N. Wir bringen den ersten Zug in Abb. 49. In der Meridianlinie überwiegt die Gleichsinnigkeit im Gang; es ist also eine Neigung da, die theoretisch verlangte Beziehung zu erfüllen, besonders gut innerhalb der Alpen, noch befriedigend im deutschen Mittelgebirge und in der Ebene des Po, allenfalls noch in Schleswig-Holstein. Dagegen ist der Übergang vom Jura in die Alpen geradezu umgekehrt. Es kann dies daher rühren, daß die magnetisierten Massen in einen großen schweren Körper nesterartig eingeschlossen sind, ohne dessen Dichte zu ändern; dann stimmen gravimetrisch störender und magnetisch störender Körper nicht überein. Außerdem haben die Schwerewerte, so wie sie in der Karte verarbeitet sind, eine Reihe von Reduktionen erfahren, die das Bild der magnetischen Wirksamkeit erheblich beeinträchtigen. Im ganzen hat der Vergleich zwischen beiden Arten von Anomalien in Mitteleuropa zu der Erkenntnis geführt, daß das Hauptstörungsgebiet der Schwere mit einem magnetischen zusammenfällt (der Anteil der tertiären Gebirge), daß aber viele magnetische Störungsgebiete auch ohne Schwerestörungen auftreten (Ostpreußen). Bei kleinen Anomalien mag im einzelnen der Zusammenhang klarer sein.

[1] HAALCK, H.: Z. f. Geophysik 4, 267 (1928).
[2] KOSSMAT, F.: Abhd. sächs. Akad. Wiss., Physik.-math. Kl. II. Leipzig 1921.

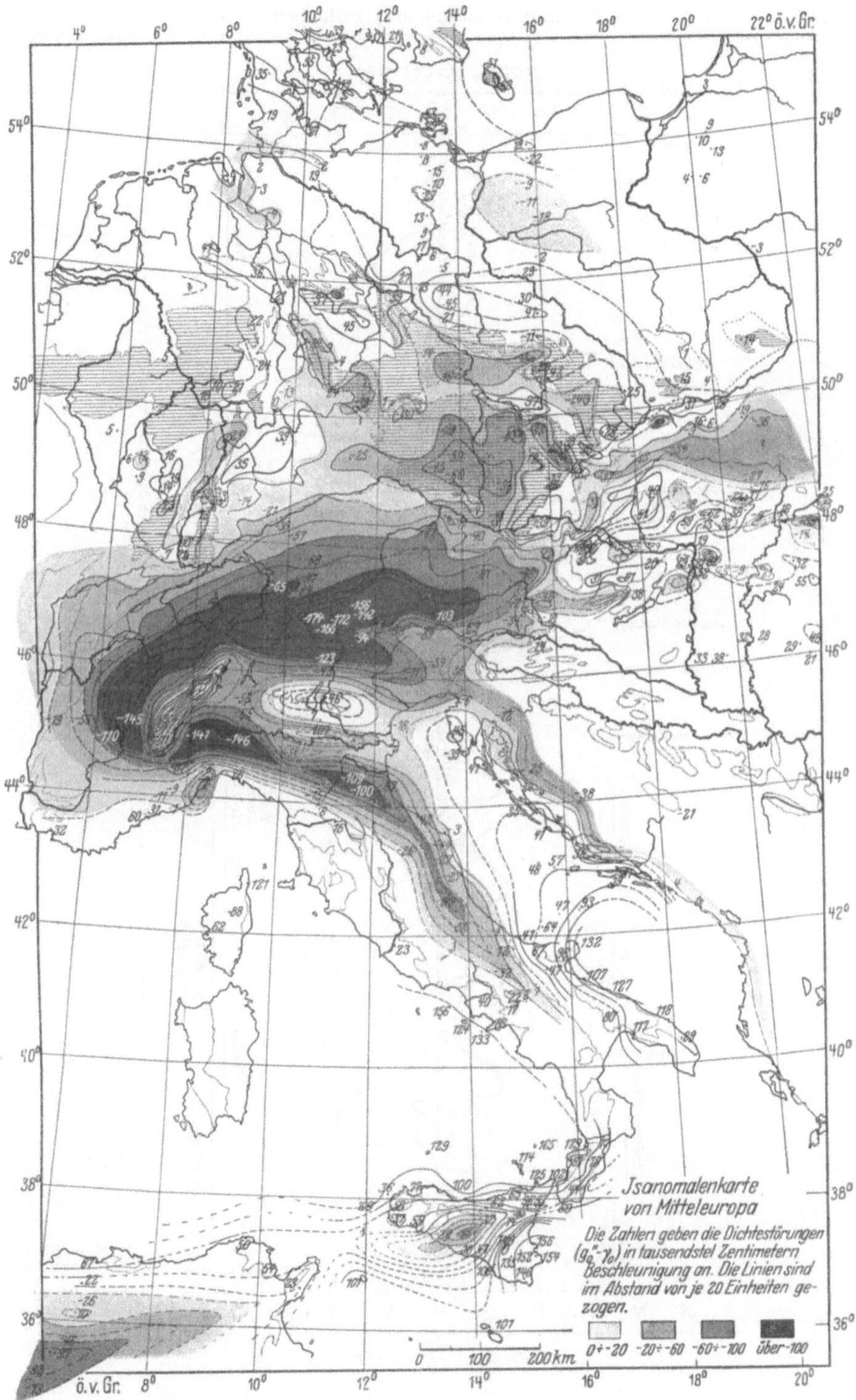

Abb. 48. Schwereanomalien in Mitteleuropa nach F. KOSSMAT.

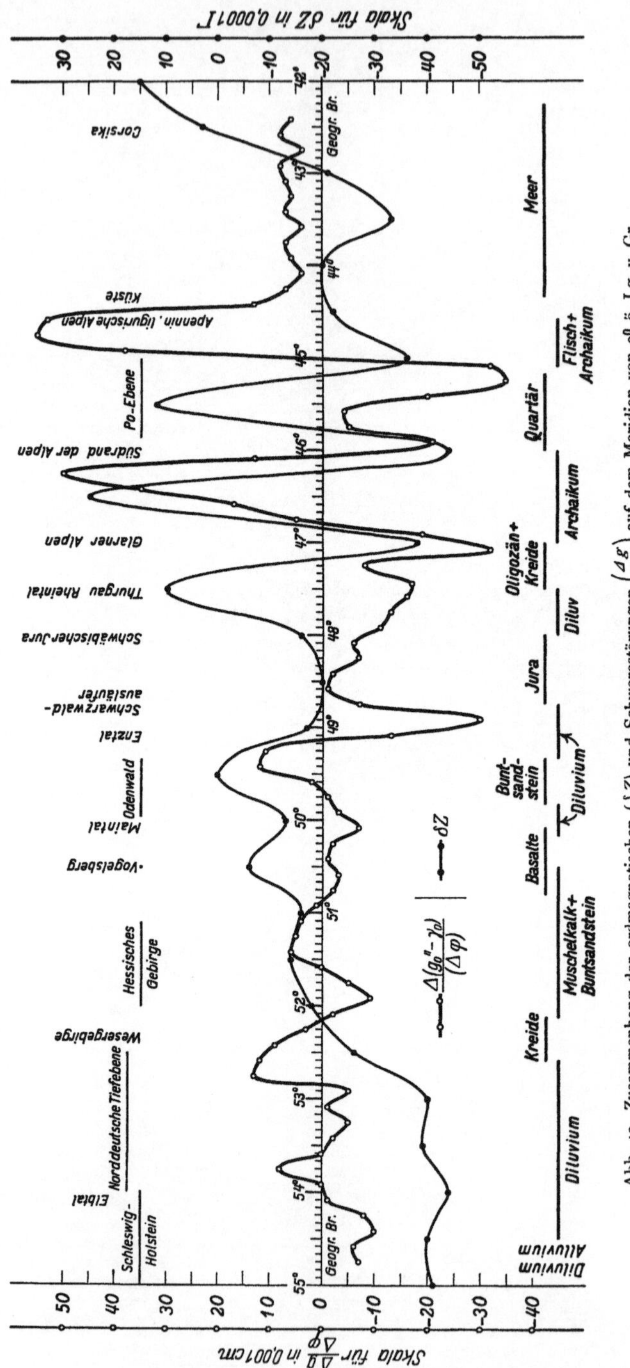

Abb. 49. Zusammenhang der erdmagnetischen ($\int Z$) und Schwerestörungen $\left(\dfrac{\Delta g}{\Delta \varphi}\right)$ auf dem Meridian von 9^0 ö. Lg. v. Gr.

Jedenfalls verspricht die gemeinsame Untersuchung beider Störungsarten erhöhten Erfolg.

Betrachtet man die ganze Erde, so ist das Ergebnis günstiger. Nach der HELMERTschen Formel ist die Abhängigkeit der Schwerebeschleunigung von der geozentrischen Breite

$$g = 9.7800 + 0.05263 \cos^2 v - 0.000694 \cos^4 v.$$

in Metern. Die Abnahme von g vom Pol zum Äquator beträgt daher 0,0519. Dieser entspricht eine Zunahme von c_p (siehe oben S. 60) von 0,0518. Die numerische Übereinstimmung ist als Zufall anzusehen[1], auch das Ergebnis noch nicht als ganz gesichert.

Der Magnetismus der Sonne.

Der Gedanke, daß auch die Sonne ein magnetisches Feld besitze, ist schon früh geäußert worden, allein in so vager und wenig begründeter Form, daß er keinen Eingang in die Forschung fand. In moderner Denkweise, d. h. in Anlehnung an die Theorie des Atoms, führte ihn zuerst F. H. BIGELOW[2] wieder ein. Allein seine Arbeiten fanden ebenfalls nicht viel Beifall, da unter das Richtige viel Zweifelhaftes gemischt war. Von diesem Zustand der unsicheren Hypothese ist der Gedanke kurz danach in wenigen Jahren zu allgemeiner Anerkennung durchgedrungen. Dies verdankt er dem experimentellen Nachweis vom Vorhandensein magnetischer Felder auf der Sonne durch G. HALE[3]. Zuerst entdeckte er, daß die Wirbel in der Photosphäre magnetische Felder von der Größenordnung von 10^2—10^3 Γ tragen. Schwieriger war der Nachweis, daß auch die Sonne als Ganzes ein Feld besitzt; seine Intensität ist an den Polen zwischen 10 und 40 Γ.

Der Nachweis gelang durch die Beobachtung des ZEEMAN-Effekts auf das Sonnenlicht, d. h. durch Aufspaltung der Spektrallinien eben durch das magnetische Feld, einerseits der Wirbel, andererseits des Lichts von allen Teilen der Oberfläche. Ersteres war leichter, und das Ergebnis ist sicherer, weil das zu untersuchende Licht senkrecht oder fast senkrecht gegen den Wirbel austrat, während die schiefe Sicht bei den randnahen Gegenden der Sonnenscheibe die spektrale Aufspaltung schlechter erkennen ließ und von dem an sich schon kleinen Gesamtfeld der Sonne nur die Komponente in Richtung des Strahls wirken konnte.

Durch ungeheure Häufung der Beobachtungen und Vergrößerung des Meßgeräts gelang es aber, das Gesamtfeld der Sonne dennoch sicherzu-

---

[1] Vgl. NIPPOLDT, A.: Terr. Magn. **26**, 102—105 (1921).

[2] Z. B. BIGELOW, F. H.: Monthly Weather Review. Washington 1905.

[3] HALE, G.: Zuerst Nature (Lond.) **78**, 369, 1908; Astrophysik. J. **47**, 206 (1918) **49**, 153 (1919); **62**, 270 (1925). Contr. Mt. Wilson-Obs. Nr. 165, Nr. 300; Proc. nat. Acad. Sci. USA. **10**, 53 (1924) u. a. m.

stellen[1]. Es zeigte sich danach, daß es gegen die Drehungsachse eine Neigung von $6° \pm 0.4°$, und zwar, wie bei der Erde, den magnetischen Nordpol beim heliographischen Südpol besitzt. Es rotiert in 31.44 Tagen einmal herum. Das magnetische Moment der Sonne ist $17.10^{32}\,\Gamma\,cm^3$, ihre spezifische Magnetisierung danach etwa $7\,\Gamma$, also etwa 100mal größer als jene der Erde. Dies allgemeine Feld muß nach der BIRKELAND-STÖRMERschen Theorie, die wir noch kennen lernen werden, die Strahlen der Sonnenkorona ordnen. Umgekehrt kann man es aus der Gestalt der Koronastrahlen des Sonnenfeldes ebenfalls berechnen und es sei bemerkt, daß dann ein wesentlich kleineres Feld herauskommt als aus der Aufspaltung im ZEEMAN-Effekt[2].

Die Tatsache eines allgemeinen solaren magnetischen Feldes ist für den Erdmagnetismus darum von besonderem Wert, weil sie dartut, daß selbst ein Körper, dessen Temperatur weit über dem CURIEschen kritischen Punkt steht, bei dem die Magnetisierung jeden Körpers erlischt, dennoch magnetisch ist. Wir sehen die Ursache des Sonnenfeldes in der Bewegung — hier der Rotation — elektrisch dissoziierter Gase; ebenso wie bei den Sonnenwirbeln ihr stärkeres Feld durch der Wirbelbewegung zustande kommt. Es liegt dann nahe, auch von dem Erdinnern zu erwarten, daß es auf gleiche Art magnetisiert sei, und daß dies das quasi-homogene Feld so weit darstelle, als es nicht der Kruste angehört. Allein dem steht doch auch wieder das Bedenken entgegen, daß für das Entstehen der Dissoziierung auf der Sonnenoberfläche der Umstand entscheidend sein wird, daß die glühende Oberfläche ohne Kruste dem kalten Weltraum dargeboten wird. Jedenfalls hat unser Erdinneres bestimmt kein Analogon zu den Sonnenwirbeln, obwohl auch bei ihm solche aus allgemein hydrodynamischen Gründen auftreten müßten[3] und ihr Feld uns nicht verborgen bleiben könnte.

Die Berechnung der Größenordnung der Sonnenfelder beruht übrigens auf der Annahme, daß auf ihr der Betrag der Aufspalten der benutzten Linien derselbe sei, wie er an den gleichen Linien auf der Erde im Laboratorium beobachtet wird, was natürlich noch offen ist. Es ist auch zu erwarten, daß das Gesamtfeld kein konstantes sein wird, denn sonst könnte die Korona nicht das variable Aussehen besitzen, das wir beobachten. Neuerlich will man aus der Verschiedenheit des ZEEMANeffektes in verschiedenen Schichten der Photosphäre eine rasche Abnahme des magnetischen Feldes mit der Höhe gefunden haben. Dazu erscheint die Beobachtungsschärfe des Effekts doch noch nicht groß genug zu sein.

---

[1] Zusammenfaßender Bericht v. SEARES, F. H.: Mt.-Wilson Obs. 44, 310 u. ff. 1920.

[2] Laut mündlicher Mitteilung von Prof. v. D. PAHLEN vom Astroph. Obs. Potsdam.

[3] Siehe RAUSENBERGER, O.: Hydrodyn. Unters. d. Atmosph. Programmabh. Frankfurt/Main 1895.

Das unmittelbar Wichtigste für den Erdmagnetismus ist die Tatsache, daß die von der Sonne ausgehende elektrische Korpuskularstrahlung infolge der beiden Arten von magnetischen Sonnenfeldern bestimmte Anfangsrichtungen bekommt, die für ihren Weg zu uns maßgebend sind. Insbesondere strahlen die großen Wirbel im Mittel allgemein senkrecht gegen das Rotationsfeld des Wirbels aus, also parallel der magnetischen Achse desselben, unterliegen dann erst dem allgemeinen Feld der Sonne und später dem der Erde.

Die zeitlichen Variationen.

Allgemeines.

Abgesehen von jenem Anteil der Säkularvariation, den wir als eine wirkliche Änderung der Erdmagnetisierung erkannt haben, sind alle übrigen zeitlichen Variationen keine Veränderungen im Erdmagnetismus, sondern von außen hinzutretende Einflüsse.

Wir unterscheiden zwei Gruppen von solchen Variationen: die *regelmäßigen* und die *gestörten*, kurz die „Störungen". Die Störungen heißen so, weil sie den dauernd vorhandenen regelmäßigen Gang unterbrechen oder überdecken. Schon in der statistischen Phase der Forschung nahm man an, daß die Störungen irgendwie auf andere Weise zustande kommen, als die regelmäßigen Veränderungen, vor allem nur durch Anlässe, die hier und da auftreten, im Gegensatz zu den Ursachen der regelmäßigen Variationen, die als immer vorhanden gedacht waren. Man suchte daher die regelmäßigen Verläufe dadurch zu erhalten, daß man über längere Zeiträume Mittel bildete und dabei entweder die Störungen von vornherein ausschied, oder annahm, sie glichen sich bei genügend langen Zeiträumen im Mittel aus. So erhielt man den regelmäßigen „täglichen Gang" aus Mitteln über die einzelnen Monate oder über Jahreszeiten, oder aber das Jahr. Dabei zeigte sich, daß der tägliche Gang sich von Monat zu Monat ändert — man nennt das den jährlichen Gang des täglichen Verlaufs — aber auch von Jahr zu Jahr. Die täglichen Gänge, z. B. aufeinanderfolgender Januare, sind durchaus nicht überein, weder in Größe der Schwankung, noch in der Lage der Haupt- und Nebenextreme. Bei näherem Zusehen fand sich, daß hier ein Zusammenhang mit der Sonnentätigkeit besteht. Er ist beim Erdmagnetismus von einer Ausgeprägtheit, wie sie kaum ein anderes geophysikalisches Element aufweist. Wohlbemerkt gilt dies schon für den regelmäßigen täglichen Gang. Noch schärfer zeigt sich diese Verbindung mit der Sonne, wenn die Störungen mit eingeschlossen werden: Die Sonnentätigkeit ist geradezu ein Maßstab für die Störungshäufigkeit und umgekehrt.

Natürlich sind auch in Analogie zu den Witterungselementen *jährliche* Gänge der erdmagnetischen Elemente abgeleitet worden. Sie treten an Amplitude aber stark zurück gegen die tägliche Variation und gehen

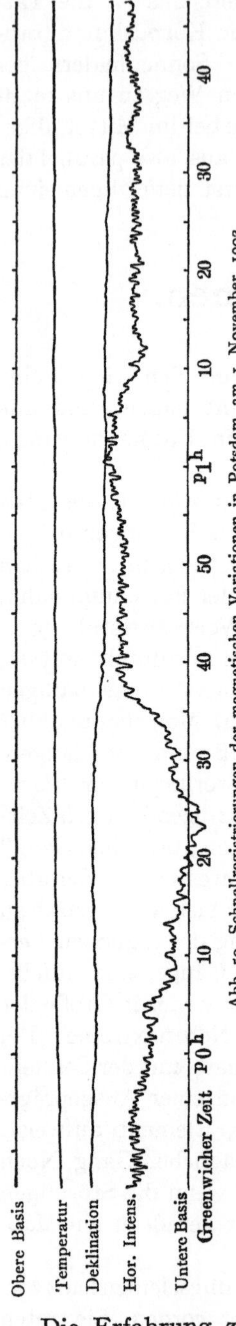

Abb. 50. Schnellregistrierungen der magnetischen Variationen in Potsdam am 1. November 1902.

sachlich in ihr auf. Im übrigen ist es sehr schwer, sie rein zu erhalten, einesteils weil nur sehr genaue Basiswerte der Variometer eine solche Ermittlung ermöglichen, andererseits weil der Einfluß der Störungshäufigkeit eine so ausgeprägte jährliche Variation hat, daß das reguläre Monatsmittel schwer von ihrem Einfluß zu befreien ist.

Eine weitere dauernd vorhandene regelmäßige Variation hängt mit dem Umlauf des Mondes um die Erde zusammen; er bedingt eine Variation während des Mondentags, die aber in ihrer Gestalt stark von der Mondphase abhängt, und eine mondmonatliche Variation, d. h. einen Verlauf mit dem Mondumlauf als Periode.

In den regelmäßigen Variationen beider Art, also der „solaren" und der „lunaren", stecken auch noch dauernd vorhandene Anteile der Sonnentätigkeit, und so finden wir in ihnen noch Sonnenperioden, so die elfjährige Fleckenperiode und die Rotationsdauer der Sonne gegen die Erde. In den Störungen sind diese Sonnenperioden vorherrschend.

Es gibt tatsächliche, also wirklich registrierte Tagesverläufe ohne jede erkennbare Störung; man nennt sie die „*ruhigen Tage*". Es ist international üblich geworden, aus jedem Monat fünf ruhige Tage auszusuchen und für sich zu mitteln. Größere Störungen treffen meist nur einige Tage im Monat, die Verläufe dazwischen sind mehr oder weniger „bewegt". Jedes Observatorium gibt jedem seiner Tage eine Note, eine der Zahlen 0, 1, 2; sie heißen „Charakterzahlen". Alle Observatorien melden ihre Zahlen an die Zentralstelle in *De Bilt* in Holland, wo sie in Tabellen zusammengestellt werden. Das Mittel jedes Tags für die ganze Erde liefert die sogenannten „Internationalen Charakterzahlen" und ist ein sehr gutes Maß für die innere Tätigkeit der erdmagnetischen Variationen für den betreffenden Monat, bzw. Jahresteil oder Jahr. Sie sind verwandt mit dem, was wir als „Aktivität" noch kennen lernen werden.

Die Erfahrung zeigt, daß die Schätzung der Charakterzahlen von allen Observatorien im wesentlichen gleich erfolgt, obwohl die Variationen in verschiedenen geographischen Breiten sehr verschiedenartig ablaufen. Daraus geht hervor, daß die magnetischen Variationen die Erde irgendwie als Ganzes betreffen; sie sind nicht, wie etwa die meteorologischen, in erster Linie örtliche Vorgänge. Dementsprechend verhalten sie sich auch nicht etwa klimatologisch. Das einzige, was sich und dann auch nur schwach verrät, ist der Umstand, ob der Ort kontinental oder mareal liegt, aber dies betrifft nur Feinheiten des Verlaufs.

Verfolgt man die Variationen ins einzelne, indem man bei großer Zeitskala des Registrierapparats die Empfindlichkeit des Variometers stark erhöht, so zerfällt auch der anscheinend glatte, vollkommen ungestörte Gang in viele kleine Schwankungen (Abb. 50). Daraus ist der Schluß zu ziehen, daß alle Variationen nicht in schleichendem Gang entstehen, wie etwa die Lufttemperatur, sondern aus diskontinuierlich eintreffenden Impulsen.

Über den Vorgang des Entstehens der zeitlichen Variationen sind wir heute im allgemeinen unterrichtet, so daß wir unserer Darstellung eine physikalische Erklärung zugrunde legen können. Welche ungemeine Mühe es aber machte, diese Grundlage zu finden, läßt sich hier kaum schildern.

Den ersten Keim zu der heute anerkannten physikalischen Theorie der erdmagnetischen Variationen lieferte 1882 BALFOUR STEWART, indem er als Ursache der Variationen elektrische Ströme annahm, die in höheren Atmosphärenschichten fließen; dies ist unmöglich, wenn nicht die Luft elektrisch leitfähig ist, eine damals höchst kühne Idee, denn die Luft galt vor der Entdeckung ELSTERS und GEITELS als Isolator. Den Gedanken nahm 1889 ARTHUR SCHUSTER wieder auf und vollendete seine Theorie 1908[1]. Völlig ausgebaut wurde sie dann von S. CHAPMAN in einer größeren Zahl von Abhandlungen[2]. Inzwischen waren KR. BIRKELANDs umfangreiche Studien über die physikalische Natur des Polarlichts erschienen, vor allem seine experimentellen Nachahmungen im Laboratorium[3] und deren mathematische Theorie von C. STÖRMER (ungefähr zur Zeit 100 Abhandlungen, meist in den Veröffentlichungen der Norwegischen Akademie), die CHAPMAN in seinen jüngeren Arbeiten zu Hilfe kamen.

Die so von den Magnetikern erschlossene elektrische leitfähige Schicht in der Atmosphäre ist inzwischen 1902 von den Radiotechnikern ihrerseits gefunden worden und wird seitdem als KENELLY-HEAVISIDE-Schicht bezeichnet. An ihrem Vorhandensein ist nicht mehr zu zweifeln.

---

[1] SCHUSTER, A.: Philos. Trans. Ser A. **180**, 467—518. London 1889; **208**, 163—204. London 1908.

[2] CHAPMAN, S.: Trans. Cambridge Phil. Soc. **22**, 341—359 (1919); **25**, 436—482 (1922.) — Philos. Trans. Ser. A. **213**, 279 (1914); **214**, 295 (1915); **218**, 1—118 (1919); 225 49—51, (1925) u. a. m.

[3] Besonders BIRKELAND, KR.: Norwegien Polar-Expedition 1902—03. I, Teil 1 u. 2. Kristiania 1908 u. 1913.

Der tägliche Gang.

Der tägliche, oder genauer, der sonnentägliche Gang der erdmagnetischen Elemente ist die wichtigste aller zeitlichen Variationen. Nach-

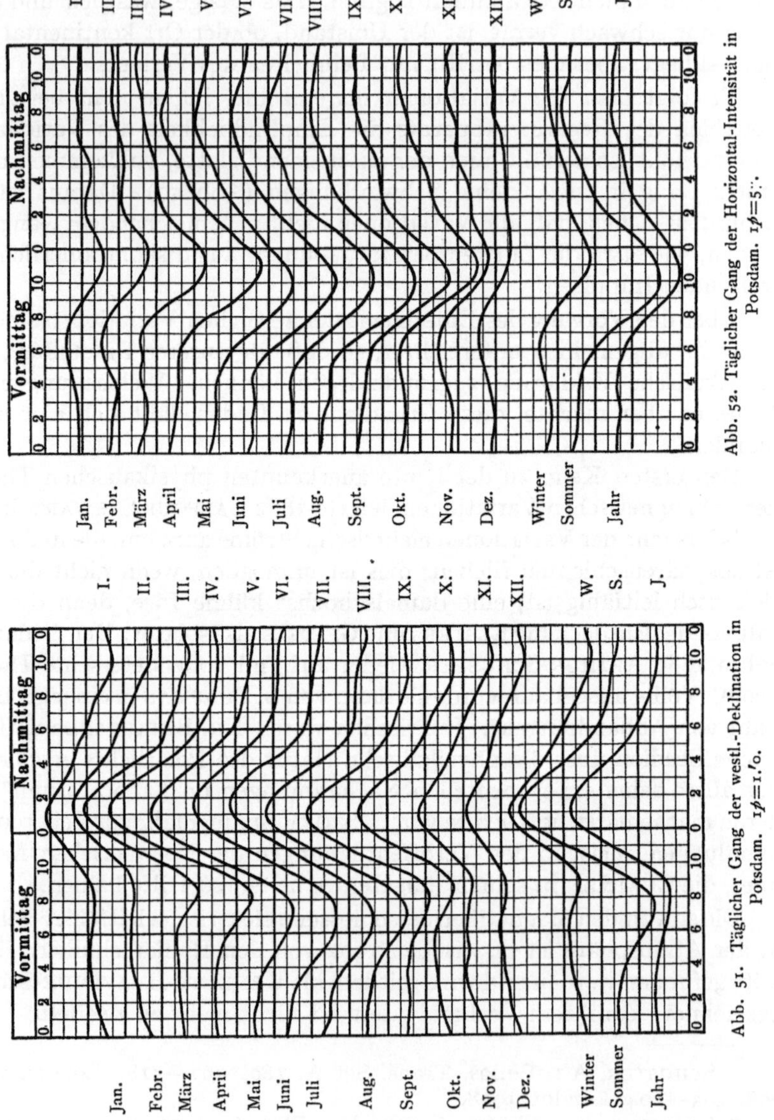

Abb. 52. Täglicher Gang der Horizontal-Intensität in Potsdam. $1\phi = 5\gamma$.

Abb. 51. Täglicher Gang der westl.-Deklination in Potsdam. $1\phi = 1.'0$.

stehende Abb. 51—54 geben ihn für die üblichen Elemente der westlichen Deklination, der Horizontalintensität, der Inklination und der Vertikalintensität als zehnjährigen Durchschnitt für Potsdam, und zwar für jeden Monat und für Winter, Sommer und das Jahr. Der bewegtere Teil fällt in die Tagesstunden und bekundet damit, daß der Stand der Sonne für ihn entscheidend ist. Die Änderung des Charakters von Monat zu

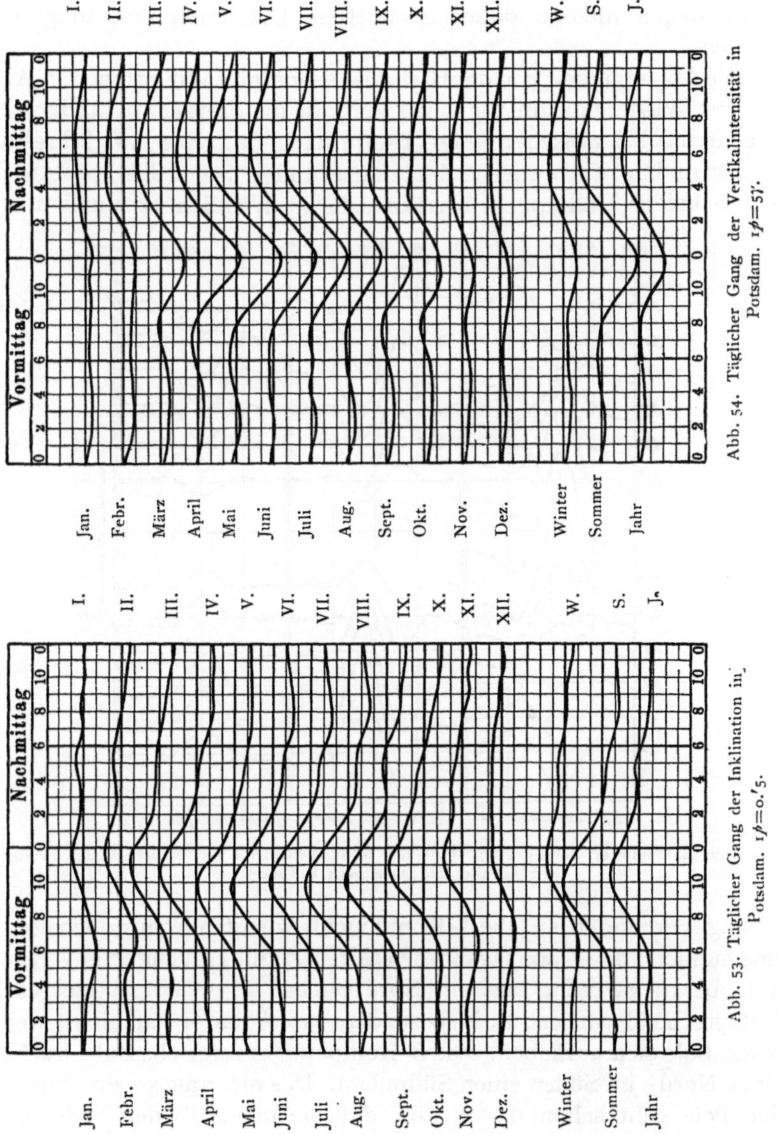

Abb. 54. Täglicher Gang der Vertikalintensität in Potsdam. $1\gamma=5\gamma$.

Abb. 53. Täglicher Gang der Inklination in Potsdam. $1\gamma=0.'5$.

Monat zeigt die jährliche Variation im täglichen Gang, auch wieder eine Folge des verschiedenen Sonnenstandes im Jahr. Die Amplitude des täglichen Gangs macht nur wenig aus, verglichen mit der Größe des Felds

Einführung in die Geophysik II. 8

selbst (für die ganze Erde etwa $1°/_{oo}$). Will man den Kurven für praktische Zwecke Werte entnehmen, so ist zu beachten, daß die Zeiten mittlere Ortszeiten sind. Die regelmäßigen Variationen treten nach wahrer Ortszeit ein, die meist als mitteleuropäische Zeiten notierten Beobachtungen müssen daher in mittlere Ortszeiten erst umgerechnet werden.

Die Abhängigkeit von der Breite ist sehr groß. Wir bringen in Abb. 55 zu ihrer Wiedergabe die täglichen Verläufe der drei rechtwinkligen Komponenten XYZ zwischen $\pm 60°$ Breite nach Chapman, im Jahresdurchschnitt und auf theoretische Zahlen begründet, woher die absolute Symmetrie beider Halbkugeln herrührt, die in Wirklichkeit nicht in voller

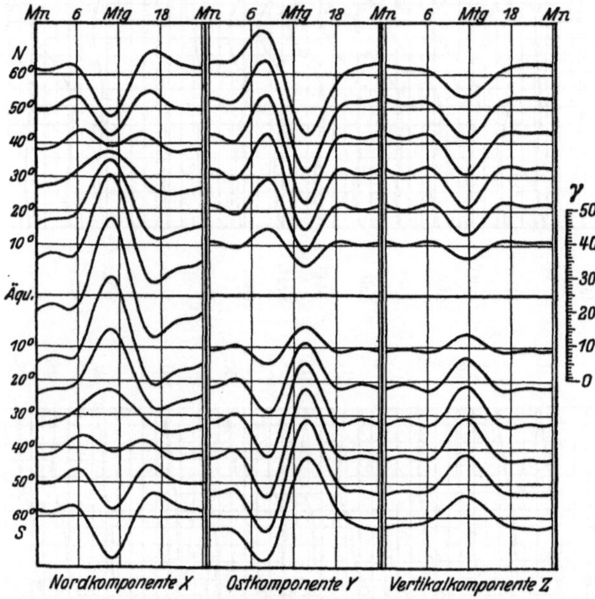

Abb. 55. Täglicher Gang der rechtwinkligen Komponenten für verschiedene geogr. Breiten im Jahresdurchschnitt nach S. Chapman.

Strenge vorhanden ist. Die X-Komponente wird danach nördlich von $+40°$ und südlich von $-40°$ tagsüber verkleinert, im Tropengürtel vergrößert, d. h. bei $+35°$ geht tags ein Nordpol, bei $-35°$ ein Südpol vorüber. Entsprechend variiert Y, insbesondere am Äquator gar nicht, weil hier beide Pole sich aufheben. Die Z-Komponente zeigt ebenfalls im Norden einen Nord-, im Süden einen Südpol an. Das hier angegebene Vorzeichen der Pole geht schon davon aus, daß sie oberhalb der Erdoberfläche liegen, eben innerhalb der Heaviside-Schicht.

Die Verteilung des Kraftfeldes, welches die tägliche Variation hervorruft, kann natürlich auf ganz die gleiche Weise einer Darstellung durch Kugelflächenfunktionen unterzogen werden, wie das beharrliche Feld.

Dies hat zuerst A. SCHUSTER[1] getan, sodann auf viel reicheres Material gestützt H. v. FRITSCHE und neuerdings ANNIE VAN VLEUTEN. Der Hauptunterschied gegen die gleiche Darstellung beim beharrlichen Feld ist der, daß alle zonalen Glieder wegfallen, weil die Variationen Abweichungen vom Tagesmittel und in der Summe über den Tag, also auch über alle Längengrade Null sind. Bei der Probe mittels der Vertikalintensität, ob das Feld ein äußeres oder ein inneres ist, ergab sich im Gegensatz zum beharrlichem Feld, daß primär ein äußeres Feld vorliegt, dem jedoch zu etwa ein Drittel bis zwei Fünftel ein inneres zugeordnet ist. Das äußere besteht natürlich nicht in magnetischen Massen, sondern ist das magnetische Feld elektrischer Ströme in der HEAVISIDE-Schicht, während die inneren Kräfte das Feld der Ströme in der Erdkruste sind, die von den äußeren induziert werden. Dieser innere Anteil ist es, welcher die Unsymmetrie des täglichen Feldes bezüglich des Äquators hervorruft.

Die Zahlwerte der g_n, h_n sind offenbar in starkem Maße Zufälligkeiten entweder der benutzten Beobachtungsreihen oder der benutzten Jahre, oder beides, wie der Vergleich zwischen FRITSCHE und VLEUTEN (dort S. 88/89) dartut. Um zu voll brauchbaren Werten zu kommen, muß man ein gleichmäßigeres Material untersuchen, als hier geschehen. Aus diesem Grunde unternahm es FR. BIDLINGMAIER, aus 22 guten Observatorien das tägliche Feld für das Jahr 1890 zu berechnen und danach Karten der ihm äquivalenten Stromsysteme zu zeichnen. Während die Karten, die wir hier für den nördlichen und südlichen Sommer getrennt bringen, bei seinem frühen Tode schon ausgedruckt vorlagen, mußte ihre theoretische Begründung erst nachträglich durch J. BARTELS neu gefunden werden[2]. Für die Rechnung werden zwei elektrisch leitfähige Kugelschalen angenommen, eine zur Erdoberfläche äußere — der Sitz der primären Ströme — und eine zu ihr innere — der Sitz der induzierten Ströme; die Karten (Abb. 56 u. 57) aber geben die Ströme unter der Annahme lediglich äußeren Sitzes.

Das System steht gegenüber der Sonne fest, während die Erde sich infolge ihrer Drehung von West nach Ost unter ihm weiter bewegt. Die Sonne ist über dem Meridian von 30° westlicher Länge von Greenwich stehend gedacht; links von diesem Meridian ist Vormittag, rechts Nachmittag. Die Linien geben die Stromrichtung; die Zahlen geben Tausende von Ampère auf den cm². Wir ersehen aus der Karte, daß das tägliche Feld durch das Vorbeiwandern der Erde unter Stromwirbeln zustande kommt. Der in jeder Jahreszeit stärkste Wirbel liegt auf der Vormittagsseite, der Sonnen-

---

[1] SCHUSTER, A.: Philos. Trans. Ser. A. **180**, 467—518. London 1889. — FRITSCHE, H. v.: Riga 1905 u. St. Petersburg 1902. —VLEUTEN, A. VAN: Mededee. en Verhandl. Nederl. Meteorol. Inst. Utrecht 1917. — Karten nach FRITSCHE von NIPPOLDT, A.: Z. Meteorol. **25**, 97 (1908).

[2] BIDLINGMAIER, FR. u. BARTELS, J.: Ergebn. d. Deutsch. Südpolarexp. VI. Erdmagnetismus II. 423—435. Berlin: Dietr. Reimer, 1927.

kulmination vorauseilend. Die sommerliche Halbkugel hat jedesmal den stärkeren Wirbel. Die Wirbel der Nacht sind geringer an Stärke. Aus alledem spricht, daß für das tägliche Feld der Sonnenstand (Tageszeit und Jahreszeit) von entscheidender Bedeutung ist. Die Verschiedenheit der Jahreszeiten gegeneinander weist darauf hin, daß Einflüsse wirksam sein

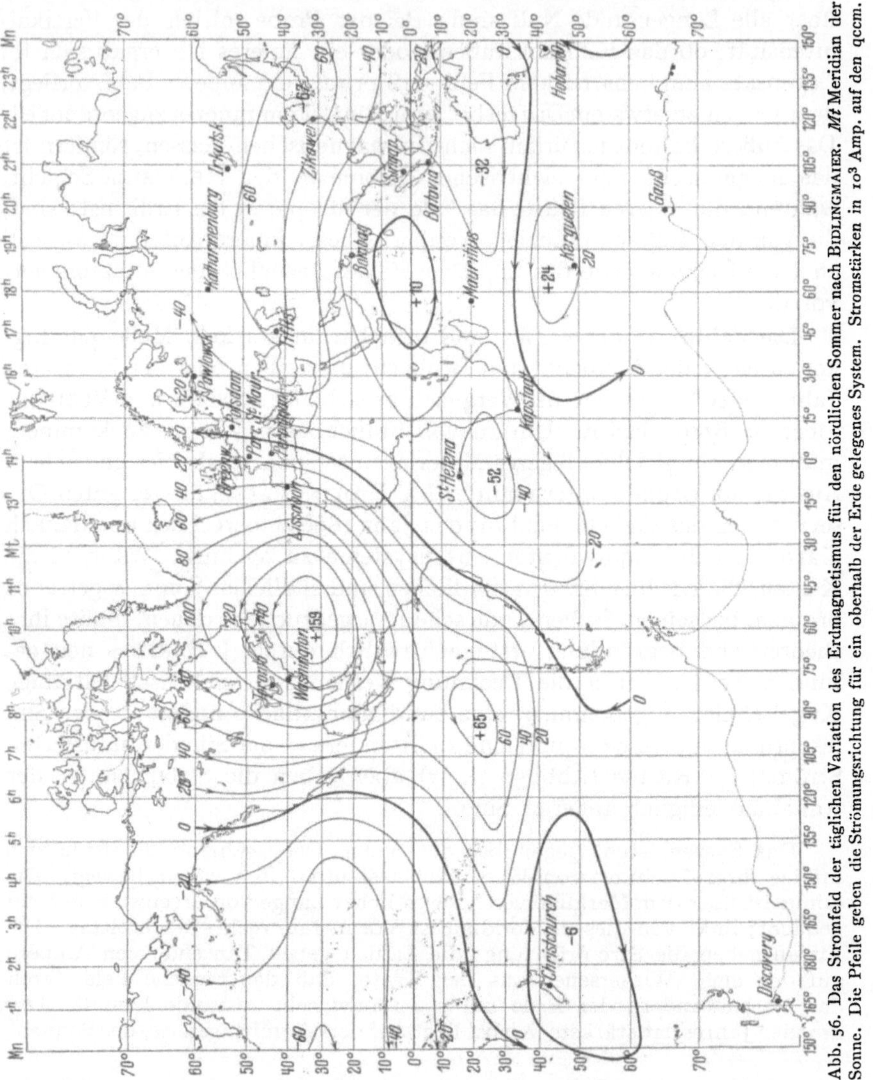

Abb. 56. Das Stromfeld der täglichen Variation des Erdmagnetismus für den nördlichen Sommer nach BIDLINGMAIER. *Mt* Meridian der Sonne. Die Pfeile geben die Strömungsrichtung für ein oberhalb der Erde gelegenes System. Stromstärken in 10^3 Amp. auf den qcm.

müssen, welche den Nordsommer von dem Südsommer geophysikalisch unterscheiden. Für die hohen Atmosphärenschichten, in denen unsere Ströme fließen (HEAVISIDE-Schicht) sind zwar jahreszeitliche Unterschiede zu erwarten, nicht aber Differenzen zwischen den nämlichen Jahreszeiten der Nord- und Südhalbkugel. Wir müssen diese vielmehr in dem unterschiedlichen Bau der Erdkruste suchen, werden also auf die inneren, induzierten Ströme hingewiesen. In der Tat zeigen denn auch die Rechnungen Fritsches, daß die Unsymmetrie des täglichen Feldes beider Halbkugeln von den inneren Kräften allein herstammt.

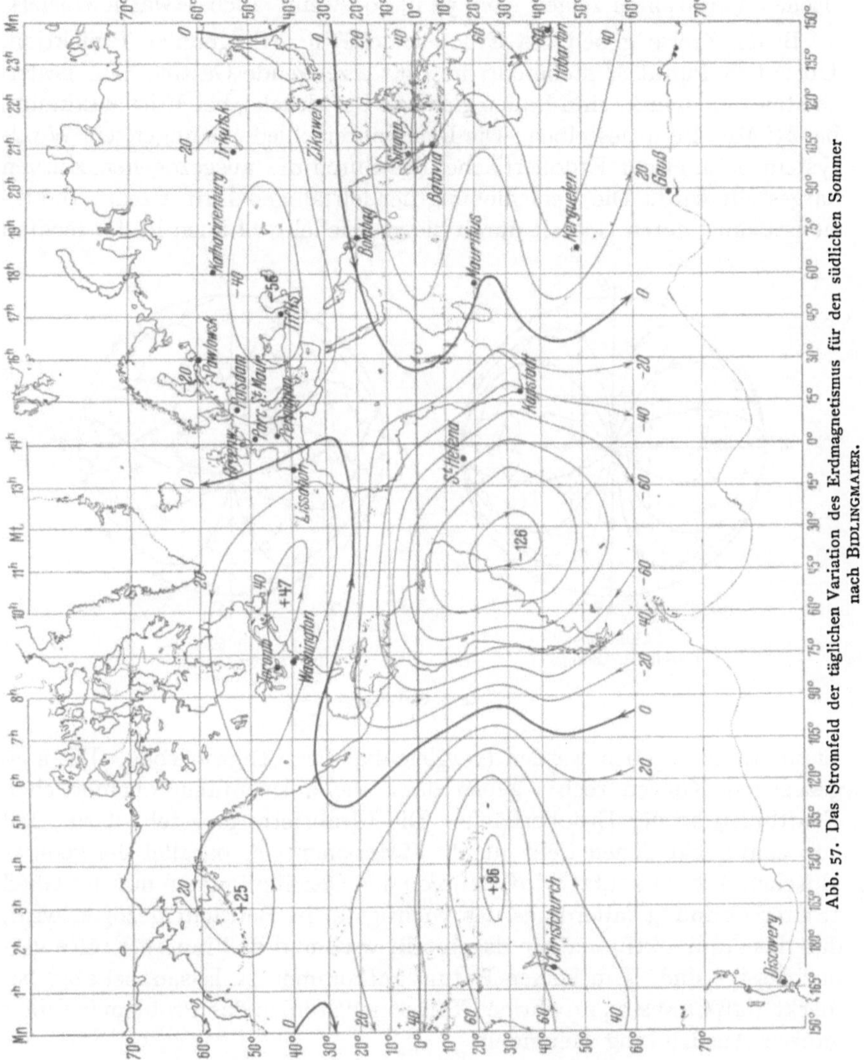

Abb. 57. Das Stromfeld der täglichen Variation des Erdmagnetismus für den südlichen Sommer nach Bidlingmaier.

Sind damit die erdmagnetischen täglichen Variationen, wie wir sie an der Erdoberfläche messen, auf elektrische Ströme zurückgeführt, so gilt es doch noch, diese selbst zu erklären. Dies hat in Ausdehnung der ersten theoretischen Versuche seitens A. Schusters S. Chapman besorgt. Danach entstehen sie durch Induktion seitens des beharrlichen Feldes, insbesondere seiner Vertikalkomponente in den hohen leitfähigen Schichten, insofern diese durch die Kräfte der Gezeiten[1] und Wärmeeinflüsse in Bewegungen parallel der Erdoberfläche gesetzt werden. Die von CHAPMAN enthüllte Verbindung zwischen diesen Kräften und den magnetischen Variationen zeigen Abb. 58 u. 59, wenn auch etwas idealisiert.

Beide Kreise geben die Erdoberfläche in orthogonaler Projektion. Über dem Punkt M stehe das die Flut erzeugende Gestirn. Die gestrichelten Linien links sind Linien gleichen Luftdrucks, bei M ist Maximum, bei M' Minimum desselben. Die Druckunterschiede bedingen ein Windsystem parallel der Erdoberfläche, das durch die ausgezogenen Kurven dargestellt wird. Die Verschiebung der leitfähigen Luft erzeugt Induktionsströme, deren Gestalt durch die gestrichelten Linien in der rechten

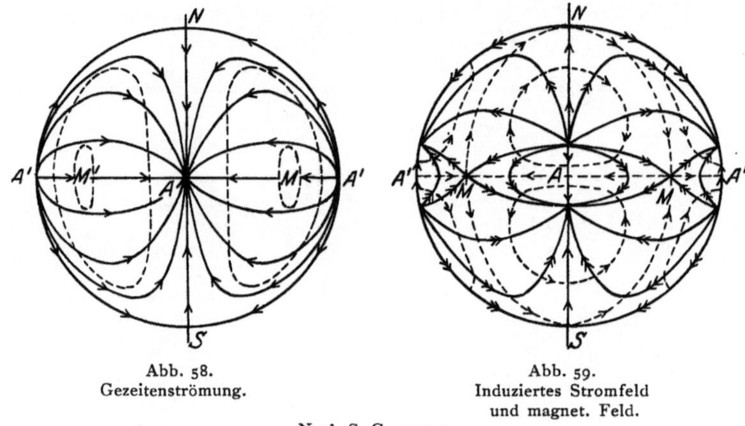

Abb. 58.
Gezeitenströmung.

Abb. 59.
Induziertes Stromfeld
und magnet. Feld.

Nach S. CHAPMAN.

Figur wiedergegeben werden (vergleichbar dem Tageswirbel). Die ausgezogenen Kurven rechts geben dann die horizontalen magnetischen Kraftlinien an der Erdoberfläche. Die Idealisierung besteht darin, daß von dem beharrlichen Feld nur die Komponente c_p parallel der geographischen Achse benutzt wird, daß von den Gezeitenkräften nur das Glied zweiter Ordnung (allerdings das wichtigste) in Betracht gezogen wird, daß das Äquinoktium allein dargestellt wird und daß innere Kräfte vernachlässigt sind. Um keinen Irrtum aufkommen zu lassen, sei aber bemerkt, daß CHAPMAN im übrigen Teil seiner Studien das Problem in seiner ganzen Ausdehnung behandelt.

Es bleibt nun noch zu erklären, woher die Leitfähigkeit der die Ströme tragenden Schicht stammt.

Wir haben schon mehrmals betont, daß für die tägliche Variation der Sonnenstand eine maßgebende Rolle spielt. Es muß demnach ein

---

[1] Vgl. ,,Theorie der Gezeiten''. Dieses Werk 1, 86 u. ff.

Ionisator wirksam sein, der vom Sonnenstand abhängig ist. Als solchen sieht man die ultraviolette Strahlung der Sonne an. Es genügt jedoch nicht, ihre Wirksamkeit wie bei der thermischen Strahlung proportional dem $\cos \zeta$ der Zenitdistanz der Sonne anzusetzen, sondern gleich $1 + a \cos \zeta + b \cos^2 \zeta$. Der physikalisch schwierigste Punkt ist das Entstehen der Ionisation durch Einwirkung des ultravioletten Lichts auf die reine Luft selbst, denn zunächst unterliegen nur bestimmte Metalle der lichtelektrischen Wirkung. Man denkt hier an das Zwischenmedium einer Ozonschicht in jenen Höhen. Hier steht augenblicklich die Forschung, und eine entscheidende Stellungnahme ist noch nicht möglich. Als Größenordnung für die Leitfähigkeit jener Schichten findet man aus den magnetischen Variationen $10^4 c^{-1} s$. Wieser Wert wird aus der Fortpflanzungsgeschwindigkeit der elektrischen Wellen der drahtlosen Telegraphie bestätigt, also auf durchaus anderem Erfahrungsboden.

Aus dem hier nur sehr kurz und eng zusammenfassend geschilderten Bild über das Entstehen der regelmäßigen Tagesvariationen des Erdmagnetismus geht hervor, daß die zur Unterhaltung der Vorgänge notwendige Energie zum größten Teil aus dem Riesenvorrat der Trägheit der rotierenden Erde stammt, und nur zum kleinsten aus der Strahlungsenergie der Sonne. Die erdmagnetischen Variationen — und das gilt auch für die Störungen — gehören somit zu den Kräften, welche die Rotationsenergie der Erde bremsen.

Der Gang der Beweisführung war schon von A. SCHUSTER vorgezeichnet worden[1], indem er die entsprechenden Kugelflächenfunktionen im erdmagnetischen Feld und in dem des Luftdruckgangs verglich. Der Vergleich wollte bei dem 24stündigen und dem 12stündigen Glied schon in den Amplitudenverhältnissen, noch mehr in der Phase nicht stimmen. Durch verschiedene Hilfsannahmen, z. B. über die damals unbekannte Höhe, in welcher die Ströme fließen, und die Dicke der von ihnen durchflossenen Schicht, gelang es ihm, die Unterschiede gegen die theoretisch zu erwartenden Amplituden und Phasen zu verbessern. Schließlich kam er zu der Ansicht, daß die Schwankungen, welche die täglichen Schwankungen des Luftdrucks anregen, andere Schichten betreffen als jene, welche die magnetischen Variationen erzeugen, und daß ferner die Luftdruckwellen reine aerodynamische Vorgänge sind, die Ströme aber auch noch durch Variation der Leitfähigkeit unabhängig von den Änderungen der Gezeitenströmungen, also aus zwei Quellen heraus, variieren. Von den Änderungen der Leitfähigkeit erwartet er, daß sie, der größeren mittleren Weglänge in jenen hohen Schichten entsprechend, eine Million mal größer sein können, als auf der Erdoberfläche.

Die Weiterarbeit von S. CHAPMAN verlegte das Hauptinteresse von dem solaren auf den lunaren Gang, was bei der Kleinheit desselben einerseits beim Luftdruck, andererseits beim Erdmagnetismus eine gewisse

---

[1] Besonders Philos. Trans. Ser. A. **208** London. 1908.

Kühnheit bedeutete, die aber von Erfolg gekrönt war. Der Vorteil der Mondvariationen ist, daß sie kein Wärmeglied in den Luftdruck hineinbringen. Das große Interesse verdichtet sich nun auf die halbtägige Welle und damit auf das tesserale Glied zweiter Ordnung der Kugelflächenfunktionen; für es gelten denn auch die Figuren 58 u. 59. Der Phasenverschiebungen gegen die Theorie suchte er dadurch Herr zu werden, daß er innerhalb der Erde eine leitende Schicht annahm, deren magnetisches Feld sich vektoriell zu dem Außenfeld addiert. Hier gehen nun aber drei Unbekannte ein, die Dicke, die Tiefe und die spezifische Leitfähigkeit jener Schicht, für die von anderer Seite noch keine Daten vorliegen. Die beste Übereinstimmung in den Amplitudenverhältnissen und die geringsten Phasenverschiebungen findet CHAPMAN, wenn er von der Erdoberfläche bis in die Tiefe von 300 km eine nicht leitende Schicht annimmt und dem Kern darunter die spezifische Leitfähigkeit $3.5 \cdot 10^{-4}\ cm^{-2}$ sec zuordnet, gleich der von feuchtem Erdreich. Sollte die Erde in der Tiefe stärkere Permeabilität als 1 haben (s. oben S. 77, wo von der Zunahme des Magnetits nach unten gesprochen wird), so wird nur der Wert der Leitfähigkeit geändert, nicht aber der der Schichtdicke. CHAPMAN untersucht auch die magnetischen Störungen in bezug auf diese Fragen und findet die gleichen Zahlen für die Leitfähigkeit der Schicht in der Erde.

Der Umstand, daß die obersten Schichten der Erde zum größten Teil von Meerwasser bedeckt sind und dieses seines Salzgehaltes wegen aber viel stärker elektrisch leitend ist als feuchtes Erdreich, würde bedingen, daß der innere Anteil, also die Stärke der von den Außenströmen induzierten Erdströme über dem Meere, den Inseln und den Küsten größer ist als über dem Innern der Festländer. Dies findet CHAPMAN denn auch bestätigt. Daraus geht hervor, daß die täglichen Variationen des Erdmagnetismus nicht, wie man früher annahm, und wovon man auch stets bei der Ableitung der Koeffizienten der Kugelfunktionsreihen des täglichen Feldes ausging, eine reine Funktion der Tageszeit, sondern auch der geographischen Länge sind. Zum mindesten ist dies nicht so bei dem inneren Anteil, und so finden wir hierin die Erklärung dafür, daß der nördliche Sommer und der südliche Sommer (s. unsere Karten) voneinander verschiedene Stromsysteme liefern; es prägt sich die größere Meeresbedeckung der Südhalbkugel hier aus.

Es sei übrigens bemerkt, daß schon FR. H. BIGELOW zu der Anschauung kam, daß in der Erdrinde ein elektrisch leitfähiger Kugelring vorhanden sei.

Die Mondvariationen.

In dem vorangegangenen Abschnitt über den sonnentägigen Gang ist schon die Erklärung des mondentägigen mit eingeschlossen. Der solare besteht aus zwei Anteilen, dem Einfluß der Gezeitenwirkung seitens der Sonne auf die Bewegungen der leitfähigen Schichten parallel zur Erdoberfläche und der nach dem Sonnenstand über dem Horizont — also von Tagesstunde und Jahreszeit abhängigen Stärke der Ionisierung dieser Schichten. Dem Mondlicht kommt diese letztere Wirkung nicht mehr merklich zu; es verbleibt demnach die Gezeitenwirkung. Für die Gezeiten des Meeres sind die Einflüsse von Sonne und Mond in der Größenordnung miteinander vergleichbar, beim Erdmagnetismus nicht. Dies wird damit erklärt, daß die Gezeitenwirkung der Sonne auf die Luft durch thermische Wirkungen ergänzt wird, die beim Monde natürlich wieder fehlen.

Von vornherein steht zu erwarten, daß auch die Mondvariationen verstärkt werden, sobald sie während der Lichtstrahlung der Sonne wirken. Dies zeigt sehr schön Abb. 60 des mondentägigen Gangs in Batavia nach J. BARTELS[1]. Die Gänge geben in Mondstunden den mondentägigen Verlauf für acht Mondphasen und das Mittel aus allen Phasen; solange die Sonne über dem Horizont steht, sind die Kurven stark ausgezogen. Der Einfluß des Sonnenstandes, d. h. der

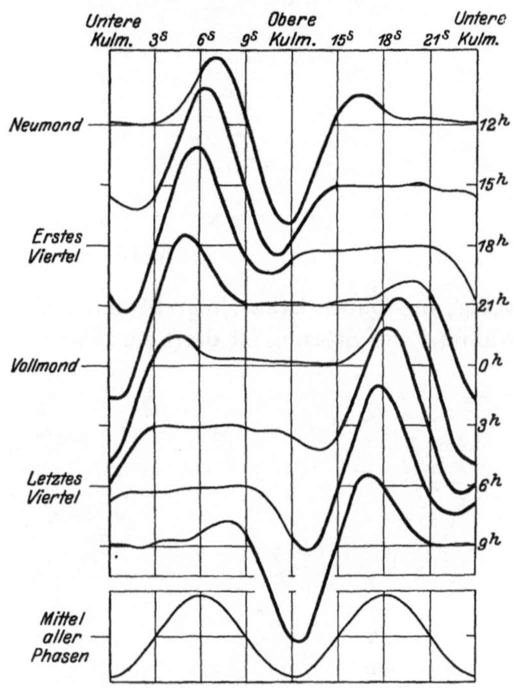

Abb. 60. Mondtägliche Variation für 8 Mondphasen nach J. BARTELS.

eintretenden Ionisation durch ultraviolettes Licht, ist unverkennbar. In Höhe entsprechen 8 mm 4 γ; die Mondvariation ist also sehr klein. Die Darstellung betrifft die Y-Komponente. Im Mittel aller Phasen ist eine klare Doppelwelle vorhanden, die allerdings nur bei einer so äquatornahen Station wie Batavia so regelmäßig zum Ausdruck kommt; es liegt ein reines Gezeitenphänomen vor, wie wir ja nunmehr wissen. In Orten höherer Breiten gehören sehr viele Jahre dazu, um den Mondengang aus dem Gesamten der lunisolaren Variationen herauszuschälen, weil die Störungen schwer auszuscheiden sind. Eine teilweise Kugelfunktionsdarstellung des Mondfeldes bringt W. van BEMMELEN[2].

---

[1] BARTELS, J.: Erg. exakt. Naturwiss. „Die höchsten Atmosphärenschichten". Berlin: Jul. Springer, 1928.

[2] Z. Meteorol. **30**, 589—594 (1913).

Die Störungen.

Im scharfen Sinne kann man jede Abweichung von dem regelmäßigen Gang, wie er durch Tages- und Jahreszeit, also Sonnen- und Mondstand gegeben ist, eine Störung nennen. Störungen herrschen immer nur zeit-

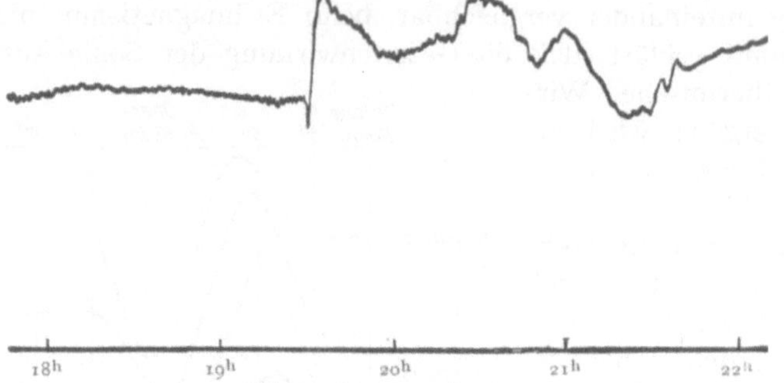

Abb. 61. Störungsausbruch.

weilig; die Dauer kann einige Stunden bis zu 3 und 4 Tagen betragen. Während der Störung ist der Charakter der Variation ein ganz anderer

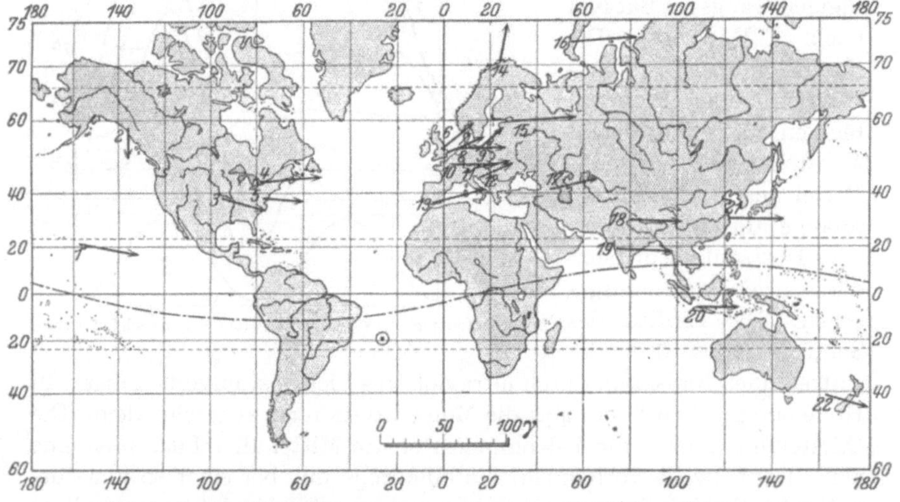

Abb. 62. Äquatorielle Störung am 26. Januar 1903 um 14ʰ M.Gr.Z. nach BIRKELAND.

wie während normaler Verläufe. Es treten heftige Oszillationen auf. Oft, aber nicht immer, werden außergewöhnliche Beträge erreicht. Einige Störungen schwellen langsam zu ihrer Höhe an, so daß es schwer ist zu entscheiden, von wann an die Variation gestört genannt werden muß. Viele jedoch beginnen mit einem plötzlichen Stoße, einem Impetus; man spricht dann von einem scharfen Störungsausbruch (s. Abb. 61). Ist dies der Fall, so tritt der Stoß auf der ganzen Erde gleichzeitig auf, d. h. zu gleicher absoluter Zeit. Der zugehörige Vektor des Impulses ist überall parallel der Ebene des größten Kreises durch den Ort und den magnetischen Achsenpunkt der Erde. Es gibt Störungen, welche am stärksten in der Äquatorgegend der Erde auftreten und nach den Polen zu rasch abnehmen; sie heißen die *äquatoriellen* Störungen (Abb. 62), und andere, die am stärksten in den höheren mittleren und den polnahen Breiten und dort auf in Länge beschränktem Areal sich äußern und von da nach allen Seiten hin abnehmen; sie heißen die *polaren* Störungen (Abb. 63). Welcher Art eine Störung nun sei, und einerlei wieviel Zeit sie umfaßt, stets erstreckt sie sich auf die ganze Erde. Allerdings kann

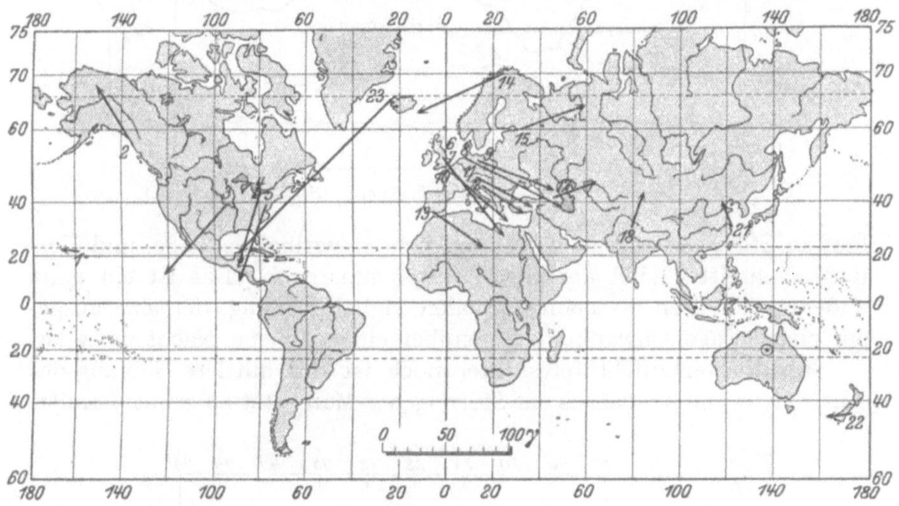

Abb. 63. Polare Störung am 24. Nov. 1902 um 2ʰ40′ M.Gr.Z. nach BIRKELAND.
1 Honolulu, 2 Sitka, 3 Baldwin, 4 Toronto, 5 Cheltenham, 6 Stonyhurst, 7 Kew, 8 Wilhelmshaven, 9 Potsdam, 10 Val-Joyeux, 11 München, 12 Pola, 13 San Fernando, 14 Bossekop, 15 Pawlowsk, 16 Matoschskin Schar, 17 Tiflis, 18 Dehra Dun, 19 Bombay, 20 Batavia, 21 Zikawei, 22 Christchurch, 23 Axelöen.

sie in merkbarer Intensität auf ein kleines Gebiet beschränkt sein und an den übrigen Orten ihrer Kleinheit wegen der Messung entgehen.

Die Linie —·—·—· ist der magnetische Äquator. Das Zeichen ⊙ gibt den Punkt an, über welchem sich für den Augenblick der Zeichnung die Sonne im Zenit befand. Die Längen der Pfeile geben für die an ihren Anfangspunkten gelegene Stationen den Wert der Störung in Horizontalintensität an (siehe Skala auf jeder Karte unter Afrika). Ihre Richtung ist die Strömungsrichtung des äquivalenten Stroms.

Bei der äquatoriellen Störung findet die Elektrizitätsströmung fast überall parallel dem magnetischen Äquator statt, nur die Stationen 14 und 2 weichen ab. Bei der polaren Störung geht ein Stromzweig von 14 über 23, 5, 4 und 3 und biegt dann über 2 nach NW um. Ein anderer Zweig führt über Europa, Rußland und Indien nach NE; es bilden sich also zwei polare Wirbel aus. Die Äquatorstationen haben keine meßbare Störung mehr; auch die Südhalbkugel ist ruhig.

Ortszeitlicher Verlauf. Bildet man das Mittel der täglichen Gänge der erdmagnetischen Elemente nur aus den gestörten Tagen und zieht den regelmäßigen Gang ab, so verbleibt der ortzeitliche Verlauf der Störungen. Abb. 64 zeigt diesen Gang nach G. ANGENHEISTER für Samoa und für zwei aufeinanderfolgende Tage. Danach ist dieser mittlere Ver-

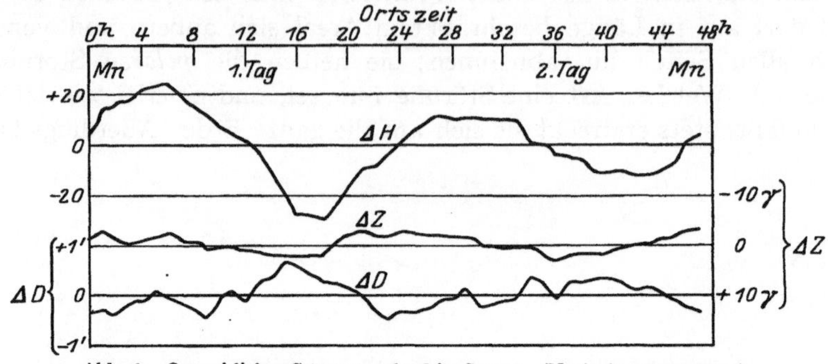

Abb. 64. Ortszeitlicher Störungsverlauf in Samoa. (Nach ANGENHEISTER.)

lauf an Störungstagen in der Hauptsache einwellig am Tage, und Vor- und Nachmittag sind annähernd antisymmetrisch. Das ist ein ganz anderes Verhalten als beim normalen täglichen Gang, der eine ausgesprochene Tagesschwankung gegenüber einer ruhigen Nacht aufweist.

Störungsverlauf. Interessanter noch ist der mittlere Hergang des Entstehens und Vergehens der Störungen[1]. Man setzt zu seiner Ermitt-

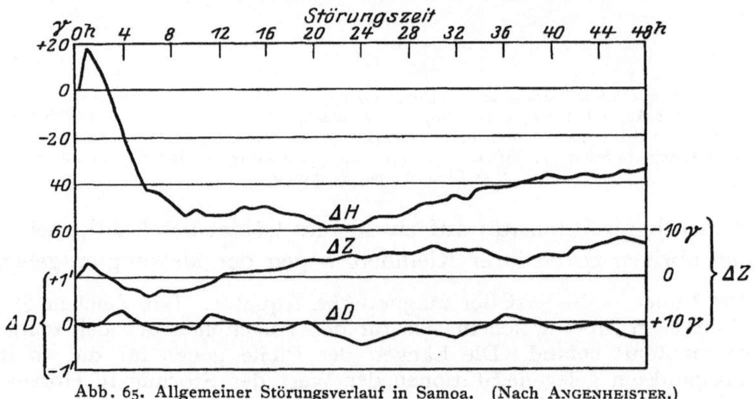

Abb. 65. Allgemeiner Störungsverlauf in Samoa. (Nach ANGENHEISTER.)

lung die Verläufe mit den Ausbruchszeiten untereinander und eliminiert die regelmäßigen Tagesschwankungen. Abb. 65 zeigt diesen Gang nach ANGENHEISTER für Samoa. Danach ist kurz nach Beginn ein starker An-

---

[1] CHAPMAN, S.: Proc. Roy. Soc. Lond. **95**, 61 (1919); **115**, 242 (1927). — ANGENHEISTER, G.: Nachr. Ges. Wiss. Göttingen, 1—42. Math.-physik. Kl. (1924).

stieg festzustellen, der dann bei H bald in ein Abklingen übergeht, das nach 18—20 Stunden sich zu einem langsamen Ansteigen wendet. Nach 48 Stunden ist der alte Wert des Anfangs noch nicht erreicht. Diesen Zustand des noch nicht Erreichens des normalen Ausgangswertes nennt man die *Nachstörung*, in ihrer Größe gegeben durch die Größe des Unterschieds. Die Nachstörungswerte der Elemente D, H, Z oder i bestimmen die Komponenten $\Delta X, \Delta Y, \Delta Z$ des *Nachstörungsvektors*, auch BROUNscher Vektor genannt. Sein Azimut ist überall auf der Erde das Azimut der magnetischen Achsenpunkte. Man hat die Abklingung vom Maximum von H an als Summe von zwei Exponentialfunktionen dargestellt; um jedoch zu physikalisch deutbaren Koeffizienten zu kommen, muß man nicht nur die Ausbrüche zeitlich untereinander stellen, sondern auch die Zeitskala der individuellen Störungsdauer anpassen.

Störungshäufigkeiten. Das Eintreten der Störungen ist ziemlich regelmäßigen Schwankungen unterworfen. Diese sind im Tag einwellig mit besonderer Bevorzugung der Nachtstunden von 20—22^h; an polnahen Orten verschwindet dies, und jede Tagesstunde kann gleich oft gestört sein. Die Häufigkeit im Jahr ist durch eine Doppelwelle gegeben mit Maximis zwei bis drei Wochen vor dem Frühjahrs- und ebenso viele nach dem Herbstäquinoktium; die Minima fallen mit den Solstitien zusammen. Diese Gesetzmäßigkeit ist einer der Gründe, daß der jährliche Gang der regelmäßigen Variationen schwer zu erhalten ist (s. S. 109), weil aus ihm der Störungsgang schlecht auszumerzen ist.

Störungsbeträge. Die mittlere maximale Amplitude einer Störung beträgt in Mitteleuropa rund 300 γ in Intensität und 1° in Deklination. Die größten Störungen brachten in Potsdam 1000 γ bzw. 3°. Die größte Änderungsgeschwindigkeit war 4 γ auf die Minute. In Polnähe verdoppeln sich die Beträge in Feldstärke und können in der Richtung natürlich jeden Wert annehmen.

Begleiterscheinungen. Treten Störungen auf, so ist natürlich der normale Gang der erdmagnetischen Variationen gestört, denn daher rührt der Name. Man könnte jedoch annehmen, daß er in alter Stärke darunterher weiter abläuft, daß sich also das Störungsphänomen zum ruhigen Gang addiere. Das ist jedoch nicht der Fall, vielmehr variiert das reguläre Feld seinerseits gestört, wenn Störung da ist; der Ionisationsvorgang durch das ultraviolette Sonnenlicht läuft anders ab, wenn Störung herrscht. Die Frage ist allerdings noch nicht ganz geklärt. Weiter gibt es keine magnetische Störung ohne gleichzeitige Störung der in der Erdrinde induzierten elektrischen Erdströme. Ferner bedingt jede Störung zugleich Störungen in der Übermittelung drahtloser Wellen und schließlich sind häufig mit ihnen Polarlichter verbunden, wenn auch nicht umgekehrt mit jedem Polarlicht magnetische Störungen.

Ursache der Störungen. Auch die Störungen beruhen auf elektrischen Strömen in den höheren Atmosphärenschichten, d. h. auf Ionisierung derselben. Allein die Quelle dieser Ionisierung ist eine andere wie bei den regulären Variationen. Sie stammt nicht mehr vom ultravioletten Licht der Sonne, sondern von den von der Sonne ausgehenden Korpuskularstrahlen, von Schwärmen elektrisierter Teilchen, die von den Sonnenwirbeln ausgesandt und von dem magnetischen Feld der Erde aufgefangen werden. Da Sonnenwirbel nur vorübergehend bestehen, sind Störungen ebenfalls nur zeitweilig vorhandene Erscheinungen. Bei dem Eindringen der solaren Elektronen rufen sie eine Ionisierung der betroffenen Gebiete der höheren Luftschichten hervor, die sich über jene vom ultravioletten Licht erzeugte überlagert. Im Gegensatz zu letzterer Strahlung trifft diese die Erde jedoch nicht überall auf der Tagesseite, sondern nur in begrenzten Gebieten. Hier aber wird die Leitfähigkeit abnorm gesteigert, sodaß der Erdmagnetismus starke Zusatzströme erzeugt, deren magnetisches Feld das Störungsfeld ist, das wir messen. Gleichzeitig induzieren sie in der Erdrinde eine neue Sorte von Erdströmen. Ist die Zufuhr von Korpuskeln langsam wachsend, so schleicht sich die magnetische Störung langsam ein, ist sie plötzlich da, so entsteht der charakteristische Störungsausbruch. Der erreichte Ionisationsgrad fällt danach entweder gleich langsam durch Wiedervereinigung ab, was bei der durch die große Höhe der leitfähigen Schicht bedingte Vergrößerung der freien Weglänge der Ionen lange andauern kann, oder es kommen neue Schwärme an, so daß die Störung wieder auflebt. Der Vorgang der Wiedervereinigung bestimmt somit den Ablauf der Nachstörung.

Theorie der Elektronenbahnen nach der Erde.

Die Erklärung der erdmagnetischen Störungen in allen ihren Einzelheiten wird durch die in der Hauptsache von CARL STÖRMER-Oslo entwickelte Theorie gegeben; ,,Über die Bewegung eines elektrisch geladenen materiellen Teilchens unter dem Einfluß eines Elementarmagneten"[1]. Sie liefert zugleich die volle Erklärung der Polarlichter. Aus dem Bedürfnis heraus, die letzteren zu verstehen, ist sie entstanden. Es war KR. BIRKELAND, auf dessen Anregung hin STÖRMER das Problem in Angriff nahm. BIRKELAND[2] vermutete, wie rund 20 Jahre vorher schon einmal GOLDSTEIN[3], daß die Polarlichter durch Kathodenstrahlen erregt seien, die von der Sonne ausgehen und von dem Erdmagneten in ihren Bahnen beeinflußt würden. Er stützte seine Vorstellungen durch groß-

---

[1] STÖRMER, C.: Erste Abhdl.: Vidensk. Skr. Nr 3. Christiania 1904; fortgesetzt bis 1929 in etwa 100 weiteren Arbeiten zum großen Teil auch die Theorie des Polarlichts, der Sonnenkorona usw. enthaltend.

[2] BIRKELAND, KR.: Zuerst Arch. phys. nat. 497 (1896). — Expéd. norvégienne 1899—1900 Videnskapsselsk Skr. Nr 1 (1901). Hauptquelle Norwegian Aurora Polaris Exp. 1901—03. Teil I 1908; Teil II 1913. Kristiania.

[3] GOLDSTEIN, Wied. Ann. **12**, 266 (1881).

artige Laboratoriumsversuche, in denen er künstlich Polarlichter nachzuahmen suchte und auf seine Studien über die erdmagnetischen
Störungen selbst.

Um die Zeit (1896/97), wo BIRKELAND seine ersten Gedanken über
die Rolle der Kathodenstrahlen bei solaren und terrestrischen Vorgängen
aussprach, drang unter den Physikern gerade die Erkenntnis durch, daß
diese Strahlen aus rasch bewegten Elektronen, d. h. Elementarquanten,
der negativen Elektrizität bestehen. Es lag also die Aufgabe vor, die
Bewegungsgleichungen eines Elementarquantums negativer Ladung in
einem magnetischen Feld in ihrer Allgemeinheit zu ermitteln. Für den
besonderen Fall, daß das Magnetfeld homogen und senkrecht gegen die
Anfangsrichtung des elektrischen Teilchens sei, wußte man schon, daß
die gerade Bahn zu einem Kreis umgebogen wurde, dessen Ebene senkrecht gegen die Richtung des Magnetfeldes gelegen war. Der Radius r
des Kreises ist jedesmal gegeben durch

$$r = \frac{v\,m}{e\,\mathfrak{H}},$$

worin m die Masse, e die Ladung, v die Geschwindigkeit des Teilchens
längs seiner Bahn und $\mathfrak{H}$ die Feldstärke ist. Es ist zu bemerken, daß
das Produkt $\mathfrak{H}r$ ganz unabhängig von der Größe des Felds für ein und
dieselbe Strahlenart, d. h. ein und dasselbe e/m denselben Wert behält,
also auch im inhomogenen Feld; man nennt $\mathfrak{H}r$ die *Steifigkeit* der Strahlengattung. Wächst $\mathfrak{H}$, oder um konkret zu reden: nähert sich das Teilchen der Erde, so muß dementsprechend r kleiner werden. In dem anderen Fall, daß das Teilchen parallel den Kraftlinien von $\mathfrak{H}$ eintritt, wandert es stets längs einer Kraftlinie bis zum Ort des Elementarmagneten.
Für alle dazwischen liegenden Lagen der Eintrittsbahnen entstehen
Bahnkurven — Trajektorien —, die aus beiden Formen zusammengesetzt
sind; wobei allerdings äußerst kompliziert gestaltete Kurven entstehen
können.

C. STÖRMER nimmt an, daß die Elektronen so rasch wandern, daß
von dem Eintritt ins Erdfeld bis zu ihrem Ankommen die Erddrehung
zu vernachlässigen ist, d. h. das Kraftlinienfeld seine Richtung gegen
den Korpuskelstrom nicht ändert, ferner, daß die Elektronen nicht noch
anderweitig abgelenkt werden, z. B. durch ein elektrisches Feld, und
daß das magnetische Feld der Erde im Außenraum durch das erste —
quasi-homogene — Glied der Kugelfunktionsdarstellung der Größe und
Richtung nach gegeben sei[1].

SN stellt Abb. 66 den Erdelementarmagneten vor, P ist ein Punkt
einer Elektronenbahn, r der Radiusvektor vom Koordinatennullpunkt
her, der mit dem magnetischen Mittelpunkt der Erde zusammenfällt.

---

[1] Im Arch. phys. nat. 1911/12 geht STÖRMER auch auf den Einfluß der
höheren Glieder ausführlich ein.

Φ ist das Azimut des Radiusvektors auf der XY-Ebene, gezählt von Ost (X) nach Süd (Y).

Ist M das Moment der Erde, $\mathfrak{H}r$ die Steifigkeit der Strahlengattung, so ist

$$c = (M/\mathfrak{H}\varrho)^{1/2}$$

eine für diese Gattung konstante Größe von der Dimension einer Länge; sie wird gleich Eins gesetzt. In dieser Einheit gelten alle Dimensionen gemessen. Für ein negatives Teilchen gilt dann das Gleichungssystem:

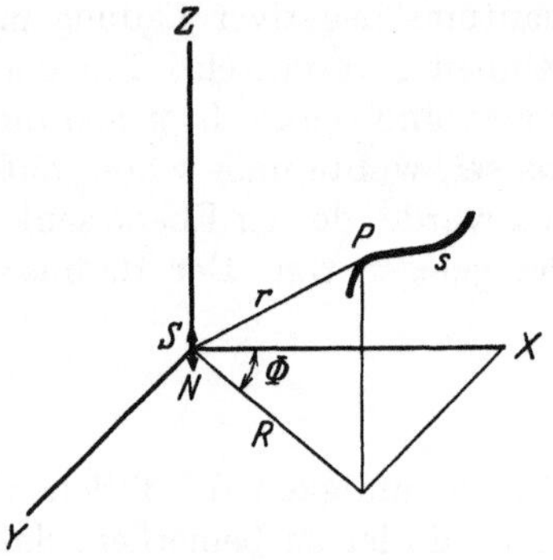

$$\left.\begin{aligned} r^5\frac{d^2x}{ds^2} &= & 3yz\frac{dz}{ds} &- (3z^2-r^2)\frac{dy}{ds}\\[4pt] r^5\frac{d^2y}{ds^2} &= (3z^2-r^2)\frac{dx}{ds} - & & 3xz\frac{dz}{ds}\\[4pt] r^5\frac{d^2z}{ds^2} &= & 3xz\frac{dy}{ds} &- 3yz\frac{dx}{ds} \end{aligned}\right\} \quad (1)$$

Durch Einführung der Polarkoordinaten $x = R\cos\Phi$, $y = R\sin\Phi$ und Integration folgt

$$R^2\frac{d\Phi}{ds} = \frac{R_2}{r^3} + 2y \qquad (2)$$

Abb. 66.

und

$$\frac{d^2R}{ds^2} = \tfrac{1}{2}\frac{\partial Q}{\partial R}; \qquad \frac{d^2z}{ds^2} = \tfrac{1}{2}\frac{\partial Q}{\partial z}; \qquad \left(\frac{dR}{ds}\right)^2 + \left(\frac{dz}{ds}\right)^2 = Q. \qquad (3)$$

Q ist eine Hilfsfunktion

$$Q = 1 - \left(\frac{2\gamma}{R} + \frac{R}{r^3}\right)^2,$$

in der die Integrationskonstante γ auftritt.

Ist nun Θ der Winkel zwischen der Tangente an die Bahn im Punkt P und der Ebene des magnetischen Meridians in P, so besagt die Gleichung (2), daß

$$R\frac{d\Phi}{ds} = \sin\Theta;$$

also

$$\frac{2\gamma}{R} + \frac{R}{r^3} = \sin\Theta.$$

Mithin kann der Ausdruck links nur zwischen -1 und $+1$ schwanken, und zu jedem Wert von γ gibt es einen Bereich Q_γ, den die zugehörige Bahnkurve nie überschreiten kann.

Als erstes Ergebnis der Theorie ist zu buchen, daß der Raum um die Erde für jeden Wert von γ in Teile zerfällt, aus denen heraus ein Elektronenteilchen nie bis zum magnetischen Mittelpunkt der Erde gelangen kann, und andere Teile, wo dies möglich ist. In der Abb. 67 sind für verschiedene γ die Räume (weiß) gezeichnet, aus denen heraus Trajektorien den Erdmittelpunkt treffen können. Die fünf konzentrischen

Kreise um den Mittelpunkt entsprechen der Größe der Erde im Vergleich zu c, der innerste dem c für Kathodenstrahlen mit $\mathfrak{H}\varrho = 315$, die nächsten beiden für β-Strahlen mit 2891 und 4524, und die äußeren für α-Strahlen mit 291000 und 398000 als $\mathfrak{H}\varrho$. Die punktierte Horizontale gibt die Werte von R. Alle Q-Räume sind bis zum Mittelpunkt verlängert zu denken. Sollen die Strahlen von der Sonne kommen[1], so muß diese sich in einem solchen weißen Raume befinden. Von allen den in der Abbildung enthaltenen Räumen der Art fallen demnach

Abb. 67. Räume in einem Magnetfeld mit (weiß) und ohne (schwarz) Elektronenbahnen nach dem Mittelpunkt nach C. Störmer.

alle wieder außer Betracht, die nicht die Sonne passieren; es bleiben je nach der Strahlengattung somit nur ein oder höchstens zwei Räume übrig, d. h.:

Die Elektronenstrahlen der Sonne treffen die Erde nur in zwei schmalen Bändern, welche die magnetischen Pole der Erde in magnetischen Breitenkreisen umgeben.

Dies sind die schon früher bekannten Zonen der größten Häufigkeit der Polarlichter. Wir sehen damit den großen Unterschied zwischen der ultravioletten Bestrahlung, die die ganze Tagesseite der Erde trifft, und

---

[1] Für Strahlen anderer Herkunft, also z. B. Weltraumstrahlen, durchdringende Höhenstrahlen, gelten die Räume Q ebenfalls.

der Korpuskularstrahlung, welche nur zwei schmale Bänder der Polarkappen beeinflußt. Trifft die Elektronenstrahlung die hohen Luftschichten in diesen beiden Zonen, so bewirkt sie eine Erhöhung der Ionisation,
aber nur innerhalb des schmalen Bandes, und damit Zusatzströme zu
den regelmäßigen täglichen. Diese sind die Quelle der magnetischen

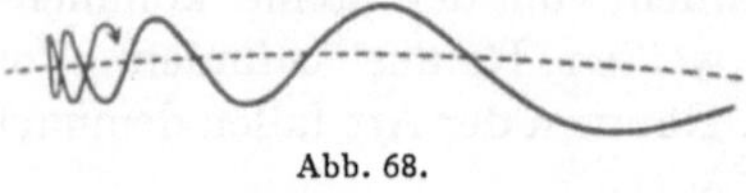

Abb. 68.

Störungen; sie haben ihrerseits eine
Fernwirkung, die sich natürlich auf
die ganze Erde erstreckt, so daß die
Störung auch fern der Polkappen
bemerkt wird. Tritt die Elektronenwolke plötzlich ein, so entsteht ein
Störungsausbruch, kommt sie auseinandergezogen an, so entsteht die
Störung langsam und allmählich. Die Orientierung des Störungsvektors
nach der magnetischen Achse erscheint nun ebenfalls erklärt.

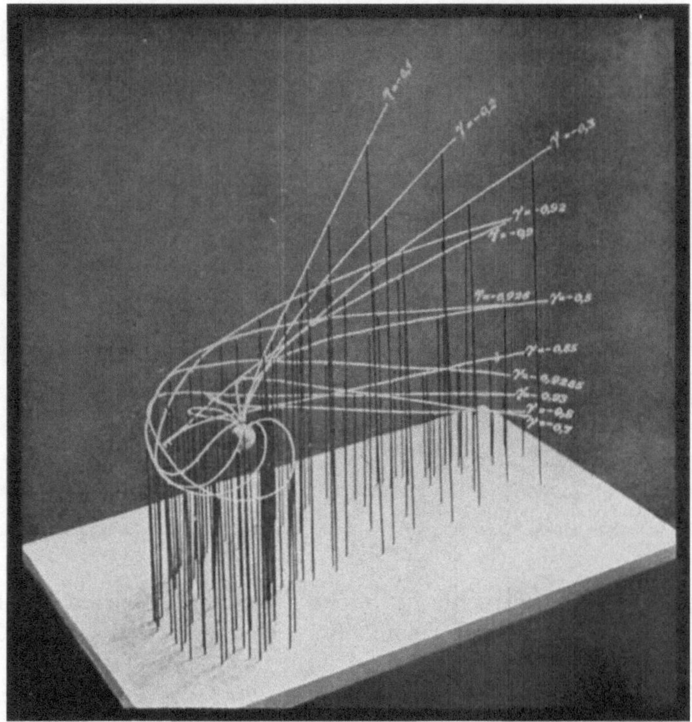

Abb. 69. Elektronenbahnen dem einen Pol eines Magnetfelds zueilend. Drahtmodell nach C. Störmer.

Um nun die wirkliche Gestalt der Bahnen zu bekommen, müssen die
Gleichungen (3) integriert werden, was im allgemeinen nur durch mehr-
fache mechanische Quadraturen möglich ist und eine ganz ungeheure
Arbeitsleistung vorstellt, die Störmer bewältigt hat.

Die Bahnen, welche den Mittelpunkt der Erde erreichen könnten (wenn sie nicht vorher in der Atmosphäre verschluckt würden), haben, wie gesagt, die zwei Komponenten, die Drehung um die Kraftlinie und die Wanderung längs ihr, und da die Kraftröhren sich der Erde zu verengen,

so ist die allgemeine Bewegung die einer Schraube auf einem gekrümmten Kegel (s. Abb. 68). Ursprünglich überwiegt die Bewegung längs der Kraftlinie, mit zunehmender Stärke des Erdfeldes die radiale, bis in einer gewissen Höhe die radiale allein herrscht. Verbraucht sich die Energie des Strahls nicht vollständig bei der Ionisationsarbeit, so kehrt jetzt das Teilchen um und wandert innerhalb des zugehörigen Q_γ-Raums zum anderen Erdpol und so hin und her, bis die Energie erloschen ist.

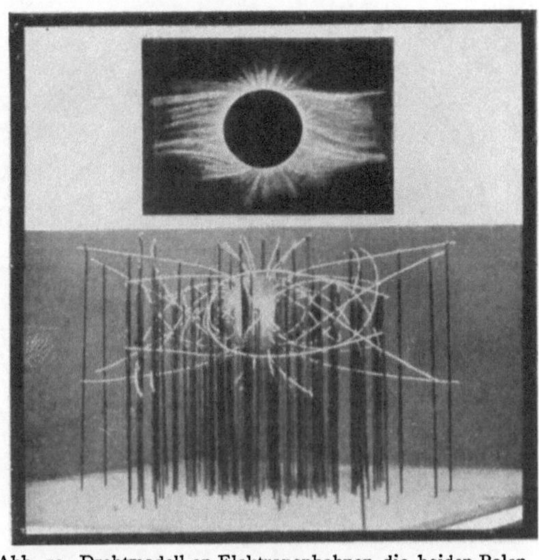

Abb. 70. Drahtmodell an Elektronenbahnen die beiden Polen zueilen. Darüber die Sonnenkorona nach C. Störmer.

Wir sehen diese Art Bahnen in Abb. 69 für die Phase des ersten Herankommens an die Erde, durch Photographien eines Drahtmodells dargestellt. Die Ansicht von vorn (Abb. 70), der Äquatorebene aus, zeigt zudem die große Ähnlichkeit dieses Bildes mit dem der Sonnenkorona, denn natürlich gilt das alles, was wir hier für Strahlen gesagt haben, die einem Magnetfeld zueilen, auch für eins, dem sie enteilen.

Nun kommen für uns aber auch Bahnen in Betracht, welche nicht dem Mittelpunkt des

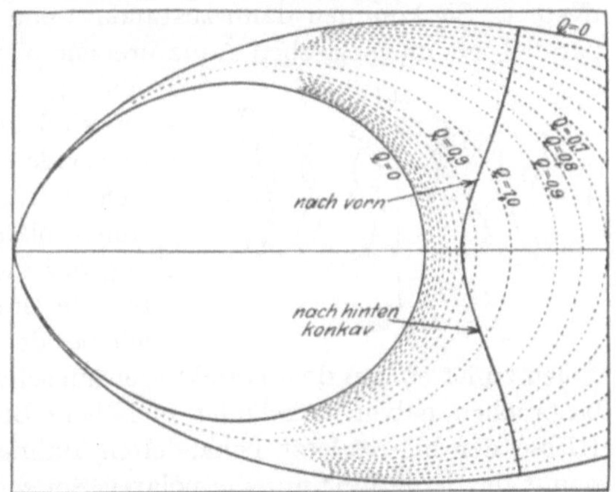

Abb. 71. Projektion einer periodischen Elektronenbahn innerhalb eines Q-Raumes auf eine Meridianebene nach C. Störmer.

Erdmagneten zuwandern. Eine Klasse wird durch jene gebildet, die so weit ab vom Erdfeld wandern, daß sie nur abgekrümmt werden; sie sind bis heute noch kaum untersucht. Eine zweite Klasse wandert innerhalb der Q_γ-Räume rings um die Erde. Abb. 71 gibt die Projektion einer solchen Bahn auf die *ZX*-Ebene. In der Mittelhorizontalen ist links die Erde zu denken, in der sich die beiden Hörner des Q_γ-Raums treffen; die Trajektorie verläuft zwischen den Außenrändern des Raums.

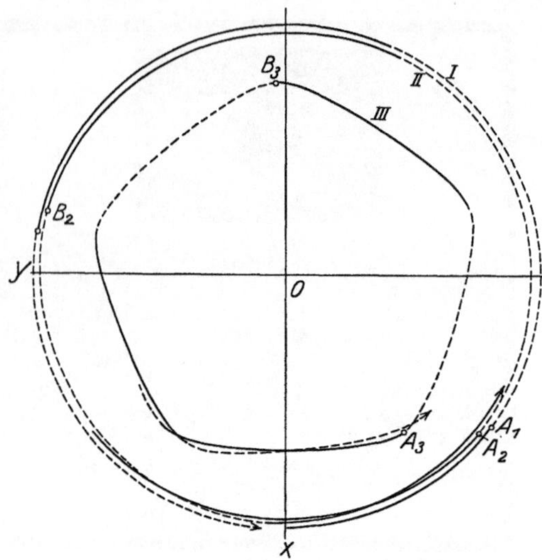

Abb. 72. Periodische Elektronenbahn in der Äquatorbahn eines Magnetfeldes nach C. STÖRMER.

Auf die Äquatorebene projiziert kann die Bahn nun die verschiedensten Gestalten haben. Abb. 72 zeigt als Nr. III eine fast periodische Bahn, die kommensurabel zum Umfang ist, doch kommen auch unperiodische vor, wie I und II. Linie I hebt sich kaum, II etwas über die Äquatorebene; die vom Nordpol aus gesehen oben liegenden Strecken sind voll ausgezogen, die darunter liegenden gestrichelt. Eine besonders schöne Bahnkurve gibt Abb. 73 von der Äquatorebene aus gesehen; sie umgibt die Erde wie ein Korbgeflecht. Diese Kurven bilden in ihrer Gesamtheit ein zum Äquator symmetrisches System. Sie kommen dann zustande, wenn die Elektronen annähernd parallel zur magnetischen Äquatorebene in das Kraftfeld der Erde eintreten. Ihre Projektion auf die Äquatorebene sind dann im allgemeinen Ellipsen, im besonderen Kreise.

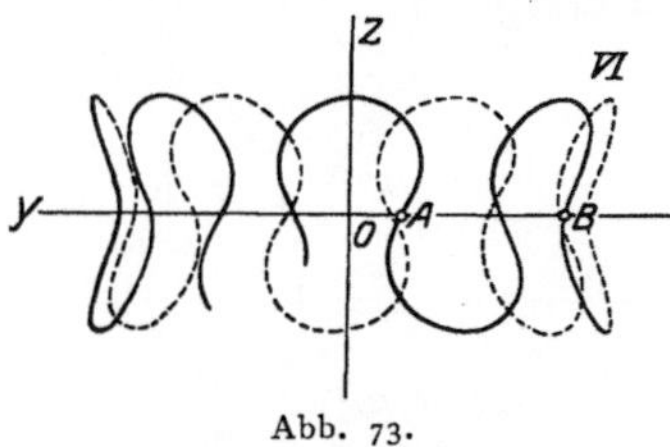

Abb. 73.

Die Gesamtheit aller dieser Art von Bahnen bilden einen scheibenförmigen Ring, der die Erde im Außenraum umgibt (ein entsprechender Ring besteht auch bei der Sonne). Nach den beiden Polen zu ist er von den Trajektorien umschwärmt, die, wie wir soeben besprochen haben, Ausläufer in höhere Breiten schicken. Die ganze Klasse der hier zuletzt behandelten Bahnen geht nicht zum Mittelpunkt der Erde hin; nur die polaren Spitzen der äquatoriellen Bahnen treffen in einigen Fällen die höheren Atmosphärenschichten und können sie ionisieren. In der Hauptsache aber tragen die Trajektorien des Äquatorsystems nichts zum Ionisieren bei. Trotzdem sind sie magnetisch wirksam, weil der Strom der sie durchfließenden elektrischen Teilchen einem elektrischen Konvektionsstrom entspricht. Man nennt ihn den *Ringstrom.*

Störmer hat dann noch eine weitere Klasse von Bahnen berechnet, die Kombinationen zwischen den um den Äquator schwärmenden Bahnen und den im weiten Außenraum wandernden der allerersten Klasse darstellen. Sie sind äußerst kompliziert, und mögen hier unbesprochen bleiben[1].

Welche Bahn ein Teilchen einschlägt, hängt danach besonders von der Richtung ab, unter der es in das Erdfeld eintritt; eine kleine Änderung in der Wahl dieser Richtung kann bedingen, daß statt der einen Klasse eine Bahn einer anderen eingeschlagen wird. Nun ändern sich aber tatsächlich durch die Drehung der Sonne und Erde und die Bahnbewegung der letzteren die Richtungsbeziehungen zwischen dem magnetischen Feld der Sonne und dem der Erde ununterbrochen. Der Erfolg ist, daß der Elektronentransport fortgesetzt seine Bahnen ändert, und dies erklärt wieder die große Variabilität der gestörten Variationen. Es ist also nicht nötig anzunehmen, daß schon der Transport der Elektronen in unregelmäßigen Folgen vor sich geht, wenn auch anzunehmen ist, daß dies geschieht. Es addieren sich eben beide Ursachen, um das bekannte unruhige Bild der Störungen zustande zu bringen.

Die polaren Störungen kommen nach dieser Theorie dadurch zustande, daß die Trajektorien, welche den Erdmittelpunkt erreichen wollen, in gekrümmten Kegelspiralen innerhalb der Maximalzone der Polarlichter in die Atmosphäre eindringen und sie dort, also in einem beschränkten Teil des ganzen Umfangs der Zone, ionisieren. Die Rechnung zeigt, daß die Bahnen nicht über die ganzen Ausdehnungen der Zone gleich oft einzufallen pflegen, sondern am dichtesten in den ersten Nachtstunden. Dies bedingt den ortszeitlichen Verlauf der Störungen in seiner Abhängigkeit von der Tagesstunde.

Die äquatoriellen Störungen sind auf den Ringstrom zurückzuführen und da sein magnetisches Feld senkrecht gegen den Äquator steht, so finden sie der Hauptsache nach in der Horizontalintensität statt. (Vgl. S. 122). Das Feld des Ringstroms schätzt Ad. Schmidt zu rund 200 γ.

Wegen der oben erwähnten Einflüsse der Richtungsänderungen auf die Wahl der Bahnen werden meist beide Störungsarten vermischt auftreten. Der Ringstrom erlischt nie, ist also immer vorhanden, entweder weil die Zufuhr an Elektronen seitens der Sonne nie aufhört, denn sie sendet auch in ruhigen Zeiten Elektronen aus, oder weil die Strömung in der Nähe des absoluten Nullpunkts der Temperatur stattfindet, also Supraleitungszustand herrscht, wo ein elektrischer Strom nur langsam abstirbt.

Aktivität, Ringstrom, äußerer Anteil der Säkularvariation.

Das Zusammenspiel der beiden Ionisationsquellen bringt in den Ablauf der erdmagnetischen Variationen jene Unruhe hinein, welche wir

---

[1] Störmer, C.: Videnskapsselsk. Skr. Nr 14 (1913). Kristiania 1914.

bei genügend empfindlicher Registrierung schon in dem scheinbar glatten Verlauf (s. S. 110) festgestellt haben, und es erwuchs der Wunsch, diese Unruhe, die innere Tätigkeit oder die *Aktivität*, zahlenmäßig zu fassen, um ihre Gesetze erforschen zu können.

Den ersten Versuch unternahm FR. BIDLINGMAIER in den Ergebnissen der magnetischen Beobachtungen in Wilhelmshaven. Seitdem ist von verschiedenen Seiten aus versucht worden, zu Zahlen zu kommen, welche auf möglichst einfache Weise abzuleiten sind und möglichst universell sind. In bezug auf die Aktivität im Laufe des Jahrs hat sich die von AD. SCHMIDT und J. BARTELS[1] vorgeschlagene *interdiurne Veränderlichkeit* als das Geeignetste erwiesen, oder die Änderung des Tagesmittels von Tag zu Tag. Es genügt, dabei sich auf die Horizontalintensität oder Nordkomponente allein zu stützen. Ist U' die interdiurne Veränderlichkeit an einem Ort von der magnetischen Breite $\frac{\pi}{2} - \Theta$, ψ' der Winkel

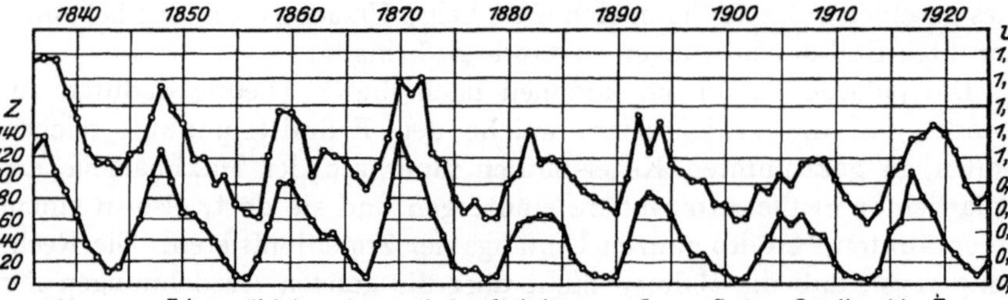

Abb. 74. *Jahresmittel der erdmagnetischen Aktivität u und Sonnenflecken-Relativzahlen Z*
1836 – 1924

Obere Kurve: interdiurne Veränderlichkeit U, untere Kurve: Sonnenflecken-Relativzahl.
Nach J. BARTELS.

zwischen diesem größten Kreis und dem magnetischen Meridian, so ist U_0 am Äquator des quasi-homogenen Feldes

$$U_0 = U' \operatorname{cosec} \Theta \sec \psi'.$$

Man erhält also aus jedem beliebigen Ort eine für die ganze Erde universelle Größe U_0 als Charakteristikum der Aktivität.

Es ist dadurch möglich, eine fortlaufende Reihe der Aktivität zu erhalten, soweit erdmagnetische Variationsbeobachtungen vorliegen, da mit Leichtigkeit von einem auf das andere Observatorium übergegangen werden kann, wenn die Reihe der Beobachtungen an dem einen abbricht, sofern man nur jedesmal auf den Äquator reduziert. BARTELS hat so bis 1840 zurück den Gang der Aktivität festgelegt. Wir bringen hier seine Kurve zugleich mit jener der Werte der Sonnenfleckenrelativzahlen. (Abb. 74.)

Diese interdiurnen Veränderungen stellen nun nichts anderes dar, als die durch den Ringstrom erzeugten Einflüsse. Der Gang dieser Zahlen

[1] BARTELS, J.: Erdmagnetische Aktivität. Abh. Meteorol. Inst. Lfd. Nr. 332, 45 u. ff. Berlin 1925.

schildert die Wirksamkeit des Elektronenrings, den wir im vorigen Abschnitt aus STÖRMERS Theorie erschlossen haben, wobei es jedoch vorerst noch verborgen bleibt, warum sein Einfluß variabel ist. Es gibt dafür offenbar mehrere Möglichkeiten: er kann durch verschiedene Zufuhr von Elektronen verschiedene Stromstärken besitzen, oder er kann durch Änderung der Strahlengattung seinen Radius ändern, selbst Gestaltsänderungen sind denkbar, indem die elliptischen Bahnen (s. S. 132) vorwiegend werden usw. Meist denkt man daran, daß die einmal zugeflossenen Elektronenschwärme durch Wiedervereinigung oder durch elektrostatische Zerstreuung nach dem Störungsmaximum zerfallen; in diesem Falle stellen die interdiurnen Veränderungen den Vorgang der Nachstörung dar. Diese verschiedenen Möglichkeiten zu trennen, ist eine Aufgabe der zukünftigen Forschung.

Die Zulässigkeit der Reduktion der U' auf U_0 beruht darauf, daß der Störungsvorgang, wie anfangs schon betont, eine Erscheinung ist, welche die Erde als Ganzes betrifft. So gibt die Größe U_0 zugleich das *Weltphänomen* der Störungen wieder.

Die in der vorangegangenen Abbildung enthüllte enge Verbindung des Störungsgangs mit der Sonnentätigkeit bedingt, daß selbst die Unterschiede der Jahresmittel den Zuwachs oder das Abflauen der Sonnentätigkeit enthalten, wodurch es kommt, daß das alte Verfahren, die Säkularvariation dem Unterschied der Jahresmittel gleichzusetzen, in diese Werte einen Anteil hineinbrachte, der nicht rein das beharrliche Feld betraf. Da er auf die Störungen zurückzuführen ist, stellt er den *äußeren Anteil der Säkularvariation* dar, ist also dem des beharrlichen Felds ganz wesensfremd.

BARTELS zeigt auch, wie aus der Größe U_0 auf die Energie übergegangen werden kann, welche in den Variationen umgesetzt werden. Er findet als die mittlere tägliche Energie eines magnetischen Sturms gegen das beharrliche Feld $0{,}5 \cdot 10^{20} \cdot U$, oder nach dem beobachteten mittleren Wert von U $1.4 \cdot 10^7$ PS, das sind 10^7mal weniger als die Energie der auf die Tagesseite der Erde wirkenden Sonnenstrahlung. Die Energie des beharrlichen Erdfeldes selbst ist $7 \cdot 10^{24}$ Erg, das ist gleich der Energie der Sonnenstrahlung während 3 Sekunden.

Zusammenhang mit der Sonnentätigkeit.

Da die magnetischen Stürme von Elektronenstrahlen ausgelöst werden, die von den Tätigkeitsherden der Sonne ausgehen, so ist es klar, daß die Schwankungen in der Sonnentätigkeit sich in den Variationen und insbesondere in deren Substrat, den Aktivitätszahlen aussprechen müssen. Dies liefert die sogenannte *elfjährige Periode* der magnetischen Variationen, im Einklang mit der entsprechenden der Sonnentätigkeit. Unsere Abb. 74 zeigt zudem, daß durchaus kein voller Parallelismus besteht.

Immerhin ist die Verbindung eine sehr enge, indem nicht nur die Extreme meist nahe zusammenfallen, sondern auch die relativen Größen im Einklang stehen und die variable Länge der Periode. Diese Länge ist so verschieden, daß man besser von einem gleichen Rhythmus redet, statt von einer Periode.

Schon seit langem hat man die Verbindung dadurch feststellen wollen, daß man die Variationen in zwei Anteile zerlegte nach dem Schema

$$\varDelta E = E_o + aR,$$

wo R die Sonnenfleckenrelativzahl ist. AD. SCHMIDT zeigte schon früh, daß auch der ruhige Gang noch einen Sonnenanteil enthält. Dies läßt darauf schließen, daß auch ohne Flecken die Sonne Elektronen uns zusendet, daß also auch der ungestörte Gang beide Ionisationsarten enthält. BARTELS beobachtete am 29. Januar 1924[1] eine Störung bei fleckenfreier Sonne. Dies wird sich dadurch erklären, daß das Maßgebende weniger die Flecken sind als die Wirbel, und nicht jeder Wirbel zur Fleckenbildung führt.

Die Frage der Verbindung der einzelnen Herde der Sonnentätigkeit mit den magnetischen Störungen ist vielfach untersucht worden, sie ist aber trotzdem noch vollkommen offen. Während E. MAUNDER[2] dafür eintritt, daß nur Flecken wirksam werden, die zwischen 19° östl. und 47° westl. heliographischer Länge vom Zentralmeridian stehen, zeigt A. L. CORTIE[3], daß auch Flecken an den Rändern, und namentlich am Ostrand mit dem Beginn der magnetischen Störungen zusammenfallen. Neuerdings sucht E. GEHLINSCH[4] sogar darzutun, daß Flecken am Ostrand bei weiten am stärksten wirken, die Wirksamkeit im ganzen nach dem Westrand abnimmt, am Zentralmeridian ein relatives Minimum hat, und rechts und links von ihm relative Maxima. Die Prüfung der Verbindung ist sehr schwer, da man sich in einer ähnlichen Lage befindet wie bei der AUG. SCHMIDT-JULIUSschen Sonnentheorie, indem die Strahlenbündel, wenn sie von der Sonne ausgehen, zunächst das magnetische Feld der Sonne zu durchlaufen haben, wobei ganz ähnliche Trajektorien entstehen, wie beim Eindringen in das Erdfeld. Ein die Erde erreichendes Korpuskularbündel kann also theoretisch von einem Punkt der Sonne ausgegangen sein, der sich auf der uns unsichtbaren Seite befindet. L. A. BAUER[5] versuchte es, um bessere Korrelation zwischen den magnetischen und den Sonnenzahlen zu bekommen, die WOLF-WOLFERschen

---

[1] BARTELS, J.: Naturwiss. **12**, 194 (1924).
[2] MAUNDER, E. W.: Monthly Not, Roy. Astr. Soc. **44**, 205—224 (1904); **45**, 1—34, 538—559, 666—681 (1905). Astroph. J. **21**, 101—115 (1905).
[3] CORTIE, A. L.: Ebenda **45**, 197—205 (1905).
[4] GEHLINSCH, E.: Mitt. Inst. Theor. Astr. Nr 3, 76—185. Riga (1928).
[5] BAUER, L. A. und DUVALL, C. R.: Terr. Magn. **30**, 191—213 (1925); **31**, 37—47, 97—101 (1926).

Sonnenfleckenrelativzahlen durch anders definierte zu ersetzen, ohne jedoch bis jetzt zu ihn voll befriedigenden Werten zu kommen.

Ist überhaupt irgendeine Stellung der Sonnenherde mit der Ausbruchszeit der magnetischen Störungen verbunden, so wäre zu erwarten, daß sie in ihrer Reihenfolge die Periode der synodischen Rotation der Sonne zeigen. KORNSTEIN und LIZNAR[1] hatten in der Tat eine Periode von 26 Tagen gefunden, ebenso MAUNDER[2] von 27 Tagen. AD. SCHMIDT[3] hat diese 27 tägige Periode durch vielfache Untersuchungen sichergestellt. Bekanntlich ist die Rotationsgeschwindigkeit der verschiedenen heliographischen Breiten wegen der Eigenbewegung der Sonnenwirbel verschieden; die magnetisch gefundene Periode von 25.87^d entspräche der Umdrehungsdauer in 32^0 heliographischer Breite, das ist die polare Grenze für das Auftreten von Sonnenflecken. Die Periode käme dadurch zustande, daß derselbe Herd sich mehrere Umdrehungen wirksam erhielte.

Nun fand aber AD. SCHMIDT für einige Störungen, und zwar gerade die großen, eine Neigung, sich in Abständen von 29.97, rund 30^d zu wiederholen. Die Verbindung ist hier derart, daß alle diese Störungen ein zusammengehöriges Ganzes darstellen, wobei allerdings nicht zu allen ganzen Vielfachen von 30^d Störungen auftreten müssen. Die Dauer von 30^d läßt darauf schließen, daß der betreffende Störungsherd auf der Sonne nicht wie bei jenen der 26 tägigen den oberen Sonnenschichten angehört, sondern den tieferen, mit 30 Tagen rotierenden. Die genaue Folge besagt, daß es stets ein und derselbe Herd war, und das gelegentliche Unterbleiben einer Störung, daß er nicht immer tätig war. Nach einigen Jahren brach jedoch die Reihe ab und es entstand ein neuer tiefer Herd an einem anderen Punkt. Dies gab Anlaß, das ganze magnetische Material nach A. SCHUSTERS Periodogramm zu analysieren. Diese Aufgabe besorgte L. W. POLLAK mit Hilfe seiner statistischen Maschinen, gestützt auf die internationalen Charakterzahlen von 1906 bis 1926, also auf ein Material, das von dem einzelnen Observatorium ganz unabhängig ist. Es fanden sich danach die beiden Perioden von 26 bis 27 und von 31^d als reell[4].

Der innere Anteil der Variationen; Erdstrom.

Versteht man unter dem *Erdstrom*, wie seither fast ausschließlich, den elektrischen Strom, der in einer metallischen Leitung fließt, wenn man ihn bei den Enden mit zwei „Elektroden" verbindet, die an verschiedenen Stellen in das Erdreich eingelassen sind, so ist dieser Erd-

---

[1] LIZNAR, J.: Sitzgsber. ksl. Akad. Wiss. **103**, 1—13. Wien (1894).

[2] MAUNDER, E. W.: l. c.

[3] SCHMIDT, AD.: Namentlich in den Tätigkeitsber. d. Meteorol. Instituts Berlin.

[4] POLLAK, L. W.: Z. Geophysik **4**, 289—294 (1928).

strom keine physikalisch einheitliche Erscheinung, sondern im Gegenteil aus sehr vielen Quellen gespeist.

Zunächst bildet der von den Außenströmen des normalen täglichen Feldes in der Erde elektromagnetisch induzierte Strom einen dieser Anteile. In der Theorie dieser Variationen nach CHAPMAN[1] tritt er als der *innere Anteil* des Feldes der täglichen regelmäßigen Variationen auf. Der zweite Anteil ist der entsprechend zu dem Störungsfeld gehörige. Beide sind in ihrem Verhalten so verschieden, wie die regelmäßigen von den gestörten Variationen beim Erdmagnetismus verschieden sind. Daher ist der Zusammenhang zwischen den Variationen des Erdstroms und des Erdmagnetismus während einer Störung ganz anders als in ruhigen Zeiten. Die Gesamtwirkung des Außenfeldes auf die induzierten Ströme berechnet sich aus der Summe der Teilwirkungen jeden Glieds der Kugelfunktionsreihe des Stromfeldes in der Atmosphäre, und zwar ist nach CHAPMAN die Komponente des elektrischen Potentials in der Vertikalen in jedem Fall Null, d. h. vertikale Erdströme werden nicht induziert, notabene solange die Außenströme parallel der Erdoberfläche fließen. Die Komponente E_φ längs der Meridiane und E_λ längs der Breitenkreise ist

$$E_\varphi = \frac{i\,m\,a(t+\lambda)}{\cos\varphi}\left(\frac{E_0}{n+1} - \frac{I_0}{n}\right) P_n^m\, e^{i\,m\,\lambda}\, e^{(t+\lambda)t} \qquad \text{Ostwestkomponente des Erdstroms}$$

$$E_\lambda = -(t+\lambda)\,a\left(\frac{E_0}{n+1} - \frac{I_0}{n}\right)\frac{\partial P_n^m}{\partial\varphi}\, e^{i\,m\,\lambda}\, e^{(t+\lambda)t} \qquad \text{Nordsüdkomponente des Erdstroms.}$$

Hierin ist a der Radius der leitfähigen Schicht, also im besonderen der Erdhalbmesser, E_0 die Stärke des magnetischen Feldes des Außenstroms, über der Kugel mit dem Radius a, I_0 darunter. t ist die Zeit des Nullmeridians. Die hier angeschriebenen Formeln gelten für die von dem Außenfeld der regelmäßigen Variationen induzierten Erdströme. Bei dem Störungsfeld, das nicht nach Ortszeit $t+\lambda$ variiert, sondern nach absoluter Zeit, tritt nicht $t+\lambda$ ein, und die P_n^m sind natürlich ebenfalls andere.

Da für das regelmäßige tägliche Feld des Erdmagnetismus schon mehrere Berechnungen der Kugelfunktionsdarstellung vorliegen, wäre es möglich, das Stromfeld der regelmäßigen Erdströme auf diese Weise zu berechnen, was allerdings noch nicht geschehen ist. Jedenfalls käme man dadurch eher zu dieser Kenntnis, als wenn man die wenigen Erdstrommessungen zu solchem Zweck heranziehen wollte. Das magnetische Störungsfeld aber ist noch keiner sphärischen Analyse unterworfen worden.

CHAPMAN hat aber seine Theorie an einem Beispiel geprüft, indem er den durchschnittlichen Gang des Erdstroms, d. h. seiner elektromotorischen Kraft oder seiner Spannung für Tortosa, berechnete und mit den Beobachtungen verglich[2].

[1] CHAPMAN, S.: Trans. Cambridge Phil. Soc. **22**, 471, 479 u. ff. (1922).
[2] CHAPMAN, S. und WHITEHEAD, T. T.: Terr. Magn. **28**, 125—128 (1923).

Untenstehende Abb. 75—77 geben die Übereinstimmung mit den beobachteten Werten wieder; sie ist bei der Nordkomponente des Erdstroms der Extremlage nach sehr gut, so daß demnach der Erdstrom sich der CHAPMANschen Theorie fügt, d. h. als von den erdmagnetischen Varia-

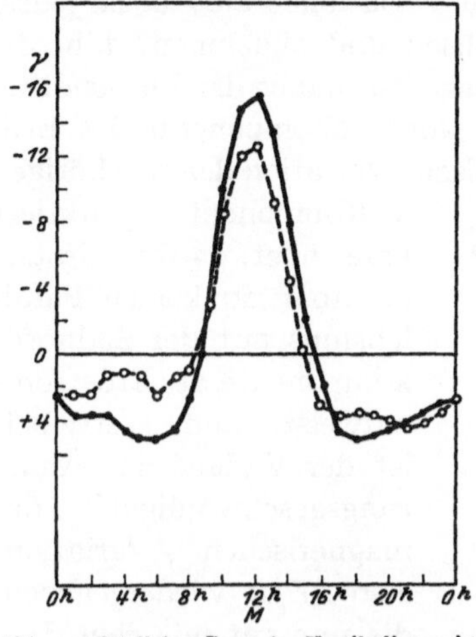

Abb. 75. Täglicher Gang der Vertikalintensität
in Tortosa nach S. CHAPMAN.
—— beob., o-o-o theoretisch.

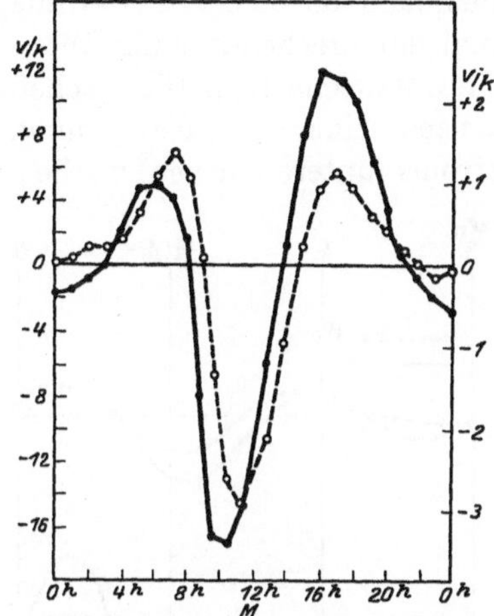

Abb. 76. Täglicher Gang der Nordkomponente
des Erdstroms in Tortosa nach S. CHAPMAN.
—— beob., o-o-o theoretisch.

tionen induziert erschiene, wenn nicht quantitativ der berechnete Gang fünfmal kleiner sich fände als die Beobachtungen. Sollte dies für alle Orte so sein, so müßte man daraus schließen, daß zu dem induzierten Nord-süderdstrom noch ein anderer gleicher Variabilität hinzuträte. Bei der Ostwestkomponente des Erdstroms ist dies Mißverhältnis in der Größe der Schwankungen ebenfalls vorhanden, außerdem aber stimmt auch die Lage der Extreme nicht. Diese Phasendifferenz bei dem Ostweststrom ist zum Teil auf den Einfluß der höheren Glieder zurückzu-

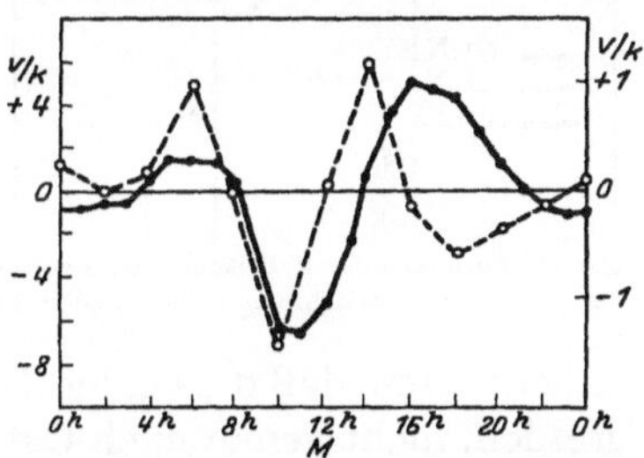

Abb. 77. Täglicher Gang der Ostkomponente
des Erdstroms in Tortosa nach S. CHAPMAN.
—— beob. o-o-o theoretisch.

führen, sodann aber auch eine Folge der CHAPMANschen Ausgangsvorstellung, daß die Erdströme von den magnetischen Variationen induziert sein sollen. Diese Verbindung besteht jedoch, wie L. STEINER[1] zuerst gezeigt hat, nur bei der Südnordkomponente, nicht bei der ostwestlichen, wie umstehende Abb. 78 erläutert. Die ausgezeichneten Kurven stellen den täglichen Gang der elektromotorischen Kraft des Erdstroms im Mittel für 5 Jahre nach den Reichstelegraphenbeobachtungen dar. Die

---

[1] STEINER, L.: Terr. Magn. **13**, 57—62 (1908).

gestrichelten Linien oben die zugehörige erdmagnetischen Variationen. Man sieht, daß diese beiden Gänge bei der östlichen Erdstromkomponente (obere Kurven) und der auf ihr senkrechten Variation der magnetischen Nordkomponente gleichändrig verlaufen. Der Erdstrom tritt demnach als Erreger der erdmagnetischen Variationen auf, da sie jedesmal entsprechend seiner Intensität wachsen und abnehmen, d. h. die CHAPMANsche Hypothese scheint nicht gegeben, daher die Phasendifferenzen seiner Rückberechnung. Bei der Nordsüdkomponente des Erdstroms (untere Kurven) ist die erdmagnetische Variation der zugehörigen Y-Komponente punktiert gezeichnet, da ihre Gestalt offenbar gar keinen Parallelismus mit der Südnordkomponente des Erdstroms aufweist, und gestrichelt ist der Verlauf der Änderungsgeschwindigkeit der magnetischen Variation, also dY/dt wiedergegeben, die nun gut mit dem Erdstrom harmoniert. D. h. die Nordsüdkomponente des Erdstroms ist durch die Variation der Y-Komponente des Erdmagnetismus hervorgerufen. Die Abweichungen, die noch vorhanden sind, können wir vorläufig, ehe die Frage an besserem Material neu geprüft sein wird, darauf

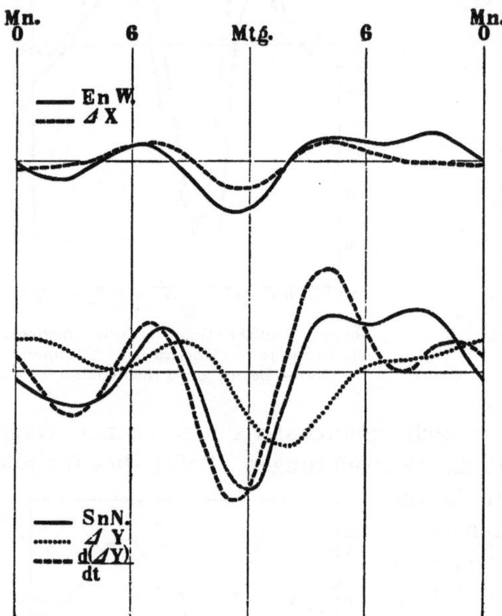

Abb. 78. Zusammenhang zwischen Erdstrom und magnetischen Variationen nach L. STEINER.

zurückführen, daß die beiden Telegraphenlinien Berlin—Thorn, Berlin—Dresden, nicht genau nach Ost bzw. Süd verlaufen, und daß überhaupt wahrscheinlich die reine Trennung Linien erfordert, die eher magnetisch als astronomisch orientiert sind.

Jedenfalls stellen wir hiermit fest, daß neben den von den magnetischen Variationen als innere Kräfte induzierten Erdströmen noch selbständige Erdströme vorhanden sind, die, wenigstens in Mitteleuropa, vorwiegend von West nach Ost fließen. Leider wird der Erdstrom nur an sehr wenigen Orten regelmäßig verfolgt, so daß wir zur Zeit kaum tiefer in das Problem eindringen können. Von allen Observatorien registrieren den Erdstrom nur Tortosa am Ebro ($\varphi = 41°$, $\lambda = 0°$), Huancayo in Peru ($\varphi = -12°$, $\lambda = 285°$) und Watheroo in Australien ($\varphi = -30°$, $\lambda = 116°$), die letzteren beiden Orte haben zudem bis heute noch keine Ergebnisse durch den Druck bekannt gegeben. Es ist sehr zu bedauern, daß in früheren Zeiten dem Erdstrom wenig Interesse entgegengebracht worden ist, denn heutzutage ist der Boden in allen Kulturländern derart durch die Streuströme industrieller Anlagen verseucht, daß hier Erdstrommessungen nicht mehr durchzuführen sind.

Es sei noch erwähnt, daß die älteren Beobachtungen aus Telegraphenleitungen: in Greenwich nach AIRY[1], Berlin nach WEINSTEIN[2], Batavia nach VAN BEMMELEN[3] ergeben haben, daß, sobald Störungen auftreten, Erdstrom und magnetische Variationen stets paralleländrig verlaufen, und zwar in allen Komponenten. Die Telegraphenströme in Schweden nach STENQUIST[4] zeigen bei der großen Anzahl von benutzten Leitungen, daß selbst hier noch starke lokale Verschiedenheiten auftreten.

Daß außer den Induktionsströmen in der Erde *selbständige Ströme* vorhanden sein müssen, geht aus den Tatsachen aus dem Forschungsgebiet der Luftelektrizität notwendigerweise hervor. So findet durch die Verteilung der fallenden Niederschläge, die schon auf kleinem Gebiet sehr ungleich zu sein pflegt, verschiedener Transport von Ladungen statt, die, sobald sie die leitende Erde getroffen haben, sich in ihr als Ströme ausgleichen müssen; ähnliches gilt von den ortsweise verschiedenen Beträgen der übrigen Anteile der luftelektrischen Vertikalströme. Auch kommt dazu eine Nebenwirkung des CHAPMANschen Außenfeldes, indem dieses auch noch eine elektrostatisches Feld besitzt, welches in der Vertikalen elektrostatische Potentialgefälle mit sich bringt, wenn die Wirkung auch nicht groß erscheint. Für die auf diese Weise entstehenden luftelektrischen Erdströme gelten kaum die OHMschen Gesetze in voller Strenge. Der Widerstand des Erdreichs wird, selbst dies angenommen, seinerseits Variationen nach der Art luftelektrischer unterworfen sein, so z. B. durch die mehr oder weniger gehinderte und beförderte Austretung der radioaktiven Bodenluft durch Luftdruckänderungen, Glatteisbildung, Niederschläge usw., so daß für den Gesamtstrom die Beziehung zu gelten hat

$$\frac{dE}{df} = w\frac{di}{df} + i\frac{dw}{df},$$

während man lange glaubte, das zweite Glied vernachlässigen zu können, bis die neueren Beobachtungen über die Veränderlichkeit des Widerstands der Erde uns eines besseren belehrten. Über große Strecken wird sich die Widerstandsschwankung, da sie so stark von Ort und Zeit abhängt, ausgleichen, bei kürzeren Strecken nicht; in letzteren kann der

---

[1] AIRY, G. B.: Phil. Trans. 465 (1862).

[2] WEINSTEIN, B.: Die Erdströme usw. Vieweg u. Sohn, Braunschweig 1900.

[3] VAN BEMMELEN, W.: Proc. Akad. Amsterdam 1, 512—533 782—789; 2, 242—248. (1908).

[4] STENQUIST, D.: Mém. Direction Générale des Télégraphes de Suède. Stockholm 1925.

luftelektrische Anteil den der Induktionsströme gänzlich übertreffen. Als Beispiel bringt Abb. 79 den täglichen Gang des Erdstroms in Pawlowsk bei rund 1 km Distanz der Elektroden. Der Verlauf hat keine Ähnlichkeit mehr mit den Telegraphenströmen der Abb. 78 mit ihren Distanzen von mehreren Hunderten von Kilometern. Er ist zudem, wie luftelektrische Variationen, im Winter stärker schwankend als im Sommer.

Ein Teil dieser luftelektrischen Einflüsse rührt von Änderungen instrumenteller Ursache her, indem der Übergangswiderstand der Elektroden gegen das Erdreich von luftelektrisch wirksamen Momenten abhängt (Bodendurchfeuchtung, Temperatur usw.), oder der stets entstehende galvanische Polarisationsstrom ihnen unterliegt. Man muß daher nach Nippoldt[1] grundsätzlich zwischen Erdstrommessungen in langen Leitungen, die erdmagnetischer Natur sind, unterscheiden, und solchen in kurzen Leitungen, die erdelektrischer Art sind.

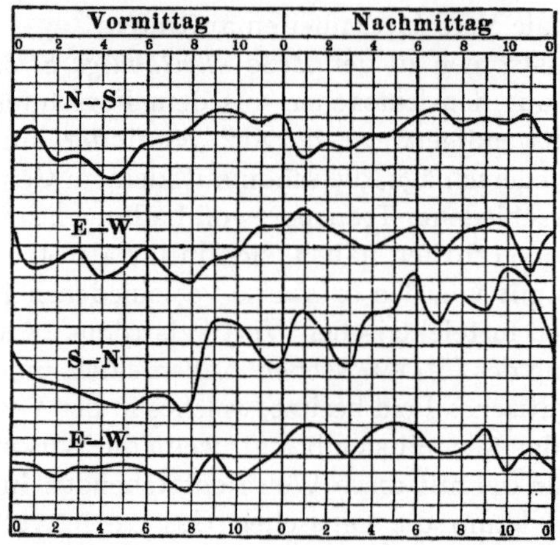

Abb. 79. Täglicher Gang des Erdstroms in Pawlowsk.

Als eine weitere Quelle von Erdströmen sind die Variationen des Ringstroms zu nennen. Da er gegen den geographischen Äquator schief steht (11.5°), kann man ihn in zwei Anteile zerlegen, einen äquatoriellen und einen meridionalen. Der äquatorielle induziert eine magnetische Variation der Komponente Ξ parallel der Drehungsachse

$$\varDelta \Xi = \varDelta X \cos \varphi - \varDelta Z \sin \varphi.$$

Vernachlässigt man das zweite Glied, so wird $\varDelta \Xi$ den Stromänderungen proportional, wie die Steinersche Arbeit verlangt. Die Beachtung von $\varDelta Z$ verkleinert nur die Amplituden, ohne dasGesetz zu ändern, denn $\varDelta X$ geht $\varDelta Z$ parallel. Ändert der Ringstrom seine Neigung oder ändert er sein Azimut (Knoten seiner Bahn im geographischen Äquator), so ändert sich auch das Azimut des meridionalen Stroms, doch bleibt seine magnetische Wirkung stets parallel dem Äquator, d. h. beeinflußt nur H und Z und es wird

$$\frac{Y\,d}{d\lambda} = -H \cos \lambda\, d\lambda - \varDelta H \sin \lambda - Z \sin \lambda\, d\lambda + \varDelta Z \cos \lambda = dY/dt.$$

---

[1] Nippoldt, A.: Meteorol. Z. **28**, 244—261 (1911).

Es sind danach Neigungs- und Azimutänderungen des Ringstroms, welche in der Erde Ströme induzieren, die der Änderungsgeschwindigkeit der magnetischen Ostkomponente äquivalent sind[1].

Den Widerstand des Erdreichs oder den reziproken Wert, die Leitfähigkeit, bestimmt man durch Einführung eines gemessenen galvanischen Stroms mittels Elektroden in die Erde und Abzweigen eines Teilstroms durch eingesteckte Sonden. Die Größenordnung schwankt zwischen 4000 und 600000 Ohm auf den Kubikzentimeter. Er hängt aber von der Tiefe ab und von der Mineralart des Bodens[2], namentlich von der Durchfeuchtung.

Die einzige Station mit regelmäßig veröffentlichten Erdstromaufzeichnungen ist das magnetische Observatorium zu *Tortosa* am Ebro. Die Länge der Linien ist im Mittel 1.4 km, also noch so gering, daß luftelektrische Einflüsse ziemlich merklich sein müssen. Der Nordstrom liefert als Mittel der Jahre 1914—1918 204, der Weststrom 114 Millivolt/km, dem eine mittlere Richtung von S 29° E entspricht. In den einzelnen Jahren schwanken diese Werte aber erheblich, ganz wie jene des luftelektrischen Potentialgefälles: Nordstrom 316, 220, 186, 164, 136; Weststrom 167, 131, 106, 90, 75 Millivolt/km. Die Abweichungen vom Jahresmittel im Laufe der Monate, also der jährliche Gang des Gesamtstroms aus beiden Komponenten, und der jährliche Gang der Richtung waren:

	I.	II.	III.	IV.	V.	VI.	VII.	VIII.	IX.	X.	XI.	XII.
Strom	+6	+62	+92	+127	+152	+174	+207	−109	−214	−192	−166	−139
Richtung	+0.7°	−0.4	−1.5	−2.2	−2.1	−1.1	−3.8	−3.8	+53.5	+33.5	+16.1	+8.0

Alle diese Werte gelten für die magnetisch ruhigen Tage. Die mittlere tägliche Amplitude im Jahr, also der jährliche Gang in der täglichen Variation, ebenfalls an den ruhigen, dann auch an allen Tagen war in Millivolt/km:

Ruhige Tage	60	67	74	75	67	68	76	78	73	83	67	60
Alle Tage	84	84	103	96	87	90	90	100	100	113	96	87

oder Nordsommer: 64, 88; Äquinoktien: 76, 102; Südsommer: 72, 92, ruhige und alle Tage. Man ersieht aus dem Vergleich dieser Zahlen, daß sie durch die größere Störungszahl der Äquinoktien bedingt sind[3]. L. A. BAUER[4] hat zugleich die Korrelation zwischen der Erdstromvariation einerseits und den magnetischen und luftelektrischen andererseits untersucht und kommt dabei zu sehr wichtigen Ergebnissen (r = Korrelaktionsfaktor):

---

[1] NIPPOLDT, A.: l. c.

[2] GISH, O. H., and ROONEY, W. J.: Terr. Magn. **30**, 161—188, (1925); **32**, 49—63 (1927).

[3] Nach BAUER, L. A.: Terr. Magn. **27**, 1—30 (1922).

[4] Terr. Magn. **28**, 129—140 (1923).

Tägliche magn. Variation, sei verursacht durch tägliche Erdstromschwankungen

$$\Delta Y = a\,\Delta N \quad \text{erstes harmonisches Glied} \qquad r = -0.29$$
$$\Delta X = b\,\Delta W \quad \text{,,} \qquad\qquad \text{,,} \qquad\qquad +0.01$$
$$\Delta Y = c\,\Delta N \quad \text{zweites} \quad \text{,,} \qquad\qquad \text{,,} \qquad +0.25$$
$$\Delta X = d\,\Delta W \quad \text{,,} \qquad\qquad \text{,,} \qquad\qquad +0.48$$

Die magnetische Variation der Y-Komponente des Erdmagnetismus kann kaum von der N-Komponente des Erdstroms erzeugt sein, dagegen besteht diese Verbindung für die X-Komponente; sie erscheint also, in Übereinstimmung mit dem oben Gesagten (STEINER) als verursacht durch den Ostweststrom.

Tägliche Variation des Erdstroms, sei verursacht durch jene der Änderungsgeschwindigkeit des Erdmagnetismus:

$$\Delta N = a\,\Delta Y/dt \quad \text{erstes harmonisches Glied} \qquad r = +0.96$$
$$\Delta W = b\,\Delta X/dt \quad \text{,,} \qquad\qquad \text{,,} \qquad\qquad +0.79$$
$$\Delta N = c\,\Delta Y/dt \quad \text{zweites} \quad \text{,,} \qquad\qquad \text{,,} \qquad +0.97$$
$$\Delta W = d\,\Delta X/dt \quad \text{,,} \qquad\qquad \text{,,} \qquad\qquad +0.88$$

Die Korrelation ist so groß, daß an der ursächlichen Verbindung nicht zu zweifeln ist; bei der Westkomponente W aber etwas schwächer.

Tägliche Variation des Erdstroms, sei verursacht durch jene des luftelektrischen Potentialgefälles:

$$\Delta N = a\,\Delta P \quad \text{erstes harmonisches Glied} \qquad r = +0.93$$
$$\Delta W = b\,\Delta P \quad \text{,,} \qquad\qquad \text{,,} \qquad\qquad +0.85$$
$$\Delta N = c\,\Delta P \quad \text{zweites} \quad \text{,,} \qquad\qquad \text{,,} \qquad +0.99$$
$$\Delta W = d\,\Delta P \quad \text{,,} \qquad\qquad \text{,,} \qquad\qquad +0.97$$

Der Faktor r ist der Gewißheit 1,0 so nahe, daß es sicher erscheint, daß das luftelektrische Potentialgefälle ursächlich mit dem des Erdstroms verbunden ist. Damit ist die komplexe Natur des Erdstroms, aus erdmagnetischen Induktionsströmen und echten erdelektrischen Strömen zusammengesetzt, als erwiesen anzusehen, wenn auch zunächst erst für einen Ort und für kurze Leitungen.

Über die Verbindung erdmagnetischer Variationen mit erdelektrischen.

Wir können unsere Darstellung über die erdmagnetischen Variationen nicht schließen, ohne wenigstens kurz auf die Beziehungen zu sprechen zu kommen, die zwischen ihnen und den erdelektrischen sich andeuten, denn in dieser Richtung werden die kommenden Forschungen höchstwahrscheinlich sich entwickeln. Heute sind erst die Anfänge zu erkennen, und eben deshalb wäre es verfrüht, in vorliegendem Werke ausführlich auf die Frage einzugehen. —

Der kurz vorangegangene Abschnitt enthüllte uns, daß zwischen dem Erdstrom und den Vorgängen, welche die luftelektrischen Größen beeinflussen, eine starke Korrelation besteht. Zum wenigsten der in kurzen Linien beobachtete Erdstrom steht in zahlenmäßiger Beziehung zum luftelektrischen Potentialgefälle am Erdboden. Nun ist nach der Theorie von CHAPMAN mit dem Felde, welches die erdmagnetischen regelmäßigen

Variationen hervorruft, auch ein elektrostatisches verbunden. Obwohl dieses seinen Sitz in der 100 km hohen HEAVISIDE-Schicht hat, ist es nach Ausweis der oben von BAUER erwiesenen Korrelation imstande, das luftelektrische Potential an der Erde zu beeinflussen. Die statische Ladung des Außenfeldes influenziert auf der Erdoberfläche eine Ladung umgekehrten Vorzeichens. In der Tat haben unabhängig von einander SANFORD[1] und STOPPEL[2] aus Beobachtungen in Kalifornien und Hamburg und Island, also klimatisch äußerst verschiedenen Orten, gefunden,

daß das Potential der Erdoberfläche einen ausgesprochenen einfachen täglichen Gang besitzt, wie die Abb. 80 dartut. Die obere Kurve gibt in stark ausgezogenen Linien den Gang für Oktober—November 1925 in Hamburg, die untere für August 1925 in Akureyri in Island, während die gestrichelten die gleichzeitigen kalifornischen Verläufe wiedergeben. Die von den beiden Entdeckern der täglichen Variation der Erdladung gefundenen Beträge in der Amplitude überschreiten allerdings die nach CHAPMANS Theorie zu erwartenden von 10^{-7} Volt/cm erheblich.

Dieser Unterschied in der Größenordnung findet sich immer wieder, sobald man luftelektrische mit erdmagnetischen Variationen in Zusammenhang bringen will. Die SANFORD-STOPPELschen Beobachtungen würden besagen, daß

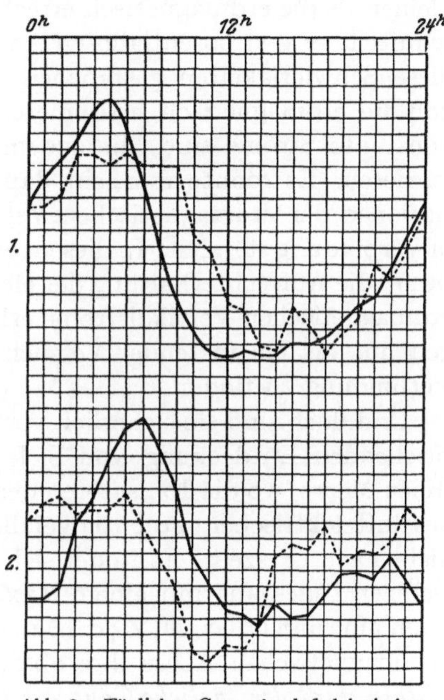

Abb. 80. Täglicher Gang der luftelektrischen Erdladung nach STOPPEL und SANFORD.
—— Kalifornien, ····· oben Hamburg, unten Island. 1. Okt./Nov. 1925 2. August 1925.

die elektrostatische Ladung eines engen Bezirks der Erdoberfläche eine erhebliche tägliche Variation durchmacht, die von dem abzuziehen wäre, was man in der Lehre von der Luftelektrizität der Potentialgefälle der Luft in 1 m Höhe gegen die Erde nennt. Außerdem entsteht durch diese Variation ein Potentialgefälle längs der Breitenkreise, d. h. ein Anteil des Ostwest-Erdstroms.

Um den großen Unterschied in der Größenordnung des beobachteten und des berechneten Effekts zu erklären, muß man annehmen, daß das,

---

[1] SANFORD, F.: Bull. Terr. Electr. Observatory Palo Alto Ca. 1923, 1925; 1926, 1927, 1928.
[2] STOPPEL, ROSE: Gerlands Beitr. **21**, 116—134 (1929); Z. Geophysik 4, 372—374 (1929).

was man luftelektrisch mißt, nicht übereins ist mit dem, was elektrostatisch durch das Außenfeld erzeugt wird.

Es lag ja auch nahe, den luftelektrisch erschlossenen Vertikalstrom und den aus den Kurvenintegralen (s. S. 73) erdmagnetisch errechneten in Beziehung zu setzen. Auch hier stoßen wir auf einen gewaltigen Unterschied in der Größenordnung, indem die luftelektrischen 10^4mal zu klein sind; es besteht nur jetzt die umgekehrte Beziehung wie bei dem eben behandelten Problem: die luftelektrischen Schwankungen sind kleiner als die erdmagnetisch errechneten. Wir haben schon in dem Abschnitt über den potentiallosen Anteil des erdmagnetischen Feldes über diese Schwierigkeiten gesprochen. Sie beruhen auch besonders darin, daß die erdmagnetisch errechneten Ströme, so wie sie abgeleitet sind, konstante Ströme sind, die zudem willkürlich nach Länge und Breite variieren. Es könnte aber sein, daß die noch unbekannten zeitlichen Variationen der erdmagnetischen Vertikalströme mit den luftelektrischen in Verbindung ständen. In diesem Sinne ist es interessant, wenn H. BENNDORF[1] die Aufrechterhaltung der elektrischen Ladung der Erde durch die erdmagnetischen Vertikalströme erklären will, obschon seine Überlegungen nur als ein tastender Versuch zu betrachten sind, die verborgene Verbindung zu finden.

Und doch sind sie sicherlich vorhanden, wie wir wieder aus der überraschenden Entdeckung von S. J. MAUCHLY[2] ersehen, daß über dem freien Meere, wo die Ionisatoren der Bodenluft fehlen, der tägliche Gang des luftelektrischen Potentialgefälles nach Weltzeit vor sich geht und nicht nach Ortszeit. Es findet sich auf allen Ozeanen ein einfacher einwelliger Tagesgang mit einem Maximum um etwa 18^h und einem Minimum um rund 6^h Gr. M. Z., d. h. zu den Zeiten, wo die Sonne im Meridian der magnetischen Achse ihre obere bzw. untere Kulmination erreicht. *Mithin wird der tägliche Gang des luftelektrischen Potentialgefälles durch einen Ionisator bedingt, der der Einwirkung des magnetischen Erdfeldes unterliegt* — auf dem Meere rein, auf Land durch örtliche Einflüsse verschiedener Art überdeckt. Es liegt nahe als diesen Ionisator die Elektronenstrahlen anzusehen, welche Polarlichter und Störungen bedingen. Der Vorgang, wie diese nach unseren Erwartungen in der HEAVISIDE-Schicht absorbierten Strahlen dennoch in die Tiefe dringen, oder wie sie sonst luftelektrisch wirksam werden, ist noch ganz unklar.

Wir finden demnach eine Beziehung zwischen den elektrischen Zuständen dieser Hochschichten und denen der bodennahen. Dies lenkt unsere Aufmerksamkeit auf eine große Zahl alter Beobachtungen, welche

---

[1] BENNDORF, H.: Z. Geophysik 1, 147—152 (1924/25). — Physik. Z. **26**, 81—91 (1925). — SCHMIDT, AD.: Bemerkungen dazu. Z. Geophysik 1, 283—284 (1925).

[2] MAUCHLY, S. J.: Research. Dep. Ter. Magn. Carnegie Inst. **5**, 385—424 (1926).

zwischen Nordlicht und Vorgängen in den untersten Schichten Verbindungen behaupteten, und die wieder zurückgestellt wurden, als man erkannte, daß das Polarlicht in Höhen sich abspielt, die weit über den

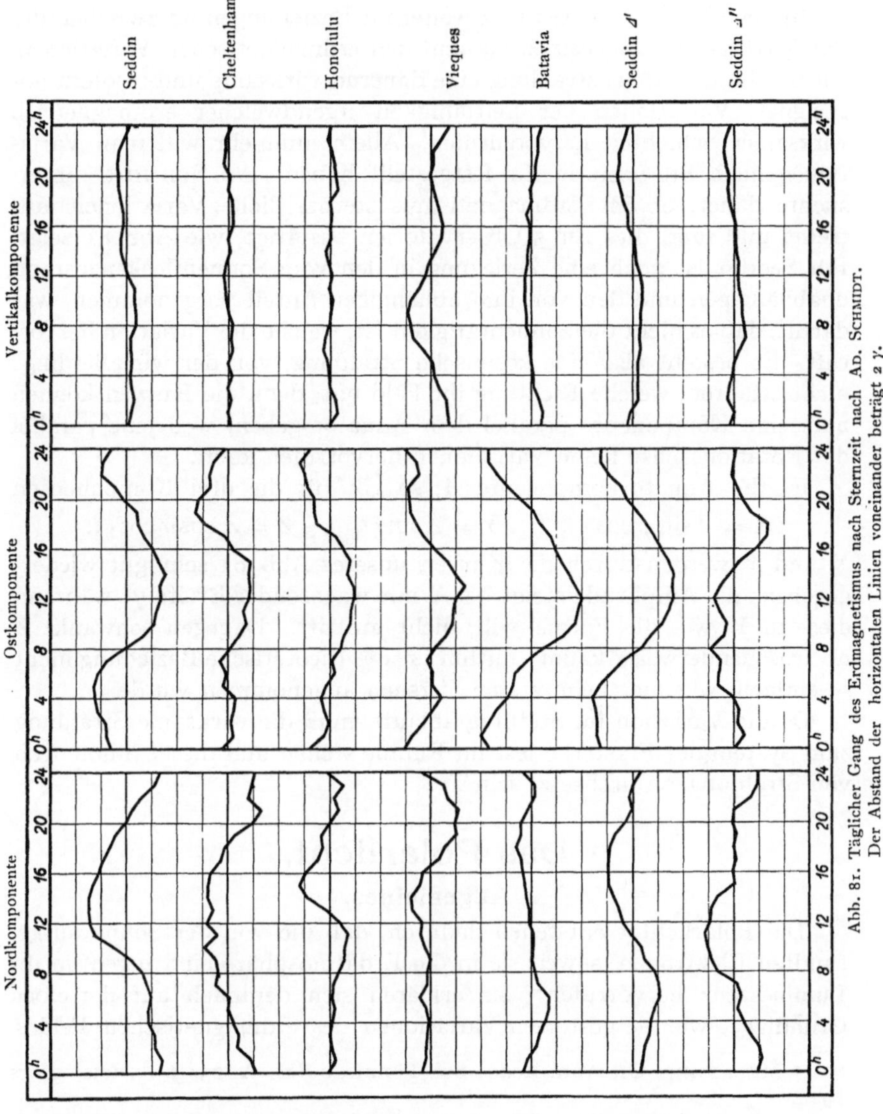

Abb. 81. Täglicher Gang des Erdmagnetismus nach Sternzeit nach Ad. Schmidt. Der Abstand der horizontalen Linien voneinander beträgt 2 γ.

meteorologisch tätigen lagern. Es sei hier erinnert an die Zirrenbildung nach Nordlichtnächten, wo das Polarlicht in tiefere Regionen Kondensationskerne schickte und an die Behauptung, daß da, wo Polarlichter entstehen, Blitzentladungen seltener werden, so daß beide Entladungsformen sich gleichsam wechselseitig ergänzen. Auch das Andenleuchten mit seinen eigenartigen Entladungsformen zwischen Blitz, Elmsfeuer und Polarlicht ruft sich hier in Erinnerung. Neuerdings tritt MELANDER[1] wieder besonders für die Einheitlichkeit aller Entladungsformen ein.

In neuester Zeit deuten sich weiterhin Beziehungen an zwischen der *durchdringenden Höhenstrahlung* und den erdmagnetischen Variationen. An sich ist die Höhenstrahlung eine dauernd wirksame und insofern ungeeignet, Variationen der Leitfähigkeit irgendwelcher erdmagnetisch wirksamer Schichten hervorzurufen. Allein nunmehr will man Variationen nach Sternzeit in ihr festgestellt haben. AD. SCHMIDT[2] untersuchte daher, ob im Erdmagnetismus sternzeitliche Variationen auftreten und fand dies für 5 Observatorien bestätigt, wie Abb. 81 zeigt. Für Seddin ist noch eine Zerlegung in den vom Sonnenfleckenzustand unabhängigen und den von ihm abhängigen Anteil vorgenommen, was dartut, daß es nicht die Sonnentätigkeit ist, welche die Variation hervorruft. Es besteht also eine kosmische Strahlung, von der wir allerdings nicht erfahren, welche Richtung ihr Feld hat, denn die Kurven können nur seine Komponente parallel dem Äquator geben, weil jene parallel der Rotationsachse keine Variationen hervorrufen kann.

Ist die Äquatorkomponente A, so gilt für die drei Komponenten

$$X = A \sin\varphi \cos\eta\, t, \qquad Y = A \sin\eta\, t, \qquad Z = A \cos\varphi \cos\eta\, t.$$

X und Y werden durch die Kurven unserer Abb. 81 sehr gut wiedergegeben; die Amplitude steigt bei X mit wachsender Breite φ, während diese in Y, wie die Formel will, nicht auftritt. Dagegen schwankt Z überraschenderweise kaum; mithin ist die theoretische Beziehung nicht so einfach, wie hier beim ersten Versuch angenommen wurde.

Da die Variation im Sterntag abläuft, muß die wirksame Strahlung zum System der Fixsterne fest im Raume stehen und dieser inhomogen von Strahlungen durchsetzt sein[3].

Das Polarlicht.

Allgemeines.

Die Polarlichter entstehen dadurch, daß die von der Sonne ausgesandten Elektronen, soweit sie in die Erdatmosphäre eindringen, in ihr Lumineszenz hervorrufen[4]; sie erklären sich demnach auf derselben Grundlage, wie die gestörten Variationen des erdmagnetischen Feldes.

[1] MELANDER, G.: Ann. Acad. Sci. Fennicae Ser. A. **23** [6]. Helsingfors 1924.

[2] SCHMIDT, AD.: Tät.-Ber. Meteorol. Inst. im Jahre 1927, S. 89—97. Berlin 1928.

[3] Vergleiche das am Schluß des Abschnitts über das Polarlicht, über den Elektronenaustausch zwischen den Fixsternen Gesagte.

[4] Am Zustandekommen des Polarlichts sind also weniger Elektronenbahnen beteiligt als an dem der Störungen.

Eine Folge davon ist, daß zwischen beiden Vorgängen Beziehungen herrschen. Vor Ausarbeitung der Theorie von Birkeland-Störmer, die wir im vorigen Kapitel kennen gelernt haben, hielt man diese Verbindung für enger als heute, wo man in den magnetischen Störungen und den Polarlichtern fast voneinander unabhängige, verschiedene Wirkungen ein und derselben Ursache sieht, der Sonnentätigkeit.

Polarlichter kommen nur auf beschränkten Gebieten der Erdoberfläche zur Beobachtung, während magnetische Stürme stets die ganze Erde betreffen, wenn auch vielleicht bei kleinen Störungen unsere Apparate nicht überall genau genug messen, um das Vorhandensein der Störung deutlich zu machen.

Man unterscheidet zwischen *Nordlichtern* und *Südlichtern*, heutzutage nur danach unterschieden, ob sie auf der nördlichen oder der südlichen Halbkugel gesehen werden. Früher, und entsprechend in älteren Werken,

Abb. 82. Nordlichtbogen und Dunkles Segment.

findet man als Nordlicht ein Polarlicht am Nordhimmel, als Südlicht eines am Südhimmel bezeichnet; ein und dieselbe Erscheinung wäre also für einen Beobachter ein Nordlicht, während sie für einen anderen als Südlicht zu benennen wäre, je nach der Lage des Beobachtungsorts zum Ort des Auftretens.

Man unterscheidet zwei Arten von Polarlicht, nämlich *ruhiges* und *bewegtes*. Die ruhigen zeigen wenig oder keine raschen Veränderungen, meist auch keine deutliche Gliederung. Sie gelten als die hohen Formen, deren zugehörige Elektronenbahnen nicht tief in die Erdluft eindringen; sie sind nicht so oft von magnetischen Störungen begleitet wie die bewegten. Letztere sind auch die zahlreicheren; sie weisen häufige und schnelle Veränderungen ihres Baues, ihrer Einzelheiten und ihrer Farben auf.

Diese Einzelheiten nennt man auch wohl die *Formen* des Polarlichts. Die ursprünglich von dem Polarforscher WEYPRECHT eingeführten Unterscheidungen sind:

Bogen, meist weiße, regenbogenartig geformte Gebilde, nach unten scharf begrenzt, so daß das darunter gelegene Stück des Himmelsgewölbes besonders dunkel erscheint und daher den Namen des *dunklen Segments* führt. Abb. 82.

Fäden, einzelne dünne Nadeln, oft quer, wenn auch nicht immer senkrecht gegen die Bögen stehend.

Strahlen sind breitere oft recht farbige Streifen, deutlich schief gegen die Bögen und den Horizont und von großer wechselnder Länge. Anfänglich violett-weiß, später gern rötlich bis dunkelrot, oft in Wellen seitlich wandernd, ver-

Abb. 83. Nordlichtstrahlen. Phot. C. STÖRMER.

schwindend und neu entstehend, also von vornherein nur bei bewegtem Polarlichtkern auftretend. Abb. 83.

Bänder, den Bögen verwandt und oft aus ihnen entstehend, indem ein Ende sich vom Horizont ablöst. Abb. 84. Geschieht dies mit beiden Enden, so bildet sich ein Ring. Häufig sind auch schlangenartige Bänder. Abb. 85.

Draperie, ähnlich den Bögen jedoch stets vertikal gestreift, vorhangartig, woher der Name stammt. Nach unten scharf begrenzt, nach oben unscharf. Beim Überqueren des Zenits sieht man, daß die Draperien sehr schmal sind. Abb. 89/90.

Krone oder Corona entsteht, wenn Strahlen, von allen Seiten her hochschießend, sich in einem engen Gebiet vereinigen. Abb. 86.

Abb. 84. Nordlichtband. Phot. C. STÖRMER.

Dunst; der Polarlichtdunst ist ein nebelartiges, in sich nicht weiter gegliedertes diffuses Licht ohne jeden scharfen Rand, meist bläulichweiß bis grünlich.

Alle diese Formen können gleichzeitig vorhanden sein oder auch einander ablösen. In unseren Gegenden kommen Krone und Draperie so gut wie nie vor, am häufigsten noch Bogen und Nordlichtdunst. Nach den Polen zu nimmt der Formenreichtum zu.

Die *Farbe* bewegt sich durch das ganze Spektrum, jedoch mit Bevorzugung von grünlichen und violetten Tönen. Die Helligkeit ist gering, wird daher leicht vom Mondschein überdeckt, sodaß die Beobachtung durch den Mondstand beeinflußt wird, und damit auch zu einem gewissen Grad die scheinbare Häufigkeitsverteilung im Tag und Jahr. Am hellen Tage ist es überhaupt unsichtbar, und bei heller Dämmerung wird es überblendet.

Abb. 85. Nordlichtband. Phot. C. Störmer.

Im Verlauf des Tages sind in den mittleren Breiten die Stunden 20—22^h ganz erheblich bevorzugt, dem Pol näher verschiebt sich das Maximum noch mehr in die Nacht hinein. Dies erklärt sich daraus, daß die Elektronenbahnen vorwiegend an der Nachtseite einwandern. Die jährliche Variation ist vollkommen gleich jener der Häufigkeit der erdmagnetischen Störungen. Der Zusammenhang mit der 11jährigen Schwankung der Sonnenfleckenzahlen ist so eng, wie der gleiche bei den Störungen, d. h. er ist nicht ganz streng da, dafür aber genau überein mit den magnetischen Schwankungen.

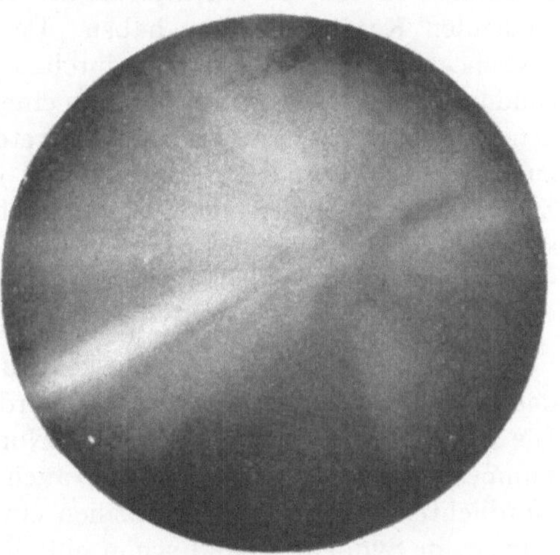

Abb. 86. Nordlichtkrone. Phot. C. Störmer.

Die Erforschung der Polarlichter ist, seitdem man sie mit sensibilisierten Platten und Kameras mit Quarzlinsen aufnimmt, ungemein gefördert worden. Es war insbesondere C. Störmer, der hier viel leistete; es gelang ihm sogar, den Ablauf der Erscheinung kinematographisch festzuhalten. Bedeutender aber war die von ihm eingeführte photogrammetrische Aufnahme desselben Nordlichts von zwei verschiedenen

Beobachtungspunkten aus, weil dadurch die lange strittige Frage nach der Höhe der Polarlichter geklärt werden konnte.

Weniger weit ist man mit der Photographie des Polarlichtspektrums gekommen, da die meisten Linien sehr schwach sind. Allerdings ragt *eine* an Intensität unter allen hervor, eine Linie im Gelbgrünen, der Hauptfarbe des Nordlichts, der die Wellenlänge 5578 Å zukommt. Sie ist die für die Erscheinung charakteristische Linie, da sie bei keinem anderen leuchtenden Gase bisher bekannt war; sie heißt daher die *Nordlichtlinie*. Das Auftreten eines reinen Linienspektrums beweist, daß es sich um leuchtende Gase handelt. WIJKANDER stellte fest, daß in Polargegenden während eines Polarlichts die helle Nordlichtlinie auch außerhalb der Erscheinung überall am Himmel im Spektrographen zu sehen war. E. WIECHERT[1] zeigte, daß sie auch in unseren Gegenden oft auftritt, auch wenn es zu keinem ausgesprochenen Nordlicht kommt. Wir müssen annehmen, daß es sich dann um stille Polarlichter handelt, die in großer Höhe schweben, und schließen, daß auch in unsere Breiten Elektronen einwandern können. Es ist zu vermuten, daß die sogenannte allgemeine Helligkeit des Nachthimmels damit in Verbindung steht.

Nordlichter und Südlichter treten oft gleichzeitig auf, nämlich dann, wenn die Elektronen von Pol zu Pol schwingen, wie wir dies für eine bestimmte Klasse von Trajektorien der STÖRMERSCHEN Theorie im voranstehenden Kapitel erfahren haben. Das Polarlicht tritt jedesmal nur über begrenzten Gebieten auf, durchaus nicht in fortlaufendem Band rund um die Pole herum. Es kann in einer Gegend entstehen, verschwinden und später in einer anderen auftreten[2]. Die Neigung, Polarlichter zu bilden, wandert mit der Sonne von Ost nach West über die Erde. Zwischen Nordlichtern und Südlichtern hat sich bis jetzt erst *eine* Verschiedenheit gezeigt, und das ist die geographische Verteilung.

Verteilung über die Erde.

Die geographische Verteilung kennen wir einigermaßen gut nur für das Nordlicht, und zwar, weil die Nordhalbkugel besser besiedelt ist. Die Häufigkeit nimmt von Süd nach Nord sehr rasch zu. Nach den Zusammenstellungen von FRITZ[3], der auch eine Karte der Verteilung der Nordlichter entwarf, sind in Sizilien ein Nordlicht in 10 Jahren zu erwarten, in Süddeutschland schon eins in einem Jahr, auf den Färöern 100 im Jahre. Schließlich wird auf einer Linie, deren Verlauf wir in nebenstehender Abb. 88 erblicken, eine maximale Häufigkeit erreicht; noch weiter nördlich nimmt die Anzahl wieder ab. Diese Zone heißt die *Zone maximaler Häufigkeit* der Nordlichter. Sie hat eine ovaloide Gestalt;

---

[1] WIECHERT, E.: Ges. Wiss. Göttingen, Nachr. Math.-physik. Kl. S. 1—3 (1902).

[2] NIPPOLDT, A.: Ann. Hydr. **52**, 196 (1924).

[3] FRITZ, H.: Das Polarlicht. Leipzig 1881.

ihr Mittelpunkt heißt wohl auch der *Nordlichtpol* (der Stern rechts). Die punktierte Linie verbindet die Orte, wo das Polarlicht ebensooft am südlichen wie am nördlichenHimmel zu sehen ist; sie heißt die *neutrale Zone.*

Beim Südlicht ist es mangels ausreichender Beobachtungen nicht möglich gewesen, für die ganze Südhemisphäre Linien gleicher Häufigkeit des Südlichts zu zeichnen. Unsere Abb. 87 gibt aber nach W. BOLLER[1] die Maximalzonen, deren es hier zwei sind, und die neutrale Linie. Abgesehen von der anderen Gestalt der Zonen — in der Südpolarregion sind es ausgesprochene Kreise — fällt der verschiedenene Öffnungswinkel auf. Dies ist ungemein wichtig für die Entscheidung über die

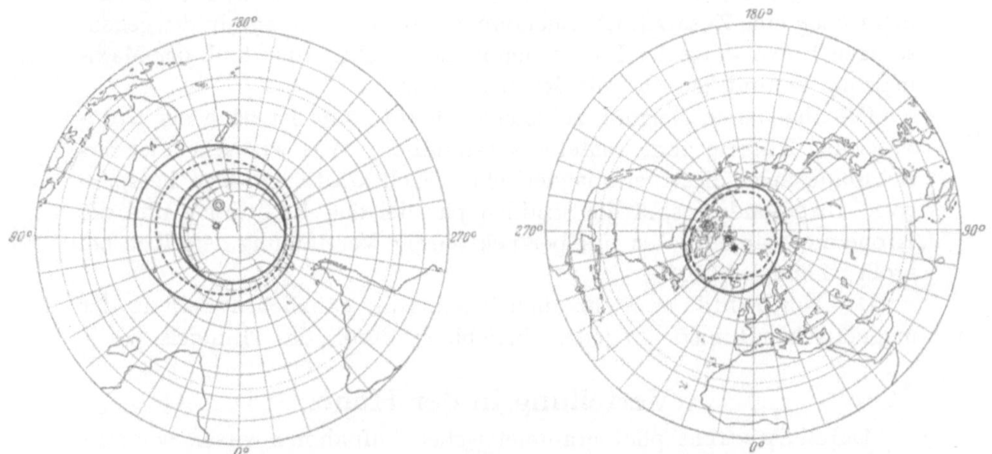

Abb. 87. Südhalbkugel nach BOLLER.   Abb. 88. Nordhalbkugel nach FRITZ.
Abb. 87 und 88. Häufigkeitszone der Polarlichter.
⊙ magn. Pol; ☆ magn. Achsenpunkt; ✳ nördl. Nordlichtpol.

Art der Elektronenstrahlen, welche das Polarlicht erklären sollen. Es wäre sehr zu wünschen, daß die beiden Arbeiten von FRITZ und BOLLER auf Grund des inzwischen zugewachsenen neuen Beobachtungsmaterials durch neuere Zusammenstellungen ergänzt würden. Auf der Südhalbkugel reichen im Gegensatz zu der Nordhalbkugel die Polarlichter nahe an den Äquator heran.

Da es nun als ausgeschlossen erscheint, daß auf den beiden Halbkugeln Strahlen verschiedener Art wirksam sind, so kann man den Unterschied nur dadurch erklären, daß man doch nicht die Erde als einen Elementarmagneten sich wirksam denkt, sondern auch die höheren Glieder des Erdfeldes zu Rate zieht, d. h. die magnetischen Anomalien der Südpolländer beachtet.

[1] BOLLER, W.: Gerlands Beitr. **3,** 56—130, 550—609 (1908).

Verteilung am Himmelsgewölbe.

In niederen und mittleren Breiten ist die Stellung des Polarlichts am Himmel in enger Verbindung mit der Richtung des erdmagnetischen Feldes. So sind die Scheitel der Bögen stets fast genau im magnetischen Meridian und die Krone bildet sich im magnetischen Zenit, d. h. dem Punkte, auf den das nach oben gerichtete Ende einer freibeweglichen Magnetnadel weist. Die Abweichungen, welche genauere Messungen enthüllt haben, sind einfach daraus zu erklären, daß in jenen in Betracht kommenden Höhen nicht die an der Erdoberfläche gültigen Richtungen maßgebend sind. Allerdings können die Richtungen oben darum nicht anders sein wie unten, weil wir uns vom Erdfeld entfernen; es muß vielmehr noch eine Zusatzkraft angenommen werden, die man in der gegenseitigen Einwirkung der Elektronenbahnen sucht. Innerhalb der Maximalzone kommt jedoch jede Richtung vor.

Die allgemeine Neigung zu solcher Orientierung ist nach der STÖRMERschen Theorie ohne weiteres verständlich. Was wir sehen ist das Zusammenspiel dieser erdmagnetischen Richtkräfte und der Perspektive. Insbesondere sind die Strahlen parallel den Kraftlinien und die Krone nicht anderes, als eine perspektivische Vereinigung derselben bei großer Länge. Abb. 86.

Der Nordlichtdunst steht auch bei uns oft gänzlich außerhalb der magnetischen Linien, an jedem beliebigen Punkt des Himmels.

Verteilung in der Höhe.

Durch STÖRMERS photogrammetrischen Aufnahmen wissen wir nunmehr über die Höhen, in denen Polarlichter auftreten, genau Bescheid, allerdings lediglich nur für die Nordlichter. Es ergibt sich eine scharfe untere Grenze, während nach der Höhe zu keine Beschränkung zu herrschen scheint. Allerdings betreffen diese Hochpunkte fast nur noch Strahlen. Der höchste bisher gemessene Wert beträgt 1000 km (Dunst)[1].

Das Verfahren von STÖRMER besteht darin, daß von zwei Orten aus, deren gegenseitige Lage nach Abstand und Richtung bekannt ist, ein und dasselbe Polarlicht mit Phototheodoliten aufgenommen wird, das sind Universale mit Horizontal- und Vertikalteilkreis, bei denen an Stelle des Fernrohrs die photographische Kasette steht. Die Orientierung der Kameraachse wird dadurch festgelegt, daß neben das Bild der Polarlichter das bekannter Sterne tritt, deren Rektaszension und Deklination im Verein mit den Zeitangaben der Uhr geodätisches Azimut und Höhe über den Horizont liefern.

Nebenstehende Abb. 89 und 90 zeigen die Aufnahmen eines Nordlichts vom 26. Januar 1926 um $18^h\ 36^m$ M.Gr.Z., das eine Mal in Bygdö,

---

[1] STÖRMER, C.: Gerlands Beitr. **17**, 254—264. Geophysik Publ. **2** [2], Kristiania 1921.

das andere Mal in Tömte aufgenommen. Die Sterne gehören dem Großen Bären an. Die parallaktische Verschiebung der leicht festzustellenden identischen Einzelheiten der Nordlichtstrahlen gestattete, die Höhe über der Erde und den Ort zu berechnen, über dem sich das Polarlicht entwickelte.

Umstehende Abb. 91 nach Vegård[1] zeigt die Verteilung der verschiedenen und schließlich aller Formen bis 160 km. Die Draperien und

Abb. 89. Photogrammetrische Aufnahme einer Draperie von Bygdö aus. Nach Borchgrevink.

die strukturlosen Bögen verraten zwei ausgesprochene Maxima in 100 und 106 km. Je näher man dem Äquator kommt, desto höher ergibt sich die untere scharfe Grenze: in Bossehop beim Nordkap 106, in Oslo 120 km. Das Südlicht in Samoa vom 15. Mai 1921 lag nach Angenheister[2] in 1000 km.

Die untere scharfe Grenze erklären wir damit, daß hier die Energie der Strahlen absorbiert ist. Aus der Messung der Schwärzungsintensität

---

[1] Vegård, L.: Geophysik Publ. 1 [1].
[2] Angenheister, G.: Z. Meteorol. S. 19 (1922).

Abb. 90. Photogrammetrische Aufnahme einer Draperie von Tömte aus nach C. Störmer.

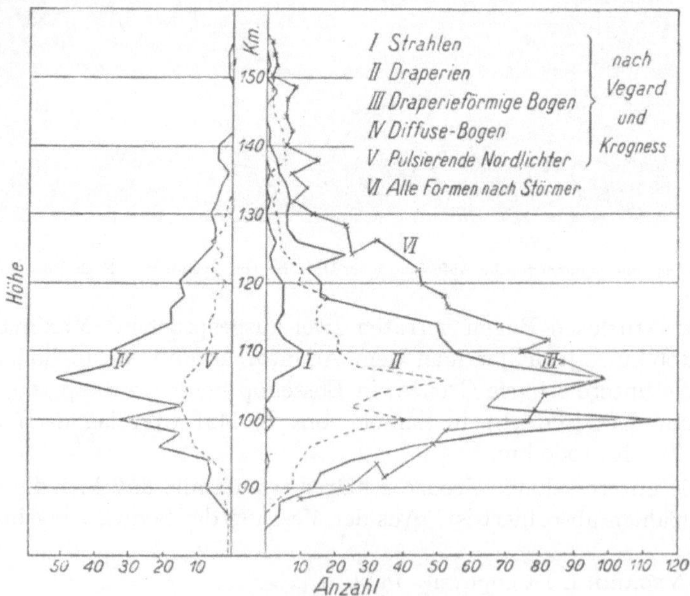

Abb. 91. Häufigkeit der Höhen verschiedener Polarlichtformen nach L. Vegárd.

der photographischen Platten hat VEGÅRD[1] versucht, die Verteilung der
Lichtstärke durch die Höhen zu messen. Abb. 92 gibt das Resultat, getrennt für verschiedene Formen. Die theoretische Verarbeitung findet zur Zeit noch fast unüberbrückbare Schwierigkeiten an der Unkenntnis der Zusammensetzung der höheren Luftschichten, dann aber auch an der Tatsache, daß nach der STÖRMERschen Theorie die Bahnen der Teilchen nicht nur einfache Geraden vom Außenraum längs der Kraftlinien sind, sondern im allgemeinen Spiralen auf krummen Kegeln, und daß sie sogar mehrfach auf und ab wandern können. In Draperienordlichtern durchlaufen sie an der unteren Grenze kurze kreisähnliche Bahnen, sodaß man aus dem Durchmesser derselben, d. i. aus der Dicke der Draperienwände, $\frac{m\,v}{e} = \mathfrak{H}\varrho$ messen kann, die Steifigkeit der Strahlenart. Sie findet sich zu 2. 10^4, was für Strahlen negativer Ladung spricht.

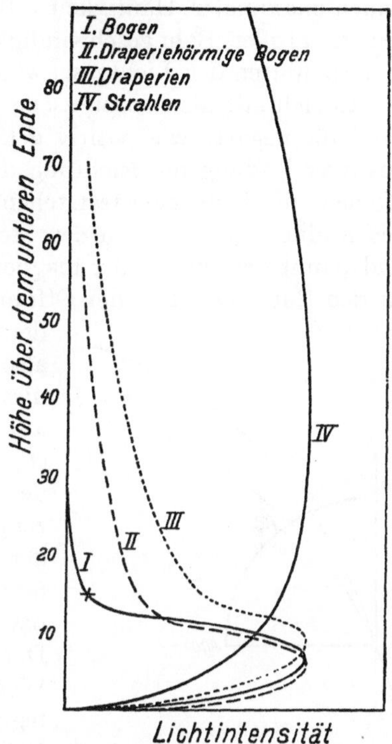

Abb. 92. Verteilung der Lichtstärke der Polarlicht-formen in Höhe über dem Punkt tiefsten Leuchtens nach L. VEGÅRD.

BIRKELAND-STÖRMERsche Theorie des Polarlichts.

Wir haben diese Theorie schon bei der Erklärung der erdmagnetischen Störungen kennengelernt. Von den von STÖRMER berechneten Elektronenbahnen kommen für das Polarlicht nur jene in Betracht, welche die Erdatmosphäre erreichen und in sie eindringen. Mit ihrer uns schon bekannten ionisierenden Wirkung ist zugleich die lumineszierende gegeben. Die Theorie ist besonders in der Lage gewesen, die Orientierung der Polarlichter nach den Kraftlinien des erdmagnetischen Feldes und das Bestehen der Zone maximaler Häufigkeit zu erklären. Außerdem macht sie das wechselvolle Bild der Erscheinung verständlich, indem sie lehrt, daß die geringen Änderungen zwischen den Richtungen der Elektronenbewegung und des Erdfeldes, wie sie allein die tägliche Drehung und die Bahnbewegung der Erde mit sich bringen, genügen, um ganz andere Bahnen einschlagen zu lassen. Damit ist das Element der Unruhe völlig gegeben.

---

[1] VEGÅRD: Geophysik Publ. 1, 149. Philosophic. Mag. 42, 59.

Schwierigkeiten machte jedoch noch der große Öffnungswinkel der Zonen maximaler Häufigkeit. BIRKELAND dachte daher an Strahlen von so großer Bahngeschwindigkeit, daß sie nur wenige Zehner von Metern hinter der Lichtgeschwindigkeit zurückblieb.

An sich gilt die STÖRMERsche Theorie für Strahlen aller Art und sowohl für negativ wie positiv geladene Teilchen; es kehrt sich nur bei positiver Ladung die Richtung der positiven Z-Achse um. Da M, das Moment der Erde, eine feststehende Größe ist, hängt jedoch die Größe des Radius c (S. 128) von der Steifigkeit $\mathfrak{H}\varrho$, der Art der Strahlen ab, und damit der Winkel der magnetischen Erdachse gegen die Tangenten an den Raum Q_γ, d. h. der Öffnungswinkel der Zone größter Häufigkeit

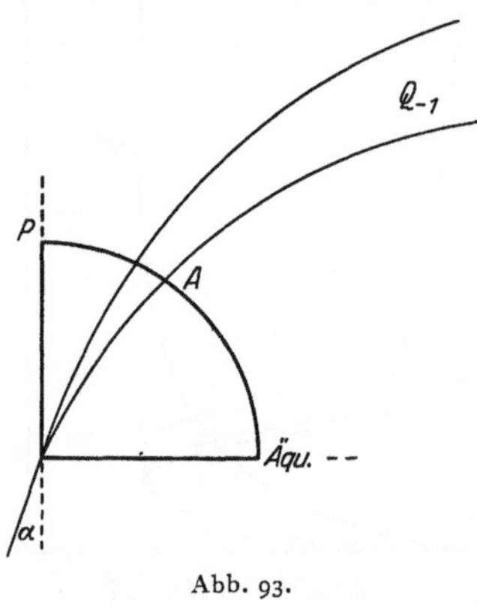

Abb. 93.

der Polarlichter. Nach unserer Abb. 87/88, also nach den Beobachtungen, beträgt dieser Winkel auf der Nordhalbkugel 21°, auf der Südhalbkugel 34°. Ist in Abb. 93 Q_{-1} der Raum, innerhalb dessen die von der Sonne kommenden, das Polarlicht erzeugenden Elektronen wandern, so ist A der südliche Rand der nördlichen Zone maximaler Häufigkeit der Nordlichter, bzw. der nördliche Rand der Südlichter. Der Index —1 gibt an, daß mit dem runden Wert —1 für die charakteristische Integrationskonstante γ gerechnet wird. Die Poldistanz α von A, für die wir der Einfachheit wegen den Winkel der Tangente im Erdmittelpunkt an die äquatorielle Grenzfläche von Q_{-1} setzen, ist dann nach STÖRMERS Theorie bestimmt durch

$$\sin\alpha = \sqrt{\frac{2r_0}{c}},$$

worin r_0 der Radius vom Erdmittelpunkt bis zur Höhe der Schicht, in der die Polarlichter sich abspielen; wir setzen $r_0 = 6.4 \cdot 10^8$ cm. c ist der Radius des Einheitskreises der Trajektorienberechnung (s. S. 128) $c = M/\mathfrak{H}\varrho_0$; das magnetische Moment der Erde sei $M = 8.10^{25}\ \Gamma\,\mathrm{cm}^3$. Dies eingesetzt, führt zu

$$\mathfrak{H}\varrho_0 = \frac{1}{2}\sin^4\alpha \cdot 10^8,$$

was für $\alpha = 21°$ liefert 824000, für 34° 4.890000. Hiervon entspricht der erstere Wert wenigstens in der Größenordnung den steifsten α-Strahlen (400000). Die bekannten Kathodenstrahlen mit $\mathfrak{H}\varrho_0 = 100$ bis 550 schienen danach gar nicht in Frage zu kommen.

STÖRMER[1] konnte jedoch die Schwierigkeit lösen, indem er außer dem magnetischen Feld des beharrlichen Erdfeldes noch jenes des äquatoriellen

---

[1] STÖRMER, C.: Arch. phys. nat. S. 92 u. ff. Genf 1912.

Ringstroms beachtete. Er nahm dabei an, daß der Ringstrom von Strahlen derselben Steifigkeit beschickt werde, wie die Zone der Polarlichter. Der Ringstrom genügt, um die beobachtete Winkelöffnung der Zone maximaler Häufigkeit der Polarlichter zu erklären, selbst wenn man den Korpuskeln so kleine magnetische Steifigkeit zuordnet, wie die der β-Strahlen des Radiums.

Damit ist aber zugleich die Theorie nach einer anderen Richtung wesentlich ausgebaut: Es wird damit zugleich verständlich, warum Polarlichter gelegentlich in niedere Breiten vordringen können, das Polarlicht sich weit nach dem Äquator hin verlagert. Die Erklärung ist, daß der Ringstrom stark vergrößert wird. Dies ist nur der Fall, wenn große erdmagnetische Störungen herrschen. STÖRMER berechnet, daß bei einer Verschiebung des Polarlichts auf ein α von 40, 45, 50, 55°, also bis auf die magnetischen Breiten von 50, 45, 40, 35°, die Störung des Erdmagnetismus in der Komponente parallel der magnetischen Achse 660, 1200, 1900 und 2900 γ betragen muß. Das sind durchaus mögliche und beobachtete Werte, und dem entspricht es auch, wenn RÖSTAD[1] aus den Beobachtungen von 108 in Drontheim gesehenen

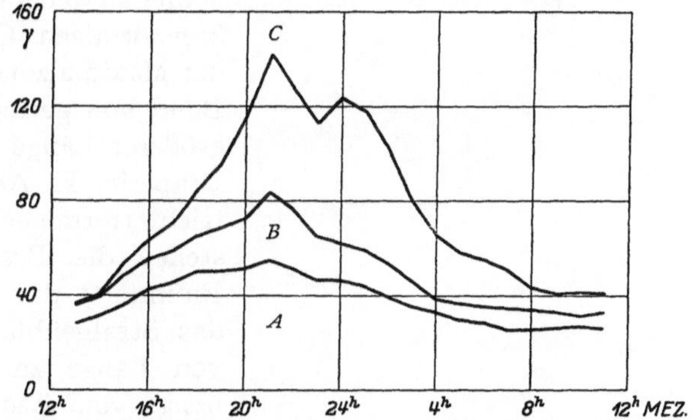

Abb. 94. Zusammenhang der geogr. Breite der Nordlichter mit der Stärke der magnet. Störung nach A. RÖSTAD.

Nordlichtern, von denen 29 auch in Oslo und 14 in Holland auftraten, fand, daß die Ausbreitung über die normale Zone hinaus in ausgesprochener Weise mit der Intensität der magnetischen Störung wächst.

In der nebenstehenden Abb. 94 gibt A die magnetisch störende Kraft (nach den gleichzeitigen Beobachtungen in Potsdam), wann das Nordlicht in Drontheim gesehen wurde, B wann es in Oslo, und C wann es in Holland zu sehen war. Die Ordinaten geben die Größe der störenden Kraft in γ. Man sieht, daß eine Verlegung bis Holland die größte störende Kraft erfordert, jene bis Oslo schon geringere und am wenigsten jene nach Drontheim. Diese Verhältnisse gelten auch für die einzelnen Nordlichtformen, nur daß z. B. die Krone an sich die stärksten störenden Kräfte verlangt.

---

[1] RÖSTAD, A.: Geophysik. Publ. 5 [5]. Oslo 1928. — Gerlands Beitr. 16, 431—435 (1927).

Ohne das Feld des Ringstroms wäre der Öffnungswinkel

	$\mathfrak{H}_0 \varrho_0 =$	$\alpha =$
Kathodenstrahlen	100—450	2.3— 3.4
β-Strahlen	1800—4500	4.6— 5.8
α-Strahlen	291000—400000	16.6—18.1.

Daraus geht hervor, daß nur sehr polnahe Auftreffstellen von Elektronenstrahlen Polarlichter ohne magnetische Störungen hervorrufen können, d. h. tritt eine Polarlichtbildung ein, so ist so gut wie immer auch eine Verstärkung des Ringstroms vorhanden, d. h. eine magnetische Störung. Nur eins bleibt noch zu beachten, nämlich daß nicht nur der Ringstrom ablenkend wirkt, sondern überhaupt alle eingeschlagenen Elektronenbahnen mit Bahnkomponenten senkrecht gegen die Kraftlinien des Erdfeldes.

Um zu einer Entscheidung über die Art der Strahlen zu kommen, untersucht STÖRMER die Breite der Draperien an Hand seiner photographischen Aufnahmen. Ein von der Sonne ausgehendes Elektronenbündel kreisförmigen Querschnitts wird in der Maximalzone zu einem schmalen Band von geringer Dicke und dafür größerer Länge umgeformt, eben die Draperie, s. Abb. 95. Die beiden trichterförmigen Flächen am Pol stellen die Begrenzungsflächen des Raumes Q_γ dar. Zwischen ihnen liegt das Strahlenbündel. Das Verhältnis von Länge zu Breite des Bündels hängt von $\mathfrak{H}_0 \varrho_0$ ab. Die Beobachtungen sprechen für Kathodenstrahlen gewöhnlicher Art, also für

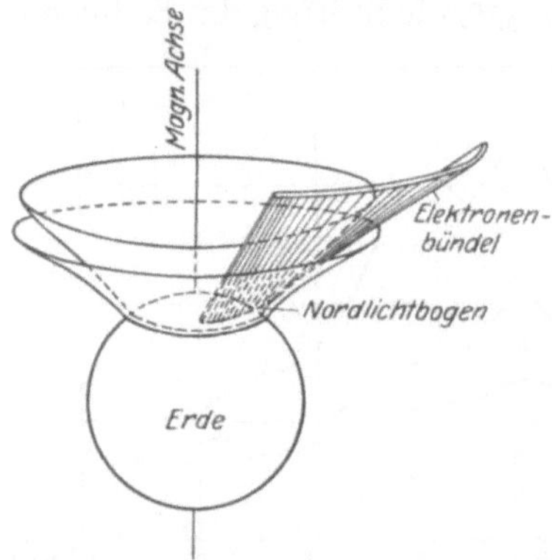

Abb. 95. Verbreiterung eines Elektronenbündels bei Annäherung an den Erdpol nach C. STÖRMER.

negative Ladungen. Auch VEGÅRD, der eine Zeitlang für positive α-Strahlen eingetreten war, ist jetzt für negative Korpuskularstrahlen. Der Gedanke, aus dem Absorptionsgesetz die Strahlengattung zu erfahren, wird ebenfalls von STÖRMER beschritten, ist in Einklang mit Kathodenstrahlen, kann aber nicht abschließend sein, weil die Zusammensetzung der Luft in den Höhen der Polarlichter unbekannt ist.

Spektrum des Polarlichts.

Eher als die Frage nach der Natur der wirksamen Strahlen scheinen die Beobachtungen des Polarlichts jene nach dem Aufbau der irdischen Atmosphäre in jenen großen Höhen zu geben, und zwar über das Spektrum des Polarlichts hin.

Im allgemeinen Teil dieses Kapitels wiesen wir schon auf die charakteristische, nur dem Nordlicht zukommende Linie bei 5578 Å hin. Außerdem sind noch die Linien 4182, 3433 und 3208 ihm eigentümlich. Die meisten Linien gehören dem Stickstoff an, so daß dieser, entgegen den meisten meteorologischen Ideen, in große Höhen reichen muß. VEGÅRD kam nun auf den Gedanken, in jenen Höhen sei der Stickstoff in Form kleiner Kristalle in fester Form vorhanden und untersuchte daher im Kältelaboratorium von KAMMERLINGH-ONNES in Leyden das Spektrum des festen Stickstoffs. Er gibt darüber folgende vergleichende graphische Darstellung (Abb. 96), links das Polarlicht, rechts der feste Stickstoff. In der Tat zeigt der feste Stickstoff vor allem die Nordlicht-

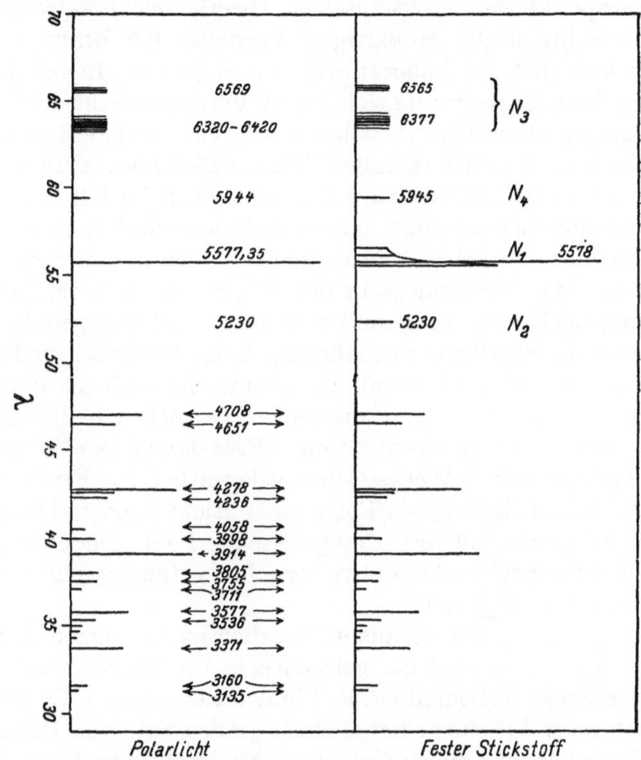

Abb. 96. Spektrum des Polarlichts und des festen Stickstoffs nach L. VEGÅRD.

linie, allerdings nicht als einfache, jedenfalls aber als stärkste Linie. Auch sonst stimmen die Intensitäten fast bei allen Linien überein. Und als etwas Neues zeigte sich beim festen Stickstoff ein langsames Abklingen des Lichts nach Aufhören der Erregung; diese Erscheinung ist beim Entstehen und Verschwinden von Polarlichtformen oft ebenfalls zu finden, sogar bei dem Polarlichtdunst. Es scheint jedoch nach neueren Wiederholungen der Prüfungen des festen Stickstoffs, daß die Nordlichtlinie nur auftritt, wenn zugleich Sauerstoff zugegen ist[1]. Danach spielen diese beiden Gase auch in großen Höhen die entscheidende Rolle.

[1] LENNAN, Mc. Proc. Roy. Soc. Lond. Ser. A. **106**, 138 (1924); **108**, 501 (1925).

Nicht unerwähnt darf bleiben, daß nach den Beobachtungen vieler Polarforscher während eines Polarlichts die Nordlichtlinie ganz allmählich auftritt, z. B. auch im Reflexlicht von Hauswänden und dergleichen nahen Gegenständen. Es werden also auch die untersten Luftschichten in eine Art Nordlichterregung versetzt.

BIRKELANDs Versuche.

Ausgangspunkt der STÖRMERschen Theorie der Elektronenbahnen waren geschichtlich die großartigen Versuche KR. BIRKELANDs, das Polarlicht künstlich im Laboratorium zu erzeugen. In der Folge beschränkten diese Experimente sich jedoch durchaus nicht auf die Polarlichter allein, sondern dehnten sich auf sehr viele andere Erscheinungen im Kosmos aus. Nun ist es außer Frage, daß BIRKELANDs Gedanken, soweit sie das Polarlicht und die erdmagnetischen Variationen betrafen, sich fast vollkommen bewährt haben, und zwar sind nicht nur die bekannten Tatsachen erklärt, sondern auch unbekannte entdeckt worden, wie besonders das Vorhandensein des Ringstroms um die Erde.

Bei einer solchen Leistung muß man die Bedenken gegen die Brauchbarkeit einer auf künstliche Nachahmungen der Natur begründete Theorie fallen lassen und wird verpflichtet, nunmehr auch die Folgerungen zu prüfen, welche BIRKELAND aus seinen Versuchen in bezug auf die anderen Geschehnisse im Kosmos zieht. *Eine* davon kam in den beiden letzten Kapiteln unseres Werkes schon gelegentlich zur Erwähnung: die Theorie der Sonnenkorona als Folge einer Elektronenstrahlung seitens der Sonne im Verein mit ihrem magnetischen Feld. Diese Aufgabe hat zur Zeit das Interesse der Astrophysiker schon gefunden und ist in erfolgversprechender Bearbeitung[1].

In dem Versuche, das Nordlicht künstlich nachzuahmen, hat BIRKELAND zwei Vorläufer. Auf der gelegentlich des Internationalen Polarjahrs von 1882/83 in Sodankylä in Finnland errichteten Station stellte SELIM LEMSTRÖM auf einem Berge einen großen Satz von Blitzableitern auf, den er isoliert mit einem Galvanometer im Tale verband, das dann seinerseits durch gute Erdplatten geerdet war. Über diesem Spitzenapparat kam besonders oft ein Lichtschein zustande, der die Nordlichtlinie zeigte und daher als Nordlicht angesprochen wurde, obwohl wir heute ihn zu den Erscheinungen des „Andenleuchtens" einordnen würden. LEMSTRÖM kam nun auf den Gedanken, in die Leitung den Strom einer Elektrisiermaschine zu senden, und war so in der Lage, künstlich den gleichen Lichtschein zu erzeugen. Abb. 97 gibt uns eine Darstellung des Vorgangs nach seinen Beobachtungen. Er sah in ihm ein künstliches Nordlicht und zog den Rückschluß, daß das Polarlicht eine elektrische Entladung sei, wodurch seinerzeit das Augenmerk der Forschung auf

---

[1] CHAPMAN, S.: The radial limitation of the Suns magn. field. Monthly Not. **89** (1928).

diese Erklärungsart überhaupt erst hingewiesen wurde[1]. Er maß auch dauernd den von Natur durch seinen Spitzenapparat fließenden Strom, den wir heute als sogenannten „Antennenstrom" innerhalb der luftelektrischen Forschung studieren.

Der zweite Forscher auf diesem Wege war H. EBERT, der schon eine Kathodenstrahlung im Vakuum einem magnetischen Feld aussetzte, doch übertraf ihn BIRKELAND bei weitem.

BIRKELAND ließ zunächst in einem Vakuum von 300, später 1000 cdm Rauminhalt eine Entladung so vor sich gehen, daß die von der Kathode ausgehenden Strahlen eine eingehängte Kugel trafen, deren Oberfläche mit Bariumplatinzyanür bestrichen war. Die Kugel hatte einen eisernen Kern, der so gestaltet war, daß das tatsächliche magnetische Feld der

Abb. 97. Sog. künstliches Nordlicht nach S. LEMSTRÖM.

Erde nachgeahmt werden konnte, wenn er von einem von außen eingeführten Strom durch eine Wicklung magnetisiert wurde. Die Kugel arbeitet so als Modell des Erdmagneten, als Terrella. Solange die Terrella unmagnetisch war, leuchtete die ganze der Kathode zugekehrte Halbkugel phosphoreszierend auf. Wurde jedoch die Kugel magnetisiert, so erfuhren die Kathodenstrahlen Ablenkungen, so daß nur einige Stellen auf ihr leuchteten. Abb. 98 zeigt den nun eintretenden Strahlengang. Wir erkennen in ihm unschwer die Gestalt des nach der Theorie von STÖRMER gegebenen Raumes Q (s. Abb. 67), innerhalb dessen die Kathodenstrahlung, welche dem Erdmagneten zueilt, völlig verlaufen muß. Die Schnittstelle mit der Erdoberfläche ist die Zone maximaler Häufig-

---

[1] LEMSTRÖM, S.: Ann. Acad. Sci. Fennicae **29**, Nr 8. Helsingfors 1900.

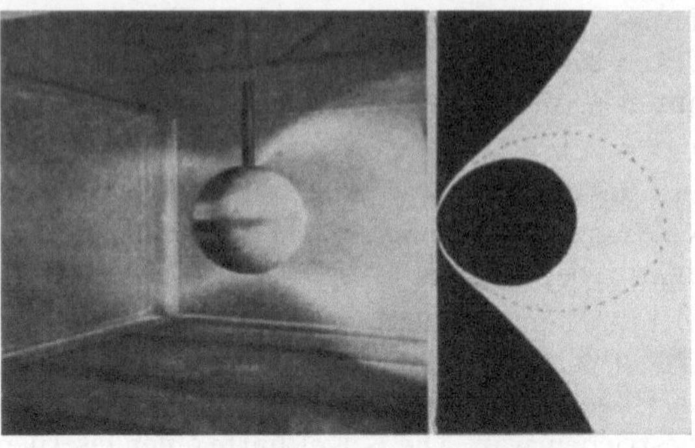

Abb. 98. Versuch von K. Birkeland übe Polarlichter; rechts der zugehörige Q-Raum der Theorie.

keit der Polarlichter. Vom Pol aus betrachtet, erkennen wir aus Abb. 99 die ganze Gestalt der Zone als eine Spirale mit besonderer Bevorzugung der Stelle, welche gerade 20^h Ortszeit entspricht, genau im Einklang mit der späteren Theorie. Die Flecke besonders reichen Einfalls der Strahlen sind die Gegenden jener Ströme in der HEAVISIDE-Schicht, welche als Ursache der polaren magnetischen Störungen angesprochen werden.

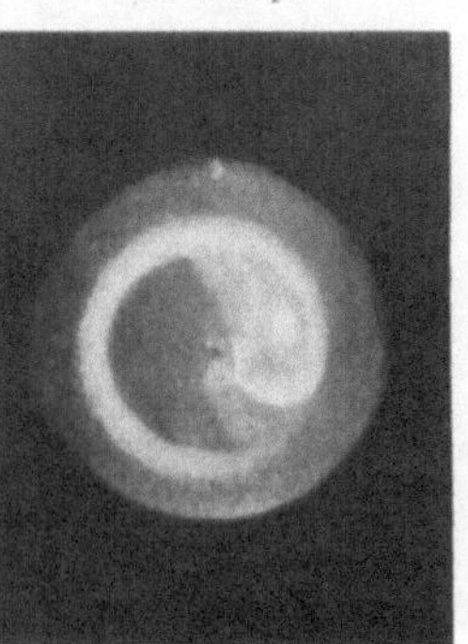

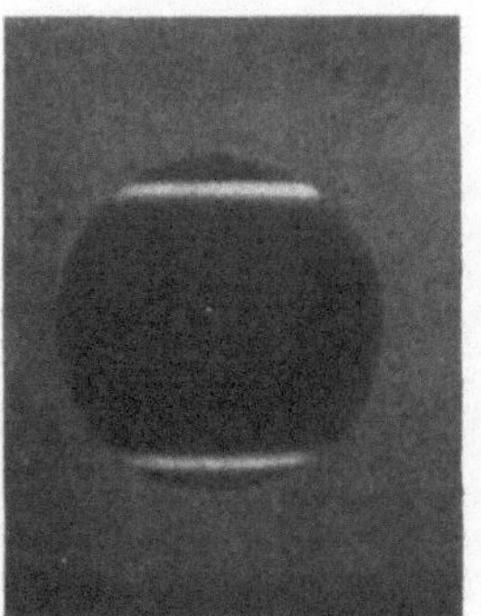

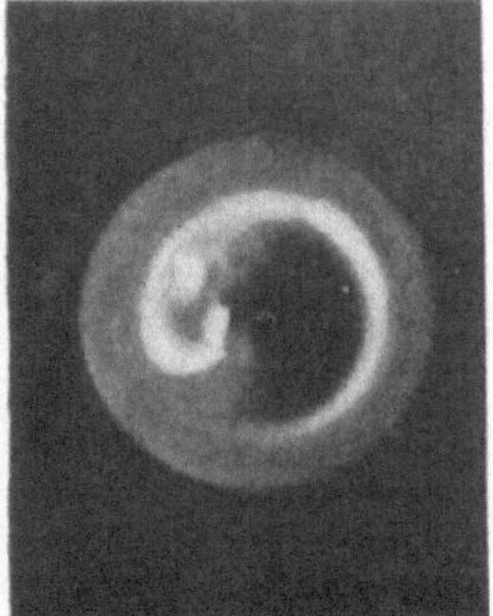

Abb. 99. Polarlichtzone nach den Versuchen von K. Birkeland.

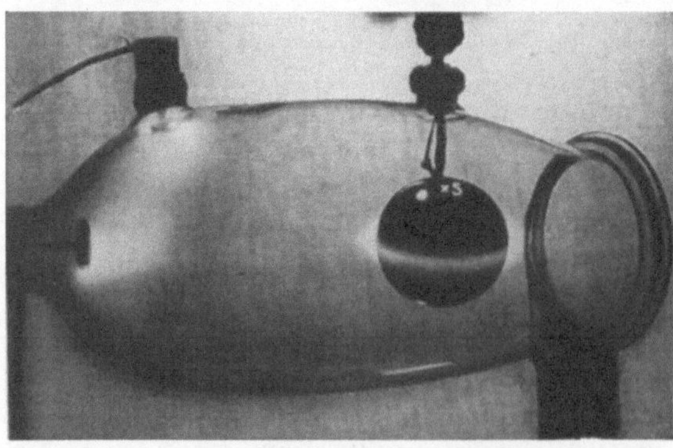

Abb. 100. Versuch von Birkeland: Aquatorring.

Bei Abänderung der Versuchsbedingung fand BIRKELAND nebenstehendes Bild (Abb. 100). Hier zieht sich die Maximalzone in einem Punkt zusammen (den 20^h-Punkt), und es bildet sich dafür ein leuchtender Ring in der Äquatorebene. Er ist das Abbild des Ringstroms, der hier in dem verdünnten Gase sichtbar ist, in der Natur jedoch unsichtbar bleibt, weil an dem Ort seines Vorkommens keine Luft mehr vorhanden ist.

Wir müssen uns auf diese wenigen Beispiele beschränken; BIRKELAND hat viele Hunderte weiterer hierhergehöriger Versuche angestellt und viele auch durch Abbildungen bekannt gegeben[1].

Unter Umständen bilden sich statt *einem* mehrere Ring, wie Abb. 101 zeigt, und BIRKELAND sieht in ihnen das Gegenstück zu den *Saturnringen*.

Alle diese Versuche haben ihren Dienst getan, indem sie zur Ausbildung der STÖRMERschen Theorie Anlaß gaben, zur befriedigenden phy-

Abb. 101. Versuch von BIRKELAND: mehrfacher Äquatorring; Vorläufer des Saturnrings und der Monde.

sikalischen Erklärung des Polarlichts in allen seinen Formen und Gesetzlichkeiten führten und die erdmagnetischen Störungen in ihrem Wesen erkennen ließen.

Dagegen eröffnen die nun zu besprechenden Versuche neue, noch ungeprüfte Ausblicke in die Theorie des Kosmos.

BIRKELAND kam auf den Gedanken, die Versuchskugel selbst zur Kathode zu machen. Es erscheinen dann auf ihrer Oberfläche scharf begrenzte punktförmige helle Flecken, die Ausgangsstellen für die Kathodenstrahlen sind. Ist die Kugel noch nicht magnetisiert, so finden sich diese Stellen ganz gleichmäßig über die Kugel verteilt (s. Abb. 102); schon ein schwaches Feld ordnet sie jedoch deutlich in zwei Zonen an, die dem magnetischen Äquator parallel liegen (Abb. 103). Je stärker das Feld ist, desto näher rücken beide Zonen an den Äquator heran. Dasselbe bewirkt aber auch bei konstant erhaltenem Magnetfeld eine Veränderung der Entladungsspannung, indem einem hohen Wert derselben eine größere Entfernung vom Äquator entspricht, als einem niederen. Die Länge der Strahlen hängt von dem Gasdruck ab und ist um so größer, je geringer dieser ist.

---

[1] Hauptsächlich in Norwegian Aurora Polaris Expedition 1902—03, I, erste und zweite Abteilung. Kristiania 1908/13; auch Leipzig. Ambr. Barth.

In diesen Vorgängen ist eine Analogie zu den *Sonnenflecken* zu sehen, oder besser, den Tätigkeitsherden auf der Sonne, die wir ja als Quellen der solaren Kathodenstrahlung anzusprechen gelernt haben. Läßt sich die Analogie tatsächlich auf die Sonne übertragen, so erklären die Versuche die Anordnung der Sonnenflecken längs heliographischer Breitenkreise, ferner ihre Wanderung im Laufe des Sonnenzyklus dem Äquator zu, wobei für uns vorerst nur offen ist, ob sie von einer Zunahme des allgemeinen Feldes des Sonnenmagnetismus stammt, oder von einer Abnahme des der Entladungsspannung entsprechenden elektrostatischen Feldes oder von einem Zusammenwirken beider Quellen.

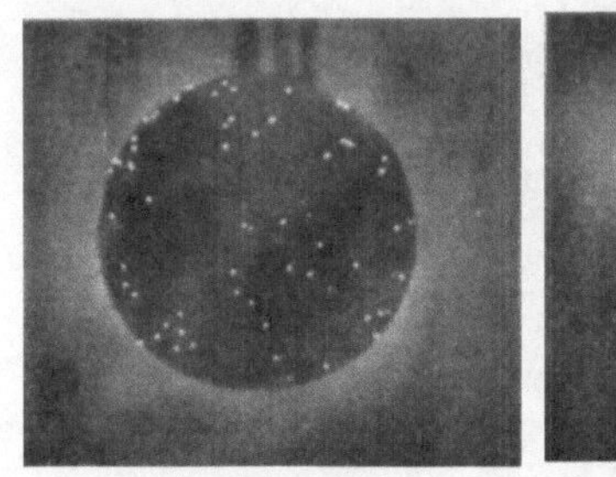 

Abb. 102.   Abb. 103.
Versuch Birkeland: unmagnetische Sonne.   Versuch Birkeland: magnetische Sonne.

Wir kommen hier an die Grenze der Übertragungsfähigkeit von Laboratoriumsversuchen auf den Kosmos, denn es fehlt der Gegenpart zu der Entladungsenergie des Versuchs, die ja ihrerseits von einer von uns in das Vakuum hineingesandten Stromenergie stammt. Woher aber bezieht die Sonne ihre Stromenergie? Wo ist ferner die positive Elektrode im Weltraum? Die Planeten, deren Lauf oft mit den Schwankungen der Sonnentätigkeit in Verbindung gebracht worden ist, können nur die Rolle von sekundären Zwischenelektroden spielen, da ihre Kruste hindert, und wir auf der Erde nichts von solcher Ausstrahlung merken; vielleicht ist es mit den großen Planeten anders. Vielmehr lenkt sich unser Blick auf die anderen Fixsterne. Es müßte danach ein dauernder Entladungsvorgang zwischen ihnen allen vorhanden sein. Die Folge davon wäre, daß der ganze Raum durchsetzt ist von Elektronenmassen, die von den einzelnen leuchtenden Gestirnen ausgegangen sind. Birkeland[1] schätzt die Dichte im freien Raum auf 8—10 Atome auf den Kubikzentimeter und berechnet damit für die Erde eine Verlängerung des Jahrs um $2 \cdot 10^{-18}$ Sekunden, also des Jahrhunderts um $2 \cdot 10^{-10}$ Sekunden, während die astronomischen Beobachtungen aus Merkurvorübergängen nach Innes für 1750—1850 eine Verkürzung des Jahrhunderts um 20^s, für 1780—1880 eine Verlängerung um ebensoviel beobachten lassen. Mithin

---

[1] Birkeland: A. a. O. S. 720/721.

verschwindet der mechanisch hemmende Einfluß der Elektronenverteilung im Weltraum völlig unterhalb der übrigen das Jahr verändernden Einflüsse[1]. AD. SCHMIDT[2] tritt neuerdings dieser Anschauung als einer diskutablen Möglichkeit ebenfalls bei. Die Sonne habe danach dauernd eine negative Ladung gegen die Gesamtheit der Sterne, die jedesmal beim Aussenden einer Elektronenwolke etwas ansteigt, aber dauernd durch Aufnahme der aus dem Raume auf sie (innerhalb der Polarkalotten) auftreffenden Korpuskeln wieder verringert werde. So erhält sich das Gleichgewicht.

Damit tritt die elektrische Strahlung zwischen den Massenballen des Kosmos für die Physik der Sternenwelt neben die seither fast ausschließlich beachteten Kräfte der Schwere und des Lichtdrucks.

Übrigens beschränkt BIRKELAND sich durchaus nicht nur auf die Anstellung seiner Versuche, sondern behandelt die Frage auch theoretisch, so insbesondere jene der Elektronenbahnen, die von einer magnetisierten Kugel[3] in der Äquatorebene ausstrahlen. STÖRMER behandelt dann später den Allgemeinfall. BIRKELAND zeigt so, daß die Strahlen den Äquator der Kugel an zwei diametral entgegengesetzten Punkten verlassen (Abbild. 104) und nun entweder ins Unendliche enteilen, also den ganzen Weltraum mit Elektronen versehen, oder nach Erreichung eines Maximalabstandes auf die Sonne zurückfallen, oder in Spiralen einen

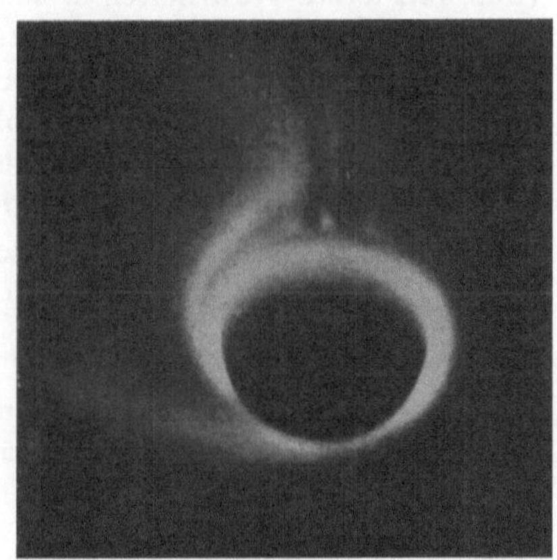

Abb. 104. Versuch BIRKELAND: spiralische Entladung einer magnetisierten Kugelkathode (Spiralnebel).

Grenzkreis annähern. Dazwischen gibt es noch einige Sonderfälle: So kann die Dichte des Elektronenstroms in den Spiralen so gering sein, daß praktisch nur der Ring um die Kugel Elektronen enthält; dies liefert den Ringstrom der Sonne, bzw. die Ringsysteme um den Saturn. Oder die Krümmung der beiden Spiralen ist derart, daß der Grenzkreis weiter und weiter hinausrückt und alle elektrische Masse sich in den Spiralbahnen befindet; das ist das Abbild der *Spiralnebel*.

Aus den ursprünglichen Elektronenringen und Elektronenspiralen entstehen durch Koagulation Ringe und Streifen von diskreten Molekülen und Molekülverbänden, also die Gebilde, die wir im Fernrohr *sehen*, und zwar auf Grund des bekannten Vorgangs der Kathodenzer-

---

[1] INNES, R. T. A.: Astr. Nachr. **225**, 109—110 (1925).
[2] SCHMIDT, AD.: Z. Geophysik **4**, 303 (1928).
[3] BIRKELAND, KR.: A. a. O. S. 678—708.

stäubung. BIRKELAND sieht in diesen, ursprünglich elektrisch ausgeschleuderten Massen der Ringe die Urbestandteile der späteren Planeten und Monde (wenn der strahlende Körper der noch glühende Planet war). Durch Einführung der Hypothese der elektrischen Strahlung der Gestirne unter ihrem magnetischen Feld kann er somit gegenüber den seitherigen Theorien des Kosmos erklären: die Gleichsinnigkeit der Umlaufsrichtung aller Planeten und der nicht eingefangenen Monde (aus der gleichen Windungsrichtung der Spiralen); die Gleichsinnigkeit der Umdrehung der Planeten um die Achse (wegen der gleichsinnigen Differenz zwischen der Lineargeschwindigkeit des inneren und äußeren Randes der Ringe); die Tendenz zur spiralischen Struktur der meisten Nebel und die diametrale Stellung der Austrittsstellen der Spiralen in ihnen.

Alle diese Betrachtungen BIRKELANDS[1] sind gewiß noch nicht als volle und letzte Wahrheiten anzusehen, aber sie sind doch immerhin so gewichtig, daß ihre Gedankenrichtung und theoretische Grundlage in die Vorstellungswelt der Astrophysik eingeführt werden müssen. Es ist durchaus möglich und sogar ziemlich wahrscheinlich, daß sie sich hier genau so glänzend bewähren werden, wie in der Theorie der erdmagnetischen Variationen und des Polarlichts, wurden doch diese bei Beginn dieses Jahrhunderts noch völlig unerklärten Erscheinungen durch BIRKELANDS Theorie und Versuche dem Physiker vollkommen klar und verständlich.

---

[1] Siehe auch zusammenfassenden Bericht von BIRKELAND, KR.: L'origine des mondes. Arch. phys. nat. **35**, 529—564, Genf (1913).

Zweiter Teil.

Wärme- und Temperaturverhältnisse der obersten Bodenschichten.

Von Dr. J. **Keränen**, Helsinki.

I. Der Wärmehaushalt auf der Bodenoberfläche.

Da die Wärmeeinnahme und -abgabe der Luft und Bodenoberfläche von grundlegender Bedeutung in der Bodentemperatur sind, müssen deren allgemeine Züge hier in der Kürze behandelt werden. Die folgende Darstellung gründet sich auf die diesbezüglichen Arbeiten und Untersuchungen von ABBOT, ÅNGSTRÖM, DEFANT, DORNO, FOWLE, HANN, LINKE, W. SCHMIDT, SÜRING, WIENER u. a. und sie will den Lesern ein Bild über die geophysikalischen Einflüsse geben, durch deren Zusammenwirkung die durchschnittlichen Temperaturverhältnisse der Bodenoberfläche entstehen.

1. Wärmeeinnahme.

Wenn man die Erde mit ihrer Atmosphäre im ganzen betrachtet, so stammt ihr Wärmevorrat nach dem heutigen Standpunkt der Wissenschaft praktisch genommen nur von der Sonne. Die Sonne ist somit die einzige wirksame Wärmequelle der Erde. Wie diese eingestrahlte Wärme dann auf die verschiedenen Zonen und Stellen sich verteilt, ist eine sehr verwickelte Frage, wobei die geographische Breite, Meere, Kontinente, Meeres- und Luftströmungen und viele meteorologische Faktoren mitspielen. Die wichtigsten von denen sollen hier besprochen werden.

Sonnenstrahlung. Wenn die Erde von der Sonne bestrahlt wird, hängt die Intensität der Strahlung in den einzelnen Fällen zuerst von dem Winkel, Einfallswinkel, unter welchem die Strahlung die Oberfläche trifft, und zweitens von der Dauer der Bestrahlung ab.

Ein Strahlenbündel SS' trifft bei der senkrechten Strahlung nur die Fläche h, aber bei einer schiefen Strahlung mit dem Einfallswinkel i die Fläche e. Die Intensität der Strahlung J_e pro Flächeneinheit auf der Fläche e hat zu der Intensität der senkrechten Strahlung J_0 folgende Beziehung:

$$J_e = J_0 \sin i. \qquad (1)$$

Die Intensität der Sonnenstrahlung ist somit eine einfache Sinusfunktion des Höhenwinkels der Sonne und wird durch dieses Gesetz im Verlaufe des Tages und Jahres bestimmt.

Die Dauer der Sonnenstrahlung hängt wieder von der Tageslänge ab und die Änderungen derselben werden in jedem Orte auf der Erdoberfläche durch die gegenseitige Stellung zwischen Sonne und Erde gegeben.

Ein mathematischer Ausdruck für die Strahlungsmenge läßt sich nach DEFANT und WIENER[1] folgenderweise ableiten.

Es sei die Intensität der Sonnenstrahlung an der äußeren Grenze der Atmosphäre pro Einheit der Fläche 1 cm^2 in der Minute J_0 und die Sonnenhöhe h. In diesem Falle erhält die horizontale Fläche von 1 cm^2 in der Zeit $\varDelta m$ Minuten eine Strahlungsmenge

$$\varDelta S = J_0 \sin h \, \varDelta m.$$

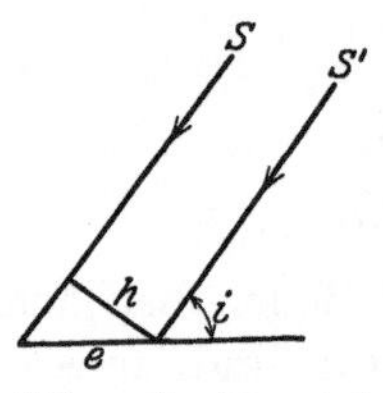

Abb. 1. Strahlung bei senkrechtem und schiefem Einfallswinkel.

Ist δ die Deklination der Sonne, φ die geographische Breite des betrachteten Flächenstückes und t der Stundenwinkel der Sonne, so besteht die Gleichung

$$\sin h = \sin \delta \sin \varphi + \cos \delta \cos \varphi \cos t.$$

Somit erhält man

$$\varDelta S = J_0 \, (\sin \delta \sin \varphi + \cos \delta \cos \varphi \cos t) \, \varDelta m.$$

In dem vorliegenden Falle ist es geeignet die Zeit $\varDelta m$ durch die Länge des Tagbogens, vom Sonnenaufgang ab, auszudrücken. Wenn die Sonne am Äquator steht, ist die Tageslänge π, und für die Zeit von 24 Stunden oder 1440 Minuten gehört also der Tagbogen π. Wenn mit $\varDelta t$ der der Zeit $\varDelta m$ entsprechende Tagbogen bezeichnet wird, erhält man

$$\varDelta S = 458.4 J_0 \, (\sin \delta \sin \varphi + \cos \delta \cos \varphi \cos t) \, \varDelta t.$$

Die Sonnendeklination δ kann für einen Tag konstant angenommen werden und die Integration dieser Gleichung über den halben Tagbogen t der Sonne ergibt

$$S = 458.4 J_0 \, (\sin \delta \sin \varphi \, t + \cos \delta \cos \varphi \sin t). \qquad (2)$$

Da für den halben Tagbogen t wieder die Gleichung

$$\cos t = - \operatorname{tg} \delta \operatorname{tg} \varphi$$

gilt, erhält man aus der vorigen Gleichung (2)

$$S = 458.4 J_0 \sin \delta \sin \varphi \, (t - \operatorname{tg} t). \qquad (3)$$

Nach den Gleichungen (2) und (3) können mehrere Sätze über die Verteilung der Bestrahlung auf die verschiedenen Breiten abgeleitet werden. Es werden hier nur einige der wichtigsten erwähnt werden.

---

[1] DEFANT, A. und OBST, E.: Lufthülle und Klima. Enzyklopädie der Erdkunde. Teil 7, 42 und WIENER, CHR.: Über die Stärke der Bestrahlung der Erde durch die Sonne usw. Z. Meteorol. 113, 1879.

Zur Zeit der Tag- und Nachtgleichen ist auf der ganzen Erde $\delta = 0$ und $t = \dfrac{\pi}{2}$, und die Sonnenstrahlung pro Quadratzentimeter und Tag wird in den Wärmeeinheiten Grammkalorien

$$S = 458.4 J_0 \cos \varphi \ \text{gcal}.$$

Die Verteilung der Tagesmenge der Sonnenstrahlung erfolgt zu dieser Zeit im Verhältnis des Kosinus der geographischen Breite.

Auf dem Äquator erhält dann jede Stelle die Wärmemenge

$$458.4 J_0 \ \text{gcal}.$$

Da die Sonne an anderen Tagen außerhalb des Äquators steht, wird diese Tagesmenge der Strahlung kleiner. Im jährlichen Durchschnitt wird der Reduktionsfaktor für die Erdbahn 0.9592 und somit beträgt die Strahlungsmenge eines durchschnittlichen Äquatorialtages

$$0.9592 \times 458.4 J_0 = 439.7 J_0 \ \text{gcal/cm}^2. \tag{4}$$

Wenn für die Intensität der Sonnenstrahlung, die bekanntlich *Solarkonstante* genannt wird, die Zahl 1.93 gcal pro cm² in der Minute gesetzt wird, so gehört dem Äquatorialtage die Wärmemenge 848.6 gcal.

Die Intensität der Sonnenstrahlung J_0 ändert sich im Laufe des Jahres wegen der elliptischen Bahn der Erde, und zwar umgekehrt proportional dem Quadrat der Entfernung der Erde von der Sonne, oder, für die Rechnungen bequemer ausgesprochen, direkt proportional dem Quadrat des scheinbaren Sonnenhalbmessers.

Wegen der Veränderung der Sonnendeklination δ hat die Tagesmenge der Sonnenstrahlung S einen jährlichen Gang auf der Erde. In der Äquatorialzone bis zur Breite 12° bekommt die Tagesmenge Höchstwerte (Maxima) zur Zeit der Äquinoktien und Kleinstwerte (Minima) zur Zeit der Solstitien. Auf anderen Breiten erscheint nur eine einfache Periode mit einem Höchstwert im Sommer und Kleinstwert im Winter. Der Unterschied zwischen den Extremwerten der Strahlung wächst mit zunehmender Breite.

Nach der Gleichung (3) kann man die Menge der Sonnenstrahlung an verschiedenen Stellen der Erde berechnen, abgesehen von der Erdatmosphäre mit allen ihren Einwirkungen. In der Weise bekommt man das *solare Klima* der verschiedenen Breiten auf der Erdoberfläche. Die nähere Behandlung des Problems fällt außerhalb der Aufgabe dieser Schrift. Hier genügt nur die Kenntnis über die allgemeine Größenordnung der Besonnungsverhältnisse auf der Erde.

Wie sich die Strahlungsmenge in den solaren Klimazonen verteilt, erhellt aus der folgenden Zusammenstellung[1], wo die Wärmemengen sowohl in den oben charakterisierten Äquatorialtagen als auch in Tagesmengen ausgedrückt sind.

---

[1] DEFANT, A.: Lufthülle und Klima. L. c. 44.

Summen der Sonnenstrahlung.

Breite	0°	10°	20°	30°	40°	50°	60°	70°	80°	90°
Jahr { in Äquatorialtagen	365	360	345	321	288,5	250	208	173	157	152
Jahr { in gcal pro cm² und Tag	850	836	802	746	671	581	484	403	365	353
Sommerhalbjahr, in Äquatorialtagen	183	193	198,5	198	193	183	169,5	158	153	152
Winterhalbjahr, in Äquatorialtagen	182	167	147	123	96	67	38	15	4	0

Die Schwächung, Extinktion der Sonnenstrahlung in der Atmosphäre. An die Erdoberfläche gelangt von der im vorigen erörterten extraterrestrischen Strahlungsenergie nur ein Bruchteil. Die Atmosphäre wirkt schwächend auf die Strahlung hauptsächlich als *Zerstreuung* und *Reflexion* der Strahlen und nebenbei noch als *Absorption* der Energie. Die Größe und Art der Intensitätsabnahme beruht auf der Länge des durchlaufenen Weges der Strahlen in der Atmosphäre, also von der *Schichtendicke* der Luft in der Strahlenbahn. Wenn die Höhenausdehnung der Atmosphäre als Einheit gewählt wird, beträgt die Schichtendicke s bei der Sonnenhöhe h, wenn die Krümmung der Erde vernachlässigt wird,

$$s = \frac{1}{\sin h}. \tag{5}$$

Da während jedes Tages die Sonnenhöhe ihren bekannten Verlauf macht, hat demgemäß die Intensität der Sonnenstrahlung am Boden der Atmosphäre einen starken täglichen Gang.

Der tägliche Gang der Sonnenstrahlung wird durch folgende Messungen erläutert, die von K. ÅNGSTRÖM in Yxelö in Schweden auf der Breite 59° N. an ganz heiteren Tagen, den 18. und 19. Juli 1888[1] ausgeführt worden sind.

Zeit	5ʰ a. / 7ʰ p.	6ʰ / 6ʰ	7ʰ / 5ʰ	8ʰ / 4ʰ	9ʰ / 3ʰ	10ʰ / 2ʰ	11ʰ / 1ʰ	Mittag
Sonnenhöhe	12.1 °	18.9 °	26.3 °	33.8 °	40.8 °	46.4 °	50.8 °	52.5 °
Schichtendicke	4.75	3.09	2.26	1.80	1.53	1.38	1.29	1.26
Intensität senkrecht gegen d. Strahlung, gcal	0.50	0.73	0.91	1.06	1.18	1.27	1.33	1.35
Intensität auf der horizontalen Fläche, gcal	0.10	0.22	0.37	0.51	0.65	0.75	0.81	0.84

Mehrere Forscher haben mathematische Ausdrücke für die Abhängigkeit der Intensität der Sonnenstrahlung von der Schichtendicke abgeleitet.

Durch die *Zerstreuung* werden alle Wellenlängen der Strahlen von der Richtung abgelenkt und um so mehr, je kleiner die Wellenlänge ist. Bei den kleinsten Gasmolekülen und den in der Atmosphäre suspendierten Teilchen, deren Dimensionen (Durchmesser rund 10^{-7} cm) kleiner als die Wellenlänge der Strahlen sind, wird die Strahlung *diffus zerstreut*,

---

[1] Siehe HANN-SÜRING: Lehrbuch der Meteorologie. S. 35, IV. Aufl. Leipzig 1926.

und zwar an Molekülen nach dem Gesetz von Lord RAYLEIGH umgekehrt proportional der vierten Potenz der Wellenlänge. Die angetroffenen Teilchen geraten ins Mitschwingen, wobei die Schwächung nach RAYLEIGH dem Quadrat des Teilchenvolumen erfolgt. Bei den etwas größeren Luftteilchen werden die Strahlen mehr abgebeugt, gebrochen und reflektiert. Die zerstreute Strahlung durchsetzt die Atmosphäre und ein beträchtlicher Teil von derselben erreicht als sogenannte *diffuse Himmelsstrahlung* die Erdoberfläche und bildet dadurch eine wesentliche Wärmequelle für die Bodentemperatur.

Die *Reflexion* geschieht in der freien Luft, insbesondere aus den Wolken und aus dem gröberen Dunst, und sie erfolgt nach der jetzigen Auffassung umgekehrt proportional dem Quadrat der Wellenlänge. Die Wolken reflektieren rund 78% der einfallenden Energie. Das Reflexionsvermögen des Dunstes ist noch nicht näher untersucht worden. Die Reflexion erfolgt aus solchen Teilchen, deren Durchmesser mindestens von der Größenordnung von 10^{-4} cm sind.

Die *Absorption* der Sonnenstrahlung in der Atmosphäre besteht als Abnahme der Intensität in der Weise, daß bestimmte Wellenlängen in der Luft, in sehr hohen Schichten ultraviolette und in niederen Schichten ultrarote Strahlen, ausgelöscht werden. Deshalb nennt man diese Erscheinung auswählende oder selektive Absorption und sie tritt in gewissen Stellen des Sonnenspektrums als Bänder auf. Als absorbierende Substanzen wirken hauptsächlich Wasserdampf (Absorptionsbänder zwischen 0.9 und 3μ), Kohlensäure (bei 4.4 und 14.7μ) und permanente Gase, in höheren Atmosphärenschichten für ultraviolette Strahlung (bei 0.3μ) wahrscheinlich das Ozon. FOWLE[1] hat gezeigt, daß die Schwankungen der beobachteten Absorption an dunkler Wärmestrahlung durch den Wasserdampfgehalt der Luft bestimmt werden. Nach den von WESTMAN in Upsala und GORCZYNSKI[2] in Warschau angestellten Untersuchungen nimmt die Intensität der Sonnenstrahlung um 0.020 bis 0.025 gcal ab, wenn der Wasserdampfdruck um 1 mm zunimmt. Bei der Absorption wird die Strahlungsenergie hauptsächlich zur Wärme umgesetzt. In den höchsten, sehr dünnen Schichten erzeugt die kurzwellige ultraviolette Strahlung Ionisierung der Luft und chemische Umsetzungen.

Aus der Abnahme der Intensität der Sonnenstrahlung kann man den *Transmissionskoeffizienten* der Luft bestimmen. Die Beobachtungen haben gezeigt, daß jede Strahlungsgattung eine spezifische Durchlässigkeit hat. Nach den Untersuchungen von LANGLEY und ABBOT wird die Strahlung einer bestimmten Wellenlänge nach dem BOUGUER-LAMBERTschen Gesetz geschwächt.

Ist nämlich J_o die Intensität der Strahlung an der Grenze der Atmo-

---

[1] FOWLE, F. L.: Über den Anteil des Wasserdampfes bei der Schwächung der Sonnenstrahlung in der Atmosphäre der Erde. Z. Meteorol. 211, 1916.

[2] HANN-SÜRING: Lehrbuch der Meteorologie. L. c. 38.

sphäre, J_h dieselbe an der Erdoberfläche, q der Transmissionskoeffizient und h die Schichtendicke der von der Strahlung durchsetzten Luftmasse auf die senkrechte Atmosphärendicke als Einheit bezogen, so hat das BOUGUER-LAMBERTsche Gesetz folgende mathematische Form

$$J_h = J_0\, q^h. \tag{6}$$

Bei der senkrechten Strahlung ist

$$J = J_0\, q.$$

Der Transmissionskoeffizient q gibt somit an, welcher Teil von der an der Grenze der Atmosphäre eindringenden Sonnenstrahlung bis zur Erdoberfläche bei senkrechter Strahlung anlangt.

ABBOT hat folgende Werte des Transmissionskoeffizienten für verschiedene Wellenlängen erhalten:

Wellenlänge in μ	0.35	0.40	0.50	0.60	0.70	0.80	1.0	1.2	1.6
Mount Wilson (Seehöhe 1800 m) q	0.620	0.738	0.873	0.896	0.952	0.974	0.984	0.985	0.987
Washington (Seehöhe 10 m) q	—	0.535	0.704	0.759	0.838	0.864	0.901	0.914	0.930

Man sieht aus dieser Zusammenstellung, daß der Transmissionskoeffizient auf den Bergen für alle Strahlungsgattungen größer als in den Niederungen ist und daß er für kürzere Wellen kleiner wird.

Da die Schwächung der Strahlung durch Gasmoleküle wahrscheinlich konstant, aber die durch andere Bestandteile, wie größere Kerne, Dunstteilchen, Wasserdampf, mit dem jeweiligen Zustande der Atmosphäre stark veränderlich ist, nimmt LINKE[1] den erstgenannten Schwächungsteil zur Einheit und mißt die ganze aus allen Ursachen entstandene Schwächung mit dieser Einheit.

Er nimmt an der Stelle der Formel (6) eine erweiterte

$$J_h = J_0\, e^{-a_h T h}, \tag{7}$$

wo e^{-a_h} der Transmissionskoeffizient und a_h der Extinktionskoeffizient in dem idealen dunst- und wasserfreien Zustande sind, und T der *Trübungsfaktor* heißt. Man bestimmt T aus der Gleichung

$$T = \frac{1}{h\, a_h} \ln \frac{J_0}{J_h}.$$

Der Trübungsfaktor gibt somit die Schwächung der „trüben" Atmosphäre durch die ideale und hat eine große meteorologische Bedeutung. Der Trübungsfaktor hat einen ausgesprochenen täglichen Gang und verändert sich mit der Höhe.

Das Energiemaximum der extraterrestrischen Sonnenstrahlung liegt in den kurzen Strahlen bei der Wellenlänge von $0.475\,\mu$ (die Farbe blau-

---

[1] LINKE, F.: Optik der Atmosphäre. Lehrbuch der Geophysik. S. 658 u.f. Dort Literaturverzeichnis. Berlin 1927.

grün). Bei diesen Wellenlängen findet nur die Zerstreuung, nicht Absorption der Strahlung statt und dadurch wegen des starken diffusen Lichtes solcher Wellenlängen bekommt der Himmel seine blaue Farbe. Außerhalb der sichtbaren Lichtwellen, deren Wellenlängen zwischen 0.40 bis 0.76 μ betragen, also in ultravioletten und ultraroten Teilen ist die Intensität der Strahlung verhältnismäßig klein und infolge dessen macht die Absorption der Strahlung in bezug auf die ganze Intensität ziemlich wenig, nach ABBOT und FOWLE[1] etwa 12% von der ganzen Sonnenstrahlung aus.

Da der kurzwellige Teil der Strahlung an Intensität mehr als der langwellige in der Atmosphäre verliert, wird in dem Sonnenspektrum, gemessen an der unteren Grenze des Luftmeeres, der Höchstwert der Intensität nach den längeren Wellen verschoben, bei Zenitsonne zum Gelb, bei mittelhoher Sonne zum Gelborange und bei tiefer Sonne ins Rot. Wenn in der Energieverteilung des Sonnenspektrums außerhalb der Atmosphäre das Ultraviolett etwa 5, das sichtbare Spektrum 52 und das Ultrarot 43% betragen, ist wegen der genannten, durch die Atmosphäre verursachten Schwächungen an der Erdoberfläche das Ultraviolett nahezu verschwunden, das sichtbare vermindert sich zu 40, das Ultrarot steigt aber zu 60%. Man sieht aus diesen Zahlen, daß die langwelligen Wärmestrahlen den größten Teil der Sonnenstrahlung an der Erdoberfläche bilden.

Für unseren Zweck sind wichtig diejenigen Summen der Sonnenstrahlung zu kennen, welche die horizontalen Flächen der Erdoberfläche in den tatsächlichen klimatischen Verhältnissen erhalten. Nach C. DORNO[2] wird hier umstehende Zusammenstellung gegeben.

Es muß hier ausdrücklich noch bemerkt werden, daß diese Zahlen nur das Strahlungsklima dieser Orte darstellen, worin die diffuse Strahlung des Himmels nicht mit berechnet ist. Das günstige Verhalten einiger hochgelegenen Orte, wie z. B. Davos 1600 m oberhalb des Meeres, soll hier insbesondere betont werden.

Himmelsstrahlung. Im vorigen ist schon erwähnt worden, daß von der in der Atmosphäre zerstreuten Strahlung ein Teil als *diffuse Strahlung* des Himmels die Bodenoberfläche erreicht, und als Licht- und Wärmestrahlung dort abgenutzt wird. Nach den Untersuchungen von KING und TRABERT[3] macht die diffuse Strahlung in den mittleren Breiten 30—40% der direkten Wärmestrahlung der Sonne. Die diffuse

---

[1] ABBOT, C. G. und FOWLE, F. L.: Annals of the astrophys. Observ. of the Smithsonian Instit. **2**, 161, 1908.

[2] DORNO, C.: Physik der Sonnen- und Himmelsstrahlung. S. 36. Braunschweig 1919.

[3] KING, L. V.: On the scattering and absorption of Light in Gasous Media etc. Philos. Trans. roy. Soc. **22**, Nov. 1912. TRABERT, W.: Z. Meterol. Hannband 337, 1907.

Mittlere tägliche solare Wärmemengen, Grammkalorien pro Quadratzentimeter.

	Washington	Mont Pellier	Davos	Wien	Kiew	Warschau	Potsdam	Stockholm	Spitzbergen
	$38^0\,39'$	$43^0\,36'$	$46^0\,48'$	$48^0\,15'$	$50^0\,24'$	$52^0\,13'$	$52^0\,23'$	$59^0\,20'$	$79^0\,55'$
Januar	87	82	74	23	24	15	20	12	0
Februar	158	127	118	52	67	27	48	28	0
März	194	184	193	109	99	74	100	67	15
April	286	229	240	189	122	123	213	198	53
Mai	323	296	309	256	318	266	277	313	**143**
Juni	356	311	340	**287**	325	279	**331**	**403**	127
Juli	**361**	**325**	348	284	**328**	**294**	273	359	114
August	298	295	**355**	242	306	232	238	231	55
September	270	225	260	159	227	160	165	137	40
Oktober	188	135	164	72	125	59	60	49	0
November	120	90	93	29	34	13	32	10	0
Dezember	92	61	61	15	13	5	16	3	0

Summen in Kilogrammkalorien:

	Washington	Mont Pellier	Davos	Wien	Kiew	Warschau	Potsdam	Stockholm	Spitzbergen
Winter	10.01	8.00	7.5	2.61	3.0	1.39	2.46	1.28	0.0
Frühling	24.59	21.75	22.8	16.97	16.6	14.25	18.08	17.73	6.6
Sommer	31.12	28.55	32.0	24.88	29.4	24.69	25.85	30.39	9.1
Herbst	17.51	13.64	15.7	7.87	11.7	7.02	7.48	5.95	1.2
Jahr	83.23	71.94	78.0	52.33	60.7	47.35	53.87	55.35	16.9

Prozente der für die Breite möglichen Wärmemengen:

	Washington	Mont Pellier	Davos	Wien	Kiew	Warschau	Potsdam	Stockholm	Spitzbergen
Jahr	58	50	55	(53)	49	48	48	(52)	22

Himmelsstrahlung bildet eine erhebliche Quelle in der Erwärmung der höheren Breiten, wo im Winter die Sonnenstrahlung sehr klein ist oder ganz wegbleibt. Aus der Intensität der Sonnenstrahlung am Erdboden auf die Schichteneinheit bezogen, kann man leicht näherungsweise berechnen, daß die Größe der zerstreuten Energie etwa

$$J_z = J_0\,(1 - q)$$

ist.

Davon wird durchschnittlich die Hälfte, also

$$\frac{1}{2}J_z = J_0 \cdot \frac{1 - q}{2} \tag{8}$$

der Erdoberfläche erreicht. Da der Transmissionskoeffizient der Atmosphäre für die Erdoberfläche nach der Schätzung von TRABERT durchschnittlich 0.6 ist, so beträgt die diffuse Himmelsstrahlung nach der obigen Formel 20% der direkten Sonnenstrahlung. In höheren Breiten ist der Transmissionskoeffizient kleiner und folglich der Anteil der diffusen Strahlung verhältnismäßig größer. Dadurch wird verständlich die große Bedeutung der diffusen Himmelsstrahlung im Wärmehaushalte der Erde.

Die diffuse Himmelsstrahlung fällt aus allen Teilen des Himmels gegen die Erdoberfläche ein und es fehlt somit bei ihr eine solche bestimmte Einfallsrichtung wie bei der direkten Sonnenstrahlung. Dieser Umstand hat eine besondere Bedeutung für die Lichtverhältnisse und für die Bestrahlung der Vegetation.

Um ein klares Bild über die Strahlungsverhältnisse zu bekommen, wird hier nebenstehende Abbildung über die verschiedenen Teile der Einstrahlung in Stockholm nach ÅNGSTRÖM[1] gegeben.

Der Höchstwert der totalen Einstrahlung tritt in Stockholm in den Monaten Mai bis Juli ein. Die diffuse Strahlung beträgt rund 2500 gcal per Monat während der warmen Jahreshälfte. Im ganzen Jahre beträgt die diffuse Strahlung 30% von der ganzen

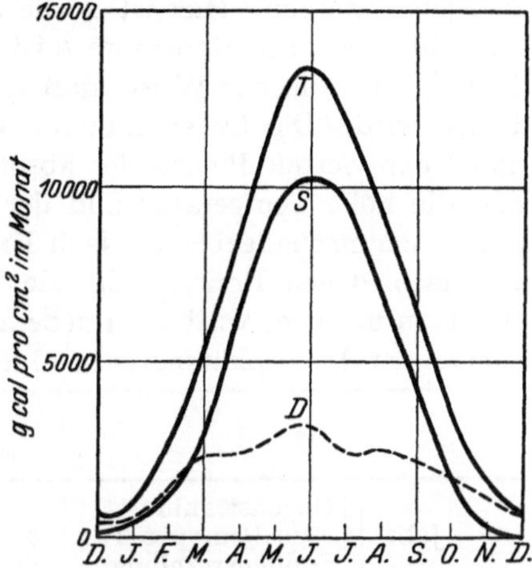

Abb. 2. Strahlungsverhältnisse in Stockholm nach ÅNGSTRÖM. Die Linie T zeigt die totale Strahlung der Sonne und des Himmels, S die direkte Sonnenstrahlung und D die diffuse Strahlung.

eingestrahlten Energie und 43% von der direkten Sonnenstrahlung.

Die Berechnung der Strahlungswerte in dieser Abbildung ist auf Grund der Formel

$$Q_w = Q_0\left(0.235 + 0.765\,\frac{n}{N}\right) \tag{9}$$

ausgeführt worden. Hier bedeutet Q_w die totale Einstrahlung während einer Zeitperiode, Q_0 die totale Strahlung zur gleichen Zeit bei ganz klarem Himmel, n die Dauer des Sonnenscheins und N die größtmögliche Zeit des Sonnenscheins. Wenn der Himmel ganz bewölkt ist, also $n = 0$, wird $Q_w = 0.235\,Q_0$, und demgemäß beträgt die diffuse Strahlung während einer ganz bewölkten Zeit durchschnittlich 24% der Einstrahlung während gleicher ganz klaren Zeit.

Die Gegenstrahlung der Atmosphäre. In der Einstrahlung gegen die Erdoberfläche muß noch die Wärmestrahlung der Atmosphäre berücksichtigt werden. Nach dem obigen wird ja ein Teil der langwelligen Sonnenstrahlung in der Atmosphäre durch deren Bestandteile absorbiert und zum Teil erlangt diese Energie als dunkle Strahlung der Atmo-

---

[1] ÅNGSTRÖM, A.: Recording solar radiation. A study of the radiation climate of the surroundings of Stockholm. Medd. Stat. Meteor. Hydr. Anstalt 4, Nr 3, 21 u. f. Stockholm 1928.

sphäre die Erdoberfläche. Die Gegenstrahlung beruht auf dem Gehalt des Wasserdampfes und auf der Temperatur der Atmosphäre und kann nach EMDEN[1] durch die Funktion

$$G = k \cdot T^4 \tag{10}$$

angegeben werden. Hier ist T die absolute Temperatur der untersten Luftschichten. Die Konstante k ist eine gewisse Funktion des Wasserdampfgehaltes in der Weise, daß sie größer beim wachsenden Wasserdampf wird. Die Gegenstrahlung der Atmosphäre ist somit proportional der vierten Potenz der absoluten Temperatur der Luft. Dabei sind die hohe Temperatur und der Wasserdampfgehalt der untersten Luftschichten maßgebend. Nach EMDEN bekommt die Gegenstrahlung in verschiedenen Breiten folgende Werte. Um uns deren Bedeutung klarer zu machen, wird auch nebenbei die Intensität der Sonnenstrahlung an der Atmosphärengrenze angeführt[2].

		Breite						
		0°	10°	20°	30°	40°	50°	60°
Jahr	Gegenstrahlung gcal/cm² pro Tag	733	736	732	681	624	554	510
	Sonnenstrahlung	850	836	802	746	671	581	484
Juli	Gegenstrahlung	730	753	755	750	713	660	624
21. Juni	Sonnenstrahlung	781	901	922	964	979	979	967
Januar	Gegenstrahlung	736	713	694	622	540	460	403
21.Dezember	Sonnenstrahlung	833	663	600	460	315	175	49

In den äquatorialen Gegenden ist die Gegenstrahlung jährlich nicht viel kleiner als die Sonnenstrahlung an der Grenze der Atmosphäre und mit wachsender Breite wird ihr Anteil größer. In den höheren Breiten von 60° an übertrifft die Gegenstrahlung der Sonnenstrahlung.

Wenn man noch die große Schwächung der direkten Sonnenstrahlung beim Durchgang der Atmosphäre bedenkt, wird ohne weiteres klar, daß die Gegenstrahlung der Atmosphäre auf der Bodenoberfläche im Jahresdurchschnitt überall die Sonnenstrahlung übertrifft. Insbesondere im Winter, wenn die Sonnenstrahlung in höheren Breiten schwach ist oder ganz ausbleibt, bildet die Gegenstrahlung der Atmosphäre den Hauptfaktor in der Erwärmung der Bodenoberfläche und der untersten Luftschichten. Wie die Luft in höheren Breiten während der kalten Jahreszeit ohne direkte Sonnenstrahlung durch die allgemeine Zirkulation die Wärmeenergie für diese Gegenstrahlung bekommt, kann hier nicht näher erörtert werden.

In der Gegenstrahlung der Atmosphäre bildet die Strahlung der Wolken einen wichtigen Faktor. DEFANT[3] kam zu dem Ergebnis, daß

---

[1] EMDEN, R.: Strahlungsgleichgewicht und atmosphärische Strahlung. Sitzgsber. Münchener Akad. 136—141. Februar 1913.

[2] Siehe DEFANT, A.: Lufthülle und Klima. L. c. 49.

[3] DEFANT, A.: Ausstrahlung, nächtliche Abkühlung und Bewölkung. Geogr. Annaler H. 1. 104, 1922.

die Strahlung der Wolke ein wenig die Strahlung eines schwarzen Körpers von der Temperatur der unteren Begrenzung der Wolke übertrifft. Dies ist eine direkte Folge von dem Umstande, daß wegen der Inversion der Temperatur die mittlere Temperatur der Wolke durchschnittlich etwas höher ist als in der Luft dicht unter der Wolke.

Jede Himmelspartie hat nicht denselben Anteil an der Gegenstrahlung, sondern es sind dabei nach Ångström in erster Linie die Himmelspartien bei 45° Zenitdistanz beteiligt.

Ångström[1] hat näher die Gegenstrahlung der Atmosphäre studiert. Nach ihm kann die Abhängigkeit der Gegenstrahlung von der Dampfspannung durch eine Exponentialformel ausgedrückt werden. Die totale Strahlung von der ganz trockenen Atmosphäre ist etwa 0.28 gcal pro cm² und Minute bei der Temperatur von 20°. Die Strahlung der oberen trockenen Atmosphäre beträgt rund 50% von derselben eines schwarzen Körpers bei der Temperatur des Beobachtungsplatzes.

Die Variationen in der Transmission der Atmosphäre für die kurzen Wellenlängen haben nur einen geringen Einfluß auf die Größe der Gegenstrahlung der Atmosphäre.

2. Wärmeausstrahlung.

Im Wärmehaushalt der Bodentemperatur bildet die Ausstrahlung der Wärme von der Erdoberfläche und von den verschiedenen Bodenbedeckungen einen wichtigen Faktor. Die Wärmeausstrahlung ist als Gegenstand der Untersuchungen von vielen Forschern gewesen, von denen MAURER, PERNTER, TRABERT, HOMÉN, EXNER, KRČMÁŘ, SCHNEIDER, LO SURDO, K. und A. ÅNGSTRÖM, VERY, ASKLÖF und DEFANT erwähnt werden mögen.

Da die Temperatur der Erdoberfläche niedrig ist, muß die Wärmeausstrahlung langwellig sein, die Wellenlänge ist größer als 2μ und beschränkt sich in den Transmissionsverhältnissen der Atmosphäre größtenteils zu dem Intervall von $8—13\mu$. Die Intensität der Ausstrahlung wird ebenso wie bei der Gegenstrahlung der Atmosphäre durch den Gehalt des Wasserdampfes der Luft und durch die Temperatur der Bodenoberfläche bestimmt. Nach A. ÅNGSTRÖM[2] kann die totale Wärmeausstrahlung während des Jahres auf verschiedenen Breiten der Erde in Übereinstimmung mit den Messungsergebnissen durch die Formel

$$R = \frac{T^4}{293^4}\left(0.123 + 0.158 \cdot 10^{-0.071\,\varrho}\right) \tag{11}$$

---

[1] ÅNGSTRÖM, A.: A study of the radiation of the atmosphere etc. Smiths Misc. Coll. **65**, Nr 3 und Über die Gegenstrahlung der Atmosphäre. Z. Met. **33**, H. 12, 529 u. f. 1916.

[2] ÅNGSTRÖM, A.: Energiezufuhr und Temperatur auf verschiedenen Breitengraden. Gerlands Beiträge zur Geophysik **15**, H. 1, 3, 1926.

berechnet werden. Hier bedeutet T die absolute Temperatur und ϱ die Feuchtigkeit an dem Beobachtungsorte. Nach den Untersuchungen von ÅNGSTRÖM kann man mit ziemlich großer Sicherheit annehmen, daß die Ausstrahlung von der Erdoberfläche her bei klarem Himmel auf verschiedenen Breitengraden einen ziemlich konstanten Wert beibehält. Die größere Einnahme der Energie auf niedrigeren Breitengraden wird durch eine erhöhte Advektion und Konvektion und somit nicht durch eine erhöhte Ausstrahlung aufgewogen. Die Erhöhung der Temperatur bewirkt im allgemeinen eine Zunahme des Wasserdampfgehaltes der Atmosphäre, wodurch die Durchlässigkeit für die Ausstrahlung kleiner wird. Nach ÅNGSTRÖM[1] ist die relative Abnahme viel größer für große als für kleine Zenitdistanzen.

Ohne Atmosphäre würde die Erdoberfläche etwa wie ein vollkommen schwarzer Körper nach dem STEFAN-BOLTZMANNschen Gesetze, proportional der vierten Potenz der absoluten Temperatur des Körpers, Wärme ausstrahlen. Durch die Gegenstrahlung der Atmosphäre wird die effektive Ausstrahlung viel herabgesetzt, so daß ihre durchschnittliche Größe bei klarem Himmel rund 0.15 gcal pro cm² und Minute beträgt, in günstigen Verhältnissen aber bedeutend größer werden kann. Nach den Untersuchungen von ÅNGSTRÖM[2], ASKLÖF[3] und DEFANT[4] kann die effektive Ausstrahlung R_w bei der Bewölkung w nach der gewöhnlichen zehnteiligen Skala durchschnittlich in der Form

$$R_w = R_0\left(1 - k\,\frac{w}{10}\right) \tag{12}$$

angegeben werden. Hier ist R_0 die Ausstrahlung bei klarem Himmel und k ein Maß für den Unterschied zwischen der effektiven Ausstrahlung bei klarem und bewölktem Himmel. Der Wert von k ist von der Art der Wolkendecke abhängig, da die Wolken bekanntlich eine Gegenstrahlung ausüben. Für niedere Wolken ist nach ÅNGSTRÖM und ASKLÖF k gleich 0.9 á 0.8, für mittelhohen 0.7 und hohen 0.2 zu setzen. Durchschnittlich kann man für k den gleichen Wert 0.765 geben wie in der Formel (9) der Einstrahlung.

Nach ÅNGSTRÖM[5] ist die Ausstrahlung näherungsweise proportional: erstens zu der Höhe einer gleichförmigen Decke der niederen Wolken und zweitens zu dem Temperaturgradienten in den untersten Schichten

---

[1] ÅNGSTRÖM, A.: Über die Gegenstrahlung der Atmosphäre. L. c. 530.

[2] ÅNGSTRÖM, A.: On the radiation and temperature of snow and the convection of the air at its surface. Ark. Mat., Astr. o. Fys. 13, Nr 21, 13.

[3] ASKLÖF, St.: Über den Zusammenhang zwischen der nächtlichen Ausstrahlung, der Bewölkung und Wolkenart. Geogr. Annaler H. 3, 1920.

[4] DEFANT, A.: Ausstrahlung, nächtliche Abkühlung und Bewölkung. L. c. 100.

[5] ÅNGSTRÖM, A.: Recording nocturnal radiation. Medd. Stat. Meteor. Hydr. Anstalt 3, Nr 12, 10. Stockholm 1927.

der Atmosphäre. Wenn somit die Wolkenhöhe unverändert bleibt, bestimmt der Temperaturgradient den Betrag der Ausstrahlung.

Für uns ist es von Interesse die wirkliche Größe der Ausstrahlung zu kennen und dafür werden hier die mittleren Verhältnisse in Stockholm nach ÅNGSTRÖM[1] durch die Abb. 3 angeführt.

Die Ausstrahlung beim klaren Himmel zeigt einen ziemlich konstanten Verlauf während des Jahres. Die wirkliche Ausstrahlung R_w bei der durchschnittlichen Bewölkung des Ortes ist viel kleiner und hat einen beträchtlichen jährlichen Gang, mit einem Höchstwert zur Zeit der kleinsten Bewölkung im Mai und Juni und mit einem Kleinstwert im Dezember zur Zeit der größten Bewölkung.

Nach ÅNGSTRÖM kann man in der Formel der Ausstrahlung auf S. 180 in erster Annäherung

$$\frac{w}{10} = 1 - \frac{n}{N}$$

setzen, wo n die wirkliche Dauer des Sonnenscheins und N dessen größte mögliche Zeit ist. Dadurch wird für den Wert $k = 0.765$

$$R_w = R_0 \left(0.235 + 0.765 \frac{n}{N} \right). \quad (13)$$

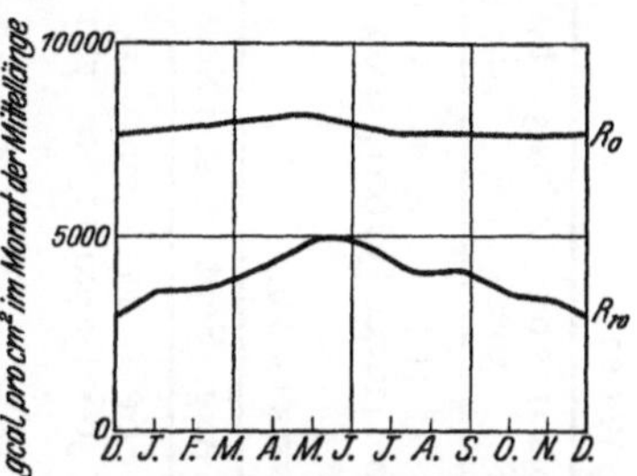

Abb. 3. Die durchschnittliche Ausstrahlung in Stockholm bei klarem Himmel R_0 und bei wirklicher Bewölkung R_w nach ÅNGSTRÖM.

Diese Gleichung hat denselben Faktor auf der rechten Seite, wie der Ausdruck der Einstrahlung auf S. 177. Es besteht somit die Relation

$$\frac{Q_w}{Q_0} = \frac{R_w}{R_0}, \quad (14)$$

die besagt, daß der Einfluß der Bewölkung im allgemeinen gleich sowohl für Einstrahlung als auch für Ausstrahlung ist.

Nach ÅNGSTRÖM wird als *wärmeeffektiver Reinertrag* der Strahlung diejenige Energie $Q_w - R_w$ bezeichnet, die zur Erwärmung des Bodens und zu anderen Wärmeerscheinungen, wie zur Schmelzung und Verdunstung auf der Erdoberfläche verbraucht wird. Während der warmen Zeit, wenn die Einstrahlung die Ausstrahlung überwiegt, vermindert die größere Bewölkung den wärmeeffektiven Reinertrag der Strahlung. Dagegen während der kalten Zeit, wenn die Ausstrahlung im allgemeinen größer als die Einstrahlung ist, vergrößert die größere Bewölkung den wärmeeffektiven Reinertrag der Strahlung. In der warmen Zeit wirkt die größere Bewölkung erniedrigend in der Temperatur, in der kalten Zeit dagegen erhöhend. Während der Übergangszeiten, wenn die Einstrahlung gleich der Ausstrahlung ist, hat die Bewölkung keine Einwirkung auf den wärmeeffektiven Zustand und auf die Temperaturverhältnisse der Erdoberfläche.

---

[1] ÅNGSTRÖM, A.: On radiation and climate. Geogr. Annaler H. 1/2, 129, 1925.

3. Der Verbrauch der Wärme zur Verdunstung und Schmelzung.

Von der eingestrahlten Wärmeenergie werden auf der Erdoberfläche beträchtliche Mengen bei der Verdunstung des Wassers und in kalten Klimaten bei der Schmelzung des Schnees und Eises latent verbunden. Durch diese Wärmemengen wird die Wärmeenergie geschwächt, bevor sie in den Boden hineindringt.

Verdunstungswärme. Die Messungen über die Verdunstung des Wassers auf der Erdoberfläche sind im allgemeinen in solchen unnatürlichen Verhältnissen ausgeführt worden, daß es danach schwer und sogar unmöglich wird, eine richtige Auffassung über ihre Größe zu schaffen. Die Auswertung der Verdunstung auf den Landflächen wird näherungsweise durch die Überlegungen über die Niederschlagsmenge und den Abfluß der Flüsse erworben. Ist R die Niederschlagsmenge, F die Wasserführung der Flüsse, so besteht in der ersten Annäherung auf dem Lande die von BRÜCKNER formulierte Grundgleichung für die Bestimmung der Verdunstung:

$$V = R - F. \qquad (15)$$

Viele Forscher haben auf Grund des allgemeinen Wasserhaushaltes der Erde solche Werte für die Verdunstung abgeleitet, die von der Wirklichkeit nicht viel abweichen können. Bei der Verdunstung wird bekanntlich rund 600 gcal Wärme pro cm³ Wasser latent verbunden (Verdunstungswärme). Beistehende Zusammenstellung gibt die mittlere Verdunstungsmenge und Verdunstungswärme nach den Berechnungen von WÜST[1] und ÅNGSTRÖM[2].

Aus diesen Zahlen geht deutlich hervor die bedeutende Rolle der Verdunstung in dem Wärmehaushalt des Bodens. Wie sich

Zonale Verteilung auf der Erde nach WÜST.

Breitenzone	70° bis 90° N	50° bis 70°	30° bis 50°	10° bis 30°	10° N bis 10° S	10° bis 30°	30° bis 50°	50° bis 70°	70° bis 90° S.	Ganze Erde
Festland { Verdunstung, cm	7	24	35	65	119	65	50	15	5	50.4
Verdunstungswärme, gcal	4200	14 400	21 000	39 000	71 400	39 000	30 000	9000	3000	30 240

Jährlicher Gang in Stockholm nach ÅNGSTRÖM.

	Jan.	Febr.	März	April	Mai	Juni	Juli	Aug.	Sept.	Okt.	Nov.	Dez.	Jahr
Verdunstung, mm	7	8	15	28	47	67	73	61	40	23	13	8	390
Verdunstungswärme, gcal .	420	480	900	1680	2820	4020	4380	3660	2400	1380	780	480	23 400

[1] WÜST, G.: Verdunstung und Niederschlag auf der Erde. Z. der Gesellschaft für Erdkunde zu Berlin. Nr 1/2, 41, 1922.

[2] ÅNGSTRÖM, A.: On radiation and climate. L. c. 130.

die Verdunstung auf verschiedene Bodenarten und auf verschiedene Bodenbedeckungen verteilt, ist im allgemeinen noch unerforscht. Ein großes Hindernis bei der Ausführung solcher Messungen bildet zur Zeit noch der Mangel an zuverlässigen Messungsapparaten.

Schmelzwärme. In den kalten Klimaten und auf den hohen Bergen, wo die Erdoberfläche eine Zeit jährlich mit Schneedecke und die Gewässer mit Eis bedeckt sind, wird während des Auftauens Wärme latent verbunden. Einige Beispiele mögen hier für die Klarlegung der tatsächlichen Verhältnisse angeführt werden.

Nach den Untersuchungen von KORHONEN[1] hat die Schneedecke in Finnland gegen Mitte März im allgemeinen ihre größte Mächtigkeit. Bald danach fängt sie in den südlicheren Teilen des Landes zu schmelzen an. Die mittleren Verhältnisse im ganzen Finnland zu dieser Zeit, die Schneehöhe 63 cm und die Schneedichte 0.246, geben zum Wassergehalt der Schneedecke 155 mm. Da die Schmelzwärme rund 80 gcal ist, erfordert die Schmelzung dieser Schneedecke rund 1240 gcal Wärme pro cm². Diese Wärmemenge ist rund die Hälfte von der monatlichen diffusen Wärmestrahlung während der Schneeschmelze in Stockholm (siehe Abb. 2). In Petersburg beträgt die mittlere Schmelzwärme der 61 cm hohen Schneedecke nach LUBOSLAWSKY[2] 1184 gcal pro cm². Die Schmelzwärme der Schneedecke bildet somit einen hemmenden Faktor im Fortschritte des Frühlings, da sie von der Erwärmung des Bodens ganz verloren geht.

4. Die Reflexion der Strahlung auf der Erdoberfläche.

Ein Teil von der Einstrahlung wird auf der Erdoberfläche und deren Bedeckung in die Luft zurückgeworfen, reflektiert. Da die Erdoberfläche gewöhnlich uneben und rauh ist, wird die mit einem gewissen Winkel eingefallene Strahlung nach allen Richtungen diffus reflektiert. Im allgemeinen wirkt doch gewissermaßen die Einfallsrichtung der primären Strahlung auf die Intensität der Reflexion. Nur in dem idealen Falle der diffus reflektierenden Fläche ist die Reflexion von der Richtung der Einstrahlung unabhängig. Die ganze reflektierte Energie kann durch ein Integral über alle Direktionen der ganzen Hemisphäre ausgedrückt werden. Das Verhältnis zwischen der Intensität der von einer Oberfläche diffus zurückgeworfenen Strahlen und jener der eingefallenen heißt die *Albedo* der Oberfläche.

---

[1] KORHONEN, W. W.: Die Ausdehnung und Höhe der Schneedecke. Mitteil. der Met. Zentralanstalt d. Finn. Staates Nr 2, 171—172. Helsinki 1915.

[2] LUBOSLAWSKY, G.: Der Einfluß der Bodendecke auf die Temperatur und Wärmeaustausch in den oberen Bodenschichten. Mitt. d. k. Forstinstitutes in St. Petersburg 19, 105, 1909. (Russisch mit deutscher Zusammenfassung.)

Es verdienen hier einige Werte über die Größe der Reflexion erwähnt zu werden. Die Messungen sind am meisten von A. ÅNGSTRÖM[1] und zum Teil von LUNELUND[2] ausgeführt worden.

	Reflexion %		Reflexion %
Ackerboden, durchschnittlich	16	Spitzen von Fichten	10
Feld mit frischem Gras. . .	25—26	Granitfelsen teilweise bedeckt	
Feld m. trockenem hohen Gras	31—32	mit dunklen Flechten . .	12—18
Feld mit nassem Gras nach		Graue Sandfläche	12—26
dem Regen	22	Schwarze Mullerde	12—14
Boden, bedeckt mit dem Hei-		Weißes Leinentuch	63
dekraut	18	Ältere Schneedecke.	42—70
Spitzen von jungen Eichen .	18	Frische Schneedecke	81—85
Spitzen von Kiefern	14		

Für die Reflexion der Schneedecke haben früher ABBOT und ALDRICH 70, DORNO von 64—89% erhalten. Da die Reflexion der Schneedecke größtenteils aus der kurzwelligen Strahlung besteht, haben die Schneeflächen deshalb eine große heilsame Wirkung, die auf den hochbelegenen Kurorten von großer Wichtigkeit ist. Die Reflexion vergrößert bedeutend die abkühlende Einwirkung der Schneeoberfläche. Die jährliche Summe der reflektierten Wärme macht in Stockholm nach ÅNGSTRÖM während der Zeit der Schneedecke zwischen Oktober und Mai rund 5500 gcal.

Es verdient hervorgehoben zu werden, daß die Größe der Reflexion gewissermaßen abhängig von der Wellenlänge des einfallenden Lichtes ist. STUCKTEY und WEGENER[3] haben bei einer Ballonfahrt für die Reflexion des im Sonnenschein liegenden Waldes 8% und für dieselbe der Felder etwa 15% gefunden, was bedeutend kleiner ist, als die Werte in der obigen Tabelle. Die photometrischen Messungen von RICHARDSON und DORNO ergaben für Grasflächen die Reflexion zwischen 6—15%. Die Differenzen dieser Messungen in bezug auf die Resultate von ÅNGSTRÖM werden dadurch erklärlich, daß die Messungen von ÅNGSTRÖM die ganze Weite der Einstrahlung umfassen, aber diejenigen der anderen Forscher nur den leuchtenden Teil des Spektrums. ÅNGSTRÖM konnte durch Versuche zeigen, daß die Reflexion der roten und ultraroten Strahlung für eine Grasfläche etwa 45% beträgt, also verhältnismäßig stark ist. Für die kürzeren sichtbaren Wellenlängen ist die Reflexion kleiner, etwa 10—20%.

Sehr interessant sind die Untersuchungen von ÅNGSTRÖM über die Verkleinerung des Reflexionsvermögens durch die Nässe, wovon schon

---

[1] ÅNGSTRÖM, A.: The albedo of various surfaces of ground. Geogr. Annaler H. 4, 331—332, 1925.
[2] LUNELUND, H.: Pyranometrische Untersuchungen. Soc. Scient. Fenn. Comm. Phys.-Math. III, 5 und IV, 2. Helsinki 1926 und 1927.
[3] STUCKTEY, K. und WEGENER, A.: Die Albedo der Wolken und der Erde. Nachr. Ges. Wiss. Göttingen, Math.-physik. Kl. 229—230, 1911.

in der vorigen Zusammenstellung ein Beispiel gegeben ist. Nach einem Regen sank die Reflexion der Sandfläche von 18 bis zur Hälfte 9 und einer Mullfläche von 14 bis 8%. Weil die Absorption für den sichtbaren Teil des Spektrums in der dünnen Wasserschicht oberhalb der festen Erdpartikel nahezu verschwindend klein ist, so muß die Verkleinerung der Reflexion durch die totale Reflexion in der dünnen Wasserhülle zu finden sein.

In einer Flüssigkeitsschicht mit dem Brechungskoeffizienten n beträgt die aus der Flüssigkeit steigende Strahlung für eine ideal diffuzierende Fläche nach ÅNGSTRÖM

$$\overline{R} = \frac{a\,I}{n^2(1-a)+a}.$$

Da die Reflexion für eine trockene Oberfläche $a\,I$ ist, so wird die Reflexion $\overline{R}$ im Verhältnis $n^2(1-a)+a$ verkleinert. Zwischen Luft und Wasser ist $n = 1.33$ und in diesem Falle macht die Reflexion der nassen Oberfläche z. B. für $a = 0.1$, 59% und für $a = 0.5$, 72% von derselben in trockenem Zustande. Tatsächlich beträgt die Verkleinerung der Reflexion mehr als diese theoretischen Werte, was auf die auswählende Absorption in der dünnen Wasserschicht zurückzuführen ist. Zum Teil wirkt hier auch eine partielle Reflexion von den Oberflächen der Wasserschicht ein.

Wenn somit durch die Nässe die Absorption der Oberfläche bedeutend größer wird, bildet dieser Umstand einen beträchtlichen Einfluß auf die Wärmeverhältnisse des Bodens. ÅNGSTRÖM hat berechnet, daß in Stockholm in der warmen Jahreszeit, Mai—September, auf einer Sandoberfläche durch die Nässe etwa 5000 gcal Wärme pro cm² absorbiert wird. Diese Wärme wird augenscheinlich für die Verdunstung auf der nassen Oberfläche verbraucht.

Die Reflexion von den Wasserflächen. Wegen des mächtigen Vorkommens der Wasserflächen auf der Erde soll die Reflexion auf denselben nach ÅNGSTRÖM kurz behandelt werden. Für die diffuse Sonnenstrahlung bei bewölktem Himmel bekam ÅNGSTRÖM die Reflexion 10%. Die Reflexion der Sonnenstrahlung für Sonnenhöhen über 15° kann mit hinreichender Genauigkeit nach dem FRESNELschen Reflexionsgesetze

$$R = \frac{1}{2}\left\{\frac{\sin^2(i-r)}{\sin^2(i+r)} + \frac{\operatorname{tg}^2(i-r)}{\operatorname{tg}^2(i+r)}\right\}$$

berechnet werden. Hier ist i der Einfallswinkel und r der Winkel zwischen dem normalen und dem reflektierten Strahl. Bei der Windstille ist die Übereinstimmung der Messungen mit der Formel wahrscheinlich ziemlich gut. Bei einer leicht bewegten Wasserfläche wird eine positive Abweichung von dem Gesetze erhalten, bei größerer Unruhe eine negative. In durchschnittlichen Überschlagsrechnungen kann man die FRESNELsche Formel nach dem Vorgang von W. SCHMIDT und ÅNGSTRÖM anwenden.

Die Reflexion von den Wasserflächen gewinnt mehr Bedeutung bei niedrigen Sonnenhöhen; nach Ångström bei einer Sonnenhöhe von 12.2° 40%, bei 5.5° schon 71%. Die reflektierte Energie kommt auf Abhängen der Vegetation und den Bäumen zugute. Die Energie wird nach den Berechnungen von Ångström für eine senkrechte nach Ost oder West wettende Fläche in der Mitte vom Juni auf der Breite 60° durch die Reflexion der Wasserfläche mit 16% vermehrt. Der größte Anteil dieser Vergrößerung wird in den Abendstunden zwischen 5 und 9 Uhr erworben, wo der Zusatz durch Reflexion sogar 30% ausmacht.

5. Das Durchdringen der Strahlung durch die Vegetation.

Transmission der Pflanzenblätter. Ångström[1] hat einige Versuche über das Transmissionsvermögen verschiedener Pflanzenblätter für die Strahlung ausgeführt. Nach einer verhältnismäßig nassen Zeit erhielt er für die Blätter einiger Laubbäume einen ziemlich konstanten Transmissionskoeffizienten, 0.21 bis 0.28. Nach einer längeren außerordentlich trockenen Zeit bekam er für dieselben Pflanzen höhere Werte, zwischen 0.31 bis 0.35. Gleichzeitig wurde eine Zunahme der Reflexion konstatiert. Aus seinen Messungen konnte er folgende Übersichtstabelle aufstellen.

Vorsommer	Spätsommer nach einer trockenen Zeit
Blätter mit großem Wassergehalt	Blätter mit kleinem Wassergehalt
Reflexion 19.0%	Reflexion 29%
Absorption 55.5%	Absorption 38%
Transmission 25.5%	Transmission 34%

Glaublich begünstigt die größere Absorption der nassen Blätter die Verdunstung, so daß die obige Differenz der Absorption nicht so deutlich in der Temperaturerhöhung der Erdoberfläche zu finden ist.

Strahlung im Schatten der Bäume. Da die Kronen der Bäume den größten Teil der Sonnenstrahlung einnehmen und einen kleineren Bruchteil in die Luft zurückwerfen, so kann man erwarten, daß die Einstrahlung unter den Bäumen und anderer höheren Vegetation klein sein muß.

Abbot[2] und seine Mitarbeiter haben in den Wäldern von Amerika und Ångström[3] in Schweden einige solche Messungen ausgeführt. Eine Beobachtungsserie von Ångström ergab folgendes Resultat:

	Strahlung gcal pro cm² min
Offene Stelle mit ganz freien Horizonten	0.99
Junger Eichenwald; Höhe der Bäume 20 m, deren Abstand 7 m	0.04—0.07
Dünner Kiefernwald, Höhe 15 m, Abstand der Bäume 10 m . .	0.04
Gemischter Wald von Fichten, Eichen und Pappeln, Höhe 10—20 m, mittlerer Abstand der Bäume 5 m	0.02—0.03
Dicker Fichtenwald, Höhe 20 m, Abstand der Bäume 6 m .	0.007—0.010

---

[1] Ångström, A.: The albedo of various surfaces of ground. L. c. 339 u. f.

[2] Annals of the Astrophysical Observatory of the Smithsonian Institution. 267, 1922.

[3] Ångström, A.: The albedo of various surfaces of ground. L. c. 340—342.

Man sieht aus diesen Zahlen, daß wegen der kleinen Einstrahlung im Walde die Erwärmung des Bodens dort durch Luftbewegungen, also durch Konvektion und Advektion erfolgen muß.

Die Schwächung der Strahlung in einem Grasfelde wird durch folgende Messungsserie von ÅNGSTRÖM klar gemacht:

Oberhalb des 100 cm hohen Grases von Timotei . . 1.08 gcal pro cm² min
50 cm oberhalb der Bodenoberfläche . . . . 1.04　　　 ,,　　 ,,
10　,,　　 ,,　　 ,,　　　　,,　　 . . . . 0.28　　　 ,,　　 ,,
Auf der Bodenoberfläche . . . . 0.19　　　 ,,　　 ,,

Die angeführten Beispiele zeigen, daß der Einfluß der Gras- oder Rasendecke auf die Temperatur der Bodenoberfläche in der wärmeren Jahreszeit beinahe von derselben Ordnung ist wie diejenige des Waldes. Die Höhe, Dichte und Art der Pflanzenbedeckungen verursachen natürlich vielerlei Modifikationen. Für manche Studien in der Agrikultur ist es natürlich wichtig zu kennen, welche Einflüsse die verschiedenen künstlichen oder natürlichen Verhältnisse beim Wachsen der Pflanzen auf das Gedeihen am günstigsten sind.

II. Die Temperaturverhältnisse auf der Erdoberfläche.

Im vorigen sind die wichtigsten Faktoren für die Einnahme und Abgabe der Wärmeenergie auf der Erdoberfläche besprochen worden. Als Resultant der verschiedenen Wärmeeinflüsse erscheint die Temperatur der Erdoberfläche. In dem vorliegenden Teile der Geophysik werden dann die Verhältnisse in dem festen Boden behandelt.

Da die Energiezufuhr gegen die Oberfläche stetig variiert, gilt es hier einen veränderlichen Temperaturverlauf kennen zu lernen. Die Veränderungen während einer 24stündigen Periode, des Tages, sind als täglicher Gang der Temperatur, und die Veränderungen während einer 12monatlichen Zeit, des Jahres, als jährlicher Temperaturgang bekannt. Derselbe Zustand kehrt nach Ablauf dieser Perioden nahezu um und deshalb kann man in mittleren Zuständen annehmen, daß die Wärmeeinnahme und die Wärmeausgabe während dieser Perioden gegenseitig sich ausdecken. Solange die Wärmeeinnahme größer als die Wärmeabgabe ist, steigt die Temperatur der Oberfläche, falls dagegen diese überwiegt, sinkt die Temperatur. Dadurch wird ohne weiteres klar sowohl der tägliche als auch der jährliche Gang der Temperatur der Oberfläche. Dieser Temperaturgang ist dort am größten, wo sowohl Einnahme als auch Abgabe der Wärme am wenigsten von der Atmosphäre behindert sind, also in klaren kontinentalen Klimaten und auf großen Seehöhen. Insbesondere die Bewölkung hat eine sehr große Einwirkung auf die Amplitude des Temperaturganges. Die Wolkendecke verhindert die Einstrahlung bei Tage und die effektive Ausstrahlung bei Nacht und somit verkleinert die Amplitude des Verlaufes. Auch andere meteorologischen Elemente, wie Wind, Feuchtigkeit, Nässe, verursachen gewisse Änderungen in dem Temperaturverlaufe. Näheres über diese Umstände wird später angeführt.

1. Die Wärmefaktoren des täglichen Temperaturganges.

In dem täglichen Temperaturgange auf der Erdoberfläche haben die helle Tageszeit und die dunkle Nachtzeit verschiedenen Charakter, der hier kurz behandelt werden muß.

Die Strahlung zwischen Himmel und Erde. Der Wärmeaustausch zwischen dem Himmel und der Erde wird während der Tageszeit durch die oben gesprochene diffuse Himmelsstrahlung, die bekanntlich kurzwellig ist, kompliziert. Diese diffuse Strahlung und die Wärmestrahlung des Himmels treten gleichzeitig ein. Wenn die Einstrahlung größer als die effektive Wärmestrahlung gegen den Himmel ist, bekommt der Boden Wärme und die Temperatur steigt. Im entgegengesetzten Falle gibt der Boden Wärme durch Ausstrahlung ab.

Die ersten diesbezüglichen Messungen hat HOMÉN[1] in Finnland ausgeführt. Seine Messungen ergaben, daß bei klarem Himmel die Ausstrahlung gegen den Himmel stets größer als die Strahlung der Atmosphäre ist. Der Wärmeverlust durch Ausstrahlung ist am Tage oft ebenso stark wie in klaren Nächten, 0.2—0.3 gcal pro cm²min. Bei bewölktem Himmel überwiegt die Wärmestrahlung des Himmels. Sie ist am stärksten am Vormittag und kann bisweilen größer als die Ausstrahlung gegen den klaren Himmel werden. In der Nacht fand immer sowohl bei klarem als auch bei bewölktem Himmel eine Wärmeausstrahlung von der Erdoberfläche gegen den Himmel statt.

Die verschiedenen Strahlungsmengen verteilten sich bei den Messungen von HOMÉN während der ganz klaren Zeiten in gcal pro cm² folgenderweise (S. 189 oben). Die Tages- und Nachtzeiten sind durch die Zeitmomente begrenzt, zu welchen die Ausstrahlung und die Sonnenstrahlung bezüglich einer horizontalen Fläche gleich waren.

Wenn man eine Nacht- und Tageszeit zu einem Tage vereinigt, betragen die Wärmebilanzen:

15. August   211 gcal
2. September 257 ,,
3. September 219 ,,
2. Oktober   47 ,,

Neuerdings hat ÅNGSTRÖM[2] die Resultate einiger gleichzeitigen Registrierungen der Einstrahlung und Ausstrahlung veröffentlicht, die uns ein gutes Bild über das gegenseitige Verhalten dieser beiden Konstituenten während einiger Tage geben.

---

[1] HOMÉN, TH.: Der tägliche Wärmeumsatz im Boden und die Wärmestrahlung zwischen Himmel und Erde. S. 136—137, 141, 143. Leipzig 1897.

[2] ÅNGSTRÖM, A.: Recording nocturnal radiation. L. c. 10—12.

Tageszeit.

Datum	Zeit	Sonnen-strahlung	Aus-strahlung	Wärme-einnahme
14. August	$5^h\,50^m - 18^h\,20^m$	504	133	+ 371
15. August	6 20 —18 20	448	122	+ 326
2. September	5 50 —17 40	423	116	+ 307
3. September	6 10 —17 30	387	104	+ 283
1. Oktober	7 25 —16 10	196	51	+ 145
2. Oktober	7 40 —16 10	183	46	+ 137

Nachtzeit.

Datum	Zeit	Sonnen-strahlung	Aus-strahlung	Wärme-abgabe
14.—15. August	$18^h\,10^m - 6^h\,20^m$	15	130	— 115
1.— 2. September	17 20 —5 50	6	56	— 50
2.— 3. September	17 40 —6 10	8	72	— 64
1.— 2. Oktober	16 10 —7 40	5	95	— 90

Sehr einleuchtend sind die umstehenden Resultate der Berechnungen von HOMÉN über die Anwendung der Wärmemengen in den verschiedenen Bodenarten, Granitfelsen, Sandheide und Moorwiese.

Wenn in der Tabelle das Minuszeichen in der Abteilung der Luft vorkommt, bedeutet es Gegenstrahlung der Luft oder eine durch Taubildung erwonnene Wärme.

Nach diesen Zahlen erhellt, wie ungleich die verschiedenen Bodenarten bei der Anwendung der Wärmevorräte sich verhalten. Dadurch werden auch verständlich die ungleichen Temperaturverhältnisse dieser Bodenarten.

Die Messungen von ÅNGSTRÖM und ABBOT[1] zeigten, daß die diffuse Himmelsstrahlung immer stärker als die effektive Wärmeausstrahlung ist. LO SURDO hat dasselbe in Italien gefunden. Die Himmelsstrahlung ist somit positiv im Tagesmittel. Die Verschiedenheit zwischen den Resultaten von HOMÉN und denselben anderer Forscher ist noch nicht ganz erklärt worden. Die Beobachtungen während einer totalen Sonnenfinsternis machen glaublich, daß die effektive Wärmeausstrahlung während des Tages nach denselben Gesetzen geschieht wie die nächtliche Ausstrahlung. Vor der Finsternis war in diesem Falle die Wärmestrahlung des Himmels größer als die diffuse Strahlung.

Der Temperaturgang während der Nacht wird durch die Wärmeausstrahlung bestimmt. Die effektive Ausstrahlung ist in sich eine verwickelte Erscheinung und setzt sich, wie schon oben erörtert worden ist, aus der totalen Ausstrahlung der Erdoberfläche und der Gegenstrahlung der Atmosphäre zusammen.

Früher ist schon die Verminderung der effektiven Ausstrahlung durch

---

[1] ÅNGSTRÖM, A.: A study of the radiation of the Atmosphere. L. c. 71—75.

die Wolkendecke erwähnt worden. Da die Bewölkungsverhältnisse sehr veränderlich sind, wird die Ausstrahlung ebenso wie die Einstrahlung während verschiedener Tage sehr variierend. In gleicher Weise wirkt der Wasserdampfgehalt der Luft.

Für die Abhängigkeit der nächtlichen Abkühlungen der Lufttemperatur findet DEFANT[1] die lineare Beziehung

$$\left.\begin{aligned} \Delta T_w = \Delta T_0 \times \\ \times \left(1 - \beta \frac{w}{10}\right). \end{aligned}\right\} \quad (1)$$

Hier bezeichnet w die Bewölkung und β eine Konstante, die beinahe konstant in vielen untersuchten Stationen auf den mittleren Breiten ist, und denselben mittleren Wert 0.765 hat, wie oben die Konstante k der Abhängigkeit der Ein- und Ausstrahlung von der Bewölkung.

Diese Gleichung bezieht sich auf die untersten Luftschichten und gilt natürlich nicht streng für die Erdoberfläche selbst, wo die effektive Ausstrahlung ausschlaggebend ist.

[1] DEFANT, A.: Ausstrahlung, nächtliche Abkühlung und Bewölkung. L. c. 105.

Wärmeumsatz an der Erdoberfläche, gcal pro cm².

Datum	Zeit	Sonnen-strahlung	Aus-strahlung gegen den Himmel	Verteilung der eingestrahlten Wärme								
				Im Boden magaziniert			Verdunstungswärme			Der Luft abgegebene Wärme		
				Granit	Sand-heide	Moor-wiese	Granit	Sand-heide	Moor-wiese	Granit	Sand-heide	Moor-wiese
14. August	5h 50m —17h 0 m	482	120	202	89	44	—	78	232	160	195	86
15. August	6 20 —17 00	430	110	169	72	25	—	62	191	151	186	104
2. September	5 50 —16 30	407	106	147	69	34	—	113	144	154	119	123
3. September	6 10 —16 30	377	96	151	71	39	—	112	154	130	98	88
1. Oktober	7 30 —15 00	184	44	83	54	13	—	28	36	57	58	91
2. Oktober	7 40 —15 00	172	40	66	29	15	—	33	28	66	70	89
				Abgabe des Bodens								
14.—15. August	15h 00m —6h 20m	37	143	164	84	50	—	28	37	58	—50	—93
1.—2. September	16 50 —5 50	18	64	144	78	41	—	12	14	98	20	—19
2.—3. September	16 30 —6 10	24	82	130	66	43	—	9	9	72	—1	—24
1.—2. Oktober	15 00 —7 40	17	102	86	34	19	—	—	—	1	—51	—66

2. Die Messung der Temperatur der Erdoberfläche.

Da die Teile der Erdoberfläche eigentlich als zwei dimensionelle Größen zu betrachten sind, bereitet deren genaue Temperaturbestimmung, die ja wegen der grundlegenden Bedeutung der Oberfläche als Sitz sowohl in der Wärmeeinnahme und der Wärmeabgabe als auch in der Reflexion der Strahlung und in der Verdunstungs- bzw. Kondensationsfläche sehr wichtig ist, große Schwierigkeiten. Wenn man ein gewöhnliches Thermometer mit einem verhältnismäßig dicken Quecksilbergefäß in der üblichen Weise benutzt, wobei das Gefäß zur Mitte auf der Erdoberfläche liegt, so sind sowohl die oberen und unteren Teile des Gefäßes in anderen Temperaturverhältnissen als auf der Oberfläche selbst. Fraglich wird dabei, wieweit ein solches Thermometer die tatsächliche Temperatur der Oberfläche gibt. Die durchschnittlichen Werte der längeren Zeiträume werden natürlich dessen ungeachtet ziemlich gut sein[1].

Nach den von KERÄNEN in Sodankylä, ein Ort im Finnischen Lappland (Breite 67° 22′ N., Länge 26° 39′ E. v. Greenw.), ausgeführten Vergleichsmessungen mit zwei gleichgestellten Thermometern auf der Sandoberfläche zeigte sich, daß die Differenz zwischen deren Angaben bei den Beobachtungen um 8 Uhr morgens und 2 Uhr nachmittags bei klarem Himmel auf 0.8°, bei halbklarem auf 0.6° stieg, aber bei bedecktem Himmel nur 0.2 bis 0.3° war[2]. Wenn gleichzeitig die Temperatur auch mit einem Thermoelement gemessen wurde, so erwies sich das Thermoelement viel empfindlicher gegen Strahlungseinflüsse als das Thermometer. Am Tage gab das Thermoelement bei klarem und halbklarem Himmel 0.6° und bei bewölktem Himmel 0.2° höhere Werte, in der Nacht wieder 0.2 bis 0.7° niedrigere Werte.

Zum Beispiel des obigen Verhaltens seien hier die trigonometrischen Gleichungen des täglichen Ganges der Oberflächentemperatur nach beiden Systemen im Hochsommer, den 27. Juni bis 6. Juli 1916, angegeben:

$$\text{Thermometer:} 21.34° + 10.85° \sin(256.8° + x) + 1.83° \sin(128.3° + 2x)$$
$$\text{Thermoelement:} \ 21.67 + 11.54 \sin(256.7 + x) + 2.19 \sin(124.8 + 2x).$$

Man sieht, daß die Differenz nur in der Amplitude und nicht in der Phasenzeit der periodischen Kurve liegt. Das Thermoelement gibt offenbar wegen seinen kleineren Dimensionen und geringen Wärmekapazität des Thermometerkörpers genauer die Temperatur als das Thermometer.

WILD[3] in seiner für die Bodentemperatur in vieler Hinsicht grundlegenden Arbeit betonte die Notwendigkeit der Temperaturbestimmungen

---

[1] Siehe HOMÉN: Der tägliche Wärmeumsatz im Boden. L. c. 20—21.

[2] KERÄNEN, J.: Über die Temperatur des Bodens und der Schneedecke in Sodankylä nach Beobachtungen mit Thermoelementen. Ann. Acad. Sci. Fennicae. S. A. **13**, Nr 7, 103 u. f. Helsinki 1920.

[3] WILD, H.: Über die Bodentemperaturen in St. Petersburg und Nukuss. Rep. Meteorologie **6**, Nr 4, 44. St. Petersburg 1879.

sowohl der äußeren als auch der inneren Oberfläche. Wie Kühl[1] bemerkt, ist es untunlich, mit Gefäßthermometern die Temperatur der beiden Oberflächen exakt zu messen, da ein nacktes, zur Hälfte eingebettetes Thermometer auf der Oberfläche die Temperatur der Luft an der Grenzfläche ebensowenig wie ein mit einer dünnen Erdschicht bedecktes Thermometer die innere Oberflächentemperatur angeben kann. Solche Messungen sind jedenfalls in vielen Orten und insbesondere in Rußland ausgeführt worden. Es verdienen wohl einige Ergebnisse aus solchen Messungen erwähnt zu werden. Nach den zehnjährigen Beobachtungen in Pawlowsk ist nach Leyst[2] die Temperatur der äußeren Oberfläche während der Tageszeit und demgemäß durchschnittlich in der warmen Jahreszeit größer, aber bei der Nacht und im Winter niedriger als in der inneren Oberfläche. Daraus erfolgt direkt die kleinere Amplitude der Temperatur in der inneren Oberfläche und eine Verspätung der Phasenzeiten der Extreme von 0.1 bis 0.3 Stunden. Die fünfjährige Serie von Belgrad[3] hat aber ein anderes Resultat gegeben. Im Sommer werden in Belgrad für die innere Oberflächentemperatur 1.7° höhere Werte erhalten als für die äußere. Im Winter ist die Differenz unsicher. Im täglichen Gange ist ausnahmsweise die innere Oberflächentemperatur niedriger in einigen Morgenstunden im Herbst, Winter und Frühjahr. Im Sommer erscheint zu gleicher Zeit eine Depression in der Differenz dieser Temperaturen. Diese Eigentümlichkeit ist auf die Verdunstungserscheinungen auf der Oberfläche zur Zeit der Erwärmung zurückzuführen.

Im allgemeinen sind in Belgrad die Amplituden und die Extremwerte der inneren Oberflächentemperatur größer als die der äußeren und die innere Oberflächentemperatur bekommt im allgemeinen eine Phasenverschiebung von 10 Minuten.

Diese Beispiele zeigen deutlich, wie die Resultate verschiedener Beobachtungsserien für die Differenz zwischen den Temperaturen der äußeren und inneren Bodenoberfläche nicht gleichartig sind, und deshalb muß man die Einwände von Kühl für berechtigt halten.

Als Ausgangswerte für die Untersuchungen der Temperatur- und Wärmeveränderungen nach oben in der Luft und nach unten in der Bodenkruste taugt die in der genannten Weise gewonnene Temperatur praktisch genommen ganz gut. Wünschenswert wäre es natürlich, wenn einmal die Frage der richtigen Oberflächentemperatur erschöpfend untersucht werden würde.

---

[1] Kühl, W.: Der jährliche Gang der Bodentemperatur in verschiedenen Klimaten. Gerlands Beitr. zur Geophysik 8, H. 3/4, 519—520.

[2] Leyst, E.: Über die Bodentemperatur in Pawlowsk. Rep. Meteorologie 13 Nr. 7 St. Petersburg 1890.

[3] Vujević, P.: Über die Bodentemperaturen in Belgrad. Z. Meteorol. 28, 290, 1911.

3. Der Einfluß der Bedeckung auf die Oberflächentemperatur.

Gewöhnlich hat man in den Untersuchungen der Bodentemperatur einen nackten Boden ohne Pflanzendecke und insbesondere in den älteren Beobachtungen im Winter ohne Schneedecke gehabt. Da die Oberfläche der festen Länder im allgemeinen mit einer Vegetationsdecke und in kälteren Klimaten während der kalten Jahreszeit mit einer Schneedecke bedeckt ist, so werden Resultate von solchen Verhältnissen geliefert, die mehr selten in der Wirklichkeit vorkommen. Physikalisch wird die Frage der Bodentemperatur dadurch einfacher, aber die reellen, faktisch geltenden Verhältnisse werden dabei mehr oder weniger modifiziert. Insbesondere in kälteren Klimaten, wenn die Erde im Winter eine beständige Schneedecke hat, bekommt man in der obengenannten Weise ein ganz irriges Bild über die Temperatur des Bodens. Man muß deshalb die allgemeine Bedeutung der Oberflächenbedeckung für die Bodenoberfläche selbst klar machen. Da hier sehr mannigfaltige Arten und Variationen der Bedeckungen in der Natur vorkommen, kann man nur vereinzelte Spezialfälle hervorheben, die insbesondere untersucht worden sind. Außerdem haben wir ja sehr verschiedene Bodenarten in mancherleien Feuchtigkeitsverhältnissen.

Sehr ausgedehnte Untersuchungen auf diesem Gebiete haben die land- und forstwissenschaftlichen Institute und Versuchsanstalten ausgeführt. An erster Stelle in dieser Beziehung sind wohl die von E. WOLLNY und seinen Mitarbeitern in München ausgeführten Arbeiten, die in der Serie: „Forschungen auf dem Gebiete der Agrikulturphysik" veröffentlicht worden sind. Es sind dort eine Menge Untersuchungen über den Einfluß der Farben, Arten, Feuchtigkeit, Dichtigkeit, Struktur, Lagen usw. auf die Bodenwärme und Bodentemperatur. Für den Praktiker in der Agrikultur haben diese Arbeiten gewiß sehr viel Wert, obgleich sie am meisten in unnatürlichen Verhältnissen, teils in Gefäßen und teils in Platten ausgeführt worden sind, mit den Temperaturmessungen gewöhnlich nur an einer, höchstens an zwei Stellen der Proben.

Wenn die Vegetation etwas höher ist, äußert sich deren Einfluß im allgemeinen folgenderweise.

Der oberste Teil der Vegetationsdecke verhält sich im großen ganzen wie die Bodenoberfläche. Er nimmt die Einstrahlung entgegen, absorbiert den größten Teil davon, aber reflektiert auch eine Menge, wie wir schon gesehen haben, in die Luft zurück. Gleichfalls geschieht die Wärmeausstrahlung in der Nacht am meisten von der Vegetationsdecke. Da während der Erwärmung die Aufspeicherung der Wärmeenergie oberhalb der Erdoberfläche stattfindet, muß auf dieser die Temperatur weniger steigen, und dadurch wird die allgemeine Einwirkung der Vegetationsdecke zu dieser Zeit abkühlend sein. Die Höchstwerte der Temperatur werden kleiner und im allgemeinen sinkt der Mittelwert. Während der Nacht sinkt die oben erkaltete und spezifisch schwerer gewordene Luft durch die Vegetation herab, und in der Weise wird die nächtliche Abkühlung zu der Erdoberfläche vermittelt. Die Temperaturdifferenzen zwischen der Vegetationsfläche und Oberfläche müssen somit in der Nacht im allgemeinen kleiner sein als im Tage.

Daraus folgt schon der allgemeine Charakter des Einflusses der Vegetation auf die Temperatur der Bodenoberfläche und schließlich auf die Bodentemperatur. Die Höchstwerte der Temperatur werden ansehnlich verflacht und der tägliche und jährliche Gang kleiner und die Mittelwerte der Temperatur niedriger.

Der Einfluß des Waldes. Im mittleren Europa[1] zeigen die Waldböden in geschlossenen Fichtenbeständen die größten Differenzen, etwa 2—3°, gegenüber dem Freien, während die Unterschiede in Buchenbeständen 1.5°, in Lärchenbeständen nur 0.7° und am geringsten in Kiefernbeständen sind. Im Frühjahr bleibt die Oberfläche im Walde 2—3°, im Sommer 3—5° und im Herbst 1—2° kälter als in der Flur. Im Winter hat der Waldboden nahezu die gleiche Temperatur wie im Freien, oder er ist um etwa einen halben Grad wärmer als letzterer. Der Einfluß der Belaubung ist natürlich in Laubwäldern beträchtlich während der warmen Jahreszeit. Im Frühjahr verhindern insbesondere die immergrünen Nadelwälder (Fichten) eine unmittelbare Einstrahlung, und deshalb müssen solche Wälder länger kalt bleiben.

Da die Bodenoberfläche in den Wäldern nicht so direkt die Einstrahlung und die Ausstrahlung der Wärme ausübt, wie die im Freien, so folgt direkt daraus schon das von SCHUBERT[2] gefundene Ergebnis, daß die Temperaturunterschiede zwischen Wald- und Feldboden erheblich größer sind als dieselben zwischen Wald- und Feldluft. Dieser Umstand verdient immer im Gedächtnis behalten zu werden.

Der Einfluß der Grasdecke. Sehr große Areale der Erde sind mit Grasvegetation bedeckt. Über die Einwirkung des Grases geben die Resultate folgender in Rußland ausgeführten Messungen eine Auffassung.

WILD[3] hat die von ihm angeordneten Beobachtungen der Temperatur in Pawlowsk mit und ohne Vegetations- und Schneedecke bearbeitet. Ein folgender Auszug von seinen Werten von einer fünfjährigen Periode möge hier Platz finden.

---

[1] WEBER, R. und H.: Einfluß des Waldes auf die Luft- und Bodentemperatur. Handb. der Forstwiss. 1, 87—90, Tübingen 1924.

[2] SCHUBERT, J.: Der jährliche Gang der Luft- und Bodentemperatur im Freien und in Waldungen und der Wärmeaustausch im Erdboden. S. 22. Berlin 1900.

[3] WILD, H.: Über die Differenzen der Bodentemperaturen mit und ohne Vegetations- bzw. Schneedecke nach den Beobachtungen im Konstantinowschen Observatorium zu Pawlowsk. Mém. Pétersb. S. VIII. Phys.-math. Kl. 5, Nr 8, 7.

Monatsmittel der Oberflächentemperaturen während der
warmen Zeit.

	Mai	Juni	Juli	August	September
Natürliche äußere Oberfläche .	12.31°	17.37	19.41	15.71	9.18
Oberfläche unter dem Rasen.	9.81	14.73	17.02	14.23	9.00
Nackte Sandoberfläche. . . .	12.31	16.70	18.86	15.51	9.03

Die Temperatur der mit Rasen geschützten Oberfläche ist in den
Monaten Mai bis August 2.3° niedriger als die äußere Oberfläche. Die
Temperaturen der äußeren Oberfläche und der nackten Sandoberfläche
sind nahezu gleich, die Temperatur auf jener doch höher als auf dieser.
Nach den Terminbeobachtungen scheint das Thermometer auf der natür-
lichen Oberfläche empfindlicher gegen Strahlungseinflüsse zu sein als
auf der Sandoberfläche, also eine stärkere Erwärmung am Morgen und
Tage und größere Abkühlung am Abend.

Am Meteorologischen Observatorium des Forstinstituts zu St. Petersburg sind gleichartige Messungen ausgeführt. Nach LUBOSLAWSKY[1]
sind die fünzehnjährigen Mittel während der warmen Zeit:

	Mai	Juni	Juli	August	September
Oberfläche unter dem Rasen .	11.83°	16.19	17.10	14.09	8.85
Nackte Sandfläche	14.04	20.46	20.85	15.11	8.82
Differenz	2.21	4.27	3.75	1.02	−0.03

Hier ist die Differenz zwischen den Temperaturen auf der Oberfläche
unter dem Rasen und auf der Sandfläche verhältnismäßig viel größer
als in gleichen Verhältnissen in Pawlowsk. Dabei wirkt natürlich
neben den Verschiedenheiten in der Art der Aufstellung die Mächtigkeit
der Vegetation ein.

Wie sich die Temperaturverhältnisse während eines Tages auf einer
Erdoberfläche mit dichter Vegetationsdecke gestalten, wird in einer
sehr klaren Weise anschaulich aus folgender Abbildung, die nach den
Beobachtungen von RUDOWITZ[2] in der forstlichen Versuchsanstalt Borowoje in Rußland (Breite 53° 0′ N., Länge 52° 3′ E. v. Greenw.) aufgezeichnet worden sind.

Auf der Erdoberfläche (Tiefe 0) wächst in diesem Falle eine 35 cm
hohe dichte Pflanzendecke. Sie schützt den Boden vor der Hitze am
Tage und vor der größten Abkühlung in der Nacht, da sich die für die
Strahlung wirksame Erdoberfläche auf der oberen Pflanzendecke befindet.

Wie sich der tägliche und jährliche Temperaturgang auf der Oberfläche des sandigen, humosen und mit Rasen bedeckten Bodens verhält,

---

[1] LUBOSLAWSKY, G.: L. c. 71—73.
[2] Siehe die russische Meteorologie von A. WOEIKOF. IV. Auflage, 67.
St. Petersburg 1914.

hat in ausführlicher Weise Vujević[1] nach den Beobachtungen in Belgrad dargelegt. In dieser Untersuchung werden die oben besprochenen Resultate über die Einwirkung der Rasendecke bekräftigt. Dort ist die Bedeutung des Wassergehaltes des Grases für die Temperaturänderungen in klarer Weise besprochen. Die Kondensation während der kälteren und die Verdunstung während der wärmsten Zeit wirken abflächend auf den Temperaturgang.

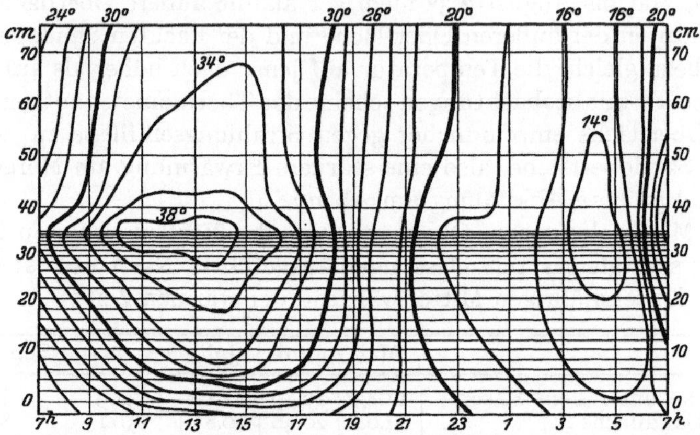

Abb. 4. Täglicher Gang der Temperatur in einer Grasdecke und darüber nach Woeikof.

Insbesondere verdient Erwähnung das Verhalten der Temperatur auf der Rasenoberfläche am Morgen zur Zeit des Kleinstwertes der Temperatur. Die Temperatur der Rasenfläche nähert sich derselben der Sandoberfläche und steigt sogar in gewissen Fällen darüber. Vujević hält diese Erscheinung für eine Folge der stärkeren Kondensationserscheinung der Taubildung an der Rasenfläche zur Zeit der kleinsten Temperatur, wobei so viel Wärme befreit wird, daß eine relative Temperaturerhöhung der Rasenfläche gegenüber des nackten Bodens wahrgenommen wird. Eine gleichartige Erscheinung wird auch zwischen verschiedenen Bodenarten angetroffen. Sie wirkt noch in dem täglichen Temperaturgang eine Verfrühung der Phasen, wie später nachgewiesen wird.

4. Nachtfrosterscheinung.

Einen interessanten speziellen Fall in der Temperatur der Bodenoberfläche bildet das Vorkommen des Nachtfrostes während der Vegetationsperiode. Da diese Erscheinung oft auf den kultivierten Böden große Verheerungen verursacht, verdient sie besondere Beachtung. Außerdem bietet sie in wissenschaftlicher Hinsicht interessante Eigenschaften dar.

---

[1] Vujević, P.: Die Temperaturen verschiedenartiger Bodenoberflächen. Z. Met. **29**, 570—576, 1912.

Das Auftreten des Nachtfrostes. Wenn die Wärmeausstrahlung bei geringer Luftfeuchtigkeit in der Nacht so weit geht, daß die Temperatur unter den Gefrierpunkt sinkt, bildet sich Reif auf der Bodenbedeckung, z. B. auf Pflanzen. Dabei hat eine Frostbildung stattgefunden und die Gefahr an Frostschäden ist vorhanden. Ein Nachtfrost im Frühjahr bringt bisweilen große Schäden in mittleren Breiten und kann im Hochsommer große Schäden insbesondere in höheren Breiten mitbringen.

Die Vorbereitung zu einer Nacht mit Frost geschieht öfters durch eine Abkühlung des Wetters mit kalten Winden; dieses Stadium heißt nach ÅNGSTRÖM[1] *dynamische Abkühlung*. Die kalten Winde führen trockene Luft polarer Herkunft und verursachen eine Aufheiterung des Himmels. Auf einer Wetterkarte befindet sich die Gegend in dieser Situation auf der Rückseite eines Luftdrucktiefes, oder auf einem östlichen Randgebiete eines Hochs, in vielen Fällen auf dessen Keile oder Rücken, wobei ein Vorrücken der Polarluft südwärts stattgefunden hat. Der Nachtfrost selbst entsteht erst dann, wenn die kalten Winde abgeflaut sind und die Nacht danach klar wird. Wegen der kleinen Luftfeuchtigkeit ist die effektive Wärmeausstrahlung, wie schon früher dargelegt worden, von der Oberfläche der Vegetationsdecke in dieser Situation besonders intensiv, und infolgedessen sinkt die Temperatur stark. Es vollzieht sich hierbei die zweite Phase der Erscheinung, nach ÅNGSTRÖM *statische Abkühlung*. Gefährlich wird die Lage erst dann, wenn die Temperatur für den Anfang der Kondensation, des *Taupunktes*, unter dem Gefrierpunkt ist. Wenn sich dagegen der Taupunkt über dem Gefrierpunkt befindet, verzögert die bei der Taubildung freigewordene Kondensationswärme den Temperaturfall zu dem Gefrierpunkt. Während einer windstillen Nacht sammelt sich die erkältete und dadurch schwerer gewordene Luft auf Niederungen, Tälern und in Lichtungen der Wälder. Deshalb werden solche Stellen am meisten vom Frost beschädigt.

Wenn die Temperatur unter den Gefrierpunkt sinkt, erfolgt Reifbildung entweder aus Tau oder direkt aus Luftfeuchtigkeit, falls der Taupunkt unter dem Gefrierpunkte liegt. Die befreite latente Wärme kann dabei bisweilen die Frostschäden beseitigen. Es ist erfahrungsmäßig bekannt, daß in solchen Frostnächten, wenn die nassen Pflanzen mit einer dünnen Eisschicht verhüllt werden, gewöhnlich keine Schäden eintreten[2]. Dabei ist die befreite Gefrierwärme größer als in gewöhnlichen Fällen und bildet somit einen besseren Schutz gegen den Frost als sonst. Außerdem wirkt hier wohl die Eisschicht hemmend auf die Reflexion der Wärme durch totale Reflexion in der Eisschicht in ähnlicher Weise wie bei der Anwesenheit einer Wasserschicht (siehe S. 185).

---

[1] ÅNGSTRÖM, A.: Studies of the frost problem I.—III. Geogr. Annaler, 1920, 1921 und 1923.

[2] LEMSTRÖM, S.: Om nattfrosterna och medlen att förekomma deras härjningar. S. 47—48. Helsingfors 1893.

Bisweilen sinkt die Temperatur einige Grade unter den Gefrierpunkt ohne Reifbildung. Dabei kommt eine Unterkühlungserscheinung vor. Wenn die Reifbildung darauf erfolgt, steigt die Temperatur wegen der befreiten Wärme sogleich auf den Gefrierpunkt und bisweilen vorübergehend sogar 0.4 bis 0.6° darüber, wie HAMBERG[1] in einer Nachtfrosterscheinung beobachtet hat. Dies ist ein direkter Hinweis über die positive Rolle der befreiten Wärme im Schutze gegen den Frost. Die hier erwähnte sogenannte HAMBERGsche *Erscheinung* wird noch später bei der Bodenfrostbildung im Boden getroffen.

Über die Wärmemengen, die während einer Nacht auf der Erdoberfläche ausgetauscht werden, mag folgende Überschlagsrechnung nach HOMÉN[2] angegeben werden:

	Sanderde		Moorerde	
	schwach mit Gras bewachsen	Kornacker	schwach mit Gras bewachsen	Kornacker
Wärmeabgabe des Bodens	45	25	25	15 gcal/cm²
Wärmeabgabe der Luft, 50 m hoch	5	7.5	6	8
Kondensationswärme. . . .	3	5	5	6
Wärmeabgabe der Pflanzen	—	2.5	—	2
Im ganzen.	53	40	36	31

Die Zahlen umfassen in einer klaren Nacht die Zeit von 9 Uhr abends bis 3 Uhr morgens.

Die Sanderde hat am Tage vermöge deren größerer Wärmeleitfähigkeit mehr Wärme aufgenommen als die feuchtere Moorerde und ist infolgedessen imstande während der Nacht größere Wärmemengen abzugeben und auszustrahlen.

Nach HOMÉN würde ein Feld mit einer dichten Grasvegetation wie ein grünes Kornfeld sich verhalten. Auf einem baren Acker ist wahrscheinlich die Wärmeabgabe des Bodens etwas größer, aber die Abgabe der Luft und Kondensationswärme kleiner als in der obigen Zusammenstellung.

Wegen der praktischen Anordnungen für die Beseitigung der Frostschäden ist sehr wichtig, schon vor der kalten Nacht mit Frostgefahr zu wissen, ob der Taupunkt während der Nacht unter den Gefrierpunkt sinkt. Darauf hat man mehrere Regeln der Nachtfrostprognose ge-

---

[1] HAMBERG, H. E.: La température et l'humidité de l'air a différentes hauteurs, observées à Upsal pendant l'été de 1875. Nova Acta Soc. Sci. Upsaliensis. Sér. tert. 10, Nr 4, 29, 30. 1879.

[2] HOMÉN, TH.: Om nattfroster. Helsingfors. S. 177, oder Bodenphysikalische und meteorologische Beobachtungen mit besonderer Berücksichtigung des Nachtfrostphänomens. Bidrag till kännedom af Finlands natur och folk 54, 381. Helsingfors 1894.

gründet. Solche Regeln haben KAMMERMANN, LANG, KIERSNOWSKY und zuletzt ÅNGSTRÖM gegeben.

Da der Kleinstwert der Temperatur nach der Erfahrung gewöhnlich während der nächsten Nacht nicht unter den Taupunkt fällt und da die absolute Feuchtigkeit eine Zeit konstant vor der Erscheinung des Frostes bleibt, folgt daraus die erste Nachtfrostprognose von KAMMERMANN: „Frost ist nicht zu befürchten, wenn der Taupunkt höher als der Gefrierpunkt ist, d. h. wenn der Dampfdruck der Luft größer als 4.6 mm ist.“

Die zweite Regel von KAMMERMANN lautet: „Der Kleinstwert der Temperatur in der folgenden Nacht wird in der Weise erhalten, daß ein konstanter Wert von der Angabe der feuchten Thermometer bei bestimmter Beobachtungszeit subtrahiert wird.“

Nach der Untersuchung von KIERSNOWSKY[1] in Rußland und nach verschiedenen Versuchen in Amerika[2] kann die erste Regel des Taupunktes nicht mit Erfolg angewandt werden. HOMÉN[3] hatte schon durch seine Beobachtungen konstatiert, daß die Temperatur außen auf dem Felde in der Nacht bei einer starken Ausstrahlung bedeutend unter den Taupunkt des vorigen Abends sinken konnte. In einer Frostnacht waren die Kleinstwerte auf einer Grasfläche etwa 8º und auf einem Acker in der Höhe der Ähren sogar 12º niedriger als der Taupunkt am vorigen Abend um 9 Uhr.

Die zweite Regel gilt dagegen ziemlich gut sowohl nach KIERSNOWSKY als auch nach der neuen Untersuchung von ÅNGSTRÖM[4], wenn die Probemessung am vorigen Abend mit dem feuchten Thermometer nicht früher als 7 Uhr abends ausgeführt wird. Dann beträgt nach ÅNGSTRÖM die Korrelation zwischen den Ablesungen des feuchten Thermometers und des Kleinstwertes der Nachttemperatur mindestens 0.80 und der mittlere Fehler der vorausberechneten niedrigsten Temperatur rund $\pm 2º$. Mit der Hinzufügung der gleichzeitigen Ablesung der gewöhnlichen Temperatur wird die Prognose der niedrigsten Temperatur innerhalb der Grenzen $\pm 3º$ von 85 bis 89% gesteigert. In dem Wetterdienste von den Vereinigten Staaten in Amerika hat SMITH[5] bei der Berechnung der niedrigsten Temperatur der Nacht eine lineare Formel benutzt, wo der Taupunkt und die relative Feuchtigkeit des Abends als Veränderliche in jedem Orte sind.

---

[1] KIERSNOWSKY, B.: Vorausbestimmung des nächtlichen Temperaturminimums. Repert. Meteorologie **13**, Nr 10. St. Petersburg 1890.

[2] SMITH, J. W.: Frost warnings and orchard heating in Ohio. Monthly Weather Review 1914. — Predicting minimum temperatures. Ebenda 1917, 1919. — Predicting minimum temperatures from hygrometric data. Ebenda Suppl. Nr 16. 1920.

[3] HOMÉN, TH.: Bodenphysikalische und met. Beobachtungen. L. c. 394.

[4] ÅNGSTRÖM, A.: Studies of the frost problem. I. L. c. 24—25.

[5] SMITH, L. c. 1917.

ÅNGSTRÖM hat gezeigt, daß alle diese Regeln auf einer von DEFANT[1] formulierten Abkühlung der Temperatur während der Nacht basieren, wo der Wasserdampfgehalt der Luft als Veränderliche ist. Diese Abkühlung erfolgt wieder, wie schon früher erörtert worden ist (siehe S. 190), in großen Zügen in gleicher Art wie die Ausstrahlung und die Gegenstrahlung des Himmels. In dieser Weise beruhen alle diese Erscheinungen auf einem gemeinsamen physikalischen Grunde.

Es muß hier doch bemerkt werden, daß die Temperaturbeobachtungen in den vorigen Untersuchungen nicht auf der Bodenoberfläche, sondern in der Luft, 1—2 m oberhalb der Oberfläche, ausgeführt worden sind.

In dem Wetterdienste vieler Länder werden auch Vorhersagen der Frostgefahr gegeben. Sie wird gewöhnlich für die Luftschicht der oben erwähnten Beobachtungshöhe gegeben, und muß somit bei deren praktischen Anwendung auf das eigentliche Gültigkeitsgebiet, d. h. auf die Vegetationsoberfläche reduziert werden. Da das Temperaturgefälle in der bodennahen Luftschicht infolge der Geländegestaltung und sogar der Vegetationsdecke sehr veränderlich ist, fordert die effektive Anordnung der künstlichen Frostbekämpfung vom Landmann oder Gärtner eine genaue Kenntnis über die örtlichen Eigenschaften jedes kultivierten Bodens in bezug auf die Frostbildung.

Die Bekämpfung des Nachtfrostes geschieht in der Weise, daß man die abkühlende nächtliche Wärmeausstrahlung zu verhindern versucht oder auf künstlichem Wege das Kulturland erwärmt.

Auf kleineren Flächen kann man einen guten Erfolg durch Bedeckung der Vegetationsfläche mit schlechtem Wärmestrahler erreichen. Auf größeren Arealen hat sich heutzutage in den Vereinigten Staaten von Amerika ein Feuerverfahren mit kleinen eisernen Ölgefäßen, „heaters", am besten bewährt[2]. Beim Brennen entsteht sowohl eine direkte Wärmestrahlung aus dem Feuergefäße als auch eine dampfreiche wärmeabsorbierende Rauchwolke, die wieder erwärmend auf die Pflanzendecke einwirkt. In der Weise kann ein solches Gefäß auf einer ebenen Fläche ein Areal von 30—50 m² vor Frostschäden schützen.

Über die Nachtfrosterscheinung und deren Bekämpfung gibt es viele Untersuchungen, die in den Frostschriften von Monthly Weather Review vom Weather-Bureau in Washington und in dem Werk von GEIGER: „Das Klima der bodennahen Luftschicht" angeführt worden sind.

---

[1] DEFANT, A.: Die nächtliche Abkühlung der unteren Luftschichten und der Erdoberfläche in Abhängigkeit vom Wasserdampfgehalt der Atmosphäre. Sitzgsber. ksl. Akad. Wiss. in Wien. Mathem. naturw. Kl. Abt. IIa. 125, 10.

[2] YOUNG, F. D.: Development and present status of frost-fighting pevices. Monthly Weather Review 53, 349—351, 1925.

III. Die Temperatur in den obersten Schichten des Erdbodens.

I. Allgemeine Bemerkungen über die Beobachtungen und Meßmethoden.

Aus den Erörterungen des vorigen Kapitels ist es klar geworden, daß die Temperatur der eigentlichen Bodenoberfläche durch die Verschiedenheiten in der Bodenbedeckung sehr viel beeinflußt wird. Schon deshalb kann die Bodentemperatur in jeder Bodenart einer einzelnen Gegend sehr veränderlich sein. Wenn man weiter die verschiedenen Böden mit den variierenden Feuchtigkeitsverhältnissen berücksichtigt, wird das Gesamtbild über die Bodentemperatur eines Ortes verwickelt. Die Bodentemperaturbeobachtungen umfassen gewöhnlich nur eine einzige Bodenart und bekommen somit einen stark lokalen Charakter.

Will man eine mittlere Bodentemperatur für irgendeine Gegend herzuleiten, so muß man, wie Kühl[1] bemerkt, eine solche Bodentemperaturreihe haben, die dem mittleren Zustand der Gegend in bezug auf Bodenoberfläche und Bodenart entspricht. Im anderen Falle müßte man so viele Beobachtungsreihen haben, wie wesentliche Verschiedenheiten vorkommen, um dann aus ihnen eine mittlere Bodentemperatur und einen mittleren Wärmeverlauf des Bodens der Gegend abzuleiten. Aus diesem Grunde sind solche Beobachtungsreihen, welche die tatsächlichen Bodenverhältnisse der Gegend ganz fälschen, wie z. B. die älteren Beobachtungsserien ohne Schneedecke in einem Klima mit einer mehrere Monate dauernden Schneedecke, nicht mehr zulässig.

Daß schon ziemlich große lokale Differenzen der Bodentemperatur in gleichem Boden entstehen können, hat Leyst[2] gezeigt. Aus den Lagen der Thermometer in gleicher vertikaler Aufstellung entstanden folgende Differenzen der Monatsmittel der Bodentemperatur:

Tiefe	Differenzen
320 cm	+0.04° bis −0.13°
160 „	+0.28 „ −0.24
80 „	+0.42 „ −0.51

Was dann speziell die instrumentelle Anordnung der Bodentemperaturbeobachtungen betrifft, so muß man dabei heutzutage ziemlich große Anforderungen aufstellen. Die Instrumente müssen die tatsächliche Temperatur des Bodens in der Tiefe der Meßstelle geben können. Dies enthält schon eine andere Anforderung, daß die Aufstellung der Instrumente nicht die natürlichen Wärmeverhältnisse wesentlich zerstört. Manche Beobachtungsanordnungen, wie in die Erde eingesenkte Gefäße mit Wasser, lange durchgehende Thermometer und viele Arten

---

[1] Kühl, W.: Der jährliche Gang der Bodentemperatur in verschiedenen Klimaten. L. c. 514 u. f.

[2] Leyst, E.: Über die Bodentemperatur in Pawlowsk. L. c. 39.

von Rohrsystemen müssen schon auf Grund der älteren kritischen Untersuchungen und vergleichenden Beobachtungen von PERNET, BRUHNS, JELLINEK, WOLLNY, WILD, LEYST und KÜHL aufgegeben werden.

Am meisten zieht man heutzutage folgende Anordnung der Beobachtungen vor. In den obersten Schichten, bis etwa 50 cm tief, also in den Lagen, wo der tägliche Gang der Temperatur merkbar ist, ist es am vorteilhaftesten, insbesondere dafür eingerichtete Thermometer ohne Schutzrohr zu benutzen. Sie sollen eine schräge Stellung wie bei HOMÉN und in der Beobachtungsreihe von Potsdam haben, da dabei die Luft- und Wärmeströmung von oben nach unten sehr klein wird.

Für die Beobachtungen in den tieferen Schichten wendet man im allgemeinen ein vertikales Rohrsystem an. Das Rohr besteht aus gebranntem Ton, Ebonit und bisweilen sogar aus Metall. In dem inneren Teile des Rohres hat man gewöhnlich eine Stange, in deren unterem Ende das Thermometer befestigt ist, oder das Rohr ist offen, wobei das Thermometer mit Kette oder Schnur zu der gewünschten Tiefe eingesenkt wird.

Dabei gibt Anlaß zu Fehlerquellen die entweder in der Richtung der Wärmeströmung oder höchstens schief dagegen angestellte Meßanordnung. Der normale Gang der Wärmeströmung im Boden wird mehr oder weniger entstellt. Obgleich die direkte Wärmeströmung in einem solchen Apparate mit den dazu geeigneten Vorrichtungen sehr weit herabgedrückt werden kann, ist es kaum möglich, den natürlichen Zustand der Wärmeströmung herzustellen, Luftbewegungen in den einzelnen Teilen des Systems zu beseitigen und Herabsickern des Regenwassers zu verhindern. Wenn die Luftzirkulation in einem vertikalen Rohre ungehindert sich vollziehen kann, werden die Mittelwerte der Bodentemperaturen zu tief, wie KÜHL bemerkt hat. Aber die anderen Rohrsysteme sind auch nicht ganz einwandfrei.

Wie große Verschiedenheiten in den Temperaturwerten einer einzelnen Stelle aus ungleichen instrumentellen Anordnungen der Beobachtungen entstehen, zeigen diesbezügliche umfangreiche Untersuchungen in Pawlowsk, die LEYST[1] bearbeitet hat. Nach ihm werden in der Tiefe von 80 cm die größten Differenzen im Jahresmittel bis zu 0.40°, im Juli zu 0.65° und im Dezember bis 1.31° betragen. Während stärkerer Veränderungen der Temperatur entstehen natürlich viel größere Differenzen, die bis zu 4—5° steigen. Die Einwirkungen der verschiedenen Meßanordnungen auf die Erscheinung des Bodenfrostes in Pawlowsk hat KERÄNEN[2] näher behandelt.

------

[1] LEYST, E.: L. c.

[2] KERÄNEN, J.: Beiträge zur Kenntnis des Frostes im Erdboden. Ann. Acad. Sci. Fennicae Ser. A, **20**, Nr 6, 6—9.

Im täglichen Gange der Bodentemperatur machen sich die Mängel der verschiedenen vertikalen Anordnungen noch mehr geltend. Schon die Annahme, daß die mittlere Temperatur des gewöhnlich 3—4 cm langen Thermometergefäßes der mittleren Tiefe des Gefäßes entspricht, ist nicht in den obersten Schichten, wo der tägliche Temperaturgang merklich ist, zulässig.

Um sich von allen Fehlerquellen der vertikalen Meßmethoden zu befreien, hat man schon lange die horizontale Aufstellung des Systems als das beste angesehen. WILD ordnete Beobachtungen mit horizontal aufgestellten Thermometern in Pawlowsk. Die Vergleichsbeobachtungen zwischen horizontalen und vertikalen Systemen in der Tiefe von 40 cm ergaben das Resultat, daß die horizontalen Thermometer in der Untersuchung sowohl des täglichen als auch des jährlichen Ganges die besten Werte liefern können[1].

Da die Beobachtungen der horizontal aufgestellten Thermometer aus einem seitlichen Schacht ausgeführt werden müssen, und deshalb sehr unpraktisch sind, hat man mehrere Male eine elektrische Meßmethode, entweder mit Thermoelementen oder mit Widerstandsthermometern, anzuwenden versucht. Das Thermoelementsystem ist von M. BEQUEREL[2], PERNET[3], KERÄNEN[4], BRÜCKMANN[5] und W. SCHMIDT[6] untersucht, angewandt und von vielen Forschern empfohlen worden. In einigen speziellen Untersuchungen hat man auch ein registrierendes System von Thermoelementen benutzt.

Die Beobachtungen mit Widerstandsthermometern am Radcliffe-Observatorium in Oxford in England haben nach RAMBAUT und DEFANT[7] gute Resultate ergeben. Neuere Versuche von BRÜCKMANN sowie von

---

[1] Siehe LEYST: L. c. 114 u. 123.

[2] BECQUEREL, M.: Recherches sur la température des végétaux et de l'air et sur celle du sol à diverses profondeurs. Mém. Acad. France 32, 73—79. Paris 1864.

[3] PERNET: Über die Bestimmung von Erdtemperaturen mit Thermoketten. Rep. Meteorol. 2, 85—108. St. Petersburg 1873.

[4] KERÄNEN, J.: Über die Temperatur des Bodens und der Schneedecke n Sodankylä nach Beobachtungen mit Thermoelementen. L. c. 9 u. f.

[5] BRÜCKMANN, W.: Über Versuche mit elektrischen Thermometern. Z. Meteorol. 37, 209 u. f. 1920.

[6] SCHMIDT, W.: Ein neues Verfahren zur Messung der Bodentemperatur. Z. Instrumentenkde. 46, 431—433, 1926.

[7] RAMBAUT, A. A.: Underground temperature at Oxford in the year 1899, as determined by five platinum resistance thermometers. Abstr. Proc. roy. Soc. Lond. 67, 218—222, London 1901. — DEFANT, A.: Bodentemperaturen am Radcliffe-Observatorium in Oxford 1898—1910. Z. Meteorol. 40, 119—120, 1923.

W. J. ALTBERG, W. K. ALTBERG und N. O. JAKOBI[1] sprechen auch für die Anwendung der Widerstandsthermometer.

Um die schädlichen Luftströmungen im gewöhnlichen Thermometerrohre zu beseitigen, schlägt MELANDER[2] solche Vakuumthermometer vor, in denen die Luft zwischen dem Kapillarrohr des Quecksilbers und der äußeren Glashülle ausgepumpt ist. ÅNGSTRÖM und PETRI[3] haben sogar Vakuumthermometer für Bodenbeobachtungen konstruiert, und solche Thermometer haben preliminär zuverlässige Resultate geliefert.

Es gibt auch Bodenthermographen von RICHARD mit Alkohol gefülltem Bourdonrohr und gleichfalls von NEGRETTI und ZAMBRA mit langen Quecksilberrohren. Diese sind doch bis jetzt nicht sehr verbreitet und deren Aufzeichnungen fordern gute Kontrollbeobachtungen, wie SÜRING[4] gezeigt hat.

Wie man aus der obigen Darstellung sieht, sind die Methoden für die Beobachtungen der Bodentemperatur auch heutzutage noch nicht hinreichend zuverlässig. Es wäre daher sehr wünschenswert, wenigstens die älteren, bekanntlich Fehler verursachenden Anordnungen ganz zu verwerfen und nur die besten Methoden anzuwenden.

2. Die allgemeinen Züge des Temperaturverlaufes im Erdboden.

Wir haben eine große Menge von Bodentemperaturbeobachtungen, ausgeführt in verschiedenen Klimaten, aber nur in wenigen Bodenarten. Die meisten Reihen beziehen sich auf Sandboden. Wegen der großen Verschiedenheiten der Oberflächenbedeckung, der Bodenfeuchtigkeit, der Wärmeleitfähigkeit des Bodens und noch wegen der oben erwähnten Gründe wird es im allgemeinen unmöglich sein, allgemeine Verteilung der Bodentemperatur auf der Erde in gleicher Anschaulichkeit darzustellen, wie z. B. der Lufttemperatur. Man muß sich am meisten mit mehr anspruchslosen Aufgaben begnügen, den durchschnittlichen Verlauf der Temperatur im Boden sowie deren täglichen und jährlichen Gang kennen zu lernen.

Da man Beobachtungen in mehreren Tiefen durch direkte Ablesungen ausführen muß, hat man gewöhnlich Gelegenheit, nur einige wenige Ab-

---

[1] ALTBERG, W. J., ALTBERG, W. K. und JAKOBI, N. O.: Über einige Ergebnisse der Keimeis- (Grundeis-) Beobachtungen unter Anwendung des Widerstandsthermometers. Nachrichten des russischen Zentralbureaus Hydrometeorol. H. 5, 73—78. Leningrad 1925. (Russisch mit deutschem Auszug.)

[2] MELANDER, G.: Über die Messung der Bodentemperatur. Erste periodische Forschersitzung in Helsinki 21.—24. August 1922. III. Vorträge. (Finnisch und Schwedisch.)

[3] ÅNGSTRÖM, A. und PETRI, E.: A vacuum thermometer for measuring earth temperatures. J. Sci. Instruments 2, 296—299. Juni 1925.

[4] SÜRING, R.: Der tägliche Temperaturgang in geringen Bodentiefen. Veröff. preuß. Meteorol. Inst. Nr 302. Abh. 5, Nr 6, 4 u. f. Berlin 1919.

lesungstermine während eines Tages zu haben. Deshalb sind schon mehr umfangreiche Messungen des täglichen Ganges der Bodentemperatur spärlich. Oft sind solche gar nicht ausgeführt worden, weshalb es in solchen Fällen schwer gewesen ist, aus den wenigen Ablesungsterminen genaue durchschnittliche Monatsmittel herzuleiten. Diese Bemerkung gilt natürlich nur den Beobachtungen in den obersten Bodenschichten, wo der tägliche Temperaturgang merklich ist. In den tieferen Schichten, wohin nur die längeren Veränderungen eindringen, genügt dagegen eine einmalige tägliche Ablesung.

In der Bearbeitung des gesammelten Materiales wird gewöhnlich das Hauptgewicht zu den allgemeinen charakteristischen Eigenschaften der Temperaturverteilung gelegt. Es ist natürlich wichtig, in jeder einzelnen Tiefe den mittleren Verlauf der Erscheinung, die Extremwerte (Höchst- und Kleinstwerte), deren Eintrittszeiten, periodische und unperiodische Schwankungen zu kennen. Aus diesen Daten kann man das Fortschreiten der Temperaturbewegung nach der Tiefe hin durchschnittlich berechnen und weiter aus der Abnahme der Amplituden der periodischen Schwankungen und aus der Verschiebung der bestimmten Phasen der Erscheinung, wie z. B. aus der Verzögerung der Extremwerte oder Durchschnittswerte, die Temperaturleitfähigkeit des Bodens nach den später angegebenen theoretischen Formeln ableiten. Wenn man außerdem die spezifische Wärme und die Dichte des Bodens kennt, kann man die Wärmeleitfähigkeit des Bodens erhalten. Es ist bedauerlich, daß die Messungen der Bodenkonstanten im allgemeinen fehlen oder lückenhaft sind. Wegen der mehr oder weniger fehlerhaften Beobachtungen und wegen anderer Ursachen im Boden selbst werden die in der Weise abgeleiteten physikalischen Größen oft differierende Resultate geben. Nur im Felsen und in einer homogenen Bodenart mit angenähert gleichem Wassergehalt kann man eine allgemeine Erfüllung der Theorie erwarten. In einem solchen Falle ist die logarithmische Abnahme der Amplituden der periodischen Schwankung, das sogenannte logarithmische Dekrement pro Zunahme der Tiefe mit Tiefeneinheit, konstant und gleich groß wie die Verspätung der Temperaturvariation nach der Tiefe hin ausgedrückt im absoluten Winkelmaße, d. h. im Verhältnis des Bogens zum Radius (siehe Formeln auf S. 221).

Empfehlenswert ist immer das vorhandene Beobachtungsmaterial für die verschiedenen Schichten des Bodens in obiger Weise und mit Hilfe der später zu besprechenden Theorie gründlich auszuarbeiten. Man bekommt dabei die Möglichkeit die Zuverlässigkeit der Beobachtungen zu untersuchen und erwirbt eine genauere Kenntnis über die Bodenkonstitution und über deren Eigenschaften in bezug auf Temperatur- und Wärmebewegung. Das Studium der merklichen Einzelfälle führt bisweilen zu solchen interessanten Einzelheiten der Erscheinung, die in deren durchschnittlichem Verlaufe verwischt werden.

In der Bodentemperatur dienen in der Anwendung der Theorie immer als ausgezeichnete Vorbilder die Bearbeitungen von A. J. Ångström[1], Thomson[2], Wild[3], Ad. Schmidt[4] und Schreiber[5].

Die theoretischen Formeln können jedenfalls nur den allgemeinen Charakter der Erscheinung angeben, was als Grundlage für weiteres Studium notwendig zu kennen ist. Die Versuche, mit der Theorie aus den Beobachtungen der einzelnen Tiefen eine für jedes beliebige Moment der Zeit gültige Verteilung der Temperatur zu kriegen, sind im allgemeinen nicht gelungen, wie später näher besprochen wird.

Die mittlere Verteilung der Bodentemperatur oder der Wärmeströmung während der täglichen und jährlichen Periode wird am besten durch entsprechende Isoplethen erreicht. Dabei dient die Zeit als Abszizze und die Tiefe als Ordinate und die Darstellung gibt die mittlere Verteilung im Vertikalschnitt des Bodens nach der Zeit verlaufend. Eine solche Darstellung der Bodentemperatur durch *Geoisothermen* ist üblich geworden.

Eine andere graphische Methode gibt die Temperatur in verschiedenen Tiefen des Bodens in bestimmten Zeitmomenten an. Man nimmt dann die Temperatur zur Abszizze und die Tiefe zur Ordinate und die Kurven heißen *Tautochronen* der Bodentemperatur. Diese Darstellung gibt in sehr klarer Weise insbesondere die Schwankungen der Temperatur im Boden. Aus der Form jeder Tautochrone kann man sofort in jeder Tiefe sehen, in welcher Richtung die Wärmebewegung in jedem Zeitmomente vorgeht. Wenn ein Teil der Tautochrone vertikal geht, herrscht in dieser Schicht das Temperaturgleichgewicht. Das Temperaturgefälle ist dann der Null gleich und der Wärmegehalt hat einen von den Extremwerten im Boden erreicht. Wenn man die Tautochronen zur Zeit des Kleinst- und Höchstwertes des Wärmegehaltes zeichnet, so gibt das Flächenstück zwischen ihnen ein anschauliches Maß für den Wärmeaustausch während der Periode.

Aus diesen graphischen Darstellungen kann man schon direkt viele Eigenschaften der Temperatur- und Wärmebewegung ablesen.

---

[1] Ångström, A. J.: Mémoire sur la température de la terre à differentes profondeurs à Upsal. Nova Acta Soc. Sci. Upsaliensis Ser. III 1, 147, 1855.

[2] Thomson, W.: On the Reduction of Observations of Underground Temperature, with application to Professor Forbes Edinburgh Observations, and the continued Calton Hill Series. Trans. roy Soc. Edinburgh **22**, Part. II, 405. — Mathematical and Physical Papers **3**, 261 u. f.

[3] Wild, H.: Über die Bodentemperatur in St. Petersburg und Nukuss. L. c.

[4] Schmidt, Ad.: Theoretische Verwertung der Königsberger Bodentemperatur-Beobachtungen. Schr. physik.-ökon. Ges. Königsberg **32**, 1891.

[5] Schreiber. P.: Studien über die Erdbodenwärme und Schneedecke. Jb. Sächs. Meteorol. Inst. 1901. — Ergebnisse der Erdboden-Temperaturmessungen in Dresden. Ebenda 1910.

3. Der tägliche Temperaturgang im Boden.

Auf der Erdoberfläche sinkt die Temperatur während der Nacht durch die Wärmeausstrahlung und erhält ihren kleinsten Wert durchschnittlich um Sonnenaufgang. Bei Tage erhält die Bodenoberfläche Wärme durch Einstrahlung und die Temperatur steigt bis etwa um 1 Uhr nachmittags. Darauf beginnt sie wieder zu fallen. Zu dieser einfachen Variation kommen noch alle aus der Witterung, wie aus Winden, Nässe, Himmelsbewölkung und aus dem jährlichen Gange entstandene Veränderungen, so daß das wirkliche Bild einzelner Tage sich sehr viel variiert.

Durch die Leitung dringen die Temperaturänderungen in den Boden hinein. Nur in einem ganz trockenen Boden oder im Felsen kann man aus einer längeren Reihe, wenn die Temperaturbeobachtungen fehlerfrei sind, einen mit der Theorie übereinstimmenden Verlauf erwarten. Sonst erscheinen hier vielerlei Störungen, die den regelmäßigen Verlauf viel modifizieren, und infolgedessen findet man in den kürzeren Beobachtungsreihen selten einen regelmäßigen Gang.

In dem täglichen Temperaturgange des Bodens haben viele Forscher, wie WILD, LEYST, HOMÉN, VUJEVIĆ, SÜRING und KERÄNEN, Unregelmäßigkeiten gefunden. Insbesondere ist hier eine größere Fortpflanzungsgeschwindigkeit des Kleinstwertes der Temperatur in der Tiefenschicht 10—30 cm in mehreren Untersuchungen konstatiert worden. WILD[1] hielt diese Erscheinung für eine Änderung des Leitvermögens mit der Temperatur und für die Einwirkung einer Luftströmung, die sich in den Poren zwischen den festen Partikeln vollzieht. Diese Ansicht ist aber nach SCHREIBER[2] unmöglich, weil wegen der kleinen spezifischen Wärme der Luft und deren verhältnismäßig großen Temperaturleitfähigkeit die strömende Porenluft eher die Temperatur des festen Materiales nimmt, als die Luftströmung den Boden abzukühlen vermag. SÜRING[3] ist der Ansicht, daß in erster Linie durch die Strukturveränderungen des Bodens diese Eigentümlichkeit zu erklären ist. In der Tiefenschicht dieser Erscheinung ist der Wassergehalt des Bodens am größten und infolgedessen die Wärmeleitfähigkeit auch am größten, und diese Eigenschaft übt einen Einfluß zu der besprochenen Erscheinung aus. Nach KERÄNEN[4] scheint der Verbrauch der Wärme bei der Verdunstung in den obersten Bodenschichten eine gewisse Rückwirkung nach der Tiefe

---

[1] WILD, H.: Über die Bodentemperaturen in St. Petersburg und Nukuss. L. c. 11—14.

[2] SCHREIBER, P.: Studien über Erdbodenwärme und Schneedecke. L. c. 21 u. f.

[3] SÜRING, R.: Der tägliche Temperaturgang in geringen Bodentiefen. L. c. 20—21.

[4] KERÄNEN, J.: Über die Temperatur des Bodens und der Schneedecke. L. c. 147—149.

hin einzuwirken und in der Weise zur Bildung dieser Erscheinung behilflich zu sein.

Die Darstellung des täglichen Temperaturganges durch trigonometrische Reihen oder harmonische Analyse lohnt sich am besten dann, wenn man längere Reihen der stündlichen bzw. zweistündlichen Temperaturangaben besitzt. Wie Süring in seinem Studium über Potsdamer Aufzeichnungen gezeigt hat, kann man auf diese Weise Einflüsse der Witterung und die hiermit zusammenhängenden Änderungen der Bodenbeschaffenheit gut zum Ausdruck bringen. Mehr als vier Glieder in der Sinusreihe

$$u = A_0 + A_1 \sin(B_1 + \omega t) + A_2 \sin(B_2 + 2\omega t) + A_3 \sin(B_3 + 3\omega t) + \ldots$$

braucht man im allgemeinen nicht zu nehmen, da die reelle Größe der kürzeren Wellen in Rahmen der Beobachtungsgenauigkeit unsicher wird. Das Mittel der zu untersuchenden Zeitperiode A_0, die Amplituden der Partialwellen A_1, A_2, A_3 ... sowie deren Phasenzeiten B_1, B_2, B_3 ..., ausgedrückt im Bogenmaß, zeigen dann charakteristische Verschiedenheiten im Verlaufe des Jahres und bei verschiedener Witterung.

Als Beispiel möge hier die Zusammenstellung der Konstanten der obigen Reihe für Jahreszeiten, für regnerische Witterung von mindestens 10 Tagen, für klares Wetter, für Dürre und Frostperioden im Potsdamer Sandboden in 20 cm Tiefe folgen.

Harmonische Konstanten des täglichen Temperaturganges in 20 cm Tiefe im Sandboden in Potsdam nach Süring.

	A_0	A_1	A_2	B_1	B_2	A_2/A_1
			1. Winter			
Gesamtmittel .	0.81°	0.221°	0.068°	169.9°	340.2°	0.307
Nasse Perioden	2.13	0.248	0.064	187.9	327.8	0.257
Klare Tage . .	−1.39	0.368	0.087	163.1	346.0	0.243
Frostperioden .	−2.53	0.379	0.068	165.2	5.0	0.180
Dürre mit Frost	−4.57	0.627	0.168	156.1	353.8	0.268
Klare Frosttage	−4.38	0.703	0.150	154.6	358.9	0.213
			2. Frühling			
Gesamtmittel .	9.57	1.733	0.229	174.7	341.4	0.132
Nasse Perioden	5.96	1.183	0.199	176.0	337.8	0.168
Klare Tage . .	11.15	2.513	0.353	174.2	339.5	0.139
			3. Sommer			
Gesamtmittel .	19.71	1.990	0.232	174.3	356.6	0.117
Nasse Perioden	17.67	1.652	0.209	176.0	352.8	0.126
Klare Tage . .	22.07	2.700	0.353	172.1	2.7	0.131
Dürreperioden[1]	17.03	1.963	0.273	171.5	353.7	0.139
			4. Herbst			
Gesamtmittel .	8.83	0.927	0.195	176.7	347.5	0.210
Nasse Perioden	8.41	0.746	0.168	177.3	352.1	0.225
Klare Tage . .	12.41	1.968	0.409	172.7	337.7	0.208

[1] Die Dürreperioden beziehen sich auf die ganze warme Jahreshälfte vom April bis September.

Die Amplitude der ganztägigen Schwankung A_1 ist natürlich abhängig von der Höhe der Mitteltemperatur A_0, nicht doch in eindeutiger Weise, denn im Frühjahr und an klaren Tagen im Herbst ist die Amplitude sehr ausgeprägt. Die halbtägige Welle ist am deutlichsten in der warmen Jahreszeit und insbesondere in den klaren Zeiten entwickelt. Es hängt, wie Süring bemerkt, mit dem lockeren Boden zusammen, da die Feuchtigkeit zu dieser Zeit am kleinsten ist.

Die Nässe bewirkt eine Verminderung der Amplituden, den Winter ausgenommen, was sowohl mit der verhinderten Wärmeeinnahme bei Tage als auch mit der herabgesetzten effektiven Wärmeausstrahlung in der Nacht auf der Bodenoberfläche wegen des bewölkten Himmels im direkten Zusammenhange steht. Die ganztägige Welle hat in der nassen Zeit eine Verfrühung der Phasen, die insbesondere im Winter groß, etwa 72 Minuten gegenüber dem Gesamtmittel ist. Die klaren und Dürreperioden zeigen das entgegengesetzte Verhalten, Vergrößerung der Amplituden und Verspätung der Phasen. Beim stärkeren Frost hat eine Verspätung der Phasen um etwa eine Stunde stattgefunden. Dies ist wohl eine Folge der latenten Wärme, die sowohl beim Gefrieren als auch beim Auftauen hemmend, wie später näher erörtert wird, auf Temperaturveränderungen einwirkt.

Aus dem Verhältnis zwischen den halbtägigen und ganztägigen Amplituden $\frac{A_2}{A_1}$ sieht man, daß es verhältnismäßig am kleinsten im Frühjahr und Sommer ist. Demgemäß nähert sich der tägliche Gang in 20 cm Tiefe gerade zu diesen Jahreszeiten am besten zu der einfachen ganztägigen Schwingung, ein Verhalten, was noch später näher erörtert wird.

Als Süring weiter aus den harmonischen Konstanten der Temperaturreihen in der Tiefenschicht 10—20 cm die Temperaturleitfähigkeit und schließlich mit Angaben der Dichte und der Feuchtigkeit des Bodens die innere Wärmeleitfähigkeit ableitete, so zeigten diese auch in dem genannten Falle einen ausgesprochenen jährlichen Gang mit einem Kleinstwerte im Winter und Höchstwerte im Sommer. (Die Temperaturleitfähigkeit war im Jahre 1914—1915 in Potsdam im Winter 0.0102, im Sommer 0.145 cm² pro Sekunde.)

Graphische Darstellung des täglichen Temperaturganges. Wenn man den Temperaturgang im Boden graphisch sowohl durch Geothermen als auch durch Tautochronen gezeichnet, so kann man aus ihnen beiden die durchschnittlichen Temperaturzüge der Erscheinung ablesen. Zum Beispiel wird nach Vujević[1] der tägliche Temperaturgang in Belgrad in einem humosen Boden im Juli genommen.

Der tägliche Temperaturgang verläuft beinahe ganz in der obersten 45 cm dicken Tiefenschicht. Auf der Erdoberfläche variiert die Tem-

---

[1] Vujević, P.: L. c. 295 u. 296.

peratur zwischen 15 und 44°, in der Tiefe von 1 cm zwischen etwa 19.5 und 31.5°, in der Tiefe 20 cm zwischen etwa 22.5 und 25° und in der Tiefe 30 cm zwischen etwa 23.0 und 23.8°. In der Tiefe 50 cm ist der tägliche

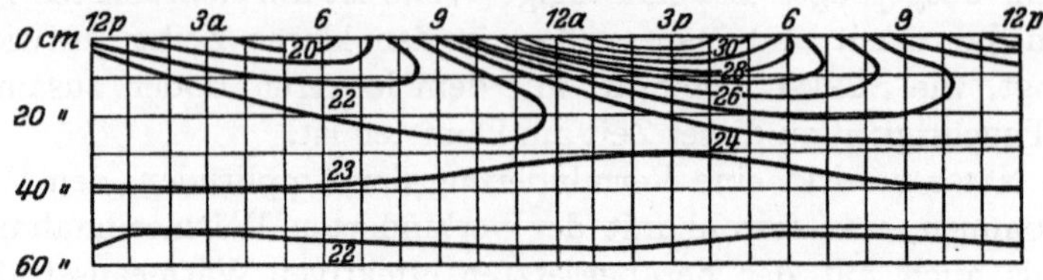

Abb. 5. Geothermen des täglichen Temperaturganges im Juli in Belgrad nach VUJEVIĆ.

Gang schon beinahe verschwunden. Auffallend ist hier die Anhäufung der eingenommenen Wärme zu der obersten Tiefenschicht bis zur Tiefe von etwa 20 cm.

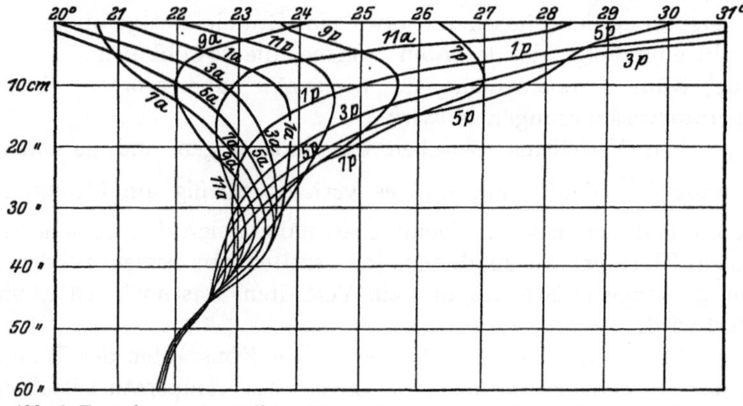

Abb. 6. Tautochronen des täglichen Temperaturganges im Juli in Belgrad nach VUJEVIĆ.

Der tägliche Temperaturgang in verschiedenen Bodenarten. Es gibt sehr wenig gleichzeitige Untersuchungen über diese Erscheinung, obgleich sie gerade für die Erkenntnis der Wärmeverhältnisse des Bodens in einem Orte von grundlegender Bedeutung ist. Wahrscheinlich schreckt hier vor solchen Untersuchungen die mühsame und kostspielige Ausführung der Messungen mit gewöhnlichen Thermometern.

Am meisten bekannt sind die Bodentemperaturbeobachtungen von HOMÉN in einigen Bodenarten im südwestlichen Finnland auf der Breite 60° 17′ N. An Sommertagen führte er stündliche Messungen der Temperatur im Granitfelsen, auf sandiger Heide mit einer kärglichen Gras- und Preiselbeerkrautvegetation, auf einer alten humosen Moorwiese mit Gras- und Moosbedeckung aus. Die Feuchtigkeit des Bodens war in der Sandheide 21—28 und in der Moorwiese 70—90 Volumprozente. Die Messungsreihe vom 10. bis 16. August 1893 ist von

Homén[1] ausführlich in bezug auf Temperatur und Wärmeverhältnisse bearbeitet worden. Hier verdienen die wichtigsten Resultate der Temperaturbeobachtungen angeführt zu werden.

Der tägliche Temperaturgang ging im Felsen über 1 m tief, im Sandboden etwa bis 70 cm und in der Moorwiese kaum bis 40 cm tief. Die charakteristischen Eigenschaften der Temperaturbewegung bringt die folgende Übersicht zum Ausdruck, die die harmonischen Konstanten von den Tagen 11.—16. August nach der Berechnung von Keränen[2] enthält.

Harmonische Konstanten des täglichen Temperaturganges in verschiedenen Bodenarten.

	Tiefe cm	A_0	A_1	A_2	A_3	B_1	B_2	B_3
Granitfelsen . .	0	18.28°	7.53°	1.33°	0.44°	230.2°	63.0°	17.7°
	5	18.72	5.16	0.81	0.25	210.0	38.0	334.9
	10	18.72	4.30	0.63	0.17	197.2	14.2	319.7
	20	18.71	3.04	0.36	0.03	173.1	336.1	225.0
	40	18.96	1.28	0.11	0.02	128.1	261.5	122.4
	60	18.88	0.46	0.04	0.02	72.2	193.1	78.0
Sandheide . . .	0	15.95	11.80	2.61	0.88	252.1	101.3	93.3
	5	15.16	4.33	0.54	0.26	214.9	68.4	355.1
	10	15.31	2.79	0.35	0.11	191.9	16.7	315.0
	20	15.39	1.46	0.12	0.01	152.7	335.2	337.5
	40	14.92	0.22	0.02	0.01	47.3	182.3	74.4
Moorwiese . . .	0	12.95	7.38	1.34	0.89	240.5	113.9	72.4
	5	14.02	1.32	0.12	0.08	165.6	332.6	317.9
	10	14.29	0.52	0.04	0.02	117.0	259.4	145.8
	20	14.36	0.11	0.01	—	33.2	322.2	—

Die mittlere Temperatur war im Felsen zu allen Zeiten in den gemessenen Tiefen viel höher als in anderen Bodenarten und in der Luft. Die mittlere Lufttemperatur dieser Tage betrug 12.4°, was nicht viel von der Temperatur der Mooroberfläche abwich. Im Sandboden und insbesondere im Moorboden geht sehr viel Wärme zur Verdunstung des Wassers, nach den Messungen von Homén in diesen Tagen auf der Sandoberfläche pro 1 cm² 531 gcal und auf der Mooroberfläche etwa doppelt so viel, 1080 gcal, und deswegen bleibt in diesen Bodenarten weniger Wärme als im Felsen für die Erwärmung des Bodens. Aus dem großen Wärmeverbrauche in der obersten Schale der wasserhaltigen Böden folgt direkt die verhältnismäßig starke Abnahme der Amplitude A_1 der täglichen Schwankung in diesen Bodenarten. Besondere Beachtung verdient hier die Verfrühung der Phasenzeiten in den Hauptwellen in der Sandheide und Moorboden in bezug auf Felsenoberfläche. Diese Ver-

---

[1] Homén, Th.: Der tägliche Wärmeumsatz im Boden usw. L. c.

[2] Keränen, J.: Über die Periodizität der jährlichen und täglichen Temperaturbewegung im Erdboden nach verschiedenen Beobachtungsreihen. (Ein Aufsatz auf Finnisch in Festschrift zum 60. Geburtstag von G. Melander, 193. Porvoo 1920.)

frühung geht in gleicher Weise vor sich wie die Einwirkung der Nässe im Potsdamer Sandboden in 20 cm Tiefe (S. 209) und ist wohl auf gleiche Ursache zurückzuführen.

Auf den Oberflächen der Heide und des Moores wirken die Kondensation zur Zeit der kleinsten Temperatur und die Verdunstung am Tage zur wärmsten Zeit ein, alle beide in gleicher Weise als Depression und somit relativ verfrühend auf die Phasen. Wegen der kleineren Geschwindigkeit der Temperaturfortpflanzung nach der Tiefe hin in Sand- und Moorboden als im Felsen kehren die Verhältnisse tiefer im Boden um, die Phasen erscheinen im Felsen früher als in den anderen Bodenarten.

Die Wärmeökonomie des täglichen Temperaturfeldes wird später besprochen.

4. Der jährliche Temperaturgang im Boden.

In gleicher Weise wie im täglichen Temperaturgange bestimmen die Wärmeeinnahme und Wärmeabgabe der Bodenoberfläche den jährlichen Temperaturgang. Im Winter, gewöhnlich in den ersten Monaten des Jahres, hat der Boden die tiefste Temperatur. Danach wird die Wärmeabsorption der Bodenoberfläche mit der wachsenden Tageslänge allmählich größer als die hauptsächlich durch Ausstrahlung stattfindende Wärmeabgabe bei der Nacht, und folglich wird Wärme in den obersten Bodenschichten aufgespeichert. Die Temperatur fällt nach der Tiefe hin und demgemäß strömt Wärme nach den tieferen Bodenschichten. Die Temperatur steigt langsam im Boden. Die höchste Temperatur wird im festen Boden in den gemäßigten Breiten im Juli, bisweilen im August erreicht. Nach dieser Zeit nimmt wieder die Wärmeausstrahlung mit der zunehmenden Nacht die Überhand, die Temperatur beginnt zuerst in den oberen Bodenschichten zu fallen und es entsteht eine Wärmeströmung vom Boden durch die Oberfläche in die Luft. Es folgt die Abkühlungszeit des Bodens. Dies dauert so weit, daß in dem Normalzustande die im Sommer im Boden aufgespeicherte Wärmeenergie durchschnittlich ausströmt. In den kälteren Klimaten modifiziert die winterliche Schneedecke durch ihre schützenden Eigenschaften den jährlichen Temperaturgang so viel, daß der tiefste Temperaturzustand des Bodens zu dem Spätwinter verspätet wird, wie das folgende Beispiel aus Sodankylä (Abb. 8) zeigt. In den Tropen, wo der jahreszeitliche Verlauf der Wärmeinsolation keinen so ausgeprägten Verlauf aufweist, wie auf den mittleren und höheren Breiten, bestimmen die Regenzeiten in der Hauptsache den jährlichen Gang der Bodentemperatur.

Die Bodenbedeckung, insbesondere die Vegetation, wirkt in der wärmeren Jahreszeit schon sehr viel auf die Temperatur der Bodenoberfläche. Wenn dann die Wärmebewegung im Boden selbst, hauptsächlich durch die Leitung vordringt, bestimmt die Wärmeleitfähigkeit des Bodens den Charakter der Bewegung. Durch die Struktur und den

Wassergehalt des Bodens verändert sich die Wärmeleitfähigkeit im allgemeinen im Verlaufe des Jahres, wie schon oben erörtert worden ist. In einer theoretischen Behandlung des jährlichen Temperaturganges kann man nur den mittleren physikalischen Zustand des Bodens klarmachen. In den obersten Bodenschichten wirkt das eindringende Regenwasser oft Wärmekonvektion ein. Die Abkühlung bringt Kondensation und in kälteren Klimaten Gefrieren, die Erwärmung Auftauen und Verdunstung mit sich, wobei die latente Wärme frei, im entgegengesetzten Falle wieder gebunden wird. Die Vergrößerung des Wasservolumens beim Gefrieren verursacht tiefgreifende Änderungen in der Struktur des Bodens. Alle diese Erscheinungen modifizieren merklich den jährlichen Temperaturverlauf. Dazu kommen noch die unregelmäßigen Einflüsse der Witterung. Aus allen diesen Erscheinungen folgt, daß man einen ausgeglichenen, zwar durch die verschiedenen Einflüsse bewirkten periodischen jährlichen Gang erst aus einer längeren, mehrere Jahre dauernden Beobachtungsreihe erhalten kann. Zu einer solchen Reihe kann man mit hinreichender Genauigkeit die Gesetze der mathematischen Theorie anwenden.

Zum Beispiel der theoretischen Darstellung des jährlichen Ganges wird wieder die Reihe von Potsdam nach der Bearbeitung von SÜRING[1] genommen. Der Boden besteht dort in allen Tiefen aus feinem, sehr gleichmäßigem Quarzsand.

Für den jährlichen Temperaturgang hat SÜRING folgende harmonischen Konstanten berechnet:

Tiefe	A_0	A_1	A_2	B_1	B_2
0.1 m	9.04°	11.05°	0.53°	255.4°	60.5°
0.2	9.12	10.67	0.53	255.6	73.7
1	9.58	8.50	0.52	239.8	64.9
2	9.75	6.21	0.33	221.3	36.0
4	9.84	3.45	0.15	184.4	340.8
6	9.75	1.95	0.07	149.5	302.9
12	9.60	0.33	0.01	49.7	239.4

Die mittlere Temperatur A_0 des Bodens ist am kleinsten in der Oberflächenschicht, was ja wegen der nackten, im Winter vom Schnee befreiten Oberfläche in Übereinstimmung mit anderen, in gleichartigen Verhältnissen ausgeführten Messungen steht. Tiefer variiert der Mittelwert sehr wenig.

Die logarithmische Abnahme der Amplitude A_1 der jährlichen Variation in der Bodenschicht 0.2—12 m wird hier rund 0.00128 pro Zentimeter, so daß man für die Berechnung der Amplitude A_x in der Tiefe x die Formel

$$\log A_x = \log A_0 - 0.00128\,x$$

erhält; $\log A_0$ ist $= 1.0282$. Aus dieser Gleichung erhält man für die-

---

[1] SÜRING, R.: L. c. 24—25.

jenige Tiefe, wo die jährliche Schwankung zu 0.1° gesunken ist, 18.2 m. In der Tiefe von 26 m wird die Schicht der konstanten Temperatur erreicht.

Die Geschwindigkeit der jährlichen Variation beträgt nach der Phase B_1 berechnet 17.8 Tage (Phasenverschiebung 17.5°) pro Meter, 4 Stunden 16 Minuten pro cm oder 5.6 Zentimeter pro Tag.

Die ganzjährige Temperaturschwankung ergibt als logarithmisches Dekrement (ausgedrückt in natürlichen Logarithmen) pro cm 0.00295, die Verschiebung der Phasenzeiten im Winkelmaß pro cm 0.00305. Die Theorie fordert deren Gleichheit, was auch nahezu erreicht ist. Wenn man die Temperaturleitfähigkeit K sowohl nach der Amplitudenabnahme als auch nach der Phasenverschiebung in den einzelnen Schichten berechnet, so erhält man mehr schwankende Werte:

Tiefenschicht	Temperaturleitfähigkeit		
	nach Amplituden	nach Phasen	Mittel
0.2— 1 m	0.0122	0.0086	0.0104
1— 2	101	096	098
2— 4	096	115	106
4— 6	108	·122	115
6—12	111	115	113

Die Leitfähigkeit ist verhältnismäßig hoch und wächst mit der Tiefe, was wegen des festeren Bodens dort in Übereinstimmung ist. In der obersten Schicht sind auch hier Störungen zu sehen, die teils von der wechselnden Feuchtigkeit und teils von der Frostbildung entstehen. Weitere theoretische Betrachtungen werden in dem nächsten Kapitel angeführt.

Die graphische Darstellung des jährlichen Temperaturganges im Boden geschieht in gleicher Weise wie früher im täglichen Felde durch Geothermen und Tautochronen. Wenn man eine längere Temperaturreihe von mehreren Jahren hat, so bekommt die Kurvenschar einen glatten Verlauf, wie z. B. in der folgenden Abbildung, die die mittleren Geothermen in Tiflis von den Jahren 1891—1895 nach HANN[1] gibt. Der Boden bestand dort nach KÜHL[2] bis etwa 150 cm tief aus schwarzem Sand, darunter aus grobem Geröll. Das Grundwasser lag in der Tiefe von 3 m und hatte eine beträchtliche Strömungsintensität. Die Bodentemperatur wurde davon in den tieferen Schichten merklich beeinflußt, wie man auch aus der Abbildung sieht. Die Temperaturleitfähigkeit beträgt, nach der Bearbeitung von HANN berechnet, aus Amplituden 0.0038 und aus Phasenzeiten 0.0056 cm² pro Sekunde in der Schicht 0.2—4 m. In diesem Boden ist somit die Temperaturleitfähigkeit verhältnismäßig klein und in der Tiefe von 15 m ist schon die Einwirkung des jährlichen Ganges unmerklich geworden.

<hr>

[1] HANN-SÜRING: Lehrbuch der Meteorologie. L. c. 52.
[2] KÜHL, W.: L. c. 539—540.

Die Bodentemperatur unter der Schneedecke im Winter. Da dieser Zustand auf großen Flächen der Erdoberfläche herrscht, und da er bisher nicht die volle Beachtung gefunden hat, wird hier eine Isothermendarstellung des Bodens und der Schneedecke in Sodankylä während der Zeit vom November 1915 bis Oktober 1916 nach den Beobachtungen von KERÄNEN[1] gegeben. Die Isothermen sind nach den Pentadenmitteln der Temperatur aufgezeichnet. Das Klima des Ortes ist durch die starke Winterkälte, aber auch durch den verhältnismäßig warmen, aber kurzen Sommer charakterisiert. Die Schneedecke schützt den Boden in sieben Monaten gegenüber der wechselnden Kälte, hält in sich die stärksten

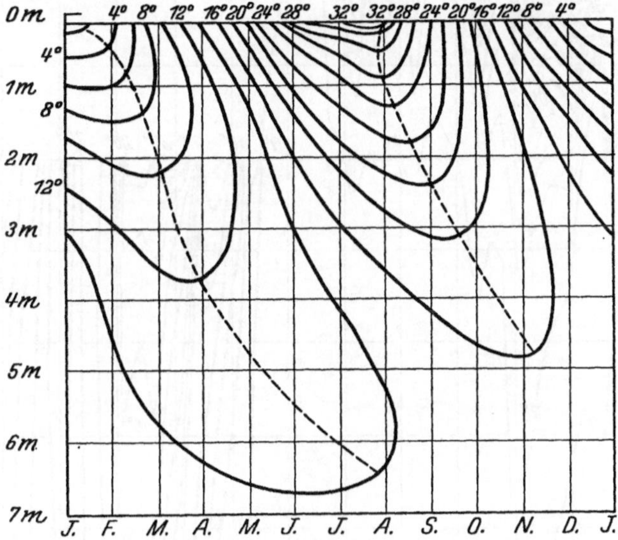

Abb. 7. Mittlere Isoplethen der Bodentemperatur in Tiflis nach HANN.

Kältefälle mit ihrer kleinen Dichtigkeit von etwa 0.20. In diesem Falle war der Vorwinter ungewöhnlich kalt, z. B. die mittlere Temperatur im Dezember in der Luft — 24.4° (Normalwert — 12.4°) und auf der Schneedecke — 25.3°. Deshalb war die Abkühlung des Bodens zu dieser Zeit stark und der Bodenfrost drang über 1 m tief in den Boden ein. Während der darauf folgenden drei Monate, Januar bis März, mit der mittleren Temperatur der Schneeoberfläche von — 12.4° und mit dem Zuwachsen der Schneehöhe von 35—82 cm, vermochte die Schneedecke den Boden vor der Abkühlung so zu schützen, daß dessen Einfrieren nur ein bißchen tiefer ging. Die in dem Boden magazinierte Kälte war doch so bedeutend, daß sie gegen Ende des Winters zur Zeit der Schneeschmelze und bald darauf in der tiefsten Meßstelle von 160 cm die

---

[1] KERÄNEN, J.: Über die Temperatur des Bodens und der Schneedecke in Sodankylä. L. c.

Temperatur bis zum Gefrierpunkt sinken konnte. Da die Bodenoberfläche nackt war, erfolgte die Erwärmung des Bodens im Sommer

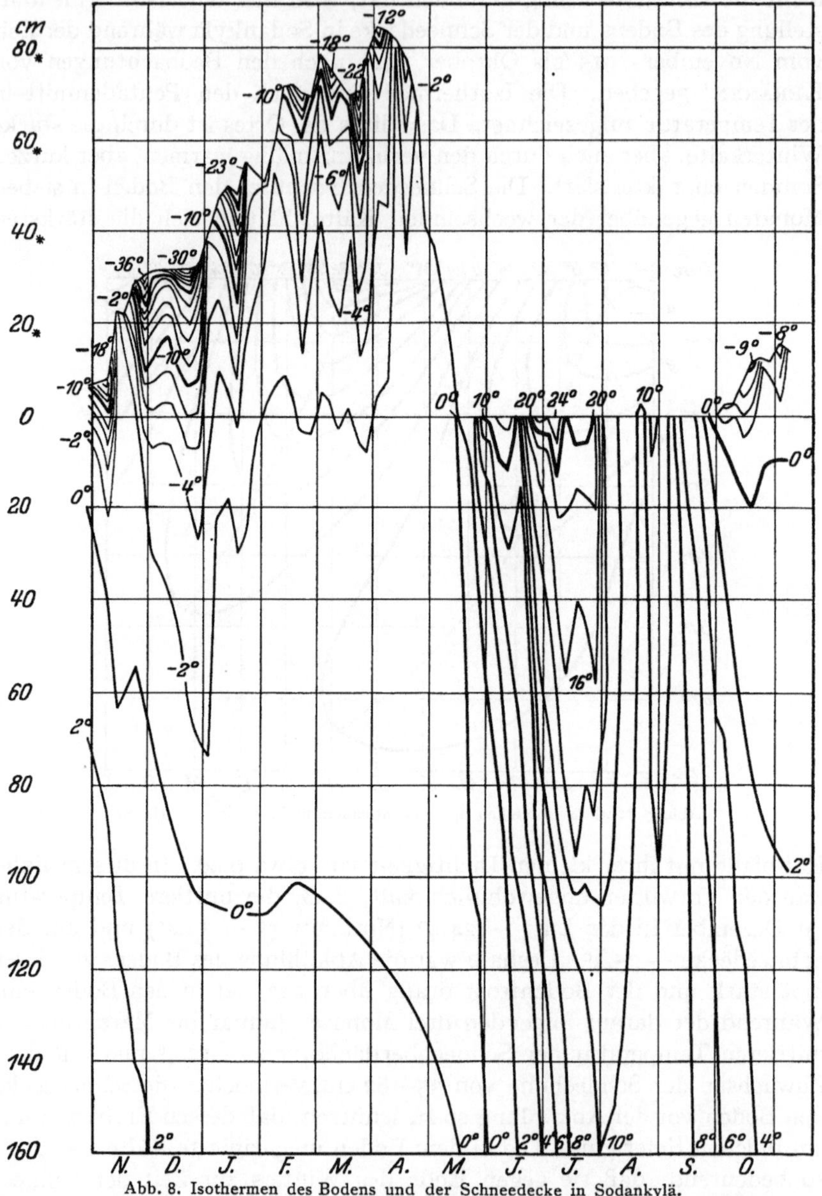

Abb. 8. Isothermen des Bodens und der Schneedecke in Sodankylä.

verhältnismäßig rasch, und die mittlere Temperatur der Sandoberfläche
betrug im Juli sogar 20.8°. Die höchste Temmeratur in der Tiefe
von 160 cm, 10.1°, wurde Anfang August getroffen.

Dieses Bild zeigt deutlich, wie die Schneedecke im Winter den Boden von allen stärkeren Temperaturänderungen fernhält. Die kurzdauernden, aus wechselnder Witterung herrührenden Temperaturänderungen der obersten Schnee- und Bodenlagen erlöschen bald bei zunehmender Tiefe.

Der jährliche Gang der Bodentemperatur in verschiedenen Orten und Bodenarten. WILD[1] hat zuerst eine Zusammenstellung der Ergebnisse der früheren Bodentemperaturbeobachtungen bis etwa 1875 bearbeitet. Die Zuverlässigkeit der Resultate einzelner Reihen wird nach der Möglichkeit in Anlehnung an instrumentelle Anordnung und Theorie untersucht. WILD gibt in seiner Bearbeitung sowohl die mittleren Beobachtungsergebnisse als auch die Konstanten A_x und B der bekannten Gleichung

$$\log A_x = \log A_0 - B \cdot x,$$

nach welcher die Größe der jährlichen Amplitude der ganzjährigen Welle in einer beliebigen Tiefe x berechnet wird. Aus den Amplitudenabnahmen wird auch die Temperaturleitfähigkeit des Bodens abgeleitet. Im ganzen bekommt man aus der Arbeit von WILD den Eindruck, daß die älteren Beobachtungen öfters sehr mangelhaft ausgeführt worden waren.

Die Bearbeitung von WILD wendete Aufmerksamkeit auf die Untersuchung der Bodentemperatur, und es wurden danach neue Beobachtungsreihen in verschiedenen Teilen der Erde angeordnet. Auch die methodische Seite der Beobachtungen wurde viel verbessert. Es folgten dann in den letzten Jahrzehnten des vorigen Jahrhunderts bemerkenswerte Bearbeitungen der Bodentemperatur sowie Erweiterungen der wissenschaftlichen Untersuchung durch Hinzufügung des Wärmehaushaltes und der Strahlungsverhältnisse. Die spätere Tätigkeit in dem jetzigen Jahrhundert ist diesen Richtlinien im allgemeinen gefolgt.

Von den allgemein orientierenden Untersuchungen verschiedener Forscher aus den letzten fünfzig Jahren sind schon im vorigen viele Referate mitgenommen worden. Hier wird nur zur Ergänzung das Wichtigste hinzugefügt.

Auf den forstlichen Stationen in Preußen und Elsaß-Lothringen wurden Bodentemperaturbeobachtungen seit 1874 zu dem Zweck eingerichtet, um die klimatischen Verschiedenheiten des Waldinnern und des freien Feldes durch vergleichende Beobachtungen an je zwei benachbarten Örtlichkeiten festzusetzen. Wegen der Verschiedenheiten der Bodenkonstitution zwischen den Feld- und Waldstationen kann man doch nicht nach KÜHL[2] die Mehrheit der Stationspaare zu dem genannten

---

[1] WILD, H.: Über die Bodentemperatur in St. Petersburg und Nukuss. L. c. 54 u. f.

[2] KÜHL, W.: L. c. 554.

Zweck anwenden. Aus den Bearbeitungen von SCHUBERT[1] geht hervor, daß im Walde die Bodentemperatur in der Bodenschicht 60—120 cm folgenderweise von derselben auf dem freien Felde differiert:

	Januar	Fe-bruar	März	April	Mai	Juni	Juli
Freies Feld, Mittel	2.5⁰	2.0	2.3	4.3	8.2	11.8	13.9
Kiefernwald, Differ.	0.6	0.4	0.1	—0.6	—1.7	—2.4	—2.7
Fichtenwald, „	0.1	0.0	—0.1	—0.8	—2.2	—2.7	—2.9
Buchenwald, „	0.3	0.2	0.0	—0.4	—1.4	—2.6	—2.9

In der kältesten Zeit, Dezember bis März, ist der Waldboden ein bißchen wärmer als der Feldboden, aber sonst bedeutend kühler, in Sommermonaten, Juni bis August, die Differenz —2.2 bis —2.9⁰. Der Wald wirkt bekanntlich ermäßigend auf die Bodentemperatur ein, so daß die höchste Wärme im Waldboden bedeutend kleiner wird und daß die mittlere Temperaturschwankung zwischen dem wärmsten und kältesten Monat im Waldboden 2.3 bis 3.1⁰ kleiner als im freien Felde ist. Vor kurzem hat OBOLENSKY[2] die Resultate der vergleichenden Temperaturbeobachtungen im Boden eines jungen Eichen- und Fichtenwaldes und im Grasfelde bei Leningrad während einer Vegetationsperiode veröffentlicht und seine Ergebnisse bekräftigen das Obige.

Aus den Reihenentwickelungen dieser Beobachtungen nach KÜHL sieht man, daß die Phasen der Temperaturschwankungen im Feldboden im allgemeinen eine Verfrühung in bezug auf Waldboden zeigen. Für Sandboden ist diese Verfrühung am größten und beträgt etwa 11 Tage in 60 cm Tiefe. Dies ist eine direkte Folgerung aus der Verspätung aller Temperaturänderungen im Walde wegen der geschützten Lagen.

Eine Ergänzung zu der Einwirkung des Waldes auf Bodentemperatur bilden die von HOMÉN[3] bearbeiteten Beobachtungen des landwirtschaftlichen Instituts Mustiala im südlichen Finnland. Es wurde in einer Waldgegend auf drei Stellen beobachtet, in einer größeren Lichtung des Fichtenhochwaldes von etwa 3 ha, in dem Fichtenhochwalde selbst und in einem angrenzenden Birkenwalde mit trockenem Boden. Der Boden bestand aus Sanderde. Diese Beobachtungsreihen sind deshalb sehr wichtig, daß die Schneedecke, welche in dieser Gegend den Boden

---

[1] SCHUBERT, J.: Der jährliche Gang der Luft- und Bodentemperatur im Freien und Waldungen und der Wärmeaustausch im Erdboden. L. c. 22—28.

[2] OBOLENSKY, V. N.: Effect of arborous vegetation on the temperature of the soil and the temperature and humidity of the air. Geophysics and Meteorol. 3, H. 3—4, Nr 1. Leningrad 1926. (Russisch mit englischem Auszug.)

[3] HOMÉN, TH.: Über die Bodentemperatur in Mustiala. Acta Soc. Fennicae. Helsinki 1896.

nach Korhonen[1] nahezu 140 Tage bedeckt, auf den Beobachtungs-
plätzen unangetastet blieb. Die allgemeinen Resultate bestätigen
die im vorigen angeführten Ergebnisse. Die Bodentemperaturen in

August	September	Oktober	November	Dezember	Jahr	Schwankung		120 cm	
						60 cm	120 cm	Wärmst. Tag	Kältest. Tag
14.2	13.0	9.8	6.4	3.9	7.7	13.6	10.8	15.1	2.0
−2.2	−1.4	−0.4	0.2	0.5	−0.8	−2.7	−2.3	−2.6	−0.4
−2.6	−2.1	−1.2	−0.4	−0.1	−1.3	−2.7	−2.7	−2.8	0.0
−2.6	−2.0	−1.1	−0.2	0.2	−1.0	−3.1	−2.6	−2.6	−0.1

einer Lichtung weichen nicht viel von denselben auf einem offenen, mit
Gras bewachsenen Felde ab. In einem Fichtenhochwald ist die dämpfende
Einwirkung des Waldes, wie wegen der großen Dichte eines solchen
Waldes zu erwarten ist, am größten. In einer Tiefe von 2 m wird schon
die Differenz zwischen Wald und Feld zum größten Teil ausgeglichen.
Die Partialwellen der trigonometrischen Reihenentwicklung zeigen wieder
hier eine bedeutende Verspätung der Phasenzeiten im Walde; so z. B.
in 50 cm Tiefe beträgt sie im Birkenwalde 8 und im Fichtenhochwald
sogar 16 Tage. Das verspätete Auftauen des Schnees im schutzreichen
Fichtenhochwald vergrößert natürlich die Verspätung der Phasen.

Einige Schlüsse über das allgemeine Verhalten der Bodentemperatur
auf größeren Arealen der Erde gibt die Zusammenstellung von Wannari[2]
über die Bodentemperatur in Rußland. Da die Messungen nahezu überall nach demselben System ausgeführt worden waren, kann man die
Resultate untereinander vergleichen.

An den meisten Stationen wurde die natürliche Bodenbedeckung,
Gras im Sommer und Schneedecke im Winter, behalten, an einigen war
wieder die Bodenoberfläche ganz nackt das Jahr hindurch. Unter der
natürlichen Bedeckung mit einer länger dauernden Schneedecke zeigt
die Bodentemperatur im großen ganzen dieselben Züge, wie oben in
Sodankylä und wie später noch in der Petersburger Vergleichsreihe
näher besprochen wird. Die Mittelwerte der Bodentemperaturen sind
im Vergleich zu der entsprechenden Lufttemperatur verhältnismäßig
hoch und sind in verschiedenen Tiefen nahezu gleich, oder verändern
sich langsam wie die folgenden Beispiele zeigen:

	Luft	0	10	40	80	160 cm
Mittlere Temperatur, Sodankylä[3], 2 Jahre	−2.5	3.15	3.28	3.28	3.20	3.14
Mittlere Temperatur, Petersburg[4], 15 Jahre	4.1	5.71	5.75	5.82	6.01	6.09

[1] Korhonen, W. W.: Die Ausdehnung und Höhe der Schneedecke. L. c.
Karte 9.

[2] Wannari, P. I.: Über die Bodentemperatur in einigen Gegenden von
Rußland. Mém. Acad. Pétersb. VIII. S. 5 Nr 7. Russisch, 1897.

[3] Keränen, J.: L. c. 53.   [4] Luboslawsky, G.: L. c. 8.

Wegen der schützenden Einwirkung der Schneedecke erscheint der Kleinstwert der Bodentemperatur verhältnismäßig hoch und verschiebt sich gegen das Frühjahr. Wenn in diesen Gegenden mit einer dauernden winterlichen Schneedecke der Boden auch im Winter künstlich nackt aufbewahrt wird, dringt die Kälte unbehindert in den Boden und dies bewirkt abkühlend in den obersten Bodenschichten. Deshalb sind die mittleren Temperaturen der obersten Schichten in solchen Fällen verhältnismäßig tief und steigen mit der wachsenden Tiefe. So werden z. B. in Petersburg die Mittelwerte unter nackter Oberfläche von gleicher Zeit wie oben folgenderweise ausfallen:

	Luft	o	10	40	80	160 cm
Mittlere Temperatur, nackter Boden	4.1	4.78	4.57	5.07	5.31	5.66

Im südlichen Rußland verändert sich die mittlere Bodentemperatur sehr wenig, größtenteils nimmt sie doch ein bißchen mit wachsender Tiefe zu. Tiflis gehört zu dieser Gruppe und zeigt eine beträchtliche Abnahme von 16.3° in der Oberflächenschicht bis 14.5° in der Tiefe 6.5 m. Diese Abnahme ist wohl eine Folgerung von den oben erwähnten Eigenschaften des ziemlich hohen und strömenden Grundwassers.

Die Stationen in Sibirien, wo bekanntlich das Klima sehr kontinental mit einem sehr starken Winter ist, zeigen im allgemeinen eine große Zunahme der mittleren Bodentemperatur nach der Tiefe hin.

Die Vergleichsbeobachtungen mit der natürlichen Bedeckung und ohne derselben in Pawlowsk und Petersburg werden im folgenden ausführlicher behandelt.

Die wechselnden Witterungen üben, wie man aus den Strahlungsverhältnissen der Bodenoberfläche bei verschiedenen Himmelszuständen schließen kann, einen beträchtlichen Einfluß auf die Bodentemperatur aus. SINGER[1] hat diese Frage auf Grund der beinahe 30jährigen Bodentemperaturreihe in München ausführlich untersucht und manche, insbesondere für Agrikultur wichtige Beziehungen gefunden. Es verdient das Resultat erwähnt zu werden, daß die Bodentemperatur in einem Sommer eine um so mehr größere positive Abweichung bekommt, je mehr niederschlagsreich er gewesen ist. In warmen und zugleich relativ trockenen Sommermonaten ist die Erhöhung der Bodentemperatur dagegen unbedeutend. HOMÉN[2] hat auch gefunden, daß die mittlere Bodentemperatur der nassen Sommer in allen Monaten in den beobachteten Tiefen etwa 0.5—3.0° höher ist als die entsprechende mittlere Temperatur der trockenen Sommer. Das Regenwasser führt vermöge

---

[1] SINGER, K.: Die Bodentemperaturen an der k. Sternwarte bei München und der Zusammenhang ihrer Schwankungen mit den Witterungsverhältnissen. Beobachtungen Meteorol. Stationen im Königreich Bayern. 11, (1889).

[2] HOMÉN, TH.: Über die Bodentemperatur in Mustiala. L. c. 126 u. f.

seiner großen Wärmekapazität, wenn es in den Boden sickert, eine bedeutende Wärme mit sich, und in der Weise wird der genannte Wärmeüberschuß erklärlich. Später in der Temperaturreihe von Petersburg wird eine Bestätigung zu diesem Vermögen des Regenwassers gefunden.

In vieler Hinsicht wertvoll ist die mehrmals zitierte Bearbeitung von KÜHL über den jährlichen Temperaturgang in verschiedenen Klimaten. Sie enthält die Resultate der Beobachtungen für 25 Orte in verschiedenen Breiten. Die Zuverlässigkeit der Beobachtungsergebnisse einzelner Stationen ist nach der Möglichkeit eingehend untersucht. Der mittlere Temperaturverlauf ist in Anlehnung an THOMSON durch Kosinusreihen dargestellt. Im Zusammenhang mit Temperaturintegral und Wärmeaustausch wird mehr über diese Untersuchung gesprochen.

IV. Die theoretischen Grundlagen für die Temperatur- und Wärmebewegung im Erdboden.

Die Theorie der Temperatur- und Wärmebewegungen im Erdboden gründet sich auf die theoretischen Wärmelehren von FOURIER[1] und POISSON[2]. Für die Bodentemperatur haben manche Forscher, wie QUETELET, A. J. ÅNGSTRÖM, RIEMANN, THOMSON, NEUMANN, FRÖHLICH, WILD, AD. SCHMIDT, BEZOLD, STEFAN, KÜHL, SCHREIBER, SÜRING, KERÄNEN u. a. die Theorie der Wärme angewandt. In dieser Arbeit werden nur die allgemeinen Züge der Theorie der Bodentemperatur und Bodenwärme dargestellt, und für näheres Studium muß man auf die originalen Abhandlungen der genannten Forscher hinweisen.

1. Die Grundgleichungen der Temperatur- und Wärmeleitung.

Wenn die Temperatur in den verschiedenen Teilen des Erdbodens nicht gleich ist, strömt Wärme von den wärmeren zu den kälteren Stellen. Die Wärmeströmung strebt den Erdboden in den Zustand des Temperaturgleichgewichtes zu bringen. Da der Erdboden beinahe immer die Wärme durch die Oberfläche entweder einnimmt oder in die Luft abgibt, wird nur in Ausnahmefällen im Erdboden eine gleiche Temperatur erreicht.

Im Erdboden geht die Wärmeströmung in der Richtung der Normalen der Erdoberfläche und dieser Umstand vereinfacht sehr die theoretische Behandlung der Temperatur- und Wärmebewegung. Man nimmt die Koordinatenachse x in der Richtung der Wärmeströmung.

---

[1] FOURIER: Théorie analytique de la chaleur. Paris 1822. Neudruck Breslau 1883.

[2] POISSON: Théorie mathématique de la chaleur. Paris 1835.

In der Tiefe x geht eine Wärmeströmung mit der Intensität i. Der Boden wird zuerst als homogen in bezug auf Wärmeleitung oder als isotrop mit der *inneren Wärmeleitfähigkeit k* angenommen.

Die Bodentemperatur hängt im allgemeinen von der Tiefe x und Zeit t ab und wird somit in der allgemeinen Form:

$$u = f(x, t) \tag{1}$$

gegeben. Wenn $\frac{\partial u}{\partial x}$ das *Temperaturgefälle* ist, wird die Intensität der Wärmeströmung

$$i = -k\frac{\partial u}{\partial x}. \tag{2}$$

Es sei das Volumelement in der genannten Tiefe

$$dv = df\,dx$$

und in der Zeit dt strömt dort eine Wärmemenge

$$dQ = i \cdot df\,dt \tag{3}$$

in das Volumelement hinein. Da die Intensität in der Richtung der Strömung mit $\frac{\partial u}{\partial x}$ wächst, wird in dem Volumelement die Wärmemenge

$$-\frac{\partial i}{\partial x}dv\,dt$$

aufgespeichert. Ist c die spezifische Wärme des Bodens, ϱ dessen Dichte und

$$w = c \cdot \varrho \tag{4}$$

die *spezifische Wärmekapazität* der *Volumeinheit* oder *Volumkapazität*, so erhöht die obengenannte Wärmemenge die Temperatur u des Volumelementes um du, und den *Wärmegehalt*

$$W = w \cdot u\,dv \tag{5}$$

des Volumelementes mit

$$w \cdot dv\,du.$$

Es entsteht somit die Gleichung

$$w\,du = -\frac{\partial i}{\partial x}dt. \tag{6}$$

Dabei ist angenommen worden, daß die Wärme ausschließlich nur Temperaturveränderungen und keine anderen Erscheinungen, wie z. B. Verdunstung, Schmelzung oder chemische Prozesse, die gewöhnlich den Temperaturbeobachtungen entgehen, hervorgerufen hat.

Aus den Gleichungen (2) und (6) folgt die FOURIERsche *Differentialgleichung* der Temperaturbewegung im Erdboden

$$w\frac{\partial u}{\partial t} = k\frac{\partial^2 u}{\partial x^2}. \tag{7}$$

Führt man hier die Bezeichnung

$$K = \frac{k}{w} \tag{8}$$

ein, wo K die *Temperaturleitfähigkeit des Bodens* bezeichnet, so erhält man eine andere Form für die Gleichung (6)

$$\frac{\partial u}{\partial t} = K \frac{\partial^2 u}{\partial x^2}. \tag{9}$$

In dieser Form ist im allgemeinen die Differentialgleichung der Temperaturleitung bekannt. Der Temperaturleitungskoeffizient K ist eigentlich eine Funktion der Temperatur und der Feuchtigkeit, und kann nur in erster Annäherung als konstant angenommen werden.

In der Tiefe x strömt in der Zeit t_1 bis t_2 durch die Flächeneinheit die Wärmemenge

$$Q = - \int_{t_1}^{t_2} k \frac{\partial u}{\partial x} dt. \tag{10}$$

Nimmt man im Boden zwei Tiefen x_1 und x_2, so bekommt man auf Grund der Gleichung (5) für den Wärmegehalt W einer Säule von dem Querschnitt 1 cm² in dieser Schicht

$$W = \int_{x_1}^{x_2} w \cdot f(x, t) dx. \tag{11}$$

Später wird ausführlicher über den Wärmegehalt des Bodens gesprochen.

Die *mittlere Temperatur U* zur Zeit t in der Schicht x_1 bis x_2 ist in manchen Berechnungen nützlich zu wissen, und sie beträgt

$$U = \frac{1}{x_2 - x_1} \int_{x_1}^{x_2} f(x, t) dx$$

oder

$$U = \frac{W}{w(x_2 - x_1)}. \tag{12}$$

2. Die periodischen Temperaturbewegungen im Erdboden.

Man kann im allgemeinen jede Beobachtungsreihe der Temperatur auf der Erdbodenfläche und in den einzelnen Bodentiefen nach der Mathematik, mag sie sich auf einen periodischen oder nicht periodischen Verlauf beziehen, durch trigonometrische Sinus- und Kosinusreihen darstellen, wenn man nur eine hinreichende Anzahl von Gliedern berücksichtigt. Diese Entwicklung der Beobachtungen wird oft *harmonische Analyse* genannt. Aus der Erfahrung weiß man, daß der mittlere Gang der täglichen und jährlichen Bodentemperatur nahezu periodisch verläuft, und deshalb liegt in der Natur der Sache, daß man schon längst in der Bodentemperatur die trigonometrischen Reihen angewandt hat. Im folgenden wird die Behandlung des Problems in Anlehnung der Darstellung von SCHREIBER[1] erfolgen.

---

[1] SCHREIBER, P.: Studien über Erdbodenwärme und Schneedecke. Jb. Sächs. Meteorol. Inst. S. 90 u. f. Chemnitz 1901.

Die Temperaturbeobachtungen werden in jeder Tiefe x des Bodens während eines Zeitraumes T als eine Reihe

$$u_x = A_{ox} + A_{1x}\sin(B_{1x} + \omega t) + A_{2x}\sin(B_{2x} + 2\,\omega t) + \\ + \cdots + A_{mx}\sin(B_{mx} + m\,\omega t) + \cdots \qquad (13)$$

entwickelt.

Hier bedeutet A_{ox} die mittlere Temperatur in der genannten Tiefe, A_{1x}, $A_{2x} \ldots A_{mx} \ldots$ sind die Amplituden der Partialperioden oder Partialwellen, und B_{1x}, $B_{2x} \ldots B_{mx} \ldots$ die Phasenzeiten derselben. Der Winkel ωt befriedigt die Gleichung

$$\omega t = \frac{2\pi}{T}\,t, \qquad (14)$$

wo T die Periodenlänge und t die Zeit sind.

Die Beobachtungen in den Tiefen 0, x_1, x_2, $\ldots$ geben somit folgende Werte der Koeffizienten:

$$\text{Tiefe } 0: A_{oo}, A_{10}, A_{20} \ldots A_{mo} \ldots; \quad B_{10}, B_{20} \ldots B_{mo} \ldots$$
$$\text{Tiefe } x_1: A_{o1}, A_{11}, A_{21} \ldots A_{m1} \ldots; \quad B_{11}, B_{21} \ldots B_{m1} \ldots$$
$$\cdots$$
$$\text{Tiefe } x_m: A_{om}, A_{1m}, A_{2m} \ldots A_{mm} \ldots; \quad B_{1m}, B_{2m} \ldots B_{mm} \ldots$$

Auf das rechnerische Verfahren bei der Bildung der Sinusreihe (13) braucht man hier nicht näher einzugehen, da dies in den meteorologischen Lehrbüchern beschrieben ist. Insbesondere ist darauf zu achten, daß bei der jährlichen Periode man am liebsten die Rechnung mit den äquidistanten Werten des Jahresverlaufes ausführt. Andernfalls muß man die Amplituden der Partialwellen wegen der „Kurvatur" korrigieren.

Setzt man hier vorläufig der Kürze halber

$$u_{mx} = A_{mx}\sin(B_{mx} + m\,\omega t), \qquad (15)$$

so kann man die Reihe (13) in der Form

$$u_x = u_{ox} + \sum_{m=1}^{\infty} u_{mx} \qquad (13^*)$$

schreiben.

Die trigonometrischen Reihen können mit Vorteil nur dann eine praktische Anwendung haben, wenn die Temperatur nahezu eine Sinusform hat, so daß man die Beobachtungen durch wenige Reihenglieder angeben kann.

Wenn der Verlauf der Temperatur im Erdboden vollständig periodisch ist, so läßt sich unter der Bedingung, daß die Temperaturbewegung nur in der Richtung der Normalen der Erdoberfläche geht und also durch die oben dargestellte Differentialgleichung (9)

$$\frac{\partial u}{\partial t} = K\frac{\partial^2 u}{\partial x^2}$$

angegeben ist, für die Koeffizienten $A_{om}, A_{1m} \ldots, B_{1m}, B_{2m} \ldots$ einfache Beziehungen ableiten.

Aus dieser Bedingung folgt zuerst die Beziehung

$$\frac{\partial u_{ox}}{\partial t} + \sum_{m=1}^{\infty} \frac{\partial u_{mx}}{\partial t} = K \frac{\partial^2 u_{ox}}{\partial x^2} + K \sum_{m=1}^{\infty} \frac{\partial^2 u_{mx}}{\partial x^2},$$

und daraus weiter

$$\frac{\partial u_{ox}}{\partial t} = K \frac{\partial^2 u_{ox}}{\partial x^2}$$

$$\frac{\partial u_{mx}}{\partial t} = K \frac{\partial^2 u_{mx}}{\partial x^2}.$$

Da die Koeffizienten A und B in diesem Falle nur von der Tiefe x abhängen, so muß

$$\frac{\partial u_{ox}}{\partial t} = \frac{d A_{ox}}{dt} = 0$$

und

$$\frac{\partial^2 u_{ox}}{\partial t^2} = \frac{d^2 A_{ox}}{dt} = 0$$

sein. Die Integration der letzten Gleichung liefert

$$A_{ox} = A_{oo} + bx, \tag{16}$$

wo A_{oo} nach obigem die mittlere Temperatur an der Erdoberfläche und b deren Zuwachs pro Tiefeneinheit bedeutet. Wenn man Beobachtungen aus mehreren Stellen im Erdboden besitzt, so kann man A_{oo} und b nach dieser Gleichung nach der Methode der kleinsten Quadrate bestimmen.

Man erhält weiter aus der Gleichung (15)

$$\frac{\partial u_{mx}}{\partial t} = m \frac{2\pi}{T} A_{xm} \cos(B_{mx} + m\omega t)$$

$$\frac{\partial^2 u_{mx}}{\partial x^2} = \cos(B_{mx} + m\omega t) \left[A_{mx} \frac{d^2 B_{mx}}{dx^2} + 2 \frac{dA_{mx}}{dx} \cdot \frac{dB_{mx}}{dx} \right] +$$
$$+ \sin(B_{mx} + m\omega t) \left[\frac{d^2 A_{mx}}{dx^2} - A_{mx} \left(\frac{dB_{mx}}{dx} \right)^2 \right].$$

Die Bedingungsgleichung (9) fordert das Bestehen der Differentialgleichungen

$$m \frac{2\pi}{T} A_{mx} = K \left(A_{mx} \frac{d^2 B_{mx}}{dx^2} + 2 \frac{dA_{mx}}{dx} \cdot \frac{dB_{mx}}{dx} \right)$$

$$0 = \frac{d^2 A_{mx}}{dx^2} - A_{mx} \left(\frac{dB_{mx}}{dx} \right)^2.$$

Auf Grund des Charakters der Erscheinung setzt man versuchsweise

$$\left. \begin{aligned} A_{mx} &= A_{mo}\, e^{-\lambda x} \\ B_{mx} &= B_{mo} + \mu x \end{aligned} \right\} \tag{17}$$

Dann bekommt man als Lösungen der letzten Differentialgleichungen mit Berücksichtigung der Gleichung (14)

$$\left. \begin{aligned} \mu\lambda &= \frac{m}{K} \cdot \frac{\pi}{T} \\ \lambda^2 &= \mu^2 \end{aligned} \right\}$$

Da nun die Amplituden der Temperaturschwankungen mit der Tiefe kleiner werden, so kann λ nur positive Werte haben. Es wird somit

$$\left.\begin{array}{l} \lambda = \sqrt{\dfrac{m\pi}{KT}} \\[2mm] \mu = -\sqrt{\dfrac{m\pi}{KT}} \end{array}\right\}$$

und aus (17) folgt dann

$$\left.\begin{array}{l} A_{mx} = A_{m_0}e^{-x\sqrt{\frac{m\pi}{KT}}} \\[2mm] B_{mx} = B_{m_0} - x\sqrt{\dfrac{m\pi}{KT}} \end{array}\right\} \tag{18}$$

Die trigonometrische Reihe (13) erhält somit mit Hilfe der Gleichungen (14), (16) und (18) die Form

$$u_x = A_{00} + bx + \sum_{m=1}^{\infty} A_{m_0}e^{-x\sqrt{\frac{m\pi}{KT}}} \sin\left(m\frac{2\pi}{T}t + B_{m_0} - x\sqrt{\dfrac{m\pi}{KT}} \right) \tag{19}$$

Ist somit der Temperaturverlauf an der Erdoberfläche — oder in manchen Fällen besser in irgendeiner Tiefe — bekannt, so kann man daraus den Temperaturverlauf in jeder Tiefe berechnen, wenn die Temperaturleitfähigkeit K und die Zunahme der mittleren Temperatur b pro Tiefeneinheit bekannt sind.

Nach der Gleichung (19) hat der Temperaturverlauf in jeder einzelnen Tiefe dieselbe Periode T, aber die Amplituden werden mit der wachsenden Tiefe kleiner.

Aus den Gleichungen (18) bekommt man für die Abschwächung der Amplituden und für die Verzögerung der Phasenzeiten im Winkelmaß die Formeln

$$\left.\begin{array}{l} \dfrac{\log A_{m_0} - \log A_{mx}}{\log e} = x\sqrt{\dfrac{m\pi}{KT}} \\[3mm] (B_{m_0} - B_{mx})\sin 1° = x\sqrt{\dfrac{m\pi}{KT}} \end{array}\right\} \tag{20}$$

Daraus sieht man, daß das logarithmische Dekrement der Amplituden für jede Partialwelle gleich der Verzögerung der Phasenzeiten für dieselbe Welle ist.

Die erste Gleichung (20) kann man auch in der Form

$$\log A_{mx} = \log A_{m_0} - Cx \tag{21}$$

schreiben. Diese Formel hat zuerst POISSON für die Abnahme der Amplituden gegeben, und sie ist in den Bearbeitungen der Bodentemperaturbeobachtungen oft für die ganze Periode angewandt worden.

Die Abnahme der Amplitude für jede Partialwelle erfolgt im geometrischen Verhältnis, wenn die Tiefe im arithmetischen Verhältnis wächst. Die Abnahme der Logarithmen der Amplituden und die Verzögerung der Phasenzeiten sind umgekehrt proportional der Quadratwurzel aus der Dauer der Periode.

Im gleichen Boden bei konstanter Temperaturleitfähigkeit sind diejenigen Tiefen, zu denen die Amplituden der verschiedenen Perioden eindringen, proportional der Quadratwurzel aus der Dauer der Periode, da hier folgende Relation zwischen den entsprechenden Tiefen x_1, x_2 und Perioden T_1, T_2 besteht

$$\frac{x_1}{x_2} = \sqrt{\frac{T_1}{T_2}} \qquad (22)$$

Die kürzeren Partialwellen nehmen nach (18) stärker ab und erleiden eine größere Änderung der Phasen für gleiche Tiefenzunahmen als die längeren.

Für die Geschwindigkeit der $m$ten Partialwelle wird

$$v_m = 2\sqrt{\frac{m\pi K}{T}} \qquad (23)$$

und demgemäß schreiten die kürzeren Wellen schneller fort als die längeren.

Nach dem obigen verschwinden die kürzeren Partialwellen mit der wachsenden Tiefe schneller als die längeren, und somit wird die ganze Erscheinung schließlich einen einfachen Charakter haben, so daß zuletzt eine einfache Schwingung der ganzen Periode übrig bleibt.

Bezeichnet man nach der Gleichung (20) mit α_m und β_m das logarithmische Dekrement der Amplituden und die Verzögerung der Phasenzeiten, also

$$\left. \begin{aligned} \alpha_m &= \frac{\log A_{mo} - \log A_{mx}}{\log e \cdot x} \\ \beta_m &= \frac{B_{mo} - B_{mx}}{x} \cdot \sin 1° \end{aligned} \right\} \qquad (24)$$

so erhält man die Relationen

$$\left. \begin{aligned} \alpha_m &= \sqrt{m} \cdot \alpha_1 \\ \beta_m &= \sqrt{m} \cdot \beta_1 \end{aligned} \right\} \qquad (25)$$

zwischen den Werten α_1, α_m und β_1, β_m in den ersten und $m$ten Partialwellen.

Nach den letzten Gleichungen kann man mit den Angaben der in der Form (13) dargestellten Temperaturreihe untersuchen, wie weit die Theorie zwischen den verschiedenen Wellen der Reihe in den einzelnen Schichten erfüllt ist.

Weiter ergibt sich aus den Gleichungen (20) und (25) das Verhältnis

$$\frac{\alpha_m}{\beta_m} = 1. \qquad (26)$$

Diese Gleichung bildet nach ANDERKÓ[1] das *Kriterium des Isotropis-*

---

[1] ANDERKÓ, A. v.: Die Wärmebewegung im pseudoisotropen Erdboden. Z. Meteorol. 581, 1913.

mus des Bodens. Dieses Kriterium ist äußerst selten erfüllt, sogar nicht nach den vorhandenen Beobachtungen im Felsenboden. Die Abweichungen von dem Isotropismus werden *Isotrop-Deviationen* genannt, und sie sind näher von ANDERKÓ in seinem Aufsatze untersucht worden.

KERÄNEN[1] hat die Größe der Abweichungen von der Theorie in den ersten Gliedern der Reihen untersucht. Man berechnet nach den Gleichungen (24) die Werte α_m, β_m für einzelne Partialwellen in einer Bodenschicht und bildet die Differenz aus der Forderung der Theorie nach der Gleichung (26) ausgedrückt in Prozenten. Außerdem erhält man ein anderes Paar Werte α_m, β_m nach den Gleichungen (25) aus den Werten α_1, β_1 der ersten Welle. Zwischen diesen und jenen nach der Theorie berechneten Werten entsteht eine Differenz, die man auch in Prozenten der ersten Werte angeben kann.

Die Resultate der Berechnung sind in der nachstehenden Tabelle sowohl für den jährlichen als auch täglichen Temperaturgang gegeben. Die Ausgangswerte für den jährlichen Gang sind aus der Untersuchung von KÜHL[2] entnommen worden.

Die Zahlen der Tabelle zeigen, daß in der Reihenentwicklung des jährlichen Temperaturganges in solchen Tiefen, die außerhalb der Schicht liegen, wo sich die tägliche Temperaturschwankung abspielt, die Theorie in der ersten Welle im allgemeinen ziemlich gut erfüllt ist. Die Welle der halben Periode gibt durchschnittlich Differenzen bis zu 10%. Die dritte Partialwelle zeigt schon ein sehr unzuverlässiges Bild.

In einigen Reihen, wie in Pawlowsk, Upsala und Königsberg, sind die Resultate in der obersten Schicht der Tabelle wahrscheinlich wegen der Bodenfrosterscheinung verhältnismäßig schlecht.

Die Resultate aus dem jährlichen Temperaturgange stützen die von AD. SCHMIDT[3] aus den Beobachtungen von Königsberg gewonnene Ansicht, daß in „langjährigen Mittelwerten des jährlichen Ganges der Wärmezustand des Bodens mit großer Annäherung durch die einfachen Formeln der Theorie dargestellt wird, trotzdem die Theorie der Veränderung der Bodenfeuchtigkeit, infolge deren nicht nur die thermischen Konstanten des Bodens geändert werden, sondern auch Wärmetransport stattfindet, nicht berücksichtigt".

Die Reihen des täglichen Temperaturganges, obgleich sie nur aus ein- bis zehntägigen Beobachtungen abgeleitet worden sind und deshalb keinen reinen durchschnittlichen Verlauf der täglichen Schwankung

---

[1] KERÄNEN, J.: Über die Periodizität der jährlichen und täglichen Temperaturbewegung im Erdboden. L. c.

[2] KÜHL, W.: Der jährliche Gang der Bodentemperatur in verschiedenen Klimaten. L. c.

[3] SCHMIDT, AD.: Theoretische Verwertung der Königsberger Bodentemperaturbeobachtungen. Schr. Königs. physik.-ökon. Ges. **32**, 115, 1891.

Abweichungen von den Forderungen der reinen Theorie in dem Dekremente der Amplituden und in den Verzögerungen der Phasenzeiten in Prozenten.

Ort	Bodenart	Tiefenschicht cm	$\dfrac{\alpha_1}{\beta_1}$	$\dfrac{\alpha_2}{\beta_2}$	$\dfrac{\alpha_3}{\beta_3}$	α_2	β_2	α_3	β_3
		I. Jährlicher Gang.							
Edinburgh	Trappfelsen	97.5—195	7	14	—	30	39		
		195—390	3	8	—	−38	−22		
„	Sandboden	97.5—195	−20	—	—	—	—		
		195—390	−5	—	—	—	—		
		390—780	2	—	—	—	—		
Königsberg	Sand und Ton	63—126	1	−16	−72	−2	14	223	−30
		126—251	9	1	31	21	12	−4	15
		251—502	0	19	−16	−9	8	10	8
		502—753	0	2	−58	−41	−40	57	−34
Pawlowsk	Sandboden	80—160	−3	−33	—	66	11	—	—
		160—320	0	8	—	1	9		
Potsdam	Sandboden	100—200	1	12	0	−10	1	0	1
		200—400	−10	10	28	−1	2	5	50
		400—600	−3	−14	−22	−13	25	50	21
München	Ton	129—246	−9	−20	—	−2	102	—	—
	Grus	246—597	3	44	—	−4	35	—	—
Mustiala	Sandboden	50—100	3	21	00	−8	9	−15	—
		100—200	−3	−4	31	−1	−2	−18	8
Upsala	Sandiger Ton	30—120	18	−29	−39	55	−8	−1	−49
		120—180	5	35	−31	1	16	82	26
		180—300	−4	−9	−17	4	9	−25	35
		II. Täglicher Gang.							
Karjalohja (nach Homén)	Sandheide	0—5	54	108	−29	19	60	43	34
		5—10	−10	−51	51	44	−23	−12	41
		10—20	−5	46	—	−14	35	−83	—
		20—40	3	−28	—	39	−2	—	—
Karjalohja	Granitfelsen	0—5	7	12	−25	9	15	17	−18
		5—10	−35	−34	38	−27	−24	−4	45
		10—20	−18	−18	17	−9	−9	−69	−56
		20—40	11	−10	—	3	−14	—	—
		40—60	5	−23	—	57	5	—	—
„	Moorwiese	0—5	41	5	27	1	−25	26	13
		5—10	19	−16	−45	33	−6	6	−51
		10—20	7	−68	—	35	−60	—	—
Sodankylä	Sandheide	0—10	−15	−28	−33	30	10	39	10
		10—25	−15	−7	−68	−7	18	—	—
		25—40	−22	−54	—	22	—	—	—
„	Schnee	2—12	35	63	—	15	39	34	
		4—14	37	76	38	1	39	9	

geben, zeigen natürlich etwas größere Abweichungen von der reinen Theorie. Die Resultate sind doch in den meisten Fällen brauchbar. Es verdient hier ausdrücklich hervorzuheben, daß der tägliche Temperaturgang in den tieferen Schichten, Sandheide 20—40 cm, Granitfelsen 20—60 cm und in Moorwiese in der ganztägigen Welle die Theorie verhältnismäßig gut befriedigt. In der Tat gibt die erste Welle schon die Erscheinung nahezu mit der Genauigkeit der Beobachtungen. Daraus folgt, daß aus den kürzeren Wellen die Resultate wegen der schwachen Erscheinung variierend werden müssen.

Die Bearbeitungen von WILD[1] aus Nukuss, von JOHANSSON[2] aus den alten Beobachtungen des Polarjahres 1883 in Sodankylä und von SÜRING[3] aus Potsdam haben nahezu dasselbe bewiesen, wie die Werte in der vorigen Tabelle.

Die erörterte Untersuchung über die Erfüllung der Erforderungen der Theorie besitzt dann eine prinzipielle Bedeutung, wenn man entweder aus den Werten der Reihenentwickelung oder direkt aus Beobachtungswerten die Temperatur- und Wärmeleitungskoeffizenten K und k ableiten will.

Die Ableitung der Leitfähigkeiten der Temperatur und Wärme. Aus den Gleichungen (20) erhält man aus jeder Partialwelle zwei Werte der Temperaturleitungskoeffizienten, den einen $K_{m\alpha}$ aus dem logarithmischen Dekremente und den anderen $K_{m\beta}$ aus der Verzögerung der Phasenzeiten:

$$\left.\begin{aligned} K_{m\alpha} &= \frac{m\pi}{T} \cdot \frac{\log^2 e \cdot x^2}{(\log A_{m0} - \log A_{mx})^2} \\ K_{m\beta} &= \frac{m\pi}{T} \cdot \frac{x^2}{(B_{m0} - B_{mx})^2 \sin^2 1} \end{aligned}\right\} \tag{27}$$

Daraus folgen dann nach der Gleichung (8) gleichfalls zwei Werte der Wärmeleitungskoeffizienten $k_{m\alpha}$ und $k_{m\beta}$

$$\left.\begin{aligned} k_{m\alpha} &= c\varrho \cdot K_{m\alpha} \\ k_{m\beta} &= c\varrho \cdot K_{m\beta} \end{aligned}\right\} \tag{28}$$

Wie weit die in der genannten Weise berechneten Werte der Temperaturleitfähigkeit $K_{m\alpha}$ und $K_{m\beta}$ in dem jährlichen Gange übereinstimmen können, zeigt folgende Übersicht, die aus der Bearbeitung der Königsberger Beobachtungen von AD. SCHMIDT[4] berechnet worden ist.

Temperaturleitungskoeffizienten in Königsberg nach 14jährigen Messungen.

Tiefenschicht cm	Ganzjährige Welle			Halbjährige Welle			Dritteljährige Welle		
	Ampl.	Phase	Mittel	Ampl.	Phase	Mittel	Ampl.	Phase	Mittel
2.5— 31	0.0100	0.0076	0.0088						
31— 63	139	121	130						
63—126	073	074	074	0.0071	0.0096	0.0083			
126—251	081	097	089	118	120	119	0.0074	0.0128	0.0101
251—502	090	089	090	075	105	090	107	076	092

[1] WILD, H.: Über die Bodentemperaturen in St. Petersburg und Nukuss. L. c.

[2] JOHANSSON, Osc. V.: Meteorologiska och geofysiska data för Sodankylä. Öfv. af Finska Vet-Soc. Förh. **59,** Afd. A., Nr 8, 54 u. f. 1916—1917.

[3] SÜRING, R.: Der tägliche Temperaturgang in geringen Bodentiefen. L. c.

[4] SCHMIDT, AD.: L. c. 168.

Der Boden bestand in Königsberg aus stark wasserhaltigem Diluvialboden, der nach Analysen nahezu gleich in verschiedenen Tiefen war. AD. SCHMIDT hält, wie oben schon gesagt, die Übereinstimmung mit der Theorie in größeren Tiefen befriedigend. Da nach KÜHL[1] in 63 cm Tiefe das Thermometer wahrscheinlich eine Tiefenkorrektion zu haben scheint, werden dadurch die nicht übereinstimmenden Werte der Tiefenschichten, 31—63 und 63—126 cm, zum Teil erklärlich. Außerdem wirkt hier störend die Frostbildung während der kalten Zeit. Insbesondere tritt eine annähernd gleiche Regelmäßigkeit nur bei der ganzjährigen Schwankung zutage. Der Mittelwert der obersten und zwei tiefsten Schichten ist $K = 0.0089$, was nahezu gleich wie dasselbe aus drei Wellen in der größten Tiefe ist.

Man sieht aus dieser Bodentemperaturuntersuchung, daß schon die ganzjährige Schwankung, die durch die Formel

$$u_{1x} = A_{oo} + bx + A_{10}e^{-x\sqrt{\frac{\pi}{KT}}} \sin\left(\frac{2\pi}{T}t + B_{10} - x\sqrt{\frac{\pi}{KT}}\right) \quad (29)$$

angegeben wird, das nahezu richtige Resultat liefern kann. In einem solchen Falle kann man den Temperaturleitungskoeffizienten aus den Amplituden der Temperaturkurven oder aus der Verschiebung der Eintrittszeiten der Extreme ableiten. Die Zulässigkeit eines solchen Verfahrens muß doch immer durch ein besonderes Studium gezeigt werden.

Als Beispiel über das Verhalten der Werte der Temperaturleitungskoeffizienten aus Amplituden und Phasenzeiten im täglichen Temperaturgange werden hier das Mittel aus zwei gleichartigen zehntägigen Messungen in Sodankylä[2] angeführt.

Temperaturleitungskoeffizienten in Sodankylä nach der täglichen Periode.

Tiefenschicht cm	Ganztägige Welle			Halbtägige Welle		
	Ampl.	Phase	Mittel	Ampl.	Phase	Mittel
10—25	0.0116	0.0084	0.0100	0.0134	0.0112	0.0123
25—40	117	071	094	142	040	091

Obgleich hier natürlich die einzelnen Werte von K sehr viel voneinander ausgehen, hat das Mittel aus der ganztägigen Welle in beiden Tiefen und dasselbe aus der halbtägigen Welle in der größeren Tiefe eine ziemlich gute Übereinstimmung.

Zum Vergleich sei noch das Resultat aus den längeren Beobachtungen in Potsdam nach SÜRING[3] erwähnt.

---

[1] KÜHL, W.: L. c. 530.

[2] KERÄNEN, J.: Über die Temperatur des Bodens und der Schneedecke in Sodankylä. L. c. 156.

[3] SÜRING, R.: L. c. 25.

	Ampl. $K_{1\alpha}$	Phase $K_{1\beta}$
April	0.0134	0.0132
Juni	160	134
August	147	130
Oktober	115	138

Die Werte scheinen etwas zu hoch zu sein und zeigen einen bestimmten jährlichen Gang.

Aus den Monatsmitteln der Temperatur in verschiedenen Tiefen kann man nach einer von NEUMANN angegebenen und von AD. SCHMIDT[1] verbesserten Methode die Größen und Lagen der Extremwerte der Temperaturschwankung berechnen. Man bildet zunächst für jede Tiefe die Größen und die Eintrittszeiten der Extremwerte des jährlichen Temperaturganges. Dies geschieht durch eine parabolische Interpolation aus den drei Monatsmitteln, oder noch besser aus entsprechenden Jahreszwölfteln, welche die betreffenden Extremwerte einschließen. Man legt die Parabel in der Weise, daß die Mittelwerte der Parabelkoordinaten mit den angegebenen Mittelwerten übereinstimmen.

Es seien p, q, r die drei aufeinanderfolgenden Mittel; q sei das größte (bzw. das kleinste) derselben. Der Extremwert sei m, der Zeitpunkt desselben, gemessen in Jahreszwölfteln und gerechnet vom mittleren Augenblick des zweiten Zwölftels an, sei τ. Setzt man

$$\frac{(q-p)-(q-r)}{2} = b; \qquad \frac{(q-p)+(q-r)}{2} = c, \tag{30}$$

so folgt

$$m = q + \frac{b^2}{4c} + \frac{c}{12}; \qquad \tau = -\frac{b}{2c}. \tag{31}$$

Die Bestimmung der Größe der Extremwerte ist in der genannten Weise gut, aber nicht deren Lage. Man bekommt ein mehr zuverlässiges Resultat für die Phasenzeiten, wenn man aus den Monatsmitteln diejenigen Zeitpunkte bestimmt, in denen gerade das Jahresmittel eintritt.

3. Die trigonometrischen Reihen für Wärmeströmung und Wärmegehalt.

Aus der früher dargestellten Reihe (19) der Bodentemperatur u_x in der Tiefe x

$$u_x = A_{00}' + bx + \sum_{m=1}^{\infty} A_{mx} \sin(B_{mx} + m\omega t),$$

wo A_{mx} B_{mx} und ω nach der Theorie die Gleichungen

$$\left.\begin{array}{c} A_{mx} = A_{m0}\, e^{-x\sqrt{\frac{m\pi}{KT}}} \\[2mm] B_{mx} = B_{m0} - x\sqrt{\frac{m\pi}{KT}} \\[2mm] \omega = \dfrac{2\pi}{T} \end{array}\right\}$$

[1] SCHMIDT, AD.: L. c. 116.

befriedigen, erhält man leicht[1] eine Reihe für die Intensität der Wärmeströmung

$$i = -k\frac{\partial u}{\partial x}.$$

Es wird

$$i = -kb + \frac{k}{\sqrt{K}} \sum_{m=1}^{8} \sqrt{m\omega}\, A_{mx} \sin\left(B_{mx} + \frac{\pi}{4} + m\omega t\right). \qquad (32)$$

Die Wärmeströmung Q in der Tiefe x von der Zeit 0 bis t ist nach (10)

$$Q = \int_0^t i\, dt,$$

und es ergibt sich nach der Gleichung (32)

$$Q = -kbt + \frac{k}{\sqrt{K}} \sum_{m=1}^{\infty} \frac{A_{mx}}{\sqrt{m\omega}} \left\{\sin\left(B_{mx} - \frac{\pi}{4} + m\omega t\right) - \sin\left(B_{mx} - \frac{\pi}{4}\right)\right\} \qquad (33)$$

Sei der Wärmegehalt einer Bodenschicht von der Oberfläche bis zur Tiefe x zur Anfangszeit W_0, und bezeichnet man mit Q_0 und Q die Wärmemengen, die in Zeit 0 bis t durch die Grenzflächen der Schicht fließen, so ist der Wärmegehalt zur Zeit t

$$W = W_0 + Q - Q_0. \qquad (34)$$

Für die Werte des Wärmegehaltes W_0 läßt sich auch eine trigonometrische Reihe nach der Gleichung (11) unter der Annahme einer konstanten Volumkapazität w

$$W_0 = w\int_0^x u_x d_x$$

aufstellen.

Zur Zeit 0 hat man für die Temperatur in der Tiefe x nach der Gleichung (19) die Reihe

$$u_x = A_{00} + bx + \sum_{m=1}^{\infty} A_{mx} \sin B_{mx}, \qquad (35)$$

und daraus erhält man den Ausdruck

$$\left. \begin{aligned} W_0 &= A_{00} w x + \frac{1}{2} b w x^2 + w\sqrt{K} \sum_{m=1}^{\infty} \frac{A_{m0}}{\sqrt{m\omega}} \times \\ &\quad \times \left\{\sin\left(B_{m0} - \frac{\pi}{4}\right) - e^{-x\sqrt{\frac{m\omega}{2K}}} \sin\left(B_{mx} - \frac{\pi}{4}\right)\right\} \end{aligned} \right\}. \qquad (36)$$

Für sehr große Werte von x wird nach der Gleichung (33)

$$Q_0 - Q = \frac{k}{\sqrt{K}} \sum_{m=1}^{\infty} \frac{A_{m0}}{\sqrt{m\omega}} \left\{\sin\left(B_{m0} - \frac{\pi}{4} + m\omega t\right) - \sin\left(B_{m0} - \frac{\pi}{4}\right)\right\}.$$

---

[1] SCHREIBER, P.: Studien über Erdbodenwärme und Schneedecke. L. c. 92.

Da nach der Gleichung (8)

$$\frac{k}{\sqrt{K}} = w\sqrt{K},$$

so wird für große Werte der Tiefe x

$$W = A_{oo}\,wx + \frac{1}{2}\,b\,w\,x^2 + w\sqrt{K}\sum_{m=1}^{\infty}\frac{A_{mo}}{\sqrt{m\,\omega}}\sin\left(B_{mo} - \frac{\pi}{4} + m\,\omega t\right). \quad (37)$$

Wenn man die Verschiebung der Phasenzeiten zwischen der Temperatur u_x und der Wärmeströmung und dem Wärmegehalt vergleichen, so ergibt sich eine von SCHUBERT[1] ausgesprochene Beziehung, daß die Schwingungen der Bodenwärme in ihren Phasen um $\frac{\pi}{4}$, d. h. um etwa $\frac{1}{8}$ der ganzen Periode hinter denen der Temperatur in der obersten Fläche der betrachteten Bodenschicht zurückbleiben.

Im folgenden wird noch ausführlicher das Problem des Wärmegehaltes behandelt.

4. Die Anwendung der periodischen Reihen auf die Bodentemperaturbeobachtungen.

Bei der Darstellung der allgemeinen Züge der Bodentemperatur ist schon kurz die Bearbeitung des Materiales durch die Theorie besprochen. Jetzt wird die Anwendung der Theorie mehr eingehend und im Sinne der Wärmeströmung besprochen.

Am besten zu der vorigen Behandlung der Theorie paßt sich die Bearbeitung von SCHREIBER[2] und deshalb werden die Hauptergebnisse seiner Resultate hier in aller Kürze angeführt.

Jährlicher Gang. Aus den Monatsmitteln der Temperaturbeobachtungen in Dresden in einem Sandboden in den Tiefen 0.5, 1.0, 1.5, 2.0, 2.5 m wird folgende durchschnittliche trigonometrische Reihe für die ganze Schicht abgeleitet

$$u_x = 10.1^0 + 0.0004\,x + 11.7^0 e^{-0.399x}\sin(262.7^0 - 22.84^0 x + \varphi) +$$
$$+ 0.85^0 e^{-0.564x}\sin(115.5^0 - 32.29^0 x + 2\varphi) +$$
$$+ 0.90^0 e^{-0.690x}\sin(29.1^0 - 39.56^0 x + 3\varphi),$$

wo

$$\varphi = \frac{360}{365}\,t$$

ist.

Die Zeit t wird von dem Anfang des Jahres in Tagen abgezählt.

---

[1] SCHUBERT, J.: Der jährliche Gang der Luft- und Bodentemperatur im Freien und in Waldungen und der Wärmeaustausch im Erdboden. S. 50. Berlin 1900.

[2] SCHREIBER, P.: Ergebnisse der Erdbodentemperatur-Messungen in Dresden 1908—1910. Jhrb. K. Sächs. Landes-Wetterwarte **28**, 1910. Dresden 1912.

An der Erdoberfläche ist $A_{10} = 11.7°$, somit ist die Amplitude der jährlichen Temperaturschwankung nach den Monatsmitteln $23.4°$. Unter der Annahme der Homogenität des Bodens erweist sich, daß in der Tiefe von 14 m die Jahresschwankung $0.1°$ beträgt. Darunter kann man die Temperatur als konstant ansehen.

Da das erste periodische Glied schon den Hauptcharakter des jährlichen Temperaturganges gibt, wurden die höheren Glieder vernachlässigt und die Werte der Temperaturen auf der Erdoberfläche und im Boden nach dieser gekürzten Reihe berechnet.

Aus der ersten trigonometrischen Reihe der Temperatur wurde für die Intensität der Wärmeströmung auf der Oberfläche nach der Gleichung (31) die Reihe

$$i = -0.09 + 15.3 \sin (307.7° + \varphi) + 1.6 \sin (160.5° + 2\varphi) + {} + 2.0 \sin (74.1° + 3\varphi)$$

gcal pro cm² und Tag erhalten.

Schließlich berechnete SCHREIBER folgende Reihe für die Wärmeströmung vom Beginn des Jahres an

$$Q = 521.0 - 0.09 t + 892.0 \sin (217.7° + \varphi) + 45.8 \sin (70.5° + 2\varphi) + {} + 39.6 \sin (344.1° + 3\varphi).$$

Jährliche Periode der Wärmeströmung durch die Erdoberfläche sowie die Größe der Sonnenstrahlung in Dresden, gcal pro cm² und Tag.

Datum	Temperatur auf der Erdoberfläche u_0	Sonnenstrahlung S	Intensität der Wärmeströmung i_0	Summe der Wärmeströmung Q
1. Januar	−1.5		−9.7	0
16.	−1.5	10	−7.8	−133
1. Februar	−0.6		−6.2	−244
14.	0.9	34	−4.4	−317
1. März	2.8		−1.8	−363
16.	5.5	105	2.5	−358
1. April	8.5		7.8	−280
15.	11.5	236	12.9	−122
1. Mai	14.4		16.9	105
16.	17.1	330	18.3	384
1. Juni	19.3		17.4	662
15.	20.9	408	14.6	904
1. Juli	21.7		10.9	1094
6.	21.7	372	7.3	1236
11. August	20.9		4.1	1324
6.	19.4	308	1.3	1365
11. September	17.2		− 1.9	1340
5.	14.5	172	− 5.5	1310
11. Oktober	11.6		− 9.4	1198
6.	8.5	69	−12.9	1023
11. November	5.5		−15.2	803
5.	2.9	34	−15.6	573
11. Dezember	0.8		−14.4	341
16.	−0.7	7	−12.1	133
1. Januar	−1.5		− 9.7	0

Dabei ist für die Wärmekapazität des Bodens $w = 0.4$, für die Temperaturleitfähigkeit $K = 0.00628$ und für Wärmeleitfähigkeit $k = 0.00251$ angenommen worden.

Die Berechnung ergab vorstehende Zahlen für einen Tag am Anfang und in der Mitte der Monate. Die Wärmeströmung und Sonnenstrahlung sind in gcal pro cm² und Tag gemessen.

Die Sonnenstrahlung bezieht sich auf die wirklich vorhandenen, mittleren Bewölkungsverhältnisse. Am stärksten ist die Sonnenstrahlung gegen Mitte Juni, wo sie während eines Tages rund 408 gcal pro cm² beträgt. In die Erde strömt daraus nur 14.6 gcal. Von dem Anfang des Jahres an verliert die oberste Erdkruste bis zur Mitte März —363 gcal pro cm² Wärme. Zu dieser Zeit beginnt die Wärmeeinnahme des Bodens und erreicht den Höchstwert den 16. August. Dann enthält die Erdbodenschicht bis zur Grenze der jährlichen Temperaturschwankung 1365 gcal pro cm² mehr Wärme als am 1. Januar. Die jährliche Wärmeschwankung oder Wärmeaustausch macht somit 1728 gcal pro cm² aus. Sie vermag eine 240 mm dicke Eisschicht abzuschmelzen.

Das andere Glied der Reihe von Q gibt die aus dem Erdinnern ausströmende Wärme, die im ganzen Jahre nur 33 gcal pro cm² beträgt und somit keine nennenswerte Bedeutung hat.

Täglicher Gang. Zur Ergänzung der obigen Betrachtung im jährlichen Felde wird hier noch beispielsweise die tägliche Schwankung kurz mitgeteilt. Auf Grund der Daten für den Temperaturverlauf im Boden berechnete SCHREIBER zuerst die Temperaturverteilung im täglichen Felde und danach folgende reine Sinusreihen für die Strömungsintensität i und Wärmeströmung Q gcal pro cm² und Stunde für den 15. Juni

$$i = 0.6 + 5.83 \sin(\varphi' + 300^0),$$
$$Q = 11.2 + 0.6\vartheta + 22.3 \sin(\varphi' + 210^0),$$

wo $\varphi' = \dfrac{360}{24}\,\vartheta$ und ϑ die Zeit in Stunden von Mitternacht an. Die Resultate sind in der nebenstehenden Tabelle.

Man sieht aus den Zahlen der Tabelle, wie am Abend und in der Nacht Wärme aus dem Boden ausströmt, am stärksten vor der Mitternacht, rund 5 gcal pro cm² in der Stunde. Dagegen nimmt der Boden während der Tageszeit Wärme auf, am kräftigsten in den letzten Stunden des Vormittags, von 9—11 Uhr 6.3 gcal pro cm² in der Stunde. Während des ganzen Tages geschieht ein durch das zweite Glied der Reihe bestimmte Wärmeströmung, 0.6 gcal pro Stunde, die durch die Jahreszeit bestimmt worden ist. Dadurch wird der Wärmegehalt während des 24stündlichen Zeitraumes mit 14.4 gcal vermehrt. Der Wärmegehalt des Bodens ist am größten um 16 Uhr, rund 43.1 gcal. Der ganze Wärmeaustausch macht hier 51.8 gcal pro cm², was viel kleiner ist, als die von HOMÉN und SCHUBERT für den Sandboden erhaltenen Werte.

Tägliche Periode der Wärmeströmung durch die Erdoberfläche in Dresden den 15. Juni, gcal pro cm² und Stunde.

Stunde	Temperatur auf der Erdoberfläche	Intensität der Wärmeströmung	Summe der Wärmeströmung
0^h	15.1^0	—4.5	—0.0
1	14.9	—3.5	—4.0
2	15.1	—2.3	—7.0
3	15.7	—0.9	—8.6
4	16.7	0.6	—8.7
5	17.9	2.1	—7.4
6	19.3	3.5	—4.6
7	20.9	4.7	—0.4
8	22.5	5.7	4.8
9	23.9	6.3	10.8
10	25.1	6.4	17.2
11	26.1	6.3	23.6
12	26.7	5.7	29.6
13	26.9	4.7	34.8
14	26.7	3.5	39.0
15	26.1	2.1	41.8
16	25.1	0.6	43.1
17	23.9	—0.9	43.0
18	22.5	—2.3	41.4
19	20.9	—3.5	38.4
20	19.3	—4.5	34.4
21	17.9	—5.1	29.6
22	16.7	—5.2	24.4
23	15.7	—5.1	19.2
24	15.1	—4.5	14.4

5. Unzulänglichkeit der einfachen Temperaturbeobachtungen des Bodens für Wärmebewegung.

Die obigen Erörterungen gelten unter den Annahmen, daß der Boden homogen in bezug auf Temperatur- und Wärmeleitung ist und an der Erdoberfläche eine seit langer Zeit vor sich gehende periodische Schwankung vorhanden ist. Dann erhält man durch die behandelte Methode den durchschnittlichen Verlauf hinreichend genau während einer Periode (Jahr oder Tag), wenn man als Ausgangswerte Beobachtungsergebnisse von einem Zeitraum besitzt, der fortlaufend über viele Perioden dauert.

Will man den wirklichen Verlauf im einzelnen untersuchen, so muß man auf die Lösung der allgemeinen Differentialgleichung

$$\frac{\partial u}{\partial t} = K \frac{\partial^2 u}{\partial x^2}$$

zurückgehen, wenn die Temperatur an der Oberfläche allgemeine Funktion der Zeit ist. RIEMANN[1] hat in seinen Vorlesungen über partielle Differentialgleichungen die dazu nötigen Formeln abgeleitet. Auch in den Lehrbüchern der theoretischen Physik[2] findet man diese Aufgabe

---

[1] WEBER, H.: Die partiellen Differentialgleichungen der mathematischen Physik nach RIEMANNs Vorlesungen **2**, 41—49. Braunschweig 1912.

[2] Siehe z. B. CHRISTIANSEN, C. und MÜLLER, J. J. C.: Elemente der theoretischen Physik. S. 624 u. f. IV. Auflage. Leipzig 1921.

behandelt. SCHREIBER[1] hat die RIEMANNschen Gleichungen für die einfachsten Fälle, die meist für praktische Zwecke genügen werden, weiter verarbeitet und die dazu nötigen Hilfstabellen berechnet.

In mancher Hinsicht lehrreich ist die Untersuchung von AD. SCHMIDT[2] über die Frage, welche Aussichten man im allgemeinen hat, aus den Beobachtungswerten die Temperatur für alle Zwischenpunkte durch eine Interpolation zu berechnen. Man kann dabei die Interpolation entweder in Anlehnung an die Gesetze der Wärmeverbreitung oder direkt durch eine geeignete Interpolationsformel ausführen. Wenn der Erdboden eine solche homogene unveränderliche Konstitution besitzt, wie in der obigen Theorie angenommen worden ist, würde man durch die erste Methode eine vollkommene Lösung der Aufgabe kriegen. Durch die veränderliche Feuchtigkeit der gewöhnlichen Bodenarten werden die Temperatur- und Wärmeleitfähigkeiten viel verändert und deshalb ist die einfache Theorie nicht erfüllt. Falls die Gesetze dieser Veränderungen näher bekannt wären, könnte man auch die Temperaturverteilung mit Hilfe der Theorie streng lösen. Diese Aufgabe ist noch nicht gelöst worden, und deshalb kann man durch eine Interpolation mit Hilfe der Wärmetheorie kein befriedigendes Resultat erhalten.

Wenn man die Differentialquotienten $\frac{\partial u}{\partial x}$ und $\frac{\partial^2 u}{\partial x^2}$ bildet, so gewinnen dabei die höheren Glieder an Gewicht gegenüber den niederen, und deshalb müssen die Abweichungen von dem einfachen gesetzmäßigen Verlauf bei der Differentiation im allgemeinen immer stärker hervortreten. Deshalb liefert eine Reihendarstellung der Temperatur die Werte von $\frac{\partial u}{\partial x}$ und $\frac{\partial^2 u}{\partial x^2}$ nicht mit derselben Annäherung als die Temperatur selbst. Die von SCHMIDT vorgenommenen Rechnungen bewiesen dies und für die Differenz $\frac{\partial u}{\partial t} - K \frac{\partial^2 u}{\partial x^2}$ erhielt er so schwankende Werte, daß man daraus keine weitergehenden Schlüsse ziehen konnte.

Durch eine Interpolation mit einer erweiterten Lagrangenformel konnte SCHMIDT etwa dieselbe Genauigkeit erreichen wie durch Reihenentwicklung. Die dadurch abgeleiteten Werte von $\frac{\partial^2 u}{\partial x^2}$ schienen doch, trotz ihrer Unvollkommenheit, ein qualitativ richtiges Bild über die wahren Verhältnisse zu geben. Da dabei die Wärmekonvektion mit den Wasserbewegungen und die Änderungen des Leitvermögens und Wärmekapazität mit der Feuchtigkeit und Temperatur bekannt sein müssen, wird in Ermangelung derselben eine strengere Entscheidung des Temperaturverlaufes in allen Tiefen unmöglich.

---

[1] SCHREIBER, P.: Studien über Erdbodenwärme und Schneedecke. L. c. 75—77.

[2] SCHMIDT, AD.: Theoretische Verwertung der Königsberger Bodentemperaturen. L. c. 125 u. f.

Dies alles führt zu dem Resultat, daß man für die erschöpfende Entscheidung der Temperatur- und Wärmeverhältnisse im Erdboden die Einwirkung des in den Boden eindringenden Niederschlagswassers und ferner den Betrag der Verdunstung auf der Erdoberfläche kennen muß. Wo das Grundwasser in die Nähe der Thermometer gelangt, muß dessen Zustand auch fortlaufend beobachtet werden. Später wird die Einwirkung des Grundwassers in einem Beispiel näher erwähnt.

Wegen dieser Mangelhaftigkeit der Bodentemperaturuntersuchungen ist gerade die Darstellung in diesem wichtigen Kapitel nur in allgemeinen Zügen dargelegt, weil man bis jetzt sehr wenig die allgemeine Theorie der Wärmeleitung für genauere Untersuchung anwenden kann.

6. Der Wärmeaustausch im Erdboden.

Da das Problem des Wärmehaushaltes im Boden von grundlegender Bedeutung sowohl für die Wissenschaft als auch für manche praktische Fragen der Bodenkultur ist, so verdient es hier noch näher behandelt werden. BEZOLD[1] hat zuerst gezeigt, wie man leicht, mit Kenntnis der Temperaturen in verschiedenen Tiefen und mit Kenntnis der spezifischen Wärmekapazität der Volumeinheit oder der Volumkapazität, die in dem Boden aufgespeicherte oder von dem darin vorhandenen Vorrate abgegebene Wärmeenergie berechnen kann. Im folgenden wird von der Untersuchung von BEZOLD zuerst das wichtigste zur Ergänzung der vorigen Behandlung angeführt und außerdem Beispiele über die Größe des Wärmeaustausches im Erdboden mitgeteilt.

Sei in der obersten Bodenschicht o bis x die Temperatur u_1 zur Zeit t_1 und u_2 zur Zeit t_2, so bekommt man leicht für die aufgespeicherte Wärmemenge oder die *Bodenwärme* die Gleichung

$$W = \int_0^x w(u_2 - u_1)\,dx. \tag{37}$$

Bei einzelnen Fällen wird die Größe der Bodenwärme von der Wahl der Ausgangswerte abhängen. Die Temperaturen u_1 und u_2 sind selbst, wie wir schon gesehen haben, Funktionen der Tiefe, und werden bei wachsender Tiefe bald gleich, z. B. im täglichen Temperaturfelde eines Sandbodens in der Tiefe von etwa 100 cm.

Die Wärmemenge W ist der Zuwachs der Wärmeenergie E in dem betrachteten Zeitraume und somit hat man

$$E_2 - E_1 = \int_0^x w(u_2 - u_1)\,dx, \tag{38}$$

oder

$$E_2 = \int_0^x w u_2\,dx - \int_0^x w u_1\,dx + E_1.$$

---

[1] v. BEZOLD, W.: Der Wärmeaustausch an der Erdoberfläche und in der Atmosphäre. Sitzgsber. preuß. Akad. Wiss. Physik.-math. Kl. 1139 u. f. 1892.

Man wählt als Ausgangswert die Energie zur Zeit $t_{\mathrm{I}} = 0$. Dann kann man die letzte Gleichung kurzweg in der allgemeinen Form

$$E = \int_0^x w u \, dx + \text{Konst.} \qquad (39)$$

schreiben. Der Betrag der Konstanten ist von dem Anfangswert der Energie abhängig. Oft kann man dafür die Energie bei dem Nullpunkte der Thermometerskala oder dieselbe beim Mittelwert einer Periode wählen.

Durch Einführung des Wertes der Mitteltemperatur U nach der Gleichung (12) erhält man unter Annahme einer konstanten Wärmekapazität

$$E = wx \cdot U. \qquad (40)$$

Hier ist wx die Volumkapazität der ganzen Schicht von der Oberfläche bis zur Tiefe x.

Wenn U_{I} und U_2 die Mitteltemperaturen der ganzen Schicht zu

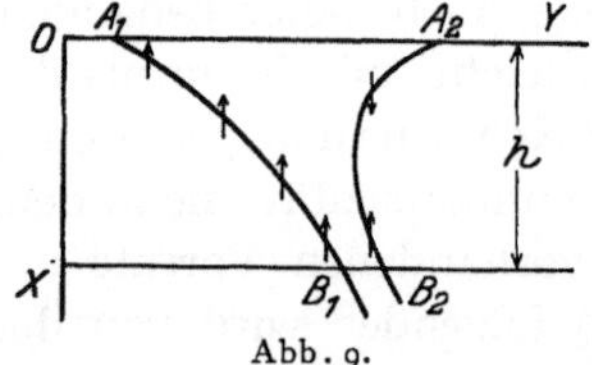

Abb. 9.

Zeiten t_{I} und t_2 bezeichnet werden, so wird

$$E_2 - E_{\mathrm{I}} = wx(U_2 - U_{\mathrm{I}}). \qquad (41)$$

Nach dieser Gleichung erhält man die Änderung der Energie im Erdboden während eines bestimmten Zeitraumes einfach in der Weise, daß die Änderung der Mitteltemperatur des Bodens von der Oberfläche bis zu der Tiefe, in welcher die Schwankungen unmerkbar werden, mit der Volumkapazität der ganzen Tiefenschicht multipliziert wird.

Im Erdboden erreichen sowohl die Wärmeenergie als auch der Mittelwert der Temperatur gleichzeitig ihre Extremwerte. Die Temperaturen müssen hierbei zu der Tiefe berücksichtigt werden, in der ihre Schwankungen unmerklich werden.

Zeichnet man im Boden den Temperaturverlauf graphisch in gewöhnlicher Weise durch Tautochronen $A_{\mathrm{I}}B_{\mathrm{I}}$ und A_2B_2 von der Oberfläche bis zur gewünschten Tiefe x zu den Zeiten t_{I} und t_2, so kann man die im Boden aufgespeicherte Wärmeenergie sehr leicht veranschaulichen. Das Flächenstück $A_{\mathrm{I}}B_{\mathrm{I}}A_2B_2$ ist bekanntlich gleich

$$f(u, x) = \int_0^h (u_2 - u_{\mathrm{I}}) \, dx.$$

Dann erhält die Gleichung (37) die Form

$$E_2 - E_{\mathrm{I}} = w \cdot f(u, x). \qquad (42)$$

Aus der Neigung der Tautochronen kann man direkt die Richtung der Wärmeströmung sehen und die Stellen der Extremwerte der Wärmemengen bestimmen. Die Extremwerte werden durch die allgemeine Bedingungsgleichung

$$\frac{du}{dx} = 0$$

bestimmt, die wieder eine solche Stelle der Tautochrone angibt, wo die Tangente der Kurve in der Richtung der Normale der Erdoberfläche liegt.

Das Flächenstück zwischen den Tautochronen zur Zeit der Höchst- und Niedrigstwerte der Wärmemenge gibt somit direkt ein Maß für den *Wärmeaustausch ΔW* während einer in Frage stehenden Periode. Also genügt es zur Bestimmung des Wärmeaustausches während einer Periode, wenn man die Temperaturverteilung im Boden zu den Zeiten der Periode kennt, zu welcher die Wärmeaufnahme in Wärmeabgabe übergeht und umgekehrt. Dies gilt natürlich unter der Voraussetzung, daß die Volumkapazität des Bodens bekannt ist.

In den vorigen Überlegungen ist angenommen worden, daß der Boden wasserfrei ist, oder die Temperaturen u_1 und u^2 immer oberhalb des Gefrierpunktes liegen. Wenn man von der letzteren Einschränkung absieht, wird die Behandlung des Problems in anderer Weise nach KERÄNEN[1] ausfallen.

Sei w_t die Volumkapazität des vollkommen trockenen Bodens im natürlichen Zustande, p_w der Wassergehalt der Volumeinheit ausgedrückt in Bruchteilen der Masseneinheit, so ist die Volumkapazität des feuchten Bodens bei Temperaturen über $0°$

$$w_f = w_t + p_w,\qquad(43)$$

aber bei Temperaturen unter $0°$

$$w_g = w_t + 0.5\,p_w,\qquad(44)$$

da die spezifische Wärme des Eises 0.504 ist.

Beim Auftauen des gefrorenen Bodens wird die Wärmemenge $80\,p_w$ gcal pro cm³ latent verbunden.

Sei der Bodenfrost zur Zeit t_1 in einer Bodenschicht 0 bis x zur Tiefe x_1 gelangt und zur Zeit x_2 bis zur Tiefe x_2, wo $x_2 < x$, vorgeschritten. Dabei wird beim Frieren der Schicht $x_2 - x_1$ die Wärmemenge

$$L = 80\,p_w\,(x_2 - x_1)\qquad(45)$$

frei. In der ganzen Schicht 0 bis x wird im ganzen die Wärmemenge

$$L + W_0 = \int_0^{x_1} w\,(u_{12} - u_{11})\,dx + \int_{x_1}^{x_2} w_{fg}\,(u_{g2} - u_{g1})\,dx + \int_{x_2}^{x} w_f\,(u_{22} - u_{21})\,dx \qquad(46)$$

aufgespeichert. Hier bedeuten w_f, w_{fg}, w_g die Volumkapazitäten der ungefrorenen, einfrierenden und gefrorenen Schichten und u_{11}, u_{12}, u_{g1}, u_{g2}, u_{21}, u_{22} die mittleren Temperaturen dieser drei Schichten zu den Zeiten t_1 und t_2. Zur Volumkapazität w_{fg} der einfrierenden Schicht kann man gewöhnlich ohne einen nennenswerten Fehler das arithmetische Mittel der Volumkapazitäten der Schicht in ungefrorenem und gefrorenem

---

[1] KERÄNEN, J.: Über die Temperatur des Bodens und der Schneedecke in Sodankylä. L. c. 134 u. f.

Zustand nehmen. In einem verhältnismäßig trockenem Boden mit geringem Wassergehalt genügt ein solches Verfahren, daß die gefrorene Schicht direkt zu einer Tiefe berechnet wird, wo mit x_g ein nach den Temperaturbeobachtungen ausgewerteter Näherungswert der einfrierenden Schicht angegeben wird. Somit kann man näherungsweise den Ausdruck

$$W_0 = W - L \tag{47}$$

nehmen, wenn mit

$$W = \int_0^{x_g} w_g \,(u_{12} - u_{11})\, dx + \int_x^{x} w_f \,(u_{22} - u_{21})\, dx \tag{48}$$

die der Schicht entzogene Wärmemenge bedeutet und u_{11}, u_{12}, u_{21}, u_{22} die mittleren Temperaturen der Schicht dx in den Lagen o bis x_g und x_g bis x zu den Zeiten T_1 und T_2 sind.

Nach den Gleichungen (45), (47) und (48) kann man den Wärmegehalt in einem Boden mit teilweisem Frost berechnen.

7. Temperaturintegral.

Bei den Bestimmungen des Wärmegehaltes und Wärmeaustausches im Boden ist die Temperaturverteilung ziemlich genau, wenigstens deren Durchschnittswerte, bekannt. Dagegen kennt man die Veränderungen der Wärmekapazität im allgemeinen nicht, und deshalb werden die Berechnungen des Wärmehaushaltes ziemlich unsicher. Um sich von der Unsicherheit der Wärmekapazität in den Bodentemperaturuntersuchungen zu befreien, hat Kühl[1] den Begriff des *Temperaturintegrals* eingeführt.

In Anlehnung zu der oben behandelten Theorie von Bezold bildet Kühl eine Größe aus den Temperaturen der einzelnen Bodenschichten durch die Integration

$$\int_{x_1}^{x_2} u\, dx \;.$$

Statt der Temperatur selbst nimmt man hier lieber ihre Abweichungen von dem Mittelwert u_0, also $s = u - u_c$. Nun werden die Abweichungen s mit wachsender Tiefe sehr bald unendlich klein und deshalb erhält das Integral

$$V = \int_0^{\infty} s\, dx \tag{49}$$

im Erdboden einen endlichen Wert, der von der Wahl der Tiefeneinheit und Temperaturskala abhängt. Das Integral V bedeutet bekanntlich das Flächenareal unterhalb der Linie $x = o$ zwischen der Tautochrone der Bodentemperatur und der Abszissenachse. Physikalisch gibt es

---

[1] Kühl, W.: Der jährliche Gang der Bodentemperatur in verschiedenen Klimaten. L. c. 502 u. f.

die Mitteltemperatur einer Schicht von der Tiefeneinheit, die bei konstanter Volumkapazität dieselbe Wärmeabweichung hätte, die zur betreffenden Zeit der gesamte Boden aufweist.

Am einfachsten bestimmt man den Wert des Temperaturintegrals graphisch nach der vorigen Definition. Wertet man die ganze Fläche zwischen den Tautochronen aus, die die Höchst- und Niedrigstwerte von V einschließen, erhält man die ganze Schwankung ΔV des Temperaturintegrals entsprechend dem Wärmeaustausche ΔW im vorigen Kapitel. Dabei macht die Tatsache Schwierigkeiten, daß die Tautochronen oft und insbesondere im täglichen Temperaturfelde nicht ganz senkrecht stehen, wie die Theorie von BEZOLD bei diesem Falle fordert.

In solchen Fällen, wenn die Anwendung der graphischen Methode unmöglich wird, kann man das Temperaturintgeral analytisch auswerten.

Dann nimmt man den Temperaturverlauf in der oben erörterten Reihenform

$$s_x = \sum_{m=1}^{\infty} A_{mo}\, e^{-x\sqrt{\frac{m\pi}{KT}}} \sin\left(B_{mo} - x\sqrt{\frac{m\pi}{KT}} + m\omega t\right). \tag{50}$$

Die Integration der Gleichung (49) ergibt dann

$$V = \sqrt{K}\,\sum_{m=1}^{\infty} \frac{A_{mo}}{\sqrt{m\omega}} \sin\left(B_{mo} - x\frac{\pi}{4} + m\omega t\right), \tag{51}$$

oder in der doppelgliedrigen Form

$$V = \sum_{m=1}^{\infty} (p_{mo}\cos m\omega t + q_{mo}\sin m\omega t), \tag{52}$$

wo

$$\left.\begin{aligned} p_{mo} &= \frac{A_{mo}\sqrt{K}}{\sqrt{m\omega}}\,\sin\left(B_{mo} - \frac{\pi}{4}\right) \\ q_{mo} &= \frac{A_{mo}\sqrt{K}}{\sqrt{m\omega}}\,\cos\left(B_{mo} - \frac{\pi}{4}\right) \\ \omega &= \frac{2\pi}{T} \end{aligned}\right\} \tag{53}$$

Nach den Gleichungen (51) bis (53) kann man das Temperaturintegral aus den Werten der einzelnen Schichten mit der erforderlichen Genauigkeit zusammensetzen. Dieses Verfahren ist insbesondere dann zu empfehlen, wenn der Boden aus verschiedenartigen Schichten besteht.

Wenn die mittels der Gleichungen (26) berechneten Werte der Temperaturleitungskoeffizienten nach den Amplituden $K_{m\alpha}$ und nach den Phasenzeiten $K_{m\beta}$ voneinander abweichen, so kann man deren Mittelwert

$$K_m = \frac{K_{m\alpha} + K_{m\beta}}{2}$$

nehmen, und man erreicht dadurch für die einzelnen Bodenschichten eine hinreichende Genauigkeit. Jedenfalls verbürgt dieses Verfahren eine Genauigkeit, die unterhalb der systematischen Fehler des Beobachtungsmateriales gehen. Bisweilen ist es am vorteilhaftesten, die Werte der Temperaturleitfähigkeit sogar nach der Methode der kleinsten Quadrate aus allen brauchbaren Beobachtungstiefen zu berechnen. Wenn man sich dagegen ein vollständiges Bild vom Verhalten des Bodens in allen Tiefen schaffen will, so empfiehlt es sich die Berechnungen für die einzelnen Schichten gesondert auszuführen. In dieser Weise findet man neben der Verschiedenheiten der Bodenkonstruktion sogar Fehler in den Temperaturbeobachtungen.

Aus dem Temperaturintegral erhält man sehr leicht mit der Hinzunahme der Volumkapazität w des Bodens den Wärmegehalt W und Wärmeaustausch ΔW. Unter der Annahme der konstanten Volumkapazität hat man folgende Relationen für die Bestimmung des Wärmegehaltes und Wärmeaustausches

$$\left.\begin{aligned} W &= w \cdot V \\ \Delta W &= w \cdot \Delta V \end{aligned}\right\} \tag{54}$$

Beim Übergang von den Reihen des Temperaturintegrals zu denselben des Wärmehaushaltes bleiben die Phasenwinkel der einzelnen Glieder ungeändert, aber die Amplituden müssen mit w multipliziert werden.

Wenn im Boden eine Frosterscheinung mitspielt, wird dieser einfache Zusammenhang zwischen Temperaturintegral V und Wärmegehalt W zerstört.

Falls in der in Frage stehenden Bodenschicht die Wassermenge F einfriert, so erhält man hier die Gleichungen

$$\left.\begin{aligned} W &= w\,V - 80\,F \\ \Delta W &= w \cdot \Delta V - 80\,F \end{aligned}\right\} \tag{55}$$

Ist das Temperaturintegral als Funktion der Zeit in obiger Weise dargestellt, wäre es am zweckmäßigsten auch F als eine gleichartige Funktion auszuwerten. Dadurch erhält man leicht analytische Ausdrücke für W und ΔW auch in diesem Falle.

Bei der graphischen Ableitung der Schwankung ΔV des Temperaturintegrales sind die extremen Stellen von V zu suchen und aus ihrer Differenz berechnet man leicht ΔV.

Da der aus einer längeren Beboachtungsreihe berechnete Temperaturverlauf im allgemeinen, wie schon oben erörtert worden ist, einen einfachen Verlauf hat, so genügt oft das erste periodische Glied zum Charakterisieren der durchschnittlichen Verhältnisse. In jedem einzelnen Falle muß man doch zeigen, ob ein solches Verfahren zulässig ist.

8. Die Auswertung des Wärmeaustausches und Temperaturintegrals.

Wenn man die Größen des Wärmeaustausches oder des Temperaturintegrales nach der dargestellten Methode berechnen will, so muß man den Temperaturverlauf bis zu der Tiefe kennen, in der die Schwankungen unmerklich werden. Außerdem muß die Volumkapazität bekannt sein.

Wenn die Frage der täglichen Periode gilt, so reichen die Beobachtungen bis zu der verlangten Tiefe, die bekanntlich höchstens ein bißchen über 1 m ausmacht. Im jährlichen Temperaturfelde dringt die Schwankung unter der Voraussetzung der konstanten Bodenkonstanten für Temperaturleitung nach der Gleichung (21) bis zur Tiefe von etwa 20 m. Da der gewöhnliche Boden oft mit Grundwasser schon ziemlich nahe der Oberfläche genäßt ist, ist die Tiefe der Grenze der jährlichen Temperaturschwankung öfters bedeutend kleiner. Jedenfalls umfassen die direkten Temperaturbeobachtungen gewöhnlich nur die obersten Schichten bis zur Tiefe von einigen Metern.

Will man also den jährlichen Wärmeaustausch oder das Temperaturintegral im ganzen in einem solchen Falle auswerten, wenn die Beobachtungen nicht hinreichend tief gehen, so muß man eine Interpolation ausführen. Im vorigen sind schon Beispiele (S. 235) von einer solchen Interpolation erwähnt, nämlich die Bestimmung der unteren Grenze der jährlichen Temperaturschwankung durch die Abnahme der Amplitude des ganzjährigen Gliedes in der trigonometrischen Reihe des Temperaturverlaufes. Dies ist unter der Annahme der Homogenität des Bodens ausgeführt worden.

SCHUBERT[1] hat bei seinen Berechnungen des Wärmeaustausches eine andere Methode benutzt. Man berechnet in gewöhnlicher Weise den Zuwachs der Energie E in der Schicht o bis x nach der Gleichung (39) und fügt die Wärmeströmung Q während des betrachteten Zeitraumes durch die untere Grenzfläche der Schicht in der Tiefe x. In diesem Falle wird für den Wärmegehalt der Ausdruck

$$W = \int\limits_{o}^{x} w\, u\, dx - \int\limits_{o}^{t} k\, \frac{\partial u}{\partial x}\, dt + \text{Konst.}$$

Man erhält den jährlichen Wärmeaustausch als eine Differenz zwischen den Höchst- und Kleinstwerten des Wärmegehaltes W. Hier ist man gewöhnlich genötigt, den Temperaturgradienten $\frac{\partial u}{\partial x}$ und die Wärmeleitfähigkeit k für größere Tiefen durch Schätzung auszuwerten.

Täglicher Wärmeaustausch. Im täglichen Gange der Wärmeenergie im Erdboden ist am einfachsten als Ausgangspunkt das Tagesmittel zu nehmen. Zuerst werden hier die Ergebnisse der Beobachtungen auf zwei Stellen in Eberswalde' (Breite $52^{\circ}\,50'$ N., Länge $13^{\circ}\,50'$ E. v. Greenw.) angeführt. Der Boden bestand aus Sand, oben mit Humus gemischt. Die Beobachtungsreihe ist den 16.—30. Juni 1879 ausgeführt worden.

---

[1] SCHUBERT, J.: Der jährliche Gang der Luft- und Bodentemperatur im Freien und in Waldungen und der Wärmeaustausch im Erdboden. L. c. 37 u. f.

Täglicher Wärmehaushalt des Sandbodens, gcal pro cm².

	0	2	4	6	8	10	12	14	16	18	20	22	24ʰ
Feld													
Abweich.	—7.2	—18.6	—25.6	—28.5	—25.4	—5.9	10.8	26.8	32.8	23.8	13.5	3.5	—7.2
Änderung	—11.4	—7.0	—2.9	3.1	19.5	16.7	16.0	6.0	—9.0	—10.3	—10.0	—10.7	
Kiefernwald													
Abweich.	—0.7	—6.4	—9.8	—12.0	—10.0	—2.9	2.4	9.1	11.5	9.9	5.8	3.1	—0.7
Änderung	—5.7	—3.4	—2.2	2.0	7.1	5.3	6.7	2.4	—1.6	—4.1	—2.7	—3.8.	

Aus diesen Zahlen liest man die charakteristischen Eigenschaften des täglichen Wärmeganges im Sandboden und sieht den Einfluß des Waldes darauf.

Aus den Beobachtungen von HOMÉN im südlichen Finnland den 10.—17. August 1895 (Breite 60° 17′ N., Länge 23° 40′ E. v. Greenw.) hat SCHUBERT folgende Werte für den täglichen Wärmegehalt berechnet.

Täglicher Wärmegehalt in Abweichungen vom Tagesmittel in verschiedenen Bodenarten, gcal pro cm².

	0	2	4	6	8	10	12	14	16	18	20	22	24ʰ
Granit	0	—25	—45	—61	—61	—34	3	36	57	64	45	23	0
Sandboden	—9	—19	—31	—35	—24	—6	14	31	30	30	16	4	—9
Moorwiese	—3	—8	—15	—16	—10	—2	5	11	13	12	9	3	—3

Zuletzt wird hier eine Zusammenstellung über den täglichen Wärmeaustausch nach den wichtigsten Bestimmungen gegeben.

Täglicher Wärmeaustausch in gcal pro cm².

Moorwald (HOMÉN) 15
Moorwiese (HOMÉN) . . . . 33— 43
Kiefernwald, Sandboden (SCHUBERT) 24
„   „   (HOMÉN) 21
Sandboden mit Gras (SCHUBERT) 62
„   „   „   (HOMÉN) 67
„   „   „   (SCHREIBER) 52
Nackter Sandboden, Hochsommer (KERÄNEN) . . . . 95—105
„   „   , Herbst (KERÄNEN) . . . . 27— 42
Granit (HOMÉN) 128

Aus den Zahlen der beistehenden Tabelle erhellt deutlich die dämpfende Einwirkung des Waldes auf den Wärmeaustausch im Boden, da der tägliche Austausch im Waldboden nur rund ein Drittel von demselben im Freien unter einer Grasdecke betrug. Im nackten Sandboden ist der Austausch größer als unter der Grasbedeckung, wie man nach den Temperaturschwankungen schon von vornherein schließen kann. In dieser Hinsicht sind die Angaben von KERÄNEN aus Sodankylä (Breite 67° 21′ N., Länge 29° 36′ E. v. Greenw.) charakteristisch. Man sieht in dem letzten Orte sehr deutlich den Einfluß der Jahreszeiten.

Im Moore wird auf der feuchten Oberfläche viel Wärme zur Verdunstung verbraucht, und deshalb ist die ganze Erscheinung im Boden sehr gedämpft. Wegen der großen Volumkapazität, 0.80—0.95, wird die Wärme im täglichen Felde schon in den obersten Bodenschichten aufgespeichert und somit umfaßt der Wärmeaustausch nur kleinere Bodenmassen. Im ganzen wird die Schwankung dort verhältnismäßig schwach.

Nach den Beobachtungen von Homén hat Hann[1] für den täglichen Wärmeaustausch folgende trigonometrische Gleichungen berechnet ($x = 0$ für 13 Uhr):

$$\text{Granit:} \qquad 32.0 \sin(282.5^0 + x) + 8.8 \sin(131.6^0 + 2x)$$
$$\text{Sandheide:} \quad 17.0 \sin(302.8^0 + x) + 5.0 \sin(172.3^0 + 2x)$$
$$\text{Moorwiese:} \quad 9.2 \sin(299.4^0 + x) + 0.7 \sin(110.4^0 + 2x)$$

Ausschlaggebend ist hier die Veränderlichkeit der Amplituden in verschiedenen Bodenarten. Bemerkenswert ist auch der oben, im täglichen Temperaturgange schon besprochene Umstand, daß im Granit die Phase der ganztägigen Welle mehr als eine Stunde verspätet als in den anderen Bodenarten, Sandheide und Moorwiese, ist.

Jährlicher Wärmeaustausch. Nach Schubert[2] erhält man folgende Werte für den Wärmegehalt und Wärmeaustausch des Sandbodens in Eberswalde. Zuerst wird die Wärmemenge als Differenz vom Jahresdurchschnitt am Anfang jedes Monates gegeben und daraus erhält man direkt die Änderung der Bodenwärme während der einzelnen Monate.

Jährlicher Wärmehaushalt des Sandbodens, gcal pro cm².

	Jan.	Febr.	März	April	Mai	Juni	Juli	Aug.	Sept.	Okt.	Nov.	Dez.	
Feld													
Abweich.	—400	—700	—866	—875	—522	—24	445	790	937	804	418	—7	—400
Änderung	—300	—166	—6	353	498	469	345	147	—133	—386	—425	—393	
Kiefernwald													
Abweich.	—205	—437	—577	—618	—449	—155	201	478	643	627	395	97	—205
Änderung	—232	—140	—41	169	294	356	277	165	—16	—232	—298	—302	

Aus diesen Zahlen erhellt, daß die Bodenwärme am kleinsten am Anfang April, und am höchsten am Anfang September ist. Die größte Wärmezufuhr auf einer freien Feldstelle mit Grasbedeckung trifft im Mai und die stärkste Wärmeabgabe im November ein. In einem Waldboden wird die Wärmeströmung verzögert, so daß die Zeiten der größten Zufuhr und der größten Abgabe im Juni und im Dezember sind. Für die angenäherte Größe des Wärmeaustausches ergibt sich

im Felde 1850 gcal pro cm²
im Walde 1290 gcal pro cm²

Diese Zahlen stellen doch nicht die ganze Energiezunahme des Sommers dar, da ein Teil der Wärmeeinnahme bei der Verdunstung des Wassers in der obersten Bodenschicht verloren geht.

Im folgenden werden noch mehrere Angaben über den jährlichen Wärmeaustausch gegeben.

---

[1] Hann-Süring, Lehrbuch der Meteorologie. L. c. 50, 1926.
[2] Schubert, J.: Der jährliche Gang der Luft- und Bodentemperatur usw. L. c. 43.

Temperaturintegral und Wärmeaustausch in verschiedenen Klimaten. Aus der Untersuchung von Kühl[1] ist folgende Zusammenstellung gemacht worden, die die Schwankungen des Temperaturintegrals und des Wärmeganges im Erdboden auf verschiedenen Breiten der Erde gibt.

Jährliche Schwankungen des Temperaturintegrals und des Wärmegehaltes nach Kühl.

Ort	Breite	Länge	Bodenart	Volumkapazität	$\varDelta V$	$\varDelta W$ gcal cm²
Mustiala	60.8⁰ N	23.8 E	Sand mit Gras	0.4	2249	1360
Pawlowsk	59.9 „	30.3 „	Sand unten Lehm, nackt	0.5		2800
Upsala	59.9 „	16.8	Sandiger Ton, Gras	0.5	3746	2270
Edinburg	56.0 „	3.2 W	Trapp	0.53	2249	1188
„	56.0 „	3.2 „	Sand	0.4	2950	1180
„	56.0 „	3.2 „	Sandstein	0.46	3650	1680
Königsberg	55.7 „	20.5 E	Sand und Ton	0.5	4517	2260
Potsdam	52.5 „	13.3 „	Sand, nackt	0.4	5470	2190
Oxford	51.9 „	1.3 W		0.4	3400	1360
Greenwich	51.5 „	0.0	Sand, tiefer mit Flint	0.4	4050	1600
Paris	48.8 „	2.2 E	Sandboden	0.4	4050	1600
Wien	48.2 „	16.3 „	Kalkreicher Löß	0.4	4250	1700
München	48.1 „	11.8 „	Lehm unten Kies	0.4	3760	1500
Nukuss	42.5 „	59.6 „	Lehmiger Sand	0.3	5000	1500
Tiflis	41.7 „	44.8 „	Sand und Geröll	0.5	3400	2500
Lissabon	38.7 „	9.0 W	Ton	0.5	3400	1700
Tokio	35.7 „	139.8 E		0.5	3300	1650
Nagoya	35.2 „	136.9 „	Lehmiger Sand	0.4	4300	1720
Lahore	31.6 „	74.3 „	„	0.35	4300	1600
Jaipur	26.9 „	75.8 „	Sandboden	0.3	4600	1400
Allahabad	25.4 „	81.9 „	Sandiger Lehm	0.35	2900	1010
Tacubaya	19.4 „	99.1 W		0.5?	620	300
Trevandrum	8.5 S.	77.0 E	Laterit	0.5	852	426
Sydney	33.9 „	151.2 „	Lehm unten Eisensandstein	0.5	3900	1900
Melbourne	37.8 „	145.0 „	Kies, nackt	0.4	3700	1500

Man sieht aus dieser Tabelle, daß der Wärmeaustausch am größten in höheren Breiten im Sandboden ist. Der höchste Wert der Tabelle, 2800 gcal in Pawlowsk, stammt von einem nackten Sandboden aus. Von der Art der Bodenbedeckung fehlen manchmal nähere Angaben und deshalb kann man sich kein sicheres Bild über die Änderung des Wärmeaustausches schaffen. Auch ist am meisten die Volumkapazität nur schätzungsweise ausgewertet und dadurch wird die Unsicherheit der Endergebnisse ziemlich groß.

Kühl hat auch den Einfluß des Waldes auf das Temperaturintegral und den Wärmeaustausch untersucht und hat gefunden, daß diese Größen von dem Werte des Freien an Preußischen Forststationen für

---

[1] Kühl, W.: L. c.

Buchenwald 80, Fichtenwald 90 und Kiefernwald 75% betrugen. In den Beobachtungen von Mustiala wurde ein offenes, mit Gras bewachsenes Sandfeld zur Einheit gewählt und dann machte der Wärmeaustausch in einer Lichtung des Fichtenwaldes 84, im Fichtenwalde 60 und Birkenwalde 69%. Da hier die Mächtigkeit des Waldes eine große Rolle bei der Schwächung der Strahlungsverhältnisse spielt, so kann man diesen Angaben nur eine örtliche Bedeutung geben.

KÜHL hat gewisse Verschiedenheiten in den einzelnen Gliedern der trigonometrischen Reihe des Temperaturintegrals gefunden. In einigen Fällen wirkt dabei die Kontinentalität des Klimas, in anderen wieder die geographische Breite des Ortes ein.

V. Der Einfluß der Bodenbedeckung auf die Temperatur und den Wärmehaushalt in den oberen Bodenschichten.

Im vorhergehenden ist schon mehrmals die allgemeine Einwirkung der Bodenbedeckung auf die Bodentemperatur und den Wärmehaushalt besprochen und durch Beispiele erläutert worden. Da auch heutzutage die Temperaturbeobachtungen an einigen Stationen unter einer nackten Oberfläche und an anderen dagegen unter der Pflanzendecke im Sommer und sogar unter der Schneedecke im Winter ausgeführt werden, so verdient die Einwirkung der Bodenbedeckung eine ausführlichere Behandlung. Glücklicherweise ist von diesem Gegenstande der Aufsatz von LUBOSLAWSKY[1] vorhanden und daraus werden im folgenden die wichtigsten Resultate mit einigen Ergänzungen angeführt.

Aus dem Forstwissenschaftlichen Institute von St. Petersburg gibt es zwei parallele Serien der Temperaturbeobachtungen, die eine unter einer nackten Oberfläche im Sandboden eingerichtet, die andere im gleichen Boden, wo im Sommer eine Grasdecke mit gemischter Vegetation und im Winter eine natürliche Schneedecke sich befand. Störend wirkt hier, wie später gezeigt wird, das Grundwasser ein, dessen Oberfläche durchschnittlich 141 cm tief unter der Erdoberfläche liegt, am höchsten 104 cm tief im Mai und am tiefsten 181 cm im März.

Die mittleren Schneeverhältnisse werden durch folgende Zahlen charakterisiert.

	Okt.	Nov.	Dez.	Jan.	Febr.	März	April	Ganze Schneezeit
Schneehöhe, cm	3.5	7.7	21.0	37.4	55.3	60.7	36.3	31.7
Dichte der Schneedecke	0.133	0.123	0.165	0.200	0.215	0.244	0.309	0.180
Schneetage . .	3.0	13.6	28.9	31.0	28.1	31.0	21.7	158.2

[1] LUBOSLAWSKY, G.: Der Einfluß der Bodendecke auf die Temperatur und Wärmeaustausch in den obersten Bodenschichten. L. c.

Zuerst werden in der folgenden Zusammenstellung die 15jährigen Mittelwerte der Temperaturen in verschiedenen Tiefen im bedeckten Boden sowie deren Differenzen von den gleichzeitigen Werten unter der nackten Oberfläche aufgeführt.

Bodentemperatur unter der bedeckten Oberfläche und deren Differenz von der Temperatur unter der nackten Oberfläche.

	0—2 cm		5 cm		10 cm		20 cm	
	Temp.	Diff.	Temp.	Diff.	Temp.	Diff.	Temp.	Diff.
Januar	−1.47°	6.56°	−0.73°		−0.40°	6.94°	0.01°	6.09°
Februar	−1.65	7.16	−1.21		−1.02	6.98	−0.57	6.36
März	−1.23	3.50	−0.99		−0.88	3.58	−0.63	3.09
April	1.84	−1.97	0.91		0.94	−2.02	0.77	−1.46
Mai	11.83	−2.21	10.30		9.80	−2.31	8.91	−2.26
Juni.	16.19	−4.27	15.32		14.39	−3.37	13.21	−3.91
Juli	17.10	−3.75	16.65		16.32	−2.91	15.40	−3.60
August	14.09	−1.02	14.18		14.11	−0.96	13.85	−1.45
September. . .	8.85	0.03	9.16		9.29	0.34	9.48	0.17
Oktober. . . .	4.62	0.73	5.04		5.29	0.46	5.66	0.75
November. . .	0.11	1.68	1.01		1.32	1.95	1.93	1.34
Dezember . . .	−1.81	4.70	−0.63		−0.19	5.40	0.35	4.32
Jahr.	5.71	0.93	5.75		5.75	1.17	5.70	0.79
Dezember-März	−1.54	5.48	−0.89		−0.62	5.72	−0.21	4.96
Mai-August . .	14.80	−2.81	14.11		13.66	−2.39	12.84	−2.80

	40 cm		80 cm		160 cm	
	Temp.	Diff.	Temp.	Diff.	Temp.	Diff.
Januar	0.81	4.99	2.11	3.30	3.44	1.19
Februar	0.25	5.44	1.59	3.91	2.97	1.62
März	0.09	3.02	1.24	2.81	2.55	1.68
April	0.87	−0.13	1.39	1.18	2.27	1.41
Mai	7.79	−1.27	6.20	0.03	4.55	0.46
Juni.	11.88	−3.41	9.94	−2.23	7.77	−0.55
Juli	14.26	−3.25	12.42	−2.45	9.98	−0.78
August	13.47	−1.35	12.55	−1.23	10.96	−0.40
September. . .	9.83	0.14	10.05	0.03	10.03	−0.09
Oktober. . . .	6.37	0.65	7.29	0.44	8.20	0.18
November. . .	2.87	0.90	4.46	0.68	5.99	0.03
Dezember . . .	1.32	3.19	2.90	2.00	4.37	0.46
Jahr.	5.82	0.74	6.01	0.70	6.09	0.43
Dezember-März	0.62	4.16	1.96	2.50	3.33	1.24
Mai-August . .	11.85	−2.32	10.28	−1.47	8.32	−0.32

Man sieht, daß die schützende Einwirkung der Schneedecke vor der Kälte im Winter in der obersten Bodenschicht, 0—10 cm, doppelt so groß ist als die abkühlende Einwirkung der Grasdecke im Sommer. Dadurch wird das Jahresmittel der obersten Bodenschichten bedeutend wärmer, in der Schicht 0—10 cm um 1° C, unter der natürlichen Oberfläche als unter der nackten Fläche. Das Jahresmittel wächst unter der Bedeckung in der Bodenschicht bis 160 cm tief nur 0.4°, aber unter der ungeschützten Fläche viel mehr, 0.9°.

Von größter Wichtigkeit ist hier die Einwirkung der Bedeckung auf den Wärmehaushalt des Bodens klarzulegen. Nach der früher erörterten Theorie von BEZOLD hat LUBOSLAWSKY den durchschnittlichen Wärmeverlauf berechnet. Die spezifische Wärme des Bodens wurde in mehreren Schichten kalorimetrisch bestimmt. Da man auch die Feuchtigkeitsverhältnisse des Bodens durch zahlreiche Messungen in allen gemessenen Schichten kannte, erhält man hier mehr zuverlässige Resultate für die Wärmebewegung als in den früher erwähnten Fällen.

Aus allen bekannten Angaben rechnete LUBOSLAWSKY nach der Methode der kleinsten Quadrate folgende lineare Gleichungen für die Änderung der Amplitude der ganzjährigen Temperaturschwankung mit der Tiefe x:

$$\log A_x = 1.2400 - 0.2072\,x \text{ im bedeckten Boden},$$
$$\log A'_x = 1.4691 - 0.2885\,x \text{ im nackten Boden}.$$

Unter der Annahme, daß diese Gleichungen auch in den tieferen Bodenschichten gültig sind, erhält man aus diesen beiden Gleichungen diejenigen Tiefen, wo die Einwirkung der Bodenbedeckung und die jährliche Temperaturschwankung verschwinden.

Der Einfluß der Bodenbedeckung verschwindet in der Tiefe von etwa 280 cm, wo die Amplitude der jährlichen Schwankung noch etwa 4.5° beträgt. In der Tiefe von rund 17 m wird die jährliche Temperaturschwankung verschwindend klein.

Nach den obigen Gleichungen wurden dann die Amplituden der Temperaturschwankungen in verschiedenen Tiefen berechnet und aus diesen der jährliche Wärmeaustausch in beiden Fällen abgeleitet. Es ergab sich:

Jährlicher Wärmeaustausch im bedeckten Boden 1823 gcal pro cm²,
Jährlicher Wärmeaustausch im nackten Boden 2348 gcal pro cm².

Durch die schützenden Einwirkungen der Schneedecke im Winter und der Grasdecke im Sommer wird der jährliche Wärmeaustausch mit 525 gcal oder mit 22.3% vom gleichen Werte im nackten Boden vermindert.

Es verdient hier bemerkt zu werden, daß der Wärmeaustausch im bedeckten Boden hier nahezu gleich ist wie der oben erwähnte Wert von SCHUBERT, 1850 gcal für gleichen Boden.

Der Wärmeaustausch verteilte sich in verschiedenen Schichten folgenderweise:

Schicht	Bedeckter Boden	Nackter Boden	Differenz
0—160 cm	957.4	1432.4	475.0 gcal
160—270 „	367.8	417.5	49.7 „
270—1700 „	497.7	497.7	0.0 „

Der größte Teil des Wärmeaustausches vollzieht sich schon in der obersten Tiefenschicht 0—160 cm und in dieser Schicht wird rund 90% von der Einwirkung der Bodenbedeckung ausgeglichen. Nach diesem Umstande kann man schon aus dieser Schicht die charakteristischen Züge der Wärmeschwankung in beiden Fällen sehen.

Der jährliche Gang des Wärmeaustausches erhellt sich aus folgender Zusammenstellung:

Durchschnittlicher Wärmeaustausch im Sandboden in der Schicht 0—160 cm mit und ohne Bedeckung, gcal pro cm².

	Bedeckter Boden	Nackter Boden	Differenz
Dezember—Januar . . .	—48.2	—119.5	71.3
Januar—Februar	—39.5	— 73.6	34.1
Februar—März	—15.6	79.3	— 94.9
März—April	34.4	181.4	—147.0
April—Mai	421.3	510.9	— 89.6
Mai—Juni.	306.1	449.9	—143.8
Juni—Juli.	169.5	174.7	— 5.2
Juli—August	— 14.3	—111.3	97.0
August—September . . .	—212.9	—300.4	87.5
September—Oktober . .	—220.8	—249.4	28.6
Oktober—November . .	—228.5	—249.6	21.1
November—Dezember . .	—120.3	—257.4	137.1
Jahr { Einnahme	931.3	1396.2	+476.7
Jahr { Abgabe	900.1	1361.2	—480.5
November—Februar . . .	—208.0	—450.5	242.5
April—Juli	896.9	1135.5	—238.6
September—November .	—449.3	—499.0	49.7

Im Winter wird der Boden vor der Abkühlung mächtig geschützt, so daß die Abgabe der Wärmeenergie während der kältesten Zeit, November bis Februar, von dem mit Schnee bedeckten Boden nur 46% von derjenigen des nackten Bodens beträgt. Im nackten Boden beginnt die Einnahme der Wärme schon gegen Ende Februar. Im bedeckten Boden verhindert die Schneedecke die Erwärmung des Bodens und das Schmelzen des Schnees von März bis April verbraucht so viel Wärmeenergie, daß der nackte Boden zu dieser Zeit 147 gcal mehr Wärme pro cm² erhält. Nach der Schneeschmelzung ist die Bedeckung des natürlichen Bodens klein und deshalb geschieht dessen Erwärmung auch verhältnismäßig kräftig, von April bis Mai die Wärmezunahme 421.3 gegen 510.9 gcal im nackten Boden. Während der hauptsächlichsten Erwärmungsperiode, April—Juli, erhält der bedeckte Boden 897 gcal, das 79% von der gleichzeitigen Erwärmung des nackten Bodens beträgt. In der Anfangszeit der Vegetationsperiode, oder bei der Zeit der größten Einstrahlung, die mit der kleinsten Bewölkung zusammentrifft, hält die Vegetationsdecke 143.8 gcal oder 32% der dem Boden zufließenden Wärme ab. Im Spätsommer verhindert wieder die Grasdecke bedeutend die Abgabe der Wärme mit 97 gcal, was 87% von der gleichzeitigen Abgabe des nackten Bodens beträgt.

Im Herbst, September bis November, wenn die Grasbedeckung sehr klein ist, verliert der bedeckte Boden durch Ausstrahlung nahezu ebensoviel Wärme wie der nackte Boden.

Durch eine ganz durchschnittliche Rechnung kann man sich hierbei noch eine Auffassung über die Größe der Wärmemengen während der Schmelzzeit der Schneedecke und des Auftauens des Bodenfrostes, von Mitte März bis Mitte Mai, schaffen.

In dem natürlichen Zustande war der Boden mit einer Schneedecke von 60.7 cm Höhe und von der Dichte 0.244 bedeckt. Der Boden war bis zur Tiefe von 38 cm gefroren. Der mittlere Wassergehalt der gefrorenen Schicht betrug gegen Mitte März 30.8 Volumprozente. In diesem Falle wird der Wärmehaushalt folgenderweise ausfallen:

$$\begin{array}{ll}
\text{Zur Erwärmung der Schneedecke} & \text{20 gcal pro cm}^2 \\
\text{Zur Schmelzung der Schneedecke.} & \text{1184 „ „ „} \\
\text{Zum Auftauen des Bodenfrostes.} & \text{936 „ „ „} \\
\text{Zur Erwärmung des Bodens . . .} & \text{456 „ „ „} \\
\hline
& \text{Summe 2596 gcal pro cm}^2
\end{array}$$

Im nackten Boden war der Bodenfrost bis zur Tiefe von 131 cm gegangen und der mittlere Wassergehalt dieser Schicht betrug rund 18.7 Volumprozente. Die einströmende Wärme verteilt sich hier:

$$\begin{array}{ll}
\text{Zum Auftauen des Bodenfrostes} & \text{1960 gcal pro cm}^2 \\
\text{Zur Erwärmung des Bodens . .} & \text{691 „ „ „} \\
\hline
& \text{Summe 2651 gcal pro cm}^2
\end{array}$$

Im Endzustande, in der Mitte Mai, war der bedeckte Boden bis zur Tiefe von 160 cm 0.54° kälter als der nackte Boden. Die Erwärmung dieser Schicht mit der Volumkapazität 0.57 zu der gleichen Temperatur wie im nackten Boden fordert rund 50 gcal pro cm². Mit Berücksichtigung dieser Wärme würde die ganze Wärmesumme im bedeckten Boden im Falle der Gleichheit der Temperatur des nackten Bodens 2646 gcal sein, was nur 5 gcal kleiner als die entsprechende Wärmesumme im nackten Boden ist.

Bei der obigen Rechnung ist die Rolle solcher Wärmeenergien außer acht geblieben, die zur Reflexion von der Oberfläche und zur Verdunstung des Wassers in der obersten Bodenschicht verlorengehen. Die angeführten Zahlen zeigen deutlich, daß im Frühjahr in kälteren Klimaten sehr viel Wärmeenergie zur Schmelzung der Schneedecke und zum Auftauen des Bodenfrostes verbraucht werden.

Die Bewegung der Wärme im Erdboden. LUBOSLAWSKY hat auch den jährlichen Verlauf der Wärmebewegung für jede 10 cm bis zur Tiefe von 160 cm berechnet. Mit der Wärmebewegung wird hier diejenige Wärmemenge in gcal verstanden, die zur gemessenen Temperaturänderung in der Volumeinheit des Bodens in cm³ verbraucht worden ist.

Die Resultate der Berechnungen stehen in der folgenden Zusammenstellung.

Die mittlere Wärmeströmung im bedeckten Sandboden, gcal pro cm³.

Tiefe	Dez.-Januar	Januar-Februar	Febr.-März	März-April	April-Mai	Mai-Juni	Juni-Juli	Juli-August	August-Sept.	Sept.-Oktober	Okt.-Nov.	Nov.-Dez.	Amplitude
0	0.23	−0.11	0.24	2.02	6.76	3.26	0.52	−1.97	−3.88	−3.11	−3.00	−1.19	10.64
10	−0.12	−0.34	0.08	1.08	5.18	2.41	0.98	−1.20	−2.86	−2.38	−2.28	−0.87	8.04
20	−0.18	−0.30	−0.03	0.74	4.05	1.91	0.96	−0.67	−1.97	−1.71	−1.81	−0.85	6.02
30	−0.20	−0.24	−0.06	0.48	3.35	1.69	0.93	−0.47	−1.64	−1.51	−1.58	−0.73	4.99
40	−0.20	−0.23	−0.06	0.31	2.70	1.49	0.88	−0.29	−1.35	−1.31	−1.33	−0.59	4.05
50	−0.23	−0.21	−0.08	0.21	2.41	1.45	0.88	−0.18	−1.22	−1.21	−1.22	−0.59	3.63
60	−0.24	−0.20	−0.09	0.13	2.14	1.40	0.88	−0.08	−1.08	−1.12	−1.12	−0.57	3.26
70	−0.26	−0.21	−0.09	0.08	2.10	1.48	0.90	0.00	−1.06	−1.08	−1.09	−0.57	3.19
80	−0.27	−0.18	−0.09	0.06	2.02	1.57	0.94	0.05	−1.02	−1.05	−1.08	−0.57	3.10
90	−0.30	−0.23	−0.10	0.04	2.11	1.82	1.05	0.11	−0.98	−1.09	−1.17	−0.63	3.28
100	−0.32	−0.24	−0.11	0.04	2.15	2.05	1.15	0.17	−0.93	−1.13	−1.27	−0.70	3.42
110	−0.36	−0.27	−0.12	0.02	2.13	2.35	1.35	0.28	−1.03	−1.25	−1.37	−0.84	3.72
120	−0.42	−0.29	−0.14	0.00	1.94	2.64	1.54	0.40	−1.08	−1.36	−1.48	−0.98	4.12
130	−0.48	−0.30	−0.16	−0.03	1.74	2.59	1.72	0.53	−1.03	−1.46	−1.58	−1.13	4.17
140	−0.52	−0.30	−0.18	−0.05	1.62	2.54	1.70	0.60	−0.91	−1.53	−1.67	−1.19	4.21
150	−0.57	−0.29	−0.20	−0.10	1.51	2.49	1.68	0.66	−0.79	−1.45	−1.66	−1.20	4.15
160	−0.61	−0.26	−0.22	−0.15	1.42	2.42	1.66	0.74	−0.70	−1.38	−1.66	−1.22	4.08

Es verdient hier hervorzuheben, daß wegen der Nähe des Grundwassers und wegen dessen Höhenschwankungen einige besondere Eigentümlichkeiten in den Wärmeströmungen wahrzunehmen sind. In der Tiefenschicht von 60—80 cm, wo der Wassergehalt des Bodens am kleinsten ist, sind auch die Wärmeströmungen und deren Schwankungen am kleinsten.

Im Vorsommer und Spätherbst, wenn der Spiegel des Grundwassers am höchsten ist, findet man eine gewisse Einwirkung des Grundwassers auf den Wärmezustand. Im Vorsommer wird eine Beschleunigung der Wärmezunahme und im Herbst eine Beförderung der Wärmeabgabe in den obersten von Grundwasser befeuchteten Schichten wahrgenommen. Deshalb entsteht auch ein zweiter Höchstwert in der Amplitude der Wärmeströmung in den Tiefen von 120—150 cm. Dies deutet darauf hin, daß das Grundwasser von der Feuchtigkeit von oben auf der Stelle der Beobachtungen gewissermaßen gespeist werde, so daß Wasser von der Oberfläche zum Grundwasser in irgendwelcher Weise herabfließe. Ob das vertikale Rohrsystem mit Beobachtungsthermometern dabei eine besondere Einwirkung mitbringt, kann nach anderen von KERÄNEN angestellten Vergleichsuntersuchungen vermutet werden, wie im folgenden näher besprochen wird.

Die Differenz zwischen den Wärmeströmungen in bedecktem und nacktem Boden erreicht ihre Höchstwerte dreimal jährlich. Im ersten Falle, von März bis April, verhindert die Schneedecke die Erwärmung des darunter liegenden Bodens und deshalb eilt der nackte Boden mit dessen Wärmeeinnahme am längsten voraus. Zweitens am Anfang der

Wärmeabgabe, von Juli bis August, erfolgt die Wärmeausstrahlung während der längeren Nächte unbehindert von der nackten Sandfläche, während die Vegetationsdecke gleichzeitig den anderen Boden vor Abkühlung schützt, und infolgedessen entsteht wieder eine Verspätung in der Wärmeabgabe des bedeckten Bodens. Drittens zur Zeit des Entstehens der dauernden winterlichen Schneedecke wird wieder die Wärmeabgabe des bedeckten Bodens in dem Maße verhindert, daß zu dieser Zeit der zweite und gleichzeitig der größere Höchstwert der nützlichen Einwirkung der Bedeckung entsteht.

Die Wärmeströmung im bedeckten Boden ist in der folgenden Abbildung durch Isoplethen dargestellt. Hier treten deutlich zutage viele interessante Eigenschaften der Wärmeströmung, wie die Zeiten der größten

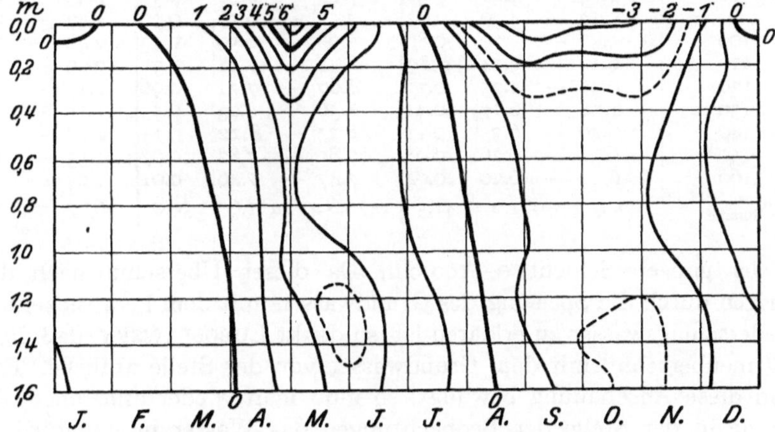

Abb. 10. Durchschnittliche Wärmeströmung im bedeckten Sandboden nach LUBOSLAWSKY, gcal pro cm³.

Erwärmung und Abkühlung des Bodens, sowie die Übergangszeiten von der Abkühlung zur Erwärmung im Frühjahr und in entgegengesetzter Richtung im Spätsommer. Die Schneedecke dämpft die Ausströmung der Wärme so viel im Winter, daß in der obersten Bodenschicht während Dezember bis Januar sogar ein Wärmegleichgewicht herrscht.

Folgende Zusammenstellung gibt dann den jährlichen Wärmeaustausch in den Tiefen aller 10 cm pro cm³.

In diesen Zahlen findet man wieder die eigentümlichen, aus den lokalen Feuchtigkeitsverhältnissen entstandenen Höchstwerte in der Wärmeströmung im Niveau des Grundwassers. Aus demselben Grunde wird die Stelle des zweiten Höchstwertes für Wärmeeinnahme höher als für Wärmeabgabe liegen und außerdem findet man nahezu so tief diejenige Stelle, wo die Wärmeeinnahme am größten über die Wärmeabgabe im jährlichen Austausche geht.

Das Endresultat in der letzten Tabelle zeigt einen Überschuß der Wärmeeinnahme gegen die Wärmeabgabe 41.5 im bedeckten und 59 gcal

Jährlicher Wärmeaustausch in bedecktem und nacktem
Boden und deren Differenz, gcal pro cm³.

Tiefe cm	Bedeckter Boden			Nackter Boden			Differenz	
	Ein-nahme	Ab-gabe	Diffe-renz	Ein-nahme	Ab-gabe	Diffe-renz	Ein-nahme	Ab-gabe
0	13.03	— 13.26	— 0.23	19.21	— 20.05	— 0.84	6.18	— 6.79
10	9.73	— 10.05	— 0.32	15.39	— 15.73	— 0.34	5.66	— 5.68
20	7.66	— 7.52	0.14	12.67	— 12.36	0.31	5.01	— 4.84
30	6.45	— 6.43	0.02	10.48	— 10.45	0.03	4.03	— 4.02
40	5.38	— 5.36	0.02	8.65	— 8.67	— 0.02	3.27	— 3.31
50	4.95	— 4.94	0.01	7.89	— 7.86	0.03	2.94	— 2.92
60	4.55	— 4.50	0.05	7.15	— 7.09	0.06	2.60	— 2.59
70	4.56	— 4.36	0.20	7.12	— 6.81	0.31	2.56	— 2.45
80	4.64	— 4.26	0.38	7.07	— 6.50	0.57	2.43	— 2.24
90	5.13	— 4.50	0.63	7.55	— 6.56	0.99	2.42	— 2.06
100	5.56	— 4.70	0.86	7.98	— 6.59	1.39	2.42	— 1.89
110	6.13	— 5.24	0.89	8.42	— 7.11	1.31	2.29	— 1.87
120	6.52	— 5.75	0.77	8.67	— 7.71	0.96	2.15	— 1.96
130	6.58	— 6.17	0.41	8.56	— 8.03	0.53	1.98	— 1.86
140	6.46	— 6.35	0.11	8.23	— 8.12	0.11	1.77	— 1.77
150	6.34	— 6.26	0.08	7.89	— 7.82	0.07	1.55	— 1.56
160	6.24	— 6.20	0.04	7.47	— 7.46	0.01	1.23	— 1.26
Für ganze Schicht Summe	1002.7	— 961.2	41.5	1470.6	1411.6	59.0	467.7	— 450.4

in der ganzen Schicht 0—160 cm. Da dieser Überschuß nach dem
vorigen durch die Speisung des Grundwassers mit dem herabsickernden
Niederschlagswasser zu erklären ist, so denkt LUBOSLAWSKY, daß dieser
Wärmeüberschuß mit dem Grundwasser von der Stelle abfließe. Falls
man diese Anschauung bewilligt, so muß man wieder annehmen, daß
gerade in der Stelle der Beobachtungen das Wasser in unnatürlicher
Weise herabfließt. Diese Erscheinung wird wieder leicht verständlich,
wenn man das vertikale Rohrsystem der Beobachtungsthermometer
berücksichtigt.

Durch einige vergleichende Untersuchungen über die Beobachtungs-
werte zwischen einfachen Thermometern und denjenigen in solchen
Ebonitrohren wie in der Untersuchung von LUBOSLAWSKY hat KERÄNEN[1]
gezeigt, daß die Thermometer in einem vertikalen Rohrsystem ein
größeres Wärmeleitvermögen aufweisen als einfache Thermometer.
Aus diesem Umstande folgt schon direkt, daß sowohl die Erwärmung
als auch Abkühlung nach den Messungen in Ebonitröhren zu stark sein
müssen, und infolgedessen muß im jährlichen Wärmehaushalte ein Überschuß der Wärmeeinnahme, die eine stärkere Entwicklung zeigt, entstehen. In dieser Weise kann man wenigstens einen Teil des obigen
Wärmeüberschusses erklären.

---

[1] KERÄNEN, J.: Beiträge zur Kenntnis des Frostes im Erdboden. Ann.
Acad. Sc. Fennciae 20, Nr 6, 6—9.

VI. Die Bodenfrosterscheinung.

Im vorhergehenden ist schon mehrmals die Erscheinung des Bodenfrostes vorübergehend im Zusammenhange anderer Fragen erwähnt worden. Da der Bodenfrost in kälteren Klimaten, wo die Temperatur während der kalten Jahreszeit anhaltend einen Zeitraum unter dem Gefrierpunkte bleibt, nahezu alljährlich vorkommt, verdient er eine ausführliche Behandlung. In der wissenschaftlichen Literatur gibt es einige theoretische Untersuchungen über den Bodenfrost.

In den forstwissenschaftlichen, geologischen und landwirtschaftlichen Arbeiten ist viel über die Einwirkungen des Bodenfrostes geschrieben worden, die Erscheinung selbst ist aber gewöhnlich nicht behandelt worden. Zwar hat man bis jetzt sehr wenig direkte Messungen des Bodenfrostes. Aus den Bodentemperaturbeobachtungen der nördlichen Länder findet man doch Material wenigstens zur Erörterung der wichtigsten Züge des Bodenfrostes. Leider gibt es direkte Beobachtungen der Bodentemperatur in kälteren Klimaten nur im Sandboden, und somit kann man die Frosterscheinung mehr eingehend in dieser Erdart näher studieren. Die allgemeinen physikalischen Eigenschaften lernt man jedenfalls schon daraus kennen.

1. Die Rolle der latenten Wärme bei dem Bodenfrost.

Die Existenz eines Bodenfrostes fordert eine Feuchtigkeit oder einen gewissen Wassergehalt im Boden, da ein absolut trockener Boden, wie z. B. ein Felsen, keinen Frost bilden kann. Es gilt also hier um eine Gefriererscheinung des Wassers im Erdboden, und dabei kommt es in erster Hand darauf an, wieviel Wasser sich zwischen den festen Partikeln im Erdboden befindet. Wird nämlich das Wasser in Eis von der gleichen Temperatur verwandelt, so wird dabei die sogenannte *latente Wärme* gewonnen. Die latente Wärme wird umgekehrt verbraucht, wenn Eis bei $0°$ C in Wasser von der gleichen Temperatur schmilzt und deshalb heißt in diesem Falle diese zur Veränderung des Aggregatzustandes von Festem zu Flüssigem geltende Wärme *Schmelzwärme*. Das Schmelzen des Eises ist somit als eine Arbeitsleistung zu betrachten, und die Schmelzwärme des Wassers beträgt 79.7 gcal pro g Wasser[1] bei $0°$. Gewöhnlich nimmt man deren Größe rund zu 80 gcal. Beim Gefrieren wird diese Arbeitsleistung der Schmelzwärme gewonnen und deren Einwirkungen werden im folgenden in mehreren Weisen hervortreten.

Früher ist schon durch die Gleichung (45) (S. 241)

$$L = 80\,p_w\,(x_2 - x_1)$$

die befreite Wärmemenge beim Einfrieren der Bodenschicht von der Tiefe x_1 bis x_2 mit dem Wassergehalt p_w pro cm³ Erdmaterial gegeben.

---

[1] KOHLRAUSCH, F.: Lehrbuch der praktischen Physik. 14. Aufl. 766. Berlin 1923.

Der Wassergehalt p_w muß in dieser Gleichung in Bruchteilen der Volumeinheit cm³ ausgedrückt sein. Für die Überwindung der befreiten Wärme braucht man für jeden einzelnen Feuchtigkeitszustand des Bodens eine durch die obige Gleichung bestimmte negative Wärmemenge, die Kälte. Daraus folgt ohne weiteres, daß das Fortschreiten des Frostes vom Wassergehalt bestimmt wird. In einem trockenen Boden kann gleiche Kälte eine dickere Bodenschicht einfrieren als in einem feuchteren Boden. Die mittleren Frosttiefen der verschiedenen feuchten Bodenarten beweisen auch dieselbe. So betragen z. B. die mittleren Frosttiefen in Finnland im frostreichen strengen Winter folgenderweise[1]:

	Sand- und Gruserde	Acker	Tonboden	Moor
Nördliches Finnland . .	126	100	90	88 cm
Mittleres „ . .	80	46	38	44 „
Südliches „ . .	72	47	50	42 „

Die Porösität des Bodens, also größerer Luftgehalt zwischen den festen Massenpartikeln, wirkt wegen der schlechteren Wärmeleitfähigkeit solcher Böden, wie im Ackerlande, hemmend auf die Frostbildung.

Durch die freigewordene Schmelzwärme wird die Bodentemperatur in solchen Fällen, wenn eine *Unterkühlung* des Bodenwassers erscheint, d. h. das Temperaturfallen unter den Gefrierpunkt ohne das Gefrieren geht, beim Einfrieren bis auf den Gefrierpunkt steigen. PETIT[2] hat eingehend diese Erscheinung untersucht und hat für den Grad der Unterkühlung im Quarzsande bei verschiedener Feuchtigkeit folgende Werte erhalten:

Wassergehalt, Volumprozente .	31 bis 34	28	14 bis 19	9.5
Unterkühlung	-1.45^0	-1.72	-2.64	-3.05

Somit wächst die Temperatur der Unterkühlung bei fallender Bodenfeuchtigkeit. Die Unterkühlung ist um so tiefer, je größer die Energie ist, welche das Wasser mit dem Boden verbindet. Bei Ton ist die Bindekraft des Bodens am größten, bei Sand am geringsten und demgemäß trat im Tone die größte Unterkühlung ein.

In den Bodentemperaturen findet man bisweilen dicht unterhalb eine eigentümliche, zuerst von HAMBERG[3] auf der Bodenfläche wahrgenommene (S. 198) und später von KERÄNEN[4] im Boden konsta-

---

[1] KERÄNEN, J.: Über den Bodenfrost in Finnland. Mitt. Meteorol. Anst. Nr 12, 18. Helsinki. 1923.

[2] PETIT, A.: Untersuchungen über den Einfluß des Frostes auf die Temperaturverhältnisse der Böden von verschiedener physikalischer Beschaffenheit. Wollnys Forschgn. Agrikulturphysik 16, 285 u. f.

[3] HAMBERG, H. E.: La température et l'humidité de l'air à différente hauteurs, observées à Upsal pendant l'été de 1875. L. c.

[4] KERÄNEN, J.: Über die Temperatur des Bodens und der Schneedecke L. c. 127 u. f. — Beiträge zur Kenntnis des Frostes im Erdboden. L. c. 10 u. f.

tierte Erscheinung, daß die Temperatur im ersten Stadium der Frostbildung während einer Kälteperiode vorübergehend auch einige Zehntel-
grade über 0° steigen kann. Da diese HAMBERGsche Erscheinung
nur im Zusammenhang eines Gefrierens erscheint, und da außerdem der
Temperaturanstieg am größten bei einer stärkeren Kälte ist, so bildet
die freigewordene Schmelzwärme einen aktiven Anteil dabei. Auf anderer
Seite muß man einen anderen Anteil bei dieser Erscheinung doch zu der
direkten Wärmeströmung aus den tieferen Erdschichten zurechnen.

Die latente Wärme bildet somit sowohl beim Einfrieren als auch
beim Auftauen einen verzögernden Faktor gegen die Veränderung der
Temperatur. In beiden Fällen bleibt die Temperatur bei 0° so lange,
bis durch äußere Wärmeströmungen die Beträge der latenten Wärme
ausgeglichen werden. Die latente Wärme muß somit das Verweilen
der Temperatur von 0° insbesondere begünstigen. Aus dem Begriff
des gefrorenen Bodens folgt, daß in diesem die Temperatur von 0° die
höchste Temperatur sein muß. Danach kann die Temperatur der gefrorenen Bodenschicht bei anhaltendem Tauwetter eine längere Zeit
beim Schmelzpunkt liegen bleiben. ENGELHARDT[1] hat aus den Bodentemperaturbeobachtungen in Potsdam die Häufigkeit der einzelnen
Temperaturstufen ausgezählt und findet auf Grund des vorigen einen
sehr ausgesprochenen Höchstwert bei $0°$. Nach den Bodentemperaturen
in Pawlowsk unter nackter Oberfläche und in Petersburg unter Grasfläche hat KERÄNEN[2] gefunden, daß die Temperatur in der größten
Beobachtungstiefe des gefrorenen Bodens, 80 cm in Pawlowsk und 40 cm
in Petersburg, durchschnittlich 6 Tage die Schmelztemperatur behält.

Außerdem hat ENGELHARDT gezeigt, daß die Häufigkeit der Temperatur von 0° eine Funktion der Bodenfeuchtigkeit bildet.

Durch die verzögernden Einwirkungen der latenten Wärme auf die
Temperaturveränderungen erfahren die Eintrittszeiten der Kleinst- und
Höchstwerte der Temperatur beim Überschreiten der Frostgrenze eine
bedeutende Verspätung. Mit den Bodentemperaturbeobachtungen von
Pawlowsk hat KERÄNEN gezeigt, daß die Verspätung der Extremwerte der Temperaturschwankungen bei diesem Durchgang der Frostgrenze in gewöhnlichem, mäßig wasserhaltigem Sandboden etwa 2.6 bis
2.7 Tage beträgt.

2. Das Fortschreiten des Bodenfrostes nach der Tiefe hin.

Da das Eindringen des Bodenfrostes sowohl durch die Intensität
der Kälte als auch durch die Bodenfeuchtigkeit bedingt wird, so folgt
daraus schon direkt, daß die Geschwindigkeit des Fortschreitens in der

---

[1] ENGELHARDT, V.: Über das Eindringen des Bodenfrostes in den Erdboden. Z. Meteorol. **37**, 308—309. 1920.
[2] KERÄNEN, J.: Beiträge zur Kenntnis des Bodenfrostes. L. c. 27—28.

Nähe der Bodenoberfläche, wo die Kälte am größten und der Boden gewöhnlich auch am trockensten ist, größer als in tieferen Schichten sein muß. Im nackten Boden schreitet der Frost natürlich schneller als unter der Schneedecke und Grasbedeckung hinein.

Während der 15jährigen Periode in Petersburg sind die durchschnittlichen Eintrittszeiten des Gefrierens in verschiedenen Tiefen, berechnet aus den mittleren Temperaturwerten[1]:

Tiefe	0	10	20	40	80 cm
Zeit des Einfrierens, nackter Boden	6. Nov.	12. Nov.	20. Nov.	1. Dez.	29. Dez.
„ „ „ Boden unter Schneedecke	16. Nov.	11. Dez.	17. Jan.		

Wegen der steigenden Kälte am Anfang des Winters durchschreitet der Bodenfrost die Tiefenschicht 20 — 40 cm unter der nackten Fläche ein wenig schneller als die Oberflächenschicht 0 — 20 cm. In der tieferen Schicht, 40 — 80 cm, ist die Geschwindigkeit schon bedeutend kleiner. Später wird das Fortschreiten des Bodenfrostes noch langsamer, so daß der Bodenfrost nach einer graphischen Aufzeichnung von LUBOSLAWSKY die Tiefe von 120 cm erst etwa Mitte Februar und die größte Tiefe, etwa 130 cm, einen Monat später, gegen Mitte März, erreicht.

Unter der Schneedecke braucht der Bodenfrost zwei Monate um die Tiefe von 20 cm zu erlangen. Die größte Ausdehnung, nicht voll 40 cm, hat der Bodenfrost etwa den 10. März.

ENGELHARDT[2] hat die Eindringungsgeschwindigkeit des Bodenfrostes im Sandboden nach den Beobachtungen in Potsdam bestimmt und fand folgende Zahlen:

Tiefenschicht	2—5	5—10	10—20	20—50	50—100 cm
Geschwindigkeit, cm/sek.	0.60	0.30	0.32	0.24	0.10

Der schwache Kleinstwert in der Tiefe von 10 cm rührt von dem größten Wassergehalt in dieser Bodenschicht her. Es zeigte sich, daß die Eindringungsgeschwindigkeit, wie nach dem vorigen zu erwarten ist, im wesentlichen im nackten Sandboden durch die Bodenfeuchtigkeit bestimmt wird. Dieser Einfluß ist so stark, daß er alle anderen überwiegt.

Die oben angeführten Zahlen aus Petersburg (S. 253) zeigen auch den bedeutenden Einfluß der natürlichen Bodenbedeckung der Schneedecke auf den Bodenfrost. Unter der Schneedecke dringt der Bodenfrost nur 38 cm tief ein, aber im nackten Boden bis zur Tiefe von 131 cm.

3. Der Einfluß der Wärmeströmung aus den ungefrorenen Schichten auf den Bodenfrost.

Während des Winters ist noch im Erdboden ein gewisser Teil von der dort im Sommer aufgespeicherten Wärmeenergie geblieben. Diese Wärme

---

[1] LUBOSLAWSKY, G.: L. c. 9—10.
[2] ENGELHARDT, V.: L. c. 309.

strömt nach der kälteren Oberfläche und wirkt beim Bodenfrost gegen dessen Fortschreiten nach unten hemmend ein. Sie bildet einen Anteil in der oben besprochenen HAMBERGschen Erscheinung und bewirkt bisweilen, wie später gezeigt wird, ein Auftauen des Bodenfrostes von unten her. Ein Beispiel über die Größe der Wärmeströmung von unten nach oben während der kalten Jahreszeit liefern die Ergebnisse aus den Beobachtungen in Sodankylä[1].

Wärmeströmung von unten nach oben im Erdboden
in Sodankylä.

	Temperatur-gradient °C	Strömungs-intensität gcal/cm²sek	Summe der Strömung gcal	Vermögen d. Auftauens cm
November.	0.009	0.000032	83	7.6
Dezember	9	32	86	7.8
Januar	8	29	78	7.1
Februar	7	26	63	5.8
März	6	22	59	5.4
April	3	11	29	2.6
Im ganzen.			398	36.3

Das Vermögen dieser Wärmeströmung, die untere Grenzfläche des Bodenfrostes nach oben zu rücken, ist unter der Annahme des Wassergehaltes von 13.7 Volumprozenten ausgeführt worden.

In sechs Monaten, November—April, strömen im ganzen 398 gcal Wärme pro cm³ gegen die gefrorene Bodenschicht, und diese Wärme ist imstande eine Frostschicht von etwa 37 cm aufzutauen.

In einem südlicheren Klima ist die Wärmeströmung unterhalb der Frostschicht natürlich größer. Aus den Bodentemperaturbeobachtungen in Pawlowsk mit der Feuchtigkeit von etwa 12 Volumprozenten[2] erhält man für diese Wärmeströmung in sechs Monaten, November—April, rund 810 gcal, die eine etwa 84 cm dicke Frostschicht aufzutauen vermögen können.

In einer sehr klaren Weise tritt die Rolle dieser nach oben gerichteten Wärmeströmung dann hervor, wenn nach einem kalten Vorwinter mit einer starken Bodenfrostbildung ein gelinder Nachwinter mit großer Schneedecke erfolgt. Dann vermag die Kälte in den Boden nicht einzudringen und infolgedessen verzehrt die untere Wärmeströmung den Bodenfrost von unten her. Falls eine winterliche Schneedecke im Herbst auf den ungefrorenen Boden fällt, so bekommt der Boden gewöhnlich keinen Frost, wie man aus der Erfahrung in den nördlichen Klimaten mehrere Beispiele weiß[3].

---

[1] KERÄNEN, J.: Über die Temperatur des Bodens und der Schneedecke in Sodankylä L. c. 141 u. f.

[2] KERÄNEN, J.: Über den Bodenfrost in Finnland. L. c. 23.

[3] Siehe KERÄNEN, J.: Über den Bodenfrost in Finnland. L. c. 22—24.

Da die im Sommer in dem Boden aufgespeicherte Wärmeenergie während des Winters durchschnittlich ganz durch die Oberfläche zurückströmt, so folgt direkt aus diesem Umstand, daß diese Wärme im Frühjahr verbraucht worden ist und daß ihr Anteil bei dem Auftauen des Bodenfrostes belanglos ist, wie schon das obige Beispiel aus Sodankylä im April zeigt.

Jedenfalls muß man die untere Wärmeströmung bei der Behandlung des Bodenfrostes berücksichtigen und nicht außer acht lassen, wie STEFAN, SCHREIBER und ENGELHARDT in ihren Froststudien getan haben.

An der Wärmeströmung von unten nach oben hat die aus dem tiefen Erdinnern stammende Wärme, die bekanntlich durch die *geotherme Tiefenstufe* bestimmt wird, einen kleinen Anteil, der nur etwa 54 gcal[1] im ganzen Jahre ausmacht. Diese Erdwärme kann somit in unserer Bodenart während der sechs Monate die untere Frostgrenze im Sandboden höchstens 3 cm höher rücken und ist deshalb hier ohne besondere Bedeutung.

4. Das Auftauen des Bodenfrostes im Frühjahr.

Aus den Bodentemperaturbeobachtungen in nördlichen Gegenden, wie z. B. in Sodankylö (S. 216), sieht man direkt, wie die Erwärmung des Bodens von der Erdoberfläche nach unten fortschreitet. Diese Wärmeströmung vermag dann auch den Bodenfrost in der Richtung von oben nach unten aufzutauen.

Aus den oben behandelten 15jährigen Temperaturbeobachtungen in Petersburg erhält man folgende Zeiten für das Steigen der Temperatur von der Kälte bis zu +0.1° C in den einzelnen Meßtiefen:

```
Tiefe . . . . . . . . . . . . . . . .    0     10     20     40     80 cm
Zeit des Auftauens, nackter Boden   3. Apr.  4. Apr.  5. Apr.  9. Apr.  16. Apr.
     „     „      „      bedeckter „         5. Apr.  5. Apr.
```

Aus dem früheren (S. 253) kennt man auch die latenten Wärmemengen, die beim Auftauen des Frostes ausschließlich zur Veränderung des Aggregatzustandes nötig sind.

```
                                              Latente Schmelzwärme
Im nackten Boden: Bodenfrost 131 cm tief . . . . . . . .  1960 gcal
Im bedeckten  „         „    38 „   „   . . . . . . . .   936  „
```

Die Temperatur- und Wärmeverhältnisse im Boden beim Auftauen des Bodenfrostes erhellen aus folgender Zusammenstellung nach den Beobachtungen in Sodankylä[2]:

| | Mittlere Temperatur | | | | Temperatur-gradient | Wärmemengen, gcal | | | Auftauen | |
| | | | | | | Strömung | | im Boden magaziniert | Latente Wärme | Tiefe cm |
	Luft	Ober-fläche	10 cm tief	25 cm tief		Tag	im ganzen			
1916. 23. Mai — 6. Juni	5.7°	9.6°	6.2°	4.1°	0.137°	67.5	1012	132	880	80
1917. 1. Juni — 11. Juni	10.2°	12.1°	8.0°	4.9°	0.210°	103.4	1138	178	960	87

[1] HANN-SÜRING, Lehrb. der Meteorologie. L. c. 23.
[2] KERÄNEN, J.: Über den Bodenfrost in Finnland. L. c. 27.

Die Intensität der Wärmeströmung im ersten Jahre war 67.5 und im zweiten 103.4 gcal pro Tag, und diese Strömungen vermochten im ersten Jahre während 15 Tagen eine 80 cm dicke Frostschicht und im zweiten, in weit günstigeren Verhältnissen, während 11 Tagen eine 87 cm dicke Frostschicht aufzutauen.

Da der Frost gewöhnlich in den tiefsten Schichten am längsten verbleibt, ist dort die Temperatur in der gefrorenen Schicht im allgemeinen schwach negativ, und deshalb findet man dort den von vielen Forschern[1] gefundenen Kälterest.

Es verdient noch erwähnt zu werden, daß nach den Bodentemperaturbeobachtungen im Sandboden in Sodankylä, Petersburg und Pawlowsk die mittlere Geschwindigkeit des Auftauens in cm pro Tag etwa gleich ist wie die Lufttemperatur zu dieser Zeit. Somit kann man aus der Lufttemperatur nach der Schneeschmelze ungefähr die Geschwindigkeit des Frostauftauens in der gewöhnlichen Sanderde mit der Feuchtigkeit von etwa 12 — 14 Volumprozenten bestimmen[2].

In den feuchteren Bodenarten erfolgt das Auftauen des Bodenfrostes wegen der größeren latenten Schmelzwärme viel langsamer, z. B. in Finnland nach der zitierten Untersuchung beträgt die mittlere Geschwindigkeit des Auftauens pro Tag

im Sandboden 2.7, im Acker 2.0, in der Tonerde 1.6 und im Moore 0.9 cm.

In den feuchteren Bodenarten hält sich der Bodenfrost nach der Schneeschmelze auch bedeutend länger als in den trockeneren, z. B. im Moore durchschnittlich doppelt so lange wie im Sandboden.

Bisweilen hat man wahrgenommen, daß der Bodenfrost im Frühjahr mehr von unten her auftaut als in den oben behandelten gewöhnlichen Fällen. Da die Bodentemperaturbeobachtungen in Mustiala für ein Auftauen des Bodenfrostes hauptsächlich von unten her zu sprechen schienen, wurde dadurch HOMÉN[3] zu der Auffassung verleitet, daß die im Boden im vorigen Sommer magazinierte Wärme dieses Auftauen noch so spät wie nach dem Winter verursachen kann. Durch ein eingehendes Studium solcher Fälle kann man doch leicht beweisen, daß die Ursache des Auftauens in einer durch Schmelzwasser erzeugten Erwärmung der Bodenschichten unterhalb des Frostes zu finden ist. SIMOLA[4] hat durch direkte Beobachtungen sogar gezeigt, daß ein größeres

---

[1] KERÄNEN, J.: Über die Temperatur des Bodens und der Schneedecke in Sodankylä. L. c. 129. — Beiträge zur Kenntnis des Frostes im Erdboden. L. c. 27—28. ENGELHARDT, V.: L. c. 306.

[2] KERÄNEN, J.: Über den Bodenfrost in Finnland. L. c. 28.

[3] HOMÉN, TH.: Våra skogar och vår vattenhushållning. S. 93—105. Helsingfors 1917.

[4] SIMOLA, E. F.: Untersuchungen über das Erfrieren und das Auftauen des Bodenfrostes an der Versuchsanstalt der Agrikultur (finnisch mit deutschem Auszug). S. 51—52. Helsinki 1926.

Auftauen des Bodenfrostes von unten her danach stattfindet, wenn Wasser von der Oberfläche unter die Frostschicht gelangt und dort eine Erwärmung des Bodens und Erhöhung des Grundwasser verursacht. In gleicher Weise ist das ungewöhnliche Auftauen des Bodenfrostes in Mustiala zu erklären.

5. Mehrere Bodenfrostschichten.

In den kälteren Klimaten, wie z. B. im nördlichen Europa, bleibt ein Rest des Bodenfrostes in einem kühlen und regenarmen Sommer in gewisser Tiefe unterhalb der Oberfläche ungeschmolzen. Dies geschieht gewöhnlich an solchen Stellen, wo der Boden im Sommer schlecht sich erwärmt, wie in feuchtem Boden, in moosigem Moore und beschattetem Bruchmoore. Auch in der Heide kann bisweilen das gleiche vorkommen. In diesen Fällen entsteht am Anfang des folgenden Winters ein solcher Zustand, daß zwei getrennte Frostlagen zu finden sind, die erste in der obersten Bodenschicht und tiefer unterhalb einer ungefrorenen Schicht die andere alte Frostschicht. Eine starke Wärmeperiode im Winter zwischen zwei Kältezeiten kann auch einen gleichen Zustand mit zwei Frostschichten verursachen. Nun können die Verhältnisse sich weiter so entwickeln, daß in gleicher Weise drei verschiedene voneinander getrennte Frostschichten entstehen.

Im Frühjahr kann bisweilen während einer kalten Zeit nach der Schneeschmelze eine kurzdauernde getrennte Frostschicht oberhalb des alten Frostes entstehen, wie SIMOLA[1] gezeigt hat.

Solche getrennte Frostschichten nehmen gewöhnlich die Landleute bei den Grabungen der Brunnen und Gräben wahr. Die Mächtigkeit dieser Frostschichten ist klein, am meisten 5—20 cm und nur ausnahmsweise 30—50 cm, und gerade dieses Sachverhalten deutet auf deren Dasein als ungeschmolzene Reste der winterlichen Frostschichten hin. Diese kleinen Frostschichten können natürlich nicht längere Zeit existieren, obgleich bisweilen dieselben Schichten im anderen Jahre noch ungeschmolzen waren. In einem regnerischen Sommer, während desselben die Bodentemperatur nach der Untersuchung von HOMÉN durchschnittlich 0.5 — 3° höher als im trockenen Sommer ist, verschwinden oft nach der Erfahrung die mehreren Frostschichten, z. B. in Finnland.

Die Existenz der getrennten Bodenfrostschichten über einen Sommer ist nur möglich unterhalb der Tiefe, wohin der tägliche Gang der Temperatur dringt, und dasselbe beweisen die Angaben über die Tiefe dieser Schichten nach dem Sommer. In einem feuchten Boden, im beschatteten Bruchmoore oder im offenen Moore mit dickem Sphagnummoose ist die genannte Tiefe etwa 20 cm, im Moore 40 cm und in einer ziemlich trockenen Sandheide mit kärglicher Vegetation 80 — 100 cm.

Die über den Sommer bleibenden Frostschichten beweisen durch ihr

---

[1] SIMOLA, E. F.: L. c. 17.

Vorkommen, daß die Wärmeströmung von tieferen Erdschichten her, wie schon oben erwähnt worden ist, sowohl im Frühjahr während der Schneeschmelze und danach während der warmen Jahreszeit sehr klein sein muß. Ihre Existenz ist einfach dadurch möglich, daß die Erwärmung des Bodens von oben her während kühler und trockener Sommer sie nicht aufzutauen vermag.

Eine Frostschicht während der warmen Jahreszeit hält den Boden kühl und begünstigt die Erhaltung der Feuchtigkeit im Boden, da die Frostschicht gewöhnlich gegen das Wasser undurchlässig ist. Diese beiden Eigenschaften des Bodens mit einer Frostschicht im Sommer sind sehr ungünstig für das Gedeihen der größeren Vegetationen wie für dasjenige des Waldes. Eine solche Frostschicht in der Nähe der Oberfläche kann sogar den Baumwuchs verheeren. Die im nördlichen Europa, wie z. B. in Finnland, oft stattfindende Versumpfung der Gegenden wird zum Teil von den sommerlichen Frostschichten, die gerade in solchen Gegenden oft gefunden werden, wahrscheinlich begünstigt.

Es ist öfters ausdrücklich bei Besprechung über den im Sommer wahrgenommenen Bodenfrost bemerkt worden, daß dieser Frost nach dem Kultivieren des Bodens verschwindet. Dies ist eine direkte Folge daraus, daß das Vermögen des Bodens für die Erwärmung durch das Kultivieren sehr vergrößert wird und dadurch verschwindet oft die Möglichkeit für das Dasein eines Bodenfrostes im Sommer.

6. Über die Struktur des Bodenfrostes.

Beim Einfrieren des Bodens entstehen in verschiedenen Bodenarten mit wechselnder Bodenfeuchtigkeit interessante Bodenfrostformen, die hier kurz erwähnt werden mögen. Neulich hat KOKKONEN[1] die Struktur des Bodenfrostes näher untersucht, und darauf gründet sich die folgende Darstellung.

Im Anfangsstadium der Frostbildung entsteht bisweilen auf nacktem oder höchstens dürftig mit Pflanzen bedecktem Boden eine aus senkrechten Eisnadeln gebildete *Kammeisdecke*, deren Dicke in günstigen Verhältnissen 10—20 cm betragen kann. Die einzelnen Eisnadeln reichen nicht alle durch die ganze Eisdecke, sondern es entstehen stellenweise Abbrüche in der Entwicklung der Nadeln und deshalb ist diese Eisdecke oft ungleichmäßig. Es bilden sich bisweilen einige Kammeisschichten übereinander, die von einer sehr dünnen Erdschicht getrennt sind. Festes Erdmaterial sieht man in kleinen Mengen sowohl im Innern der Nadeln als auch zwischen denselben.

Über die Art der Entstehung des Kammeises gibt es mehrere Ansichten. HESSELMANN[2], der dieses Phänomen auf Torfböden untersucht

---

[1] KOKKONEN, P.: Beobachtungen über die Struktur des Bodenfrostes. Acta forestalia Fennica **30**, Nr 3. Helsinki 1926.

[2] HESSELMANN, H.: Studier över skogväxt å mossar. Skogsvårdsfören. tidskrift. S. 37. Stockholm 1907.

hat, ist der Meinung, daß das Kammeis in kolloidreichen Böden derart entsteht, daß sich unter der obersten dünnen Bodenschicht eine Wasserschicht bildet, die gefriert und — da sich der kolloidreiche Boden infolge des Sinkens der Temperatur zusammenzieht — zwischen Eis und Erde aus den unteren Schichten neues Wasser heraufpreßt, das ebenfalls im Boden gefriert. Es ist klar, daß die Bildung der Eisnadeln nur auf der Oberfläche eines ziemlich feuchten Bodens möglich ist. So betrug nach einer Messung von Kokkonen[1] der Wassergehalt in einem Sandboden unterhalb des Kammeises zwischen 12—18 Gewichtsprozenten oder 20—28 Volumprozenten, welche Feuchtigkeitsmengen im Sandboden einem sehr feuchten Zustande[2] angehören. Der Boden unterhalb des Kammeises ist gewöhnlich zuerst eine Zeit ungefroren, da die poröse Kammeisschicht ein schlechter Wärmeleiter ist.

Der Bodenfrost wird gewöhnlich in den verschiedenen Bodenarten bei geringerem Wassergehalt massiv, wo keinerlei besondere Eisbildungen zu konstatieren sind, und demgemäß wird der erstarrte Boden gleichmäßig fest. Wenn aber in einem festen gefrorenen Boden kleine unregelmäßige, gewöhnlich wagerecht ausgedehnte Eisbildungen wahrgenommen werden, so hat man einen halbmassiven Bodenfrost.

Bisweilen gibt es im Boden kleine unregelmäßige Hohlräume, und in solchen Fällen entstehen oft an Wandungen der Hohlräume von 1 bis 20 mm dicke, mehr oder weniger reine Eisschichten.

Ziemlich oft merkt man in dem erstarrten Boden einige oder mehrere nahezu wagerechte verschiedenartige Eisschichten. In einem solchen geschichteten Frostboden lassen sich somit zwei Teile unterscheiden: Größtenteils hat man gefrorene Erdschichten und zwischen ihnen mehr oder weniger reine Eisschichten, deren Ausdehnung und Dicke nach der Bodenstruktur und der Feuchtigkeit veränderlich sind. Die Eisschichten enthalten über 80% Wasser und somit sehr wenig festes Erdmaterial. Durch Messungen der Bodenfeuchtigkeit und der Mengen der Eisschichten kam Kokkonen[3] zu dem bemerkenswerten Resultate, daß Eisschichten nur dann entstehen, wenn der Wassergehalt über eine gewisse Menge steigt und um so mehr, wenn der Wassergehalt größer wird. Diese kritische untere Grenze der Wassermenge, *absolute Bodenfrostkapazität*, betrug in einigen Versuchen folgendes:

	Wassermenge der absoluten Bodenfrostkapazität	
	Volumprozente	Gewichtsprozente
Feinmoorboden. . . .	54—58	30—31
Tonboden	60	34

[1] Kokkonen, P.: L. c. 27.

[2] Siehe Schreiber, P.: Studien über Erdbodenwärme und Schneedecke. L. c. 16.

[3] Kokkonen, P.: L. c. 35—56.

Wenn der Wassergehalt kleiner ist, friert das Wasser um die festen Erdpartikel herum und es entsteht massiver Bodenfrost.

Außerdem muß man dabei auch die Bodenstruktur berücksichtigen. In einer sehr porösen Erde ist der hohlräumige Bodenfrost möglich. Geschichteter Bodenfrost entsteht in Böden mit Einzelkornstruktur oder Krümelstruktur. Im einzelkörnigen Boden, wo die festen Partikelchen nebeneinander ohne Krumen gelagert sind, entsteht massiver Frost bei Feuchtigkeit kleiner als die absolute Bodenfrostkapazität, aber geschichteter Frost bei darüber steigender Feuchtigkeit.

7. Die theoretischen Behandlungen des Bodenfrostes.

Mathematische Behandlungen des Bodenfrostes oder der Eisbildung in stehenden Wassermassen sind von NEUMANN, STEFAN, SCHREIBER und KERÄNEN geliefert worden.

Die Theorie von NEUMANN ist in ihren Grundzügen in dem Lehrbuche von WEBER zu finden: Die partiellen Differentialgleichungen der mathematischen Physik. Fünfte Auflage, 2, 117—121. (1912). Für die Tiefe des Frostes wird dort eine solche Differentialgleichung aufgestellt, deren allgemeine Lösung bis jetzt nicht möglich gewesen ist. In Anlehnung an die allgemeine Wärmebewegung sowohl im gefrorenen als auch im ungefrorenen Boden nach der Differentialgleichung

$$\frac{\partial u}{\partial t} = K \frac{\partial^2 u}{\partial x^2}$$

kann man doch eine Formel

$$h = \alpha \sqrt{t} \tag{1}$$

ableiten, wonach das Eindringen des Frostes proportional mit der Quadratwurzel aus der Zeit t wächst. α ist eine Konstante, welche aus einer transzendenten Gleichung bestimmt werden muß. Die Auswertung von α fordert außerdem einen bestimmten Anfangszustand. Wegen der mathematischen Schwierigkeiten und wegen der sehr beschränkten Lösung der Aufgabe hat diese Behandlung des Problems wenig Einklang gefunden.

Die Theorie der Eisbildung nach STEFAN[1]. Mehr zugänglich ist diese mathematische Behandlung, die ursprünglich für eine Eisbildung entwickelt worden ist. Sie kann aber auch auf den Erdboden mit einem gewissen Feuchtigkeitsgehalt angewendet werden und verdient deshalb eine nähere Darstellung.

Eine angenäherte, in einigen Fällen doch brauchbare Formel für das Wachstum des Eises oder Frostes liefert schon folgende elementare Betrachtung: Man nimmt an, daß die Kälte innerhalb der Eisschicht von dem Kältegrad u_0 auf der Oberfläche bis zum Gefrierpunkte an der

---

[1] STEFAN, J.: Über die Theorie der Eisbildung, insbesondere über die Eisbildung im Polarmeere. Sitzgsber. ksl. Akad. Wiss. Math. nat. Kl. 98, 965. Wien 1890.

unteren Grenzfläche des Eises linear abfällt. Wenn die Dicke des Eises h cm zur Zeit t beträgt, so ist $\frac{u_0}{h}$ das Gefälle der Kälte im Eise. In der Zeit dt wird die Kältemenge $\frac{ku_0}{h}$ durch das Eis dem Wasser zugeführt und sie erzeugt eine Eisschicht von der Dicke dh. Wenn mit λ die latente Einfrierwärme, und mit σ das spezifische Gewicht des Eises bezeichnet werden, so erhält man die Beziehung

$$\lambda \sigma d h = \frac{ku_0}{h} d t. \tag{2}$$

Die Integration gibt

$$h^2 = \frac{2\,ku_0 t}{\lambda \sigma}. \tag{3}$$

Später wird gezeigt, daß die exakte Behandlung der Aufgabe für den Faktor von t einen etwas kleineren Wert liefert. Das Gefälle der Kälte ist nämlich in der Wirklichkeit an der Berührungsfläche von Wasser und Eis kleiner als in der Nähe der Eisoberfläche. Für die Anwendung des linearen Gefälles spricht der Umstand, daß wegen der kleinen spezifischen Wärme des Eises, $c = 0.5$, im Vergleich zu der latenten Wärme, $\lambda = 80$, geht verhältnismäßig viel weniger Kälte zur Abkühlung des Eises als zu deren Bildung. Der Fehler, den man bei der Anwendung der letztgenannten Formel begeht, ist um so geringer, je kleiner der Kältegrad u_0 der Eisoberfläche ist. Nach STEFAN liefert diese Formel mit $u_0 = -30^\circ$ C eine um 3% zu große Eisdicke h.

In der Gleichung (2) ist die Kälte u_0 gewöhnlich eine von der Zeit abhängige Funktion und deshalb muß in deren Integral (3) statt $u_0 t$ ein Integral von der Form

$$U = \int_0^t u_0\, dt \tag{4}$$

auftreten. U bezeichnet die Kältesumme für die Zeit t oder auch, wenn man die Temperaturen vom Gefrierpunkte abwärts zählt, die mittlere Temperatur in der Zeit t multipliziert mit dieser Zeit. Somit bekommt man statt der Gleichung (3)

$$h^2 = \frac{2kU}{\lambda \sigma}. \tag{5}$$

Eine größere Annäherung gewährt die Formel

$$h^2\left(1 + \frac{cf}{3\lambda}\right) = \frac{2kU}{\lambda \sigma}, \tag{6}$$

wo f die Temperatur an der Oberfläche des Eises am Ende der Zeit bedeutet. Aus der letzten Gleichung sieht man, daß die an der Formel (5) anzubringende Korrektion ihren größten relativen Wert zur Zeit der stärksten Kälte erreicht.

Oft kennt man nicht den Zeitpunkt des Beginnes der Eisbildung, nur in den einzelnen Zeitmomenten die Eisdicken und den Kältegrad. In einem solchen Falle muß man aus der Gleichung (6) die Differenz

$$h^2\left(1+\frac{cf}{3\lambda}\right) - h_1^2\left(1+\frac{cf_1}{3\lambda}\right) = \frac{2k}{\lambda\sigma}(U-U_1)$$

zwischen den Zeiten t und t_1 bilden und mit dieser Gleichung operieren.

Jetzt wird die Eisbildung mehr exakt nach STEFAN behandelt.

Die Kälteströmung im Eise oder im gefrorenen Boden ist, wie früher schon erwähnt, durch die Differentialgleichung

$$\frac{du}{dt} = K\,\frac{d^2u}{dx^2} \tag{7}$$

bestimmt, wo bekanntlich u die Temperatur der Kälte der Schicht in der Tiefe x gibt. Auf der Oberfläche, für $x=o$, ist die Temperatur u_0 eine Funktion der Zeit, aber an der unteren Grenzebene der gefrorenen Schicht $u=o$. Die Stelle dieser Grenzebene ist auch eine Funktion der Zeit, deren Bestimmung die wesentliche Aufgabe der folgenden Theorie bildet. Wenn mit $\frac{du}{dx}$ das Kältegefälle bezeichnet wird, so bekommt man anstatt der Gleichung (2) folgende:

$$\lambda\sigma\frac{dh}{dt} = -\,k\left(\frac{du}{dx}\right)_{x=h}.$$

Da

$$k = K\cdot c\sigma$$

ist, wird weiter

$$\frac{dh}{dt} = -\,\frac{Kc}{\lambda}\left(\frac{du}{dx}\right)_h. \tag{8}$$

Hat man u als Funktion der Tiefe x und der Zeit t dargestellt, so ist in dem Falle des Erfrierens $u=o$ für $x=h$. Dies gilt für jeden beliebigen Zeitmoment. Daraus folgt, daß das totale Differential von u nach t der Null gleich sein muß, also

$$\frac{du}{dt} + \left(\frac{du}{dx}\right)_h\cdot\frac{dh}{dt} = o.$$

Mit Hilfe der Gleichung (8) erhält man

$$\frac{du}{dt} = \frac{Kc}{\lambda}\left(\frac{du}{dx}\right)_h^2. \tag{9}$$

Eine einfache Lösung des Problems liefert die Formel

$$u = A\int_{\frac{x}{2\sqrt{Kt}}}^{\alpha} e^{-z^2}\,dz, \tag{10}$$

wo A und α zwei Konstanten sind. Die Konstante A wird mit dem Wert der Temperatur u_0 auf der Oberfläche für $x=o$, nach der Gleichung

$$u_0 = A\int_o^{\alpha} e^{-z^2}\,dz \tag{11}$$

bestimmt.

An der unteren Grenzfläche der erfrorenen Schicht wird $u = 0$, für welches wieder nach (10)

$$\frac{x}{2\sqrt{Kt}} = \alpha$$

sein muß. Daraus ergibt sich für die Tiefe der erfrierenden Schicht

$$h = 2\alpha\sqrt{Kt}. \tag{12}$$

Für die Konstante α bekommt man aus der Gleichung (9) mit Hilfe der Beziehungen (10) bis (12) die Formel

$$\alpha e^{\alpha^2}\int_0^\alpha e^{-z^2}\,dz = \frac{u_0 c}{2\lambda}. \tag{13}$$

Für die Bestimmung des Integrals in der letzten Gleichung gibt es besondere Tafeln und man kann somit für jeden Wert von $\frac{u_0 c}{2\lambda}$ den zugehörigen Wert von α ableiten. Wenn somit die Konstante α nach der Gleichung (13) bestimmt wird, ergibt sich die Dicke der erfrorenen Schicht aus der Gleichung (12).

Zur ersten Annäherung wird aus (13)

$$\alpha^2 = \frac{u_0 c}{2\lambda}$$

und mit diesem Wert gibt die Gleichung (12) für die erfrorene Tiefe h die Gleichung (3)

$$h^2 = \frac{2k u_0 t}{\lambda \sigma}.$$

Wenn man in den Reihen von e in der Gleichung (13) das zweite Glied berücksichtigt, bekommt man als zweite Annäherung

$$h^2\left(1 + \frac{u_0 c}{3\lambda}\right) = \frac{2k u_0 t}{\lambda \sigma}.$$

Das Korrektionsglied ist in dieser Auflösung des Problems also konstant.

Eine andere einfache Lösung der Aufgabe liefert die Funktion

$$u = \frac{A}{a}\left(e^{at - mx} - 1\right), \tag{14}$$

wo drei Konstanten A, a und m vorkommen. Damit die Funktion (14) ein Integral der Differentialgleichung (7) darstellt, muß

$$a = Km^2$$

sein. Die Temperatur an der unteren Grenze der eingefrorenen Schicht ist $= 0$, wenn

$$at - mx = 0.$$

Die Tiefe der Eisschicht wird somit durch die Relation

$$h = \frac{at}{m} \tag{15}$$

gegeben und sie wächst gleichförmig mit der Zeit t. Die zweite Bedingungsgleichung (9) ergibt hier

$$a = \frac{cA}{\lambda}. \tag{16}$$

Für die Oberfläche $x = 0$ erhält man hier den Kältegrad

$$u_0 = At + \frac{c}{\lambda} \cdot \frac{A^2 t^2}{2} + \frac{c^2}{\lambda^2} \cdot \frac{A^3 t^3}{6} + \frac{c^3}{\lambda^3} \cdot \frac{A^4 t^4}{24} + \cdots \tag{17}$$

Damit die eingefrorene Schicht linear mit der Zeit wachsen würde, so muß die Kälte auf der Oberfläche nach der letzten Gleichung wachsen, die eine raschere Zunahme als eine lineare bedeutet.

Für die Dicke der Eisschicht wird in diesem Falle aus der Gleichung (15) mit Berücksichtigung der hier geltenden Bedingungsgleichungen zuerst

$$h^2 = \frac{2k}{\lambda \sigma} \cdot \frac{At^2}{2},$$

woraus weiter, wenn man nach der Gleichung (4) die Kältesumme mit dem Wert (17)

$$U = \frac{At^2}{2}\left(1 + \frac{c}{\lambda} \cdot \frac{At}{3} + \frac{c^2}{\lambda^2} \cdot \frac{A^2 t^2}{12} + \cdots\right)$$

bildet, das Resultat

$$h^2\left(1 + \frac{c}{\lambda} \cdot \frac{At}{3} + \frac{c^2}{\lambda^2} \cdot \frac{A^2 t^2}{12} + \cdots\right) = \frac{2kU}{\lambda \sigma}$$

folgt.

Aus dieser Gleichung sieht man, daß die Näherungsformel (5) zu große Werte der Eisdicke ergibt. Hier ist das Korrektionsglied nicht konstant, sondern sie wächst mit der Zeit.

Schließlich wird noch eine für die Eisbildung passende allgemeine Lösung der Differentialgleichung (7) dargestellt. Sie wird in geschlossener Form durch bestimmte Integrale gegeben, welche zwei willkürliche Funktionen enthalten. STEFAN nimmt als beste für die Rechnungen die Reihe

$$u = f + \frac{x^2}{2K}f' + \frac{x^4}{24K^2}f'' + \cdots + xF + \frac{x^3}{6K}F' + \frac{x^5}{120K^2}F'' + \cdots$$

an. Darin bedeuten f und F zwei beliebige Funktionen der Zeit t und f', F', f'', $F'' \cdots$ ihre Ableitungen nach t. Dieses Integral hat die Eigenschaft, das für die Oberfläche $x = 0$ u in f übergeht. Setzt man in der letzten Gleichung für x die nachher zu bestimmende Funktion h, so soll $u = 0$ werden, also

$$0 = f + \frac{h^2}{2K}f' + \frac{h^4}{24K^2}f'' + \cdots + hF + \frac{h^3}{6K}F' + \frac{h^5}{120K^2}F'' + \cdots \tag{18}$$

Es muß aber u für $x = h$ auch noch die Bedingung der Gleichung (8) befriedigen.

Man bekommt dadurch

$$\frac{\lambda h'}{Kc} = -\frac{h}{K}f' - \frac{h^3}{6K^2}f'' - \cdots - F - \frac{h^2}{2K}F' - \frac{h^4}{24K^2}F'' - \cdots - . \tag{19}$$

Aus den letzten zwei Gleichungen bestimmt man die Funktionen h und F. Die Funktion F gibt den Wert an, welchen $\frac{du}{dx}$ für $x=0$ hat, und sie bestimmt somit die Intensität der durch die Oberfläche in die gefrorene Schicht einströmenden Kältemenge.

Soll h bestimmt werden, so handelt es sich darum, aus den Gleichungen (18) und (19) die Funktion F und ihre Ableitungen zu eliminieren. Man erhält leicht

$$\frac{\lambda h h'}{Kc} = f - \frac{h^2}{2K}f' - \frac{h^4}{8K^2}f'' - \cdots - \frac{h^3}{3K}F' - \frac{h^5}{30K^2}F'' - \cdots \tag{20}$$

Wenn man hier auf der rechten Seite nur das erste Glied f berücksichtigt, wird aus der letzten Gleichung die in der Formel (5) enthaltene angenäherte Lösung

$$h^2 = \frac{2kU}{\lambda\sigma}$$

erhalten.

Aus der Gleichung (8) und der daraus folgenden erhält man durch das Eliminieren von $\left(\frac{du}{dx}\right)_h$ eine zweite Gleichung, welche F nicht enthält, nämlich

$$\frac{\lambda h'^2}{Kc} = \left(\frac{du}{dt}\right)_h = f' + \frac{h^2}{2K}f'' + \frac{h^4}{24K^2}f''' + \cdots + hF' + \frac{h^3}{6K}F'' + \cdots \tag{21}$$

Aus den Gleichungen (20) und (21) eliminiert man F' und dadurch ergibt sich

$$\frac{\lambda h h'}{Kc}\left(1 + \frac{h h'}{3K}\right) = f - \frac{h^2}{6K}f' + \frac{h^4}{24K^2}f'' + \frac{h^5}{45K^2}F'' + \cdots \tag{22}$$

Man kann in dieser Weise fortfahren und der Reihe nach F'', F''' usw. eliminieren. In den resultierenden Gleichungen treten dann auch die höheren Differentialquotienten von h ein.

Unter der Annahme der langsamen Veränderungen der Funktionen f und F, wie sich die Verhältnisse in der Natur öfters und insbesondere unter einer Schneedecke gestalten, braucht man nur die ersten Korrektionsglieder zu berücksichtigen, und dann bildet die Gleichung:

$$\frac{\lambda h h'}{Kc}\left(1 + \frac{h h'}{3K}\right) = f - \frac{h^2}{6K}f' \tag{23}$$

eine zweite angenäherte Lösung der Aufgabe.

Es folgt aus der letzten Gleichung leicht die Annäherungsformel (6)

$$h^2\left(1 + \frac{cf}{3\lambda}\right) = \frac{2kU}{\lambda\sigma}. \tag{6}$$

Diese Formel genügt gewöhnlich zu der Berechnung der gefrorenen Schicht.

STEFAN entwickelt auch eine Formel mit den Korrektionsgliedern zweiter Ordnung

$$h^2\left(1 + \frac{cf}{3\lambda} - \frac{c^2(4f^2 + 7T)}{90\lambda^2}\right) = \frac{2KT}{\lambda\sigma} \tag{24}$$

und zeigt, daß sie erst bei den Beobachtungen in der letzten Zeit des Winters in Betracht kommen kann.

STEFAN[1] prüfte seine Theorie auf die Messungen der Eisdicke verschiedener polarer Expeditionen und fand daß die Formel (6) eine hinreichend genaue Darstellung des Eisbildung im Polarmeere darbietet. Für das Wärmeleitvermögen erhielt er aus diesen Beobachtungen $k = 0.0042$, was etwas kleiner als die von NEUMANN und MITCHELL gefundenen Werte 0.0054 und 0.0050 ist.

ENGELHARDT[2] hat die Gültigkeit der STEFANschen Näherungsformeln nach den Bodentemperaturbeobachtungen von Potsdam und Königsberg untersucht. Im Potsdamer Sandboden ohne Schneedecke lieferte die zweite Näherungsformel (5) mit der Kältesumme der Temperatur eine ziemlich gute Übereinstimmung mit den Beobachtungsergebnissen. In den Beobachtungen von Königsberg unter einer Schneedecke erwies schon die einfachste STEFANsche Formel (3) brauchbare Resultate zu liefern.

Wie sich aus der obigen Darstellung ergibt, wird in der Theorie der Eisbildung von STEFAN keine Rücksicht auf die Wärmeströmung aus den tieferen Schichten nach oben gegeben. Wenn man die Verhältnisse einer ausgedehnten Wassermasse untersucht, wie im Meere, wo im Falle einer Eisbildung die Temperatur einer mächtigen Wasserschicht die Temperatur des Gefrierpunktes hat, so ist wohl diese Vernachlässigung zulässig. In festen Bodenarten muß man in den Rechnungen diese nach oben gerichtete Wärmeströmung mitnehmen, die nach der früheren Auseinandersetzung eine meßbare Einwirkung auf den Bodenfrost hat. Die Vergleiche von ENGELHARDT fassen nur sehr kurze Frostperioden, während deren die untere Wärmeströmung nicht viel einwirken kann, und deshalb merkt man dort nicht diesen hemmenden Faktor gegen die Frostbildung.

SCHREIBER[3] entwickelte für das Eindringen des Frostes in die Erde eine Formel, die ähnlich der ersten Annäherungsformel von STEFAN ist. Sie gilt unter der Annahme einer konstanten Temperatur auf der Oberfläche und der Temperatur des Gefrierpunktes unterhalb der Frostschicht.

Die Berechnung der Frosttiefe nach KERÄNEN[4]. Im Kapitel über den Wärmeaustausch im Erdboden ist für den Wärmegehalt im Boden mit Frostbildung ein Ausdruck (S. 242)

$$W_0 = W + L \qquad (25)$$

---

[1] STEFAN, J.: L. c. 974—975.

[2] ENGELHARDT, V.: L. c. 311—312.

[3] SCHREIBER, P.: Studien über Erdbodenwärme und Schneedecke. L. c. 88—89.

[4] KERÄNEN, J.: Über die Temperatur des Bodens und der Schneedecke in Sodankylä. L. c. 137 u. f.

gebildet, wo W_0 die ganze in der untersuchten Schicht gebliebene Kälteenergie, W die für die Abkühlung der Schicht verbrauchte Kältemenge und L die latente Einfrierwärme

$$L = \lambda p_w (h_2 - h_1) \tag{26}$$

in der einfrierenden Schicht $(h_2 - h_1)$ bedeuten. λ ist die latente Wärme des Wassers $= 80$ gcal pro cm^3 und p_w der Wassergehalt des Bodens, also gibt λp_w die latente Einfrierwärme der Volumeinheit $1\ cm^3$. Statt W_0 kann man hier die Differenz zwischen den ein- und ausströmenden Kälten Q_1 und Q_2 durch die oberen und unteren Grenzflächen schreiben

$$W_0 = Q_1 - Q_2. \tag{27}$$

Wenn mit h der Tiefenzuwachs des Bodenfrostes bezeichnet wird, so folgt aus den vorigen Gleichungen für die Berechnung von h die Formel

$$h = \frac{1}{\lambda p_w} (Q_1 - Q_2 - W). \tag{28}$$

Aus den Temperaturbeobachtungen mit Kenntnis der Temperatur und Wärmeleitfähigkeiten und des Wassergehaltes kann man zuerst in der früher angedeuteten Weise die Kälteströmungen Q_1 und Q_2 sowie den Zuwachs der Kältemenge W berechnen, und danach das Wachstum des Bodenfrostes.

Aus den Messungen in Sodankylä sei hier ein Beispiel aus der Berechnung der Kälteströmungen und des Zuwachses des Bodenfrostes im Winter 1915—1916 gegeben.

Kälteverhältnisse und der Bodenfrost in Sodankylä 1915—1916.

	Temperatur-gradient		Intensität der Kälteströmung gcal		Kälte-summen gcal		W gcal	Zuwachs des Frostes cm	
	oben	unten	oben	unten	oben	unten		be-rechnet	gra-phisch
November .	0.068^0	0.010^0	0.000245	0.000036	635	93	84	45	46
Dezember .	61	10	220	36	589	96	76	39	34
Januar . .	15	8	54	29	145	78	—32	8	9
Februar . .	11	5	40	18	100	45	2	4	2
März . . .	11	5	40	18	107	48	6	4	5
April . . .	3	3	11	11	29	29	—24	2	2
Im ganzen .					1605	389	112	102	98

Die obere Schichtgrenze war hier 30 cm und die untere 140 cm. Der Zuwachs des Bodenfrostes war nach der Berechnung während der ganzen Zeit 102 cm und 4 cm größer als nach der graphischen Auswertung. Aus den Kältesummen sieht man, daß die Bedeutung der in der Schicht eingebetteten Kältemenge, 112 gcal in bezug auf die latente Wärme 1104 gcal, sehr klein ist, wie schon STEFAN in seiner Theorie gemerkt hat.

Die untere Kälteströmung ist, im umgekehrten Sinne aufgefaßt, die aus den tieferen Schichten steigende Wärme, die in diesem Falle etwa

24% von der einströmenden Kältemenge beträgt. Dieses Sachverhalten zeigt auch, wie notwendig die Berücksichtigung der nach oben entweichenden Wärme im Wärmehaushalte des Bodens im Winter ist.

8. Einige Einwirkungen des Bodenfrostes auf die Pflanzenkultur.

Man versteht ohne weiteres, daß eine länger im Frühjahr im Boden bleibende Frostschicht mit ihrer wärmeverbindenden Eigenschaft den Boden kälter als sonst hält und in der Weise ungünstig auf das Aufblühen der Pflanzen einwirkt. Nach der Erfahrung der Landleute wird in solchen Frühjahren die Frühlingssat z. B. im nördlichen Europa verspätet, was dort wegen der im allgemeinen zu kurzen Vegetationszeit für das Reifen des Kornes von großer Bedeutung werden kann. Wegen der Kühle des Bodens ist im allgemeinen nach einem frostreichen Winter das Wachsen des Grases im Vorsommer schlecht. Oft gehen die Roggenpflanzen in solchen Fällen, wenn das Frühjahr regenarm ist, leichter als sonst ein. Reichlicher Regen und übernormale Wärme im Frühjahr können diese schlimmen Nachwirkungen des Bodenfrostes beseitigen. Von den Kulturpflanzen scheint der Klee besonders empfindlich gegen starken Bodenfrost im Frühjahr zu sein und nach der Erfahrung kann er bisweilen diese Zeit nicht überdauern.

Es verdient hier erwähnt zu werden, daß diese Umstände oft auf die Größe der Ernte einwirken und die Hungersnot, z. B. in Finnland, hat beinahe immer nach frostreichem Winter stattgefunden[1].

Da auf anderer Seite, wie im Kapitel über die Schneedecke dargelegt wird, ein Winter ohne Bodenfrost zur Überwinterung der Roggenpflanzen gefährlich werden kann, ist aus dem Standpunkte der Agrikultur im Norden am vorteilhaftesten, daß während des Winters unter der Schneedecke ein gewisser Bodenfrost sich befindet.

Beim Einfrieren des Wassers und folglich auch bei der Frostbildung im Boden findet sich ein Zuwachs des Wasservolumens um rund 9% statt. Diese Erscheinung ruft mechanisches Verschieben des Bodenmateriales und in den obersten Bodenschichten natürlich in vertikaler Richtung nach oben, wofür die Bildung des Kammeises auf der Bodenoberfläche ein gutes Beispiel bildet. Bei diesen Bewegungen werden die Wurzeln der Pflanzen manchmal beschädigt und in der Weise entstehen bisweilen beträchtliche Schäden der Wintersaat. KOKKONEN[2] hat durch Nivellierung gezeigt, daß in einem kultivierten Boden die Erdoberfläche durch die Einwirkung des Bodenfrostes um 10 — 30 cm höher wurde, was 30 — 44% von der Dicke des entsprechenden Bodenfrostes ausmachte.

---

[1] Siehe KERÄNEN, J.: On the dependence of the harvest upon the temperature in the foregoing winter and May. Mitt. Meteorol. Zentralanst. Nr 15, 8. Helsinki 1925.

[2] KOKKONEN, P.: Studies of the circumstances affecting the condition of drainage canals. (Finnisch mit englischem Auszug). Acta forest. Fennica **27**, Nr 3, 153 u. 210.

Wenn der Bodenfrost im Frühjahr auftaut, bleibt das feste Material des Bodens in trockeneren Böden gewöhnlich in dem Zustande wie während des Bodenfrostes. Daraus folgt, daß die Bodenfrosterscheinung durch ihre Volumveränderungen die Struktur, Kapillarität und Porösität des Bodens viel verändert. Im allgemeinen zerstört sie oft die ursprüngliche Massenverteilung im Boden und begünstigt dessen Verwitterung. Im Ackerbau hat man viel Nutzen davon.

9. Eisboden und Bodeneis.

Von dem gewöhnlichen Bodenfrost, dessen Mächtigkeit am meisten unter 2 m bleibt, und der nur eine vorübergehende winterliche Bildung ist, nehmen die beiden beständigen, in gewissem Sinne ewigen Lagen, Eisboden und Bodeneis, eine ganz andere Stellung auf. Nach KÖPPEN[1] sind diese Bildungen folgenderweise zu charakterisieren.

Der Eisboden ist gefrorener Boden, bestehend am meisten aus Lehm oder Sand, in dem das Eis nur als Bindemittel und als Ausfüllung von kleinen Spalten und Rissen vorkommt. Er ist sehr verbreitet in Sibirien und Nordamerika und richtet sich vor allem nach der Jahrestemperatur und auch nach der winterlichen Schneedecke und Bodenart. Im schneereichen Westsibirien reicht der Eisboden bis zur Jahresisotherme von —6°, im schneeärmeren Ostsibirien dagegen zu viel milderen Gegenden, bis zur Jahrestemperatur von —1 bis —2°.

Das Bodeneis besteht aus einer Eismasse, bisweilen graugrün oder bräunlich, in kleineren Mengen farblos und durchsichtig. Man nennt es oft fossiles Eis, bisweilen Steineis und Ureis, gerade um diese Eislage vom Eisboden zu unterscheiden. Das Bodeneis kommt viel weniger als Eisboden vor in Asien auf Neusibirischen Inseln und auf der benachbarten Festlandsküste, in Amerika im Nordwesten von Alaska. Es wird auch stellenweise im Inneren von Ostsibirien und Alaska gefunden. Gelegentlich hat man auch in einem etwas milderen Klima solche Bodeneislagen gefunden, wie z. B. LEIWISKÄ[2] im Südwesten von Finnland in der Nähe der Ostsee, die auch als fossil bezeichnet werden können.

Es verdient hier erwähnt zu werden, daß der letztgenannte Fund ursprünglich rund 22 m tief unterhalb der Oberfläche eines fluvioglazialen Hügels gelegen war, so daß die Eisschicht unterhalb der Grenze der jährlichen Temperaturvariation im Boden sich befand. Sie war somit vor den jahreszeitlichen Temperaturveränderungen geschützt im stabilen Wärmezustande. Auch war sie durch eine in der Nähe der Bodenoberfläche liegende Tonschicht vom Regenwasser geschützt.

---

[1] KÖPPEN, W.: Bodeneis und Eisboden. Z. Meteorol. **38**, 214—216 (1921).

[2] LEIWISKÄ, I.: Fossiles Eis in einem fluvioglazialen Hügel unweit von Åbo. Z. Gletscherk. **8**, 209—225, 1914. Finnisch in Verh. Finn. Wiss. Helsinki 1914.

VII. Die Temperatur- und Wärmeverhältnisse der Schneedecke.

Da große Teile der Erdoberfläche, entweder andauernd das Jahr hindurch oder zeitweise während der kalten Jahreszeit, mit einer Schneedecke bedeckt sind, verdienen die Temperaturverhältnisse der Schneedecke besondere Beachtung.

Kürzere Beobachtungen der Temperatur auf der Oberfläche des Schnees und in demselben sind mehrere vorhanden, systematische, die ganze Schneedecke umfassende und die ganze Schneeperiode dauernde dagegen sehr wenig. Es macht hier besondere Schwierigkeiten wegen der stetigen Veränderungen der Höhe und Dichte einer Schneedecke, die Beobachtungen in ihr in geeigneter Weise anzuordnen. Die kleine Dichte der Schneedecke fordert außerdem solche Maßnahmen der Beobachtungen, daß die Meßapparate nicht die natürliche Wärmeströmung in der Schneedecke stören. Diese Forderung ist hier nicht leicht zu erfüllen. Da die Temperatur in der Schneedecke oft und insbesondere während der kalten Zeiten sehr schnell nach unten wächst und da deshalb die auf der Schneefläche erkaltete Luft längs aller Hohlräume in der Schneedecke nach unten fließt, sind wegen dieses Einflusses einige Temperaturbestimmungen in der Schneedecke ungenau und fälschlich. Einwandfreie Resultate kann man nur mit horizontal gestellten Meßapparaten, entweder mit dazu konstruierten Thermometern oder mit elektrischen Methoden erreichen, denn dabei kann die Schneedecke in der Richtung der Wärmeströmung ganz unberührt, im natürlichen Zustande bleiben.

Die Schneedecke ist von der Vegetationsdecke dadurch so wesentlich verschieden, weil sie solche vertikalen Luftströmungen zwischen deren Oberfläche und der Bodenoberfläche unmöglich macht, die in der Vegetationsdecke in effektiver Weise die Temperaturverhältnisse modifizieren und ausgleichen. Deshalb bildet die Schneedecke einen sehr wirksamen Schutz des Bodens gegen die Kälte des Winters, da sie ihn von den direkten Einwirkungen der Wärmeeinstrahlung und Ausstrahlung fernhält. Die Schneedecke erhöht somit die in dem Wärmehaushalte direkt tätige Oberfläche des Bodens und die eigentliche Bodenoberfläche wird während der Schneezeit in dem Sinne der Wärmeströmung eine ziemlich tief gelegene innere Niveaufläche der Strömung sein.

Dies ist eine direkte Folge von der schlechten Wärmeleitfähigkeit der Schneedecke. Bei einer Schneedichte von 0.2, die nahezu vorherrschend in der Schneedecke der kälteren Klimate ist, leitet nach WILD[1] der Schnee Wärme zehnmal und Temperatur rund dreimal schlechter

---

[1] WILD, H.: Über die Differenzen der Bodentemperaturen mit und ohne Vegetations- resp. Schneedecke. L. c. 11—12.

als Sandboden. Daraus folgt, daß die Einwirkung der Schneedecke in der Bodentemperatur mit einer von zwei- bis dreimal höheren Sandschicht zu vergleichen ist.

Außerdem besitzt die Schneeoberfläche besondere, in dem Wärmehaushalte wichtige Eigenschaften, wie das oben erwähnte große Reflexionsvermögen der Strahlung und eine gewisse Durchlässigkeit für die Einstrahlung. Sie bildet bisweilen eine Verdunstungs- oder Kondensationsfläche, wodurch die Wärmeeinwirkungen der Schneedecke für die untersten Luftschichten ausschlaggebend werden.

1. Die Temperaturverhältnisse der Schneeoberfläche.

Was zuerst die Bestimmung der Temperatur auf der Schneeoberfläche betrifft, so erscheinen dort gleiche Schwierigkeiten wie in der gleichartigen Beobachtung auf der Bodenoberfläche.

MÜLLER[1] hat gleichzeitig mit zwei gleichen Thermometern die Oberflächentemperatur des Schnees in Katherinenburg in Rußland bestimmt und bekam mit beiden, trotz gelegentlichen Differenzen bis auf $\pm 1.5°$, beinahe dieselben monatlichen Mittelwerte. Gleichartige Messungen von KERÄNEN[2] ergaben folgende Werte der Differenzen: Bei klarem Himmel am Morgen und am Tage durchschnittlich $0.4—0.5°$, und bei trübem $0.1°—0.2°$. Der Fehler des Monatsmittels wurde dadurch rund $\pm 0.1°$. Die Vergleichsbeobachtungen zwischen Thermometer und Thermoelement zeigten größere Übereinstimmung als zwischen beiden Thermomtern. Der mittlere Fehler des Tagesmittels blieb im allgemeinen unter $0.1°$. Nur im März an klaren Tagen lieferte das Thermoelement ein beinahe um $0.3°$ größeres Tagesmittel als das Thermometer.

Ein etwa 1 cm oberhalb der Schneeoberfläche aufgestelltes Thermometer zeigte in den Untersuchungen von MÜLLER während der Monate Januar und Februar in den mittleren Tagesstunden von 11—15 durchschnittlich um $0.0—0.4°$ kleinere und während der übrigen Tageszeit um $0.2—0.9°$ höhere Angaben, als das Thermometer auf der Schneeoberfläche. Dies ist ein Zeugnis über die bekannte Tatsache, daß es am kältesten durchschnittlich auf der Schneeoberfläche ist. Wegen des großen Reflexionsvermögens der Strahlung, das nach den oben erwähnten Messungen zwischen 70 und 80% von der Einstrahlung ausmacht, sinkt die Temperatur der Schneeoberfläche bei kleiner Gegenstrahlung der Atmosphäre leicht sehr tief und deshalb ist die abkühlende Einwirkung der Schneedecke sehr groß.

---

[1] MÜLLER, P. A.: Über die Temperatur und Verdunstung der Schneeoberfläche und die Feuchtigkeit in ihrer Nähe. Mém. Acad. Peterb. 5, VIII. Ser. Phys.-math. Kl. 5, Nr 1, 3.

[2] KERÄNEN, J.: Über die Temperatur des Bodens und der Schneedecke. L. c. 56 u. f.

Gute Anhaltspunkte für die Beurteilung der Temperatur der Schneeoberfläche erhält man aus der Differenz zwischen ihr und der Lufttemperatur.

Alle von WOEIKOF, SÜRING, SATKE, HJELTSTRÖM, BRÜCKNER, MÜLLER, WILD, JANSSON, WESTMAN, ÅNGSTRÖM, KERÄNEN und TOLSKY veröffentlichten Untersuchungen haben für die Schneeoberfläche eine niedrigere Temperatur als für die Luft angegeben.

Da die Strahlungsverhältnisse in der Differenz dieser Temperaturen maßgebend sind, ist die relative Abkühlung der Schneeoberfläche am größten bei klarem, am kleinsten bei trübem Himmel, wie die folgende Zusammenstellung zeigt[1]:

Temperatur auf der Schneeoberfläche.

Bewölkung	0—2	3—5	6—8	9—10
Tarnopol	−10.75°	−7.80°	−5.84°	−3.22°
Brocken	− 1.70		−3.10	−5.00
Aachen	−11.60	−8.80	−3.40	−2.30
Sodankylä	−22.55		−16.75	−8.96

Temperaturdifferenz gegen die Luft.

	0—2	3—5	6—8	9—10
Tarnopol	−1.95°	−1.40°	−0.44°	−0.03°
Brocken	−4.40		−3.10	−0.60
Aachen	−5.00	−3.30	−1.60	−0.80
Sodankylä	−2.83		−2.21	−1.26

Im täglichen Gange der Temperatur ist nach MÜLLER zu der Tageszeit von 9—15 Uhr die Temperatur der Schneedecke höher als in der Luft, bei klarem Himmel bis 3—4°, bei bewölktem unter 2°. Während der übrigen Tageszeit bleibt die Schneeoberfläche kälter, bei klarem Himmel bis 4.5°, im Spätwinter und bei trübem höchstens 1.5°.

Auf höheren Breiten, wie in Sodankylä, ist dagegen im Durchschnitt den ganzen Tag auch in den Mittagsstunden die Temperatur der Schneeoberfläche kälter als in der Luft. Nur bei bewölktem Himmel im Spätwinter kann wegen der großen diffusen Einstrahlung und Gegenstrahlung des Himmels die Schneedecke wärmer als Luft in Mittagsstunden werden.

Durch diese Verschiedenheiten im Verhalten zwischen den Temperaturen der Luft und Schneeoberfläche in mittleren und höheren Breiten kann man charakteristische Eigenschaften der Schneedecke in bezug auf deren Verdunstung und Kondensation ableiten. Wenn die Temperatur der Schneeoberfläche tiefer als der Taupunkt der darüber lagernden Luft sinkt, muß eine Kondensation des Wasserdampfes eintreten, im entgegengesetzten Falle Verdunstung. Die Stationen auf höheren Breiten haben nach BRÜCKNER, ROLF und KERÄNEN[2] eine überwiegende Kondensation der Schneedecke ergeben. Für südlichere Stationen haben

---

[1] KERÄNEN, J.: Über die Temperatur des Bodens und der Schneedecke. L. c. 62, 63.

[2] KERÄNEN, J.: Über die Temperatur des Bodens und der Schneedecke. L. c. 68—69.

Süring, Polis und Müller dagegen eine überwiegende Verdunstung gefunden. Viele Ausnahmen von diesem allgemeinen Verhalten sind doch in verschiedenen Wettersituationen zu finden.

Die Anzahl der Fälle, wenn die Temperatur der Schneeoberfläche höher als die der Luft ist, ist in Sodankylä bei den drei Terminbeobachtungen 26%, in Katharinenburg 36% (um 2 Uhr nachmittags sogar 61%). Die höhere Temperatur der Schneeoberfläche tritt im allgemeinen bei bewölktem Himmel ein, wenn die Ausstrahlung der Schneedecke durch Himmelsstrahlung überwunden wird. Nach Süring[1] begünstigt vielleicht die Kondensationswärme das Steigen der Schneetemperatur über die der Luft nach dem Aufhören der effektiven Ausstrahlung. Die verhinderte Ausstrahlung durch die Bewölkung verursacht auch die von vielen Forschern konstatierte Tatsache, daß die Temperatur auf der Schneeoberfläche während eines Schneefalles am meisten höher als in der Luft ist.

Die Bedingungen für die Kondensation des Wasserdampfes werden am günstigsten beim Tauwetter im Winter und insbesondere zur Zeit der Schneeschmelze im Frühjahr, wenn die Lufttemperatur positiv wird.

2. Die Eigenschaften einer winterlichen Schneedecke und deren Dichte.

Die Höhe und Art der Schneedecke variiert erheblich in verschiedenen Jahren schon in derselben Gegend. Da sie eine Anhäufung der im Verlaufe der kalten Zeit am meisten in der festen Form gefallenen Niederschläge bildet, so wird in erster Linie die Schneehöhe von der Menge der Schneefälle zusammen mit den Temperaturverhältnissen der Gegend bestimmt. Wenn in einer Gegend die Tauwetter selten während der Schneezeit sind, erfahren die Höhe und Dichte der Schneedecke verhältnismäßig kleine Veränderungen im Vergleich zu solchen Gegenden, wo das Klima milder mit offenen Tauwettern ist.

Wegen seiner kleinen Dichte wird der Schnee von den Winden leicht von einer zur anderen Stelle geführt. Auf offenen Geländen löst ein starker Wind größere oder kleinere Schichten von der obersten Schneedecke ab, führt sie zu Niederungen oder zu den Umgebungen der Hindernisse, wie der Zäune, Gebäude, Wälder und dergleichen. Deshalb gestaltet sich die Schneehöhe anders auf offenen Feldern als in den Waldgegenden. Die Tauwetter üben gewöhnlich mit Hilfe der direkten Einstrahlung und der milden Winde einen größeren Einfluß auf die Schneedecke auf offenen Stellen, als in den Wäldern, und deshalb verliert dort die Schneedecke mehr an Höhe bei andauerndem gelindem Wetter. Aus gleichen Ursachen geschieht das Abschmelzen der Schneedecke im Frühjahr auf Feldern in einer kürzeren Zeit als in Wäldern.

---

[1] Süring, R.: Temperatur- und Feuchtigkeitsbeobachtungen über und auf der Schneedecke des Brockengipfels. Z. Meteorol. 12, 57, 1895.

WOEIKOF[1] sprach schon aus, daß ein Schutz vor starkem Winde einer gleichmäßigen Lagerung sehr günstig ist. Danach würden die gleichmäßigsten Schneehöhen in Wäldern zu finden sein. Das gilt auch in wenig dichten Laubwäldern und insbesondere in kleineren Lichtungen des Waldes. Dagegen in Nadelwäldern bleibt ein großer Teil des Schnees auf den Zweigen und deshalb wird die Schneehöhe an den Füßen der Bäume oft viel kleiner. Daraus folgt wieder die allgemein gefundene Tatsache, daß in dichten Nadelwäldern die Schneehöhe durchschnittlich verhältnismäßig klein bleibt.

In gebirgigen Gegenden werden die Schneedecken, beruhend auf Höhen- und Geländeverhältnissen, sehr verwickelt. Auf diese Frage braucht man nicht hier näher einzugehen. Für näheres Studium der Schneehöhen gibt es viele Untersuchungen in der Meteorologie.

Schneedichte. In der Schneedecke geschehen während der Schneezeit gewisse Veränderungen, verursacht durch variierende Witterung, Niederschläge und durch den Druck oberer Schneeschichten. Im allgemeinen verändert sich die Struktur des Schnees von der Oberfläche nach unten, wenn man seinen Durchschnitt studiert. In der Nähe der Oberfläche hat gewöhnlich der Schnee dieselbe mehr oder weniger kristallinische Form, die der letzte Schneefall gehabt hat. Tiefer verliert der Schnee diese ursprüngliche Art, er wird harter und man bekommt die Auffassung, daß eine Formation der ursprünglichen Gestalt der Schneekristalle in der Weise vollgezogen hat, wodurch die Schneemasse allmählich grob und körnig geworden ist. Man findet gewöhnlich schon in kalten Klimaten mit starker Winterkälte in den mittleren Schneeschichten Krustenbildungen, die durch ihr Dasein über ein Tauwetter zu der Zeit sprechen, wenn sie ihrerseits die oberste Schicht der Schneedecke bildeten.

In der Schneedecke geschehen bei mildem Wetter Verdampfungserscheinungen in den feinsten Kristallformen, in denen die Berührungsfläche mit der Schneeluft verhältnismäßig am größten ist. Bei der Kälte kondensiert wieder der Wasserdampf der Schneeluft an den Schneeteilchen. Durch diese beiden Erscheinungen wird schon eine gewisse Umformation der Schneemassen zu körnig geleitet. Diese Entwicklung wird natürlich durch das einsickernde Wasser der Regenfälle und Tauwetter viel beschleunigt.

Außerdem dringt die kurzwellige Sonnenstrahlung ein wenig in die Schneedecke, wie die Messungen von MELLONI[2], A. HAMBERG[3] und

---

[1] WOEIKOF, A.: Der Einfluß einer Schneedecke auf Boden, Klima und Wetter. Geogr. Abh. von PENCK 3, H. 3, 69.

[2] MELLONI: Nouvelles recherches sur la transmission immediate de la chaleur rayonnante par différents corps solides et liquides. Ann. Chim. Phys. Sér. 2, 55, 337 u. f. Paris 1833.

[3] HAMBERG, A.: Die Eigenschaften der Schneedecke in den lappländischen Gebirgen. Naturw. Unters des Sarekgeb. in Schwedisch-Lappland 1, Abt. 3, Lief. 1, 16.

KERÄNEN[1] zeigen. Dies bewirkt gewisse Wärmeerscheinungen in der Schneedecke und hilft bei der Umgestaltung der Schneestruktur.

Mit der erörterten Entwicklung vollzieht sich eine gewisse Vergrößerung der Schneedichte, so daß sie im allgemeinen größer von oben nach unten und gegen Ende der Schneezeit wird. Der Druck der oberen Schneedichten preßt natürlich die Schneemasse dichter in den unteren Schichten. Die Zunahme der Dichte, wenigstens in einer loseren Schneedecke der kalten Jahreszeit, ist nicht nach den Untersuchungen von KORHONEN[2] und ALPS[3] so regelmäßig, daß man die Dichten der tieferen Schichten aus der Oberflächenschicht durch eine mathematische Formel genügend genau errechnen kann.

Die Strukturveränderungen der Schneedecke verlaufen nicht ganz gleichartig in Wäldern und auf offenen Stellen. Auf Bergen hat die Bildung des Firnschnees und daraus schließlich das Entstehen des Gletschereises eine längere, über Jahre dauernde Entwicklung.

Was speziell die Größe der Schneedichte betrifft, so zeigt schon der frischgefallene Schnee nach vielen Untersuchungen, wie von WENGLER[4], KORHONEN[5] und KERÄNEN[6], große Verschiedenheiten, die von der Schneeart und von der Temperatur während des Schneefalles größtenteils bestimmt werden.

Nach einer Klassifikation von KERÄNEN haben die verschiedenen neugefallenen Schneearten folgende durchschnittliche Dichten in Sodankylä:

Schlacken	0.257	Flocken	0.090
Schneekruste	0.126	Leichte Flocken	0.031
Körniger Schnee	0.063	Flaumiger Schnee	$\leqq$0.010
Mehliger Schnee	0.072		

Gleichartige Messungen in Rossinière[7], in der Nähe des Genfer Sees haben folgende, etwas größere Dichten als in Sodankylä ergeben, beruhend wohl auf dem größeren Dampfgehalt der Luft in dieser südlichen Gegend:

> Mehliger Schnee 0.098
> Flocken 0.118
> Leichte Flocken 0.047

[1] KERÄNEN, J.: Über die Temperatur des Bodens und der Schneedecke. L. c. 99—102.

[2] KORHONEN, W. W.: Beobachtungen über die Dichte der Schneedecke in verschiedenartigem Gelände und in verschiedenen Tiefen. Mitt. Meteorol. Z. Anst. Nr 11, 24 u. f. Helsinki 1923.

[3] ALPS, H. F.: Foot-layer densities of snow. Monthly Weather Review 50, 474—475, 1922.

[4] WENGLER, FR.: Die spezifische Dichte des Schnees. Greifswald 1914.

[5] KORHONEN, W. W.: Über die Dichte des Neuschnees. Mitt. Meteorol. Z. Anst. Nr 18. Helsinki 1926.

[6] KERÄNEN, J.: Die Dichte des frischgefallenen Schnees in Sodankylä im Winter 1917—18 nach den Beobachtungen von H. LINDFORS. Ann. Acad. Sc. Fennicae S. A. 13, Nr 8. Helsinki 1920.

[7] WENGLER, FR.: L. c.

Nach der Temperatur während des Schneefalles geordnet, bekommt man folgende Dichten an verschiedenen Orten:

Temperaturintervall	1 bis 0^0	-0 bis -1^0	-1 bis -3^0	-3 bis -5^0	-5 bis -10^0	-10 bis -15^0	-15 bis -20^0	-20 bis -32^0
Sodankylä . . .	0.136	0.089	0.094	0.124	0.087	0.062	0.089	0.044
Mittleres Finnland (2 Orte). . . .	0.129	0.113	0.111	0.111	0.093	0.092	0.104	
Potsdam	0.126	0.090	0.089	0.086	0.082	0.046		
Rossinière . . .	0.083	0.094	0.080	0.078	0.060	0.070		

Aus diesen Angaben geht hervor, daß die Dichte des Neuschnees von der geographischen Breite des Ortes nahezu unabhängig ist, denn die Angaben von Sodankylä weichen sehr wenig von denjenigen in Potsdam und Rossinière ab.

Sonst ist eine deutliche Abnahme der Dichte mit der steigenden Kälte des Schneefalles zu sehen. Dieselbe Erscheinung ist in der ganzen Schneedecke größerer Areale zu sehen, wie KORHONEN[1] nachgewiesen hat.

Wenn der Neuschnee eine Zeit auf der Schneeoberfläche gelegen hat, setzt er sich zusammen, sehr wenig bei kaltem, aber mehr bei gelindem Wetter. Starke Winde und Tauwetter können die oberste Schneeschicht ganz umformieren. Deshalb wäre es sehr gewagt, allgemein gültige Angaben über die Dichte der obersten Schicht zu erwähnen. In kälteren Klimaten bleibt diese Dichte sogar unter 0.2, bei milderem Klima steigt wohl zwischen 0.2—0.3. Während der Schmelzzeit werden dann in der Schneedecke der Niederungen größere Dichten als 0.3. In den mittleren und niederen Schichten variiert die Dichte im allgemeinen unregelmäßig, doch zwischen nicht zu weiten Grenzen, z. B. in Finnland von 0.2—0.4.

Wie sich die Schneedichte während einer ganzen Schneezeit verhält, erhellt aus folgenden monatlichen Mittelwerten in Katharinenburg nach H. ABELS[2]:

	Nov.	Dez.	Jan.	Febr.	März	April
Mittlere Schneedichte. .	0.139	0.182	0.193	0.189	0.233	0.279

Man sieht aus den Zahlen, wie während der kältesten Zeit die Dichte nahezu konstant ist, wird aber größer im Spätwinter und insbesondere während der Schmelzzeit.

In der untersten Schneeschicht oberhalb der Bodenoberfläche sammelt sich bei einem längeren Tauwetter, wenn der Boden eingefroren ist,

---

[1] KORHONEN, W. W.: Die Ausdehnung und Höhe der Schneedecke. L. c. 174.

[2] ABELS, H.: Über die Schneedichte in Katharinenburg. (Russisch.) Mém. Acad. Petersb. 8, Phys.-math. Kl. 3, Nr 9.

Schmelz- und Regenwasser und bildet mit den Schneepartikeln eine nasse Masse, die gelegentlich bei einer darauffolgenden Kälteperiode zu einer dichteren, bisweilen zu einer eisartigen Kruste vereist. Darin kann die Dichte ziemlich groß, 0.4 bis 0.5 werden.

Schon auf offenen Stellen der Niederungen ist die Schneedichte im allgemeinen größer als in Wäldern und deren kleinen Lichtungen. Die größten Schneedichten werden natürlich auf Hochgebirgen gefunden, wo Winde, Sonnenschein, Feuchtigkeit die Schneeflächen dauernd mehr umformieren als auf Niederungen. Nach sechs bis neun Monaten hat eine Schneelage die Dichte des Firnschnees 0.4—0.5 erreicht. Das Firneis hat die Dichte 0.85 und Gletschereis rund 0.9.

3. Wärme- und Temperaturleitfähigkeit des Schnees.

Da die Schneemasse eine Mischung von zwei in bezug auf Wärme- und Temperaturleitung sehr verschiedenartigen Materien, von festen Eispartikeln in den mannigfaltigen Kristallen und Kornen des Schnees und von der Luft ist, so folgt daraus ohne weiteres, daß die Verteilung zwischen diesen beiden das Leitvermögen in erster Hand bestimmt. Das Leitvermögen ist somit eine gewisse Funktion der Schneedichte und in dieser Weise wird es ja gewöhnlich angegeben. Da die innere Struktur des Schnees bei gleicher Dichte sehr veränderlich ist, müßte man schließlich auch den Einfluß der Schneearten auf dessen Wärmeleitvermögen untersucht werden. Die Wärmeleitungskoeffizienten des Eises und der Luft sind: 0.00568 und 0.00005 cal/cm. sek. Grad.

Die Wärme- und Temperaturleitungskoeffizienten k und K und deren Abhängigkeit von der Dichte d ist von vielen Forschern bestimmt worden. ABELS[1] fand aus seinen Beobachtungen in natürlicher Schneedecke für diese Koeffizienten, nach der Amplitude der Temperaturkurve berechnet, folgende Gleichungen:

$$k = 0.00677 d^2,$$
$$K = 0.01333 d.$$

JANSSON[2] bestimmte das Wärmeleitvermögen im Laboratorium durch eine Vergleichsmethode mit einem Material, für das der Wärmeleitungskoeffizient bekannt war, und fand die Relation

$$k = 0.00005 + 0.0019 d + 0.006 d^4.$$

---

[1] ABELS, H.: Beobachtungen der täglichen Periode der Temperatur im Schnee und Bestimmung des Wärmeleitungsvermögens des Schnees als Funktion seiner Dichtigkeit. Rep. Meteorol. 16, Nr 1, 31, 32. St. Petersburg 1892.

[2] JANSSON, M.: Über die Wärmeleitungsfähigkeit des Schnees. Öfvers. Akad. Stockholm. Nr 3, 220, 1901. — Om värmeledningsförmågan hos snö, 19. Upsala 1904.

Außerdem sind einzelne Bestimmungen des Wärme- und Temperaturleitvermögens des Schnees von HJELTSTRÖM[1], OKADA[2] und KERÄNEN[3].

Aus allen diesen Bestimmungen kann man eine interessante Folgerung machen. Wenn man nämlich die Art der Berechnung der Leitungskoeffizienten berücksichtigt, ob sie aus der Amplitudenveränderung oder aus der Verschiebung der Phasenzeiten in verschiedenen Tiefen abgeleitet worden ist, so bekommt man verschiedene Ergebnisse, wie die folgende Zusammenstellung zeigt.

Mit den Indizes α und β sind die aus den Amplituden und Phasenverschiebungen abgeleiteten Wärme- und Temperaturleitungskoeffizienten k und K bezeichnet worden.

	Schnee-dichte	Aus Amplituden		Aus Phasenzeiten	
		k_α	K_α	k_β	K_β
ABELS . . .	0.12	0.00010			
JANSSON . .	0.12			0.00028	
KERÄNEN . .	0.12	0.00010	0.0016	0.00020	0.0032
ABELS . . .	0.16	0.00017			
JANSSON . .	0.16			0.00036	
KERÄNEN . .	0.16	0.00021	0.0026	0.00047	0.0058

Die Zahlen dieser Übersicht enthalten das Resultat, daß die Wärme- und Temperaturleitfähigkeiten des Schnees. aus den Amplituden des täglichen Temperaturganges berechnet, rund halb so große Werte geben wie aus den Phasenzeiten. Dieser Umstand ist eine Folge aus dem Pseudoisotropismus des Schnees im Sinne von ANDERKÓ und deshalb muß man bei allen Berechnungen des Wärmehaushaltes des Schnees ausdrücklich erwähnen, in welcher Weise das Leitvermögen berechnet worden ist.

4. Die mittleren Temperatur- und Wärmeverhältnisse in der Schneedecke.

In bezug auf Temperatur- und Wärmeleitung verhält.sich die Schneedecke prinzipiell in gleicher Weise, wie der feste Erdboden. Wegen der kleinen Leitfähigkeit der natürlichen Schneedecke bleiben die kürzeren Temperaturschwankungen in den obersten Schneeschichten, so daß schon eine dünne Schneedecke den Boden z. B. von dem täglichen Temperaturgang unberührt läßt. Dieser Umstand erleichtert einigermaßen die Anordnung der Temperaturmessungen im Schnee, da dort allzu viele Meßstellen in den tieferen Schichten nicht notwendig sind. Wenn doch

---

[1] HJELTSTRÖM, S. A.: Sur la conductibilité de la neige. Öfvers. Akad. Stockholm. Nr 10, 675, 1889.

[2] OKADA, T.: Über die Wärmeleitung des Schnees. Ref. Z. Meteorol. 32, 556, 1906 und The diurnal heat exchange in a layer of snow on the ground. Méteorol. Soc. of Japan Nr 4, 1907. Ref. Monthly Weather Review. 450—452. Okt. 1907. Z. Meteorol. 84—85, 1908.

[3] KERÄNEN, J.: Über die Temperatur des Bodens und der Schneedecke. L. c. 97—98.

so wenige systematische Temperaturuntersuchungen der Schneedecke vorhanden sind, so ist wohl die unangenehme Beschäftigung in der Kälte die hauptsächliche Ursache dazu.

Der tägliche Temperaturgang in der Schneedecke. Stündliche Beobachtungen der Temperatur in einer Schneedecke haben HJELTSTRÖM, ABELS, OKADA, TOLSKY und KERÄNEN ausgeführt. Die meisten von diesen Untersuchungen waren für die Bestimmung der Temperatur- und Wärmeleitfähigkeit der Schneedecke veranstaltet worden. Deshalb fassen sie öfters, wie bei HJELTSTRÖM und ABELS, nicht eine solche Dicke der Schneedecke, daß man sich von denen ein Bild über die ganze Erscheinung des täglichen Temperaturganges im Schnee anschaffen kann. Wegen dieses Mangels verlieren z. B. die monatelangen Temperatur-reihen von ABELS an Wert. Nur die Beobachtungsreihen von TOLSKY[1] in Borowoje ($\varphi = 53^\circ$ 0' N., $\lambda = 52^\circ$ 3' E.) und KERÄNEN[2] in Sodankylä ($\varphi = 67^\circ 22'$N.,$\lambda = 26^\circ 29'$E.) umfassen die ganze Schneedecke. Die Messungen in Borowoje waren mit speziell konstruierten Alkoholthermometern angeordnet und infolge einiger Fehler im Meßsystem sind die Resultate nicht ganz einwandfrei. Die Messungen in Sodankylä wurden mit Thermoelementen in den horizontalen Stellen der Meßeinrichtungen ausgeführt, so daß die Schneelagen oberhalb und unterhalb der Meßtiefen im natürlichen Zustande liegen konnten.

Aus den letztgenannten Messungen bilden die Besobachtungen den 19. bis 20. März im Jahre 1917 ein gutes Beispiel über den ungestörten täglichen Temperaturgang im Schnee bei einer starken Kälte, während deren die Temperatur der Schneeoberfläche bei klarem Wetter zwischen —41° und —12° variierte. Die mittleren Schneeisothermen dieser Tage haben einen regelmäßigen Verlauf, wie die beiliegende Abb. 11 zeigt. Die effektive Ausstrahlung der Wärme ist in diesem Falle bei klarem Himmel und kleiner Luftfeuchtigkeit sehr groß und deshalb sinkt die Temperatur während der Nacht sehr tief. Wegen des großen Reflexionsvermögens der Schneeoberfläche kann die Erwärmung bei Tage auch nicht besonders hoch werden. Die Schneedichte war rund 0.16 in der obersten Schicht. Insbesondere verdient hier Beachtung die Erwärmung der obersten Schneeschichten bei Tage infolge der Einstrahlung. Bei klarem Himmel dringt ein Teil der Einstrahlung in die Schneedecke hinein und infolgedessen erfolgt die Erwärmung der obersten, rund 10 cm tiefen Schneeschicht gleichzeitig, wie die nahezu vertikale Stellung der Schnee-isothermen zeigt. Außerdem bildet sich aus gleicher Ursache zu der wärmsten Tageszeit einige Zentimeter tief unter der Schneeoberfläche

---

[1] TOLSKY, A.: Über die Temperatur der Schneedecke. (Russisch mit deutschem Auszug). J. Geophysics and Meteorol. in Rußland **2**, H. 3/4, 137—163. Leningrad. 1925. Ref. Z. Meteorol. **43**, 437, 1926.

[2] KERÄNEN, J.: Über die Temperatur des Bodens und der Schneedecke L. c. 88 u. f.

eine kleine Stelle der Wärmeanhäufung mit einer über 2° gehenden höheren Temperatur als auf der Schneeoberfläche. Diese Erscheinungen folgen direkt aus dem Umstande, daß die Schneedecke, wie oben erwähnt, einigermaßen diatherm für helle und chemische Strahlung ist. Nach HAMBERG[1] befand es sich noch 5% von der chemisch wirksamen Sonnenstrahlung der unteren Luftschichten 20 cm tief in der Schneedecke, wenn die Schneedichte 0.18 betrug. Im Frühjahr, wenn die Temperatur im Schnee zum Schmelzpunkte steigt, findet man in den obersten Schnee-

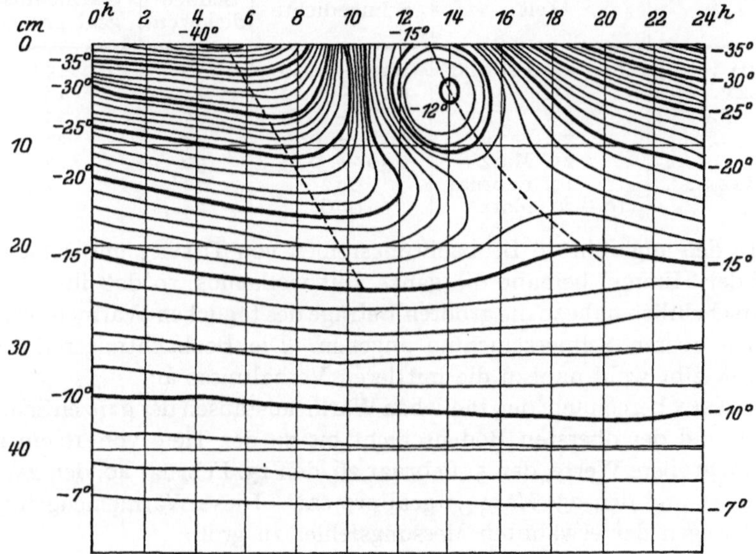

Abb. 11. Der tägliche Gang der Temperatur im Schnee in Sodankylä bei starker Kälte, den 19.—20. März 1917.

lagen infolge dieser eingedrungenen Strahlungsenergie kleine positive Temperaturen bis 30 cm tief, wie KERÄNEN in Sodankylä gefunden hat.

Der tägliche Temperaturgang dringt in diesem Falle etwa 35 cm tief ein, wo die mittlere Temperatur rund – 10° war. Auf der Schneeoberfläche betrug die mittlere Temperatur – 30.2° und unter der 64 cm tiefen Schneedecke – 3.8°.

Die Konstanten der trigonometrischen Reihen betragen auf der Schneeoberfläche und in verschiedenen Tiefen:

Harmonische Konstanten des täglichen Temperaturganges im Schnee in Sodankylä.

	Tiefe cm	A_0	A_1	A_2	A_3	B_1	B_2	B_3
19.—20. März	0	– 30.24°	11.76°	4.73°	1.18°	237.4°	63.6°	254.6°
1917	4	– 25.10	9.62	3.72	1.14	223.5	44.4	234.7
Schneedichte	14	– 19.41	2.81	0.67	0.16	171.7	348.2	153.6
0.16	24	– 14.47	0.65	0.04	0.01	107.9	78.2	298.9

[1] HAMBERG, A.: L. c. 29.

Die Amplitude des täglichen Temperaturganges ist in diesem Falle in der obersten Schicht verhältnismaßig groß, nicht nur in der ganztägigen, sondern auch in den zwei kürzeren Wellen. Erst in 24 cm Tiefe, wo die tägliche Schwankung sehr klein wird, hat sie eine nahezu reine Sinusform.

Den täglichen Wärmeumsatz in der Schneedecke kennt man aus einigen Untersuchungen, von denen eine Übersicht hier angeführt wird:

	Zeit	Schneedichte	Schneedicke cm	Wärmeumsatz gcal pro cm²
OKADA . . .	16.—23. Februar	0.16 — 0.30	30	15 [1]
TOLSKY. . .	5. „	0.13 — 0.22	25	18
„ . . .	15. „	0.18 — 0.24	25	25
„ . . .	25. „	0.18 — 0.26	24	26
„ . . .	25. März	0.30 — 0.33	30	27
KERÄNEN . .	19. Februar	0.12	22	7.5
„ . .	19.—20. März	0.16	24	20

In den angeführten Beobachtungsreihen von TOLSKY und KERÄNEN war der Himmel beinahe die ganze Zeit wolkenlos, so daß ihre Werte wahrscheinlich nahezu die größten Beträge des täglichen Wärmeumsatzes in den oberen Schneeschichten angeben. Die Beobachtungsreihe von OKADA gibt wohl nahezu die mittleren Verhältnisse an.

TOLSKY berechnete den täglichen Wärmeaustausch der ganzen Schneedecke und der obersten Bodenschicht bis zu der Tiefe von 10 cm und bekam größere Werte, den 5. Februar 26, den 15. Februar 40, den 25. Februar 43 und den 25. März 37 gcal pro cm². Diese Wärmemengen sind wohl wegen der erwähnten Messungsfehler zu groß.

Die Schneetemperatur einer ganzen Schneeperiode. Die umfangsreichsten Messungen der Schneetemperatur der ganzen Schneezeiten sind wohl in den genannten Untersuchungen von TOLSKY und KERÄNEN zu finden. Die erstgenannten Beobachtungen in Borowoje umfassen drei Winter 1907—1910, und dieselben in Sodankylä zwei Winter 1915—1917. TOLSKY gibt nur die monatlichen Mittelwerte der Schneetemperaturen und graphisch nach Pentadenmitteln aufgezeichneten Thermoisoplethen sowohl in der Schneedecke als auch darunter im Boden bis zu der Tiefe von 2 m, also in gleicher Weise wie die Darstellung aus Sodankylä auf S. 216. Aus dieser Abbildung sieht man die Veränderlichkeit der Schneedecke im Winter, ein durch die Witterung bestimmtes Anwachsen bis zum Anfang von April und darauf ein mit der rasch zunehmenden Tageslänge verhältnismäßig schnell stattfindendes Abschmelzen. Die Temperatur der Schneedecke zeigt sich infolge des stark veränderlichen Winterklimas der Gegend als sehr launenhaft. Ausführliche tägliche Angaben der Schneetemperaturen und nach ihnen aufgezeichneten Isoplethen

---

[1] Das Resultat ist hier von einem Fehler in der Berechnung von OKADA befreit worden.

befinden sich aus Sodankylä in der Untersuchung von KERÄNEN. Die Schneetemperaturen in Borowoje haben einen gleichen Charakter, doch sind ihre Schwankungen dort, in einer südlicheren Gegend nicht so groß. Die Schneehöhe hat dagegen in Borowoje größere Veränderlichkeit als in Sodankylä; z. B. treten deren Höchstwerte in den drei Wintern in verschiedenen Monaten auf; im ersten Jahre im April, dann im Februar und im letzten Jahre im Januar.

Für die Beleuchtung·des mittleren Verhaltens der Schneetemperaturen werden deren monatliche Durchschnittswerte an deren Grenzflächen und verschiedenen Tiefenstufen von oben nach unten in Sodankylä im Winter 1915—1916 angegeben.

Monatsmittel der Schneetemperaturen von der Oberfläche nach unten
in Sodankylä 1915 — 1916.

	Luft	Schnee-oberfl.	10 cm	20 cm	30 cm	40 cm	50 cm	60 cm	Erd-Oberfl.	Schnee-höhe cm	Schnee. dichte
Novemb. 1915	—12.8°	—14.0°							—4.3	19	0.128
Dezember . .	—24.4	—25.3	—14.1	—10.5	—7.2				—6.5	32	0.172
Januar 1916 .	—11.2	—12.9	— 9.2	— 6.8	—5.4				—3.4	49	0.167
Februar . . .	—10.4	—11.6	— 7.5	— 5.7	—4.7	—3.9	—3.1		—1.9	66	0.187
März	—11.7	—12.8	— 8.4	— 6.3	—5.4	—4.8	—4.0	—3.2	—2.2	74	0.214
April	— 3.0	— 5.2	— 3.0	— 2.8	—2.5				—1.1	70	0.242
Mittel	—12.2	—13.6							—3.2	52	0.197

Aus diesen Zahlen liest man direkt die mittleren Temperaturverhältnisse in dem Schnee während einer ganzen Schneeperiode. Die Abnahme der Kälte ist immer am größten in der obersten Schneeschicht und insbesondere ausgeprägt bei starker Kälte wie im Dezember.

Für das Überwinterungsvermögen der Pflanzen ist nützlich zu wissen, wie verhältnismäßig schwache negative Temperaturen unter der Schneedecke auch bei stärkster Kälte herrschen. So betrug der Kleinstwert der Temperatur auf der Erdoberfläche bei der anhaltenden Kälte (unter —30° in der Luft) im Dezember 1915, unter dem 32 cm tiefen Schnee —9.2° und im Februar 1917 nach einer noch stärkeren Kälte unter der 61 cm tiefen Schneedecke —3.9°. Die Pflanzen müssen während der kalten Jahreszeit die stärksten Kälten bei schneelosem Boden durchgehen.

Kältegehalt in einer Schneedecke. In dem Wärmehaushalte des Bodens ist es nützlich zu wissen, wieviel Kälte eine Schneedecke enthält. Weil man im allgemeinen keine fortlaufenden gleichzeitigen Messungen der Schneetemperaturen und Schneedichten in einzelnen Schichten der ganzen Schneedecke besitzt, so kann diese Frage nicht exakt beantwortet werden. Nach den Beobachtungen in Sodankylä hat man doch eine angenäherte Auswertung des Kältegehaltes ausführen können und die Ergebnisse stehen in der beiliegenden Zusammenstellung. Die Tabelle gibt den Kältegehalt der ganzen Schneedecke in der Mitte jeder

Dekade des Monats, berechnet aus den Schneehöhen, mittleren Schneetemperaturen und Schneedichten.

**Der durchschnittliche Kältegehalt der Schneedecke in jeder
Dekade des Monats in Sodankylä im Winter 1915—1916.**

| | Schneedecke | | | Kältegehalt |
	Höhe cm	Dichte	Mittlere Temperatur	gcal/cm²
6. November . . .	7	0.100	—12.1⁰	— 4.2
16. „ . . .	25	0.141	— 0.5	— 0.9
26. „ . . .	31	0.152	— 7.7	—18.4
6. Dezember . . .	32	0.166	—10.3	—27.8
16. „ . . .	32	0.173	—12.4	—34.0
26. „ . . .	32	0.173	—16.4	—45.0
6. Januar	46	0.150	— 5.5	—19.2
16. „	48	0.168	— 9.8	—40.0
26. „	54	0.178	— 4.5	—21.9
5. Februar	52	0.200	— 4.7	—24.7
15. „	74	0.175	— 3.9	—25.7
25. „	70	0.189	— 5.6	—37.6
6. März	80	0.192	— 4.9	—38.0
16. „	72	0.217	— 4.8	—38.0
26. „	73	0.238	— 7.8	—68.3
6. April	87	0.218	— 5.1	—48.8
16. „	80	0.252	— 1.6	—16.3
26. „	54	0.275	— 0.1	— 0.8

In dem Wärmehaushalte hat die Volumkapazität, hier die Schneedichte, einen großen Einfluß auf die Aufspeicherung der Wärme. Demgemäß wird hier die größte Kältemenge in der Schneedecke nicht zur
Zeit der stärksten Winterkälte gegen Ende Dezember mit kleiner Schneedichte, sondern erst gegen Ende März mit mäßigem Kältegrad, aber mit
höherer Schneedecke und größerer Schneedichte angetroffen.

Den größten Wassergehalt, 201.6 mm, besaß die Schneedecke erst
in der Mitte April. Die zur Schmelzung der Schneedecke nötige latente
Wärme betrug damals 1612.8 gcal pro cm² Schneefläche.

Dritter Teil.

Luftelektrizität.

Von Professor Dr. E. Schweidler, Wien.

I. Einleitung.

1. Vorbemerkung.

Die vorliegende Darstellung bestrebt sich, im Sinne einer „Einführung in die Geophysik" dem Nichtspezialisten einen Überblick über die luftelektrischen Erscheinungen zu verschaffen. Die Probleme, welche vorliegen, die Prinzipien der angewandten Untersuchungsmethoden, die allgemeinen Ergebnisse, die bisher gewonnen wurden, und die theoretischen Erklärungsversuche bilden daher ihren wesentlichen Inhalt. Dagegen ist abgesehen von einer genauen Beschreibung der Apparate und des Meßverfahrens, von einer tabellenmäßigen Zusammenstellung der bisweilen sehr zahlreichen Einzelresultate, von der ins Detail gehenden mathematischen Ableitung bestimmter theoretischer Sätze und endlich von der Zitierung der außerordentlich umfangreichen Originalliteratur. Diesbezüglich muß auf ausführlichere, auch für den Spezialisten bestimmte Werke über Luftelektrizität hingewiesen werden. Eine Zusammenstellung der wichtigsten zusammenfassenden Werke dieser Art ist am Schlusse dieses Beitrages zu finden.

2. Historische Übersicht.

Elektrische Erscheinungen, die doch sowohl für den experimentierenden Physiker als auch für den Techniker heute eine so überragende Bedeutung haben, treten für einen nicht mit wissenschaftlichen Instrumenten versehenen Beobachter in der Natur eigentlich fast niemals auf — mit einer Ausnahme, die allerdings von gewaltigen Eindrücken begleitet ist: bei den *Gewittern*.

So wird es selbstverständlich, daß die Frage, welche Rolle elektrische Vorgänge in der Physik der Erde und des Himmels spielen, zuerst bei dem Versuche auftauchte, die Natur der Gewitter physikalisch zu erklären.

Nachdem in der ersten Hälfte des 18. Jahrhunderts öfters in mehr oder minder bestimmter Weise die Vermutung ausgesprochen worden war, daß der Blitz ein elektrischer Funke in großem Maßstab sei, erörterte B. Franklin (1750) in seinen Briefen an die Royal Society in London die Methoden, mit denen eine Feststellung elektrischer Ladungen in den Gewitterwolken erfolgen könne.

Es handelte sich dabei im wesentlichen um Versuchsanordnungen ähnlicher Art, wie man sie damals benützte, um bei elektrostatischen Experimenten die Ladung eines z. B. durch Reibung elektrisierten Körpers zu verwerten; ein langgestreckter isolierter Leiter wird mit dem einen fein zugespitzten Ende dem Ladungsträger genähert und „saugt" dessen Ladung an, d. h. in moderner Ausdrucksweise: er wird influenziert und nimmt die der influenzierenden im Vorzeichen gleiche Ladung an, da die in der Nähe der Spitze konzentrierte Influenzladung entgegengesetzten Vorzeichens durch die an der Spitze auftretende „Spitzenentladung" neutralisiert wird.

Zum Nachweis der Gewitterelektrizität wurden solche Versuche im Freien unterhalb von Gewitterwolken wirklich ausgeführt im Mai 1752 bei Paris von DALIBARD, der eine feste, auf isolierenden Trägern ruhende vertikale Metallstange benützte, und im Juni desselben Jahres in Amerika (bei Philadelphia) von FRANKLIN selbst, der einen mit einer Drahtleitung versehenen, aber an einer isolierenden Schnur gehaltenen Drachen verwendete. In beiden Fällen ergab sich die tatsächliche Aufladung des isolierten Leiters daraus, daß elektrische Funken aus ihm gezogen werden konnten. Zahlreiche Wiederholungen dieses Versuches durch verschiedene Experimentatoren lieferten sehr kräftige, in einem Falle sogar tödliche Wirkungen. Erst später wurden feinere Methoden (Elektroskope) zum Nachweis der Ladungen angewandt.

Schon im Juli des Jahres 1752 erfolgte durch LEMONNIER die Entdeckung einer ganz unerwarteten Erscheinung: nicht nur bei gewitteriger Bewölkung, sondern auch bei wolkenlosem Himmel zeigt sich eine — allerdings weit schwächere — Elektrisierung des isolierten spitzigen Leiters. Wie BECCARIA später nachwies, ist das Vorzeichen der aufgenommenen Ladung dabei in der Regel *positiv*, während bei Gewittern das Vorzeichen unregelmäßig schwankt. Diese Grundtatsache der sogenannten „normalen Luftelektrizität" wurde damals so gedeutet, daß die *Luft selbst positiv geladen sei* und daher im Prinzip ähnlich wie eine positiv geladene Wolke wirke. Erst ERMAN (1803) und später PELTIER (1836) gaben der beobachteten Erscheinung die richtige Deutung, daß sie auf einer (normaler Weise) *negativen Ladung der leitenden Erdoberfläche* beruhe.

Mit voller mathematischer Präzision entwickelte endlich (etwa ab 1860) W. THOMSON (Lord KELVIN) die korrekte Feststellung des Tatbestandes in der Form, daß bei heiterem Himmel die Atmosphäre Sitz eines elektrischen Feldes ist, dessen Kraftlinien *vertikal abwärts* verlaufen, also am leitenden Boden an *negativen* Ladungen enden, und daß daher die Flächen gleichen Potentiales horizontale Ebenen sind, bzw. konzentrische Kugelflächen um den Erdmittelpunkt. Das Potential wächst mit der Höhe über dem Boden, das sogenannte „*Potentialgefälle*", das ist die Differenz des Potentialwertes in zwei Ebenen dividiert durch deren vertikalen Abstand — gewöhnlich in Volt pro Meter ausgedrückt —, ist daher ein Maß der Stärke des natürlichen elektrischen Feldes der Erde. Über das Vorhandensein elektrischer Raumladungen in der Luft selbst können erst Messungen entscheiden, die das Potentialgefälle in verschiedenen Höhen über dem Boden feststellen. Bei negativer Ladung der Luft müßte sich das Feld mit wachsender Höhe verstärken, bei positiven Ladungen aber verringern.

Daß in der Nähe des Erdbodens der Verlauf der Kraftlinien, bzw. der Niveauflächen und damit der Absolutwert des Potentialgefälles durch die unregelmäßige Form der leitenden Oberfläche (Berge, Täler, Gebäude, Bäume usw.) gestört wird und daß nur über ausgedehnten *ebenen* Gebieten angestellte Messungen (bzw. durch Vergleichsmessungen *„auf die Ebene reduzierte"*) eine physikalische Bedeutung besitzen, wurde besonders von F. EXNER (1886) betont.

Fast einundeinhalb Jahrhunderte (von FRANKLIN an gerechnet) beschränkte sich die luftelektrische Forschung auf die Untersuchung des elektrischen Feldes der Atmosphäre. Regelmäßige periodische Änderungen (täglicher und jährlicher Gang), unregelmäßige Schwankungen im Zusammenhang mit meteorologischen Begleiterscheinungen, Absolutwerte des Potentialgefälles und die eben erwähnten Fragen nach den Raumladungen bildeten den Gegenstand der Untersuchung und zahlreiche Theorien wurden aufgestellt, um die Existenz des elektrischen Feldes und die Ursachen seiner zeitlichen und räumlichen Änderungen zu erklären. Die Resultate entsprachen nicht ganz der aufgewendeten Mühe.

Unberücksichtigt blieb bei allen diesen Untersuchungen der Umstand, daß die Luftelektrizität kein rein elektrostatisches Problem ist und daß mit dem Bestehen eines elektrischen Feldes in der Atmosphäre auch dem elektrischen Leitvermögen entsprechende Ströme vorhanden sein müssen. Zwar hatte schon COULOMB (1785) bei seinen berühmten Messungen, die zur Aufstellung des nach ihm benannten Grundgesetzes der Elektrostatik führten, den Ladungsverlust eines Leiters durch die umgebende Luft (die sogenannte „elektrische Zerstreuung") konstatiert; erst LINSS (1887) aber erkannte die Bedeutung dieser Tatsache für die luftelektrische Forschung und stellte bei seinen Beobachtungen fest, daß das elektrische Leitvermögen der Luft keine Materialkonstante ist, wie etwa bei einem Metall oder einem Elektrolyt, sondern mit der Tages- und Jahreszeit sowie mit den meteorologischen Verhältnissen wechselnde Werte annimmt.

J. ELSTER und H. GEITEL (1899) verbesserten nicht nur die Methode dieser Messungen, sondern leiteten eine neue Epoche der luftelektrischen Forschung dadurch ein, daß sie die eben in rascher Entwicklung befindliche *Ionentheorie der Gase* auf die Leitung in der natürlichen Luft anwandten. Es entstanden so neue luftelektrische Probleme: die Zahl und die charakteristischen Konstanten der natürlichen Luftionen zu ermitteln und die Prozesse aufzudecken, die als „*Ionisatoren*" wirken, d. h. die Ionen in der Atmosphäre erzeugen. Dabei ergab sich das überraschende Resultat, daß eine Gruppe vor kurzem entdeckter Erscheinungen, die *Strahlungen radioaktiver Stoffe,* von ausschlaggebender Bedeutung sei. Wieder waren es ELSTER und GEITEL (1901), die zuerst zeigten, daß die radioaktiven Elemente, bis dahin sozusagen als der Typus der seltenen Stoffe angesehen, in zwar außerordentlich geringer Konzentration, aber in sehr weiter Verbreitung existieren, daß fast alle natürlichen Gesteine und Bodenarten nachweisbare Mengen von Radium und Thorium enthalten und daß die gasförmigen Emanationen dieser Stoffe sowie die weiteren Zerfallsprodukte stets in der freien Atmosphäre verteilt sind. So entstanden in der Lehre von der Radioaktivität der Erdkruste, der natürlichen Gewässer und der Atmosphäre neue Kapitel der Geophysik, die zum Teil im engsten Zusammenhang mit der Lehre von der Luftelektrizität stehen.

Später (V. F. HESS 1912) wurde erkannt, daß neben der Strahlung der bekannten und lokalisierbaren radioaktiven Stoffe bei der Ionisierung der Erdatmosphäre noch eine neue Strahlenart wirksam sei, die in der Qualität etwa den γ-Strahlen der radioaktiven Elemente entspricht, aber *außerterrestrischen* Ursprunges ist.

Die gleichzeitige Existenz eines elektrischen Feldes und eines Ionisationszustandes in der Atmosphäre bedingt nun einen *Leitungsstrom,* der die felderzeugenden Ladungen neutralisieren müßte. H. EBERT, C. T. R. WILSON und G. C. SIMPSON haben die Methoden zur Messung dieser Ströme ausgearbeitet. Der im großen und ganzen stationäre Zustand des elektrischen Feldes führt daher zur Folgerung, daß auch ein entgegengesetzter Ladungstransport vorhanden sein muß, über dessen physikalische Natur zahlreiche Hypothesen (ELSTER und GEITEL, EBERT, WILSON, GERDIEN, SIMPSON, SWANN, SCHWEIDLER, SEELIGER, BENNDORF, WIGAND, ANDERSON u. a.) aufgestellt wurden, ohne daß eine befriedigende Lösung gefunden worden wäre.

Neben den normalen Verhältnissen sind es auch die „*Störungen*", das sind die bei Niederschlägen und besonders stark bei Gewittern beobachteten, die einer physikalischen Erklärung bedürfen. Auch hier wurden die zahlreichen Gewittertheorien der älteren Zeit durch neue, auf Grund der Ionentheorie gebildete ersetzt (WILSON, GERDIEN, SIMPSON, TOEPLER). Die empirische Grundlage besteht hauptsächlich in den Ergebnissen über die elektrische Ladung der Niederschläge, die seit den ersten exakten Versuchen von ELSTER und GEITEL (1888) von zahlreichen Autoren untersucht wurden, und in den Schwankungen des elektrischen Feldes, welche bei Blitzen in der Umgebung beobachtet werden können (WILSON).

3. Die Problemstellung.

Nach dem heutigen Stande unserer Kenntnisse über die elektrischen Vorgänge in der Atmosphäre wäre es verfehlt, im Sinne der älteren Theorien unmittelbar eine Erklärung für die historisch zuerst behandelten Erscheinungen zu versuchen, also die Richtung und Größe des elektrischen Feldes und die beobachteten Gesetzmäßigkeiten im zeitlichen Verlauf zu erklären. Gerade diese Erscheinungen sind nicht primärer Natur, sondern der Effekt des Ineinandergreifens zweier voneinander unabhängiger Komplexe von Vorgängen.

Der eine dieser Komplexe besteht in der Gesamtheit der Prozesse, welche — teils kontinuierlich, teils in zeitlich schwankender Intensität — einerseits *ionenerzeugend* in der Atmosphäre wirken, andererseits die so gebildeten Ionen auf verschiedene Weise (z. B. Wiedervereinigung entgegengesetzt geladener Ionen untereinander, Anlagerung an in der Luft suspendierten Adsorptionskernen, Ausscheidung an festen oder flüssigen Elektroden usw.) wieder *vernichten* und so zu einem ebenfalls örtlich und zeitlich wechselnden *Gleichgewicht* des Ionisierungszustandes führen. Durch die Zahl der im Gleichgewicht jeweils vorhandenen Ionen verschiedener Art und durch die — ebenfalls wieder von Nebenbedingungen, wie Druck, Temperatur und Feuchtigkeit beeinflußte — Beweglichkeit der Ionenarten ist dann das elektrische *Leitvermögen* der Atmosphäre zu verschiedenen Zeiten und an verschiedenen Orten bestimmt. Die Untersuchung des tatsächlichen Ionisationszustandes und der Prozesse, die ihn aufrecht erhalten, bildet daher einen in sich geschlossenen Teil der Lehre von der Luftelektrizität, der ganz unabhängig von anderen Problemen dieses Gebietes behandelt werden kann.

Den zweiten primären Komplex luftelektrischer Vorgänge bildet die Gesamtheit aller Prozesse, welche einen Transport elektrischer Ladungen in einem bestimmten Sinne durch die Erdatmosphäre bewirken und zwar so, daß sie einem Transport *negativer* Ladungen *von oben nach unten* oder einer *positiven* Ladung *von unten nach oben* äquivalent sind. Für sich allein würden diese Prozesse zu einer stetig wachsenden negativen Ladung der Erde führen und damit zu einem dauernd anwachsenden elektrischen Felde von derselben Richtung, wie es unter sogenannten „normalen" Verhältnissen beobachtet wird.

Der Ionisationszustand der Atmosphäre und das damit verbundene Leitvermögen bewirkt aber, daß sich ein stationärer Zustand herstellt, in dem — im Mittel über längere Zeiten — der primäre Ladungstransport durch den vertikal abwärts fließenden elektrischen Leitungsstrom kompensiert wird.

Das natürliche Feld der Erdatmosphäre und die Ladungen, die es erzeugen, sind also bedingt durch diese beiden primären Vorgänge. Bei konstantem Ionisationszustand müßte das Feld sich verstärken oder abschwächen, wenn der primäre Elektrizitätstransport zunimmt oder abnimmt, und umgekehrt bei konstantem Elektrizitätstransport wird eine Erhöhung oder Verringerung des Leitvermögens der Luft zu einem Absinken oder Ansteigen der Feldstärke führen.

Da der Ionisationszustand selbst aus dem Zusammenwirken verschiedener ionenerzeugender oder -vernichtender Vorgänge entsteht, also bereits eine Funktion mehrerer unabhängiger Variablen ist, erkennt man leicht, daß die Feldstärke an einem Orte eine sehr komplizierte, von vielen Teilursachen bedingte Größe ist, die kaum einer direkten einfachen Erklärung zugänglich sein wird.

Einer systematischen Darstellung in dem oben angedeuteten Sinne steht aber derzeit als Hindernis gegenüber, daß die physikalische Natur des zweiten primären Prozesses, des Ladungstransportes oder des „*Zustromes*", wie er nach einem Vorschlage H. BENNDORFs kurz genannt werden soll, noch ganz unbekannt ist. Verschiedene Annahmen sind ganz hypothetischer Natur und wohl als Arbeitshypothesen, nicht aber als gesicherte theoretische Grundlage brauchbar (vgl. Abschnitt IV, 7).

Infolgedessen soll die Einteilung der Luftelektrizität in speziellere Kapitel hier in der folgenden Weise vorgenommen werden.

Kapitel II behandelt den *Ionisationszustand* der Atmosphäre. Nach einem kurzen Überblick über die Grundbegriffe der Ionentheorie der Gase im allgemeinen sollen zunächst die in der Atmosphäre ionenerzeugend wirkenden Vorgänge besprochen werden, dann die ionenvernichtenden; weiter die Messungsmethoden und Ergebnisse bezüglich der Zahl der Ionen, die bei dem Zusammenwirken dieser Prozesse im Gleichgewichtszustand besteht, sowie bezüglich der Beweglichkeit der verschiedenen in der Atmosphäre vorhandenen Ionentypen. Endlich soll die Leitfähigkeit der Atmosphäre, die ja durch das Produkt von Ionenzahl und -beweglichkeit bestimmt ist, besprochen werden.

Kapitel III behandelt dann das elektrische Feld der Atmosphäre und die Ladungen (Oberflächenladung der Erde, Raumladungen in der Luft), die es erzeugen, vom rein empirischen Standpunkte aus, die Messungsmethoden und Beobachtungsergebnisse darstellend — ohne jede theoretische Erklärung.

Kapitel IV handelt dann von den elektrischen Strömen in der Atmosphäre. Zunächst ergibt sich entweder als Produkt von Feldstärke und Leitvermögen oder durch direkte Messung die Stromdichte des Leitungsstromes an einem bestimmten Orte. Neben diesem Leitungsstrom sind aber noch die Konvektionsströme zu beachten, die durch die Fortführung der Raumladungen in Luftströmen entstehen, sowie der Ladungstransport, der durch das Fallen der im allgemeinen geladenen Niederschläge bewirkt wird. Erst aus der Bilanz dieser auf verschiedenen Ursachen beruhenden Ströme kann man Rückschlüsse auf den unbekannten primären „Zustrom" ableiten und die verschiedenen bisher aufgestellten Erklärungsversuche prüfen.

Kapitel V endlich befaßt sich mit den Störungen der normalen luftelektrischen Verhältnisse, wie sie bei Niederschlägen und besonders bei Gewittern auftreten. Auf die Erscheinungen des *Polarlichtes*, die nach der jetzt geltenden Auffassung insoferne elektrischer Natur sind, als sie auf das Eindringen geladener Korpuskeln in die Erdatmosphäre zurückzuführen sind, aber nach den bisherigen Erfahrungen keinen engen Zusammenhang mit dem elektrischen Verhalten der tieferen Luftschichten besitzen, soll hier nicht eingegangen werden, zumal ja dieses Erscheinungsgebiet wegen seiner nahen Beziehungen zum Erdmagnetismus an anderer Stelle eine eingehende Behandlung erfährt.

Eine kurze Zusammenfassung der wesentlichsten Ergebnisse, zu denen die luftelektrische Forschung gekommen ist, schließt als *Kapitel VI* die hier gegebene Darstellung ab.

II. Der Ionisationszustand der Erdatmosphäre.

1. Grundzüge der Gasionentheorie im allgemeinen.

Die überaus verwickelten Erscheinungen, welche beim Durchgang elektrischer Ströme durch Gase eintreten, wurden dem Verständnis näher gerückt, als man in den letzten Dezennien des vorigen Jahrhunderts begann, die Elektrizitätsleitung in Gasen in ähnlicher Weise, wie es mit bestem Erfolge bei den Elektrolyten geschehen war, auf die Bewegung geladener Teilchen, sogenannter „Ionen" zurückzuführen. Allerdings sind die Ionen in Gasen von anderer Natur als die elektrolytischen, die ja im allgemeinen als elektrisch geladene einfache Atome oder Atomgruppen aufgefaßt werden, entsprechend der Zerlegung einer chemischen Verbindung in ihre Bestandteile. Der primäre Vorgang besteht bei der Ionisierung eines Gases darin, daß von einer elektrisch neutralen Molekel ein *Elektron* abgespalten wird. Das Elektron ist nach dem heutigen Stande der Forschung ein Teilchen, das (im ruhenden Zustand) eine *Masse* von $9 \cdot 10^{-28}$ g $= {}^{1}/_{1845}$ der Masse eines Wasserstoffatomes besitzt und eine *negative* elektrische *Ladung* im Betrage eines sogenannten „*Elementarquantums*", das ist $1\,e = -\,4{,}774 \cdot 10^{-10}$ stat. Einh. $= -\,1{,}592 \cdot 10^{-19}$ Coulomb.

Der nach der Abspaltung zurückbleibende Rest ist also in seiner Masse praktisch unverändert und trägt eine Ladung von $+\,1\,e$.

Dieser primäre Vorgang der Ionisierung kann durch verschiedene Prozesse bewirkt werden, die man daher „*Ionisatoren*" nennt. Hier sei nur kurz erwähnt, daß als solche Ionisatoren in Betracht kommen: kurzwellige elektromagnetische Strahlungen (Ultraviolette, Röntgen-,

Gammastrahlen); Korpuskularstrahlen (Kathoden-, Kanal-, α-, β-, H-Strahlen und ähnliche), rasch bewegte anderweitig entstandene Gasionen („Stoßionisierung"); thermische und chemische Prozesse in heißen Gasen und schließlich eine Reihe von Vorgängen, die aus der Oberfläche fester oder flüssiger Körper Ionen in das Gas schaffen (lichtelektrischer Effekt, Glühkathodenstrahlen, Wasserfallelektrizität u. a.).

Die für die natürliche Ionisierung der Atmosphäre wichtigen Ionisatoren sind dann im Abschnitt 2 dieses Kapitels ausführlicher behandelt.

Die Intensität des ionenerzeugenden Vorganges wird quantitativ charakterisiert durch die sogenannte „*Ionisierungsstärke*", das ist die Zahl der pro Zeiteinheit (sec) und Volumeneinheit (cm³) gespaltenen Molekeln oder — was dasselbe ist — durch die Zahl der pro Zeit- und Volumeinheit gebildeten *Ionenpaare*. Es ist üblich, die Einheit der Ionisierungsstärke $\left(1 \dfrac{\text{Ionenpaar}}{\text{cm}^3 \cdot \text{sec}}\right)$ durch das kurze Symbol „$1\,J$" auszudrücken.

Die unmittelbaren Produkte des primären Ionisierungsvorganges, das negative „*Elektronion*" und das positive „*Molekülion*", sind im allgemeinen in Gasen, besonders in solchen normaler Dichte und Temperatur, nicht haltbar, sondern erleiden durch sekundäre Vorgänge eine Änderung ihrer Beschaffenheit und werden so zu sogenannten „*normalen*" Gasionen. Nach der heute überwiegend vertretenen Auffassung entstehen die normalen Gasionen derart, daß sich sowohl an das Elektronion als an das positive Molekülion einige neutrale Gasmolekeln anlagern und so einen *Komplex* („cluster") bilden, dessen Radius ein Mehrfaches (4—5 fach) von dem einer einzelnen Molekel beträgt. Nur einzelne Autoren vertreten den Standpunkt, daß bloß das Elektronion mit *einer* Gasmolekel sich verbinde und daß daher die normalen Ionen als monomolekular anzusehen seien.

In sehr verdünnten Gasen (also in der Natur in sehr hohen Schichten der Atmosphäre) sowie in extrem reinen Gasen von elektrochemisch positivem Charakter (Wasserstoff, Stickstoff, Edelgase) können allerdings auch die Elektronen längere Zeit frei bleiben und verraten sich dann durch ihre abnorm große Beweglichkeit (siehe weiter unten); doch kommt dieser Ausnahmefall für die luftelektrischen Vorgänge in der Troposphäre kaum in Betracht.

Endlich können sich die normalen Gasionen auch an gröbere im Gas suspendierte Teilchen, „*Adsorptionskerne*", anlegen (z. B. Staub, Nebeltröpfchen und dgl.). Es tritt dann eine sehr bedeutende Vergrößerung der Masse und des Durchmessers des Ions auf, die sich in einer sehr starken Verringerung der Beweglichkeit äußert. Nachdem solche „*langsame Ionen*" (auch bisweilen „schwere" oder „große" Ionen genannt) bei Laboratoriumsversuchen vielfach nachgewiesen worden waren, konstatierte P. LANGEVIN ihre Existenz in der natürlichen Luft, so daß man für sie auch häufig den Terminus „Langevinionen" gebraucht. Für die empirische Feststellung, welchem der genannten Typen die in einem Gase vorhandenen Ionen angehören, eignet sich am besten die Bestimmung ihrer „*Beweglichkeit*". In einem nicht zu verdünnten Gase bewegen sich die Ionen längs der Kraftlinien eines elektrischen Feldes infolge der Widerstandskräfte im Medium mit einer Geschwindigkeit w, die der elektrischen Feldstärke proportional ist, so daß also $w = v\mathfrak{E}$. Der Proportionalitätsfaktor v, das ist die Geschwindigkeit in einem Felde von der Stärke $\mathfrak{E} = 1$ wird „*Beweglichkeit*" genannt. Für theoretische Ableitungen ist es zweckmäßig, das elektrostatische Maßsystem anzuwenden. Die Einheit der Feldstärke ist dann diejenige, bei der das Potential längs der Kraftlinie pro 1 cm um den Betrag einer Einheit im statischen Maßsystem (1 stat. Einh. = 300 Volt) abnimmt. Praktisch mißt man aber die Potentiale in Volt, Feldstärken in Volt/cm und daher wird die Beweglichkeit angegeben in $\dfrac{\text{cm/sec}}{\text{Volt/cm}}$. Für die normalen Ionen ist die Beweglichkeit in Luft von Atmosphärendruck von der Größenordnung $1\dfrac{\text{cm/sec}}{\text{Volt/cm}}$, also das 300fache im statischen Maßsysteme ausgedrückt. Die Beweglichkeit ist innerhalb gewisser Grenzen der Dichte des Gases umgekehrt proportional, steigt also bei abnehmendem Druck oder wachsender Temperatur. Für die ausnahmsweise auftretenden Elektronionen ist die Beweglichkeit einige 100mal größer, für die langsamen Ionen, je nach Größe und Masse der Träger, bis zu 3000mal kleiner als für normale Ionen. Genauere Angaben über die Beweglichkeit der natürlichen Ionen vgl. Abschnitt 5 dieses Kapitels.

Für die *Zahl* der Ionen, die sich unter gleichbleibenden Bedingungen in der Volumeinheit (1 cm³) eines ionisierten Gases vorfinden, ist neben der Ionisierungsstärke q (siehe oben) die Ionenvernichtung durch verschiedene Prozesse maßgebend. Handelt es sich zunächst um ein reines, d. h. von Adsorptionskernen freies Gas in einem feldlosen Raum, so werden die sehr rasch (bereits in kleinen Bruchteilen einer Sekunde) nach ihrer Entstehung in normale Ionen umgewandelten Elektrizitätsträger im allgemeinen unabhängig nebeneinander existieren. Falls aber zwei normale Ionen entgegengesetzter Ladung einander hinreichend nahe kommen, werden sie sich infolge der elektrostatischen Anziehungskräfte zu einem neutralen Teilchen vereinigen. Dieser Prozeß der „*Wiedervereinigung*" oder „*Rekombination*" gehorcht einem Gesetze, das dem Massenwirkungsgesetze der physikalischen Chemie ganz analog ist und aussagt, daß die Zahl der Ionenpaare, die pro Zeit- und Volumeinheit durch Wiedervereinigung verloren geht, dem Produkt der Anzahl der vorhandenen Ionen proportional ist. Bezeichnen also n_1 und n_2 die Zahlen der in 1 cm³ vorhandenen positiven bzw. negativen Ionen, so gilt:

$$\frac{dn_1}{dt} = \frac{dn_2}{dt} = -\alpha\, n_1 n_2 \quad \text{oder} \quad \frac{dn}{dt} = -\alpha n^2,$$

wenn $n_1 = n_2 = n$ ist. Den Proportionalitätsfaktor α nennt man den *Wiedervereinigungskoeffizienten*. Nach Laboratoriumsversuchen an gereinigter (staubfreier und trockener) Luft beträgt sein Zahlenwert: $\alpha = 1{,}6 \cdot 10^{-6} \frac{cm^3}{sec}$ bei Normaldruck und -temperatur.

Wären also z. B. ursprünglich je 1000 positive und negative Ionen in 1 cm³ vorhanden, so wäre diese Zahl nach 10 sec auf 984 gesunken. Mit der Dichte des Gases (bzw. mit dem Drucke bei konstanter Temperatur) ändert sich α nach theoretischen Überlegungen angenähert proportional; bei konstanter Dichte ändert sich α mit der Temperatur in dem Sinne, daß es bei steigender Temperatur abnimmt.

Bei dauernder Wirkung eines Ionisators stellt sich asymptotisch ein stationärer Zustand her, bei dem in der Zeiteinheit ebensoviele Ionenpaare nacherzeugt werden, als durch Wiedervereinigung verloren gehen, also:

$$q = \alpha n^2 \quad \text{oder} \quad n = \sqrt{\frac{q}{\alpha}}\,.$$

Hieraus ergibt sich weiter, daß die *mittlere Lebensdauer* eines Ions, das ist die durchschnittliche Zeit zwischen Entstehung und Wiedervereinigung im stationären Zustand gegeben ist durch: $\tau = \frac{n}{q} = \frac{1}{\alpha n}$, also z. B. 1250 sec beträgt, wenn $n = 500$ Ionenpaare/cm³ · sec, oder 625 sec, wenn $n = 1000$ ist.

Bei plötzlicher Ausschaltung des Ionisators (wenn z. B. strömende Luft an einem lokal wirksamen Ionisator vorbeistreicht), folgt aus der Grundgleichung $\frac{dn}{dt} = -\alpha n^2$ durch Integration:

$$n_t = \frac{n_0}{1 + \alpha n_0 t}\,.$$

Numerische Berechnung zeigt dann, das z. B. von ursprünglich 10000 Ionenpaaren im Kubikzentimeter

nach	1	10	100	1000	2000	3000 sec
noch vorhanden sind . .	9840	8620	4630	588	303	204 Ionen

Zu dieser Wiedervereinigung der normalen Ionen untereinander kommen noch die *Wechselwirkungen* der Ionen mit geladenen und ungeladenen *Adsorptionskernen*, wenn das Gas solche enthält. Es werden dann positive bzw. negative Ionen, die einem ungeladenen Kern hinreichend nahe kommen, sich mit diesem zu einem positiven bzw. negativen langsamen Ion verbinden und dadurch als Vertreter des bisherigen Typus ausscheiden; weiter werden sich auch positive normale Ionen mit negativen langsamen und negative normale mit positiven langsamen zu wieder ungeladenen Kernen vereinigen. Auch die entgegengesetzt geladenen langsamen Ionen werden einer solchen Wiedervereinigung unterliegen. Für jeden dieser Prozesse gilt ein analoges Gesetz wie für die Wiedervereinigung der normalen Ionen untereinander: die Zahl der in der Volum- und Zeiteinheit erfolgenden Vereinigungen ist proportional dem Produkte der Zahlen der in der Volumeinheit enthaltenen Individuen des betreffenden Typus.

Bezeichnet man also die Zahl der in $1\ \mathrm{cm}^3$ enthaltenen positiven normalen Ionen mit n_1, der negativen normalen mit n_2, der ungeladenen Kerne mit k_0, der positiven Kerne mit k_1, der negativen Kerne mit k_2, so gelten für die verschiedenen Wiedervereinigungsprozesse die Gleichungen:

Zahl der in $1\ \mathrm{cm}^3$ und $1\ \sec$ erfolgenden Vereinigungen

$$
\begin{array}{llllll}
\text{von} & n_1 & \text{und} & n_2 & \text{gleich} & \alpha\, n_1 n_2 \\
\text{,,} & n_1 & \text{,,} & k_2 & \text{,,} & \gamma'\, n_1 k_2 \\
\text{,,} & n_2 & \text{,,} & k_1 & \text{,,} & \gamma''\, n_2 k_1 \\
\text{,,} & n_1 & \text{.,} & k_0 & \text{,,} & \delta'\, n_1 k_0 \\
\text{,,} & n_2 & \text{,,} & k_0 & \text{,,} & \delta''\, n_2 k_0 \\
\text{,,} & k_1 & \text{,,} & k_2 & \text{,,} & \varepsilon\, k_1 k_2
\end{array}
$$

Begreiflicherweise ist das Resultat dieses komplizierten Ineinandergreifens von sechserlei gleichzeitig in Gang befindlichen Wiedervereinigungsprozessen ein recht verwickeltes. Die Berechnung der Verhältnisse im stationären Zustand vereinfacht sich aber sehr, wenn man annimmt, daß zunächst $\gamma' = \gamma''$ und $\delta' = \delta''$ gesetzt werden könne; ferner daß ε gegen α, γ und δ sehr klein sei; endlich daß das Gas ursprünglich raumladungsfrei war und daß daher die Gesamtladung aller vorhandenen Ionen den Wert Null beibehalte.

In diesem Falle wird $n_1 = n_2 = n$; $k_1 = k_2 = k$ und die Gesamtzahl der (geladenen und ungeladenen) Kerne $K = 2k + k_0$. Man findet für den stationären Zustand, der sich bei konstanter Ionisierungsstärke q herstellt:

$$k_0 = \frac{\gamma}{\gamma + 2\delta}\, K$$

$$k_1 = k_2 = k = \frac{\delta}{\gamma}\, k_0 = \frac{\delta}{\gamma + 2\delta}\, K$$

$$n_1 = n_2 = n = \frac{\delta}{\alpha}\, k_0 \left[\sqrt{1 + \frac{\alpha q}{\delta^2 k_0^2}} - 1 \right].$$

Nach Messungen von J. J. NOLAN, BOYLAN und DE SACHY gelten in Luft die Zahlenwerte:

$$\gamma' = 8{,}7 \cdot 10^{-6}\ \frac{\mathrm{cm}^3}{\sec}, \quad \gamma'' = 9{,}7 \cdot 10^{-6}$$

also im Mittel $\gamma = 9{,}2 \cdot 10^{-6}$; ferner $\delta' = 6{,}8 \cdot 10^{-6}$, $\delta'' = 7{,}6 \cdot 10^{-6}$, also $\delta = 7{,}2 \cdot 10^{-6}$, während für ε der Wert von der Größenordnung 10^{-9} ist, so daß die oben erwähnte Vernachlässigung der Wiedervereinigung der geladenen Kerne untereinander praktisch erlaubt ist.

Aus Einsetzen dieser Zahlen in obige Formeln folgt, daß im stationären Zustande $k_1 = k_2 = k = 0{,}30_5\, K$ und $k_0 = 0{,}39\, K$ ist, d. h.

rund 40% der Kerne bleiben ungeladen, je 30% positiv oder negativ geladen.

Die obige Formel für die Zahl n der normalen Ionen vereinfacht sich weiter, wenn angenommen wird, — was bei den uns interessierenden luftelektrischen Verhältnissen meistens zutrifft — daß die Ionisierungsstärke q klein, die Zahl K der vorhandenen Kerne groß sei und daher die Größe $\dfrac{\alpha q}{\delta^2 k_0^2}$ klein gegen 1 sei. Dann ist mit genügender Annäherung

$$\sqrt{1 + \frac{\alpha q}{\delta^2 k_0^2}} = 1 + \frac{1}{2} \cdot \frac{\alpha q}{\delta^2 k_0^2}$$

und daher $n = \dfrac{q}{2\,\delta k_0}$. Die Größe $\beta' = 2\,\delta k_0 = \dfrac{2\,\gamma\delta}{\gamma + 2\,\delta}\,K$ wird als „*Verschwindungskonstante*" der Ionen bezeichnet (SCHWEIDLER) und ist der Gesamtzahl der vorhandenen Kerne proportional. Einsetzen der obigen numerischen Werte liefert dann $\beta' = 5{,}6\cdot 10^{-6}\,K$. Das Reziproke der Größe β', also $\vartheta = \dfrac{1}{\beta'} = \dfrac{179000}{K}$ kann als „*mittlere Lebensdauer*" (vgl. S. 300) eines normalen Ions in kernreicher Luft bezeichnet werden.

Man berechnet z. B. auf diese Weise:

$$
\begin{array}{lcccccc}
\text{bei } K = & 500 & 1000 & 5000 & 10000 & 20000 \ \mathrm{cm}^{-3} \\
\vartheta = & 358 & 179 & 35{,}8 & 17{,}9 & 8{,}95 \ \mathrm{sec} \\
10^3\cdot\beta' = & 2{,}8 & 5{,}6 & 28 & 56 & 112 \ \mathrm{sec}^{-1}
\end{array}
$$

also für die mittlere Lebensdauer Werte, die beträchtlich kleiner sind, als die auf S. 300 für kernfreie Luft berechneten.

Allgemeiner — unter Berücksichtigung auch der Wiedervereinigung zwischen den normalen Ionen — berechnet sich folgende Tabelle für Ionenzahl n bei gegebenen Werten von q und K.

K \ q	1	2	4	8	10	12	20	100	1000
0	790	1115	1581	2230	2500	2740	3535	7905	25 000
100	634	957	1415	2065	2330	2570	3365	7733	24 820
500	304	548	931	1522	1770	2000	2765	7076	24 140
1000	170	328	607	1088	1300	1497	2192	6343	23 305
2000	88	174	340	652	799	946	1475	5140	21 735
3000	59	117,5	232	458	562	670	1075	4234	20 285
5000	35,5	71,0	141	280	349	416	686	3037	17 720
10 000	17,8	35,6	71,1	142	178	212	353	1699	12 995
20 000	8,9	17,8	35,6	71	89	107	177	879	7 990
30 000	5,9	11,9	23,8	47,5	59,4	71,1	119	590	5 635

Im ionisierten Zustande besitzt ein Gas, das bloß je *eine* Art von positiven und negativen Ionen enthält, ein *elektrisches Leitvermögen*, das (im elektrostatischen Maßsystem) durch den Ausdruck

$$\Lambda = (n_1 v_1 + n_2 v_2)\,e$$

gegeben ist, wobei v_1 und v_2 die Beweglichkeiten der beiden Ionengattungen und e das Elementarquantum bezeichnet. Die beiden Summanden $\lambda_1 = n_1 v_1 e$ und $\lambda_2 = n_2 v_2 e$, die den Anteil der positiven, bzw. negativen Ionen am Leitvermögen darstellen, werden als das positive bzw. negative *polare Leitvermögen* bezeichnet. Im allgemeinen Falle, daß verschiedene Ionenarten gleichzeitig vorhanden sind, gilt:

$$\lambda = \Sigma n_i v_i.$$

Ionen geringer Beweglichkeit werden daher, selbst wenn sie in der Überzahl sind, nur einen geringen Beitrag zum Leitvermögen liefern.

Besteht in einem ionisierten Gase ein elektrisches Feld von der Stärke $\mathfrak{E}$, so wandern die Ionen längs der Kraftlinien mit einer durch das Produkt $w = \mathfrak{E} v$ gegebenen Geschwindigkeit; somit wird die *Stromdichte* (in stat. Einh.) $i = (n_1 v_1 + n_2 v_2) e \mathfrak{E}$.

Die Komplikationen, die bei den elektrischen Strömen in ionisierten Gasen auftreten und zu Abweichungen vom OHMschen Gesetze führen, beruhen darauf, daß durch die Ionenwanderung das vorher bestandene Gleichgewicht zwischen Ionenerzeugung und -vernichtung gestört wird, da ja nunmehr neben der Ionenvernichtung durch Wiedervereinigung auch die durch Abscheidung der Ionen an den Elektroden entstehende aus der Nacherzeugung durch den Ionisator gedeckt werden muß.

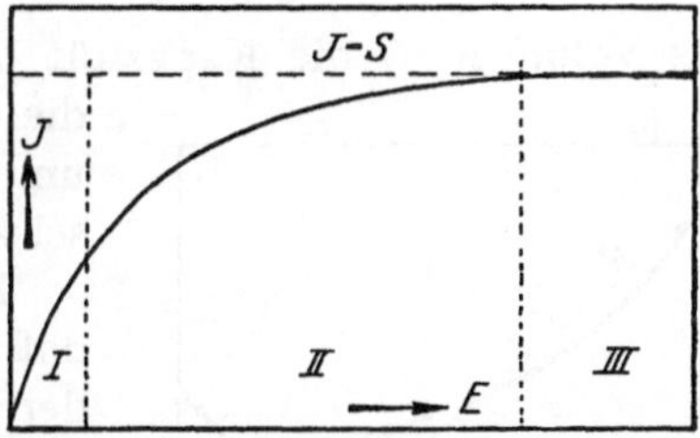

Abb. 1. Strom-Spannungs-Kurve in ionisierten Gasen.

Infolgedessen steigt die Stromstärke nur bei kleinen Feldstärken proportional zu dieser (bzw. zur Spannung) an (I), bleibt bei weiter wachsender Feldstärke (Spannung) hinter der Proportionalität zurück (II), da sich die stationäre Ionenzahl verringert, und erreicht bei sehr hohen Feldstärken (III) asymptotisch einen Grenzwert („*Sättigungsstrom*"), der durch die Gesamtzahl der im durchströmten Volumen pro Zeiteinheit erzeugten Ionenpaare gegeben ist: Sättigungsstrom $S = qVe$ (wobei $q =$ Ionisierungsstärke, $V =$ Volumen). Abb. 1 stellt schematisch die Strom-Spannungskurve dar.

Der Verlauf solcher Kurven ist für luftelektrische Untersuchungen von Bedeutung, wenn es sich darum handelt, experimentell die Ionisierungsstärke q entsprechend der obigen Formel $S = qeV$ aus dem Sättigungsstrom zwischen den Elektroden eines abgegrenzten Versuchsraumes (in einem „Ionisationsgefäße") zu ermitteln. Um tatsächlich einen bestimmten Sättigungsgrad, z. B. 99%, zu erreichen ist dann eine dem Kurvenverlauf entsprechende Spannung anzuwenden.

Bei kernfreier Luft ergibt dann die Theorie in erster Annäherung als Gleichung der Strom-Spannungskurve die Formel: $E = \dfrac{J R_0}{\sqrt{1 - J/S}}$, wobei E die Spannung, J die Stromstärke, S den Sättigungsstrom und R_0 den Widerstand des Gasraumes bei unendlich schwachen Strömen bezeichnet.

Man kann daraus ableiten, daß die zur Erzielung eines bestimmten Sättigungsgrades erforderliche Spannung proportional der Wurzel aus der Ionisierungsstärke, umgekehrt proportional der Wurzel aus dem erstrebten „Sättigungsdefizit" $(1 - \frac{J}{S})$ und z. B. bei Plattenkondensatoren proportional dem Quadrate der Plattendistanz ist.

In kernreicher Luft ist die Sättigung viel schwerer zu erreichen; die Gleichung der Strom-Spannungskurve wird $J = S \frac{E}{E + H}$, worin H eine Größe von der Dimension einer Spannung ist und „Halbierungsspannung" genannt wird, weil für $E = H$ auch $J = \frac{S}{2}$ wird. Für die Berechnung von H gilt dann die Formel: $H = \dfrac{V \beta'}{4 \pi C (v_1 + v_2)}$, wobei V das Volumen, C die Kapazität des Meßraumes bezeichnet, v_1 und v_2 die Beweglichkeiten der normalen Ionen und β' die auf S. 302 definierte „Verschwindungskonstante".

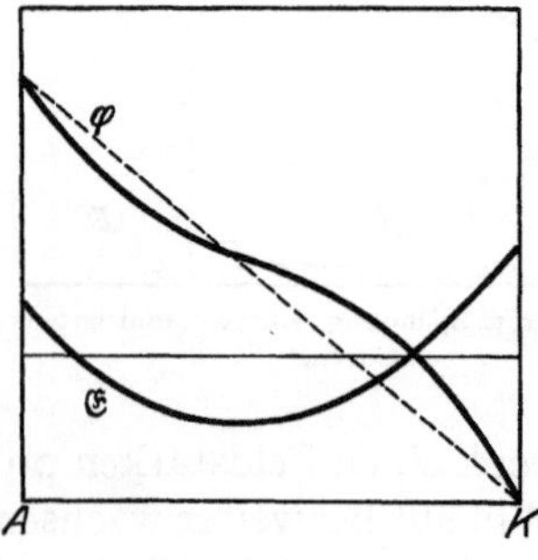

Abb. 2. Potential- und Feldverteilung in ionisierten Gasen.

Eine weitere Komplikation ist die, daß durch das Gegeneinanderwandern der beiden Ionengattungen die Zahl der in der Volumeinheit vorhandenen Ionen für positive und negative im allgemeinen verschieden stark verändert wird; es treten *Raumladungen* auf, die ihrerseits das ursprüngliche elektrische Feld verändern. Speziell läßt sich zeigen, daß in der Nähe der Elektroden immer die Ionengattung entgegengesetzten Vorzeichens überwiegt, also nahe der Anode negative, nahe der Kathode positive Raumladungen entstehen. Dadurch wird z. B. ein ursprünglich homogenes elektrisches Feld (etwa zwischen den parallelen Platten eines Kondensators) derart verändert, daß die Feldstärke an den beiden Elektroden erhöht, in der Mitte erniedrigt wird. Abb. 2 gibt ein schematisches Bild der Verteilung von Potential φ und Feldstärke $\mathfrak{E}$ in einem solchen Kondensator. Über eine für die Luftelektrizität wichtige Konsequenz vgl. S. 345.

Die in Abb. 1 gezeichnete Strom-Spannungskurve erleidet eine wesentliche Änderung, wenn bei wachsender Spannung E die Feldstärke so groß wird, daß die Wanderungsgeschwindigkeit der Ionen $w = \mathfrak{E} v$ den kritischen Wert überschreitet, bei welchem das Ion zur *Stoßionisierung* befähigt wird. In Luft von Atmosphärendruck beträgt dieser kritische Wert der Feldstärke etwa 30000 Volt pro Zentimeter, in verdünnter

Luft (entsprechend der dann vergrößerten Beweglichkeit v) ist er kleiner. Je nach dem Drucke und den Dimensionen des Entladungsraumes nimmt daher die Strom-Spannungskurve Formen vom Typus I oder II der Abb. 3 an.

Diese plötzlich eintretende Erhöhung der Stromstärke durch Stoßionisierung ist luftelektrisch von Bedeutung bei den verschiedenen Formen von Entladungen im gestörten Felde (vgl. Kapitel V).

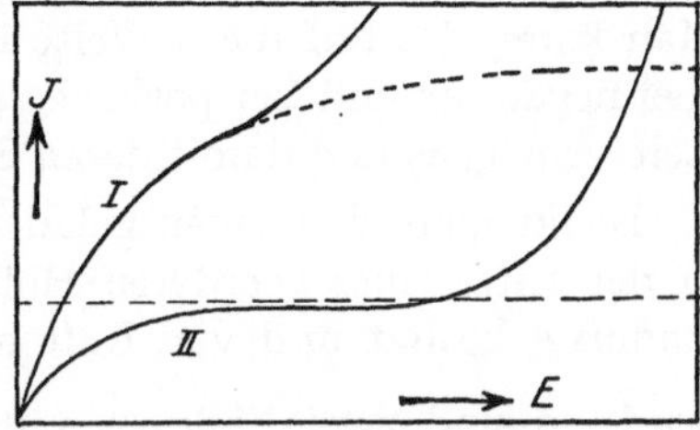

Abb. 3. Strom-Spannungs-Kurve bei Stoßionisierung.

Von großer Bedeutung für luftelektrische Messungen des Leitvermögens und der Zahl der Ionen sind die Gesetze der Stromleitung in *bewegter* Luft.

Es sei zunächst vorausgesetzt, daß ionisierte Luft, die n_1 positive Ionen von der Beweglichkeit v_1 und n_2 negative (mit v_2) enthalte, mit konstanter Geschwindigkeit u in der Richtung der negativen X-Achse ströme (vgl. Abb. 4). Im Ursprunge des Koordinatensystemes befinde sich eine leitende Kugel mit der positiven Ladung Q. Durch die elektrostatischen Anziehungs- bzw. Abstoßungskräfte werden aus dem Luft-

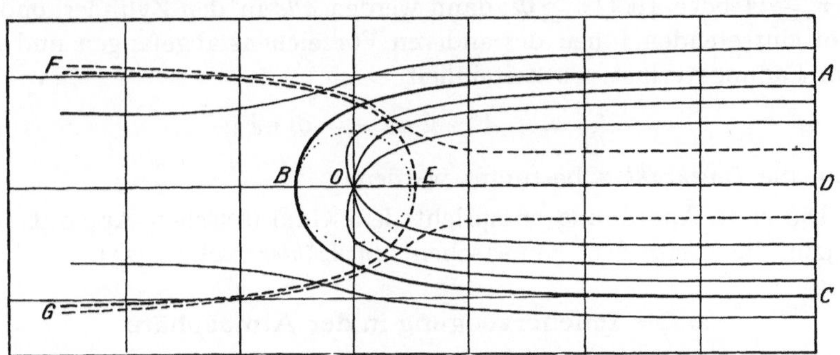

Abb. 4. Ionenbahnen in bewegter Luft.

strom negative Ionen herangezogen, positive abgestoßen, so daß Ionenbahnen von der Form der ausgezogenen, bzw. gestrichelten Kurven für die negativen, bzw. positiven Ionen entstehen. Alle diejenigen negativen Ionen, die durch eine kreisförmige Fläche (in der Abbildung rechts) mit dem Durchmesser AC eintreten, werden von der geladenen Kugel abgefangen, während die weiter außen eintreffenden negativen und alle positiven Ionen vorbeiströmen. Aus einer von E. RIECKE durchgeführten Berechnung ergibt sich der Radius DA des „Abfangquerschnittes" zu $r_a = 2\sqrt{\dfrac{Q\,v_2}{u}}$. Somit empfängt die positiv geladene Kugel pro Zeiteinheit eine negative Ladung im Betrage von

$$r_a^2\,\pi u\,n_2\,e = 4\pi Q\,v_2\,n_2\,e.$$

Da nun das Produkt $n_2 v_2 e = \lambda_2$, das sogenannte „polare Leitvermögen"
(vgl. S. 303) darstellt, ist der Ladungsverlust der Kugel bei positiver
Ladung gegeben durch: $\frac{dQ}{dt} = -4\pi\lambda_2 Q$; analog wäre der Ladungsverlust einer negativen Kugel gleich $-4\pi\lambda_1 Q$. Dieses von RIECKE für
eine geladene Kugel abgeleitete Resultat wurde später von W. F. G.
SWANN verallgemeinert für einen beliebig gestalteten Leiter bewiesen.
Man kann also auf diese Weise in bewegter Luft durch zwei Versuche
(bei negativer und bei positiver Ladung) die beiden Werte des polaren
Leitvermögens und damit deren Summe experimentell ermitteln.

Denkt man sich einen geladenen Leiter (z. B. in Form eines Stabes)
in der Mitte eines geerdeten Hohlzylinders angebracht, der den lichten
Radius A besitzt und von Luft mit der Geschwindigkeit u durchströmt
wird, so sind zwei Fälle zu unterscheiden: 1. Es sei $r_a = 2\sqrt{\dfrac{Qv}{u}} \leqq A$
[führt man das pro Zeiteinheit den Zylinderkondensator durchströmende
Luftvolumen $\Phi = A^2\pi u$ ein, so kann man diese Bedingung auch in der
Form schreiben: $4\pi Qv \leqq \Phi$]; dann gilt dasselbe, was eben für den in
freier Luft befindlichen Körper gezeigt wurde, nämlich daß der Ladungsverlust pro Zeiteinheit ein Maß des *polaren* Leitvermögens ist. 2. Es
sei $r_a \geqq A$ oder $4\pi Qv \geqq \Phi$; dann werden *alle* in den Zylinderkondensator eintretenden Ionen des anderen Vorzeichens abgefangen und aus
dem Ladungsverlust pro Zeiteinheit

$$\frac{dQ}{dt} = -A^2\pi u n e = -\Phi n e$$

kann die *Ionenzahl* n bestimmt werden.

Die erste Anordnung entspricht dem GERDIENschen Apparat (vgl.
S. 329), die zweite dem EBERTschen *Ionenzähler* (vgl. S. 323).

2. Die Ionenerzeugung in der Atmosphäre.

Von den auf S. 297 genannten „Ionisatoren" kommen als in der
Natur gegeben und daher für die luftelektrischen Erscheinungen be-
deutungsvoll manche überhaupt nicht in Betracht (z. B. Röntgenstrahlen,
Flammen, glühende Körper), andere nur in beschränktem Maße, insoferne sie entweder nur ausnahmsweise oder nur in bestimmten Gebieten wirken (so z. B. kurzwelliges Licht, Stoßionisierung, Wasserfallelektrizität u. dgl.). Allgemeine Bedeutung für den Ionisationszustand
der Atmosphäre besitzen dagegen die Strahlungen der im Boden und
in der Luft verbreiteten radioaktiven Stoffe sowie die HESSsche Ultra-
γ-Strahlung.

Es sollen daher zunächst die letztgenannten Quellen der Ionisierung
besprochen werden und anhangsweise die übrigen.

a) Die im Erdkörper enthaltenen radioaktiven Stoffe als Ionisatoren.

Wie schon erwähnt (S. 294), sind in den natürlichen Gesteinen und Bodenarten Radioelemente in sehr geringer, aber meßbarer Konzentration enthalten. Bekanntlich unterscheidet man drei Reihen oder Familien unter diesen: die U-, die Th- und die Ac-Reihe (Uran, Thorium, Actinium). Die Muttersubstanzen sind in den ersten beiden das langlebige Uran (genauer U I) mit einer Halbierungszeit $T = $ rund $4,5 \cdot 10^9$ Jahre und das Thorium (mit $T = $ rund $1,6 \cdot 10^{10}$ Jahre). Bezüglich der Ac-Reihe ist es noch zweifelhaft, ob sie von einem bisher unbekannten ebenfalls langlebigen Uranisotop abstammt oder von der Uranreihe selbst als Seitenlinie abzweigt, durch dualen Zerfall des Zwischenproduktes U II entstehend. In jedem Falle ist die Menge der Stoffe, welche der Ac-Reihe angehören, klein (einige Prozente) gegenüber den Mengen der den anderen beiden Reihen angehörigen Stoffe und daher in erster Annäherung zu vernachlässigen.

Die empirische Bestimmung der Radioaktivität von Gesteins- und Bodenproben erfolgt durch die Messung der gasförmigen „*Emanationen*", die im weiteren Verlauf der Zerfallsreihen auftreten. Bezüglich der Methoden sei auf Spezialwerke[1] verwiesen. Die Resultate werden gewöhnlich angegeben als relativer (in Bruchteilen der Gesamtmasse ausgedrückter) Gehalt an Ra und Th. Es ist aber zu berücksichtigen, daß bei der vom geologischen Standpunkt aus kurzen Lebensdauer des Radiums (Halbierungszeit $T = $ rund 1600 Jahre) notwendigerweise ein dem radioaktiven Gleichgewicht entsprechender Betrag von Uran in der Probe angenommen werden muß und zwar ist nach den derzeitig zuverlässigsten Daten der Urangehalt das $3 \cdot 10^6$fache des Ra-Gehaltes.

Die zahlreichen quantitativen Untersuchungen verschiedener Gesteine (von Lord Rayleigh, Joly, Büchner, Mache und Bamberger, Holmes, Poole u. a.) liefern nun Mittelwerte von etwa $2 \cdot 10^{-12}$ für den Ra-Gehalt (also $6 \cdot 10^{-6}$ für den Urangehalt) und $13 \cdot 10^{-6}$ für den Th-Gehalt. Durch Multiplikation mit dem spezifischen Gewicht der Gesteine (im Durchschnitt zwischen 2 und 3) findet man die Konzentration in g/cm³.

Dabei zeigen die Einzelwerte eine ziemliche Streuung. Einerseits sind Sedimente sowie basische Eruptivgesteine (Typus Basalt) im Mittel verhältnismäßig arm an Radioelementen, saure Eruptivgesteine (z. B. Granite) reicher. Einzelwerte gehen bis auf $40 \cdot 10^{-12}$ für den Ra-Gehalt hinauf.

Das Meerwasser enthält ebenfalls Ra (und offenbar auch Uran),

---

[1] Vgl. die Literaturangaben am Schlusse dieses Beitrages, speziell die dort zitierten Werke von Hess, Meyer und Schweidler, Benndorf und Hess.

doch ist hier die Größenordnung wesentlich kleiner, etwa $10^{-15} \frac{g\,Ra}{cm^3}$ und $10^{-8} \frac{g\,Th}{cm^3}$.

Für den Ionisationszustand der Atmosphäre kommt der Gehalt des Erdkörpers an Radioelementen in zweifacher Weise in Betracht: erstens durch die direkte Strahlung, die in der Luft ionisierend wirkt; zweitens durch Abgabe der gasförmigen Zerfallsprodukte $RaEm$ und $ThEm$ (sowie $AcEm$) an die Luft.

Von den drei Strahlengattungen, den α-, β- und γ-Strahlen, die von den Radioelementen im Boden ausgehen, sind für die Wirkung nach außen hin hauptsächlich die γ-Strahlen zu berücksichtigen. Infolge der leichten Absorbierbarkeit der α-Strahlen gelangt nur die Strahlung aus Oberflächenschichten von einigen Hundertstel Millimeter Dicke nach außen und diese Strahlen dringen — der „Reichweite" entsprechend — bloß einige Zentimeter tief in die Atmosphäre ein. Die α-Strahlung des Bodens kann also praktisch als Ionisator der Atmosphäre vernachlässigt werden.

Bei den β-Strahlen wird selbst für die härtesten Komponenten (Absorptionskoeffizient μ in Al etwa $13\,cm^{-1}$) die wirksame Schichtdicke von der Größenordnung $0{,}5\,mm$. Bei einem dem Mittelwerte (siehe oben) entsprechenden Gehalt von $5 \cdot 10^{-12} \frac{g\,Ra}{cm^3}$ des Bodens emittiert dann $1\,cm^2$ der Oberfläche rund $0{,}01$ β-Strahlen pro sec und diese Strahlung wird durch Absorption in der Luft auf einem Wege von etwa $120\,cm$ auf die Hälfte geschwächt, ist daher in $8\,m$ Höhe über dem Boden auf 1% des Anfangswertes abgesunken. Unmittelbar über dem Boden erzeugt sie eine Ionisierungsstärke von etwa $1\,J$ (vgl. S. 298).

Bei den γ-Strahlen ist infolge der großen Durchdringungsfähigkeit die nach außen gelangende Strahlung äquivalent der einer Schichtdicke von einigen Zentimetern. Einer Konzentration von wieder $5 \cdot 10^{-12} \frac{g\,Ra}{cm^3}$ entspricht dann in Bodennähe eine Ionisierungsstärke von 1—$2\,J$. Unter Annahme einer ungefähr gleich großen Wirkung der Radioelemente aus der Th-Reihe wird man im Durchschnitt etwa $3\,J$ in Bodennähe erwarten. Über dem Meere oder anderen Wasserflächen (Gehalt rund 1000 mal kleiner als in Gesteinen) ist daher diese Quelle der Ionisierung praktisch zu vernachlässigen, über festem Boden kann sie, entsprechend den früher erwähnten Schwankungen der Einzelwerte, auf ein Vielfaches (bis zum 20 fachen) ansteigen. Aus dem Absorptionskoeffizienten der γ-Strahlen in Luft ($\mu = $ rund $5 \cdot 10^{-5}\,cm^{-1}$ für die γ-Strahlung von RaC) folgt, daß ihre Intensität und damit die Ionisierungsstärke in $140\,m$ über dem Boden auf die Hälfte, in $1000\,m$ Höhe auf weniger als 1% des Bodenwertes gesunken ist.

Die experimentelle Ermittlung der durchdringenden Strahlung des Bodens (*„Erdstrahlung"*) an einem bestimmten Orte erfolgt in der

Weise, daß in einem dickwandigen metallenen Ionisationsgefäße der Sättigungsstrom $S = qeV$ bestimmt wird. Prinzipiell kann ein beliebiges Gefäß, bestehend aus geerdeter Hülle und einer mit einem Elektrometer verbundenen gut isolierten Innenelektrode, dazu verwendet werden, wenn das Volum V des Hohlraumes, die Kapazität C des isolierten Systemes (Innenelektrode + Elektrometer) bekannt und das Elektrometer geeicht ist. Der Sättigungsstrom ist dann gegeben durch das Produkt $C\dfrac{d\varphi}{dt}$ aus Kapazität und Geschwindigkeit der Abnahme der Spannung φ. Im speziellen werden zu derartigen Untersuchungen aber meistens Apparate verwendet, wie sie zuerst von WULF konstruiert und später von KOLHÖRSTER mit verschiedenen Verbesserungen versehen wurden. Sie bestehen aus Metallzylindern von einigen Litern (2—4 l) Hohlvolumen und einigen Millimetern Wandstärke, in

Abb. 5. KOLHÖRSTERS Apparat für durchdringende Strahlung.

deren Mitte als Innenelektrode von kleiner Kapazität das Elektrometersystem selbst angebracht ist, durch Bernstein- oder Quarzglasträger isoliert. Die Ladung erfolgt durch eine von außen zu betätigende Sonde, die Beobachtung durch ein in die Gefäßwand luftdicht eingelassenes Mikroskop, dem gegenüber ein Beleuchtungsfenster angebracht ist. Beim WULFschen Apparat ist das Elektrometer ein Zweifadensystem, bei KOLHÖRSTER ein Zweischlingensystem. Aufschraubbare Schutzkappen über Mikroskoptubus, Fenster und Sonde ermöglichen einen dichten Abschluß, so daß das Instrument in geladenem Zustand unter Wasser versenkt werden kann.

Der aus dem Sättigungsstrome $S = qeV$ unmittelbar bestimmte Wert von q (bei WULFschen oder KOLHÖRSTERschen Apparaten gewöhnlich von der Größenordnung 10 J) setzt sich aus mehreren Summanden zusammen:

$$q = q_E + q_L + q_H + q_0$$

q_E entspricht der hier eben behandelten „*Erdstrahlung*", q_L der durchdringenden Strahlung der in der Atmosphäre enthaltenen Radioelemente („*Luftstrahlung*") und q_H der im Abschnitte c näher besprochenen Hessschen *Höhenstrahlung*. Die Größe q_0 — häufig als „*Reststrahlung*" bezeichnet — entspricht der ionisierenden Wirkung aller radioaktiven Stoffe, die im Luftraum innerhalb des Gefäßes verteilt sind oder als spurenweise Verunreinigung im Wandmaterial enthalten sind. Auch eine eventuelle sehr schwache Radioaktivität gewöhnlicher Elemente — von G. Hoffmann für Pt und einige andere Metalle wahrscheinlich gemacht — sowie die Stromleitung durch die nicht absolut vollkommen isolierenden Träger des Elektrometersystems ist in q_0 mit eingerechnet. Experimentell wird q_0 bestimmt durch den Sättigungsstrom, den man erhält, wenn der Apparat von aller äußeren Strahlung abgeschirmt ist. Dies geschieht z. B. durch Versenken in Wasser in hinreichende Tiefe, Aufstellung in tiefen Gletscherspalten oder durch dicke Metallpanzer rund um den Apparat, wobei genügende Reinheit von radioaktiven Beimengungen für das Panzermaterial selbst vorausgesetzt ist. Zur Messung von q_E genügt es, wenn neben der Summe $q = q_E + q_L + q_H + q_0$ noch der Betrag $q' = q_L + q_H + q_0$ bestimmt wird, den man durch Abschirmung der vom Boden kommenden Strahlung erhält. Am einfachsten ist eine Messung über einer Wasseroberfläche, wobei eine Flächenausdehnung etwa eines größeren Teiches und eine Wassertiefe von 1 m zur Absorption der Erdstrahlung ausreicht. Allenfalls kann man auch nichtradioaktive Metallpanzer benutzen, die von unten und von der Seite kommende Strahlen absorbieren, z. B. Eisenpanzer von 14 cm oder Bleipanzer von etwa 9 cm.

Über die Komponenten q_L und q_H vgl. später S. 313 u. 315. Zahlreiche Messungen an verschiedenen Orten ergaben tatsächlich Werte von q_E von der in der früheren Überschlagsrechnung ermittelten Größenordnung, im Durchschnitt etwa $q_E = 2$ bis $4\,J$. In vielen Fällen (besonders bei den Messungen Oberguggenbergers in Tirol) ist der Zusammenhang mit der geologischen Beschaffenheit des Bodens deutlich erkennbar; über dem Urgestein Phyllit wurden Werte bis zu $16\,J$ erhalten. Die Erdstrahlung an einem bestimmten Orte ist keineswegs konstant, sondern unterliegt zeitlichen Änderungen, teils regelmäßigen (täglicher, jährlicher Gang), teils unregelmäßigen in Zusammenhang mit meteorologischen Vorgängen, wie Niederschlag, Sonnenstrahlung und dergleichen. Die Erklärung dieser — insbesondere von Kolhörster untersuchten — Änderungen liegt darin, daß einerseits von den obersten Bodenschichten Emanation in wechselndem Betrage an die Atmosphäre abgegeben wird, so daß der Gehalt des Bodens an Emanation und deren Zerfallsprodukten schwankt, daß andererseits mit der wechselnden Durchfeuchtung der Oberflächenschichten deren Absorptionsvermögen geändert wird. Übereinstimmend wird von mehreren Beobachtern festgestellt, daß nach kräftigen Niederschlägen die aus der Atmosphäre herabgebrachten Zerfallsprodukte der Emanationen eine merkliche Erhöhung der Erdstrahlung bewirken; dagegen läßt sich theoretisch und experimentell zeigen, daß die Abscheidung der in der Luft enthaltenen positiv geladenen Zerfallsprodukte (vgl. S. 312) an der negativ geladenen Erdoberfläche praktisch bedeutungslos ist.

Bei der Berechnung der in der Atmosphäre tatsächlich herrschenden Ionisierungsstärke ist zu berücksichtigen, daß die experimentell ermittelte Größe q_E aus der direkten Wirkung der Erdstrahlung in der Luft des Meßgefäßes und aus der Wirkung der von ihr in der Gefäßwand erzeugten Sekundärstrahlung zusammengesetzt ist. In der *freien* Atmosphäre ist die von der Erdstrahlung bewirkte Ionisierung kleiner und zwar — nach Versuchen mit verschieden dickwandigen Gefäßen, bei denen auf die Wanddicke Null extrapoliert wurde — etwa $^3/_4$ bis $^4/_5$ von dem im WULFschen Apparat beobachteten Wert.

b) Die in der Atmosphäre enthaltenen radioaktiven Stoffe als Ionisatoren.

Wie schon erwähnt, gibt der Boden zunächst die Emanationen von *Ra* und *Th* an die Atmosphäre ab, wo sie durch die Luftströmungen bis zu einer gewissen Höhe verteilt werden. Die aus den Emanationen entstehenden weiteren Zerfallsprodukte $(Ra\,A \to Ra\,B \to Ra\,C \to \cdots$ und $Th\,A \to Th\,B \to Th\,C \to \cdots)$ sind dann ebenfalls in der Atmosphäre vorhanden. Da die Emanationen und ihre Folgeprodukte durch den radioaktiven Zerfall absterben, muß sich die Konzentration mit wachsender Entfernung von der Quelle der Emanationsabgabe verringern. Daher ist von vornherein zu erwarten, daß die Luft über den Ozeanen in Landferne keine merkliche Radioaktivität besitzt, wenn man von der geringen Emanationsabgabe des sehr schwach aktiven Meerwassers (vgl. S. 308) absieht. Analog ist eine rasche Abnahme mit der Höhe über dem Erdboden zu erwarten und zwar eine um so raschere, je geringer die vertikale Durchmischung der Luftschichten infolge turbulenter Strömungen ist. Theoretisch wurde so berechnet (von W. SCHMIDT und V. F. HESS), daß in der Höhe von 1 km der Gehalt an *RaEm* bereits auf die Hälfte gesunken ist, der Gehalt an *Th B*, dem langlebigen Zerfallsprodukte der kurzlebigen *ThEm* bereits auf 10% des Bodenwertes. Neuere Berechnungen von SCHMIDT führen auf eine noch viel raschere Abnahme mit der Höhe.

Die Messung der tatsächlich vorhandenen radioaktiven Beimengungen geschieht für die *RaEm* nach zweierlei Methoden: 1. direkte Bestimmung des *Em*-Gehaltes; 2. Bestimmung der in der Luft enthaltenen Mengen der Zerfallsprodukte *Ra A*, *Ra B*, *Ra C*. Bei den *Th*-Produkten ist wegen der Kurzlebigkeit der *ThEm* (Halbwertszeit $T = 54,5$ sec oder rund 1 min) nur die zweite Methode anwendbar.

Direkte Bestimmung des Gehaltes an *RaEm*. Hierbei wird ein bekanntes Luftvolumen durch ein Sammelgefäß hindurchgesaugt und die darin enthaltene Emanation abgeschieden und zwar entweder durch Absorption in einer organischen Flüssigkeit (z. B. gekühltes Petroleum), in der die Löslichkeit der Emanation groß ist (R. HOFMANN, H. MACHE und T. RIMMER, F. BEHOUNEK) oder durch Adsorption an Kohle (am besten Kokosnußkohle) (A. S. EVE, J. SATTERLY, J. R. WRIGHT und O. F. SMITH, J. OLUJIC) oder durch Kondensation bei tiefen Temperaturen (J. SATTERLY, G. C. ASHMAN, J. OLUJIC, A. WIGAND). Durch ein Quirlverfahren im ersten Falle oder durch Erhitzen in den beiden anderen Fällen wird die Emanation wieder ausgetrieben und in ein Meßgefäß übergeführt, wo aus dem Sättigungsstrom, den sie erzeugt, die Menge ermittelt werden kann. Nach den derzeit besten Resultaten erzeugt 1 Curie *RaEm*, das ist die mit 1 g *Ra* im Gleichgewicht stehende Menge für sich allein (ohne Mitwirkung der folgenden Zerfallsprodukte) einen Sättigungsstrom von $2{,}75 \cdot 10^6$ stat. Einh.

Eine weitere mögliche Methode besteht darin, in einem mit Freiluft gefüllten Gefäße den Sättigungsstrom zu messen und dann dasselbe Gefäß mit Luft zu füllen, der nach einer der oben beschriebenen Methoden die Emanation vorher entzogen wurde. Die Differenz der Sättigungsströme gibt wieder die Ionisierungswirkung der in der ersten Luftprobe enthaltenen radioaktiven Stoffe. Es ist zu beachten, daß diese Differenzmethode (H. MACHE und T. RIMMER, E. SCHWEIDLER, R. ZLATAROVIC) die Wirkung *aller* vorhandenen radioaktiven Beimengungen, einschließlich der *Th*- und *Ac*-Produkte, mißt, also eine Art „*RaEm*-Äquivalent" liefert.

Indirekte Bestimmung. Die aus den Emanationsatomen unmittelbar entstehenden Atome der Folgeprodukte (*RaA*, *ThA*, *AcA*) verhalten sich nach Laboratoriumsversuchen zunächst wie einwertige positive Ionen; sie werden daher von negativ geladenen Leitern angezogen und auf diesen abgelagert. Qualitativ wurde so von J. ELSTER und H. GEITEL zuerst gezeigt, daß negativ geladene Drähte sich in Freiluft mit einem radioaktiven Belag überziehen, und aus dem zeitlichen Gange des Abfalles der Aktivität konnten neben den Stoffen der *Ra*-Reihe auch die der *Th*-Reihe und spurenweise auch die der *Ac*-Reihe konstatiert werden.

Diese sogenannte *Methode der Drahtaktivierung* wurde von H. GERDIEN sowie von A. S. EVE zu einer quantitativen umgestaltet. Bei der GERDIENschen *Aspirationsmethode* wird ein bekanntes Luftvolumen durch einen Zylinderkondensator gesaugt, dessen Innenelektrode hinreichend stark negativ geladen ist, um alle eintretenden positiven Träger abzufangen, und hierauf nach Abstellung des Luftstromes der Sättigungsstrom im Kondensator gemessen. Bei der EVEschen Methode wird in einem großen, mehrere Kubikmeter fassenden Behälter die gesamte darin enthaltene Menge der positiv geladenen Zerfallsprodukte auf einer sehr stark negativ geladenen Innenelektrode abgeschieden.

Der zeitliche Verlauf der ionisierenden Wirkung, der auf der allmählichen Bildung der weiteren B- und C-Produkte beruht, ist theoretisch berechenbar, wofür insbesondere K. W. F. Kohlrausch die exakten Formeln aufgestellt hat. Leider haben diese indirekten Methoden den Nachteil, daß sie bloß die positiv geladenen Atome der Zerfallsprodukte erfassen. So wie gewöhnliche Gasionen unterliegen aber auch die radioaktiven Träger den Prozessen der Wiedervereinigung mit entgegengesetzt geladenen Ionen und der Anlagerung an Adsorptionskerne, so daß über den Gesamtgehalt keine definierten Angaben möglich sind. Schätzungsweise sind bei kernarmer Luft etwa 60% der vorhandenen $Ra\,A$-Atome positiv geladen; in kernreicher Luft ist aber jedenfalls dieser — der Messung allein zugängliche — Betrag beträchtlich kleiner.

Ergebnisse bezüglich des Emanationsgehaltes. In Freiluft über dem Festland und in geringer Höhe über dem Boden führen die bisher angestellten direkten Messungen des $Ra\,Em$-Gehaltes auf einen Mittelwert von rund $10^{-16}\,\dfrac{\text{Curie}}{\text{cm}^3}$. Dem entspricht ein Gehalt von 1,77 Emanationsatomen in $1\,\text{cm}^3$; für die im radioaktiven Gleichgewicht stehenden Zerfallsprodukte folgen daraus die Werte: $9,8 \cdot 10^{-4}\,Ra\,A$-, $8,6 \cdot 10^{-2}$ $Ra\,B$- und $6,3 \cdot 10^{-3}\,Ra\,C$-Atome in $1\,\text{cm}^3$. Die α-Strahlung aller dieser Stoffe zusammen erzeugt eine Ionisierungsstärke von rund $2\,J$, die γ-Strahlung nur etwa $0,1\,J$.

An einem bestimmten Orte unterliegt der Em-Gehalt beträchtlichen Schwankungen. Sowohl täglicher und jährlicher Gang als unperiodische mit der Wetterlage zusammenhängende Änderungen scheinen lokal verschieden zu sein. Starke Niederschläge setzen nach übereinstimmenden Befund mehrerer Beobachter den Em-Gehalt herab.

In geschlossenen Räumen (Zimmern, Kellern, Höhlen) ist der Em-Gehalt merklich größer als im Freien. Mit der Höhe über dem Boden nimmt er rasch ab, doch liegen noch zu wenige Beobachtungen vor, als daß man zwischen den verschiedenen theoretischen Annahmen (W. Schmidt und Hess einerseits, neuere Formeln von Schmidt andererseits) entscheiden könnte.

Über dem Meere nimmt — wie theoretisch vorauszusehen (vgl. S. 311) — der Em-Gehalt mit der Entfernung vom Lande ab und ist, insbesondere nach den Messungen auf den Kreuzfahrten der „Carnegie" in der Mitte der Ozeane unmerklich klein.

Die indirekten Methoden, die auf der Ansammlung der Zerfallsprodukte beruhen, lieferten bisher über festem Boden Mittelwerte von $0,1$ bis $0,7 \cdot 10^{-16}$ Curie/cm³, also dieselbe Größenordnung, aber doch merklich kleinere Werte als die direkten Methoden. Durch Analyse des zeitlichen Abfalles der so aktivierten Körper konnte das Verhältnis der *Ra*- und *Th*-Produkte bestimmt werden. Im Mittel fand man den Quotienten der Zahlen der *ThEm*- und der *RaEm*-Atome zu

$$\frac{n\,(ThEm)}{n\,(RaEm)} = \text{rund } 10^{-4}.$$

Da die *ThEm* viel rascher zerfällt ($T = 54,5$ sec) als die *RaEm* [$T = 3,82$ Tage $= 3,3 \cdot 10^5$ sec $= 6000\ T\ (ThEm)$], wird für die Zahl der pro Zeit- und Volumeinheit ausgesandten α-Strahlen und somit angenähert für die Ionisierungsstärke das Verhältnis $Th/Ra = 0,6$.

Bei der „Differenzmethode" (vgl. S. 312), die das *RaEm*-Äquivalent der gesamten radioaktiven Produkte ergibt, sind daher um etwa 60% erhöhte Werte zu erwarten gegenüber den Methoden, welche den reinen *RaEm*-Gehalt liefern.

Der Gesamtgehalt einer Luftsäule von 1 cm² Querschnitt berechnet sich je nach dem Gesetze, das man für die Höhenverteilung annimmt, zu 10^{-11} bis 10^{-12} Curie/cm², wenn der Bodenwert 10^{-16} Curie/cm³ gesetzt wird. Um diesen mittleren Zustand stationär zu erhalten, ist eine Zufuhr von *RaEm* erforderlich, die pro Zeiteinheit das $2 \cdot 10^{-6}$-fache des Gesamtgehaltes beträgt, da eben dieser Bruchteil in 1 sec durch den radioaktiven Zerfall der Emanation verschwindet. Es müßte also aus festem Boden $2 \cdot 10^{-17}$ (bzw. $2 \cdot 10^{-18}$) Curie pro cm² und sec austreten. Direkte Messungen haben ergeben, daß der Emanations-gehalt der „*Bodenluft*" in den kleinen Hohlräumen lockeren Bodens etwa $^1/_6$ bis $^1/_{10}$ des seinem *Ra*-Gehalt entsprechenden Gleichgewichts-gehaltes ist (also etwa von der Größenordnung 10^{-13} Curie/cm³ bei einem *Ra*-Gehalt von $10^{-12}\ g\,Ra$/cm³ des Bodens). Aus der Bodenluft gelangt die Emanation in die freie Atmosphäre einerseits durch Diffusion, andererseits konvektiv, wenn die Bodenluft infolge Erwärmung oder Luftdruckfalles austritt. Einige Versuche, diese „*Exhalation*" des Bodens zu messen (L. B. SMYTH, J. R. WRIGHT und O. F. SMITH) führten dann tatsächlich auf Werte von im Mittel $5 \cdot 10^{-17}$ Curie/cm² $\cdot$ sec, was mit den größeren der oben theoretisch berechneten Beträge gut über-einstimmt.

Da in der Luftsäule über 1 cm² Grundfläche nach obigen Annahmen etwa 10^{-11} Curie *RaEm* oder $1,8 \cdot 10^5$ *Em*-Atome enthalten sind, daher (unter Mitberücksichtigung der beiden folgenden α-strahlenden Produkte *RaA* und *RaC*) $3 \times 2,1 \cdot 10^{-6} \times 1,8 \cdot 10^5 = 1,1$ α-Strahlen/sec emittiert werden, könnte man denken, daß dieser Prozeß eine allmähliche An-sammlung von *Helium* in der Atmosphäre bewirken müsse. Die nume-rische Auswertung zeigt aber, daß selbst in 10^9 Jahren $= 3 \cdot 10^{16}$ sec auf diese Weise nur eine verschwindend kleine Heliummenge produziert wird, daß also der tatsächliche Heliumgehalt der Atmosphäre (Partial-druck etwa $5 \cdot 10^{-6}$ Atm.) nur zum kleinen Teile auf den radioaktiven Zerfall der in der Luft selbst enthaltenen Radioelemente beruht.

c) Die Hesssche Höhenstrahlung als Ionisator.

Wie schon (S. 308) erwähnt wurde, folgt aus den Absorptionsgesetzen, daß die ionisierende Wirkung der „Erdstrahlung" mit der Höhe über dem Boden abnehmen muß. Messungen mit Wulfschen Apparaten (vgl. S. 309) ergaben tatsächlich, daß auf hohen Türmen der Sättigungsstrom in geschlossenen Gefäßen merklich verkleinert wird, doch läßt die eventuell vom Turmmaterial selbst ausgesandte Strahlung quantitative Angaben nicht zu. Durch analoge Beobachtungen bei einigen Fahrten im Freiballon (bis 4500 m Höhe) fand nun zunächst A. Gockel (1910/11), daß die Ionisierungsstärke in geschlossenen Gefäßen in der Höhe zwar abnahm, aber nicht in dem Maße, wie es bei vollständiger Absorption der Erdstrahlung zu erwarten gewesen wäre. Einige Messungen, bei denen die Gefäße nicht luftdicht waren und daher die Dichte der eingeschlossenen Luft während des Aufstieges sich verringerte, deuteten sogar an, daß man in luftdichten Gefäßen eine *Zunahme* der Ionisierungsstärke beobachtet hätte.

V. F. Hess (1911/12) fand ebenfalls bei einigen Ballonfahrten zuerst schwache Abnahme, dann (von etwa 2000 m an) schwache Zunahme der Ionisierungsstärke, von 3000 m an bis 5400 m aber eine starke Zunahme. Er schloß daraus auf die Existenz einer *von oben kommenden, sehr durchdringenden Strahlung extraterrestrischen Ursprunges*, da die „Luftstrahlung" (vgl. S. 310) der in der Atmosphäre verteilten radioaktiven Stoffe unmöglich zur Erklärung ausreichen könnte. Auch zeigte Hess durch Ballonbeobachtungen während der Nacht und bei einer Sonnenfinsternis, daß eine direkte Strahlung von der Sonne her nicht in Betracht komme.

Diese Ergebnisse wurden bestätigt und erweitert durch Messungen von W. Kolhörster, der einige Ballonaufstiege vornahm und dabei einmal sogar 9300 m Höhe erreichte. In dieser Höhe war die Ionisierungsstärke um rund 80 J größer als am Boden. Auch ließ sich aus diesen Ergebnissen berechnen, daß bei Annahme eines einfachen exponentiellen Absorptionsgesetzes $S = S_0 e^{-\mu x}$ (S = Intensität der Strahlung, S_0 = Anfangsintensität, μ = Absorptionskoeffizient des durchstrahlten Mediums, x = durchstrahlte Schichtdicke) der Absorptionskoeffizient μ der Luft für Normaldruck und -temperatur etwa den Wert $7,3 \cdot 10^{-6}$ cm^{-1}, bzw. der sogenannte „*Massenabsorptionskoeffizient*", das ist der Quotient Absorptionskoeffizient dividiert durch die Dichte den Wert

$$\mu/\varrho = 5,6 \cdot 10^{-3} \frac{\text{cm}^2}{\text{g}}$$

besitze.

Auch auf hohen Bergen wurden für die Ionisierung in geschlossenen Gefäßen Beträge gefunden, die mit den Ballonbeobachtungen gut übereinstimmten, ebenso von K. Büttner im Flugzeug in 7000 m Höhe.

Im Meeresniveau ist die Strahlung bereits so abgeschwächt, daß die von ihr im WULFschen Apparate hervorgerufene Ionisierungsstärke nur mehr etwa $1-2\,J$ beträgt.

Die Existenz dieser Strahlung wurde von R. A. MILLIKAN und seinen Mitarbeitern (S. J. BOWEN, G. H. CAMERON, R. M. OTIS) anfänglich bezweifelt, später aber sowohl durch Messungen im Registrierballon als auch auf hohen Bergen der Rocky Mountains und der Anden bestätigt. Eine Differenz gegenüber den Resultaten der europäischen Forscher besteht darin, daß die Zunahme mit der Höhe nach den amerikanischen Angaben wesentlich schwächer ist und für die obere Grenze der Atmosphäre den extrapolierten Wert von etwa $75\,J$ ergibt, während bei KOLHÖRSTER schon in 9000 m dieser Wert überschritten ist.

Bezüglich der Absorption wurde die Abnahme der Strahlung durch Abschirmung sowohl mit Wasser (Versenken in Seen) als durch Eis (in Gletscherspalten) als durch Bleipanzer untersucht. Übereinstimmend fanden verschiedene Beobachter (MILLIKAN, KOLHÖRSTER, MYSSOWSKI und TUWIM, BÜTTNER u. a.), daß der Massenabsorptionskoeffizient μ/ϱ noch wesentlich kleiner sei als der früher erwähnte Wert für Luft, nämlich im Mittel etwa $2{,}5\cdot 10^{-3}\,\frac{\mathrm{cm^2}}{\mathrm{g}}$. Es ist aber deutlich eine Inhomogenität der Strahlung, eine Zusammensetzung aus weicheren und härteren Komponenten zu erkennen. Nach MILLIKAN ist $\mu/\varrho = 1{,}5\cdot 10^{-3}$ für durch 12 m Wasser filtrierte Strahlen; G. HOFFMANN findet hinter dicken Bleipanzern einen Wert von $0{,}9\cdot 10^{-3}$. E. REGENER unter Wasser in Tiefen bis zu 230 m sogar nur $\mu/\varrho = 1{,}8\cdot 10^{-4}$.

Da zwischen dem Absorptionskoeffizienten einer kurzwelligen Strahlung (Röntgen- oder γ-Strahlen) und ihrer Wellenlänge gesetzmäßige Beziehungen bestehen, hat man vielfach versucht, daraus die Wellenlänge dieser „Ultra-γ-Strahlen" abzuleiten. Während für die kürzesten Wellenlängen der γ-Strahlen bekannter radioaktiver Elemente etwa $\lambda = 5$ X.E. (1 X.E. $= 10^{-3}$ Å.E. $= 10^{-11}$ cm) gefunden wurde, berechnen sich für die Ultra-γ-Strahlen Werte von einigen Zehnteln X.E. MILLIKAN glaubt speziell die Existenz von Komponenten mit $\lambda = 0{,}52$ X.E. bis $0{,}32$ X.E. ableiten zu können. Den oben erwähnten von HOFFMANN und von REGENER beobachteten noch härteren Komponenten wären noch kleinere Wellenlängen (etwa $0{,}01$ X.E.) zuzuordnen. Doch sind diese theoretisch berechneten Wellenlängen dadurch recht unsicher, daß die in der üblichen Weise gemessenen „Absorptionskoeffizienten" eigentlich wenig exakt in ihrer physikalischen Bedeutung definiert sind und daher mit den in den theoretischen Formeln auftretenden Größen nur in grober Annäherung übereinstimmen dürften.

Zeitlicher Gang der Strahlung. Von Anfang an wurde nach regelmäßigen Perioden in der Intensität der Strahlung gesucht. Die Resultate verschiedener Beobachter stimmen hier noch wenig überein. Als sichergestellt kann es gelten, daß keine sonnentägliche Periode vorhanden ist; dagegen finden einige Beobachter (KOLHÖRSTER, V. SALIS, BÜTTNER) eine regelmäßige Periode nach *Sternzeit,* so daß die Maxima und Minima in verschiedenen Jahreszeiten auf verschiedene Stunden der mittleren Zeit fallen; andere Beobachter (MILLIKAN und Mitarbeiter, HOFFMANN) finden wohl unregelmäßige Schwankungen, aber keine ausgesprochene Periodizität. Nach Versuchen von HESS und MATHIAS wäre es möglich, daß die harten und die weichen Komponenten der Strahlung verschiedenen zeitlichen Verlauf haben, speziell daß nur den weichen Strahlen eine regelmäßige Periode zukäme.

Natur und Ursprung der Höhenstrahlung. Bei den physikalischen Eigenschaften dieser Strahlung ist es die wahrscheinlichste Annahme, daß sie eine kurzwellige elektromagnetische Strahlung sei, daher der von HESS vorgeschlagene Name „Ultra-γ-Strahlung". Doch glauben z. B. BOTHE und KOLHÖRSTER aus neueren Versuchen den Schluß auf eine *Korpuskularstrahlung* extrem hoher Geschwindigkeit ziehen zu können. Als Ursachen einer solchen Strahlung kommen a priori in Betracht: 1. Unbekannte *radioaktive Elemente,* die eine wesentlich kürzerwellige Strahlung aussenden als die auf der Erde gefundenen; 2. *Atomumwandlungen,* die nicht im Sinne eines Zerfalles sondern eines *Aufbaues* vor sich gehen, wobei — entsprechend der Äquivalenz von Masse und Energie — ein „Massendefekt" Δm bzw. eine Abnahme der Energie um den Betrag $\Delta E = c^2 \Delta m$ sich gemäß den Grundgesetzen der Quantentheorie in monochromatische Strahlung umsetzt, derart, daß $\Delta E = h\nu = \dfrac{hc}{\lambda}$ ist; 3. *Primäre Korpuskular*-Strahlen, die — analog der „Bremsstrahlung" im Röntgengebiet bei vollständiger Hemmung in *einem* Elementarprozeß (z. B. bei einem Kerntreffer) eine sekundäre elektromagnetische Strahung erzeugen (H-Strahlen mit einer Geschwindigkeit $v \geqq 8 \cdot 10^9 \dfrac{\text{cm}}{\text{sec}}$ oder α-Strahlen mit $v \geqq 4 \cdot 10^9 \dfrac{\text{cm}}{\text{sec}}$, bzw. mit einer Reichweite $R \geqq 60$ cm oder β-Strahlen mit der Geschwindigkeit $v \geqq 0{,}9998$ c würden dieser Bedingung genügen).

Die erste Annahme, die Existenz unbekannter Radioelemente, wurde zunächst von NERNST eingeführt, der speziell junge, im Entwicklungsstadium befindliche Riesensterne als Strahlungsquelle ansah, später aber statt im radioaktiven Zerfall in der „Nullpunktsenergie" des Äthers die Energiequelle suchte. Für die dritte Hypothese einer Sekundärstrahlung fehlt vorläufig jede empirische Grundlage, doch hält C. T. R. WILSON es für möglich, daß in den starken elektrischen Feldern der Gewitterwolken freie Elektronen eine genügende Geschwindigkeit erhalten können.

Von den der zweiten Hypothese entsprechenden Vorgängen liefern Prozesse der Atombildung aus Protonen für verschiedene Stoffe Massendefekte und daher Energiebeträge von passender Größenordnung. So liefert z. B. die Bildung eines Heliumkernes aus vier Protonen und zwei Elektronen einen aus dem Massendefekt (Atomgewicht von He gleich 4 statt 4 · 1,0078) zu berechnenden Energiebetrag von rund 4 · 10^{-5} Erg. MILLIKAN glaubt, die von ihm aus den Absorptionskoeffizienten erschlossenen Komponenten der Strahlung der Bildung von He, O und Si zuordnen zu können, also von Elementen, die zu den in der Natur häufigsten gehören. Die vollständige Vernichtung ponderabler Materie bei der Verschmelzung eines Protons und eines Elektrons — ein Vorgang, der in der modernen Stellarastronomie zur Deckung der Fixsternstrahlung angenommen wird — würde wesentlich größere Energiequanten und daher Strahlen noch viel kleinerer Wellenlänge liefern und vielleicht für die härtesten Komponenten (vgl. S. 316) in Betracht kommen.

Der *Ursprungsort* der Höhenstrahlung ist, wie schon erwähnt, jedenfalls nicht die Sonne. KOLHÖRSTER glaubte aus seinen Resultaten bezüglich des sternzeitlichen Ganges die *Milchstraße* als hauptsächlichstes Emissionszentrum nachweisen zu können, während A. CORLIN aus demselben Beobachtungsmaterial den Schluß zieht, daß die *veränderlichen Sterne vom Miratypus* die Quelle seien. Andere Autoren, besonders MILLIKAN, verlegen die strahlenerzeugenden Prozesse in den interstellaren Raum und in die kosmischen Nebelmassen.

Aus seinen Ergebnissen betreffend die Zunahme der Strahlung mit der Höhe (wie schon erwähnt abweichend von den Ergebnissen europäischer Forscher) berechnet MILLIKAN die Intensität der einfallenden Höhenstrahlung an der oberen Grenze der Atmosphäre zu 3 · 10^{-4} Erg/cm² · sec. Bei einer mittleren Wellenlänge $\lambda = 4 \cdot 10^{-12}$ cm wäre das zugehörige Energiequantum $h\nu = \dfrac{hc}{\lambda} = 5 \cdot 10^{-5}$ Erg. Daraus folgt, daß in sehr großer Höhe 6 $\dfrac{\text{Quanten}}{\text{cm}^2\ \text{sec}}$, im Meeresniveau rund 0,1 $\dfrac{\text{Quanten}}{\text{cm}^2\ \text{sec}}$ auffallen.

d) Andere Ionisatoren der Atmosphäre.

1. *Ultraviolettes Licht.* Nach experimentellen Ergebnissen beginnt die ionisierende Wirkung ultravioletten Lichtes in Luft bei Wellenlängen von etwa 1800 Å.E. abwärts. Das Sonnenspektrum reicht aber — auch auf hohen Bergen oder bei Ballonbeobachtungen — nur bis etwa 2900 Å.E. abwärts. Als Ursache wird die Absorption der kürzerwelligen Strahlung durch *Ozon* angenommen, das entsprechend gelegene Absorptionsbanden aufweist. Innerhalb der Troposphäre kommt daher das ultraviolette Licht als Ionisator nicht in Betracht, dagegen kann seine Wirkung in den höchsten Schichten der Atmosphäre (oberhalb etwa 50 km, wo die Ozonschicht angenommen wird) eine sehr bedeutende sein. Sichere quantitative Angaben sind allerdings kaum möglich, wie sich z. B. daraus ergibt, daß W. F. G. SWANN schätzungsweise ein Leit-

vermögen in sehr großer Höhe berechnet, das das $2 \cdot 10^9$ fache des mittleren Leitvermögens in Bodennähe beträgt, während G. J. ELIAS theoretisch zu noch 1000 fach größeren Werten gelangt. Jedenfalls ist aber das ultraviolette Sonnenlicht von bedeutendem Einfluß bei der Entstehung einer sehr gut leitenden Schichte in der Höhe, wie sie einerseits zur Erklärung erdmagnetischer Phänomene (A. SCHUSTER), andererseits zur Erklärung der Gesetze der Ausbreitung der elektrischen Wellen („KENELLY-HEAVISIDE-*Schichte*") angenommen werden muß.

Außer durch direkte Volumionisierung im Gas kann ultraviolettes Licht auch durch den sogenannten lichtelektrischen Effekt Elektrizitätsträger erzeugen, indem es auf feste oder flüssige Oberflächen auffallend dort eine Emission von Elektronen hervorruft, die sich in der Luft sofort zu negativen normalen Ionen umwandeln. Diese lichtelektrische Wirkung kommt im allgemeinen nicht bloß dem kurzwelligen Teil des ultravioletten Spektrums zu, sondern auch dem längerwelligen, ja bei bestimmten Stoffen auch den sichtbaren Strahlen. Tatsächlich ist aber die „lichtelektrische Empfindlichkeit" der Stoffe, welche die Oberfläche der Erde bilden (Wasser, Gestein, Pflanzen) so gering, daß diese lichtelektrische Wirkung für die Ionenerzeugung in der Atmosphäre praktisch keine Rolle spielt.

2. *Korpuskularstrahlung der Sonne.* Die Polarlichter werden auf das Eindringen korpuskularer von der Sonne ausgehender Strahlen zurückgeführt und zwar nach den meisten der aufgestellten Theorien auf schnelle Kathodenstrahlen. Übrigens führt die Bedingung, daß im Mittel über lange Zeiträume der Ladungszustand der Sonne stationär sein muß, zur Konsequenz, daß jeder Emission von Elektronen auch eine Emission gleich vieler positiver Teilchen — sei es als Vorbedingung, sei es als Folge — zugeordnet sein muß; es läßt sich zeigen, daß im stationären Zustand sowohl die Zahl als die Endgeschwindigkeit in großer Entfernung von der Sonne für die emittierten positiven und negativen Teilchen dieselbe sein muß.

Für die höchsten Schichten der Atmosphäre treten also zum ultravioletten Licht und zur Ultra-γ-Strahlung noch solche Korpuskularstrahlen als — mindestens zeitweise wirksame — Ionisatoren hinzu. Für die Annahme aber, daß solche Strahlen auch in den untern Teil der Stratosphäre oder gar in die Troposphäre gelangen, liegt derzeit noch keinerlei empirischer Nachweis vor (vgl. auch Kapitel V, Abschnitt 7).

3. *Wasserfallelektrizität und Staubelektrisierung.* Wie P. LENARD (1892) zuerst gezeigt hatte, entsteht eine Bildung von Elektrizitätsträgern beim Zerspritzen von Wasser und wäßrigen Lösungen in feine Tröpfchen, wenn entweder ein großer Tropfen auf einen festen Körper auftrifft oder von einem plötzlich einsetzenden Luftstrom stoßartig getroffen wird (besonders von LENARDs Schüler HOCHSCHWENDER [1919]

untersucht). Bei reinem Wasser entstehen überwiegend *negativ* geladene kleine Tröpfchen, die eine negative Elektrisierung der „Luft" vortäuschen, während die Hauptmasse des ursprünglichen Tropfens die kompensierende positive Ladung trägt. Bei Lösungen auch sehr geringer Konzentration kann sich das Vorzeichen der Tropfen- und der „Luft"ladung umkehren. Die Erklärung liegt nach LENARD darin, daß im Tropfen an der Oberfläche eine von komplexen Ionen gebildete Doppelschicht liegt und zwar mit der negativen Belegung nach außen, der positiven nach innen.

Es werden also in der Natur negative und positive Raumladungen auftreten, z. B. in der Nähe von Wasserfällen, Brandungsstellen, bei heftigem Regen und im Innern von Wolken bei turbulenten aufsteigenden Luftströmen. Für die Gesamtionisierung der Atmosphäre sind diese Vorgänge von geringer Bedeutung, bloß für die Entstehung der Niederschlagselektrizität und insbesondere der Gewitterladungen werden sie wichtig (vgl. S. 368).

Einigermaßen verwandt mit diesen Erscheinungen ist die *Elektrisierung von staubartig verteilter Materie* beim Zerblasen lockerer Stoffe oder Aufwirbeln durch Wind. Speziell STÄGER hat derartige Vorgänge im Laboratorium genauer untersucht. In der Natur liefern sie oft sehr beträchtliche elektrische Ladungen bei vulkanischen Gewittern in den Aschenwolken, bei Staub- und Sandstürmen, bei Schneetreiben. Immerhin sind es doch nur ausnahmsweise auftretende Prozesse.

4. *Stoßionisierung.* Wie schon erwähnt (S. 304), erlangen die normalen Ionen in starken Feldern (in Luft normaler Dichte bei Feldstärken von etwa 30000 Volt pro Zentimeter oder 100 stat. Einh.) eine solche Geschwindigkeit, daß sie beim Zusammenstoß mit einer neutralen Molekel analog wie Korpuskularstrahlen ionisierend wirken. Da die so neu gebildeten Ionen im Felde in sehr kurzer Zeit selbst die kritische Geschwindigkeit erreichen, tritt also explosionsartig eine Ionisierung von viel höherer Größenordnung als die normale ein. In der Natur treten derartige Vorgänge nur in den starken Störungsfeldern, besonders bei Gewittern auf. Über die dabei entstehenden Entladungsformen vgl. Kapitel V, 3.

e) Übersicht über die Ionenerzeugung in der Atmosphäre.

Aus den in den Abschnitten a—d besprochenen Verhältnissen ergibt sich im Durchschnitt etwa die folgende ungefähre Gesamtionisierungsstärke in der freien Atmosphäre:

1. *Über dem Meere in Landferne.* Da hier sowohl die „Erdstrahlung" als die „Luftstrahlung" fortfällt, ist in den unteren Luftschichten bloß die HESSsche *Höhenstrahlung* wirksam. Die Ionisierungsstärke beträgt im Meeresniveau etwa $1\,J$ und nimmt mit wachsender Höhe zunächst zu. Die mit der Höhe steigende Intensität der Strahlung wird aber

teilweise kompensiert durch den Umstand, daß die Luftdichte und damit der absorbierte und zur Ionisierungsarbeit verbrauchte Betrag der Strahlung abnimmt. Legt man für die Zunahme der Strahlung die von KOLHÖRSTER und anderen europäischen Beobachtern gewonnenen Resultate zugrunde, so ergibt sich nach A. WIGAND für die Ionisation in der *freien* Atmosphäre etwa:

$h =$ 0	1	2	3	4	5	6	7	8	9 km
$q =$ 1	2	3,5	5	7	9,5	13	17	20,5	23 J

In noch größeren Höhen müßte dann $q(h)$ der Dichteabnahme wegen wieder sinken, z. B. für $h = 20$ km, $q = 18\,J$; $h = 40$ km, $q = 1\,J$; $h = 60$ km, $q =$ rund $5 \cdot 10^{-2}\,J$. Doch kommt in diesen Höhen die (in ihrer Intensität schwer abschätzbare) Ionisierung durch ultraviolettes Licht (bei Tage) sowie eventuelle Korpuskularstrahlung hinzu.

2. *Über Festland.* In Bodennähe kommt zur Höhenstrahlung (je nach der Seehöhe die oben angegebenen Werte) noch die Wirkung der „Erdstrahlung" und der „Luftstrahlung". Die Ionisierungsstärke der ersteren beträgt, wie bereits S. 310 ausgeführt wurde, bei durchschnittlicher Radioaktivität des Bodens etwa $3\,J$ und kann mit dieser in ziemlich weiten Grenzen (z. B. o über kleinen Wasserflächen bis $40\,J$ über besonders aktiven Gesteinen) schwanken. Außerdem ist in den alleruntersten Schichten bis zu wenigen Metern Höhe über dem Boden auch noch die β-Strahlung (etwa gleicher Größenordnung) zu berücksichtigen. Die — je nach Ort und Zeit ebenfalls verschiedene — Luftstrahlung liefert in Bodennähe bei einem mittleren Emanationsgehalt von 10^{-16} Curie/cm³ rund $2\,J$ aus der Wirkung der Radiumemanation und ihrer Folgeprodukte und etwa 60% dieses Betrages (vgl. S. 314) aus der Wirkung der Thoriumprodukte. Im ganzen erhält man so aus Summierung von Höhen-, Erd- und Luftstrahlung im Mittel rund:

$$q = 1 + 3 + 3{,}2 = 7{,}2\,J.$$

Mit der Erhebung über den Boden nimmt sowohl Erd- als Luftstrahlung ab, erstere wegen der Absorption in der Luft, letztere wegen der Abnahme des Emanationsgehaltes, während die Höhenstrahlung ansteigt und oberhalb etwa 2 km so wie über dem Meere allein wirksam bleibt.

3. Die Ionenvernichtung.

Die Prozesse der Ionenvernichtung — für die normalen Ionen: Wiedervereinigung mit entgegengesetzt geladenen normalen und langsamen Ionen sowie Umbildung in langsame Ionen durch Anlagerung an Adsorptionskerne; für die langsamen Ionen: Wiedervereinigung mit entgegengesetzt geladenen normalen und langsamen Ionen — wurden bereits (S. 299 ff.) ausführlicher behandelt.

Der Fall kernfreier Luft und damit Gültigkeit des einfachen quadratischen Gesetzes $\dfrac{dn}{dt} = -\alpha n^2$ für den Ionenverlust durch Wiedervereinigung dürfte in den der Beobachtung zugänglichen Schichten der Troposphäre nur ausnahmsweise realisiert sein. Im allgemeinen wird dort der Ionenverlust durch die Anlagerung an ungeladene oder bereits geladene Kerne einen merklichen oder sogar überwiegenden Einfluß haben.

Die Zählung der vorhandenen „Staub"kerne erfolgt experimentell nach der Methode Aitkens, bei der in einer kleinen pumpenartigen Vorrichtung feuchte Luft durch adiabatische Expansion übersättigt wird, so daß an den Kernen Nebeltröpfchen entstehen, die sich, durch ihre Schwere sinkend, auf einer in Felder geteilten Glasplatte absetzen und dort mittels eines Mikroskopes gezählt werden. Selbst in nach gewöhnlichen Begriffen sehr reiner Luft lassen sich so meistens noch einige hundert Kerne pro $1\,\text{cm}^3$ feststellen, in der Regel sind mehrere tausend vorhanden und in stark verunreinigter Luft (z. B. in der Nähe von Industriestädten) kann die Größenordnung 100 000 erreicht werden. Dabei ist zu berücksichtigen, daß (besonders nach den Untersuchungen Wigands) grobe Staubteilchen im gewöhnlichen Sinne des Wortes (z. B. beim Ausklopfen von Teppichen erzeugt) gar nicht als Kondensationskerne wirken und daher dem Aitkenschen Zähler entgehen, während derartige Teilchen doch jedenfalls als Adsorptionskerne für Ionen wirken. Die luftelektrisch wirksame Kernzahl dürfte daher auf Grund solcher „Staubzählungen" eher unterschätzt werden. Die Zahlenwerte der Verschwindungskonstante β' bzw. ihrer Reziproken, der mittleren Lebensdauer ϑ der Ionen siehe S. 302.

In den *höheren Schichten* der Atmosphäre ist wohl mit großer Annäherung das quadratische Wiedervereinigungsgesetz anzunehmen, aber die Abhängigkeit des Koeffizienten α von Druck und Temperatur (vgl. S. 300) zu berücksichtigen sowie die Existenz freier Elektronen. Nach einer theoretischen Berechnung von H. Benndorf kann man annehmen:

für $h =$ 0	20	40	60	80	100 km
$\alpha = 1{,}6 \cdot 10^{-6}$	$9 \cdot 10^{-8}$	$4 \cdot 10^{-9}$	$2 \cdot 10^{-10}$	$1 \cdot 10^{-11}$	$6 \cdot 10^{-13} \dfrac{\text{cm}^3}{\text{sec}}$

In den *untersten Schichten* kommt als ionenvernichtender Vorgang neben Wiedervereinigung und Adsorption noch die Abwanderung der Ionen im natürlichen Erdfeld in Betracht. Über den dadurch bedingten „Elektrodeneffekt" vgl. später S. 345.

4. Die Zahl der Ionen.

Theoretisch ist beim Zusammenwirken der ionenerzeugenden und -vernichtenden Prozesse im feldfreien Raume die Zahl der Ionen im stationären Zustande durch die S. 302 angeführten Formeln gegeben;

numerische Werte für verschiedene Grade der Ionisierungsstärke und Kernzahlen enthält die Tabelle auf S. 302.

Die Einstellung in den stationären Zustand bei plötzlicher Änderung eines der bedingenden Faktoren erfolgt nach den folgenden Formeln, wobei n die jeweils vorhandene, n_0 die anfängliche und n_∞ die stationäre Endzahl, ferner ϑ die mittlere Lebensdauer der Ionen bezeichnet.

In *kernfreier* Luft gilt:

$$\frac{1-n/n_\infty}{1+n/n_\infty} = \frac{1-n_0/n_\infty}{1+n_0/n_\infty} \cdot e^{-\frac{2t}{\vartheta}}, \text{ wobei } \vartheta = \frac{1}{\sqrt{2\alpha}}.$$

In *sehr kernreicher* Luft (Kernzahl K groß) gilt:

$$1 - \frac{n}{n_\infty} = \left(1 - \frac{n_0}{n_\infty}\right) e^{-\frac{t}{\vartheta}}, \text{ wobei } \vartheta = \frac{179\,000}{K}.$$

Da ϑ in kernreicher Luft von der Größenordnung 1 min ist, erfolgt hier die Herstellung des stationären Zustandes relativ rasch, z. B. in einigen Minuten bis auf 1% genau. In kernfreier Luft, wo ϑ wesentlich größer werden kann (vgl. die Zahlenangaben S. 300), geschieht dies erst in Zeiten von der Größenordnung einer halben Stunde.

Experimentell wird die Bestimmung der Ionenzahl n nach den S. 306 erwähnten Methoden mittels des EBERTschen *Ionenzählers* vorgenommen. Dieser (Abb. 6) besteht aus einem Zylinderkondensator, durch den ein Aspirator einen Luftstrom hindurchsaugt. Die innere stabförmige Elektrode ist mit einem Elektrometer (Blättchenelektrometer nach ELSTER und GEITEL bei den älteren, WULFsches Zweifadenelektrometer bei

Abb. 6. EBERTscher Ionenzähler.

den neueren Typen) verbunden, die äußere geerdet. Die Ladung Q der inneren Elektrode muß während der Messung stets der S. 306 aufgestellten Bedingung genügen: $4\pi Q v \gtreqqless \Phi$, wobei v die Ionenbeweglichkeit, Φ die Fördermenge bedeutet. Bei den üblichen Typen der

Ionenzähler genügt eine Spannung von etwa 100 Volt, um alle Ionen abzufangen, deren Beweglichkeit größer als $0,1$ cm²/Volt · sec ist. Eine Aspirationsdauer von wenigen Minuten reicht dann für einen gut meßbaren Ladungsverlust $\varDelta Q$ aus.

Die Ionenzahl n berechnet sich dann aus der Formel: $\varDelta Q_\pm = n_\mp \varPhi\, e t$. Zur Bestimmung von n_1 und n_2 sind also *zwei* Messungen erforderlich. Am zuverlässigsten sind natürlich Simultanmessungen mit zwei Apparaten; im Notfall können mit demselben Apparat rasch nacheinander zwei Messungen bei gewechseltem Ladungsvorzeichen ausgeführt werden. Die Aufstellung des Ionenzählers soll derart erfolgen, daß die an der Außenseite der geerdeten Außenelektrode durch das natürliche Erdfeld influenzierte Ladung (normalerweise negativ) möglichst klein ist, also in einem vor dem Erdfeld möglichst geschützten (überdachten), dabei aber doch der Luftzirkulation ausgesetzten Raume. Andernfalls wird die negative Ladung der Außenseite die positiven Ionen heranziehen, die negativen abstoßen und so einen größeren Überschuß der positiven über die negativen Ionen vortäuschen als den tatsächlich vorhandenen. Bei der Auswertung der Ionenzahl n nach der obigen Formel ist noch zu berücksichtigen, daß neben den leicht beweglichen Ionen, die der Ungleichung $4\pi Q v \geqq \varPhi$ genügen und die daher *vollständig* abgefangen werden, auch noch ein Bruchteil der langsamen Ionen zur Abscheidung gelangt und zwar von jeder Sorte mit der Beweglichkeit v_i der Bruchteil v_i/v^*, wenn v^* den Grenzwert bezeichnet, für den gerade $4\pi Q v^* = \varPhi$ wird. Bei sehr großer Zahl der langsamen Ionen gibt daher der EBERTsche Ionenzähler Werte für n, die merklich höher als die wahren Werte liegen.

Zur Messung der Zahl der langsamen Ionen bzw. der Gesamtzahl der normalen und langsamen, wird genau dasselbe Prinzip verwendet, nur sind die Dimensionen des Zylinderkondensators und die Fördermenge derart zu wählen, daß die Ungleichung $4\pi Q v \geqq \varPhi$ auch noch für die langsamsten Ionen erfüllt ist. Derartige modifizierte Ionenzähler hat P. LANGEVIN verwendet mit den Dimensionen: innere Elektrode, Radius $a = 2,5$ cm; äußere Elektrode, lichter Radius $A = 3,5$ cm; Länge $l = 120$ cm; Fördermenge $\varPhi =$ etwa 20 l/min $= 333$ cm³/sec. Eine Spannung von etwa 400 Volt genügt dann, alle Ionen bis zu einer Beweglichkeit von $3 \cdot 10^{-4}$ cm²/Volt · sec abzufangen.

Beobachtungsresultate. Mit dem EBERTschen Apparate wurden an zahlreichen Orten über längere oder kürzere Zeit Messungen angestellt, von denen hier nur die Mittelwerte angeführt seien.

1. Landstationen in geringer Seehöhe. Beobachtungen verschiedener Autoren an 14 Orten lieferten:

$$\text{Mittel} \ldots \quad n_1 = 748; \quad n_2 = 636; \quad \bar{n} = 692; \quad \frac{n_1}{n_2} = 1,18$$

$$\text{Maximum} \ . \quad\quad = 1110; \quad\quad = 901; \quad\quad = 1990; \quad\quad = 1,40$$

$$\text{Minimum} \ . \quad\quad = 377; \quad\quad = 314; \quad\quad = 366; \quad\quad = 1,03$$

Unter Maximum und Minimum sind hierbei die größten und kleinsten *Mittel*werte unter den 14 Stationen verstanden.

2. Beobachtungen auf dem Meere oder auf isolierten Inseln (9 Beobachtungsorte):

$$\text{Mittel} \ldots \quad n_1 = 657; \quad n_2 = 575; \quad \bar{n} = 616; \quad \frac{n_1}{n_2} = 1{,}20$$

$$\text{Maximum} \ . \quad = 1000; \quad = 1006; \quad = 1003; \quad = 1{,}92$$
$$\text{Minimum} \ . \quad = 398; \quad = 377; \quad = 388; \quad = 0{,}93$$

3. Bergstationen oder Luftfahrten (9 Beobachtungsreihen):

$$\text{Mittel} \ldots \quad n_1 = 1728; \quad n_2 = 1254; \quad \bar{n} = 1491; \quad \frac{n_1}{n_2} = 1{,}43$$

$$\text{Maximum} \ . \quad = 2860; \quad = 2010; \quad = 2340; \quad = 2{,}05$$
$$\text{Minimum} \ . \quad = 964; \quad = 775; \quad = 974; \quad = 0{,}98$$

Aus dieser Übersicht geht hervor, daß über Land und über Meer die Ionenzahlen trotz der Verschiedenheit in der Ionisierungsstärke nicht wesentlich voneinander abweichen und Werte zwischen 600 und 700 pro cm^3 annehmen. Daraus ist zu schließen, daß die über Land durch die Erdstrahlung und die Luftstrahlung verstärkte Ionisierung durch erhöhte Ionenvernichtung (infolge größerer Kernzahl) nahe kompensiert wird; spezielle Untersuchungen von HESS auf Helgoland, die neben den Ionenzahlen auch Kernzählungen und Bestimmung der mittleren Lebensdauer der Ionen umfaßten, bestätigten diesen Schluß experimentell.

Mit wachsender Seehöhe nimmt dagegen die Ionenzahl beträchtlich zu, wie Tabelle 3 zeigt. In diesem Falle wirken vermehrte Ionisierungsstärke (Anwachsen der Höhenstrahlung) und verringerte Ionenvernichtung (Abnahme des Wiedervereinigungskoeffizienten α mit der Luftdichte und Abnahme der Kernzahl) im selben Sinne.

Bemerkenswert ist ferner das Ergebnis, daß im Mittel $n_1 > n_2$ oder $\frac{n_1}{n_2} > 1$. In geringer Seehöhe ist der Überschuß der positiven über die negativen Ionen auf dem Lande wie über dem Meere rund 20% oder etwa 120 Ionen pro cm^2; dem entspricht eine positive Raumladungsdichte von $120\,e = 5{,}6 \cdot 10^{-8}$ stat. Einh. pro cm^3.

Auf den Bergstationen ist das Verhältnis noch merklich größer. Die Erklärung für das Überwiegen der positiven Ionen in den dem Boden anliegenden Schichten liegt in dem schon erwähnten, S. 345, ausführlicher besprochenen „Elektrodeneffekt"; über Bergkuppen ist er stärker ausgeprägt als über ebenem Gelände. In der freien Atmosphäre in größerer Höhe (Ballon- und Flugzeugbeobachtungen) findet sich ebenfalls ein (geringeres) Überwiegen der positiven Ionen, in diesem Falle durch die Zunahme des Leitvermögens mit der Höhe bedingt (vgl. S. 346).

Im *zeitlichen Verlauf* findet man bei der Ionenzahl teils regelmäßige Perioden, teils meteorologisch bedingte Änderungen. Der *jährliche* Gang ergibt ein Maximum in der warmen Jahreszeit, ein Minimum im Winter; der *tägliche* Gang ist lokal stark verschieden, bisweilen mit doppelter Periode (Maxima morgens und nachmittags). Im übrigen stehen die Änderungen der Ionenzahl in unmittelbaren Zusammenhang mit denen des Leitvermögens, das viel häufiger gemessen wurde. Daher sei hier auf die ausführlichere Besprechung (S. 330) verwiesen.

Zahl der langsamen Ionen. Theoretisch wurde bereits (S. 301) das Resultat abgeleitet, daß in einem feldfreien Gasraum von K in der Volumeinheit enthaltenen Kernen im stationären Zustande k_0 ungeladen bleiben, während $k = k_1 = k_2$ die Zahl der positiv bzw. negativ geladenen Kerne angibt, ferner daß die Gleichungen gelten:

$$k_0 = \frac{\gamma}{\gamma + 2\delta} K; \quad k = \frac{\delta}{\gamma} k_0 = \frac{\delta}{\gamma + 2\delta} K \cdot$$

Werden für γ und δ die experimentell bestimmten Werte eingesetzt, so ergibt sich $k_0 = 0{,}39 K$ und $k = 0{,}305 K$.

Von Bedeutung für luftelektrische Erscheinungen ist ferner der Satz, der sich ebenfalls theoretisch ableiten läßt, daß in einem Raume, in dem $n_1 \gtrless n_2$ im stationären Zustande $\dfrac{k_1}{k_2} = \left(\dfrac{n_1}{n_2}\right)^2$. Wenn also z. B. $\dfrac{n_1}{n_2} = 1{,}2$, wie früher als empirisches Ergebnis angeführt wurde, so ist $\dfrac{k_1}{k_2} = 1{,}44$. Es geht daraus hervor, daß, wenn $k > n$, die *Raumladungen* hauptsächlich durch *langsame* Ionen gebildet werden.

Die nicht zahlreichen empirischen Bestimmungen der Zahl der langsamen Ionen nach der oben erwähnten LANGEVINschen Methode (LANGEVIN und MOULIN, EBERT, GOCKEL, POLLOCK, SWANN, NOLAN, MC LAUGHLIN, ISRAËL) ergaben in reiner Luft etwa 1000 bis einige 1000 pro cm³, in Städten (Paris, Dublin) wurden bis zu 80000 gefunden.

5. Die Beweglichkeit der Ionen.

Für reine trockene Luft von Normaldruck und -temperatur ergaben sich aus Laboratoriumsversuchen zahlreicher Autoren für die Beweglichkeit der normalen Ionen die Werte: $v_1 = 1{,}37$ cm²/Volt · sec und $v_2 = 1{,}91$ cm²/Volt · sec. Wie schon erwähnt, ist die Beweglichkeit der Dichte umgekehrt proportional, von der Temperatur (bei konstanter Dichte) innerhalb des meteorologisch in Betracht kommenden Intervalles praktisch unabhängig. Beimischung von Wasserdampf setzt die Beweglichkeit herab, besonders die der negativen Ionen.

Experimentelle Bestimmungen an den natürlichen Ionen der Atmosphäre lieferten Werte von der Größenordnung 1 cm²/Volt · sec, wobei der Unterschied in der Beweglichkeit der beiden Ionengattungen im allgemeinen weniger ausgeprägt ist; bisweilen, insbesondere über dem Meere, wurde sogar größere Beweglichkeit der positiven Ionen gefunden. Abgesehen davon, daß sich die luftelektrischen Beweglichkeitsmessungen auf mehr oder weniger feuchte Luft beziehen, ist zu beachten, daß die angewandten Methoden von vornherein *mittlere* Beweglichkeiten ergeben; sie beruhen nämlich auf dem Prinzip, daß einerseits das Produkt nv aus dem polaren Leitvermögen, anderseits die Ionenzahl n nach der EBERTschen Methode bestimmt wird. Da nun — wie schon S. 324 erwähnt — diese letzte Bestimmung auch einen Teil der langsamen Ionen mit umfaßt, also für n zu große Werte liefert, wird der Wert v zu klein gefunden bzw. er bedeutet die mittlere Beweglichkeit der normalen Ionen und des abgefangenen Bruchteiles der langsamen Ionen.

Für die *langsamen Ionen* haben die Messungen LANGEVINS und mehrerer späterer Autoren Beweglichkeiten von 0,0005 bis zu 0,0003 cm²/Volt · sec herab ergeben. Von manchen Beobachtern (zuerst von POLLOCK in Sydney) wurden auch sogenannte *„intermediäre Ionen"* festgestellt, deren Beweglichkeit von der Größenordnung 0,1 bis 0,01 cm²/Volt·sec ist, also immer noch gegen die der normalen klein bleibt.

6. Die Leitfähigkeit der Atmosphäre.

Das elektrische Leitvermögen eines ionisierten Gases ist bei gleichzeitiger Anwesenheit verschiedener Ionenarten gegeben durch $\Lambda = \Sigma n_i v_i e$. Bei der natürlichen Ionisation der Atmosphäre kommen praktisch nur die Glieder der Summe in Betracht, die sich auf die normalen Ionen beziehen; der Beitrag der langsamen ist in erster Näherung zu vernachlässigen, denn selbst wenn die Zahl der langsamen Ionen das 100fache von der der normalen ist (z. B. 60000 gegen 600), erreicht das Produkt nv wegen der geringen Beweglichkeit (rund $^1/_{2000}$ der Beweglichkeit der normalen Ionen) nur etwa 5% des Gesamtbetrages.

Aus den früher angegebenen Durchschnittswerten der Ionenzahl und -beweglichkeit (je 700 positive und negative Ionen in 1 cm³ und rund 1 cm²/Volt · sec = 300 stat. Einh.) folgt eine Größenordnung des mittleren Leitvermögens der natürlichen Luft in den unteren Atmosphärenschichten: $\Lambda = 1400 \cdot 300 \cdot 4{,}8 \cdot 10^{-10} = 2 \cdot 10^{-4}\ \mathrm{sec}^{-1} = 2{,}2 \cdot 10^{-16}$ Ohm$^{-1} \cdot$ cm^{-1}.

Es ist also immerhin 200mal größer als das sehr guter fester Isolatoren wie Quarzglas, Bernstein und dergleichen, bei denen Λ von der Größenordnung 10^{-18} Ohm^{-1} cm^{-1} ist. Das elektrische Leitvermögen, im elektrostatischen Maßsystem gemessen, ist von der Dimension einer reziproken Zeit, sein Reziprokes also von der Dimension einer Zeit. Speziell die Größe $\tau = \dfrac{1}{4\pi\,\Lambda}$, die sogenannte *„Relaxationszeit"* hat folgende anschauliche physikalische Bedeutung: Ein von statischen Ladungen innerhalb eines leitenden Mediums erzeugtes elektrisches Feld $\mathfrak{E}$ nimmt mit der Zeit ab, und zwar nach einem einfachen Exponentialgesetz $\mathfrak{E} = \mathfrak{E}_0\, e^{-t/\tau}$, wobei hier $e = 2{,}718\cdots =$ Basis der natürlichen Logarithmen. Nach Ablauf der Zeit τ ist das Feld auf den Bruchteil $e^{-1} = 0{,}368$ des Anfangswertes abgesunken. $T = 0{,}693\,\tau$ gibt die Zeit an, nach welcher es auf den halben, $T_c = 4{,}61\,\tau$ die Zeit, nach welcher es 1% des Anfangswertes gesunken ist. Aus $A = 2 \cdot 10^{-4}\,\mathrm{sec}^{-1}$ berechnet sich: $\tau = 400\,\mathrm{sec}$; $T = 277\,\mathrm{sec}$; $T_c = 1844\,\mathrm{sec} = \mathrm{rund}\ 1/_2\,\mathrm{Stunde}$.

Für höhere Luftschichten ist nach den Ausführungen der vorhergehenden Abschnitte ein rasches Anwachsen des Leitvermögens mit der Höhe zu erwarten, erstens, weil infolge der zunehmenden Ionisierungsstärke (Höhenstrahlung) und der abnehmenden Wiedervereinigung und Kernzahl die Ionenzahl ansteigt, zweitens weil die Beweglichkeit umgekehrt proportional der Dichte (dem Druck) ist. In sehr großen Höhen ist auch damit zu rechnen, daß ein immer größerer Bruchteil von Elektronionen als Ladungsträger sehr großer Beweglichkeit vorhanden sein wird. Theoretisch berechnen sich so (nach H. Benndorf) die Werte des Leitvermögens in verschiedenen Höhen, die in der folgenden Tabelle zusammengestellt sind:

$h =$		$A = 2 \cdot 10^{-4}\,\mathrm{sec}^{-1}$	$h = 15$	$A = 2 \cdot 10^{-2}$
0	km		20	$8 \cdot 10^{-2}$
1	„	$6 \cdot 10^{-4}$	30	1
3	„	$1 \cdot 10^{-3}$	50	200
6	„	$2 \cdot 10^{-3}$	80	$6 \cdot 10^{5}$
9	„	$5 \cdot 10^{-3}$		
12	„	$1 \cdot 10^{-2}$		

In noch größeren Höhen dürfte das Leitvermögen schätzungsweise Beträge von der Größenordnung 10^6 bis 10^8 erreichen, wenn man noch das ultraviolette Sonnenlicht und die hypothetischen Korpuskularstrahlen der Sonne als dort wirksame Ionisatoren berücksichtigt.

Dieses aus rein luftelektrischen Daten abgeleitete Resultat ist trotz der Unsicherheit der numerischen Werte insofern von besonderem Interesse, als auch zwei ganz andere Gesichtspunkte zur Annahme führen, daß die Atmosphäre in großen Höhen ein Leitvermögen der genannten Größenordnung besitze: einerseits wird dies angenommen zur Erklärung der täglichen Variationen und der Störungen des Erdmagnetismus, die so auf in den hohen leitenden Schichten durch das magnetische Erdfeld induzierten Ströme zurückgeführt werden; anderseits ergab sich aus den Gesetzen der Ausbreitung elektrischer Wellen die Existenz einer gut leitenden „Kenelly-Heaviside-*Schichte*" in Höhen von etwa 80 km aufwärts.

Experimentell ist die *direkte Messung des Leitvermögens* einfacher und daher viel häufiger ausgeführt als die Berechnung aus Ionenzahl und -beweglichkeit. Es kommen hier zwei, im Prinzip bereits S. 305 besprochene Methoden in Betracht, bei denen in *bewegter* Luft getrennt die polaren Leitfähigkeiten $\lambda_1 = n_1 v_1 e$ und $\lambda_2 = n_2 v_2 e$ bestimmt werden. Messungen des Stromes in ruhender Luft zwischen zwei Elektroden sind nicht geeignet, da schon in schwachen Feldern in der Umgebung der Elektroden Raumladungen entgegengesetzten Vorzeichens entstehen, welche die Feldstärkenverteilung ändern (vgl. S. 304), in stärkeren Feldern außerdem entsprechend dem Verlaufe der Strom-

Spannungskurve eine Verringerung der stationären Ionenzahl und damit des Leitvermögens eintritt.

Bei den Methoden der Bestimmung des polaren Leitvermögens liegt der von RIECKE abgeleitete Satz zugrunde, daß für den Ladungsverlust eines isolierten Körpers in bewegter Luft die Gleichung gilt:

$$\frac{dQ\pm}{dt} = -4\pi\lambda_{\mp}Q.$$

a) Bei der Methode H. SCHERINGs wird ein Körper, dessen Kapazität C bekannt sein muß (etwa eine Kugel von einigen Zentimetern Radius oder eine längere stab- oder drahtförmige Elektrode in einem größeren geerdeten Drahtkäfig) durch eine dünne, praktisch kapazitätslose Leitung mit einem Elektrometer verbunden, dessen Kapazität C' sei und das mittels einer Eichtabelle das jeweilige Potential V des isolierten Systemes bestimmen läßt. Es ist dann

$$Q = CV, \quad \frac{dQ}{dt} = (C + C')\frac{dV}{dt}, \text{ also}$$

$$\lambda = \frac{1}{4\pi} \cdot \frac{C + C'}{C} \cdot \frac{1}{V} \cdot \frac{dV}{dt}.$$

Die Luftbewegung im Meßraum ist dabei durch die natürliche Zirkulation erzeugt. Nach Bedarf kann statt eines Blättchen- oder Saitenelektrometers auch ein mechanisch oder photographisch *registrierendes* Instrument verwendet werden. Als leicht transportable Anordnung kann man auch einfach einen längeren Stab oder einen gestielten Zylinder direkt auf das Elektrometer aufsetzen und den Apparat in einem gegen das Erdfeld geschützten, aber der Luftzirkulation ausgesetzten Raume (Gartenhäuschen, gedeckte Veranda, unter Bäumen usw.) aufstellen; etwas schwierig ist in diesem Falle die genaue Bestimmung der beiden Teilkapazitäten C und C' des gesamten Systems.

b) Bei der GERDIENschen *Methode* ist das Prinzip dasselbe, nur wird ein künstlich erzeugter Luftstrom (mit der Hand oder durch einen Elektromotor angetriebener Ventilator) durch einen weiten Zylinderkondensator gesaugt, wobei — im Gegensatz zum EBERTschen Ionenzähler — die Bedingung erfüllt (vgl. S. 306) sein muß: $4\pi Q v \leqq \Phi$. Bei den im Handel üblichen Formen des GERDIENschen Apparates sind z. B. die Dimensionen: Äußerer Zylinder von 56 cm Länge und 16 cm Durchmesser, innerer Zylinder von 24 cm Länge und 1,5 cm Durchmesser. Die Berechnung von λ erfolgt wieder nach der Formel

$$\lambda_{\pm} = \frac{1}{4\pi} \frac{C + C'}{C} \cdot \frac{1}{V_{\mp}} \cdot \frac{dV_{\mp}}{dt},$$

wobei C die Kapazität der Innenelektrode, $(C + C')$ die Gesamtkapazität des isolierten Systems (einschließlich Verbindungsleitung und Elektrometer) bezeichnet.

Ergebnisse von Leitfähigkeitsmessungen.

Solche Bestimmungen sind in sehr großer Zahl ausgeführt worden. Da die Beobachtungsreihen verschiedener Autoren bald Registrierungen über längere Zeiträume, bald über den Tag verteilte Terminbeobachtungen, bald nur solche an einem Termin pro Tag umfassen, bisweilen über ein ganzes Jahr oder mehrere Jahre, in anderen Fällen nur über bestimmte Jahreszeiten sich erstrecken, sind sie nicht ohne weiteres vergleichbar. Es hätte daher wenig Wert ein Mittel aus ihnen zu bilden.

Es sei nur angeführt, daß zahlreiche Landstationen in geringer oder mäßiger Seehöhe einen Mittelwert von etwa $2—3 \cdot 10^{-4} \sec^{-1}$ für die totale Leitfähigkeit $\varLambda$ ergeben, in guter Übereinstimmung mit dem aus Ionenzahl und -beweglichkeit berechneten Werte. Ein deutlicher Zusammenhang mit der geographischen Lage ist dabei nicht zu erkennen, obwohl auch tropische und arktische Beobachtungsorte darunter vertreten sind.

Die Extreme der Mittelwerte verschiedener Stationen sind $0{,}7 \cdot 10^{-4}$ (Amazonenstrom, G. BERNDT) und $5{,}5 \cdot 10^{-4}$ (Grönland, A. WEGENER).

Über dem *Meere* sind — insbesondere auf den Kreuzfahrten der „Carnegie" — Werte der gleichen Größenordnung ($2{,}1$ bis $4{,}3 \cdot 10^{-4}$) gefunden worden. Auf hohen Bergen steigen die Werte von $\varLambda$ merklich an, z. B. bis $11 \cdot 10^{-4}$ in den bolivianischen Kordilleren in 5200 m Höhe nach H. KNOCHE, und bei Ballonbeobachtungen von A. WIGAND wurden in 9000 m Höhe Werte bis zu $27 \cdot 10^{-4}$ erreicht.

Bezüglich der Variabilität der Leitfähigkeit an ein und demselben Orte sei erwähnt, daß der Verfasser in Seeham bei Salzburg für die drei Monate Juli-September in 13 Jahrgängen das Hauptmittel $2{,}64 \cdot 10^{-4}$ erhielt, als größtes Jahrgangsmittel $2{,}97$, als kleinstes $2{,}21$, während in dieser Zeit die absoluten Extreme der beobachteten Einzelwerte $5{,}70$ und $1{,}05 \cdot 10^{-4}$ waren. Im Observatorium del Ebro (Tortosa in Spanien) schwankten die Jahresmittel zwischen $2{,}31$ und $4{,}01 \cdot 10^{-4}$.

Wo über das ganze Jahr sich erstreckende Messungsreihen vorliegen, ergibt sich in der Regel ein *jährlicher Gang* mit einem Maximum in der warmen, einem Minimum in der kalten Jahreszeit. Der *tägliche Gang* ist lokal stark verschieden, bald eine einfache, bald eine doppelte oder dreifache Periode aufweisend. Übereinstimmend findet man aber ein Hauptmaximum in den ersten Morgenstunden, gewöhnlich zwischen 3 Uhr und 4 Uhr Ortszeit.

Auch der Zusammenhang mit den *meteorologischen* Verhältnissen ist nicht überall der gleiche. Allgemein zeigt sich eine sehr ausgesprochene Beziehung zur *Luftreinheit* (Sichtigkeit), derart, daß sehr reiner durchsichtiger Luft (besonders bei Föhn in den Alpen und im Alpenvorland) hohe Werte von $\varLambda$ entsprechen, dunstiger Luft kleine, Nebel sehr kleine. Dagegen sind die Beziehungen zu Luftdruck und Luftdruckänderung,

Temperatur und Feuchtigkeit nicht mehr ganz eindeutig. Häufig findet man allerdings in den Mittelwerten Erhöhung von Λ bei tiefem Luftdruck und bei hoher Temperatur, was theoretisch wegen der Abhängigkeit der Ionen*beweglichkeit* von der Gasdichte vorauszusehen ist. Im übrigen deuten alle beobachteten Gesetzmäßigkeiten darauf hin, daß die zeitlichen Veränderungen der Leitfähigkeit hauptsächlich durch die *Zahl der Kerne* bedingt sind, daß dagegen die Schwankungen der Ionisierungsstärke in ihrem Einflusse zurücktreten; so wird z. B. bei absteigender Luftbewegung (Föhn) die Verminderung des Emanationsgehaltes überkompensiert durch die Verringerung der Kernzahl.

Auch die tägliche Periode, besonders das Morgenmaximum dürfte darauf zurückzuführen sein. In dichter besiedelten Gegenden mag auch die künstliche Erzeugung von Kernen durch Rauch und Verbrennungsgase auf den täglichen Gang von Einfluß sein. Es erscheint so auch begreiflich, daß bestimmte Wetterlagen, besonders Windrichtungen, je nach den lokalen Verhältnissen ganz verschieden auf das Leitvermögen wirken, je nachdem sie mehr oder weniger kernreiche Luft heranführen bzw. ein Stagnieren der Luft begünstigen. In geschlossenen Räumen (Wohnzimmern, Laboratoriumsräumen) kommt allerdings neben der Ionenvernichtung (Tabakrauchen, Beheizung mit gewöhnlichen Öfen, Brennen von Gasflammen setzt die Leitfähigkeit stark herab) auch die Ionenerzeugung als zeitlich variabler Faktor in Betracht; in Räumen, in denen längere Zeit die Fenster geschlossen bleiben, steigen Emanationsgehalt (durch Abgabe von den Wänden) und Leitfähigkeit merklich an.

Die getrennten Bestimmungen der polaren Leitvermögen λ_1 und λ_2 ergeben meistens $\lambda_1 > \lambda_2$ oder $q_\lambda = \dfrac{\lambda_1}{\lambda_2} > 1$; (an verschiedenen Orten liegen die Mittelwerte von q_λ zwischen 0,9 und 1,4). Offensichtlich handelt es sich dabei um den „Elektrodeneffekt" (vgl. S. 345), das Überwiegen der positiven Ionen in der Nähe der negativ geladenen Erdoberfläche. Dementsprechend sinkt q_λ um so mehr, je besser der Standort des Meßapparates gegen das Erdfeld geschützt ist; an sehr gut geschützten Stellen, besonders in Zimmern, wird sogar $q_\lambda < 1$, da dann die Größe λ_2 bei nahe gleicher Ionenzahl infolge der größeren Beweglichkeit der negativen Ionen überwiegt. Auch bei gestörtem Erdfeld (positive Oberflächenladung, negative Raumladung infolge des Elektrodeneffektes) wird häufig $q_\lambda < 1$.

III. Das elektrische Feld der Erde.

1. Die Methoden zur Messung der Feldstärke.

Das elektrische Feld in der Atmosphäre wird erzeugt teils durch die auf der Erdoberfläche sitzenden Ladungen, teils durch die in der Luft verteilten Raumladungen. Der Erdkörper selbst mit allen seinen natürlichen und künstlichen Oberflächengebilden kann im Verhältnis zur angrenzenden Luft als sehr gut leitender Körper betrachtet werden, so daß in jedem Momente die Ladungsverteilung in großer Annäherung einem elektrostatischen Gleichgewichte entspricht. In unmittelbarer Nähe der leitenden Oberfläche gilt daher der allgemeine Satz der Elektrostatik, daß zwischen der Oberflächendichte σ auf einem Flächenelement und der Feldstärke $\mathfrak{E}$ an einem sehr nahe gelegenen Punkte die Beziehung besteht: $\mathfrak{E} \perp$ Flächenelement; $\mathfrak{E} = 4\pi\sigma$. Bezeichnet z den längs der Normale des Flächenelementes gemessenen Abstand des betreffenden Punktes, so ist das Potential V in diesem gegeben durch: $V = V_0 + z\mathfrak{E}$, wobei V_0 das momentane Potential des ganzen Erdkörpers bezeichnet. Auf Grund der beiden vorstehenden Gleichungen lassen sich zwei indirekte Methoden zur empirischen Bestimmung von $\mathfrak{E}$ an einem gegebenen Punkte ableiten, während direkte Methoden, z. B. Messung der Kraftwirkung auf einen geladenen Körper im Erdfelde im allgemeinen praktisch aussichtlos sind (es sei z. B. angeführt, daß eine auf 1000 Volt geladene Kugel von 2 cm Durchmesser im natürlichen Erdfelde bei normalen Verhältnissen einer vertikalen Kraft von rund $\dfrac{1}{100}$ mg-Gewicht unterliegen würde).

Diese beiden Methoden bestehen also:

1. in der *elektrometrischen Messung der Potentialdifferenz* $(V - V_0)$ mittels einer sogenannten „*Potentialsonde*" (auch oft „*Kollektor*" genannt), woraus sich sofort $\mathfrak{E} = \dfrac{V - V_0}{z}$ ergibt;

2. in der Messung der *Flächendichte* σ auf einem mit der Erde leitend verbundenen Körper, bzw. seiner *Gesamtladung Q*.

a) Methode der Potentialsonden (Kollektoren).

Ein kleiner Körper K (vgl. Abb. 7), von einer isolierenden Stütze T getragen, sei durch eine dünne, praktisch kapazitätslose Leitung L mit einem geeichten Elektrometer E (in der Abb. schematisch als Blättchenelektrometer angedeutet) verbunden. Das Potential V' im Mittelpunkte von K ist: $V' = V + V''$, d. h. es setzt sich zusammen aus dem Potentiale V, das dort bei Abwesenheit des Körpers infolge der Erdladung und den Raumladungen in der Atmosphäre vorhanden wäre (in anderen Worten: dem Potentiale V derjenigen Niveaufläche, die in der Höhe des Mittel-

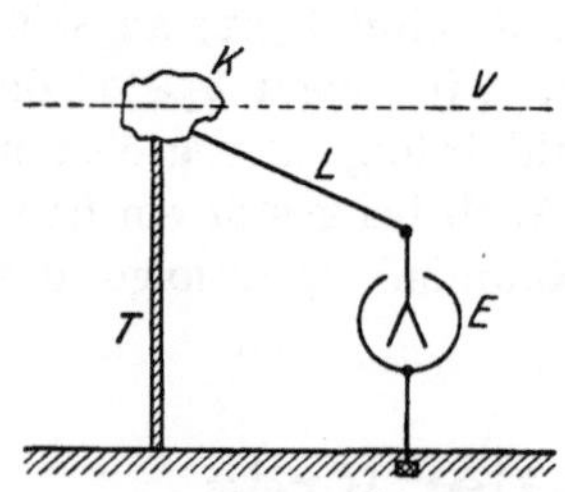

Abb. 7. Schematische Potentialsonde.

punktes von K liegt) und aus dem Potentiale $V'' = \dfrac{Q}{C}$, das durch die Eigenladung Q des Körpers und seine Kapazität C gegeben ist (der Beitrag der auf der Verbindungsleitung L sitzenden Ladungen ist vernachlässigt). Wird $Q = 0$, so ist auch $V'' = 0$ und $V' = V$; die Differenz $(V - V_0)$ wird unmittelbar an dem Elektrometer, dessen Gehäuse geerdet ist, abgelesen.

Die Wirkung der „Potentialsonde" besteht nun darin, daß sie automatisch die Ladung des Körpers K auf den Wert Null bringt, d. h. Oberflächenladungen von K entfernt, solange solche vorhanden sind. Dies kann praktisch auf verschiedene Weise geschehen; entweder mechanisch, indem von der Oberfläche des Körpers K dauernd kleine leitende Teilchen abgelöst werden, die konvektiv die Ladung mit sich führen, oder durch Ionenleitung, indem in der unmittelbaren Umgebung von K eine starke künstliche Ionisierung herbeigeführt wird, so daß die gleichnamig geladenen Ionen abgestoßen, die ungleichnamigen aber angezogen werden und die Ladung neutralisieren.

Als mechanisch wirkende Potentialsonden werden in der Praxis sogenannte „*Tropf-*" oder „*Spritzkollektoren*" verwendet in Form von Gefäßen, aus denen ein in Tropfen zerspritzender Wasserstrahl austritt.

Von den auf Ionisierung der umgebenden Luft beruhenden Kollektortypen verwendet man *Flammenkollektoren*, bei denen innerhalb eines metallischen Schutzzylinders, der den Körper K darstellt, eine Kerze oder ein Dochtlämpchen brennt, so daß aus der oberen Öffnung des Zylinders stark ionisierte Verbrennungsgase austreten, oder *radioaktive Kollektoren*, bei denen der Körper K ein Metallplättchen ist, das mit α-strahlenden, daher nur die unmittelbare Umgebung ionisierenden Stoffen (meistens Polonium, Ionium oder Radiothorium) überzogen wird. *Lichtelektrische* Potentialsonden bestehen aus Metallplatten oder -drähten (frisch gereinigtes oder almagamiertes Zn, Al, Mg oder Magnalium), bei denen auch noch unter der Einwirkung des kurzwelligen Teiles des sichtbaren Spektrums die lichtelektrische Elektronenemission eintritt und daher Verlust ursprünglich negativer Oberflächenladungen. Sie sind nur wirksam bei kräftigem Tageslicht und bei normaler Richtung des Erdfeldes, wobei eben die durch Influenz erzeugte Ladung von K negativ ist, dagegen unbrauchbar bei Nacht oder geringer Helligkeit sowie bei gestörter (gegenüber dem normalen Zustand umgekehrter) Feldrichtung. In den Fällen, wo sie brauchbar sind, eignen sie sich aber zu Präzisionsmessungen.

Auch *glühende* Körper bewirken eine Ionisierung der umgebenden Luft und wurden — besonders in früheren Zeiten — in Form glimmender *Lunten* oft verwendet. Wegen der geringen Intensität der Wirkung (kleine Entladungsgeschwindigkeit) werden sie derzeit nur mehr in Ausnahmsfällen benützt.

Die vorstehenden Ausführungen geben nur das *Prinzip* der Messung mit Potentialsonden. Bezüglich verschiedener technischer Details, speziell der Geschwindigkeit, mit der verschiedene Typen die Entladung bewirken, und der genauen Lage des „*Referenzpunktes*" (das ist der

Punkt, an dem im ungestörten Felde das am Elektrometer abgelesene Potential vorhanden wäre und der hier inexakt mit dem „Mittelpunkt" des Körpers K identifiziert wurde) sei auf Spezialwerke verwiesen, besonders auf den Artikel „Atmosphärische Elektrizität" von H. BENNDORF im „Handbuch der Experimentalphysik"[1].

Da die Einstellung des isolierten Systems auf das Potential V mit einer durch die Entladungsgeschwindigkeit der Potentialsonde bedingten Trägheit erfolgt, mißt man so bei zeitlich rasch veränderlicher Feldstärke Mittelwerte. Als Elektrometer können auch hier *Registrier*instrumente verwendet werden.

b) Methode der Ladungsmessung.

Es sei analog wie in Abb. 7 auf S. 332 K ein leitender Körper, der an einer isolierenden Stütze T befestigt, zunächst in die Stellung K I gebracht werde (Abb. 8), also an eine

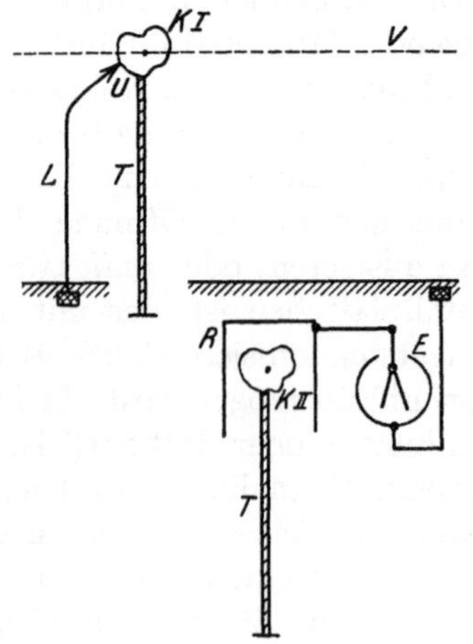

Stelle, durch die eine Niveaufläche mit dem Potentialwerte V hindurchgeht. In dieser Stellung werde er durch eine Leitung L, die nach Belieben bei U unterbrochen werden kann (Anlegen und Abheben von L), mit der leitenden Erde verbunden. Wie S. 332 ausgeführt wurde, ist dann das Potential von K gegeben durch $V' = V + \dfrac{Q}{C}$; da hier infolge der Erdleitung $V' = V_0$ ist, erhält man also $Q = -C\,(V - V_0)$. Wird hierauf die Erdleitung bei U unterbrochen und entfernt, dann der nunmehr isolierte Körper K in einen unter der Erdoberfläche befindlichen Hohlraum gebracht und hier in den mit

Abb. 8. Methode des verschiebbaren Leiters (schematisch).

einem Elektrometer verbundenen Rezeptor R eingeführt (Stellung K II), so kann die auf das Elektrometer übertragene Ladung Q und damit nach obiger Formel das Potential V bestimmt werden, vorausgesetzt, daß das Elektrometer geeicht und die Kapazität des Systems (Elektrometer + Rezeptor) bekannt ist. Derartige Anordnungen, bei denen K etwa durch eine Öffnung in einem flachen Dache hinaus und wieder herein gebracht und in der Stellung I mit einer geerdeten leitenden Stange vorübergehend berührt wird, wurden schon von PELTIER (1836) angewandt.

Im Prinzip identisch ist die Anordnung von C. T. R. WILSON (Abb. 9). Die horizontale Platte P ist unmittelbar am Blättchenträger des Elektro-

---

[1] loco citato S. 375.

meters befestigt und zunächst durch einen verschiebbaren Stift, der bei k berührt, geerdet. Zusammen mit der horizontalen Deckplatte D des Elektrometergehäuses bildet P daher einen Teil der Erdoberfläche und nimmt eine Ladung $Q = \sigma \cdot f$ an ($\sigma =$ Ladungsdichte, $f =$ Oberfläche der Platte), und zwar negativen Vorzeichens bei normaler Feldrichtung. Wird nun der Stift zurückgezogen und damit das innere Elektrometersystem isoliert, dann unmittelbar darauf die bisher nicht vorhandene Schutzkappe S (in der Abbildung gestrichelt gezeichnet) darüber gestülpt, so zeigt das Elektrometer einen Ausschlag, aus dem sich bei entsprechender Eichung die Ladung Q und daraus die Dichte $\sigma = Q/f$ bzw. die Feldstärke $\mathfrak{E} = 4\pi\sigma$ bestimmen läßt. Die Methode der Ladungsmessung gibt die Momentanwerte der Feldstärke im Augenblicke der Unterbrechung der Erdleitung an.

Reduktion auf die Ebene. Bei allen Messungen nach den Methoden a) oder b) ist zu berücksichtigen, daß sie zunächst die Feldstärke nahe an einer leitenden Fläche von im allgemeinen unregelmäßiger Gestalt angeben. Nach den allgemeinen Gesetzen der Elektrostatik wird daher die Ladungsdichte σ (und damit die Feldstärke $\mathfrak{E} = 4\pi\sigma$) gegenüber dem Werte σ_0, den sie auf einer idealen Kugelfläche vom Radius der Erde (also praktisch auf einer Ebene) besäße, *erhöht* sein über emporragenden Gegenständen (z. B. Bergen, Bäumen, Häusern, Schiffen, Pfählen,

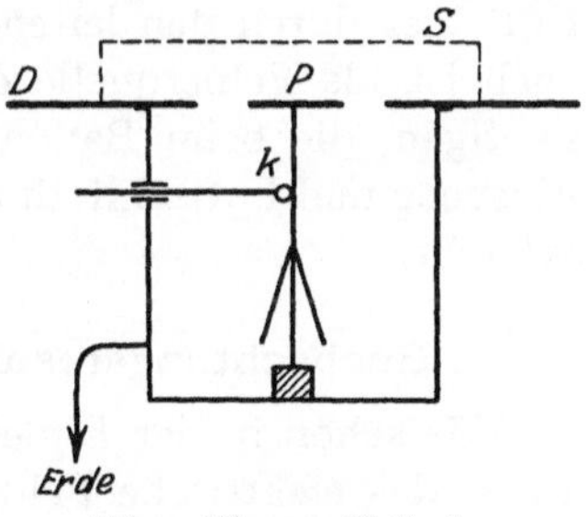

Abb. 9. Wilsons Methode.

Menschen usw.), dagegen *erniedrigt* nahe am Boden seitlich von solchen Objekten oder in Vertiefungen (z. B. in einem Tale, neben Gebäuden, Bäumen usw.).

Wenn es sich bloß darum handelt, Gesetzmäßigkeiten im zeitlichen Verlauf der Feldstärke, etwa tägliche oder jährliche Periode, Beeinflussung durch bestimmte Witterungserscheinungen und dergleichen festzustellen, genügen derartige *relative Bestimmungen* der Feldstärke (bzw. des Potentiales oder der Ladungsdichte) an einem fixen Punkte in unregelmäßig geformter Umgebung. Für die Frage nach dem *Absolutwert* der Feldstärke als geophysikalisch bedeutungsvoller Größe ist es aber wesentlich, daß das Feld über einer auf große Distanzen hin als *eben* zu betrachtender Stelle der Erdoberfläche bestimmt werde: also etwa Messungen mit Potentialsonden über Wiesen, Sandflächen, ruhigen Wasserflächen, wobei der „Referenzpunkt" der Sonde in Höhen von der Größenordnung 1 m über dem Boden sich befindet, oder Ladungsmessungen nach Methode b), wobei der Beobachtungsraum eigentlich unter das Bodenniveau versenkt sein sollte.

Tatsächlich lassen sich solche ideale Anordnungen nur selten realisieren, insbesondere für Registrierbeobachtungen sind sie kaum durchführbar. Man begnügt sich daher in der Regel mit relativen Messungen an einem fixen Punkte und bestimmt durch zeitweise vorgenommene Simultanbeobachtungen an einem nahe gelegenen, den idealen Verhältnissen möglichst nahe kommenden Orte den „*Reduktionsfaktor*", der die relativen Werte in absolute umzurechnen gestattet. In manchen Fällen läßt sich der Reduktionsfaktor auch wenigstens näherungsweise theoretisch berechnen (H. BENNDORF) oder an kleinen Modellen der Umgebung empirisch ermitteln (K. HOFFMANN).

Von besonderer Wichtigkeit sind ferner Messungen der Feldstärke in höheren Schichten der Atmosphäre, die von Luftfahrzeugen aus anzustellen sind. Da hierbei eine leitende Verbindung mit der Erde unmöglich ist, wendet man gleichzeitig *zwei* Potentialsonden in verschiedener Höhe an und mißt die Potentialdifferenz $(V_1 - V_2)$ elektrometrisch. Auch hier ist der Reduktionsfaktor (wegen der Störung des Erdfeldes durch den leitenden Körper des Fahrzeuges) zu bestimmen; auch ist als Fehlerquelle die Eigenladung des Fahrzeuges zu berücksichtigen, die beim Ballon gewöhnlich durch die Ballastabgabe, beim Flugzeug und Luftschiff durch die Auspuffgase der Motoren (A. WIGAND) entsteht.

2. Beobachtungsresultate betreffend das elektrische Feld.

Wie schon in der Einleitung (vgl. S. 292) erwähnt wurde, ist in der Regel das elektrische Feld der Atmosphäre *abwärts* gerichtet, also die Oberflächenladung der Erde *negativ*. Wählt man daher das Potential des Erdkörpers als willkürlichen Nullpunkt, so ist in diesem Falle das *Potential* eines Punktes in der Atmosphäre *positiv*. Für theoretische Zwecke wird die Größe der Feldstärke (Dimension gleich Potentialdifferenz : Länge) am besten in elektrostatischen Einheiten angegeben, praktisch wählt man jedoch meistens das Volt als Einheit des Potentials und drückt die Feldstärke in *Volt pro Meter* aus. Mit Rücksicht auf den normalen Zustand definiert man als „*Potentialgefälle*" oder „*Potentialgradient*" den Ausdruck $\dfrac{V_h - V_o}{h}$ der also dann *positive* Werte annimmt. Die Feldstärke im theoretischen Sinne hat umgekehrtes Vorzeichen wie das Potentialgefälle und wird in elektrostatischen Einheiten erhalten, indem man den in Volt/m angegebenen Wert durch 30000 dividiert (da 1 Volt $= 1/300$ stat. Einh., 1 m $= 100$ cm).

Die Feldstärke an einem bestimmten Punkte ist eine außerordentlich stark schwankende Größe. Feinregistrierungen geben selbst bei wolkenlosem Himmel unruhige Kurven, die etwa an die Anemometerkurven bei böigem Winde erinnern. Immerhin liegen die Werte während ungefähr 80—90% der Beobachtungszeit innerhalb nicht allzuweit entfernter Extreme, und zwar findet dies bei schöner oder bei bewölkter, aber niederschlagsfreien Witterung statt. Kurz vor oder bei Niederschlägen treten aber stärkere Abweichungen ein; die Feldstärke kann sehr kleine Werte annehmen, sogar das Vorzeichen wechseln („negativer Potentialgradient", entsprechend positiver Oberflächenladung und aufwärts gerichtetem Felde). Insbesondere bei Niederschlägen böigen Charakters oder gar bei Gewittern treten sehr heftige unregelmäßige Schwankungen auf, bei denen der Absolutbetrag auf das mehrhundert- oder mehrtausendfache des Durchschnittswertes steigen kann. Es ist ohne weiteres ersichtlich, daß unter diesen Umständen — besonders bei Terminbeobachtungen — ein einziger Extremwert, je nachdem er zufällig mit einbezogen wird oder nicht, den Mittelwert eines längeren Zeitraumes (z. B. ein Monatsmittel) sehr beträchtlich beeinflußt. Man pflegt daher von vornherein zwischen *„ungestörten"* oder normalen und *„gestörten"* Werten zu unterscheiden und nur die ersteren zur Mittelwertbildung heranzuziehen. Dies ist natürlich mit dem Nachteil verbunden, daß für die Abgrenzung zwischen „normal" und „gestört" kein objektives Kriterium vorhanden ist und daher z. B. Mittelwerte verschiedener Stationen nicht exakt vergleichbar sind, wenn die Trennung nach subjektivem Ermessen vorgenommen wurde. Beschränkung auf „Schönwetter"-beobachtungen wäre zu eng, da bei vollständig bedecktem Himmel, bisweilen sogar auch bei Regen durchaus normale luftelektrische Verhältnisse bestehen können, deren Nichtberücksichtigung daher das Beobachtungsmaterial unnötig verringern würde. Ausschluß bloß von negativen Werten des Potentialgradienten wäre wieder zu weit, da sicher als abnorm anzusehende niedrige Werte, wie sie bei Landregen häufig sind, und extrem hohe, positive Werte bei ausgesprochenen „Störungen" wie Böen und Gewitter dann mitgezählt würden. Die Unbestimmtheit des Ausdruckes „gestörte" Werte ist daher vorläufig als unvermeidlicher Übelstand hinzunehmen. Betont soll aber werden, daß es unzweckmäßig ist, bei längeren Beobachtungsreihen gestörte Werte überhaupt nicht mitzuteilen und statistisch zu bearbeiten. Wenn sie auch für die Bildung charakteristischer Mittelwerte, für die Frage nach der Existenz und Form regelmäßiger Perioden und dergleichen nicht in Betracht kommen, so gibt es doch Probleme, bei denen die Kenntnis von der Häufigkeit und der Größe der Störungen von großem Interesse ist, so vor allem für die Theorie der Störungsvorgänge selbst, dann aber auch für das allgemeine Problem des „Elektrizitätshaushaltes" der Erde (vgl. Kapitel IV, Abschnitt 7).

Mittelwert der normalen Feldstärke an der Erdoberfläche. Auch hier sei von einer tabellarischen Zusammenstellung der Ergebnisse verschiedener Stationen abgesehen und diesbezüglich auf die S. 375 zitierten Spezialwerke hingewiesen. Nach deren Angaben liefern 20 über die ganze Erde verteilte *Landstationen* (Arktis, mittlere Breiten, Tropen und Antarktis), von denen längere, mitunter über mehrere Jahre (bis zu zwei Dezennien) sich erstreckende Beobachtungen vorliegen, ein *Gesamtmittel von* 135 V/m für den Potentialgradienten, wobei Kew (England) mit 317 V/m den größten, Davos (Schweiz) mit 64 V/m den kleinsten Mittelwert aufweist. Zahlreiche auf den verschiedenen Kreuzfahrten der „Carnegie" vorgenommene Messungen *über dem Meere* (ebenfalls von hohen nördlichen bis zu hohen südlichen Breiten reichend) lieferten den nicht weit abweichenden *Mittelwert* 126 V/m. Auch in bezug auf das elektrische Feld besteht also kein wesentlicher Unterschied zwischen Land und Meer. Ebenso ergibt sich keine deutlich ausgesprochene Beziehung zwischen Feldstärke und geographischer Lage, also etwa Unterschiede zwischen Polargebiet und Tropen.

Rechnet man mit 130 V/m als Mittelwert aus Land- und Seebeobachtungen, so entspricht dem eine *negative* (abwärts gerichtete) Feldstärke:

$$\mathfrak{E} = -4{,}33 \cdot 10^{-3} \text{ stat. Einh.}$$

Aus der Beziehung $\mathfrak{E} = 4\pi\sigma$ folgt für die mittlere Ladungsdichte der Erdoberfläche:

$$\sigma = -3{,}45 \cdot 10^{-4} \frac{\text{stat. Einh.}}{cm^2} = \text{rund} -7{,}2 \cdot 10^5 \frac{\text{Elementarquanten}}{cm^2}$$

Da die Oberfläche der Erde $5{,}1 \cdot 10^{18}$ cm² beträgt, erhält man daraus als *Gesamtladung der Erdkugel* den Betrag:

$$Q_E = -17 \cdot 10^{24} \text{ stat. Einh.} = -5{,}7 \cdot 10^5 \text{ Coulomb}$$
$$= -3{,}6 \cdot 10^{24} \text{ Elementarquanten.}$$

Zeitlicher Gang. Seit den Anfängen der luftelektrischen Forschung wurde nach regelmäßigen Perioden im zeitlichen Verlauf der Feldstärke gesucht. Oft sind solche Periodizitäten zweifellos reell, aber durch nur lokal wirksame Faktoren bedingt. Von allgemeinen Gesetzmäßigkeiten kann auf Grund der bisherigen Ergebnisse angeführt werden:

1. *Täglicher Gang.* Die *Landstationen* liefern untereinander ziemlich abweichende Resultate. Viele Orte zeigen einen *einfachen* täglichen Gang, wobei das Maximum auf die Abendstunden (etwa 18 Uhr bis 20 Uhr) fällt, das Minimum auf etwa 4 Uhr morgens (also koinzidierend mit dem Maximum des Leitvermögens, vgl. S. 330). Andere Orte liefern eine *doppelte* tägliche Periode, wobei zu den eben erwähnten Extremwerten noch ein sekundäres Maximum um etwa 8 Uhr und ein sekundäres Minimum um Mittag hinzukommt. Bisweilen verändert sich der tägliche Gang im Laufe des Jahres derart, daß im Winter die einfache, im Sommer die doppelte Periode auftritt. In mäßiger Höhe über dem Boden ist der einfache Gang vorherrschend.

Zahlreiche Versuche, den täglichen Gang durch harmonische Analyse präziser festzulegen, d. h. in der Form

$$\mathfrak{E}(t) = A_0 + A_1 \sin\left(\frac{2\pi t}{\tau} + \varphi_1\right) + A_2 \sin\left(\frac{4\pi t}{\tau} + \varphi_2\right) + \cdots$$

darzustellen, haben nicht sehr viel Aufschluß gebracht. Der die Eintrittszeit des Maximums und Minimums bestimmende Phasenwinkel φ ist für die Komponente mit 24stündiger Periode lokal sehr verschieden; φ_2 allerdings ist mit wenigen Ausnahmen bemerkenswert konstant, was immerhin auf eine reelle, nach Ortszeit variierende Ursache hindeutet. Der absolute Betrag der täglichen Schwankung (Differenz: Maximum— Minimum) ist lokal sehr wechselnd, von 17% bis 120% des Tagesmittels.

Im Gegensatze hierzu ergaben die Beobachtungen über den *Ozeanen*, wie MAUCHLY nachgewiesen hat, eine im wesentlichen *einfache* Periode, die aber nach *Weltzeit*, nicht nach Ortszeit, verläuft und zwar derart, daß das Maximum überall auf ungefähr 19 Uhr Greenwichzeit fällt, bzw. — was theoretisch interessant ist — auf ungefähr Mittag nach Ortszeit des Meridianes, auf dem der magnetische Nordpol (96° w. L.) liegt. Das Minimum fällt ebenfalls auf etwa 4 Uhr, die Extreme sind 150 V/m und 107 V/m, also die tägliche Schwankung 34% des Mittelwertes 126 V/m.

2. *Jährlicher Gang.* Mit wenigen Ausnahmen zeigen die Ergebnisse der Landstationen, daß der jährliche Gang durch die *astronomische* Jahreszeit, nicht durch die klimatische bestimmt ist: das Maximum fällt ungefähr auf die Zeit des Wintersolstitiums bzw. der *Sonnennähe*, das Minimum auf das Sommersolstitium bzw. die *Sonnenferne*. Gerade die südlichsten Beobachtungsorte (südl. Breite > 40°) stimmen darin mit denen der nördlichen Hemisphäre überein; die Stationen der Tropen und Subtropen zeigen Abweichungen.

Die Jahresschwankung an verschiedenen Orten variiert dabei zwischen etwa 20% und 120% des Jahresmittels. Auf dem Meere ist die jährliche Schwankung relativ klein (16%) und es fällt ebenfalls das Maximum in den astronomischen Winter, das Minimum in den Sommer.

Sonnenfleckenperiode. Aus der Bearbeitung eines umfangreichen Beobachtungsmateriales zieht L. A. BAUER den Schluß, daß ein deutlicher Zusammenhang zwischen Sonnenfleckenzahl und Feldstärke bestehe, in dem Sinne, daß sowohl das Jahresmittel als der Grad der Veränderlichkeit (Jahresschwankung, mittlere tägliche Schwankung) mit der Sonnenfleckenzahl parallel sich ändere. Allerdings wird dieses Resultat durch die Ergebnisse zweier Stationen mit langjährigen Beobachtungen, nämlich Potsdam und München, nicht bestätigt.

Zusammenhang von Feldstärke und Witterung. Daß Schlechtwetter im gewöhnlichen Sinne des Wortes sehr häufig mit ,,Störungen'' verbunden ist, wurde bereits erwähnt. Sehr zahlreich sind die Versuche, Korrelationen zwischen Feldstärke und bestimmten meteorologischen Elementen nachzuweisen. Soweit diese Ergebnisse gesichert sind, deuten sie an, daß diese Beziehungen *indirekter* Natur sind, indem die Feldstärke im großen und ganzen *invers zum Leitvermögen* sich ändert, daher insbesondere groß ist bei hoher Kernzahl und klein bei geringer Kernzahl und daher bei durchsichtiger reiner Luft. Der komplizierte Zusammenhang zwischen Feldstärke einerseits und Leitvermögen und Vertikalstrom anderseits wird noch im Kapitel VI besprochen.

Die Feldstärke in höheren Luftschichten. Die Änderungen der Feldstärke mit der Höhe über dem Boden bei relativ mäßiger Erhebung sind im folgenden Abschnitt behandelt. Für größere Höhen liegen die Beobachtungen bei verschiedenen Ballonaufstiegen vor. Bei dem stichprobenartigen Charakter derartiger Messungen ist natürlich die physikalische Bedeutung von Mittelwerten noch viel geringer als bei Bodenbeobachtungen. In Einzelfällen zeigen sich sehr unregelmäßige Änderungen mit der Höhe, wobei die jeweilige Schichtung der Atmosphäre in Luftmassen verschiedener Herkunft, Temperatur und Feuchtigkeit von Einfluß ist. Im Durchschnitt findet zuerst eine rasche, dann eine langsamere, angenähert einem Exponentialgesetze entsprechende *Abnahme* statt. Aus direkten Beobachtungen ergibt sich, daß in etwa 9 km Höhe der Potentialgradient auf einige wenige Volt/Meter abgesunken ist. Ein — allerdings ganz schematisches — Bild der Verteilung von Feldstärke und Potential (in Kilovolt) gibt die folgende Tabelle:

h (km)	0	0,5	1,5	3	6	9	(12)	(∞)
$\mathfrak{E}$ (V/m)	130	50	30	20	10	5	(2,5)	0
V (kV)	0	45	85	123	168	190	(201)	(212)

3. Raumladungen in der Atmosphäre.

Träger von Raumladungen in der Luft können — abgesehen von den nur bei Störungen in Betracht kommenden geladenen Regentropfen, Schneeflocken und anderen ausnahmsweise vorkommenden groben Beimengungen wie vulkanische Asche, Sand usw. — sowohl normale wie langsame Ionen sein. Entsprechend dem Umstande, daß in der Regel die langsamen Ionen in Überzahl vorhanden sind und, daß im Gleichgewichtszustand das Verhältnis der positiven und negativen Kerne durch $\dfrac{k_1}{k_2} = \left(\dfrac{n_1}{n_2}\right)$ gegeben ist (vgl. S. 326), erscheinen sogar in kernreicher Luft die langsamen Ionen als die hauptsächlichen Ladungsträger.

Zur empirischen Feststellung der *Raumladungsdichte* ϱ können entweder Messungen von Feldstärken bzw. Potentialen oder Ionenzählungen dienen. Daraus ergeben sich folgende Methoden:

a) Die sogenannte „POISSONsche *Gleichung*":

$$\varDelta^2 V = \frac{\partial^2 V}{\partial x^2} + \frac{\partial^2 V}{\partial y^2} + \frac{\partial^2 V}{\partial z^2} = -4\pi\varrho$$

liefert unmittelbar die Raumladungsdichte, wenn die räumliche Verteilung des Potentiales gegeben ist. Bei luftelektrischen Messungen vereinfacht sich die Berechnung durch die — allerdings nur im Mittel, nicht im Einzelfall gültige — Annahme, daß die Äquipotentialflächen über ebenem Boden horizontale Ebenen sind, also V bloß eine Funktion der Höhe z sei. Dann gilt:

$$\varrho = -\frac{1}{4\pi} \cdot \frac{\partial^2 V}{\partial z^2} = \frac{1}{4\pi} \cdot \frac{\partial \mathfrak{E}}{\partial z}.$$

Hat man daher $V(z)$ z. B. mittels der Methode der Potentialsonden festgestellt, so ist ϱ daraus leicht berechenbar. Bei der praktischen Ausführung entsteht eine gewisse Unsicherheit dadurch, daß unter Umständen merkliche Potentialgradienten in horizontaler Richtung vernachlässigt sind, ferner daß oft die Potentiale, die verschiedenen Höhen über dem Boden zukommen, nicht gleichzeitig bestimmt werden. Kleine Fehler im Absolutwert von V beeinflussen den Wert des zweiten Differentialquotienten bereits beträchtlich.

b) Ist in einem von leitenden Wänden begrenzten Hohlraum eine konstante Ladungsdichte ϱ vorhanden, so besteht zwischen dem Mittelpunkte dieses Raumes und der leitenden Hülle eine Potentialdifferenz ΔV, die sich bei geometrisch einfacher Form des Raumes theoretisch berechnen läßt. So gilt z. B.

für eine Kugel vom Radius R: $\qquad \Delta V = \dfrac{2\pi}{3} R^2 \varrho = 2{,}09 R^2 \varrho;$

für einen Würfel von der Seitenlänge a: $\Delta V = 0{,}710 a^2 \varrho$.

Für die praktische Anwendung stellt man einen geerdeten Drahtkäfig her, in dessen Mittelpunkt eine Potentialsonde angebracht ist. Bei den normalerweise vorhandenen Raumdichten wird dann in einem Würfel von $1\,\mathrm{m^3}$ Größe der Wert von ΔV einige Zehntel Volt betragen. Es kommt daher die eigens zu bestimmende Kontaktpotentialdifferenz zwischen Drahtkäfig und Sonde als sehr wesentliches Korrektionsglied in Betracht.

c) Werden mittels EBERTscher Apparate (vgl. S. 323) gleichzeitig (im Notfall mit einem Apparat unmittelbar nacheinander) die Ionenzahlen n_1 und n_2 bestimmt, so erhält man aus der Differenz $(n_1 - n_2)$ die von normalen und eventuell vorhandenen intermediären Ionen (vgl. S. 327) sowie von einem Teil der langsamen Ionen getragene Raumladung. Anwendung der LANGEVINschen Versuchsanordnung (vgl. S. 324) liefert für jedes Vorzeichen die Gesamtzahl der Träger und daher in der Differenz die gesamte Raumladung.

d) Statt die positiven und negativen Ionen getrennt durch ein elektrisches Feld in durchströmten Zylinderkondensatoren abzufangen, kann man auch die Luft durch ein Rohr saugen, das mit Watte gefüllt ist. Es tritt dann Adsorption beider Ionengattungen an den festen Oberflächen ein, an denen die Luft vorbeiströmt. Das Filterrohr ist isoliert innerhalb eines geerdeten Schutzrohres befestigt und mit einem empfindlichen Elektrometer (z. B. Quadrantenelektrometer) verbunden (Methode von OBOLENSKY).

Ergebnisse bezüglich der Raumladungen.

In großen Zügen erhält man ein Bild von der Verteilung der Raumladungen in der Atmosphäre, wenn man auf die empirisch bestimmte Abhängigkeit der Feldstärke von der Höhe die unter a) besprochene Berechnungsmethode anwendet. Das Absinken der Feldstärke mit der Höhe (bis auf wenige Prozent des Bodenwertes in 9 km Höhe) sagt ja nichts anderes aus, als daß die Wirkung der negativen Oberflächenladung der Erde nach außen durch die positive Raumladung der Luft mit wachsender Höhe immer mehr kompensiert wird. Vermutlich — beobachtete Werte liegen ja aus sehr großen Höhen nicht vor — ist in den höchsten Luftschichten das Feld verschwunden und daher die positive Gesamtladung der Atmosphäre gleich der negativen Ladung des Erdkörpers.

Aus der auf S. 340 angeführten Tabelle berechnen sich die folgenden Werte der mittleren Raumladungsdichte ϱ bzw. Gesamtladung $\varrho\,(h_2 - h_1)$ in verschiedenen Höhenstufen. Es ist dabei am anschaulichsten, die Ladungen in Elementarquanten ($e = 4{,}8 \cdot 10^{-10}$ stat. Einh.) auszudrücken, da dies zugleich den Überschuß der positiven über die negativen Ionen angibt. Dem Bodenwert der Feldstärke von 130 Volt pro Meter entspricht eine Oberflächendichte von $-7{,}23 \cdot 10^5\,\dfrac{e}{\mathrm{cm}^2}$.

Es ist dann:

zwischen 0 und 0,5 km Höhe: $\varrho\,(h_2 - h_1) = 4{,}45 \cdot 10^5\,\dfrac{e}{\mathrm{cm}^2}; \varrho = 8{,}9\,\dfrac{e}{\mathrm{cm}^3}$

„	0,5	„	1,5	„ „ „	$= 1{,}11 \cdot 10^5$ „	$= 1{,}1$ „
„	1,5	„	3	„ „ „	$= 0{,}56 \cdot 10^5$ „	$= 0{,}38$ „
„	3	„	6	„ „ „	$= 0{,}55 \cdot 10^5$ „	$= 0{,}18$ „
„	6	„	9	„ „ „	$= 0{,}28 \cdot 10^5$ „	$= 0{,}09$ „
„	0	„	9	„ „ „	$= 6{,}95 \cdot 10^5$ „	$= 0{,}77$ „

Die Raumladungsdichte selbst hat also im Durchschnitt immer positive Werte und nimmt dem Betrage nach rasch mit der Höhe ab.

In den untersten Schichten (bis wenige Meter über dem Boden) wurden Messungen teils nach der Methode a) mit Potentialsonden, die in verschiedenen Höhen angebracht wurden, ausgeführt (DAUNDESER in Bayern, NORINDER in Skandinavien), teils mittels Drahtkäfig (KÄHLER in Potsdam, DORNO in Davos, LAUTNER auf der Zugspitze), teils mit dem Entionisierungsverfahren nach Methode c) (GOCKEL in der Schweiz) oder d) (OBOLENSKY in Petersburg).

In diesen Schichten ist die Ladungsverteilung eine sehr unregelmäßige und zeitlich stark veränderliche; die Absolutbeträge sind von weit höherer Größenordnung. Drückt man die Raumdichte wieder in Elementarquanten pro Kubikzentimeter aus, so findet man

nach DAUNDERER: $\varrho = + 240\ e/\mathrm{cm}^3$ im Jahresmittel, $+ 1200$ im Sommer und Frühjahr, $- 1000$ im Winter.

nach NORINDER: -100 (Jahr); -60 (Sommer); -220 (Winter)

„ KÄHLER: $+400$ „ $+270$ „ $+500$ „

„ OBOLENSKY: $+7$ „ negativ „ positiv „

Nach NORINDER liegen in den untersten 10 m positive und negative Schichten übereinander, und zwar im Sommer unten eine positive, darüber eine negative, im Winter umgekehrt.

Über die theoretische Erklärung der Bildung von Raumladungen vgl. S. 347.

IV. Die elektrischen Ströme in der Atmosphäre.

I. Einleitung.

Ein Stromfeld kann in analoger Weise wie ein Kraftfeld durch „Stromlinien" bzw. durch von Stromlinien begrenzte „Stromröhren" räumlich dargestellt werden. Nach den allgemeinen Gesetzen der Elektrodynamik sind in einem Stromfeld die Stromlinien stets in sich geschlossene Kurven und die Stromstärke ist in jedem Zeitpunkte in allen Querschnitten einer bestimmten Stromröhre dieselbe. Wenn daher die Stromlinien der in der Atmosphäre zirkulierenden Ströme an der leitenden Erdoberfläche enden, so müssen sie durch in der Erde verlaufende Stromlinien fortgesetzt werden und insofern sind also die im Erdkörper zirkulierenden „Erdströme" auch luftelektrisch von Bedeutung.

Der *physikalischen Natur* des Elektrizitätstransportes entsprechend kann man verschiedene Arten von Strömen unterscheiden: *Verschiebungsströme*, die durch die zeitliche Veränderung der elektrischen Feldstärke gegeben sind; *Leitungsströme* in leitenden Medien bei Anwesenheit eines elektrischen Feldes; *Konvektionsströme*, bei denen Träger elektrischer Ladungen nicht durch ein elektrisches Feld, sondern durch mechanische Kräfte bewegt werden oder infolge ihrer Trägheit ihre Bewegung fortsetzen.

Speziell vom Standpunkte der Luftelektrizität aus kann man folgende Arten von Strömen unterscheiden: 1. *Verschiebungsströme* infolge der Veränderlichkeit der Feldstärke; 2. *Leitungsströme* in der ionisierten Atmosphäre infolge des Erdfeldes; 3. *Konvektionsströme*, die dadurch entstehen, daß die in der Luft verteilten *Raumladungen* (vgl. Kapitel III, Abschnitt 3) in den Luftströmungen mechanisch mitgeführt werden; 4. *Niederschlagsströme*, die durch das Fallen elektrisch geladener Kondensationsprodukte (Regentropfen, Schneeflocken, Graupel, Hagel) im Gravitationsfelde der Erde hervorgebracht werden; 5. *Erdströme* im Erdkörper selbst.

Endlich ist es fraglich, ob die unter 1.—5. genannten Stromarten zusammen die theoretische Forderung erfüllen, daß sie ein in sich geschlossenes System von Stromröhren mit jeweils konstanter Stromstärke liefern oder ob dazu noch 6. ein z. B. auf Korpuskularstrahlung kosmischen oder terrestrischen Ursprunges beruhender Elektrizitätstransport angenommen werden muß, der dann als hypothetischer „*Zustrom*" die eigentliche primäre Ursache des ganzen Stromsystems der Erde bilden würde.

2. Die Verschiebungsströme in der Atmosphäre.

Ändert sich an einem Punkte eines elektrischen Feldes der Vektor „Feldstärke $\mathfrak{E}$" nach Größe oder Richtung, so ist in diesem Punkte die *Stromdichte* des Verschiebungsstromes gegeben durch den Vektor

$$i_v = \frac{\varepsilon}{4\pi} \cdot \frac{\partial \mathfrak{E}}{\partial t},$$

wobei ε die Dielektrizitätskonstante des Mediums bezeichnet, also in der Atmosphäre stets gleich 1 gesetzt werden kann.

Da die Feldstärke eine zeitlich ungemein variable Größe ist (vgl. S. 336), sind an einem gegebenen Punkte stets Verschiebungsströme vorhanden, und zwar — normale Feldrichtung vorausgesetzt — *abwärts* gerichtete bei *Verstärkung* des Feldes und *aufwärts* gerichtete bei *Abschwächung* des Feldes, bzw. Ströme umgekehrter Richtung bei abnormalem aufwärts gerichtetem Feld (negativem Potentialgradienten). Die absolute Größe der Verschiebungsstromdichte kann auch unter normalen Verhältnissen Momentanwerte erreichen, die bedeutend größer sind als die des normalen Leitungsstromes. Wenn z. B. der Potentialgradient binnen 10 sec von 90 V/m auf 120 V/m steigt, entspricht dem eine mittlere Verschiebungsstromdichte von rund $8 \cdot 10^{-6} \frac{\text{stat. Einh.}}{\text{cm}^2}$ gegenüber einem Normalwert (vgl. unten) von etwa $8 \cdot 10^{-7}$ des Leitungsstromes; bei den starken Feldschwankungen während ausgesprochener Störungen (Gewitter) werden die Stromdichten sogar noch auf das Mehrtausendfache ansteigen.

Im Mittel über längere Zeiten ist aber der Verschiebungsstrom stets von zu vernachlässigender Größe, da sich ja die positiven und negativen Feldschwankungen kompensieren und eine „säkulare" Änderung beim elektrischen Felde der Erde nicht vorhanden ist.

3. Die Leitungsströme in der Atmosphäre.

Der Leitungsstrom folgt den Kraftlinien des elektrischen Feldes und ist daher im allgemeinen — abgesehen von den lokalen Feldverzerrungen über unregelmäßigen Bodenformen oder in der Umgebung stark geladener Wolken — *vertikal* gerichtet, und zwar *abwärts bei normaler, aufwärts bei umgekehrter Feldrichtung.*

Die Stromdichte ist gegeben durch: $i_L = \Lambda \cdot \mathfrak{E}$, und zwar folgt aus den in den früheren Kapiteln angeführten Mittelwerten $\Lambda = 2 \cdot 10^{-4}\,\text{sec}^{-1}$ und $\mathfrak{E} = 130\ \text{V/m} = 4{,}3 \cdot 10^{-3}$ stat. Einh. der durchschnittliche Wert

$$i_L = 8{,}6 \cdot 10^{-7} \frac{\text{stat. Einh.}}{\text{cm}^2} = 2{,}9 \cdot 10^{-16} \frac{\Lambda}{\text{cm}^2} = 1800 \frac{e}{\text{cm}^2\text{sec}}.$$

Der vertikale Leitungsstrom kann analog wie die Leitfähigkeit Λ in zwei Bestandteile zerlegt werden: $i_1 = \lambda_1 \mathfrak{E}$ und $i_2 = \lambda_2 \mathfrak{E}$, die den von positiven bzw. negativen Ionen getragenen Strom angeben; im stationären Zustande muß $i = i_1 + i_2 = \text{const}$ sein, auch wenn die beiden Summanden mit der Höhe veränderlich sind. Speziell in unmittelbarer Nähe der ebenen Erdoberfläche ist infolge des „*Elektrodeneffektes*" $i_2 = 0$ und $i_1 = i$.

Unter Voraussetzung *ruhender* Luft und gleichmäßiger Ionisierung läßt sich dieser Elektrodeneffekt, d. h. die Veränderung der Ionenzahlen n_1 und n_2 und der Feldstärke $\mathfrak{E}$ mit der Höhe über dem Boden theoretisch berechnen. Es ist nämlich im stationären Zustand für jedes Volumelement die Bedingung zu erfüllen, daß die Zahl der im Volumelement erzeugten Ionen, vermehrt um die Zahl der einwandernden Ionen, gleich sein muß der Zahl der durch Wiedervereinigung und Adsorption vernichteten Ionen, vermehrt um die Zahl der auswandernden.

Für *kernfreie* Luft, die also bloß normale Ionen enthält, ergibt die theoretische Berechnung folgendes Resultat (J. J. Thomson, E. Schweidler, M. Behacker, R. Seeliger; W. F. G. Swann):

In genügender Höhe über dem Boden ist $n_1 = n_2 = n_\infty = \sqrt{\dfrac{q}{a}}$ und $\mathfrak{E}$ besitzt einen bestimmten Wert $\mathfrak{E}_\infty$. Unmittelbar am Boden ist (bei normaler Feldrichtung):

$$h = 0; \qquad n_2 = 0; \qquad n_1 = \frac{2}{\eta}\, n_\infty; \qquad \mathfrak{E} = \eta\, \mathfrak{E}_\infty .$$

Dabei ist $\eta = \beta^{\overline{2(\beta - 1)}^{\,\beta}}$ und $\beta = \dfrac{8\pi e v}{a}$ ($v = $ Ionenbeweglichkeit, $e = $ Elementarquantum, $a = $ Koeffizient der Wiedervereinigung). Die Größe β ist eine dimensionslose reine Zahl, die für Luft bei Normaldruck und -temperatur den Wert 3,6 besitzt. Dann wird $\eta = 2{,}42$ und man erhält unmittelbar am Boden ($h = 0$): $\mathfrak{E}_0 = 2{,}42\,\mathfrak{E}_\infty$; $n_1 = 0{,}83\, n_\infty$. Die Abnahme von $\mathfrak{E}$ mit der Höhe erfolgt theoretisch nach einer Kurve $\mathfrak{E}/\mathfrak{E}_\infty = f(\xi)$, die in der Abb. 10 als Kurve I eingezeichnet ist. Dabei gibt ξ die Höhe in willkürlichen Längeneinheiten von der Größe l an, also $\xi = \dfrac{h}{l}$ oder $h = l \cdot \xi$. Diese Längeneinheit hängt von der Stärke des Leitungsstromes und von der Ionisierungsstärke ab und ist gegeben durch die Formel: $l = \dfrac{1}{\sqrt{8\beta}} \cdot \dfrac{C}{q}$, wobei β die oben definierte Zahl, C die in Elementarquanten/cm² · sec ausgedrückte Stromdichte und q die Ionisierungsstärke bezeichnet. Zahlenmäßig erhält man l (in Zentimeter): z. B. für $C = 1800\ \dfrac{e}{\text{cm}^2\text{sec}}$; $l = \dfrac{279}{q}$ oder für $C = 1500$; $l = \dfrac{335}{q}$. Bei einer Ionisierungsstärke $q = 2$, wie sie etwa über dem Meere vorhanden ist, wird also l etwa von der Größenordnung 1,5 m. Die Kurve I zeigt, daß z. B. für $h = 5\,l = 7{,}5$ m die Feldstärke noch um 3% über dem Werte in großer Höhe liegt, daß also die Störung des Feldes und der Ionenverteilung sich unter diesen Umständen etwa 10 m hoch hinauf erstreckt.

Sind aber in der Luft *Adsorptionskerne* vorhanden, die zur Bildung *langsamer Ionen* Anlaß geben, so wird die Verteilung von Feldstärke und Ionenzahl eine andere. Im Grenzfalle, daß die Zahl der Kerne sehr groß gegen die Zahl der normalen Ionen ist, findet man theoretisch (SCHWEIDLER), daß $\mathfrak{E}_0 = 1{,}64\,\mathfrak{E}_\infty$ und $n_1(0) = 1{,}22\,n_\infty$. Die Abnahme von $\mathfrak{E}$ mit der Höhe erfolgt wieder nach einer Kurve $\mathfrak{E}/\mathfrak{E}_\infty = f(\xi) = f\!\left(\dfrac{h}{l}\right)$ die in der Abb. 10 durch Kurve II dargestellt ist. Die willkürliche Längeneinheit l ist in diesem Falle gegeben durch $l = \dfrac{C}{2q}$; setzt man

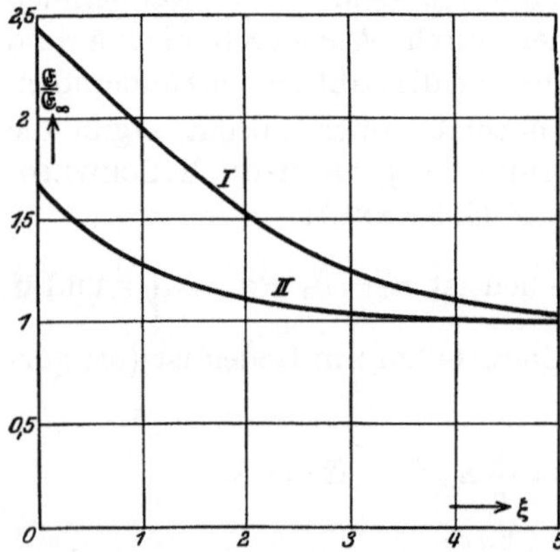

Abb. 10. Feldstärkenverteilung nahe dem Boden.

z. B. wieder $C = 1800$ (1500) und q — den Verhältnissen über festem Boden entsprechend — etwa gleich $10\,J$, so wird $l = 90$ (75 cm); die Feldstörung durch den Elektrodeneffekt ist also jetzt kleiner als im früheren Falle und reicht nur wenige Meter über den Boden hinauf.

Durch diesen Elektrodeneffekt wird also die Ausbildung starker Raumladungen (und zwar *positiver* bei normaler Feldrichtung) in den untersten Schichten der Atmosphäre erklärt; die quantitativen Verhältnisse werden durch die theoretischen Resultate natürlich nur im idealen Grenzfalle dargestellt, daß vollkommene Luftruhe herrsche oder die Luft rein horizontal ströme; Unregelmäßigkeiten der Luftbewegung führen zu einer Durchmischung der übereinanderliegenden Schichten und daher zu einer Verzerrung der theoretischen Verteilungskurve.

Der Satz, daß die Stromdichte, das Produkt von Leitvermögen und Feldstärke, konstant sein muß, ergibt aber auch das weitere Resultat, daß — abgesehen vom Elektrodeneffekt in Bodennähe — überall Raumladungen auftreten müssen, wo sich das Leitvermögen mit der Höhe ändert. Denn aus

$$i = \mathit{\Lambda}\mathfrak{E}; \qquad \frac{d\,i}{d\,h} = 0 = \mathfrak{E}\frac{d\,\mathit{\Lambda}}{d\,h} + \mathit{\Lambda}\frac{d\,\mathfrak{E}}{d\,h}$$

folgt:
$$4\pi\varrho = \frac{d\mathfrak{E}}{d\,h} = -\frac{\mathfrak{E}}{\mathit{\Lambda}} \cdot \frac{d\mathit{\Lambda}}{d\,h}.$$

Da $\mathfrak{E}$ bei normaler Feldrichtung negativ ist (abwärts gerichtet), entspricht einer *Zunahme* der Leitfähigkeit mit der Höhe eine *positive,* einer *Abnahme* eine *negative* Raumladungsdichte.

Da nun mit der Höhe die Leitfähigkeit ansteigt (vgl. S. 328), erklärt sich so auch die (vgl. S. 340) im großen beobachtete allmähliche Abnahme der Feldstärke und die positiven Raumladungen in der Atmosphäre bis zu größeren Höhen (von einigen Kilometern).

Dagegen würde die von verschiedenen Beobachtern (vgl. S. 342) gefundene *negative* Raumladung in den untersten Schichten der Atmosphäre erfordern, daß hier zunächst eine *Abnahme* des Leitvermögens mit der Höhe stattfinde. Ein derartiges Verhalten läßt sich in der Tat unter bestimmten Umständen theoretisch erwarten. Über festem Boden wirkt die von den radioaktiven Stoffen ausgesandte β-Strahlung als zusätzlicher Ionisator bis zur Höhe von einigen Metern hinauf (vgl. S. 308) und erzeugt so in den untersten Schichten ein erhöhtes Leitvermögen. Im selben Sinne kann die α-Strahlung der in der Luft selbst enthaltenen Radioelemente wirken, wenn bei stagnierender Luft der Emanationsgehalt unmittelbar über dem Boden am größten ist und mit der Höhe rasch abnimmt. Dagegen würde eine in analoger Weise zustande kommende rasche Abnahme der Zahl der suspendierten Adsorptionskerne von hohen Bodenwerten zu geringeren in der Höhe im umgekehrten Sinne wirken.

Inwieweit die genannten Faktoren tatsächlich an dem sehr unregelmäßigen und schwankenden Verlauf der Feldstärke und der Raumladungsverteilung beteiligt sind, wurde bisher experimentell noch nicht geprüft.

Auch in größerer Höhe über dem Boden muß jede sprungweise Änderung des Leitvermögens zur Ausbildung von Raumladungen führen, und zwar entstehen positive Raumladungen (bei normaler Feldrichtung) dort, wo von unten nach oben das Leitvermögen zunimmt, negative, wo es abnimmt. Da bei Bildung flüssiger Kondensationsprodukte der Ionenverlust durch Adsorption vermehrt wird, also das Leitvermögen sinkt, entstehen an der unteren Begrenzung einer Stratusschicht negative, an der oberen positive Ladungen.

Methoden zur Bestimmung des Leitungsstromes. Neben der indirekten Bestimmung der Stromdichte aus den beiden Faktoren Feldstärke und Leitvermögen — entsprechend der Formel $i = \Lambda \cdot \mathfrak{E}$ — kann auch die einem Flächenstück f pro Zeiteinheit zugeführte Ladung direkt gemessen werden.

Eine schematische — in Wirklichkeit nicht brauchbare — Versuchsanordnung wäre es (vgl. Abb. 11), eine knapp über dem Boden aufgestellte leitende Platte P über ein Galvanometer dauernd zur Erde abgeleitet zu halten und an diesem die jeweilige Stromstärke $I = if$ abzulesen bzw. zu registrieren. Dabei müßte sich P möglichst nahe am Boden befinden und es dürften keine emporragenden Objekte in der Nähe sein, damit das Feld oberhalb P dem natürlichen Felde über einer ausgedehnten Ebene entspricht; andernfalls wäre analog wie bei der Bestimmung der Feldstärke (vgl. S. 335) eine „Reduktion auf die Ebene" vorzunehmen. Abgesehen davon, daß selbst empfindliche Galvanometer eine sehr große Auffangplatte P erfordern würden (etwa $f = 330\ m^2$, wenn $I = 10^{-9}$ Ampere betragen soll), wäre in diesem Falle der gemessene Strom die Summe von Leitungs- und Verschiebungsstrom und würde daher bei dem unruhigen Gange der Feldstärke auch bei normalen Verhältnissen unregelmäßige Schwankungen zwischen positiven und negativen Werten zeigen, deren Amplitude bis zum 10fachen des Mittelwertes ansteigen könnte.

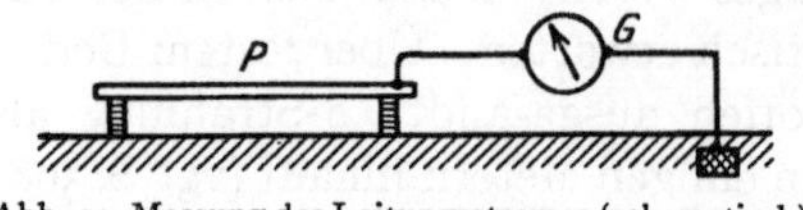

Abb. 11. Messung des Leitungsstromes (schematisch).

Praktisch ausführbar ist eine analoge Anordnung (vgl. Abb. 12), bei der die Ableitung von P zur isolierten Belegung eines gut isolierenden Kondensators K großer Kapazität führt (etwa Glimmerkondensator von 0,1 Mikrofarad), dessen andere Belegung geerdet ist. Die innerhalb der „Expositionszeit" T aufgesammelte Ladung $Q = f \int_0^T i \cdot dt = f \cdot T \cdot \overline{i}$ kann dann mittels eines empfindlichen *ballistischen* Galvanometers BG bestimmt werden, durch welches am Anfang und am Ende der Expositionszeit ein Kurzschluß zwischen den Belegungen des Kondensators hergestellt wird (durch Schließen des Schalters S). Bei $T = 1000$ sec genügt dann z. B. eine Fläche von $3,3\ m^2$, um eine (ballistisch gut meßbare) Ladung von 10^{-8} Coulomb anzusammeln. Die Kapazität des

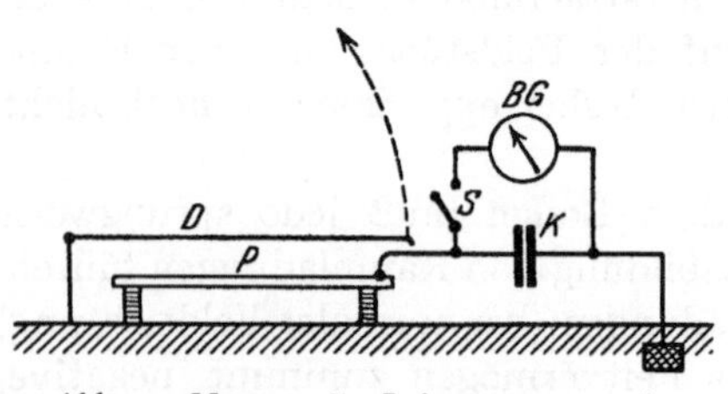

Abb. 12. Messung des Leitungsstromes mit ballistischem Galvanometer.

Kondensators soll so groß sein, daß das Potential des isolierten Systemes auch am Ende der Expositionszeit nicht merklich erhöht ist und daher keine Störung des Kraftlinienverlaufes oberhalb der Platte bedingt. Der Einfluß der Verschiebungsströme kann dadurch vollständig ausgeschaltet werden, daß man yor Beginn der Messung (bei durch das Galvanometer kurz geschlossenem Kondensator) über die Platte P einen geerdeten Deckel D stellt, die Kurzschlußleitung bei S unterbricht, hierauf zur Zeit $t = 0$ den Deckel abhebt, zur Zeit $t = T$ wieder aufsetzt und nachher die Galvanometerleitung schließt.

Noch empfindlicher als solche ballistisch-galvanometrische Methoden sind *elektrometrische*, bei denen die Platte P direkt mit einem Elektrometer verbunden ist, das die allmählich ansteigende Ladung des isolierten Systemes mißt. Es genügen dann Platten von der Größenordnung $1\ dm^2$. Der Einfluß der Verschiebungsströme (wechselnde Influenzladung auf der isolierten Platte) kann dabei in derselben Weise wie oben beschrieben, durch Abschirmung zu Beginn und zu Ende der Expositionszeit unschädlich gemacht werden. Die Forderung, daß während der Expositionszeit das Potential der Platte nahezu Null bleiben soll, wird erfüllt entweder durch eine Tropfelektrode, welche die zugeführte Ladung dauernd entfernt (vgl. S. 333) und auf ein isoliertes, mit dem Elektrometer verbundenes Gefäß überträgt (G. C. SIMPSON), oder durch Anwendung eines eigenen variablen Kompensationskondensators (C. T. R. WILSON), der fortdauernd derart verstellt wird, daß das Potential des isolierten Systemes Null bleibt; das Elektrometer dient in diesem Falle als Nullinstrument und die zugeführte Ladung wird aus der zur Kompensation nötigen Verstellung des geeichten Kondensators ermittelt. Derartige Anordnungen hat WILSON an dem bereits beschriebenen (vgl. Abb. 9 auf S. 335) Apparat für Feldstärkenmessung angebracht.

Eine weitere, ebenfalls von WILSON angegebene Methode besteht darin, daß zwischen Platte und Erde ein sehr empfindliches Kapillarelektrometer eingeschaltet wird, das — analog wie ein Voltameter reagierend — einen der hindurchgegangenen Elektrizitätsmenge proportionalen Ausschlag (Verschiebung des Hg-Meniscus) liefert.

Experimentelle Ergebnisse bezüglich des Leitungsstromes. Sowohl die indirekte wie die direkte Methode liefern für die Dichte des vertikalen Leitungsstromes in der Atmosphäre in guter Übereinstimmung einen Betrag von rund $8 \cdot 10^7 \dfrac{\text{stat. Einh.}}{\text{cm}^2} = 2{,}7 \cdot 10^{-16} \dfrac{A}{\text{cm}^2} = 1680 \dfrac{e}{\text{cm}^2\text{sec}}$, wenn man nur die bei ungestörtem Erdfeld beobachteten Werte zur Mittelbildung heranzieht. Im allgemeinen sind dann die Schwankungen um den Mittelwert geringer als die der beiden Faktoren Leitvermögen und Feldstärke, die ja meistens gegenläufig erfolgen. Bei mehr oder minder ausgeprägten Störungen des elektrischen Feldes nimmt aber natürlich auch der Leitungsstrom abnorm kleine oder abnorm große Werte an oder wird negativ (bei aufwärts gerichtetem Felde). Im Mittel aus zahlreichen Einzelbeobachtungen ergibt sich, daß über- bzw. unternormalem Leitvermögen auch über- bzw. unternormale Stromdichten entsprechen; d. h. der Strom verhält sich so, als ob er durch eine in erster Annäherung konstante Potentialdifferenz zwischen der Erde und den gut leitenden höchsten Schichten der Atmosphäre erzeugt würde und daher vom Gesamtwiderstande der über dem Beobachtungsort liegenden Luftsäule abhängig wäre. Damit stimmt es überein, daß nach den Messungen von C. DORNO in Davos mit der — auf die Katmai-Eruption zurückgeführten — optisch-atmosphärischen Störung (Trübung), die im Jahre 1912 einsetzte, auch eine Verringerung des Vertikalstromes verbunden war.

Wo längere Beobachtungsreihen vorliegen, wird übereinstimmend ein *jährlicher Gang* des Vertikalstromes gefunden und zwar mit einem

Maximum im Winter, einem Minimum im Sommer, so z. B. in Davos (Dorno), Potsdam (Kähler), München (Lutz) und Tortosa (*Observ. del Ebro*).

Der *tägliche* Gang scheint lokal verschieden zu sein. Über Messungen bei Störungen, speziell bei Stoßionisierung, vgl. S. 369.

4. Konvektionsströme infolge Luftbewegung.

Wird die Raumdichte der elektrischen Ladung an einer Stelle der Atmosphäre mit ϱ, die Geschwindigkeit der Luftströmung mit u bezeichnet, so stellt der Vektor $i_K = \varrho\, u$ die Stromdichte des Konvektionsstromes dar.

Aus den in Kapitel III, Abschnitt 3 angegebenen Werten für ϱ berechnet sich sofort, daß die *horizontale* Komponente des Konvektionsstromes in Bodennähe (ϱ von der Größenordnung $\pm 1000\ \frac{e}{\mathrm{cm}^2}$) bei Windgeschwindigkeiten von $1\ \frac{\mathrm{m}}{\mathrm{sec}}$, bzw. $10\ \frac{\mathrm{m}}{\mathrm{sec}}$ die Größenordnung 10^5, bzw. $10^6\ \frac{e}{\mathrm{cm}^2\,\mathrm{sec}}$ erreicht, also das 100—1000fache des normalen vertikalen Leitungsstromes. Auch in größerer Höhe ergeben sich z. B. bei $10\ \frac{m}{\mathrm{sec}}$ Windgeschwindigkeit noch Werte von etwa 10^3 bis $10^2\ \frac{e}{\mathrm{cm}^2\,\mathrm{sec}}$ in Höhen von 1—9 km.

Es läßt sich leicht berechnen, daß derartige Konvektionsströme in ihrer *magnetischen* Wirkung unterhalb der Grenze der Beobachtungsgenauigkeit liegen; dagegen können sie in einem Konvergenz- oder Divergenzgebiet der Luftbewegung durch die konvektive Zufuhr oder Abfuhr der Raumladungen die *luftelektrischen* Verhältnisse (gesamte Raumladung, Feldstärke, vertikalen Leitungsstrom) merklich beeinflussen.

Infolge auf- und absteigender Luftbewegungen treten auch *vertikale* Konvektionsströme auf, die in Bodennähe schon bei geringer Vertikalkomponente des Windes (wenige cm/sec) die Größenordnung des vertikalen Leitungsstromes erreichen. Durch eine horizontale Fläche größerer Ausdehnung tritt aber im ganzen ebensoviel Luft von oben nach unten als hinaufströmt. Für den gesamten konvektiven Transport elektrischer Ladungen in vertikaler Richtung wird daher einerseits die Intensität der Durchmischung der Luft, andererseits das Gefälle der Raumladungsdichte maßgebend. Allgemein kann man für solche Durchmischungsprozesse das folgende Gesetz aufstellen (W. Schmidt):

Es bezeichne ϱ die Raumdichte einer Größe von dem Charakter eines Quantums (z. B. materielle Beimengung, Bewegungsgröße, Energie, elektrische Ladung), das an der Luft als seinem Träger haftet und mit dieser zugleich sich bewegt. Ist diese Raumdichte eine Funktion der Höhe über dem Boden, $\varrho = f(z)$, so entsteht bei der Durchmischung durch turbulente Bewegung ein nach oben gerichteter Konvektionsstrom dieses Quantums, dessen Stromdichte gegeben ist durch:

$$i_K = -A' \frac{d\varrho}{dz},$$

wobei A' eine Größe von der Dimension $[l^2 t^{-1}]$ ist, die bloß von der Intensität der Durchmischung abhängt. In der Meteorologie wird gewöhnlich das Produkt $A = A'd$, wobei d die Luftdichte bedeutet, ingeführt und als „*Größe des Austausches*" bezeichnet. Bedeutet z. B. ϱ die Bewegungsgröße von 1 cm³ Luft infolge des Windes, so hat A die Bedeutung des scheinbaren Koeffizienten der inneren Reibung. Speziell aus Beobachtungen der vertikalen Verteilung der Windgeschwindigkeit ergab sich nun, daß die Größe A mit der Höhe über dem Boden rasch zunimmt, und zwar angenähert nach dem Gesetze: $A(z) = A(1) \cdot z^{6/7}$, also so, daß bei Verzehnfachung der Höhe A auf das 7,2fache steigt. In der Höhe 100 m über dem Boden ist im Durchschnitt $A = 50 \frac{g}{cm\,sec}$, also $A' = \frac{A}{d} = $ rund $4 \cdot 10^4 \frac{cm^2}{sec}$.

Wendet man dies auf die Gleichung $i_K = -A' \frac{d\varrho}{dz}$ an, indem man für ϱ die aus der Tabelle (S. 342) entnommenen Werte einsetzt, so ergibt sich, daß der durch die Durchmischung entstehende vertikale Konvektionsstrom *aufwärts* gerichtet ist, also entgegen dem vertikalen Leitungsstrom, daß sein mittlerer Wert aber *nur 1—2 Promille* von dem des Leitungsstromes ist (vgl. auch S. 359). Vorstehende Ausführungen beziehen sich auf die *Durchmischungsprozesse*; die vertikalen Konvektionsströme, die bei der Bewegung großer Luftmassen durch *Aufoder Abgleiten* an den Grenzen von Warmluft- und Kaltluftgebieten entstehen, sind rechnerisch bisher noch nicht untersucht worden.

5. Die Niederschlagsströme.

Die zur Erde fallenden festen oder flüssigen Kondensationsprodukte des Wasserdampfes (Regentropfen, Schneeflocken, Graupeln und Hagelkörner) sind im allgemeinen elektrisch geladen und zwar bald positiv, bald negativ. Die von den Niederschlägen transportierten Ströme können daher zunächst nach ihrem Vorzeichen als *abwärts* oder *aufwärts* gerichtete elektrische Ströme unterschieden werden. Von einem anderen Gesichtspunkte aus kann man unterscheiden zwischen Niederschlägen, bei denen der Strom gleiche Richtung hat wie das elektrische Feld an dieser Stelle, und solchen bei denen die Stromrichtung die umgekehrte ist. Die ersteren kann man als „*feldausgleichende*", die letzteren als „*feldverstärkende*" bezeichnen.

Als experimentell zu messende Größen kommen in Betracht: Die momentane *Stromdichte* oder die mittlere innerhalb eines längeren Zeitraumes; ferner das Verhältnis der transportierten Ladung zur Masse des gefallenen Niederschlages, die sogenannte „*spezifische Ladung*"; endlich die Ladung eines *einzelnen Trägers* (Tropfen, Schneeflocke usw.).

Messungsmethoden. Die Elektrizität der Niederschläge wurde zuerst von ELSTER und GEITEL (1888) untersucht, indem eine isoliert aufgestellte, gegen Influenzwirkungen möglichst geschützte Schale mit einem Elektrometer verbunden wurde, so daß bei bekannter Kapazität des isolierten Systemes und bekannter Spannungsempfindlichkeit des Instrumentes aus dem Ausschlage unmittelbar die zugeführte Ladung bestimmt werden konnte.

Zahlreiche spätere Beobachter wählten im Prinzipe ähnliche Anordnungen, die sich bloß durch die Größe der Auffangschale und Empfindlichkeit des Meßapparates unterschieden, sowie durch bestimmte Vorrichtungen zur möglichsten Vermeidung gewisser Fehlerquellen (mangelhafte Isolation, die natürlich bei Regenwetter besonders leicht auftritt; Influenzwirkungen des — bei Niederschlägen oft enorm starken — elektrischen Feldes; Ladungszufuhr durch Tropfen, die vom Rande der Schutzhülle abspritzen; Ladungsabfuhr durch aus der Auffangschale wieder herausspritzende Tropfen; Lenardeffekt usw.).

Ergebnisse. Über die Prozesse, welche die Ladung der Niederschläge hervorrufen, siehe Kapitel V, Abschnitt 2.

Bezüglich der Ladung *einzelner Tropfen* oder Schneeflocken ergaben die Messungen GSCHWENDs in Freiburg (Schweiz), daß sie teils positiv, teils negativ sind, derart, daß auf einer Fläche von wenigen Quadratzentimetern Größe innerhalb 1 Minute Träger verschiedenen Vorzeichens aufgefangen werden. Die absolute Größe der Ladung nimmt im allgemeinen mit der Tropfengröße zu, aber langsamer als die Masse, so daß die spezifische Ladung bei großen Tropfen kleiner wird. Im Durchschnitt beträgt die spezifische Ladung etwa $3 \frac{\text{stat. Einh.}}{g}$ für Regentropfen, etwa 10 für Schneeflocken, doch werden Einzelwerte bis $200 \frac{\text{stat. Einh.}}{g}$ beobachtet. Zwischen Tropfengröße und Vorzeichen der Ladung besteht keine deutliche Beziehung, besonders bei Böen- und Gewitteregen; bei ruhigem Landregen sind die kleinen Tropfen meistens positiv, die großen häufiger negativ. Bei Schneeflocken ist umgekehrt bei kleinen das negative, bei großen das positive Vorzeichen häufiger.

Infolge des Nebeneinandervorkommens positiver und negativer Tropfen ergeben die Strommessungen als algebraische Summe der zugeführten Ladungen kleinere Beträge, als der Niederschlagsintensität und der mittleren spezifischen Ladung entspräche.

Messungen der *Stromdichte* erfolgten von SIMPSON (Simla), BENNDORF (Graz), KOHLRAUSCH (Puerto Rico), BALDIT (Puy en Velay, Frankreich), BERNDT (Argentinien), KÄHLER sowie SCHINDELHAUER (Potsdam), MC CLELLAND und NOLAN (Dublin), HERATH (Kiel), also wie ersichtlich an geographisch und klimatisch sehr verschiedenen Orten. Der Absolutbetrag der Stromdichte ist bei ruhigem Landregen von der Größenordnung 10^{-5} bis $10^{-4} \frac{\text{stat. Einh.}}{\text{cm}^2}$, das ist $2 \cdot 10^4$ bis $2 \cdot 10^5 \frac{e}{\text{cm}^2 \, \text{sec}}$ also 10 bis 100 mal größer als die Stromdichte des vertikalen Leitungsstromes, kann aber innerhalb kürzerer Zeitintervalle bis

$$3 \cdot 10^{-3} \frac{\text{stat. Einh.}}{\text{cm}^2} \left(6 \cdot 10^6 \frac{e}{\text{cm}^2 \, \text{sec}} \right)$$

ansteigen. Böen- und Gewitterregen haben viel größere Stromdichten. Positive und negative Niederschlagsströme unterscheiden sich im Absolutbetrage ihrer Stromdichte nicht wesentlich, wohl aber in ihrer Häufigkeit, und zwar sind im ganzen die *positiven häufiger*, so daß die *Gesamtsumme* der durch Niederschläge zur Erde gebrachten Ladung *positiv* ist. Insbesondere bei Landregen ist die Summe der positiven Ladungen ein Mehrfaches von der Summe der negativen. Bei Regenböen und Gewittern sind die Schwankungen in Intensität und Vorzeichen heftig, aber auch hier scheint die Gesamtsumme positiv zu sein. Über die Ladungssumme bei Schneefällen liegen noch keine gesicherten Ergebnisse vor.

Bezüglich des Verhältnisses der Richtung des Niederschlagsstromes zur Richtung des gleichzeitig bestehenden Feldes ergibt sich bei Landregen, daß das Feld meistens *aufwärts* gerichtet ist („negativer Potentialgradient"; positive Oberflächenladung des Bodens; negative Raumladung der Atmosphäre). Da nun — wie schon erwähnt — die Niederschlagsladung überwiegend positiv, der Strom also *abwärts* gerichtet ist, gehört er in diesem Falle dem Typus der *feldverstärkenden* (vgl. S. 351) Ströme an.

Bei den heftigen Niederschlägen von Böen- oder Gewittercharakter wechselt sowohl Feld- als Stromrichtung häufig in kurzen Zwischenräumen. In vielen Fällen beobachtet man auch hier einen spiegelbildlichen Verlauf der beiden Kurven, die Niederschlagsströme wirken also feldverstärkend. In anderen selteneren Fällen aber ändern sich wieder die Richtung und Größe von Feld und Niederschlagsstrom gleichsinnig, die letzteren wirken dann feldausgleichend.

6. Erdströme.

Experimentell findet man, daß in einer Leitung, die zwei in der Entfernung d in die Erde gesenkte Elektroden A und B verbindet, ein galvanometrisch meßbarer Strom variabler Stärke fließt. Durch Multiplikation der jeweiligen Stromstärke mit dem Gesamtwiderstand der durch den Erdkörper geschlossenen Leitung oder durch Einschaltung einer passend gewählten elektromotorischen Gegenkraft, die den Strom auf den Wert Null herabsetzt, findet man eine in Volt ausgedrückte Spannung E, die man als Potentialdifferenz zwischen A und B bezeichnet.

Die so berechnete Spannung E könnte erstens durch *Kontaktpotential-differenzen* elektrochemischer oder thermoelektrischer Natur bedingt sein, z. B. wenn die beiden Elektroden aus verschiedenen Stoffen bestehen und daher mit dem als Elektrolyt wirkenden feuchten Erdboden ein galvanisches Element bilden oder wenn die Beschaffenheit des Elektrolyten selbst an den Stellen A und B bezüglich chemischer Natur oder Konzentration verschieden ist oder endlich wenn eine Temperaturdifferenz zwischen ihnen besteht. In diesem Falle entsteht der Strom erst durch das Anlegen der Verbindungsleitung, der Erdkörper selbst wäre vorher stromlos, besäße aber an verschiedenen Punkten durch eingeprägte elektromotorische Kräfte erzeugte verschiedene Potentialwerte.

Die Spannung E könnte aber zweitens auch dadurch bedingt sein, daß die Elektroden in ein den Erdkörper durchziehendes Stromfeld eingesenkt sind und daher einen dem Spannungsabfall auf der Strecke AB entsprechenden Zweigstrom durch die Verbindungsleitung aufnehmen. Als Ursache dieses Stromfeldes kommen wieder in Betracht a) elektro motorische Kräfte der früher erwähnten Art, die an entfernten Stellen wirken und im zwischenliegenden Erdboden dauernde, eventuell variable Ströme erzeugen; b) Prozesse, die der Erdoberfläche an verschiedenen Stellen teils positive, teils negative Ladungen zuführen und daher zu einem Ausgleichsstrome im Erdkörper führen; c) zeitliche Veränderungen des Magnetfeldes der Erde, die nach den Grundgesetzen der Elektrodynamik zu quellenfreien elektrischen Wirbelfeldern führen, in denen einem bestimmten Punkte kein eindeutig definiertes Potential zukommt, in denen aber das Wegintegral der elektrischen Feldstärke längs einer

Stromlinie einen bestimmten Wert $E = \int_A^B \mathfrak{E}\, ds$ besitzt.

Zwischen die Elektroden eingeschaltete elektromotorische Kräfte von der unter 1. besprochenen Art haben sicherlich einen beträchtlichen Anteil an der empirisch gefundenen Spannung E, falls die Distanz AB kurz (etwa unter 1 km) ist. Im allgemeinen zeigt sich aber, daß bei größeren Distanzen die Spannung E angenähert proportional mit d zunimmt. Da nun eine regelmäßig wiederkehrende Folge von elektromotorisch wirksamen Schichten, etwa analog einer VOLTAschen Säule, im natürlichen Erdboden höchst unwahrscheinlich ist, wird man hier den Fall (2) eines Stromfeldes als realisiert annehmen.

Um Richtung und Größe des Stromfeldes festzustellen, bedarf man dann *zweier*, aufeinander senkrecht stehender Versuchsleitungen AB_1 und AB_2 und die Größen $\dfrac{E_1}{d_1}$ und $\dfrac{E_2}{d_2}$ geben dann die beiden Komponenten der Größe

$$g = \sqrt{\left(\frac{E_1}{d_1}\right)^2 + \left(\frac{E_2}{d_2}\right)^2},$$

die man als „*Erdpotentialgradienten*" bezeichnet und gewöhnlich in Volt/km ausdrückt. Kennt man noch den spezifischen Widerstand der unter den Beobachtungsorten liegenden Schichten, so läßt sich daraus die Stromdichte des natürlichen Erdstromes berechnen.

Die Beobachtungen an längeren Leitungen ergeben nun nach Größe und Richtung variable Werte des Erdpotentialgradienten g, mit bestimmten regelmäßigen (täglichen, jährlichen) Perioden und bisweilen unregelmäßigen plötzlichen Änderungen, die bei sogenannten „magnetischen Stürmen" sehr hohe Beträge erreichen können. Diese zeitlichen Änderungen von g stehen in engster Beziehung zum Erdmagnetismus und daher sei hier bezüglich der Ergebnisse auf die ausführlichere Behandlung im Artikel „Erdmagnetismus" verwiesen. Es ist aber klar, daß ein *dauernder* Erdpotentialgradient bestimmter Richtung nicht durch Induktion entstehen kann, sondern auf die unter 2a) und 2b) auf S. 354 angeführten Ursachen zurückzuführen sein muß, wobei natürlich die unter 2b) genannten die eigentlich luftelektrisch interessanten sind.

Aber gerade bezüglich des konstanten Bestandteiles, der als vektorieller Mittelwert der Einzelresultate zu berechnen ist, sind die Ergebnisse *sehr unsicher*. Ältere Messungen auf längeren Linien in England, Frankreich, Rußland und Norditalien führen auf einen Potentialgradienten, der von SW nach NE gerichtet und von der Größenordnung 0,01 Volt/km ist. Neuere Messungen am Observatorio del Ebro (Tortosa, Spanien) ergeben einen von NNW nach SSE gerichteten Gradienten von der mittleren Größe 0,23 Volt/km, also einen Strom, der aus der Gegend des magnetischen Poles der Nordhemisphäre gegen den magnetischen Äquator zu fließt. Aus den Messungen der Carnegie-Institution im Observatorium zu Watheroo (Australien) zieht aber O. H. GISH den Schluß, daß der Dauerstrom sehr *lokalen* Charakter hat und allgemein gültige Angaben darüber kaum gemacht werden können.

In der Tat gibt eine Überschlagsrechnung das Resultat, daß die *bekannten Formen* luftelektrischer Ströme, die an der Erdoberfläche enden und daher durch einen Leitungsstrom innerhalb der Erde geschlossen sein müssen, nur einen sehr kleinen Beitrag zum dauernden Erdstrom liefern können. Denkt man sich z. B. in einem bestimmten Zeitpunkt das ganze Gebiet nördlich des 45. Breitengrades frei von luftelektrischen Störungen, so liefert das Produkt aus Fläche ($7{,}6 \cdot 10^{17}$ cm²) und mittlerer Dichte des normalen luftelektrischen Vertikalstromes (rund $3 \cdot 10^{16} \frac{A}{\text{cm}^2}$) einen Gesamtstrom von $230\,A$ oder einen von N nach S abfließenden den Breitekreis passierenden Strom von $8 \cdot 10^{-8} \frac{A}{\text{cm}}$

Die Stromdichte wäre dann $\frac{1}{h} \cdot 8 \cdot 10^{-8} \frac{A}{\text{cm}^2}$, wenn h die (in Zentimetern gemessene) Dicke der an der Leitung beteiligten Rindenschicht bezeichnet. Dagegen führen die Beobachtungen in Tortosa und in Watheroo, wo die mittlere Leitfähigkeit des Erdbodens speziell untersucht wurde, auf Werte der Stromdichte von etwa $2 \cdot 10^{-10} \frac{A}{cm^2}$. Die allerdings gegenüber dem normalen Leitungsstrom wesentlich gesteigerten Stromdichten des gestörten Leitungsstromes und der Niederschlagsströme sind auf viel kleinere Gebiete konzentriert, als im obigen Beispiel angenommen, und können daher die Größenordnung des luftelektrisch bedingten Erdstromanteiles nicht wesentlich ändern.

Wenngleich also die luftelektrischen Vertikalströme für die Größe des Erdstromes praktisch bedeutungslos sind, scheinen doch nach den Untersuchungen L. A. BAUERS Beziehungen zwischen den zeitlichen Veränderungen (tägliche, jährliche, Sonnenfleckenperiode) von Erdstrom und elektrischer Feldstärke in der Atmosphäre zu bestehen, die vermutlich indirekter Natur (Abhängigkeit von einer gemeinsamen Ursache der Änderungen) sind.

Auffallend und vielleicht für Hypothesen über noch unbekannte Formen vertikaler Ströme in der Atmosphäre von Bedeutung sind die Resultate von Erdstrommessungen im Gebirge und in Bergwerken (V. OBERGUGGENBERGER, J. KOENIGSBERGER), die übereinstimmend *sehr große* Erdpotentialgradienten (etwa 0,5 Volt/km) von *unten nach oben* ergeben haben.

7. Der Zustrom.

Die algebraische Summe aller vertikalen Ströme, welche die gesamte leitende Erdoberfläche durchsetzen, muß nach den allgemeinen Gesetzen der Elektrodynamik den Betrag Null haben, da die Stromlinien in sich geschlossene Kurven sind (vgl. S. 343). Es erhebt sich nun die Frage, ob die in den vorhergehenden Abschnitten besprochenen vertikalen Ströme dieser Bedingung entsprechen. Wenn nicht — dann müssen noch andere, bisher nicht besprochene Arten des Elektrizitätstransportes angenommen werden, die im Durchschnitt pro Zeiteinheit ebensoviel Ladung von der leitenden Hülle der höchsten Atmosphärenschichten zum Erdkörper schaffen, als durch die bereits bekannten Stromarten in umgekehrter Richtung (von der Erde zur Hülle) transportiert wird. Dieser hypothetische Elektrizitätstransport, der früher öfters als „Gegenstrom" (SIMPSON) oder als „Kompensationsstrom" (KOHLRAUSCH und SCHWEIDLER) bezeichnet wurde, soll nach einem Vorschlage BENNDORFS, um seinen primären Charakter (vgl. S. 295) deutlicher kenntlich zu machen, „*Zustrom*" genannt werden.

Je nachdem die Summierung der bekannten Vertikalströme eine positive oder negative Ladungszufuhr zur Erde ergibt, wäre daher der Zustrom als negativ oder positiv anzunehmen.

Eine solche Summierung ergibt nun folgendes: An allen Stellen, wo das elektrische Feld als „ungestört" zu bezeichnen ist, geht ein vertikaler Leitungsstrom abwärts, dessen mittlere Stromdichte zu rund

$$2{,}7 \cdot 10^{-16} \frac{A}{\text{cm}^2} = 8 \cdot 10^{-7} \frac{\text{stat. Einh.}}{\text{cm}^2} = 1700 \frac{e}{\text{cm}^2 \text{ sec}}$$

angenommen werden kann, woraus sich für die ganze Erdoberfläche ein Strom von rund 1400 A berechnet. Auch in Gebieten luftelektrischer Störungen, in denen das Feld abnorm schwach oder stark ist, aber das normale Vorzeichen behält, ist der Leitungsstrom (in den auch die starken Ströme in stoßionisierter Luft, also Spitzenentladungen und Blitze mit eingerechnet werden sollen) abwärts gerichtet. Dagegen wird in Störungsgebieten, wo das Feld aufwärts gerichtet ist („negativer Potentialgradient"), wie es z. B. in ausgedehnten Regengebieten die Regel und bei Böen und Gewittern abwechselnd mit Feldern normaler Richtung häufig ist, auch ein aufwärts gerichteter Strom vorhanden sein. Dazu kommt die Summe der durch Niederschläge herabgebrachten Ladungen wechselnden Vorzeichens (vgl. Abschnitt 5) und der aufwärts gerichteten Konvektionsströme, die durch die Durchmischung der tieferen Luftschichten (im allgemeinen mit größerer positiven Raumladung) mit den höheren erzeugt werden (vgl. Abschnitt 4).

Es ist die am nächsten liegende Annahme, bei der Unsicherheit über die quantitativen Verhältnisse beim gestörten Leitungsstrom, Konvektions- und Niederschlagsstrom, hier bereits eine Kompensation der genannten Stromarten vorauszusetzen.

a) Der aufwärts gerichtete Leitungsstrom in Störungsgebieten.

Sieht man von den starken Feldstörungen, die bei Böenregen und Gewittern auftreten und durch Registrieranordnungen meistens nicht zuverlässig aufgezeichnet werden, zunächst ab, so ergibt eine Statistik (SIMPSON 1913), daß die mit Landregen verbundenen Feldumkehrungen zu schwach und zu selten sind, um durch den aufwärts gerichteten Leitungsstrom den normalen Elektrizitätstransport abwärts in den ungestörten Gebieten zu kompensieren. Dazu kommt noch, daß in diesen Fällen die Niederschlagsladung überwiegend positiv ist, so daß schon im Störungsgebiet selbst eine Kompensation stattfindet.

Schwieriger ist die Abschätzung des Gesamteffektes starker Störungen bei denen eine enorme Erhöhung der Leitfähigkeit der Luft durch Stoßionisierung eintritt und relativ starke Ströme über emporragenden Objekten (Felsspitzen, Bäumen und selbst niedrigen Pflanzen) sich ausbilden und ferner durch Blitze sehr große Elektrizitätsmengen übertragen werden.

Man müßte dann annehmen, daß die sehr starken Felder bei Gewittern und die sie begleitenden Entladungen im Raume zwischen Erde und Wolke und zwischen Wolke und leitender Hülle überwiegend aufwärts gerichtet seien, d. h. also, daß große negative Raumladungen in den unteren, positive in dem oberen Teile der Gewitterwolken konzentriert seien und daß ein beträchtlicher Bruchteil dieser Ladungen sich nicht zwischen positiven und negativen Wolkenpartien, sondern zwischen Wolke und Erde bzw. Wolke und leitender Hülle ausgleiche (vgl. die schematische Abb. 13, in der die geraden Pfeile die Richtung des Feldes und des gewöhnlichen Leitungsstromes, die Zickzackpfeile den Elektrizitätstransport in Blitzbahnen andeuten).

In der Tat entspricht diese Annahme der Gewittertheorie C. T. R. WILSONS (1925) (vgl. Kapitel V). *Hiernach wäre also der Prozeß der Ladungstrennung in Gewitterwolken der primäre Vorgang, der als Zustrom negative Ladungen zur Erde und positive zur leitenden Hülle führt* und — intermittierend an wechselnden Stellen wirksam — eine im Mittel annähernd konstante Potentialdifferenz zwischen Erde und

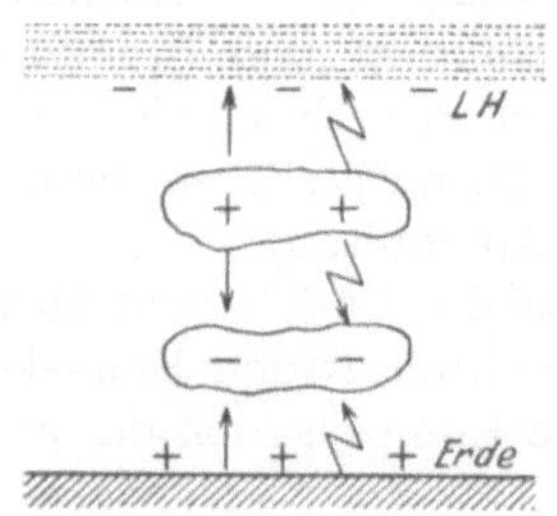

Abb. 13. Schema einer Gewitterwolke nach WILSON.

leitender Hülle und damit das normale Feld der Atmosphäre und den Leitungsstrom in störungsfreien Gebieten aufrecht erhält. Über experimentelle Messungen von Gewitterfeldern, die für WILSONS Theorie sprechen, vgl. S. 366. Auch A. WIGAND (1927) schließt sich dieser Theorie an und sucht nachzuweisen, daß die Gewitterstatistik aus der Häufigkeit der Gewitter überhaupt (durchschnittlich sind auf der ganzen Erde 44 000 Gewitter pro Tag mit je 200 Blitzen anzunehmen) und aus der Häufigkeit der Blitzströme von unten nach oben (etwa 60% bis 70% aller Blitze) zusammen mit der plausiblen Annahme, daß eine Blitzentladung etwa 50 Coulomb zum Ausgleich bringe, einen auch quantitativ zureichenden Ladungstransport liefere (100 Blitze pro sec, davon 65 negative, 35 positive, also 30 negative im Überschuß, ergibt $30 \cdot 50$ Coulomb pro sec oder $1500 \, A$).

Die SIMPSONsche Gewittertheorie führt aber bezüglich der Struktur der Gewitterwolken auf das gerade *Gegenteil*: Positive Ladungen in einer unteren Wolkenpartie, negative im übrigen Teile der Wolke (vgl. ebenfalls Kapitel V), und die Behauptung, daß durch Blitze tatsächlich mehr negative als positive Ladung zur Erde geführt werde, wird von SIMPSON, BENNDORF, TOEPLER und MAURER bezweifelt.

Die Ansichten über die Möglichkeit, den gestörten Strom in Gewitterfeldern als primäre Quelle der Erdladung anzusehen, sind also geteilt. Es wird noch weiterer Untersuchungen über den tatsächlichen mittleren Ladungszustand der Gewitterwolken und über die relative Häufigkeit positiver und negativer Blitze zur Erde bedürfen, um zu einer Entscheidung zu gelangen.

b) Die Niederschlagsströme.

Die Stromdichten der Niederschlagsströme (vgl. S. 353) sind bedeutend größer als die des normalen Leitungsstromes. Daher könnten an sich auch schon auf einen kleinen Teil der Erdoberfläche auffallende Niederschläge den Leitungsstrom zur übrigen Fläche kompensieren, falls das Vorzeichen der Ladung überwiegend negativ wäre. Da nun die ersten kürzeren Messungsreihen von ELSTER und GEITEL in Wolfenbüttel und von H. GERDIEN in Göttingen zufällig in der Tat negative Ladungssummen ergaben und da dieses Ergebnis durch die von C. T. R. WILSON entdeckten Gesetze über die Kondensation an Ionen theoretisch erklärbar schien, stellte GERDIEN die Hypothese auf, daß die Bildung negativer Tropfenladungen und ihr Transport zur Erde die primäre Ursache der negativen Erdladung sei. Wie im Abschnitt 5 ausführlicher dargelegt wurde, haben aber alle späteren Messungsergebnisse übereinstimmend ein Überwiegen des *positiven* Niederschlages angezeigt und damit die Grundlage der GERDIENschen Theorie zerstört.

c) Der vertikale Konvektionsstrom.

Die positiven Raumladungen der untersten Atmosphärenschichten liefern schon bei mäßigen Vertikalgeschwindigkeiten nach oben Stromdichten, die zur Kompensation des Leitungsstromes ausreichend wären. Daher glaubte H. EBERT, in diesem aufsteigenden Konvektionsstrom die Ursache des stationären Zustandes gefunden zu haben. Daß überhaupt positive Ladungen in die Atmosphäre gelangen, führt EBERT darauf zurück, daß der Diffusionskoeffizient der negativen Ionen größer ist als der der positiven. Infolgedessen werden ionisierter Luft, die durch enge Kanäle strömt, mehr negative als positive Ionen entzogen und sie tritt mit positiver Ladung aus. Nach der EBERTschen Theorie ist also der primäre Prozeß der Austritt positiv geladener Luft aus dem Erdboden infolge der „Bodenatmung". Während die negative Ladung im Erdkörper zurückbleibt, wird die positive Ladung durch die Konvektionsströme in der Atmosphäre verteilt, auch durch horizontale Luftströme über die Ozeane geführt, wo sie dann eine negative Oberflächenladung der Erde durch Influenz erzeugt. Von EBERT und seinen Schülern wurde auch experimentell gezeigt, daß der Erdboden tatsächlich Luft mit Überschuß an positiven Ionen austreten läßt.

Die Anwendung der auf S. 351 besprochenen Gesetze für den „Austausch" beweist aber, daß selbst in den unteren Luftschichten die Durchmischung nur einen Konvektionsstrom erzeugen kann, der einen kleinen Bruchteil (1 bis 2 pro Mille) des Leitungsstromes bildet, während in den höheren Luftschichten wegen der geringeren Raumdichte die Verhältnisse noch ungünstiger sind. Auch allgemeinere, auf die Größe der „Relaxationszeit" (vgl. S. 227) sich gründende Überlegungen von SWANN ergeben die quantitative Unzulänglichkeit der EBERTschen Theorie.

d) Zustrom durch Korpuskularstrahlen.

Bereits im Jahre 1904 äußerte G. C. SIMPSON den Gedanken, daß die negative Erdladung ihren Ursprung möglicherweise einer von außen eindringenden Korpuskularstrahlung (β-Strahlung) verdanke. Allerdings müßte die Durchdringungsfähigkeit einer solchen Strahlung weitaus größer sein als bei den härtesten der bekannten β-Strahlen. Die äußere Grenze der leitenden Atmosphäre müßte dann, damit ein stationärer Zustand eintritt, entweder durch eine leicht absorbierbare positive Korpuskularstrahlung neutralisiert werden oder infolge ihrer negativen Ladung freie Elektronen nach außen abgeben.

Die Hypothese einer solchen kosmischen negativen Korpuskularstrahlung wurde dann im Jahre 1915 von W. F. G. SWANN und unabhängig von E. SCHWEIDLER diskutiert und experimentell geprüft. Statt einer sehr harten, von außen kommenden Korpuskularstrahlung könnte man auch eine erst in der Atmosphäre selbst erzeugte *sekundäre β-Strahlung* annehmen, z. B. von der durchdringenden Höhenstrahlung hervorgerufen.

An den Stellen, wo diese (primäre oder sekundäre) β-Strahlung zur Erdoberfläche gelangt, wäre sie durch die negative Aufladung hinreichend massiver isolierter Körper empirisch nachweisbar. Sowohl SWANNs als SCHWEIDLERs Versuche dieser Art (in Amerika, Tirol, England und Norwegen angestellt) ergaben aber keinen die Beobachtungsfehler übersteigenden Betrag der Aufladung. Doch ist dieser experimentelle Befund insofern nicht beweiskräftig, als noch eine der folgenden Annahmen möglich wäre:

1. Der korpuskulare negative Zustrom ist infolge der ablenkenden Wirkung des erdmagnetischen Feldes auf bestimmte Teile der Erdoberfläche beschränkt, z. B. die Polarkappen.

2. Die Durchdringungsfähigkeit der hypothetischen Strahlung ist so groß, daß die bisher verwendeten Versuchsanordnungen noch Körper zu geringer Masse besaßen und daher keinen merklichen Betrag der Strahlung absorbierten.

3. Die Aufnahme negativer Ladungen durch den absorbierenden Körper wird kompensiert durch eine in ihm erzeugte sekundäre β-Strahlung, also durch eine Abgabe negativer Ladung.

Ebenso ist der Einwand (SCHWEIDLER), daß die hypothetische Strahlung, die ja rund 1700 Elektronen pro cm² und sec durch eine horizontale Fläche senden sollte, notwendigerweise mit einer enorm starken Ionisierung der Luft (etwa 60000 J) verbunden sein müßte — was offenbar nicht der Fall ist —, von SWANN entkräftet worden: Theoretisch läßt sich zeigen, daß außerordentlich schnelle, sogenannte „extreme" β-Strahlen, deren Geschwindigkeit fast die Lichtgeschwindigkeit erreicht, nur sehr wenig ionisierend wirken, weil die von ihnen auf die ursprünglich ruhenden und beim Passieren des raschen β-Teilchens enorm rasch beschleunigten Elektronen der Luftmolekeln übertragene Energie in diesem Falle sofort in elektromagnetische Strahlung umgesetzt wird, nicht aber in kinetische Energie, die sie zum Verlassen des Atomverbandes befähigen könnte.

Da also die Existenz einer sehr durchdringenden negativen Korpuskularstrahlung als Ursache der Erdladung noch nicht mit Sicherheit ausgeschlossen werden kann (speziell R. SEELIGER und H. BENNDORF halten diese Hypothese noch immer für diskutabel), wäre eine Wiederholung der bisher mißglückten Aufladungsversuche mit verbesserten Versuchsanordnungen wünschenswert.

e) Spontane Vernichtung positiver Ladungen.

Da — wie die vorstehenden Ausführungen zeigen — alle Hypothesen, die prinzipiell bekannte Formen des Elektrizitätstransportes zur Erklärung der Erdladung heranziehen, entweder quantitativ vollkommen unzureichend sind oder aber mindestens sehr fraglich erscheinen, drängt sich der Gedanke auf, daß fundamental neue, bisher gänzlich unbekannte Naturvorgänge hinter den beobachteten Erscheinungen versteckt liegen.

So hat SIMPSON (1916) ohne detailliertere Ausführung den Gedanken ausgesprochen, daß — im Gegensatze zur allgemeinen Annahme von der Erhaltung der elektrischen Ladung — eine spontane Entstehung oder Vernichtung elektrischer Ladungen möglich sei.

Von SWANN (1926) wurde dies theoretisch präzisiert: Es ist möglich, in den MAXWELLschen Grundgleichungen des elektromagnetischen Feldes Zusatzglieder anzubringen, die bei ruhenden oder gleichförmig bewegten Körpern dieselben Resultate ergeben wie die ursprünglichen Gleichungen, also mit der speziellen Relativitätstheorie vereinbar sind. Bei beschleunigter Bewegung (also auch in rotierenden Körpern) führen sie zur Konsequenz, daß auch ein elektrisch neutraler Körper von einem elektrischen Stromfeld umgeben ist, das einerseits magnetische Wirkungen ausübt, andererseits zu einer allmählichen *Vernichtung positiver Ladungen* führt. Durch passende Wahl der in den Zusatzgliedern auftretenden Konstanten läßt sich erzielen, daß mit denselben Werten sowohl die Gesamtabnahme der positiven Ladung der Erde den erforderlichen Betrag (rund 1400 Coulomb pro sec) erreicht, als auch das berechnete Magnetfeld der Erde dem tatsächlich beobachteten Werte entspricht. Auch für die Sonne erhält man so einen plausiblen Wert ihres magnetischen Feldes, während die Effekte bei kleinen rasch rotierenden Massen für Laboratoriumsversuche unter der Grenze der Beobachtungsgenauigkeit bleiben.

Diese Koinzidenz der theoretisch berechneten Effekte auf verschiedenen Gebieten mit den beobachteten macht die SWANNsche Hypothese bemerkenswert, so phantastisch sie auf den ersten Blick auch erscheinen mag.

Um diesen Gedanken einer allmählichen Vernichtung positiver Ladungen, wie sie aus den modifizierten MAXWELLschen Grundgleichungen folgt, mit der atomistischen Auffassung von der Struktur der Materie und der Elektrizität zu vereinen, muß man dann die kontinuierliche Abnahme durch eine sprungweise Vernichtung einzelner Protonen ersetzen, wie von W. ANDERSON näher ausgeführt wurde.

f) Die BAUERschen Ströme.

Bisher hatte es sich nur darum gehandelt, vom Standpunkte der luftelektrischen Forschung aus einen Vorgang ausfindig zu machen, der dem Erdkörper ebensoviel negative Ladung zuführt als ihm durch den normalen Leitungsstrom an positiver Ladung zugeführt wird, wobei eine mittlere Stromdichte von rund $1700 \, \dfrac{e}{cm^2 sec}$ oder $2,7 \cdot 10^{-16} \, \dfrac{A}{cm^2}$ anzunehmen ist.

Von einer ganz anderen Seite her gelangt man aber zum Ergebnis, daß vertikale Ströme von ungleich höherer Größenordnung die Erdoberfläche durchsetzen. Schon A. SCHMIDT (1895) hatte bei Bearbeitung des damals vorliegenden Materiales an erdmagnetischen Beobachtungen den Schluß gezogen, daß das äußere magnetische Feld der Erde nicht exakt wirbelfrei sei, sondern einen *,,potentiallosen Anteil"* enthalte. In einem wirbelfreien magnetischen Felde, das im Sinne der GAUSSschen Theorie durch eine fiktive Oberflächenbelegung der Erde mit nord- und südmagnetischen Massen erzeugt gedacht werden kann, muß das Linienintegral der magnetischen Feldstärke über eine geschlossene Kurve, also der Ausdruck $\oint H \cdot \cos (H, ds) \cdot ds$ verschwinden. Hingegen wird in einem magnetischen Felde, zu dem elektrische Ströme beitragen, welche die von der Kurve umschlossene Fläche durchsetzen, der Betrag des obigen Integrales $\oint = 4\pi I$, wobei I eben den durch diese Fläche gehenden Gesamtstrom, in absoluten elektromagnetischen Einheiten gemessen, bezeichnet.

Derartige Integrationen, über ganze Breitenkreise erstreckt, ergaben nun im allgemeinen einen von Null verschiedenen Wert. Dieses Resultat wurde von L. A. BAUER durch Neuberechnung (1897, 1904 und 1920) bestätigt. Speziell die letzten Ergebnisse, bei denen auch die überaus zahlreichen erdmagnetischen Messungen der Carnegie-Institution auf Festlandsstationen und auf den Kreuzfahrten der ,,Carnegie", also von einem relativ recht dichten Netz, mitverwertet werden konnten, haben die zuerst naheliegende Annahme, daß die Abweichungen auf Beobachtungsfehlern beruhen und daher nicht reell seien, unhaltbar gemacht. Integrationen über Breitekreise liefern dabei das Resultat: In den beiden *Polarkappen* ist der mittlere positive elektrische Strom durch die Erdoberfläche *aufwärts*, in der *Äquatorialzone abwärts* gerichtet;

der mittlere Absolutbetrag der Stromdichte ist dabei von der Größenordnung $2 \cdot 10^{-12} \frac{A}{cm^2}$, also rund 10000 mal größer als beim luftelektrischen Vertikalstrom. Integrationen über beliebige geschlossene Kurven zeigen, daß die Stromdichte nicht exakt symmetrisch um die Erdachse verteilt ist, sondern in derselben Breitenzone für größere Gebiete bald positiv, bald negativ ist. Im allgemeinen scheinen dabei die Ozeane sowie Tiefdruckgebiete polaren Charakter (aufwärts gerichtete Ströme), Kontinente und Hochdruckgebiete äquatorialen zu haben.

Eine physikalische Erklärung dieser „BAUERschen *Ströme*" bietet natürlich noch ungleich größere Schwierigkeiten als das rein luftelektrische Problem des Zustromes, der zur Aufrechterhaltung des Erdfeldes nötig ist.

Wenn man nicht auch hier die Grundlagen der bisherigen Elektrodynamik aufgeben und für rotierende Bezugssysteme modifizierte Grundgleichungen einführen will — gerade der oben erwähnte Umstand, daß die Verteilung der Stromdichten keine genau achsensymmetrische ist, spricht gegen eine solche Auffassung — sondern an der Annahme eines reellen Elektrizitätstransportes festhält, bliebe wohl wieder nur die Hypothese korpuskularer Strahlungen übrig. Dabei könnte man sowohl mit positiven Strahlen im Sinne des Stromes, als mit negativen im entgegengesetzten Sinne, also mit Strahlen teils terrestrischen, teils kosmischen Ursprunges rechnen, und ferner die Möglichkeit in Betracht ziehen, daß die Ladungsträger eine noch unbekannte Art von Elementarteilchen seien. Bei der vollkommenen Unbestimmtheit und Willkürlichkeit der Grundannahmen läßt sich natürlich derzeit keine vernünftige Theorie dieser Vorgänge aufstellen. Sollte dies aber in der Zukunft möglich sein, so wäre dann der luftelektrische Zustrom einfach als eine relativ geringfügige Differenz (etwa ein Zehntausendstel) der Gesamtbeträge der zu- und abgeführten Ladungen erklärbar.

V. Die Störungen des elektrischen Feldes.

1. Die Raumladungen und elektrischen Felder bei Störungen.

Die Störungen des elektrischen Feldes bestehen darin, daß die Feldstärke abnorm kleine oder abnorm große Werte annimmt oder sogar das Vorzeichen wechselt, d. h. aufwärts gerichtet ist statt abwärts. Die Ursachen solcher Feldstörungen sind Raumladungen, die sich — abgesehen von den auf räumlichen Verschiedenheiten des Leitvermögens beruhenden normalen Raumladungen, die bereits S. 346 besprochen wurden — infolge verschiedener Vorgänge in der Atmosphäre ausbilden. Die nähere Behandlung dieser Vorgänge selbst erfolgt im Abschnitt 2 dieses Kapitels.

Solche Raumladungen wirken influenzierend auf die leitende Erdoberfläche und erzeugen zusammen mit diesen Influenzladungen das dem normalen Feld übergelagerte Störungsfeld.

Wenn die Raumladung in einem kleinen Volumen konzentriert ist, so daß sie praktisch als Punktladung betrachtet werden kann, so läßt sich aus einem bekannten Satze der Elektrostatik die Größe und die Verteilung der influenzierten Ladung auf der Erde und das so entstehende Feld bestimmen.

Befindet sich eine Punktladung $+Q$ in der Höhe z über einer leitenden Ebene, so kann nach diesem Satze das elektrische Feld oberhalb der Ebene aufgefaßt werden als erzeugt von einem *Dipol*, gebildet aus der vorhandenen Ladung $+Q$ und einer fiktiven Ladung $-Q$, die als „elektrisches Bild" von Q in der Distanz z unter der Ebene an der Stelle liegt, wo ein optisches Spiegelbild des Punktes $+Q$ entstünde. Das von diesen zwei Punktladungen erzeugte Feld ist leicht berechenbar; speziell für Punkte auf der Ebene selbst ergibt sich,

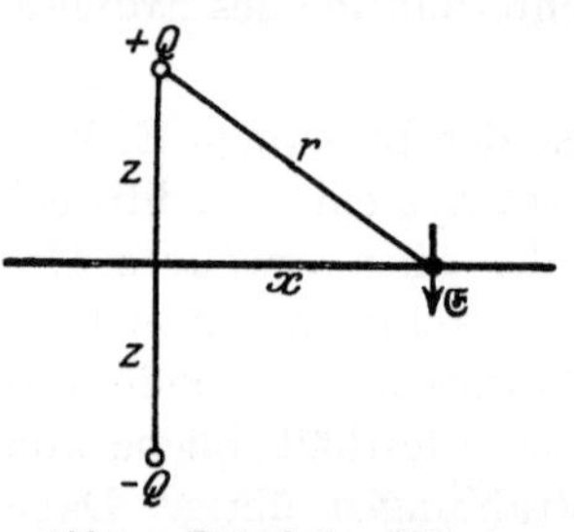

Abb. 14. Elektrisches Bild einer Punktladung.

daß die resultierende Feldstärke $\mathfrak{E}$ senkrecht auf der Ebene steht und gegeben ist durch:

$$\mathfrak{E} = \frac{2Qz}{\sqrt{(z^2 + x^2)^3}} = \frac{2Qz}{r^3}.$$

Aus der Formel $\sigma = -\dfrac{\mathfrak{E}}{4\pi}$ erhält man die Oberflächendichte der influenzierten negativen Ladung. Feldstärke und Flächendichte nehmen also umgekehrt proportional der *dritten Potenz* der Entfernung r ab. Es läßt sich also angeben, bis zu welcher Entfernung das übergelagerte Störungsfeld das normale Feld merklich beeinflußt. So z. B. würde eine in einer relativ kleinen Wolke konzentrierte Ladung von —100 Coulomb $= -3 \cdot 10^{11}$ stat. Einh. in 2 km Höhe über dem Boden an ihrem Fußpunkte eine (aufwärts gerichtete) Feldstärke von 450 000 Volt/Meter (also im absoluten Betrag das rund 4000fache der normalen) erzeugen, in rund 30 km Entfernung das normale Feld gerade kompensieren und in 60 km Entfernung noch um etwa 12% abschwächen.

Auch bei beliebiger gegebener Verteilung der Raumladungen kann punktweise jeder ihr elektrisches Bild zugeordnet und das resultierende Feld berechnet werden. Liegen z. B. zwei gleich große entgegengesetzte Punktladungen $+Q$ und $-Q$ vertikal übereinander (in den Höhen z_1 und z_2), so wird vertikal unterhalb der Ladungen am Boden das Feld der unteren überwiegen, seitlich davon aber von einer gewissen Entfernung an das Feld der oberen. Es wäre dann z. B., wenn $z_1 > z_2$, ein kreisförmiges Gebiet mit starkem aufwärts gerichtetem Felde umgeben von einer ringförmigen Zone abnorm schwacher Feldstärke und einem zweiten äußeren Ring, in dem ein gegenüber dem Normalwert verstärktes *abwärts* gerichtetes Feld besteht.

Umgekehrt läßt sich aber aus der Beobachtung der Feldstärke an einem oder an wenigen Punkten des Bodens die Verteilung der Raumladungen nicht eindeutig ableiten, doch wird man im allgemeinen — wegen der in der Formel auftretenden dritten Potenz — sagen können, daß die im Zenit des Beobachters vorhandenen Ladungen den überwiegenden Einfluß haben.

Abgesehen von der Vieldeutigkeit der Interpretation sind Messungen des gestörten Feldes auch durch den Umstand erschwert, daß es infolge rascher Änderung in der Verteilung der Raumladungen außerordentlich stark und unregelmäßig schwankt. Die beim Studium des normalen Feldes üblichen Methoden mit Potentialsonden (vgl. S. 332) versagen daher meistens. Doch wurde von WILSON die dort erwähnte Methode (der Ladungsmessung) modifiziert und für Messung von Gewitterfeldern angewandt. Von H. NORINDER wurden bei nahen Gewittern Feldstärken von 400 000 Volt/Meter noch gemessen.

Besser geeignet zur Aufklärung der Struktur der Gewitterwolken sind Messungen, die nicht den momentanen Wert der Feldstärke selbst, sondern den Betrag ihrer *sprungweisen Änderung* bei Blitzen angeben. Schlägt z. B. ein Blitz zwischen Wolke und Erde über, wobei $\varDelta Q$ die gesamte transportierte Elektrizitätsmenge (das Zeitintegral der Stromstärke) ist, so ist die Feldänderung am seitlich (z. B. einige Kilometer) entfernten Beobachtungsorte dieselbe, als ob plötzlich ein Dipol, bestehend aus der Ladung $\varDelta Q$ in der Höhe h und ihrem elektrischen Bilde vernichtet worden wäre. Entsprechend der obigen Formel läßt sich dann aus: $\varDelta \mathfrak{E} = -\dfrac{2\,\varDelta Q \cdot h}{r^3}$ die Ladung $\varDelta Q$ nach Vorzeichen und Größe bestimmen, wenn $\varDelta \mathfrak{E}$ gemessen und h und r aus der Lage des oberen Endes der Blitzbahn und aus der Zeitdifferenz zwischen Blitz und Donner ermittelt werden. Analoges gilt für einen Blitz zwischen zwei Wolken. Die Messung von $\varDelta \mathfrak{E}$ kann nach WILSON so erfolgen, daß eine antennenartige Vorrichtung über ein Kapillarelektrometer zur Erde abgeleitet wird; die jeweilige Ladung der „Antenne" ist der Feldstärke am Boden proportional. Das Kapillarelektrometer reagiert auf die bei plötzlichen Feldänderungen hindurchfließenden Stromstöße mit einem Ausschlage, der — analog wie bei einem ballistischen Galvanometer — der hindurchgegangenen Elektrizitätsmenge, also der Feldänderung, proportional ist. Auch Kathodenstrahl-Oszillographen in Verbindung mit einer Antenne wurden zur Registrierung solcher rascher Feldschwankungen verwendet (NORINDER, APPLETON und Mitarbeiter).

Details bezüglich der Anordnung vgl. bei BENNDORF, H.: Handbuch der Experimentalphysik **25**, I (1928).

Aus ihren Ergebnissen bei Gewitterbeobachtungen in Südafrika nach der WILSONschen Methode schließen SCHONLAND und CRAIB, daß die untersuchten Blitze überwiegend (in etwa 80% der Fälle) *positive* Ladungen der *oberen* Wolkenpartien mit negativen der unteren zum Ausgleich gebracht haben, was mit der WILSONschen Gewittertheorie (vgl. unten) in Übereinstimmung steht. Doch wird diese Deutung der unmittelbaren Versuchsergebnisse von SIMPSON als nicht bindend bezeichnet. Nach NUKIYAMA und NOTO entsprechen in Japan die Gewitter an der Küste der WILSONschen Theorie, während die Gewitter im Innern des Landes entgegengesetzte Ladungsverteilung zeigen.

2. Die Entstehung der Störungsraumladungen.

Die Entstehung starker Raumladungen beruht erstens auf Prozessen der Elektrizitätserregung, welche gleich große entgegengesetzte Ladungen erzeugen, und zweitens auf der Wirkung mechanischer Kräfte (Schwere, Luftströmungen), welche die Träger der positiven und negativen Ladungen mit verschiedener Geschwindigkeit bewegen und so — gegen die elektrostatische Anziehungskräfte Arbeit leistend — räumlich voneinander trennen.

Wegen ihrer relativen Seltenheit spielen für die Luftelektrizität nur eine unbedeutende Rolle diejenigen Vorgänge, bei denen durch Wind kleine Teilchen (Staub, Sand, Schnee) vom Boden aufgewirbelt und fortgetragen werden. Die Elektrisierung der Teilchen entsteht dabei durch die komplizierten Prozesse, die man — eigentlich unpassend, aber einer historisch eingebürgerten Ausdrucksweise folgend — als „Reibungs"elektrizität bezeichnet. Auch die „vulkanischen Gewitter", die bei Aschenregen auftreten, gehören in diese Gruppe.

Weitaus wichtiger sind aber die Ladungen, die bei der Bildung von flüssigem oder festem Niederschlag entstehen und in den Gewittern ihre höchste Intensität erreichen.

Über die Ursache der Elektrizitätserregung und Ladungstrennung sind verschiedene Theorien möglich, von denen die wichtigsten hier angeführt seien.

a) Die WILSON-GERDIENsche Kondensationstheorie.

Wie C. T. R. WILSON gezeigt hat, wirken die normalen Ionen als Kondensationskerne, aber — im Gegensatz zu den gewöhnlichen Kondensationskernen, wie sie mittels des AITKENschen Apparates gezählt werden können — nur bei einem bestimmten Grade der *Übersättigung* der Luft. Die erforderliche Übersättigung ist aber für die beiden Ionengattungen verschieden, und zwar für die *negativen kleiner* (etwa 400% relative Feuchtigkeit) als für die positiven (etwa 600%). Steigt daher kernfreie feuchte Luft auf, so kühlt sie sich infolge der adiabatischen Expansion ab und wird übersättigt; in dem Niveau, wo der Übersättigungsgrad für negative Ionen erreicht wird, tritt die Kondensation an diesen ein; die negativ geladenen Tröpfchen bleiben infolge ihrer Schwere relativ zum aufsteigenden Luftstrom zurück und bilden den unteren Teil der Wolke, während die positiven Ionen mit in die Höhe geführt werden und erst im oberen Teile der Wolke als Kondensationskerne wirken. Es entsteht so eine „*positiv polare*" Wolke (oben +, unten —). Vgl. Abb. 13 auf S. 358.

Gegen diese Theorie ist einzuwenden, daß Kernfreiheit der Luft und damit Möglichkeit der Übersättigung und Kondensation an Ionen in der Atmosphäre kaum vorkommen dürfte, ferner daß der Ionengehalt der Luft zur Ansammlung der großen Ladungen in Gewitterwolken nicht ausreicht. Auch ist eine Konsequenz dieser Theorie, das vermeintliche Überwiegen der negativen Niederschläge, experimentell als nicht richtig bewiesen worden (vgl. S. 359). Andererseits stehen die S. 366 erwähnten Ergebnisse über Feldänderungen bei Blitzen mit der Hypothese „positiv polarer" Gewitterwolken teilweise in Übereinstimmung.

b) ELSTER und GEITELS Influenztheorie.

J. ELSTER und H. GEITEL haben bereits im Jahre 1885 darauf hingewiesen, daß ein fallender Regentropfen in einem bereits vorhandenen Felde Influenzladungen annimmt, die an der Ober- und Unterseite entgegengesetztes Vorzeichen besitzen. Eine Zerteilung des ursprünglichen Tropfens in mehrere Teile verschiedener Größe führt daher zur Bildung teils positiver, teils negativer Ladungsträger. Da infolge des Luftwiderstandes die größeren schneller fallen, tritt so eine Trennung der Ladungen ein und es wird auf Kosten der Gravitationsenergie der fallenden Tropfen ein elektrisches Feld erzeugt.

Über den mechanischen Vorgang der Tropfenzerteilung haben ELSTER und GEITEL im Laufe der Zeit verschiedene Annahmen gemacht. Eine der ersten in ihren Konsequenzen nahe kommende wurde dann von SCHUMANN (1926) experimentell bestätigt gefunden: Holt ein großer, rascher fallender Tropfen einen kleineren ein und stößt mit ihm zusammen, so fließen entweder beide zusammen (was elektrisch wirkungslos bleibt) oder es lösen sich — wie photographisch nachgewiesen werden konnte — von der *oberen* Seite des größeren Tropfens durch die Stoßwirkung einige kleinere ab. Bei normal abwärts gerichtetem Felde z. B. wird der größere Tropfen ursprünglich oben negative, unten positive Influenzladungen tragen; nach dem Zusammenstoße fällt der größere Teiltropfen mit *positiver* Ladung zur Erde (positiver Niederschlag), während die kleineren abgesplitterten Tröpfchen im aufsteigenden Luftstrom schwebend oder langsam sinkend eine *negative* Raumladung der

Wolke erzeugen. Das Feld *unter* der Wolke wird abgeschwächt, *in* der Wolke verstärkt, was wieder die Influenzladungen auf den fallenden Tropfen steigert. Es kann durch die Abschwächung des Feldes unterhalb der Wolke bis zu einer *Umkehr* der Feldrichtung (aufwärts) kommen, wobei die Niederschlagsladung positiv bleibt, also nunmehr feldverstärkender Niederschlag fällt. Die geschilderten Verhältnisse entsprechen den bei *Landregen* in der Mehrzahl der Fälle tatsächlich beobachteten; dagegen sind die enorm großen Raumladungen bei Gewittern derart nicht leicht erklärbar.

c) SIMPSONs Gewittertheorie.

Die Bildung von Ladungsträgern beim Zerspritzen von Tropfen wurde schon S. 319 besprochen. Auf diesen „*Lenardeffekt*" gründete G. C. SIMPSON — schon im Jahre 1909, bevor noch der Lenardeffekt auch für in der Luft schwebende Tropfen bewiesen war — eine Theorie der Gewitterwolken. Im aufsteigenden Luftstrome einer Cumulonimbuswolke finden turbulente Bewegungen statt, die mit stoßartigem Wechsel der Vertikalgeschwindigkeit verbunden sind. Größere Tropfen, die gerade noch vom aufsteigenden Luftstrome getragen wurden, werden bei einem solchen Windstoße deformiert und zerrissen, die negativen kleinen Tröpfchen werden aufwärts geführt, die größeren positiven bleiben im unteren Teile der Wolke schweben oder

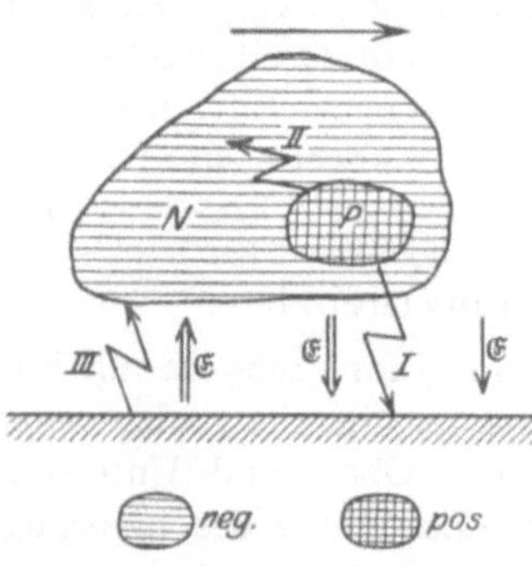

Abb. 15. Schema einer Gewitterwolke nach SIMPSON.

fallen (bei Nachlassen der Vertikalgeschwindigkeit des Windes) als positiver Niederschlag zur Erde. Außerhalb des Gebietes der intensivsten aufsteigenden Luftbewegung können die zusammenfließenden kleinen Tröpfchen auch negativen Niederschlag liefern.

Hieraus folgt nach SIMPSON eine Struktur der Gewitterwolke, die der WILSONschen Theorie entgegengesetzt ist, nämlich: starke positive Raumladung im *vorderen unteren* Teile des fortziehenden Gewitter-Cumulonimbus, negative Raumladung im übrigen Teile der Wolke (vgl. die schematische Abb. 15). Das elektrische Feld am Boden ist vor der Gewitterwolke abwärts gerichtet und über den Normalwert verstärkt, unterhalb des vorderen Teiles der Wolke außerordentlich verstärkt, unter der Mitte und dem hinteren Teile der Wolke dagegen aufwärts gerichtet. Kommt es zu hinreichend starken Feldern, die Blitzentladungen erzeugen, so treten drei Typen von Blitzen auf: Blitze (I) von P zur Erde, die dieser positive Ladungen zuführen; Blitze (II) von P zum Teil N der Wolke hinauf, die Ladungen innerhalb der Wolke ausgleichen; endlich Blitze (III) von N zur Erde, die dieser negative Ladungen zuführen. Den Absolutbetrag der Ladungen in P und N schätzt SIMPSON auf die Größenordnung 100 Coulomb, den Durchmesser des Gebietes P auf etwa 2 km, so daß am Rande von P Feldstärken von der Größenordnung 10^4 Volt/cm entstehen, die sich aber gelegentlich auf ein Mehrfaches erhöhen können.

3. Entladungsformen im Störungsfeld.

Bei hinreichend hoher Feldstärke tritt *Stoßionisierung* (vgl. S. 304) ein und es entstehen Ströme relativ großer Stärke, die oft von Lichterscheinungen begleitet sind (leuchtende Entladungen). Die Formen dieser Entladungen sind sehr verschieden je nach den geometrischen Verhältnissen des elektrischen Feldes, der Natur und dem Zustand des Gases und der Art der Elektrizitätszufuhr zu den Stellen, an denen die Entladung eingesetzt hat.

In der Natur treten die folgenden Formen auf:

a) Spitzenentladung.

Auch wenn die mittlere Feldstärke noch weit unter dem für Stoßionisierung erforderlichen Werte (rund $3 \cdot 10^4$ Volt/cm) bleibt, kann sie in unmittelbarer Nähe einer vom Boden aufragenden leitenden Spitze den kritischen Betrag übersteigen und so zu einer — von keiner Lichterscheinung begleiteten — „stillen" oder „Spitzenentladung" führen. An den natürlichen spitzen Elektroden, die von Grasvegetation gebildet werden, tritt nach Untersuchungen WILSONS (1925) eine solche Spitzenentladung auf, wenn die Feldstärke über einer glatten Ebene den Wert von 15 000 Volt/m $= 150$ Volt/cm erreicht, falls die Oberflächenladung *negativ* ist (normale Feldrichtung), während bei *positiver* Oberflächenladung etwa 20 000 Volt/m erforderlich sind. Die Stromdichte einer solchen Spitzenentladung über Grasboden kann nach WILSON den Wert $10^{-10} \dfrac{A}{\mathrm{cm}^2}$ erreichen. Messungen von WORMELL (1927) an einer blitzableiterartigen Stange von 8 m Höhe ergaben, daß die von analogen natürlichen Objekten (z. B. Bäumen) austretenden Spitzenströme in der Jahresbilanz der dem Boden zugeführten positiven und negativen Ladungen eine erhebliche Rolle spielen und zwar — im Sinne der WILSONschen Theorie (vgl. S. 358) — überwiegend *negative* Ladungen zuführen.

Die alte Vorstellung aber von der Wirkungsweise eines Blitzableiters, daß *während* eines Gewitters der von ihm ausgehende Spitzenstrom die blitzerzeugenden Ladungen in der Wolke neutralisieren könne, ist quantitativ unhaltbar.

b) Elmsfeuer.

Bei größerer Feldstärke (schätzungsweise etwa 100 000 Volt/m = 1000 Volt/cm über der glatten Ebene) treten an emporragenden Spitzen leuchtende Entladungen auf in der Form eines die Elektroden überziehenden *Glimmlichtes* oder in Form von leuchtenden *Büscheln*. Diese als Elmsfeuer bezeichnete Erscheinung ist häufig im Hochgebirge und auf dem Meere, seltener im Tiefland zu beobachten. Sie ist nicht an eigentliche Gewitter gebunden, sondern kommt auch bei böigen Niederschlägen, besonders bei Schneeböen vor. Falls die Büschelform auftritt, sind die Formen verschieden je nach der Feldrichtung: Bei aufwärts gerichtetem Feld (Erdoberfläche positiv) gestielt; bei abwärts gerichtetem Feld (Erde negativ) ungestielte etwas kleinere Lichtpinsel. Nach M. TOEPLER ist bei gleichmäßigem Glimmen eine Stromdichte von der Größenordnung $10^{-4} \frac{A}{cm^2}$ anzunehmen, bei Büscheln eine Stromstärke von 10^{-4} bis $10^{-3} A$.

c) Flächenblitze.

Rein deskriptiv bezeichnet man mit diesem Namen flächenhaft auftretende momentane Erhellungen der Gewitterwolken. Daß es sich in solchen Fällen nicht immer — analog dem „Wetterleuchten" — um Beleuchtung der Wolkenmasse durch einen direkt nicht sichtbaren Funkenblitz handelt, sondern daß auch eine eigene Entladungsform vorliegen kann, ergibt sich aus dem Spektrum, das bei Funkenblitzen ein Linien-, bei echten Flächenblitzen ein Bandenspektrum ist. Da der Sitz dieser Entladungsform in der Wolke liegt, sind natürlich genauere Untersuchungen unmöglich. Theoretisch ist hier wohl eine bei entsprechendem Ansteigen des Feldes gleichzeitig an vielen Tropfen eintretende Glimm- oder Büschelentladung anzunehmen.

d) Andenleuchten.

Speziell über den Anden wird häufig eine Lichterscheinung beobachtet, die einem ununterbrochenen Wetterleuchten vergleichbar große Teile des Gebirgskammes überzieht (insbesondere von W. KNOCHE eingehender beschrieben). Ausnahmsweise wurden ähnliche Erscheinungen auch in den Alpen gesehen. Möglicherweise ist auch die bisweilen als „Nordlicht" in geringer Höhe über dem Boden beobachtete Lichterscheinung in diese Gruppe einzureihen. Über die physikalische Natur des Andenleuchtens sind derzeit genauere Angaben unmöglich.

e) Funkenblitze (Linienblitze).

Die Analogie zwischen dem Blitz und dem künstlich, z. B. mittels einer Elektrisiermaschine, erzeugten Funken ist die historisch erste

Erkenntnis auf luftelektrischem Gebiete. Doch dürfen die an gewöhnlichen elektrischen Funken gefundenen quantitativen Gesetze nicht ohne weiteres auf die Blitze übertragen werden. So z. B. würden die bei Laboratoriumsversuchen ermittelten Schlagweitengesetze, die bei Funkenentladungen zwischen schwach gekrümmten Elektroden angenähert Proportionalität zwischen Spannung und Funkenlänge ergeben (rund 30000 Volt für je 1 cm Länge) auf viel zu hohe Werte bei natürlichen Blitzen führen, z. B. auf $6 \cdot 10^9$ Volt bzw. $3 \cdot 10^{10}$ Volt bei Blitzen von 2 bzw. 10 km Länge.

Auch die häufig *oszillatorische* Natur der gewöhnlichen Funkenentladung, bei der die Frequenz durch die Kapazität der Elektroden und den Selbstinduktionskoeffizienten der Strombahn gegeben ist, wurde zwar lange Zeit auch bei den Blitzen vorausgesetzt, doch zeigen genauere Rechnungen, daß die Bedingungen für das Auftreten oszillierender Entladungen zwischen Wolke und Erde oder zwischen verschiedenen Wolkenpartien unter den natürlichen Verhältnissen nicht gegeben sind.

Am ehesten vergleichbar mit den Blitzen sind die besonders von TOEPLER eingehend untersuchten sogenannten ,,*Gleitfunken*". Bei diesen wie bei den natürlichen Blitzen handelt es sich um eine *intermittierende* (nicht oszillierende) Entladung, in der die Elektrizitätsströmung mit großer Intensität, aber geringer Dauer in einer Bahn kleinen Querschnittes erfolgt, und zwar *stufen-* oder *ruckweise*. Der Hauptkanal des Entladungsstromes, von dem ,,Leuchtfäden" seitlich ausstrahlen, beginnt an der Ursprungsstelle größter Feldstärke und endet zunächst blind. In diesem ersten Entladungskanal, der um so besser leitet (stärker ionisiert ist), je größer die bereits hindurchgegangene Elektrizitätsmenge ist, strömt von der Ursprungsstelle her Elektrizität nach und erzeugt an seinem Ende neuerlich ein Feld sehr hoher Stärke; es bildet sich ein ,,Kopfbüschel" aus, von dem aus eine zweite Funkenentladung vorschießt und so fort. Die Zahl der in einem Blitze nacheinander erfolgenden Ruckstufen kann — wie aus Blitzphotographien mit bewegter Kamera (B. WALTER) hervorgeht — bis zu 20 betragen. Die Geschwindigkeit, mit der der Entladungskopf vorgeschoben wird, ist nach TOEPLER auf etwa $10^7 \frac{\text{cm}}{\text{sec}}$ und höher zu schätzen, so daß bei Blitzen von einigen Kilometern Länge die Gesamtdauer von der Größenordnung 0,001—0,01 sec ist.

Der Durchmesser des eigentlichen Blitzkanals (die von ihm ausgehenden Leuchtfäden sind weder sichtbar noch photographierbar) dürfte in der Regel unter $^1/_2$ m und nur ausnahmsweise über 1 m betragen. Von der Ursprungsstelle aus im Sinne des Wachstums (zu unterscheiden von der Richtung des elektrischen Stromes) pflegt sich der Blitz mehrfach zu verästeln, wie die Blitzphotographien zeigen,

24*

und zwar hauptsächlich dann, wenn der Blitz von einer *positiven* Ladung ausgeht.

Die *Stromstärke* in Blitzen kann aus dem remanenten Magnetismus geeigneter Gesteinssorten (z. B. Basalt) in der Umgebung einer Einschlagstelle abgeschätzt werden (F. POCKELS); man erhält so Werte von der Größenordnung 10000—20000 *A*. Auf dieselbe Größenordnung führt auch die Berechnung aus transportierter Elektrizitätsmenge (vgl. S. 365) und Blitzdauer. Die Elektrizitätsmenge kann im Durchschnitt auf 10—20 Coulomb, im Maximum auf > 100 Coulomb geschätzt werden.

Die *Potentialdifferenz* zwischen Anfangs- und Endpunkt des Blitzes kann man nur mit einiger Unsicherheit durch Extrapolation der bei Gleitfunken gefundenen Gesetze abschätzen (TOEPLER 1917). Sie dürfte bei Blitzen von 2 km Länge zwischen 30 und 200 Millionen Volt, bei solchen von 8 km Länge zwischen 40 und 360 Millionen Volt liegen.

f) Perlschnur- und Kugelblitze.

Relativ seltene Erscheinungen sind die Perlschnurblitze, bei denen die Bahn eines Funkenblitzes durch eine merkliche Zeit nachleuchtet in Form einer punktierten Linie oder „Perlschnur", sowie die Kugelblitze, bei denen leuchtende Massen von rundlicher Gestalt und verschiedener Größe (bis etwa 1 dm Durchmesser) längere Zeit (bis zu 1 Minute) sichtbar bleiben und relativ langsame Bewegungen in horizontaler oder vertikaler Richtung ausführen, bisweilen auch in geschlossene Räume eindringend. In der Regel geht ihrem Erscheinen ein starker Funkenblitz („Initialblitz") voraus; oft erlöschen sie geräuschlos, bisweilen verschwinden sie mit einer „Explosion" („Endblitz"). Zusammenstellungen zahlreicher Beobachtungen findet man bei ARAGO, SAUTER sowie GOCKEL.

Gegenüber vielen zum Teil sehr phantastischen Erklärungsversuchen erscheint bloß die TOEPLERsche Auffassung physikalisch begründet: Es handelt sich um die Formen *nahezu kontinuierlicher* Entladungen, die dann entstehen, wenn am Anfangspunkte des „Initialblitzes" die Nacherzeugung der Ladungen hinreichend rasch erfolgt, um durch einige Zeit einen Dauerstrom von etwa 5 bis 10 *A* zu unterhalten. Analog wie beim künstlich erzeugten „Büschellichtbogen" treten an Stellen der Strombahn, wo die Stromdichte besonders groß ist, „Leuchtmassen" auf, die bei Deformation der Strombahn sich entsprechend verschieben. Der Dauerstrom erlischt entweder bei ungenügendem Ladungsnachschub oder es bildet sich in der Entladungsbahn ein kurzdauernder gewöhnlicher Funkenblitz („Endblitz"), der eine Explosion der Leuchtmasse vortäuscht.

VI. Zusammenfassung.

Die Erde ist eine leitende Kugel von rund 6400 km Radius, umgeben von einer Atmosphäre, die mit abnehmender Dichte noch bis zu einigen hundert Kilometern Höhe beobachtbare Erscheinungen (Polarlichter) zeigt. Diese Atmosphäre wird durch verschiedene Prozesse *ionisiert* und daher mehr oder weniger leitend. In den unteren Schichten (bis zu etwa 1 km hinauf) wirken über dem Festland die Strahlungen radioaktiver Stoffe, die im Erdboden enthalten sind oder als Emanationen und deren Zerfallsprodukte in der Luft selbst verteilt sind. Über dem Meere und in größerer Höhe verschwindet diese Wirkung, doch erfolgt hier — und zwar mit der Höhe anwachsend — eine Ionisierung durch eine sehr kurzwellige „Ultra-γ-Strahlung" kosmischen Ursprunges, die für sich allein in Höhen von der Größenordnung 100 km eine im Verhältnis zu den unteren Schichten sehr große Leitfähigkeit erzeugt. In diesen Höhen kommt außerdem noch die ionisierende Wirkung des ultravioletten Sonnenlichtes (bei Tage) und wahrscheinlich auch der von der Sonne ausgehenden Korpuskularstrahlen zur Geltung.

Somit stellt die Erde eine Art Kugelkondensator dar mit dem leitenden Erdkörper als innerer Belegung, den gut leitenden hohen Atmosphärenschichten als äußerer Belegung, dazwischen als Dielektrikum eine — relativ zum Erdradius dünne (etwa 100 km) — Schicht von geringem, nach oben allmählich wachsendem Leitvermögen. Speziell in den bodennahen Schichten ist das Leitvermögen von der Anzahl der vorhandenen Adsorptionskerne beeinflußt und mit dieser stark variabel. Im Mittel ist der Widerstand einer Luftsäule von 1 cm² Querschnitt, die vom Boden bis in die gut leitende Schicht reicht, etwa $7{,}4 \cdot 10^{20}$ Ohm, der Gesamtwiderstand zwischen Erde und leitender Schicht etwa 145 Ohm.

Ein *unbekannter Prozeß*, für den vielleicht die Gewittertätigkeit in den Störungsgebieten oder sehr durchdringende Korpuskularstrahlen kosmischen oder terrestrischen Ursprunges oder gänzlich neuartige Vorgänge, wie spontanes Verschwinden positiver Ladungen in rotierenden Körpern (Protonenvernichtung) als Ursache in Betracht kommen könnten, bewirken nun, daß dem *Erdkörper* pro sec eine *negative* Ladung von ungefähr 1400 Coulomb zuströmt, der *leitenden Hülle* ein gleicher Betrag *positiver* Ladung.

Es stellt sich ein stationärer Zustand her, bei dem die *Potentialdifferenz* zwischen Erde und leitender Hülle auf rund 200 000 Volt ansteigt und daher ein durch den Widerstand der Atmosphäre (145 Ohm) bestimmter Leitungsstrom von 1400 A, der von der Hülle zur Erde fließt, den Zustrom kompensiert.

Da das Leitvermögen der Atmosphäre eine Funktion der Höhe ist, das Produkt aus Leitvermögen und Feldstärke aber durch die *Strom-*

dichte $\left(\dfrac{1400\,A}{5{,}1\cdot 10^{18}\ \text{cm}^2}=2{,}7\cdot 10^{-16}\,\dfrac{A}{\text{cm}^2}\right)$ gegeben ist, folgt daraus weiter eine Feldverteilung, bei der das *abwärts* gerichtete Feld in den unteren Schichten einen höheren Wert besitzt, nach oben zu asymptotisch gegen Null abnimmt. Damit ist aber für den stationären Zustand eine Ansammlung *positiver Raumladungen* (durch einen Überschuß der positiven Ionen) bedingt, derart, daß die Raumdichte unten am größten ist und nach oben allmählich abnimmt. Unmittelbar über dem Boden (etwa einige Meter hoch) wird durch den Mechanismus der Ionenleitung die positive Raumdichte und die Feldstärke noch weiter erhöht, letztere auf einen Durchschnittswert von etwa $1{,}3\,\dfrac{\text{Volt}}{\text{cm}}=130\,\dfrac{\text{Volt}}{\text{m}}$.

Ändert sich der Gesamtwiderstand der Atmosphäre (z. B. infolge Variation der ionisierenden Prozesse) oder die Größe des Zustromes, so *ändert* sich damit auch die *Potentialdifferenz* Erde-Hülle und der *Gesamtleitungsstrom*, und zwar *gleichzeitig* für alle Teile der Oberfläche. Bleibt dagegen Zustrom und Gesamtwiderstand durch eine gewisse Zeit merklich konstant, während in einer Luftsäule relativ kleinen Querschnittes der Widerstand sich ändert (z. B. durch Kondensationsvorgänge wie Wolkenbildung), so erfolgen hier „*regionale*" Änderungen des Leitungsstromes im umgekehrten Sinne, während die mittlere Feldstärke konstant bleibt. *Lokale* (auf eine bestimmte Höhenlage beschränkte) Änderungen des Leitvermögens bewirken aber, daß die *Feldstärke wächst oder abnimmt, je nach dem* am gegebenen Orte das *Leitvermögen sinkt oder steigt*, so daß also der zeitliche Gang der Feldstärke besonders von rein lokalen Vorgängen beeinflußt wird.

Neben diesen auf Veränderungen des Zustromes, der Ionisierungsstärke und der Ionenvernichtung beruhenden Schwankungen der *normalen* luftelektrischen Größen treten aber noch in „*Störungsgebieten*" — hauptsächlich durch bei der Bildung von Niederschlägen erzeugte Raumladungen — *Feldstärken* auf, die von ganz anderer Größenordnung als die normalen sind (bis zum mehr als 10 000 fachen) und je nach der Lage der Störungsladungen wechselndes Vorzeichen besitzen.

Literaturverzeichnis.

Zusammenfassende und die Orginalarbeiten zitierende Werke
über Luftelektrizität:

Exner, F.: Über die Ursache und die Gesetze der atmosphärischen Elektrizität. Wien. Ber. 93, 222 (1886).

Gerdien, H.: Atmosphärische Elektrizität. In: Handb. der Physik von A. Winkelmann, 2. Aufl., 4, H. 1, 687 (1905).

Gockel, A.: Die Luftelektrizität. Leipzig 1908.

Mache, H. und E. v. Schweidler: Die atmosphärische Elektrizität. Die Wissenschaft Nr 30. Braunschweig 1909.

Gerdien, H.: Atmosphärische Elektrizität. In: Handwörterb. der Naturwiss. 1, 627 (1912).

v. Schweidler, E. und K. W. F. Kohlrausch: Atmosphärische Elektrizität. In: Graetz, L.: Handb. der Elektrizität und des Magnetismus 3, 269 (1915).

v. Schweidler, E.: Atmosphärische Elektrizität. In: Encyklopädie der mathemat. Wiss. 6 1 B, 235 (1918).

Kähler, K.: Luftelektrizität. Berlin u. Leipzig: Göschen 1913;. 2. Aufl. 1921.

Chauveau, B.: Recherches sur l'électricité atmosphérique. I. Memoir. Paris 1902. Électricité atmosphérique (in 3 Bänden). Paris 1922—1924.

Mathias, E. (mit J. Bosler, P. Loisel, R. Dongier, Ch. Maurain, G. Girousse, R. Mesny): Traité d'Électricité atmosphérique et tellurique. Paris 1924.

Angenheister, G.: Atmosphärische Elektrizität. In: Geiger, H. und K. Scheel: Handb. der Physik 14, 405 (1927).

Stäger, A.: Gewitter und Luftelektrizität. Innsbruck-Wien-München 1927.

Hess, V. F.: Die elektrische Leitfähigkeit der Atmosphäre und ihre Ursachen. H. 84/85. Braunschweig: Vieweg 1926. (Englische Ausgabe: London 1928.)

Benndorf, H.: Die elektrischen Vorgänge in der Atmosphäre. In: Gutenberg, B.: Lehrb. der Geophysik, Abschnitt XV, 730 (1927). — Atmosphärische Elektrizität. In: Wien, W. und F. Harms: Handb. der Experimentalphysik 25, 1. Teil, 257 (1928).

Benndorf, H. und V. F. Hess: Luftelektrizität. In: Müller-Pouillet: Lehrbuch der Physik, 11. Aufl., 5, H. 1, 519 (1928).

Kähler, K.: Einführung in die atmosphärische Elektrizität. Sammlung geophysikalischer Schriften, herausgegeben v. C. Mainka, Berlin 1929.

Sachverzeichnis.

Druck von Breitkopf & Härtel, Leipzig.